基于 HLA 的分布仿真环境设计

邱晓刚　陈　彬　孟荣清　段　红　著

国防工业出版社

·北京·

内 容 简 介

仿真技术的发展和广泛应用拓展了人类对自然界以及人类自身思维规律认识的手段。先进分布仿真(Advanced Distributed Simulation,ADS)在 20 世纪 90 年代出现后,迅速成为系统仿真研究与应用的活跃领域,特别是在国防与军事领域获得广泛的重视。本书在综述仿真需求与发展的基础上,讨论了复杂系统仿真建模的思路,以简明、通俗的语言较系统地介绍先进分布仿真的一般原理、方法及标准,对 HLA(High Level Architecture)为代表的先进分布仿真技术标准进行了系统的分析,对基于 HLA 的仿真环境设计方法进行了全面的阐述,使读者对先进分布仿真有全面的了解,并掌握其中蕴藏的科学方法。本书总结了作者在科研中的创新工作,内容丰富全面,结构完整有序,可作为高等院校系统仿真有关专业本科生和研究生的教材,也可供相应专业的教师和科技工作者参考。

图书在版编目(CIP)数据

基于 HLA 的分布仿真环境设计/邱晓刚等著 . —北京:
国防工业出版社,2016.2
ISBN 978 − 7 − 118 − 10466 − 0

Ⅰ.①基… Ⅱ.①邱… Ⅲ.①分布式计算机—仿真
系统 Ⅳ.①TP338.8

中国版本图书馆 CIP 数据核字(2016)第 005569 号

※

国防工业出版社出版发行
(北京市海淀区紫竹院南路 23 号 邮政编码 100048)
三河市鼎鑫印务有限公司印刷
新华书店经售

*

开本 787 × 1092 1/16 印张 26¼ 字数 600 千字
2016 年 2 月第 1 版第 1 次印刷 印数 1—2000 册 定价 129.00 元

(本书如有印装错误,我社负责调换)

国防书店:(010)88540777   发行邮购:(010)88540776
发行传真:(010)88540755   发行业务:(010)88540717

谨以此书向黄柯棣教授

从事仿真研究 50 年

致敬

前　言

各门学科相互交叉、相互渗透与融合已成为自然科学发展的主流。仿真技术是集计算机、自动控制、系统工程、网络技术、软件工程、可视化以及应用领域相关技术于一体的综合性技术,是多门学科相互交叉、渗透和融合的突出体现。它的发展和应用拓展了人类对自然界和人类认识的手段,当前各门学科正向着综合集成和整体化的方向发展,作为复杂系统分析和研究工具的仿真技术更加突显出了其在推动科学技术发展的作用。

社会的发展,使得工程、军事、科研、教育、文化以及国民经济等领域对仿真技术的需求更广、更深。而信息技术的发展和信息社会化,也使得仿真技术处理系统的规模与复杂性的能力日益增长。依托计算机技术、通信技术等使能技术的发展,先进分布仿真(Advanced Distributed Simulation,ADS)在 20 世纪 90 年代出现后,迅速成为系统仿真中最活跃的研究和应用领域,特别是在国防与军事领域获得广泛的重视。

分布交互仿真是一种基于计算机及高速通信网络的仿真模式,通过这种模式将各类仿真系统集成为一个分布交互的综合仿真系统,来构建一个庞大的作战虚拟空间。通过网络技术将地域上分散的、各种人在回路的仿真器、计算机生成兵力(CGF)以及其他仿真设备或者实装、兵力等有机的联结为一个整体,形成一个在时间和空间上互相耦合且一致的虚拟战场空间,人可以自由、实时的与之交互,从而完成军事人员训练、作战方案有效性验证与评估、武器系统效能评估等任务。这样一种综合集成,需要建立一系列的标准来实现各种类型的仿真应用之间的互操作以及仿真应用与其部件的重用,从而支持训练作战人员、评估战法、论证武器性能和作战效能等应用。

ADS 起源于 20 世纪 80 年代美国用于坦克训练的联网仿真(SIMNET)计划。SIMNET 计划的成功充分表明了网络仿真的可行性。在此基础上,逐步发展起基于异构型网络的分布交互仿真(DIS)系统,并于 1993 年制定出一整套相关标准。由于基于广播式通信机制的 DIS 存在着时间管理和消息发送等方面的局限性,它不能满足军用仿真领域不断扩大的功能需求,因此 1996 年美军提出了要建立高层体系结构(High Level Architecture,HLA)为核心的先进分布仿真技术框架。ADS 经历了 SIMNET、DIS/ALSP(Aggregate Level Simulation Protocol)等阶段,目前是指以高层体系结构 HLA 为核心的一系列技术。HLA 在某种程度上克服了 DIS 在灵活性和可扩展性方面的局限,是一种更开放的体系结构,可以容纳包括政府部门、工业部门以及国防部门在内的几乎所有类型的仿真应用,减少了模型的重复性开发,提高了模型利用率,同时也缩短了后续仿真项目的开发时间。

HLA 是一种开放的、面向对象的仿真体系结构,其优点包括:有成体系的国际标准,有成套的支持工具;独立于硬件和系统软件平台,容易移植;支持不同领域人员开发的模型组件集成,支持异构模型集成,使大规模复杂系统的仿真成为可能;以"软总线"提供了即插即用的集成方式,有助于仿真全生命周期各类活动的集成优化;支持面向对象,建立的仿真系统具有优良的开放性、可组合性、可重用性、可维护性和灵活性;目前 HLA 已在仿真领域得到广泛使用,积累了大量资源和开发经验,有成熟的系统开发框架,开发人员容易培训,整体开发费用低,开发周期短。

HLA提供一种把软件实体装配成完整应用的方法。HLA就像一种黏合剂,能将多个小的计算机仿真系统联合成为一个大的仿真系统,能够支持已有仿真系统的扩展。HLA这一技术特征,使它在复杂系统仿真中特别有用。复杂系统由于其复杂的特征,需要多个部门、多个专业的协同工作,通常需要花费较长的时间和较多的费用,HLA提供了将各个部门、专业的仿真工作成果高效集成起来的途径。

正如上层建筑要适应生产力的发展,科技活动方式要与科技发展水平相适应。以HLA为代表的先进分布仿真技术出现,也在改变人们进行仿真活动的传统工作方式,推动仿真从一个领域中各部门独立、分散活动方式,走向全领域协同与共享的活动方式。而这种转变也需要技术的支持,因为对一个建模和仿真领域来而言,即使有了HLA支持,构建和组合这些仿真系统或仿真环境,仍然是一项艰巨的任务。它会花费包括从发起人、仿真软件设计者、系统工程师和测试员在内的参与者大量的时间和精力。为此,基于HLA应用的实践,我们针对作战仿真领域提出了基于HLA的通用仿真环境设计的思路,并对环境中的可重用成员和通用技术进行了研究。其目的是为了通过重用来提高建立仿真应用系统的效率。这是一种更高层次的仿真活动,其开展不仅需要先进的技术,还需要与之相适应的新的观念、新的组织与管理方式,特别是需要按系统工程的思想和方法来组织和实施。

国防科技大学黄柯棣教授团队,从1996年开始对HLA开展研究,在HLA标准研究、工具软件开发和基于HLA的分布仿真系统集成方面取得了一系列成果和进展。为了推动HLA技术在国防领域的应用,在中国人民解放军总参谋部和总装备部等相关项目的支持下,2001—2007年,黄柯棣教授团队组织相关研究人员翻译和编写一系列的HLA参考资料,包括HLA的国际标准、HLA标准分析、先进分布仿真技术讲义、相关技术参考、各种工具设计原理和使用手册以及HLA应用培训资料。这些资料五次用于全军性的分布仿真技术培训班和国防领域几十个单位的先进分布仿真技术讲学,为分布仿真系统研制的管理部门人员和技术人员提供比较全面的HLA技术应用的信息。1998—2013年,黄柯棣教授团队基于自行开发的、具有自主版权HLA仿真支撑软件与工具,设计了数十个分布仿真系统。本书的编写是在这些工作的基础上进行的。

本书重点介绍基于HLA的分布仿真系统设计方法。本书在系统地总结团队近20年在该方面的教学与科研经验以及跟踪国际先进分布仿真发展的基础上,期望以简明、通俗的语言系统地介绍分布仿真体系结构标准HLA以及基于该标准规范进行分布仿真系统设计的一般原理与方法。本书尝试建立分布仿真系统设计的知识体系框架,由此梳理分布仿真系统构建涉及庞杂内容,力求使读者对基于HLA分布仿真系统设计有全面的了解,并掌握其中蕴藏的科学方法。书稿分三部分,共12章。

第一部分包括第1~4章,介绍先进分布仿真的需求背景和技术背景。第1章"仿真需求与发展"着重讨论了国防军事领域对先进分布仿真的需求。这些需求是先进分布仿真发展的动力,也牵引了其发展的方向。把握这些需求是理解先进分布仿真技术的基础,也可以更好地理解仿真技术的发展方向。第2章"复杂系统的建模"对先进分布仿真的主要仿真对象——复杂系统的特点、描述方法和建模中的困难进行了分析,讨论了复杂系统仿真的思路、要求和研究内容;然后在介绍复杂系统仿真建模的基础上,对一类复杂系统仿真——作战仿真建模的途径进行了概要描述。第3章"并行、分布与网络仿真"对分布仿真、并行仿真和网络化仿真的特点与关系进行了简要的介绍,通过比较来揭示分布仿真技术的技术背景和未来发展。第4章"SIMNET、DIS与ALSP"对HLA之前的三类先进分布仿真体系结构进行介绍,包括SIMNET及其设计原则,DIS的概念、PDU标准及其仿真管理与时间管理,ALSP的体系结构和特点,展示了先进分布仿真技术的发展脉络。

第二部分从第5~7章,主要分析HLA的相关概念和标准。第5章"高层体系结构"对HLA涉及的概念、起源、组成、互操作性与发展进行了详细的介绍,特别是从软件体系结构的角度,对HLA的技术特点进行了分析。第6章"对象模型样板"对介绍了HLA中对象模型的概念,并讨论了对象模型的组成和基本对象模型;第7章"运行支撑系统RTI"在对HLA RTI的构成和其中间件特征分析的基础上,介绍了IEEE Std 1516.1-2000版标准中各组管理服务的作用和内容,重点论述管理服务涉及的概念、原理和作用。第8章"基于HLA的仿真系统设计"根据联邦开发与执行过程FEDEP(Federation Development and Execution Process)模型,介绍联邦开发与运行的规范化过程,然后讨论了成员设计的方法,最后简要介绍支持联邦开发的工具体系和基于持久联邦的联邦设计。

第三部分包括第9~12章,介绍基于HLA进行领域仿真通用环境的设计方法。第9章"基于HLA的通用仿真环境设计"以作战仿真为背景,讨论以仿真资源库为核心,建立基于HLA的通用仿真环境的设计方法,分析了环境的设计目标、功能和结构,描述了环境的各个组成部分,包括资源管理、联邦开发支持、运行支撑、管理控制、演示和评估研讨等系统。第10章"公共成员设计"讨论了各种联邦中可以通用的公共成员设计方法,包括联邦监控成员、数据采集成员、成员测试工具、联邦桥接成员和通用态势显示成员等。第11章"相关专题"分别对计算机生成兵力、多分辨率建模、综合自然环境建模、分布仿真标准等与分布作战仿真系统研制相关的技术专题进行介绍。第12章"HLA分布仿真系统案例"通过介绍了一个简化的防空分布仿真系统的设计来说明HLA的应用。

本书涉及的相关研究是在黄柯棣教授指导下进行的,作者是黄柯棣教授团队的核心成员,长期从事系统仿真学科的教学和科研。书稿中吸纳了团队中各位老师和同学的研究成果,包括了李革博士、姚新宇博士、段红博士、刘秀罗博士、刘宝宏博士、冯润明博士、张柯博士、韩超博士、尹全军博士、黄健博士、曲庆军博士、郭刚博士、鞠儒生博士、张新宇博士、孙世霞博士、乔海泉博士、王达博士、杨妹博士、唐见兵博士、龚建兴博士、郝建国博士,尹娟硕士、王浩硕士等的学位论文和技术报告。书稿还包括与历年合作单位专家交流的心得,包括包战高工、杨峰教授、乔士东博士、宋海陵研究员、王建平高工、王月平高工、赵志强高工、张建康研究员、薄涛高工、黄志宇高工、王春江研究员、陈少卿高工、陈刚教授等。书稿引用了大量公开发表论文和著作中的材料,在参考文献中列出,但有少数来源于技术报告等原因无法说明,在这里对所有作者一并表示致谢。

本书邱晓刚负责撰写了第1~11章;陈彬撰写了第12章,参加了第10章的修订;孟荣清校对了全书;段红参加了第1~3章的编写。此外,肖金梅、宁丹丹、张鹏、刘亮、宋智超、罗蕾和马亮等参加了书稿排版、绘图等工作。

特别感谢黄柯棣教授,他是国防科技大学分布仿真研究的开拓者。黄柯棣教授率领我们团队在该方向取得从理论研究、标准制定、软件研制到应用推广的系统性研究成果，与应用单位合作建成多个有代表性的分布式仿真系统，推动我国军用仿真进入标准化分布仿真阶段。正是有他主持的这些工作，才有本书的策划和诞生。

感谢 10 多年来在团队工作过的老师和学生，感谢所有与我们合作过的专家、朋友，感谢国防工业出版社冯晨编辑等的辛勤工作。

书中或有不妥与疏漏之处，敬请读者批评指正。

作 者

2015 年 5 月于北京西山

目　录

第1章　仿真及其应用与发展 ……………………………………………… 1

 1.1　仿真与计算机仿真 ……………………………………………… 1

  1.1.1　建模与仿真 …………………………………………… 2

  1.1.2　仿真系统 ……………………………………………… 5

  1.1.3　计算机仿真 …………………………………………… 6

  1.1.4　计算机仿真方法的特点 ……………………………… 9

 1.2　军事领域仿真应用 ……………………………………………… 10

  1.2.1　人员训练 ……………………………………………… 10

  1.2.2　军事研究与分析 ……………………………………… 13

  1.2.3　装备发展 ……………………………………………… 15

  1.2.4　非战争军事行动研究 ………………………………… 18

 1.3　建模与仿真主计划 ……………………………………………… 20

  1.3.1　背景与简介 …………………………………………… 20

  1.3.2　目标 …………………………………………………… 22

  1.3.3　领域仿真资源 ………………………………………… 25

 1.4　仿真理论方法与技术的发展 …………………………………… 27

  1.4.1　建模与仿真理论体系 ………………………………… 27

  1.4.2　复杂系统仿真建模方法 ……………………………… 28

  1.4.3　多范式仿真建模方法 ………………………………… 29

  1.4.4　智能行为建模方法 …………………………………… 29

  1.4.5　复杂环境建模技术 …………………………………… 30

  1.4.6　实时仿真技术 ………………………………………… 31

  1.4.7　网络化仿真技术 ……………………………………… 31

  1.4.8　高性能并行仿真技术 ………………………………… 32

  1.4.9　仿真 VV&A 技术 ……………………………………… 33

  1.4.10　计算实验与平行系统技术 ………………………… 34

第2章　复杂系统仿真 …………………………………………………… 35

 2.1　复杂系统 ………………………………………………………… 35

  2.1.1　复杂系统的特点 ……………………………………… 35

  2.1.2　复杂系统的描述 ……………………………………… 36

  2.1.3　复杂系统建模的困难 ………………………………… 37

 2.2　复杂系统仿真 …………………………………………………… 40

  2.2.1　复杂系统仿真的基本思路 …………………………… 40

2.2.2　复杂系统仿真的要求 …………………………………………… 42

2.2.3　复杂系统仿真的研究内容 ……………………………………… 43

2.3　复杂系统仿真建模基础 ……………………………………………… 45

2.3.1　面向对象仿真 …………………………………………………… 45

2.3.2　概念模型 ………………………………………………………… 46

2.3.3　知识工程 ………………………………………………………… 49

2.3.4　复杂网络建模 …………………………………………………… 51

2.4　作战仿真 ……………………………………………………………… 52

2.4.1　作战的复杂性 …………………………………………………… 52

2.4.2　作战仿真特点 …………………………………………………… 54

2.4.3　作战仿真建模 …………………………………………………… 56

第3章　并行、分布与网络化仿真 ………………………………………… 60

3.1　概述 …………………………………………………………………… 60

3.2　并行仿真 ……………………………………………………………… 62

3.2.1　并行算法 ………………………………………………………… 62

3.2.2　并行仿真实现 …………………………………………………… 63

3.2.3　并行离散事件仿真 ……………………………………………… 64

3.2.4　并行化的基本方法 ……………………………………………… 66

3.3　先进分布仿真 ………………………………………………………… 68

3.3.1　分布系统 ………………………………………………………… 68

3.3.2　先进分布仿真 …………………………………………………… 69

3.3.3　关键技术 ………………………………………………………… 70

3.3.4　应用 ……………………………………………………………… 71

3.4　网络化仿真 …………………………………………………………… 73

3.4.1　基于网络的仿真 ………………………………………………… 73

3.4.2　基于网格的仿真 ………………………………………………… 75

3.4.3　云仿真 …………………………………………………………… 79

第4章　SIMNET、DIS与ALSP ………………………………………… 81

4.1　SIMNET及其设计原则 ……………………………………………… 81

4.1.1　SIMNET简介 …………………………………………………… 81

4.1.2　SIMNET的设计原则 …………………………………………… 82

4.2　DIS及其PDU ………………………………………………………… 83

4.2.1　DIS的组成与特点 ……………………………………………… 83

4.2.2　DIS标准 ………………………………………………………… 85

4.2.3　DIS的PDU ……………………………………………………… 85

4.2.4　PDU过滤与DR算法 …………………………………………… 92

4.3　DIS仿真管理与时间管理 …………………………………………… 95

4.3.1　DIS仿真管理 …………………………………………………… 95

4.3.2　DIS时间管理 …………………………………………………… 100

4.4 集合级仿真协议（ALSP） ··· 102
    4.4.1 体系结构 ··· 102
    4.4.2 ALSP 连接方式与协议 ·· 104
    4.4.3 ALSP 特点 ·· 105

第5章 高层体系结构 ·· 107
5.1 HLA 概述 ··· 107
    5.1.1 概念与构成 ··· 107
    5.1.2 HLA 的发展 ·· 109
5.2 HLA 的技术特点 ··· 111
    5.2.1 HLA 的软件体系结构特征 ··· 111
    5.2.2 HLA 与 CORBA ·· 115
    5.2.3 HLA 与联合技术体系结构 ··· 116
    5.2.4 HLA 与 DIS 的比较 ·· 117
5.3 HLA 标准规范组成 ··· 120
    5.3.1 HLA 的规则 ·· 121
    5.3.2 对象模型模板 ··· 122
    5.3.3 RTI 接口规范 ·· 123
    5.3.4 联邦开发与执行过程模型 FEDEP ·· 124
5.4 HLA 中的互操作性 ··· 126
    5.4.1 HLA 对象模型与互操作性 ··· 126
    5.4.2 HLA RTI 与互操作性 ··· 127
5.5 HLAE 标准主要技术改进 ··· 129
    5.5.1 模块化 FOM ··· 129
    5.5.2 Web 服务 API ··· 131
    5.5.3 容错支持 ·· 132
    5.5.4 动态库兼容 ··· 134
    5.5.5 智能更新率降低 ·· 135
    5.5.6 HLAE 的其他变化 ·· 136
5.6 HLA 与 TENA ·· 137
    5.6.1 TENA 简介 ··· 137
    5.6.2 TENA 与 HLA 比较 ·· 140

第6章 对象模型模板 ··· 142
6.1 HLA 中的对象模型 ··· 142
    6.1.1 FOM 与 SOM ··· 142
    6.1.2 HLA 对象模型与 OOAD 对象模型的关系 ······································ 143
6.2 OMT 的作用与组成 ··· 144
6.3 OMT 表格 ··· 147
    6.3.1 对象模型识别表 ·· 147
    6.3.2 对象类结构表 ··· 148

6.3.3　交互类结构表 ……………………………………………… 151

6.3.4　属性表 ……………………………………………………… 152

6.3.5　参数表 ……………………………………………………… 155

6.3.6　维表 ………………………………………………………… 156

6.3.7　时间表示表 ………………………………………………… 157

6.3.8　用户定义的标签表 ………………………………………… 159

6.3.9　同步表 ……………………………………………………… 160

6.3.10　传输类型表 ……………………………………………… 160

6.3.11　开关表 …………………………………………………… 161

6.3.12　数据类型表 ……………………………………………… 162

6.3.13　注释表 …………………………………………………… 172

6.3.14　FOM/SOM 词典 ………………………………………… 172

6.4　管理对象模型 ……………………………………………………… 174

6.4.1　MOM 对象类 ……………………………………………… 174

6.4.2　MOM 交互类 ……………………………………………… 176

6.4.3　MOM 扩展 ………………………………………………… 180

6.5　基本对象模型 ……………………………………………………… 181

6.5.1　BOM 的概念 ……………………………………………… 182

6.5.2　BOM 模板结构 …………………………………………… 183

6.5.3　BOM 用于扩展 FOM ……………………………………… 187

第 7 章　运行支撑系统 RTI ……………………………………………… 189

7.1　RTI 概述 …………………………………………………………… 189

7.1.1　RTI 作用与构成 …………………………………………… 189

7.1.2　RTI 软件的结构 …………………………………………… 191

7.1.3　IEEE Std 1516.1 规范的改进 …………………………… 194

7.2　联邦管理 …………………………………………………………… 197

7.2.1　联邦执行 …………………………………………………… 197

7.2.2　联邦管理服务 ……………………………………………… 198

7.2.3　成员生命周期 ……………………………………………… 199

7.2.4　联邦执行的保存与恢复 …………………………………… 201

7.2.5　联邦执行的同步 …………………………………………… 201

7.3　声明管理 …………………………………………………………… 203

7.3.1　声明管理服务 ……………………………………………… 204

7.3.2　声明管理状态图 …………………………………………… 205

7.4　对象管理 …………………………………………………………… 208

7.4.1　对象管理服务 ……………………………………………… 208

7.4.2　对象实例发现与交互接受 ………………………………… 209

7.4.3　对象实例状态图 …………………………………………… 210

7.5　所有权管理 ………………………………………………………… 212

　　　7.5.1　所有权管理服务 ················ 212
　　　7.5.2　所有权与公布 ················ 213
　　　7.5.3　所有权处理 ················ 215
　7.6　时间管理 ················ 218
　　　7.6.1　时间管理 ················ 219
　　　7.6.2　HLA 对时间管理服务的需求 ················ 223
　　　7.6.3　HLA 时间管理服务 ················ 224
　7.7　数据分发管理 ················ 227
　　　7.7.1　数据分发管理 ················ 227
　　　7.7.2　RTI 对数据过滤机制的支持 ················ 229
　　　7.7.3　数据分发管理服务 ················ 230
　　　7.7.4　实现方案及途径 ················ 231

第 8 章　HLA 联邦的设计 ················ 233
　8.1　FEDEP 模型 ················ 233
　8.2　联邦设计与开发过程 ················ 236
　　　8.2.1　定义联邦目标 ················ 236
　　　8.2.2　开发联邦概念模型 ················ 238
　　　8.2.3　设计联邦 ················ 240
　　　8.2.4　开发联邦 ················ 242
　　　8.2.5　集成和测试联邦 ················ 246
　　　8.2.6　运行联邦并准备结果 ················ 248
　　　8.2.7　分析数据和评价结果 ················ 249
　8.3　成员设计与开发 ················ 250
　　　8.3.1　成员流程设计 ················ 251
　　　8.3.2　成员框架 ················ 258
　　　8.3.3　基于组件的成员开发 ················ 261
　8.4　联邦开发支持工具体系 ················ 263
　8.5　基于持久联邦的联邦开发 ················ 264

第 9 章　基于 HLA 的通用仿真环境设计 ················ 267
　9.1　基于 HLA 的通用仿真环境 ················ 267
　　　9.1.1　设计要求与功能 ················ 267
　　　9.1.2　环境结构 ················ 269
　9.2　资源管理系统 ················ 272
　　　9.2.1　资源管理需求与功能 ················ 272
　　　9.2.2　资源库层次结构 ················ 273
　　　9.2.3　模型资源 ················ 274
　　　9.2.4　数据资源 ················ 275
　　　9.2.5　案例资源 ················ 277
　9.3　联邦开发支撑系统 ················ 278

9.3.1　联邦任务描述工具　························ 278

9.3.2　联邦需求定义工具　························ 279

9.3.3　脚本生成工具　···························· 279

9.3.4　联邦概念模型设计工具　····················· 280

9.3.5　对象模型工具　···························· 280

9.3.6　模型开发辅助工具　························· 281

9.3.7　成员开发过程管理工具　····················· 281

9.3.8　成员一致性测试工具　······················ 282

9.3.9　联邦协定编辑工具　························· 283

9.3.10　联邦运行规划(FEPW)管理工具　··············· 283

9.3.11　联邦校核工具　··························· 284

9.4　运行支撑系统　····························· 285

9.4.1　功能与组成　···························· 285

9.4.2　与 DIS 的接口　··························· 287

9.4.3　与 MATLAB Simulink 的接口　················· 289

9.4.4　与 STK 的接口　·························· 289

9.4.5　其他类型的接口　························· 291

9.5　管理控制系统　····························· 292

9.5.1　系统功能　····························· 292

9.5.2　管理控制流程与设计思路　··················· 293

9.5.3　系统设计　····························· 296

9.6　演示支持系统　····························· 299

9.6.1　系统功能与组成　························· 299

9.6.2　二维态势显示成员　······················ 302

9.6.3　三维场景显示成员　······················ 302

9.6.4　图表显示成员　························· 303

9.7　评估与研讨支持系统　························· 305

9.7.1　系统功能要求　························· 306

9.7.2　系统结构　····························· 307

9.7.3　评估支持子系统　························· 307

9.7.4　研讨支持子系统　························· 310

9.8　VV&A 支撑系统　··························· 312

9.8.1　VV&A 活动概述　························ 312

9.8.2　功能设计　····························· 313

9.8.3　结构设计　····························· 314

第10章　通用成员设计　··························· 316

10.1　联邦管理工具设计　························· 316

10.1.1　设计原理　··························· 316

10.1.2　设计要求　··························· 318

    10.1.3　工具构成 ·· 320

10.2　联邦数据采集与数据采集成员 ·· 321

    10.2.1　HLA 中数据采集的方式 ·· 321

    10.2.2　集中式数据采集 ·· 322

    10.2.3　分布式数据采集 ·· 324

    10.2.4　大规模多联邦的数据采集 ·· 326

10.3　成员测试及其工具设计 ·· 326

    10.3.1　成员测试 ·· 327

    10.3.2　成员测试方法 ·· 328

    10.3.3　成员测试工具 ·· 329

10.4　多联邦互联及桥接成员设计 ·· 330

    10.4.1　多联邦互联的需求 ·· 330

    10.4.2　桥接的概念 ·· 331

    10.4.3　桥接成员组成及桥接联邦的构建原则 ·································· 331

    10.4.4　桥接成员的功能及协议实现 ·· 333

    10.4.5　分布式桥接成员(DBF) ·· 333

10.5　通用态势显示系统设计 ·· 335

    10.5.1　态势显示系统的需求 ·· 336

    10.5.2　通用态势显示方法 ·· 336

    10.5.3　仿真态势数据的映射 ·· 338

    10.5.4　仿真态势数据的矢量化和平滑 ·· 341

第 11 章　相关专题 ··· 344

11.1　自然环境建模 ·· 344

    11.1.1　自然环境仿真 ·· 344

    11.1.2　自然环境仿真模型 ·· 345

    11.1.3　自然环境仿真数据标准 ·· 347

    11.1.4　自然环境仿真数据处理 ·· 352

11.2　多分辨率建模 ·· 353

    11.2.1　多分辨率建模的概念 ·· 353

    11.2.2　多分辨率建模的基本方法 ·· 356

    11.2.3　多分辨率模型间的一致性 ·· 358

11.3　计算机生成兵力 ·· 359

    11.3.1　基本概念 ·· 360

    11.3.2　认知行为建模框架与方法 ·· 361

    11.3.3　典型 CGF 系统 ·· 365

11.4　分布作战仿真标准 ·· 371

    11.4.1　标准化的概念 ·· 371

    11.4.2　分布作战仿真标准化途径 ·· 372

    11.4.3　分布作战仿真环境标准 ·· 373

第 12 章　HLA 联邦案例设计 ·············· 375

　12.1　案例背景 ·············· 375

　　12.1.1　防空营系统 ·············· 376

　　12.1.2　防空营指挥系统 ·············· 376

　　12.1.3　防空营侦察预警系统 ·············· 377

　　12.1.4　火力拦截系统 ·············· 378

　　12.1.5　蓝方航空兵 ·············· 380

　12.2　案例联邦 FOM 设计 ·············· 381

　12.3　典型成员设计 ·············· 386

　　12.3.1　假想敌航空兵成员 ·············· 386

　　12.3.2　防空兵营指挥所成员 ·············· 387

　　12.3.3　防空兵营侦察预警成员 ·············· 390

　　12.3.4　防空导弹分队成员 ·············· 392

　12.4　案例实验 ·············· 393

　　12.4.1　系统设计 ·············· 393

　　12.4.2　想定设计 ·············· 395

　　12.4.3　实验流程 ·············· 397

　　12.4.4　案例结果 ·············· 398

参考文献 ·············· 400

第1章　仿真及其应用与发展

　　仿真技术和高性能计算技术相结合,已成为继理论研究和实验研究之后认识和改造客观世界的第三种方法。仿真自下而上可以从三个层次进行理解:①仿真是基于模型的实验;②仿真是基于模型的活动;③仿真是基于模型产生新知识的过程。模型是仿真的基础,仿真与建模紧密相连,不可分割,建模在仿真活动中具有核心地位,通常我们所说的仿真代表了建模与仿真。建模与仿真是一种多学科交叉综合的技术,以计算机科学、软件工程、控制科学、网络与通信工程等学科为基础,根据具体的应用,融合了特定领域相关的理论与技术。例如,对飞行器的飞行过程仿真需要飞行力学、运动学等专业学科的支持。

　　仿真技术作为一门多学科综合的应用技术学科,是系统分析与研究的重要手段。仿真技术具有良好的可控性、无破坏性、安全性、可靠性、不受外界条件(如气象条件和场地空域)限制、可多次重复使用、高效和经济等特点,已经成功地应用到航空航天、工业制造、军事、医学、娱乐、经济、社会等众多领域。几乎所有学科研究和应用都需要仿真技术的支持。

　　正如上层建筑要适应生产力的发展,科技活动方式要与科技发展水平相适应。在发展新的相应的仿真技术的同时,还必须改变人们传统的进行仿真活动的工作方式。与整个科研活动日益趋于协同化一样,仿真研究与应用活动也正在从一个领域中各部门独立、自洽的分散活动方式,走向全领域集成、协同与共享的活动方式。其内在原因是追求提高仿真研究与应用活动的工作效率。

　　本章首先介绍仿真与计算机仿真的基本概念,然后以军事领域为例,分析一个领域中仿真的应用。虽然各行业都需要仿真技术,但军事部门仍是对仿真技术最为依赖的部门。应用的牵引是仿真技术快速发展的主要原因,也为仿真技术的进一步发展指明了方向。1995年美国基于其国防领域对仿真技术的全面应用需求而提出建模与仿真主计划。该计划为如何满足一个领域的仿真应用需求提供了很好的参考。最后本章归纳了在领域应用需求带动下,仿真技术的一些主要发展方向。

1.1　仿真与计算机仿真

　　第二次世界大战后期,火炮与飞行器的控制研究孕育了仿真技术的发展。20世纪40到60年代,相继研制成功了通用电子模拟计算机和混合模拟计算机,这是以模拟机进行仿真的初级阶段。20世纪70年代,随着数字仿真机的诞生,仿真技术不但在军事领域得到迅速发展,而且扩展到了许多工业领域,相继出现了一批从事仿真设备和系统生产的专业化公司,使仿真技术进入了产业化阶段。进入20世纪90年代,在需求的牵引和信息技术的推动下,为了更好地实现仿真资源共享,促进仿真系统的互操作和重用,以美国为代表的发达国家开展了基于网络的仿真,提出的分布仿真高层体系结构(High Level Architecture,HLA)发展成为了工业标准,仿真开始进入网络化阶段。21 世纪初,对复杂性问题进行科学研究的需求进一步推动了仿真技术的发展,复杂系统仿真研究和应用正在全面展开。

1.1.1 建模与仿真

人们对"仿真"一词的含义有不同的理解。一般认为仿真就是基于模型的实验研究,由此仿真可以描述为建立系统的模型,在模型上进行实验的技术、方法或过程。对计算机仿真而言,即为使用计算机程序设计语言开发目标系统的仿真模型,并在计算机上运行该模型,用以研究真实系统。图 1-1 所示为仿真的三个基本要素,分别是真实系统、模型以及虚拟系统,联系着它们的三项基本活动是建模、仿真以及应用与研究。为了理解这些要素与活动,首先要理解以下概念。

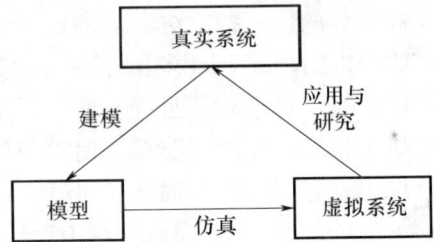

图 1-1 仿真三要素与三活动

1) 系统

仿真研究的对象是系统。仿真所关注的系统是广义的,泛指人类社会和自然界的一切存在,包括现象与过程。系统通常定义为具有一定功能,按某种规律相互联系又相互作用着的对象的有机组合。或者说,系统是若干相互作用的分系统的合成。在这个描述中,隐含了递归的概念:一个系统由若干个分系统组成,而其中分系统又是另一些系统的合成。由此可见,要使上述定义有效,分解过程必须是可以停止的。通过这种自上而下的分解,系统具有纵向分层次横向多组件的结构,根据领域研究的需求确定系统的层次粒度或者完成系统的组合。集合论是描述系统的合适工具,系统的定义符合建立抽象集合结构的要求。这个集合结构总是可以用若干个同类结构的合成来替换,从而不断地使其具体化。

实际系统介于不可分解和完全可分解两个极端之间,具有部分可分解的特征。现代仿真往往假定特定领域的被仿真系统是一定程度上可分解的。

从仿真的角度,需要关注系统的五个方面,即实体、属性、活动、交互以及环境:

(1) 实体。组成系统的具体对象,拥有一个或多个属性并能够赋值;

(2) 属性。实体所具有的每一项有效特性(标识、参数以及关系),通过赋值对实体进行描述与定义;

(3) 活动。实体的属性随时间推移而发生变化的过程,是实体在系统中功能的体现;

(4) 交互。在系统中,实体与实体之间相互合作、竞争或者交互等行为;

(5) 环境。对系统的活动结果产生影响的外界因素。自然界的一切事物都存在着相互联系和相互影响,而系统是在不断变化的环境中活动的,因此,环境因素是必须考虑的。

从边界的因素来看,系统的活动可分为:

(1) 内生活动。系统内部实体相互作用产生的活动;

（2）外生活动。系统外部环境影响产生的活动。

仅有内生活动的系统是封闭系统；而一般的系统既有内生活动又有外生活动，是开放系统。

2）模型

实际系统由于危险、复杂、昂贵、法律以及伦理等不可抗拒的原因往往不能够进行直接的理论研究与实验研究。如果能够构造一个不受以上原因限制的简化系统代替实际系统用于研究，那么该系统将具有重要的现实意义。模型便基于此目的而出现。模型就是为了一定目的而建立的用于代替原系统开展研究的简化系统。但是模型并不是原系统，只是在某一个或者多个方面与原系统具有相似性。正如前文的定义，建模与仿真通过构建模型，然后在模型上开展实验。模型为人类提供认识世界和改造世界的方法与手段。仿真中的模型仅仅是实际世界的一个简化的局部映射。由于模型通常只要求具有有限的目的，所以这种简单的、局部的抽象是足够的。

模型通过运用建模理论与方法对真实系统进行抽象和简化而得到。模型根据处于建模过程的阶段可以分为概念模型与仿真模型。概念模型为真实系统的概念化描述，能够在人的意识里面运行，但是由于其不够具体以及不够精细，不足以利用仿真设备运行起来。仿真模型为选择合适的建模与仿真范式（formalism）将概念模型进行形式化描述与表达的模型。仿真模型利用相应的范式运行算法驱动就可以在仿真设备上进行仿真实验。目前，经过前人的总结，已经有多种建模与仿真范式存在，如针对连续系统仿真的微分代数方程组范式（Differential Algebra Equations，DAE），针对离散事件仿真的离散事件系统规范（Discrete EVent System specification，DEVS）等。对于一个系统的各个部分可以采用不同的范式进行描述，同一个模型可以使用不同的范式进行表达，不同的表达可以根据规则相互转换。

建模活动是通过对实际系统进行简化与抽象，在忽略次要因素及不可检测变量的基础上，用合适的形式化表达方法（范式）进行描述，从而获得实际系统的简化近似模型。仿真的实质是期望模型同实际系统的某些方面应具有某种相似性和对应性。在系统仿真中这一点应尽可能不被数学化过程所掩盖，否则，仿真研究就只是一种数值求解。

仿真模型应能为仿真平台或计算机所接受，并能在上面运行。例如，计算机仿真模型就是对系统的数学模型进行一定的算法处理，使其在变成合适的形式（如将数值积分变为迭代运算模型）之后，能在计算机上进行数字仿真的可计算模型。显然，由于采用的变换算法引进了一定的误差，所以仿真模型对实际系统来讲是二次简化模型。

模型与数据息息相关。在建模过程中，可以将数据内建在模型之中，使模型相对独立；也可以在模型实现中保留数据注入的接口，在仿真实验中将数据代入模型之中，用数据驱动模型的运行；可以直接提取数据的模式，将数据直接转换为模型；还可以借用人工智能技术，利用数据对模型进行训练，使模型学习合理的行为。

模型是对系统某些本质方面的描述，在所研究系统的某一侧面具有与系统相似的数学描述或物理描述。应强调的是，模型不是原型，而是按研究需要建立的一个便于进行系统研究的"替身"。模型具有相似性、简单性和多面性的特点，其表现形式受到仿真研究对象和应用目的的影响。针对不同的系统有不同的表示方法，同一系统因应用目的不同模型的表现形式也会不同。因此，对于由许多实体组成的系统来说，由于研究目的不

同,可以对应不同层次、不同描述方式的多种模型,这就是模型的多面性。例如:

(1)某些模型描述系统的部分属性;而另一些模型则提供了系统更全面的描述。

(2)某些模型描述系统的全部组成实体;另一些模型则是强调了系统的某些侧面,而忽略了另外一些不重要的实体。

模型作为系统的"替身",在选择模型结构时,要以便于达到研究的目的为前提。虽然对特定的建模目标与结构性质之间的关系知道得很少,但对结构特性的描述需要考虑一些原则:

(1)相似性。模型与所研究系统在属性上具有相似的特性和变化规律,如在系统仿真中模型与系统之间应具有相似的物理属性或数学描述。

(2)切题性。模型应该只针对系统与研究目的有关的方面,而不是系统一切方面。因而一个系统的模型不是唯一的,应针对研究目的选择模型结构。

(3)可辨识性。模型结构必须选择可辨识的形式。若一个模型的结构具有无法估计的参数,则没有实用价值。

(4)简单化。所有建模过程都忽略了一些次要因素和某些非可测变量的影响,因此任何模型实际上都是一个简化了的近似模型。正如 George E. P. Box 所言,所有的模型都是错误的,但某些模型是有用的。一般而言,在可用的前提下,模型结构越简单越好。

若建模过程中上述原则间出现冲突,则要寻求合理的折中,但折中方案都依赖于仿真的对象和研究的目的,没有固定的方案。

数学模型是用符号和数学方程来表示的一个系统。其中,系统的属性用变量表示,活动则用相互关联的变量间的数学函数关系式来描述。由于任何数学描述都不可能是全面的和完全精确的,所以系统的数学模型不可能对系统作完全真实的描述,而只是根据研究目的对系统的某种近似简化的描述。数学模型实际上是对知识进行编码,将对系统各个角度互不关联的认知,按系统内在的联系结合成一个整体。

3)仿真实验

通过建模方法可以得到仿真模型,但是仿真模型只是一个形式化表达的系统,虽然抽象了实际系统的静态结构以及行为逻辑,但它仍然只是静态的。正如前文所说,每一个建模范式拥有对应的驱动算法,利用仿真设备调用驱动算法就可以让仿真模型运行起来。仿真模型根据内在逻辑运行,在仿真设备之上构建了一个虚拟的系统,而这个虚拟的系统将代替实际系统开展实验。这个虚拟系统具备廉价、可重复、可破坏、不受法律、伦理等的约束。仿真实质上就是建立系统的模型和在模型上进行实验的技术。

仿真实验是指按一定的实验程序运行模型。例如,计算机仿真就是将系统的仿真模型置于计算机上,按实验设计的结果进行运转的过程。仿真活动的目的是弄清系统内在结构变量和环境条件对系统行为的影响。为了使模型能够运转且达到这个目的,需要设计一个合理、方便、服务于系统研究目的的实验步骤和控制软件。

仿真技术可以有多种分类方法。按模型的类型,可分为连续系统仿真(系统模型以微分方程描述),离散(事件)系统仿真(系统模型以面向事件、面向进程、面向活动的方法描述),连续/离散(事件)混合系统仿真和定性系统仿真(系统模型以模糊理论等描述)。按仿真的实现方法和手段,可分为物理仿真、计算机仿真、硬件在回路中的仿真和人在回路中的仿真。物理仿真要求模型与原型有相同的物理属性,其优点是模型能更真实全面地体现原系统的特性,缺点是模型制作复杂、成本高、周期长。计算机仿真,又称数学仿真,是用计算机实现系统模型的仿真。硬件在回路中的仿真,又称半实物仿真,是将一部分实物接在仿真回路中,用计算机和物理效应设备共同实现系统模型的仿真。人在回路中的仿真是操作/决策人员进入仿真回路内,作为仿真模型一部分的仿真。

但是仿真研究不仅仅研究如何将仿真模型运行起来,而是要研究如何将仿真运用到实践中去。仿真实验设计与分析方法研究如何利用已有的仿真模型进行实验和分析,从而达到开展仿真研究的目的。仿真实验创建的虚拟系统并不是与真实系统完全割裂的,开展虚拟系统与真实系统的交互研究有助于对真实系统的管理与控制。

仿真思想的出现可以追溯到两千多年以前人类在建筑、造船等行业中对系统比例模型的应用。但仿真学科的形成是 20 世纪 40 年代出现电子计算机以后,在此以前仿真归属不同技术领域或学科。随着电子计算机应用的发展,利用电子计算机进行模型试验方法也应运而生,使应用不同领域的仿真技术有了共同的理论基础、工程方法和技术,从而产生了系统仿真学科。系统仿真学科是以相似原理、信息技术和系统技术及应用领域有关专门技术为基础,以计算机和专用设备为工具,利用系统模型对实际或设想的系统进行动态试验研究的一门多学科综合的技术性学科。

4）相似原理

仿真技术最基本的依据是相似原理:系统与模型之间的相似性,使得我们可以通过对模型的研究来把握系统。系统与模型之间的相似性有多种:

（1）几何比例相似。系统与模型在物理空间的几何形状方面相似。如按比例缩小的飞行器模型、一个战场的沙盘属于几何比例相似。

（2）特性比例相似。系统与模型在某些特性上相似。通常是系统与模型的这些特性的变化可以用同样的数学方程描述。如弹簧系统(属机械系统)和 RLC 网络(属电系统),一个是机械运动,而另一个是电子运动,其运动的物理本质完全不一样,但运动所遵循的微分方程相似,并且参数一一对应,我们称这两个系统是特性比例相似。如将机械系统看作研究对象,则电系统为机械系统的直接数学模型。

（3）感觉相似。主要是人对系统与模型在视觉、听觉、触觉和运动感觉相似。感觉相似是人在回路中仿真,特别是用各类模拟器对操作人员进行训练的依据。虚拟现实是通过感觉相似建立一个和谐的人/机关系。

（4）逻辑思维方法相似。系统与模型对获取的信息进行分析、归纳、综合、判断、决策直至操作控制的方式相似,这是体系对抗仿真中计算机兵力生成的根据。

（5）微分方程与数字解、离散相似解的相似。这是数字仿真的基础。

1.1.2　仿真系统

仿真技术通常在物化后才能应用于实践,其物化形态是一种人工构造的系统,即仿真系统。仿真系统是仿真学科的重要研究对象。可以说,仿真学科研究的主要是仿真系统构建及应用的理论、方法和技术。

仿真系统的作用如图 1－2 所示。仿真作

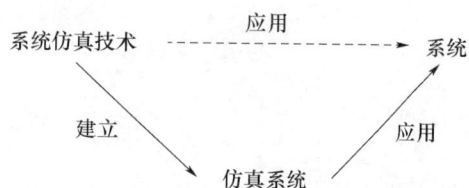

图 1－2　仿真系统的作用

为一种应用技术,其最终目标是要应用于各种具体系统的研究(如虚线所示)。但它不是直接应用到系统上,而是通过仿真系统来进行的(如图 1 - 2 中实线所示)。

通常对仿真系统的描述是从其组成着手的,例如早在 1992 文传源先生对仿真系统作过如下定义:仿真系统是由应用数学模型、相应的实用模型和装置、计算机系统(包括硬件和软件)、部分实物组成的系统。此定义描述了仿真系统的组成,系统组成是系统结构的一部分。

仿真系统作为系统,有结构与功能两个方面。结构指的是系统的各组成元素及其关系,功能指的是系统具有的作用、能力和功效。结构制约着功能的性质、水平、范围与大小,功能又不断调整和改变不相适应的结构(《辞海》缩印本 1989 版第 1317 页)。仿真系统是一种经人工综合而成的人工系统,作为一种人工系统,首先要求有一定的功能,然后根据技术水平和客观环境来设计与综合其结构(Simon,1982)。因此,从功能对仿真系统定义更能抓住其本质。如何由功能来给出仿真系统的完善定义,需要对已有的各类仿真系统进行分析,然后抽象出其共同的本质性的东西。但直观地从图 1 - 2 中仿真系统的角色和历来仿真学者对仿真的定义中,可以将仿真系统简略地定义为:用于对系统进行仿真研究的工具。

仿真系统作为人类为进行仿真研究而创造的人工系统,自它被创造后,有着它独自的发展规律。其发展受两方面的制约:一是对系统进行仿真研究的需求,二是使能技术的发展水平。需求确定了仿真系统功能,功能与需求可导出仿真系统的结构。结构与使能技术保证了仿真系统的实现。当然,实际操作的过程不可能完全是直线的,例如,当功能要求的结构不能为技术所实现时,则要修改结构甚至修改功能要求。仿真学科的理论是对这种规律的认识,而仿真技术是在此规律上创造、改造或使用仿真系统的技术。

一般要求仿真系统至少具有下面的功能:

(1) 能支持用户基于实际系统建立系统的概念模型;

(2) 能将概念模型输入仿真系统,经仿真模型或直接转换成可执行的程序代码;

(3) 能提供实验设计的框架供用户进行仿真实验设计;

(4) 能提供管理、控制仿真实验运行的手段,使用户能按需要管理控制仿真的运行;

(5) 能提供结果显示与分析的设施,供用户显示分析结果。

具体仿真系统的构成随仿真的目的、应用的领域和使用的技术不同而差异很大。其中仿真系统可处理的模型类型和形态是建立仿真系统时首先要考虑的因素。由于各个应用领域模型形式的多样性,所以有多种形式的仿真系统。若模型能有一种统一的表达方式,则有可能构成通用的仿真系统。一直以来,仿真学科都在寻求一种中性的模型表达方式,根据这种模型,可以构造通用的仿真系统。然后将其他形式的模型转换到这种中性的表达方式上来,从而可以被通用的仿真系统所处理。该方面代表性的工作是 DEVS。

1.1.3 计算机仿真

计算机仿真是在计算机上复现真实系统动态过程的活动。它依据相似原则,将系统模型通过一定的算法,转为计算机所接受和运行的仿真模型,要求这个仿真模型可以在计算机上方便地修改和反复运行。用于计算机仿真的软件系统,不同于普通数值计算配置的软件,应具有支持研究者参与仿真活动的良好的人—机交互界面,为因果关系的研究和展现提供便利环境。

由于计算机技术的迅速发展,计算机仿真成为最重要的一种仿真方式,目前各类仿真中通常都包括计算机仿真。后面可以看到,基于 HLA 的系统仿真以及其他的复杂系统仿真的研究通常可以分为两个层次:底层是构成复杂系统的各个单元的仿真,可以是数字仿真、模拟仿真、仿真器、(半)实物仿真、人或真实的设备等各种类型的仿真;上层是将这些单元集成起来的仿真。相对于上层,可认为底层属于简单系统仿真。先进分布仿真主要讨论上层的集成问题,即研究与复杂系统仿真的体系结构相关的部分。而这种集成主要是通过计算机来进行的。

计算机仿真通过人机结合支持模型建立、模型运行和结果分析等基本仿真活动。由于计算普遍性,选择计算机作为实现科学工程方法的工具越来越广泛,但是,在某些特殊场合下,也可以采用其他设备(如物理模型)来帮助进行模型研究。计算机仿真系统是模型研究者的一个合作伙伴,与研究者共同分担仿真任务。随着技术的发展,计算机仿真系统的功能越来越强,仿真系统能够承担的任务将越来越多。

计算机仿真要涉及的两步重要的工作:①建立系统的仿真模型;②在计算机上对模型进行仿真计算。如加以区分,前者称为建模,而后者可称为展模。展模即在初始状态处开始按时间延伸计算模型,获得系统状态动态演化的过程。

计算机仿真的直接目的是要获得系统随时间而变化的行为,这种系统行为是由时间轴上一系列离散点上的值构成的。设仿真的时间区间为 $[t_a, t_b]$,则计算机仿真系统给出的系统行为可用下面的集合来表示:

$$\{<t_i, q_i>|t_i \in [t_a, t_b],\ t_{i-1} < t_i, i = 1, \cdots, n\}$$

式中:q_i 为在 t_i 时刻系统的行为描述;n 为正整数。

每一点的 q_i 值一般可由该点系统的状态值来求出,所以计算上述集合可以转化为计算状态集合:

$$\{<t_i, s_i>|t_i \in [t_a, t_b],\ t_{i-1} < t_i, i = 1, \cdots, n\}$$

式中:s_i 为 t_i 时刻系统的状态。

仿真过程中,系统状态的计算是逐点进行的。在状态和状态转移函数的选择满足半群公理时,t_i 时刻的状态可以由 t_{i-1} 时刻的状态和 $[t_{i-1}, t_i]$ 上的输入来计算(Sprits,1991)。这样,我们可以定义仿真系统展开模型为逐点计算系统的状态。

在计算机上解决任何问题,一定要在某个层次上将其形式化。即必须建立一个形式系统,规定所用的符号以及对符号进行操作的规则,这样问题可以用符号表达出来。计算机求解的过程就是从表示问题的符号序列出发,按规则进行加工直到得出符合要求的解为止。因此仿真系统的展模过程可以用图 1 – 3 来表示。

在已知系统在 t_k 的状态后,展开过程是先确定时间的推进,即确定 t_{k+1} 的值:时间推进点一般根据模型的(内部和外部)输入和其他一些因素来确定。然后是在已知上一步的状态和相应区间的输入的基础上计算 t_{k+1} 的状态。

利用仿真方法解决实际问题的关键是建立模型和系统之间的具有同态关系的模型,并且仿真产生与物理系统实验相同的结果。从知识工程的角度,仿真建模是将被仿真系统的知识进行组织和编码,使得仿真系统能接受并处理。计算机本质上是符号操作的工具,因此,仿真模型最终要具有可计算的形式。真实系统的知识是由系统相关的学科提

```
┌──────────────┐
│     开始      │
└──────────────┘
        │
        ▼
┌──────────────────────┐
│ 已知t₀时刻的状态为s₀令k=0  │
└──────────────────────┘
        │
        ▼
┌──────────────────────┐
│    确定tₖ后模型的输入      │
└──────────────────────┘
        │
        ▼
┌──────────────────────┐          ┌──────────┐
│   确定下一步的时间tₖ⁺¹      │          │  k=k+1   │
└──────────────────────┘          └──────────┘
        │
        ▼
┌──────────────────────┐
│  计算tₖ⁺¹时刻系统的状态sₖ⁺¹  │
└──────────────────────┘
        │
        ▼
     ◇是否结束◇ ──否──
        │是
        ▼
┌──────────────┐
│     结束      │
└──────────────┘
```

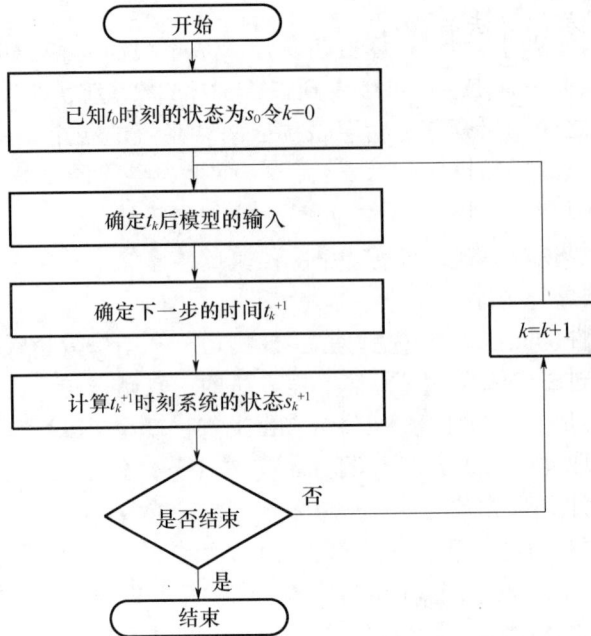

图 1-3　仿真系统展模的一般过程

供的,其表示自上而下可分为物理层、数学层和数值计算层等三层抽象形式。在物理层,系统按物理概念进行建模,状态变量具物理意义,用诸如力、速度、功率等物理量来描述。数学层的模型与物理层密切相关,这层的模型主要建立了物理量之间的关系。在连续系统中,这种关系通常是偏微分方程或常微分方程。对复杂系统,这些方程难以得到地解析,所以要转换成可数值计算的模型。

虽然计算机仿真系统展开机制直接可操作的一般是可数值计算的模型,但由于越上层的模型对用户越方便,自然希望仿真系统能接受上层形式表达的模型。这需要仿真系统能自动完成上层模型到低层模型的转换工作。当仿真系统具有这种转换功能后,从使用者的角度来看,可以认为仿真系统具有了展开数学、物理模型的能力。

在仿真研究中,模型是联系真实世界和仿真世界的桥梁,对仿真系统开发的成败起着至关重要的作用。模型不是真实系统的简单复现,而是按研究重点和实际需要对系统进行适度的简化抽象后得到的形式化的描述与表示。从抽象的复杂程度,模型对真实系统的描述可分为四个层次:观测框架层、输入/输出层、状态层和结构层,如表 1-1 所列。各层次的描述具有内在一致性。

表 1-1　模型描述的层次

层次	名称	描述内容
1	观测框架层	输入信号集,带时序的输出信号集
2	输入/输出层	带时序的输入/输出数据对集合,包含系统的初始状态信息
3	状态层	状态与输入之间的关系;状态与输出之间的关系;初始状态信息
4	结构层	系统元素以及各元素之间的耦合关系;对于有多层结构的系统,元素可用上面的三层方式定义或它本身就是一个结构系统,也用结构层次定义

1.1.4　计算机仿真方法的特点

计算机仿真不仅仅是一种技术,而且是一种综合了实验方法与理论方法各自的优势,但又具备自己独特之处的研究方法,其在科学方法论体系中有独立的地位。人类需要借助各种工具来增强、延伸和扩大自己认识世界并获取知识的能力,计算机仿真方法构造出的人工环境,可以帮助工程师和科学家创造一个时域和空域可变的虚拟世界,使人们能够在这个虚拟世界中纵观古今,匡扶四海,实现从必然王国到自由王国的认识过程。计算机仿真成为科学家探索科学奥秘的得力助手,成为工程师们实施工程创新或产品开发,并确保其可靠性的有效工具。

从方法论角度看,过去人类使用的科研方法有两大类,一是实验方法(含观察方法);另一是理论方法(核心是数学与逻辑方法)。近代科学诞生后,这两大类方法在科学探索中发挥了重要作用,取得了一系列辉煌成就,使人类的科学水平大大提高。随着计算机技术的产生和发展,计算机仿真方法应运而生,它在科学研究和技术开发中的独特作用日益突显。大量的工程实践和科学研究行为表明,理论、实验和仿真是支撑着工程与科学的大厦三大支柱。一些学者已将其看作实验方法和理论方法之后的第三类研究方法。

2009 年美国《WTEC 委员会仿真工程与科学国际评估报告》明确将仿真技术定义为:使用计算机建立工程系统或自然系统的虚拟物理模型并求解为此而建立的数学方程的一门跨学科的工程科学。该报告总结了仿真技术的重要意义:"仿真工程与科学的'预测'能力已经达到这样的高度,其已经被公认对理论和实验/观察这两根传统的科学研究的支柱起到了补充作用。今天的计算机仿真技术已经比人类历史上的任何时期都更为普及,而且影响力更大。在许多关键技术的研发过程中甚至达到了这样的境界,即它们如果脱离了仿真则几乎无法被理解、开发和应用。"

计算机仿真方法有如下特点:

(1)模型结构、参数可以动态调整。模型结构、参数可根据实验需要,通过计算机程序随时进行修改调整,从而研究各种条件下,系统演化的各种可能结果,为进一步完善研究方案提供了极大的方便。这正是计算机仿真被称为"计算机实验"的主要原因。与通常的实物实验比,这种"实验"具有运行费用低、无风险以及方便灵活等优点。

(2)系统模型快速求解。借助于先进的计算机系统,人们在较短时间内就能知道仿真运算的结果(数据或图像方式),从而对系统未来的发展变化提前观察,为人类的实践活动提供强有力的指导。

(3)运算结果准确可靠。只要系统模型、仿真模型和仿真程序是科学合理的,模型参数准确,那么计算机的运算结果一定准确无误。因此,人们可毫无顾虑地应用计算机仿真的结果。

(4)仿真结果直观形象。可视化技术可以直观形象地展示仿真的结果,利于分析把握因果关系。另外,把仿真模型、计算机系统和物理模型及实物联结在一起的实物仿真(有些还同时是实时仿真),形象十分直观,状态也很逼真。

由于这些特点,计算机仿真在军事领域和一些工程技术领域(如宇宙航行、核电站控制等)发挥了独特的作用,主要表现为以下四个方面:

（1）优化系统设计。对于复杂系统的研究，一般要求进行优化，为此必须对系统的结构和参数反复进行修改和调整后进行实验，这只有借助计算机仿真方法才能方便、快捷地实现。

（2）降低实验成本。对于复杂的工程系统，直接进行实物实验费用很高。而用计算机仿真手段就可大大降低相关费用。如一般单次实飞的成本为数万美元以上（依不同机型而定），若用仿真手段，费用仅为实飞成本的 $1/10 \sim 1/5$，且设备可重复使用。

（3）减少失败风险。对于一些难度高、危险大的复杂工程系统，如载人宇宙飞行，若直接实验，一旦失败则无论在经济上还是政治上都是难以承受的。为了减少风险，必须先进行计算机仿真实验，以提高成功率。

（4）提高预测能力。对于各种非工程复杂系统，如经济、军事、社会等系统，几乎不可能进行直接实验研究，因而也很难准确预测其发展趋势。但计算机仿真实验却可以在给定的边界条件下，推演出此类系统的变化趋势，从而为人们制定对策提供可靠的依据。

1.2　军事领域仿真应用

虽然仿真技术在各行业应用都取得了巨大的进步，军事仍是对仿真技术最为依赖的部门，也是对仿真发展牵引最大的领域。

从军事视角看，可以说除了战争之外的一切都是仿真。在军事领域，战争规律研究，作战方案评估，操作与指挥技能训练，武器系统从需求、立项到制造、装备和全寿命管理的全过程，以及其他代价高昂的或破坏性大的军事活动中，都离不开建模与仿真技术的支持。从模拟机到混合机到全数字仿真机的时代，建模与仿真技术在其发展历程中为军事研究提供了新的手段，为军事人员在受到实际环境限制下辅助进行军事活动提供了强有力的支持。

信息化战争对仿真技术提出了更新更高的要求，是对仿真技术的一次重大挑战。美国早在 1997 年度的"美国国防技术领域计划"中，已将"建模与仿真"列为"有助于大大改善军事能力的四大支柱：战备、现代化、部队结构、持续能力的一项重要技术"。美国国防部提出的基于仿真的采办（Simulation Based Acquisition，SBA），反映了装备采办对仿真技术全方位、全系统和全生命周期的需求。

在军事领域，仿真技术作为一种非破坏性、可重复使用的实验手段而被广泛应用。其用途主要可以分为：训练仿真、分析仿真和测试仿真。训练仿真用于装备的操作技能训练、参谋作业训练和各级指挥员进行战场态势感知、决策和指挥训练等。分析仿真用于新概念武器战术应用研究、作战理论研究、部队战斗力分析评估、作战方案计划评估和改进等。测试仿真用于武器装备体系论证、武器装备战技指标论证、作战环境下的武器装备鉴定和新概念武器先期技术演示等。

1.2.1　人员训练

部队训练是军队在和平时期进行战争准备必不可少的重要实践手段。部队训练主要是指通过对单个人员或部队就军事理论和军事技能进行的训练，使每个人和每个集体具备完成特定任务的能力。随着军队建设快速发展，武器装备越来越先进、操作越来越复杂,战场空间拓展到陆、海、空、天、电全维领域,信息化条件下的联合作战已经成为基本作战样式,基于现代军事仿真技术发展起来的模拟训练方法逐渐成为部队训练必不可少的一种手段。运用计算机作战指挥训练模拟系统对部队指挥员、参谋人员和军事院校指挥班学员进行教育训练,是学习理论、研究战例、提高首长机关在高技术条件下作战的组织指挥能力和谋略水平的有效方法。而使用各类技术操作模拟训练系统可以对军队人员进行技术操作训练,提升军事素质,为他们掌握和运用好高技术兵器提供了有效途径。

军事训练是军事仿真技术应用最早,也是目前应用最成熟和最广泛的领域之一。通过军事仿真技术构建武器装备模拟器,生成逼真的训练环境,不仅能够减少实战和实装训练中的人员、物资损失,节约训练经费,显著提高训练质量,而且还不受各种自然环境的约束和限制。

1)单武器平台操作技能训练和多武器平台协同作战训练

采用仿真技术构建一个高度逼真的模拟系统对操作人员进行培训,是各国军方的进行武器平台操作训练的普遍做法。目前,各国大部分武器装备都配有相应的模拟训练系统,如飞机模拟器、舰艇模拟器、坦克模拟器、导弹模拟器等。这些模拟器不仅能够用来培训新的战斗机飞行员,坦克、火炮、导弹操作人员和其他军事人员,还可以用来提升各类熟练操作人员在危险环境下的快速反应能力、心理承受能力和熟悉可能要参与实战的作战环境等。这主要得益于在训练模拟系统中可以根据需要设置不同的背景,给出不同的情况,让受训者采取不同的处置方案,体验不同的危机和作战环境,就像操作真实的装备在真实的作战环境中一样。

例如,美国的“F—16”战斗机虚拟训练模拟器采用了三维图形可视化生成系统、全封闭立体头盔显示器、三维交互式声音合成技术、Provision 高性能图形工作站、六自由度的运动平台等技术手段,并制造了与实物同样大小的战斗座舱。其三维图形生成系统不仅能够生成逼真的大范围虚拟地形环境,模拟不同自然环境下,如雾天、雨天、暴风雪等各种飞行条件,其六自由度的运动平台能够模拟出飞机在各种飞行动作下的运行体感效应,其三维的声音合成系统能够合成出逼真的三维空间声音的效果。更为重要的是它还可以采用实战中飞行员需要飞行的真实地理环境数据生成虚拟作战环境对飞行员进行实战前的培训。例如,在阿富汗和伊拉克战争中,美军就采用综合了航空照片、卫星影像和数字高层地形数据来生成高分辨率的作战区域三维地形环境,以几乎一致的三维战场地形来训练执行任务的战斗机飞行员。很多飞行员都感慨在执行任务的过程中,见到的环境都在模拟器中见到过,因此大大减少了执行任务的难度和伤亡率。

2)分队战术与合同战术训练

分队战术与合同战术训练既可以提高指挥人员的指挥艺术水平,也可以对参谋人员进行作业训练,通过将作战实体连入仿真系统可达到技术与战术的结合。

单兵模拟训练系统通过计算机网络可以连接成一个网络环境下的模拟训练系统,可以进行多成员协同与对抗性的训练。例如,美国国防高级研究计划局于 80 年代初开始发展的 SIMNET 系统,将分布在美国和德国的 260 多台坦克模拟器联成一体进行网络模拟训练,主要目的是为了在联合演习中训练坦克乘员小组协同作战能力。每个 SIMNET模拟器是一个独立的装置,再现了 M1 主战坦克的内部,包括导航设备、武器、传感器和显示器等。车载武器、传感器和发动机由车载计算机动态模拟,该计算机还包含整个虚拟战场的生成。地形数据库准确地复现了当地的地形特点,包括植被、道路、建筑物、桥梁,等等。坦克乘员之间的通信是借助于车内通信系统实现的,而与其他模拟器的通信是通过远程网络由话音和电子报文实现的。现在,类似的网络环境下的模拟训练系统已非常普遍,不仅能够进行同类武器系统的联网训练,还能进行多军兵种的不同武器系统的联网训练。

把在地理上分散的各个战术分队的多个训练模拟器和仿真器连接起来,以当前的武器系统、配置、战术和原则为基础,形成一个基于网络的虚拟作战环境,即可建立一个近战战术模拟训练系统。根据需要还进一步可以把陆军的近战战术训练系统、空军的合成战术训练系统、防空合成战术训练系统、野战炮兵合成战术训练系统、工程兵合成战术训练系统,通过局域网或者广域网连接起来形成一个战术级的联合作战虚拟作战环境。这样的虚拟作战环境,可以使众多军事单位参与到作战过程之中,而不受地域的限制,具有动态的、分布交互能力。这种系统不仅可以训练战术级的指挥员,而且还可以进行战役理论和作战计划的检验,并预测军事行动和作战计划的效果;评估武器系统的总体性能等。美陆军研制的"近战战术训练系统"(Close Combat Tactical Trainer,CCTT),投资近 10 亿美元,利用许多先进的主干光纤系统网络并结合分布式交互仿真,建立一个虚拟作战环境,供作战人员在人工合成环境中完成作战训练任务。该系统包括"艾布拉姆斯"坦克、"布雷得利"战车、HUMVEES 武器系统,通过局域网和广域网联结着从韩国到欧洲的大约 65 个工作站,各站之间可迅速传递模型和数据,使异地的士兵能在虚拟环境的动态地形上进行近战战术训练。

3)联合作战训练

当前,跨越军种界限、多军种一体的联合作战成为基本作战方式。所有参战部队,必须在统一的作战意图下按规定时间、地点同步作战,协调行动,才能完成统一的作战任务。高技术条件下的联合作战训练,尤其是其指挥、协调训练需要借助于现代仿真技术。

在网络技术的支持下,军事仿真技术可以使相距几千公里的实兵装备、各种虚拟装备模拟器、作战指挥人员、指挥控制系统等连接在一起形成一个高度逼真的合成虚拟环境进行对抗作战演习和训练,效果如同在真实的战场上一样,从而训练高层指挥人员的指挥决策能力。美军最近几年在其开发的大规模合成虚拟训练环境(Synthetic Theater of War,STOW)、联合训练仿真系统(Joint Simulation System,JSIMS)等基础上举行了一系列大规模军事演,如"千年挑战 2002"的联合军事演习(Millennium Challenge 2002,MC02),虚拟红旗(Virtual Red Flag)等。这些演习几乎都使用了跨全美的虚拟合成地理环境,其中包括了不同逼真度的动态地形、各种道路、武器毁伤对物体与地形的影响和各种自然现象。由于虚拟军事演习系统可以任意增加演习的次数,不受自然环境的限制,可以有效地克服传统实兵演习周期长、耗费大,难以在较短的时间实施大规模战区、战略级演习的弊病,在训练高层指挥决策人员中起到至关重要的作用。

模拟训练摆脱了传统训练由于各类训练条件不足带来的不良影响,具有其特有的优势:

(1)增大安全性系数。传统训练为提高训练质量采取实装实弹训练,让官兵体验和感受真正的实战感觉,但由于条件受限,安全成了重要的制约因素。模拟训练器可以弥补这些实装实弹难以进行的一些难度高、危险大的课目空白,如士兵的排雷训练等。模拟训练使这些具有危险系数较大的训练,也能在近似实战的条件下,得以反复演练,既安全可靠,又形象直观。

（2）不受环境条件束缚。模拟训练不受场地和气候气象条件限制,能设置比较复杂的情况,无论白天、暗夜、刮风、下雨都可照常训练,无论山地、平原、丛林、城市还是沙漠都可以得到体验,从而增加训练机会,缩短训练周期,提高训练质量。

（3）有效节省训练经费。传统实兵实弹实装训练,不仅费用高,而且对装备的损耗严重。模拟训练,可以少用或不用实装,减少武器装备在训练中的损耗,节约油耗、弹耗,提高装备的完好率;节省人力、物力、财力,缩短训练周期,提高军事训练的效费比。模拟训练较好地解决了由于训练条件等客观原因造成的训练效能限制问题,提高了训练的针对性、时效性和主动性。

（4）提高训练的针对性。针对不同作战地域,模拟训练利用各种模拟器材和模拟设备模拟战场环境,近乎真实地构建战场气氛,生动形象地反映作战的基本情况,让受训者在近似实战的环境中接受锻炼,不同训练对象,模拟训练利用各种模拟器材模拟武器平台,提高单个人员对武器装备的操作熟练程度。

（5）人与武器装备的结合程度大幅度提高。针对指挥员对战场把握的实际需要,模拟训练利用各种信息化模拟手段模拟战场景况,为指挥员和指挥机关提供近似实战的战场态势和敌我双方的情况,生动形象地反映出多维战场的复杂性,锻炼指挥员的分析判断能力和指挥控制能力。

（6）增强训练的时效性。由于不受各种客观条件限制,模拟训练可以更为直接地反映训练效果,从而使部队在训练中能够及时发现和解决问题,缩短训练周期,提高训练质量。

（7）调动训练的主动性。模拟训练由于不受安全和经济因素的影响,能够以较少的训练投入产出较大的训练效益,而且模拟武器装备和战场情况设置灵活多样、形象逼真,受训者在贴近实装的操作和近似实战的演练中,能够产生浓厚的兴趣,提高了训练主动性。

训练模拟器材和仿真系统成为军队的装备,仿真技术直接或间接地成为部队战斗力,是高技术战争引发的一个新的特征。因高新技术武器复杂、开发周期长和费用高,平时对武器的操作技能训练大多只能在模拟器上,辅以少数的实物练习。基于仿真的大规模军事演习是以部分真实兵力,结合计算机兵力和虚拟兵力合成形成的虚拟战场,使得指战员分不清这些兵力的属性,为作战演练开辟一条既能达到训练目的又能省钱、省力、无破坏性、不受条件限制的新途径。

1.2.2 军事研究与分析

作战仿真技术运用于军事研究,可使定性分析和定量分析两者紧密地结合起来。目前作战仿真已成为各国制定中长期发展规划和实施决策的一个必不可少的环节,其作用主要体现在以下几个方面:国家目标与国家战略研究、国防战略与作战方针研究、武装力量的规划、作战方案计划评估优化等。

现在美军已建立起一系列的战略级作战模拟模型,主要研究总兵力的规划,提出各军种的军事战略方面的要求,分析三军的规模、兵力结构,评定部队的作战能力并对军费分配的长远规划、年度计划及现有部队的作战部署、计划等方面提出建议。美国防部、三军及各军事院校在其各自建立的国防系统分析专业机构中,都广泛使用作战仿真为战略、战役和战术各层次的决策提供定量分析的依据,并广泛动用民间各种思想库和系统分析力量。为了有效地进行战略分析与战略规划,世界军事强国都建立并使用着各种各样的政治军事仿真系统、战略规划仿真系统。正因为成功的运用了作战仿真技术,美国才为核武器找到了正确的发展策略。

西方国家的军队,在北约科学委员会的组织下,一直在从事建模与仿真的开发研究。北约国家还专门组织过诸如"国防过程的建模与分析"学术研讨会等活动,如德国慕尼黑国防大学应用系统科学的一些教授曾经应用计算机模拟方法进行区域安全体系的战略模型设计、欧洲安全体系结构的系统分析、应用常规冲突模型的军事战略分析、军备控制的系统分析与数学模型设计。

1)军事理论研究

军事理论研究包括作战思想、作战理论和战术理论研究,作战模拟技术在这方面有广阔的应用前景。事实上,只要运用正确的建模方法与建模思想,所建立的作战模拟系统就可以用于作战理论的研究,并大大提高作战理论的说服力。例如,美国陆军作战分析中心与兰德公司共同开发的"21世纪陆军"作战思想筛选模型,以作战活动为线索的建模方法,表述大量的可供选择的作战思想方案,通过模拟推演,找到了系统地描述作战思想的框架(指作战思想的研究方法)和最为合理正确的作战思想。通过模拟推演,还可以探索和改进新的作战思想、作战方案。

2)作战计划制定

在现代军事史上,各军事强国在应用作战模拟方法制定战争计划方面,都有出色的表现。例如,德国军队通过阿登地区突破马其诺防线、急速推进法国的作战计划,就经过作战模拟的试演和预先检验,从而保证了战斗的顺利进行。海湾战争中,美军高度计算机化的计划更是其如此庞大的洲际作战部署做到快速反应、有条不紊的原因之一。海湾战争爆发前一周,美军中央总部根据作战预案进行了为期5天的代号为"内部观察90"的作战演习,模拟伊拉克入侵科威特时美军的作战部署等一系列行动,1991年8月2日,伊拉克真的采取了演习中预示的那种行动,美军对"内部观察90"稍加修正于8月4日提出应急方案,并通过计算机计划系统立即形成了战区作战计划和后勤保障计划。

3)辅助分析决策

随着军事仿真与作战模拟技术不断向前发展,军事仿真技术应用逐渐开始向指挥决策领域扩展。其应用主要包括两个方面:一是通过获取到的情报数据在系统初始的三维战场环境上合成逼真的三维战场态势场景,以利于指挥人员更加形象直观的把握整个战场态势,辅助指挥员进行决策;二是采用基于军事仿真技术的作战方案分析系统对指挥决策人员提出的决策方案进行仿真分析,为决策人员提供参考。

目前被广泛应用的三维战场可视化系统,如电子沙盘,就是根据侦察到的战场情报资料和战场自然环境,采用三维图形可视化系统合成出形象直观的三维战场全景图,让指挥员能够全面直观的观察和分析双方兵力部署和战场情况,以便判断敌情,定下正确决心。在传统的作战指挥中,指挥员一般是在平面的二维军事地图上或者是在一个缩微的沙盘上进行战场态势分析和指挥决策的。这种古老的指挥决策手段不仅不直观形象,而且使用也不够灵活和方便。在现代军事仿真技术的支持下,三维战场可视化系统不仅可以把平面的二维军事地图变成更加形象直观的三维军事地图,还可以克服普通战场缩微沙盘灵活性差,使用不方便的弱点;必要时还可以对获得的战场情报进行一定的分析处理,去伪存真,从而有力地支持指挥人员的指挥决策。

在过去几年中,基于军事仿真技术的战场可视化系统逐渐受到世界各国军队的关注,相继投入巨资开展相关技术及应用原型系统的研发工作,一些系统已在演习与实战中得到检验与应用。在作战之前,这些系统能够快速将复杂战场态势可视化,使指挥员及其参谋人员能灵活使用两维或者动态三维显示系统进行更有效的制定任务计划和演练,评估行动路线,保持态势的认知。同时还能够使士兵看清道路、树木、山地和水路。

4)方案分析评估

军事仿真技术可以为指挥员制定的决策方案进行反复的模拟仿真分析,评估指挥员决策方案的优劣。与训练类系统不同,分析类仿真系统不仅能够提供逼真的三维战场环境,而且还能够对指挥员制定的决策方案的执行结果进行直观的可视化展现,使指挥员能够一目了然了解决策方案可能出现的一系列后果,从而为指挥员选择和制定高质量的决策方案提供参考。

根据不同领域应用层次的需要,这种分析类模拟系统可以是战术级、战役级或战略级的,也可以是陆、海、空和诸军兵种联合作战的。美军从海湾战争、科索沃战争、阿富汗战争到伊拉克战争,几乎所有的军事行动方案都在作战仿真系统上进行过反复的仿真研究,为美军制定高质量的方案提供了强有力的支持。美军着眼于其所面临的现实威胁和信息化战争的时代特征,先后研制了一系列大规模诸军兵种联合作战分析类仿真系统,如 JWARS(Joint Warfare System)、JMASS(Joint Modeling and Simulation System)、NET-WARS、WARSIM2000 等。并在这些系统的支持下进行了一系列的大规模联合军事演习,为美军的 21 世纪军事转型研究和军事理论创新提供了强有力的支持。

5)后勤保障支持

军事高技术和武器装备的发展,使现代战场发生了一系列的变化。战场消耗巨大、后勤补给困难成为现代战场的基本特点之一,作战后勤保障已成为提高总体作战能力的重大课题,如果没有作战仿真作为辅助决策手段,难以实现有效的后勤保障。在海湾战争中,参战的后勤保障方面的主要作战仿真系统就有联合部署系统、军事空运全球决策支持系统、医疗自助救护质量评价支持系统等十几个系统。另外,多国部队的行动带来的所有衣食住行等问题,也都依赖于大量的计算机作战仿真系统。

6)条令条例制定

军队的条令条例是对历史经验的高度总结,也是对今后作战行动的规范。条令中涉及的一些作战样式可能在过去没有实践过但在今后会遇到。条令对此给出作战原则时,仅靠一般的定性分析显然是远远不够的,正确的做法应该是建立相应的模型和仿真系统,以原有的经验为基础,分析新的作战环境和样式将面临的情况和特点,把原则量化后进行反复的仿真检验,评估其价值和可行性,使其正确性得到足够的保证。

1.2.3 装备发展

装备仿真历来是军事仿真发展与应用的重要领域,其发展方向是支持武器装备发展的"三全",即全寿命(包括论证、方案、研制、生产和使用等阶段)、全系统(包括主战装备、支持装备、保障装备)、全方位(即管理的全方位)。

美国国防部历来重视将建模与仿真技术应用于武器装备的研制领域,并由此获得过巨大的效益。美国各军兵种及各大军火公司均建有自己的大型仿真实验室,特别是美国各大军兵种,都建有种类齐全的半实物仿真实验室,可以进行单一装备和多种装备的综合性能仿真试验与作战仿真实验。美国还通过网络将各大仿真中心与作战指挥中心、军事基地等连接起来,可以进行实时的武器装备作战半实物仿真。新式武器系统研制项目中大量地采用复杂系统建模与仿真技术,全面支持系统的开发测试、实弹测试评估和作战测试。

在武器装备研制的过程中,广泛采用军事仿真技术可以使设计研发人员在研制出真实系统之前先设计一个虚拟武器系统,对其进行先期的虚拟实验;可以使设计人员方便自如地介入系统建模和仿真试验的全过程,根据未来战争的特点和各种作战设想,设置多种典型战场环境、作战背景和作战态势,反复进行验证评估;可以让研制者和用户同时进入虚拟的作战环境中操作虚拟的武器系统,充分利用系统提供的各种虚拟环境,检验武器系统的设计方案和作战技术性能指标及其操作的合理性。这样不仅可以大大缩短武器系统的研制周期,节省大量的研制经费,并能对武器系统的作战效能进行合理的评估,从而使武器的性能指标更接近实战要求。目前,将军事仿真技术应用于武器系统研制的各个阶段,已经成为世界各国武器装备研制策略的重要组成部分。

在相关技术的选型与研制方案探索阶段,可以采用武器装备先期技术演示(Advanced Technology Demonstration,ATD)来对相关技术支撑下的武器装备进行建模,并在各种虚拟的作战环境下进行虚拟仿真实验,检验相关技术的可行性,以确保系统设计性能。先期技术演示的基本目的是验证科学技术的新原理、新概念、新技术和新材料等在武器装备研制中的成熟程度、经济承受力和军用适应能力,是提高武器系统作战效能和降低系统全寿命费用的决策手段。虽然先期技术演示并非一定会采用基于虚拟现实的技术手段对军方需要的新技术进行演示性验证,但是,采用军事仿真技术可以大大节省经费,提高验证过程的灵活性,缩短验证时间。

在系统的研制设计阶段,采用基于虚拟现实的虚拟样机技术(Virtual Prototyping)进行虚拟设计,不仅可以保证系统设计的正确性,而且可以大大降低研制费用,缩短研制周期。虚拟样机实际上是武器系统真实物理样机的基于军事仿真与作战模拟技术的数字化虚拟模型。虚拟样机技术是为了使数字化虚拟模型达到物理样机的各项性能要求,满足物理样机的实际需要,在建造物理样机之前,利用计算机技术、军事仿真与作战模拟技术对数字化虚拟模型的设计、制造、分析、测试等过程进行虚拟实现所采用的手段和方式方法。

在系统的制造阶段,可以采用基于虚拟现实的虚拟制造技术精确模拟计划的生产设施和过程,保证可生产性,降低制造成本,减少生产时间。在虚拟试验阶段可以模拟可能出现的各种情况和环境因素,可以缩短试验时间和降低试验费用。

美国第四代战斗机 F-22 和 JSF 在研制的全过程中由于采用了上述军事仿真技术,实现了三维数字化设计和制造一体化,使研制周期缩短 50%,节省大量研制费用。由于采用军事仿真技术在系统设计的初期,就能够提供飞行员直接体验新设计优点的"虚拟"

系统,并能随时按照订货方要求现场修改设计。美军用这一技术成功地设计了"阿帕奇"和"科曼奇"武装直升机的电子座舱。美军改进型 M1 坦克作战试验,采用实物仿真需要2 年,耗资 4000 万美元,而采用军事仿真与作战模拟技术,只需 3 个月,花费 640 万美元。

目前,在武器装备采办领域逐步得到认可的一种新的采办理念是基于仿真的采办(Simulation Based Acquisition,SBA)。采办(Acquisition)是为实现国防部提出的某项军事任务目标,完成所需武器及相关系统的概念化、立项、设计、开发、测试、签约、生产、部署、后勤保障、改良以及报废的过程。SBA 本质上是关于武器装备采办的全寿命的管理过程,其核心支撑技术就是军事仿真技术。

美国国防部从 20 世纪 90 年代中期开始探索基于仿真的采办模式。为推进 SBA 的实施,美国防部和工业界开展了一系列工作,成立了由政府指导,政府、工业界和学术界共同组成的工业促进小组(Industry Steering Group,ISG),为 SBA 发展提供技术性建议。此外,美国国防部还成立了 SBA 联合工作组,将 SBA 目前阶段的工作进行了详细的分解,按管理类、运作结构类、系统结构类、技术结构类、政策法规类、教育培训类、工业类等划分给 20 多个下属机构和企业,并针对每个任务和机构制定了近期和远期目标。SBA 的一些基本概念和技术方案已经应用在美国联合攻击机(JSF)等项目中,如分布式产品描述。2006 年美国防部颁布了《采办建模与仿真主计划》,对装备采办领域建模与仿真技术的发展做出了整体规划。整个计划包括 5 项目标和 40 项行动。

SBA 在采办全过程综合运用建模与仿真工具和资源,对一体化产品与过程开发方法IPPD(Integrated Product and Process Development)提供技术支持,以达到快、好、省地开发武器系统的目标。SBA 着重强调数据、模型、仿真以及各种工具和资源的互操作性与可重用性,以减少重复投资,提高开发效率。IPPD 方法是一种由多领域的专家组成一体化开发小组,并发、协同地开展采办工作的方法。SBA 就是要充分利用建模与仿真工具与资源对并发、协同、多循环的产品采办过程提供全方位支持,是适合复杂大系统开发的一种先进的方法,代表了 21 世纪武器装备采办的方向。

SBA 的总体目标为:

(1) 切实缩短采办时间,减少资源消耗,降低采办风险;

(2) 提高产品质量,增强军事性能,加强系统可保障性,降低全寿命周期成本;

(3) 在采办全过程贯穿一体化产品与过程开发(IPPD)方法。

在 SBA 概念的基础上,美国陆军根据其在采办、需求分析和训练领域的仿真应用需求对 SBA 概念进行了扩展,提出了 SMART 概念。所谓 SMART 就是投资于建模与仿真技术,通过概念需求、采办、训练等三方面的合作,共同解决系统开发和全寿命成本管理所面临的问题。

SBA 概念的提出并不是凭空想象。SBA 概念产生的直接原因是美国国防部提出了采办改革的要求并将虚拟样机和建模与仿真技术确定为实现采办改革的支撑技术。为了达到对采办改革提供技术支持的目的,美国国防部对其建模与仿真技术发展和应用状况进行了调查、研究和总结,并在此基础上提出了 SBA 概念及其体系结构。可以说 SBA 概念是在美国国防部建模与仿真技术发展的基础上结合采办改革需求而提出的,如果不是仿真技术及其应用水平发展到了相当高的水平,不可能提出 SBA 概念及其体系结构。

SBA 系统的开发和应用是一项庞大而复杂的系统工程,涉及多个部门、多个领域,其实现需要信息技术、仿真技术和采办管理技术的紧密结合。因此,SBA 系统的建立要求在总体妥善规划的基础上,划分阶段目标,然后根据技术的发展情况,分步实施。尽可能通过边建边用,边用边完善的策略来达到最佳建设效益。

同时,SBA 系统主要用于支撑武器发展论证部门的决策,但其研究与开发需要在统一的领导下,联合武器发展论证部门、设计部门、测试部门、使用部门以及科研院所等协同来完成。

SBA 着重强调的是仿真相关的工具、资源以及人的可重用性。SBA 的最终目标是:针对新的采办项目,可以直接从现有资源中选择合适部分自动(至少部分自动)进行重新组合,适当加以改进(如有必要),快速形成适合新项目使用的协同环境,对系统采办全过程提供全方位、全过程支持。

作为一种新的武器系统开发方法,SBA 采纳的新思想包括:分布、交互、并发、协同、系统工程、标准化等,可以说是对近一二十年来工程设计方法学的一个总的集成。除此之外,SBA 还对 DoD 提出的"系统的系统"(Systems of Systems,SoS)思想做出了最好的体现。美国国防部(DoD)的采办政策充分体现了 SoS 思想:采办的首选是充分利用现有武器系统;其次是对现有武器进行改进;最后才考虑开发新的武器系统。SBA 提倡的可重用与互操作,实际就是利用现有资源的重新组合来适应新的应用需求。

SBA 与我国著名科学家钱学森提出的综合研讨厅的思想有很大的一致性,是综合研讨厅思想在武器装备发展中的一种具体表现。从定性到定量的综合集成方法以及随后提出的人机结合、以人为主、从定性到定量的综合集成研讨厅方法,本质上是科学和经验的方法,试图解决处理复杂系统问题,探索复杂系统规律的实践方法,是复杂性科学界第一个明确表述的方法论。综合集成研讨厅是专家们同计算机和信息资料情报系统一起工作的厅,实质上是将专家群体、数据和各种信息与计算机技术有机结合起来,把各种学科的科学理论和人的经验知识结合起来。综合集成研讨厅已有的成果中包括了 Seminar,C3I 及作战模拟,人 – 机结合的智能系统等。近几年,为了解决战争高层决策这类复杂问题,结合高层决策问题研究与训练的需要,利用建模与仿真技术构建高层决策支持系统已经受到了国内外军方的重视。

研讨厅支持研讨的主要手段为通过计算机仿真分析支持下的专家研讨或对局,有效实现定性定量综合集成,激发创新。分布式仿真技术是综合研讨厅系统的核心技术之一。分布式仿真为解决仿真资源管理、仿真系统配置与管理、仿真运行控制与管理、仿真结果的分析与管理以及专家与仿真之间的交互等提供了解决方案。

1.2.4 非战争军事行动研究

进入 21 世纪以来,非传统安全威胁日益凸显,恐怖袭击、海啸、飓风、地震、流行病等天灾人祸频发,给世界各国带来了巨大挑战。各国军事斗争准备的主要着眼点也从应对传统安全威胁为主,转向应对传统安全威胁和非传统安全威胁并重,非战争任务使用军事力量的范围日益扩大、地位日益突出。非战争军事行动已成为军队的重要任务,拓展了军事力量的社会价值,同时也给军队提高遂行非战争军事行动的能力提出了更高要求。

非战争军事行动是指武装力量为实现某种政治、经济或军事目的而采取的不具有战争性质的军事行动。我军非战争军事行动的主要样式包括反恐怖行动、维护社会稳定行动、抢险救灾行动、处置边(海、空)防突发事件行动、维和行动以及维护国家权益行动等,其主要内容包括:国家援助、安全援助、人道主义援助、抢险救灾、反恐、缉毒、武装护送、情报的收集与分享、联合演习、显示武力、攻击与突袭、撤离非战斗人员、强制实现和平、支持或镇压暴乱以及支援地方政府。

非战争军事行动承担的任务不同于一般的军事任务,往往有着明显的政治、经济、外交或心理的具体要求,具有任务特殊、政治性强,任务紧急、复杂多变,任务繁重、力量多元,任务多样、专业性强等特点,大多涉及政治性、全局性和敏感性问题。这些都决定了非战争军事行动的复杂性。如何有效地组织、协调、控制和管理各种非战争行动资源,使行动有章可循、严密高效,已成为提升非战争军事能力的关键所在。例如:培养相关人员的管理水平和心理素质,量化评估各类预案,建立实时实地运作的平台体系,使虚实、平战有效结合,做到可预测、可行动、可控制。信息技术和仿真技术的发展以及复杂系统研究水平的提高使得复杂系统建模仿真成为可能。非战争军事行动涉及有社会及人参与的复杂系统,传统的仿真方法在解决此类问题时往往表现出一定的局限性。如何评估非战争手段袭击对国家安全和社会与稳定造成的影响和国家高层采取的决策方案的有效性,是仿真技术在军事领域应用的最新发展方向。

非战争军事行动涉及人与社会,其关键环节是对人与社会等复杂行为的建模分析。自 20 世纪 70 年代人们开始注意到这种涉及人与社会的复杂现象开始,以美国圣菲研究所(Santa Fe Institute)为代表的一些研究机构着手研究复杂性现象,他们提出了复杂自适应系统的理论,用计算机作为从事复杂性研究的最基本工具,用计算机模拟相互关联的繁杂网络,观察复杂适应系统的涌现行为。相关的研究引发了人工社会、人工科学等诸多相关的领域,形成了一系列研究复杂性的科学方法。人工社会正是基于社会系统是由大量的个体构成的复杂系统这个前提,利用计算机建立个体的数字化模型,即智能体(A-gent),在一定规则下 Agent 相互作用,通过观察这些 Agent 整体作用的涌现性探寻人工社会的演化规律,并利用这些现象分析和诠释社会中的行为。最具代表性的就是 1996 年Epstein 和 Axtell 两人合作完成了一个典型的人工社会模型——糖域(Sugarscape)。它通过 Agent 不断地自主变换决策规则,观察各种各样的社会现象。而针对非战争行动领域,Pythagoras 就是一个基于 Agent 的仿真平台,运用数据耕耘技术支持在高性能计算机上运行。

美军在"9·11"事件以后,开始注意到它所面临的恐怖主义的威胁,为了能够仿真恐怖分子对美国发动的各种袭击,美国洛斯阿拉莫斯国家实验室研制了一个流行病学仿真系统(Epidemiological Simulation Systems,EPISIMS)。该系统实际上是一个基于仿真技术实现的虚拟人工社会模型,主要用来仿真恐怖分子对美国本土进行释放天花病毒的袭击,为美国卫生部官员采取应对措施的有效性进行仿真分析。EPISIMS 本质上是一个用于模拟大城市中疾病传播的虚拟仿真系统,可以进行疾病的地理分布和人口分布(包括时间因素)的评估,模拟各种应对措施的效果,例如隔离、接种和抗生素使用效果等。该系统使用真实城市 Portland(波特兰市)的社会网络数据进行分析,基于个人的活动进行仿真,以著名的微观交通仿真系统(Tvansportation Simulation Systems,TRANSIMS)为基础,模拟具有实际数量和统计分布的人口及其日常活动。系统考虑了实际的接触模式和疾病传播特征,包括疾病在个人身上发展的过程模型、人与人之间的传播模型和人与人接触模式的模型。通过建立疾病在宿主身上发展的过程模型、人际间的传播模型研究疾病传播和控制的机制。2000 年,使用 EPISIMS 针对 Portland 的天花传播进行了仿真实验,通过仿真可以得出 Portland 地区社会网的结构特性。由此可以分析出,针对基础设施是无尺度网络这一特性,对一些"中心"地点采取关闭的措施可能是有效的办法。针对人际网是小世界网这一特性,对长途旅行者进行接种,减少所有人的小世界属性,增加"隔离度",可能降低疾病传播。通过对不同措施(如大规模注接种、定向接种和有限接种等)的动态仿真可以得出:在各种措施中时间是最重要的因子,如隔离的速度,卫生官员的行动速度;大面积接种不必要,只需对特定人群实施。该系统后来得到了美国国土安全部(Department of Homeland Security,DHS)的大力支持,为进一步开展美国国家的反恐怖仿真研究提供了支持。

1.3　建模与仿真主计划

仿真作为工具可以提高领域中各类系统分析与研制的效率,但仿真本身的研究与应用活动常常需要花费较长的时间和较多的费用,特别是复杂系统的仿真。解决这一问题的主要方法是增加仿真及其组件的互操作性和可重用性。为此,在发展新的仿真技术的同时,还必须改变人们传统的仿真活动的方式。与整个科研活动日益趋于协同化一样,一个领域的仿真研究与应用活动也从全局进行考虑,提高仿真活动的效率。美国国防部的建模与仿真主计划以及欧洲仿真工作组(Simulation in Europe – Work Group,SiE – WG)的仿真研究计划正是顺应这一发展的趋势,提出了一系列的协同研究的纲要,建立了相应的组织来协调各部门的仿真活动,确保各部门的成果可以互相利用而不做重复的工作。美建模与仿真主计划的提出,对近 20 年来仿真的发展产生了重要影响。

1.3.1　背景与简介

美国国防部一直将建模与仿真列为重要的国防关键技术。美国国防部 1992 年公布了"国防建模与仿真倡议",并成立了国防建模与仿真办公室,负责倡议的实施;1992 年 7 月其公布的"国防科学技术战略"中,综合仿真环境被列为保持美国军事优势的七大推动技术之一;1995 年 10 月,其公布了"建模与仿真主计划(MSMP)";1997 年度的"美国国防技术领域计划"将建模与仿真列为有助于大大改善军事能力的四大支柱:战备、现代化、部队结构、持续能力的一项重要技术,并计划从 1996 年至 2001 年投资 5.4 亿美元,年均投资 0.9 亿美元,以重点研究在进行分布、无缝、交互和自适应的建模与仿真所需要的技术:仿真互联技术、仿真信息技术、仿真表示和仿真接口技术。

欧洲对于仿真的研究历来十分重视。NATO 于 1992 年 9 月成立了 DIS 工作组。同年欧洲学术界和工业界的二百个成员成立了欧洲仿真特殊兴趣组(SiE – SIG),并于次年组建了"仿真未来:新概念、工具和应用"Esprit 基础研究 8467 工作组(SiE – WG),来制定仿真基础研究和开发的优先主题。其第二个主题即为开发新的应用领域,尤其是像并行和分布式仿真这样的基础技术,围绕这个主题 SiE – WG 就仿真互操作性展开行动计划,并提交《仿真器互操作性及其在虚拟企业中的应用》白皮书。1996 年欧洲仿真互操作工作组(ESIWG)成立。这个工作组包括了澳大利亚、以色列、中国台湾在内的二十一个国家和组织。其中英国仿真互操作工作组参加人员包括英国政府、国防部、工业界、学术界和欧美的近千名代表组成,并对应于美国 DIS 工作组成立的一些对应"影子"机构进行跟踪研究。

美国国防部颁布的 MSMP 计划是原 DMSO(Defense Modeling &Simulation Office,国防建模与仿真办公室)根据美国国防部 1994 年 1 月 4 日颁布的 5000.9 号"国防部建模与仿真管理"条令建立的。MSMP 的目的是组织及集中美国防部的建模与仿真能力用于解决建模与仿真中的共同问题。这一计划明确了建模与仿真工作的目标,介绍和定义了建模与仿真的标准化过程,从而确保此过程的通用性、可重用性、共享性和互操作性。这一目标不仅代表了美国军方建模与仿真的发展方向,同时也客观地反映了建模与仿真技术发展的趋势。MSMP 文档分为四章和一个附录。

第 1 章导论:列举了 MSMP 的任务及规定各相关部门的责任。在十二项任务中,最重要的几项是:①建立对建模与仿真能力的一致性认识;②分析当时美国防部建模与仿真的能力;③阐述计划的目标以及行动的纲要。

第 2 章 DoD 的建模与仿真观:阐述对 DoD 建模与仿真能力的基本认识,界定建模与仿真在 DoD 中的地位和能力。DoD 的建模与仿真观认为:建模与仿真能为 DoD 的各部门提供一种简易可行、操作方便的环境,用于联合训练、发展条令和战术、规范操作计划以及支持技术获取、系统更新、力量配置。此环境的普遍使用,将增进采办和作战两个领域的各个环节的交流与交互。该章还描述了 DoD 建模与仿真的活动模型,用于指导实现 DoD 的建模与仿真观。

第 3 章当前的 DoD 建模与仿真总结:1990 年,美国国会意识到建模与仿真领域的活动缺乏合作,因而要求 DoD 建立一个国防部副部长直接领导下的办公室来领导处理建模与仿真事务,如制订仿真政策、建立互操作标准与协议、推动国防领域仿真技术的应用等。由此成立了 DMSO,并在以下四个方面展开了大量的工作:

(1)结构、标准与协议建立。

(2)环境、系统与人的行为的描述。

(3)建模与仿真系统及其基础设施的推广应用。

(4)研究与教育培训活动。

该章讨论了这四个方面所取得的经验,总结出 MSMP 提出时建模与仿真的主要不足是:

(1)视野狭窄,各应用领域的研究、开发与应用呈独立状态。

(2)建立仿真应用的时间太长、费用太高。

(3)不能充分满足需求。

(4)缺乏必要的 VV&A(校验、验证和确认)。

(5)成分间不能互操作。

第 4 章 DoD 的目标:为了实现 DoD 的建模与仿真观描述的建模与仿真应具有的能力,DMSO 制订六项目标及相应的子目标。这章对每个目标的含义进行了讨论,并列举了每个子目标的任务以及应采取的行动,还规定了各项行动的时间表。

附录:包括缩写语、词汇定义、DoD 投资计划、各个领域(采办、分析与训练)的相应计划以及计划的维护修改方法等。

1.3.2 目标

为了提升美军 DoD 的建模与仿真能力到其仿真观所描述的水平,MSMP 提出了六项目标:

目标 1 提供一个建模与仿真的公用技术框架

DMSO 认为在美国国防部有效而有力地利用模型和仿真,需要一个建模与仿真的公用技术框架,以利于互操作性和重用。该技术框架由三个部分组成,分别由三个子目标实现。

目标 1-1 建立一个通用的高层次仿真体系结构,以利于全部类型的仿真之间和与 C4I 系统之间的互操作性,以及利于建模与仿真部件的重用。

DMSO 认为没有哪一个模型或仿真系统能够满足国防领域的全部用途和用户的需要。为了利于模型和仿真的互操作性以及使其部件最大限度地重用,美国国防部需要一种高层体系结构,而且美国国防部特定部门或功能领域开发的仿真必须与它相符。高层体系结构将只确定最低限度所需的定义,以有利于互操作性和重用。高层体系结构用于解决系统集成的问题,是实现作战仿真综合环境的关键所在。

目标 1-2 开发任务空间概念模型(CMMS),为建立相容而权威性的建模与仿真表达提供一个共同的起点,利于仿真部件的互操作性和重用。

任务空间概念模型是真实世界的第一次抽象,是仿真对象的一致性与权威性表达的基础。CMMS 是用于解决真实世界中的系统在仿真中的表示问题,是对国防领域中的真实系统的特点的标准化抽象。CMMS 通过收集问题空间的特征,作为仿真开发的参考框架而建立,在作战人员、作战计划人员、训练人员、C4I 研制人员、分析人员和仿真开发人员中间起着沟通情况的载体作用。这样的一个认识基础,使得所有有关的用户可确认美国国防部的仿真是以作战真实性为基础建立的。

目标 1-3 制定数据标准,以支持模型和仿真中公用的数据表示。

DMSO 认为,为了实现互操作和重用,不仅需要 HLA 和 CMMS,还需要建立建模与仿真、指挥、控制、通信、计算机情报等领域共享数据(如自然环境表达数据)的数据标准。对建模与仿真来说,数据非常重要。数据建设的中心目标是使数据供应者提供担负得起的、及时的、经检验和证实的数据,以促进数据的重用和共享,并提高模型和仿真的互操作性及仿真结果的可信度。数据标准的政策、步骤和方法将为环境、系统和人行为表达中所用数据提供总的指南。

以 HLA 为核心的通用技术框架的研究与应用是近二十年来分布仿真技术发展的一个主流方向。

目标 2 提供自然环境的及时而权威性的描述

军事行动模型与永久、半永久性人工特征的自然环境模型有相互作用。军事行动的真实描述要求把武器效应和其所在环境的相互作用进行综合,这就需要考虑地面、海洋、大气和空间等自然环境的权威性描述。这些描述很复杂,其建立需要相当多的资金和时间。因此,自然环境描述的复杂程度应该和给定建模范围的分辨率要求相当。

　　另外,为了综合描述用于建模与仿真的全部综合数据,在地面、海洋、大气和空间的边界地区,环境描述必须是无缝的。例如,沿海地区的建模与仿真可能要求具有地面、海洋和大气数据之间的高分辨率接口和海滩可通行能力、当地大气效应、潮汐、波浪、击岸波以及沉积物迁移之间的过程模型。由于资源限制,难以得到世界范围内可用的现成描述。为此,需要建立一个经济且有效的程序,使这些描述能及时产生。

　　目标 2 - 1 提供及时而权威性的地面描述。

　　地面描述包括起伏、地貌特征、永久和半永久的人造特征以及相关过程,还包括地面覆盖,如季节性的和每天的变化,诸如草地、积雪、叶覆、树型和阴影等。这里的地面包括内陆水域和深度 20m 之内的海床弯底。地面描述还包括地面的动态现象和交互作用。

　　目标 2 - 2 提供海洋的权威性描述。

　　海洋描述包括有关洋底(例如,深度曲线和海底等高线)的数据,以及建立自然的和人为变化的洋面(例如,海况)和准洋面(例如,温度、压力、盐度梯度、声音现象)条件模型所需的过程。需要根据用户团体需求确定海洋描述所要求的数据内容、分辨率等级、精度和保真度;并明确和开发成本效益好的程序,以产生合格的海洋数据。

　　目标 2 - 3 提供大气的权威性描述。

　　从地表面到对流层上部边界区域内的大气描述包括:

　　(1) 关于霾、尘和烟的粒子和气溶胶的数据(包括核、生物、化学效应)。

　　(2) 关于雾、云、沉降、风、凝结(湿度)、阴暗、沾染、辐射能、温度以及照度的数据。

　　(3) 在自然和改变了的环境(旨在包括常规、核、化学、生物及其他武器效应和/或附带效应)的四维(例如,三维空间位置对于时间)描述中,产生、移动、分散和耗散大气现象的过程模型。

　　目标 2 - 4 提供权威性的空间描述。

　　制定对流层的上部边界以外的电离层和空间描述。这些描述必须包括关于中性及带电原子和分子粒子(包括它们的光学性质)的数据,以及建立跨大气层和外大气层弹道、轨道动力学、电磁现象、航天和宇航动力学关系的模型所需的过程。在地磁场中,由自然和人引起的变化和带电粒子的存在对卫星和航天飞机的性能和通信带来的影响必须精确地进行描述。

　　目标 3　提供系统的权威性描述。

　　系统包括美国及其盟国、联盟、主要对手的平台、武器、传感器、设备及生命保障系统、C4I 系统以及后勤支持系统。系统的权威性描述包括系统模型及其有关参数。这是一项很大的任务,而且对一些系统(例如 C4I)来说,是一项很艰难的任务。该目标要求:

　　(1) 确定在整个系统寿命期内所需要的系统描述,并制定标准(例如分辨率、保真度)。

　　(2) 通过协调,以高的成本效益提供所需的全部系统描述。

　　(3) 开发可接受的算法,用以将单个系统描述集成到如单元一样的聚合实体中。

　　(4) 集成分离系统的描述。

　　目标 4　提供人行为的权威性描述。

　　人及其行为的描述范围包括人的能力和极限,个人和群体的特性,组织构成和环境对其影响,指挥、控制和通信,以及军事原则和战术。应涵盖战斗行动、非战争的军事行动(例如维和、人道主义救援、禁毒)以及联合作战后勤行动。

目标 4-1 提供单个人的行为的权威性描述,包括将现有战斗行动模型扩展到包括战斗人员。研制单个人的能力、极限和机能(生理的和心理的)的一般模型。

目标 4-2 提供群体和组织机构行为的权威性描述。包括推广现有战斗行动模型,覆盖友军、对手和中立部队的全部级别和功能领域。开发群体和组织机构行为的一般描述模型,或建立各种各样潜在对手和非军事人员模型(例如暴乱分子、恐怖分子、毒品垄断联盟)。还包括可能为充分描述非战争军事行动所需社会、政治或经济的行为。要求开发目的一旦明确,便可迅速构成具体应用的群体和组织机构行为模型的能力。

目标 5 提供一种建模与仿真基础设施,以满足研制人员和最终用户的需求。

建模与仿真基础设施由下列内容组成:各部门的建模与仿真系统和应用,校核、验证和确认(VV&A)设施,建模与仿真政策、步骤,仿真资源仓库,通信设施,协调建模与仿真资源利用的管理机构。

目标 5-1 提供足够数量的建模与仿真系统到现场使用,以满足最终用户的需求。

(1) 由各部门采办适当数量和类型的建模与仿真系统并投入使用,以满足整个国防部能力的需要。

(2) 通过与分布式交互仿真一致的方法,扩大现有和将来模型和仿真的应用。

目标 5-2 提出用于模型和仿真的校核、验证和确认及数据的校核、验证和认证(VV&C)方法、标准和步骤。

模型、仿真应用和数据的校核和验证(V&V)对于得到用户的信任是极为重要的。需要保证建模与仿真的结果足以描述现实世界,保证它们对特殊用途具有可接受的正确度。V&V 工作应在建模与仿真的开发期间完成,并作为建模与仿真寿命期管理的一部分。用户还必须严格地确认和认证每个模型、仿真和数据集,将其作为用于每个专门应用的前提。

目标 5-3 提供一种资源仓库系统,以有利于开发人员和最终用户访问建模与仿真资源。

美国国防部认为必须建立一种分布建模与仿真资源仓库系统,有效而有力地向团体提供及时校核与验证的数据、元数据、算法、模型、仿真应用和工具。建模与仿真资源仓库系统还将提供背景信息(例如模型假设、数据源、数据密级、算法的验证范围、VV&A 和/或 VV&C 的变化)。这将促进建模与仿真资源的重用和共享,而且将提高建模与仿真结果的可信度。这些资源仓库应提供管理、访问、浏览和检索建模与仿真资源的工具。

目标 5-4 提供可充分满足建模与仿真用户需要的通信基础设施。

(1) 用改善可靠性和增加带宽的方法使美国国防仿真互联网络转向为作战服务。

(2) 利用美国国防信息基础设施和商业通信服务。

(3) 利用射频(RF)通信(例如卫星通信、单通道地面/机载无线电系统、国际海事卫星),以支持建模与仿真及其与 C4I 系统的接口。

(4) 利用美国国家安全局开发的改进型加密设备,提供比国防仿真互联网络上的设备更高的容量。

目标 5-5 为促进全方位仿真能力的有力、有效和有响应的应用,提供可操作的支持,以满足用户(例如作战部队、采办管理人员、参谋分析员)的需要。

需要一个中心机构,把建模与仿真的适用性通知用户,协调建模与仿真的应用,提供关于建模与仿真需求和实践的有用信息,以及协调用户完成任务时提出对建模与仿真的需求。

目标 6　共享建模与仿真的利益。

目标 6 - 1 量化建模与仿真的影响。

要达到美国国防部建模与仿真的设想,不仅仅是提供技术能力。而且要让用户必须确信,建模与仿真对其作战的支持既有利于提高作战效能,又有利于提高成本效益。因此,需要分析和演示建模与仿真的作用,以推进建模与仿真的应用。为此需要可清楚地演示建模与仿真效益大小的方法,并向美国国防部、国会、其他政府部门和工业界宣传这个结果;需要开发建模与仿真效益大小的定量测量方法(例如成本的节约和成本效益)以支持投资决策。

目标 6 - 2 教育潜在的建模与仿真用户。

需要让管理人员受到关于他们所支持的不同建模与仿真应用和功能的优点与缺点的教育。模型和仿真的新用户需要接受关于如何确定他们需要的模型和仿真需求的指导。需要扩大用户对建模与仿真的了解并在建模与仿真团体范围内共享信息。

目标 6 - 3 支持同其他政府部门、工业界和盟国的双向技术转让。

同其他政府部门、私营工业界和盟国的建模与仿真技术转让,将促使它成为两用技术并导致美国国防部和非国防部机构均提高实力。只有在适宜和符合美国政府保护专利知识产权和安全政策时,方可促进这种技术转让。

1.3.3　领域仿真资源

领域仿真资源指的是能用于建立一个应用领域中各种仿真应用系统的通用和公共的资源,是从领域中各种仿真应用系统中抽象出来的公共部分。美国国防部的建模与仿真主计划实际上是一项以 HLA 为核心,建立军事领域建模与仿真的各种可重用、可共享资源的领域仿真工程。

建立领域仿真共享资源的目的是为了通过重用来提高建立仿真应用系统的效率。这是一种更高层次的仿真活动,其开展不仅需要先进的技术,还需要与之相适应的新的观念、新的组织与管理方式,特别是需要按系统工程的思想和方法来组织和实施。MSMP 揭示了促进这一方向高效发展应采取的一些重要思想与方法。

MSMP 的一个核心思想是一个领域(如国防领域)的建模与仿真存在且可以提取出许多能共享的成分。它们或者在领域内所有的建模与仿真的项目中可以重用,或者在某个范围的项目中可以重用。这些成分是该领域建模与仿真的基础。通过统一规划,集中建设好基础可以大幅度地提高各建模与仿真项目的效率:减少项目开发者投入的时间和资源,使开发者能将精力集中于处理应用领域自身的问题。DMSO 将此比喻为如果将各建模与仿真活动视为城市中的工厂、公司与机关,那么共享部分是城市的道路、水电与通信设施。这一思想对复杂系统的建模与仿真有重要的指导意义。在 MSMP 的六项目标中,五项都是针对 DoD 中建模与仿真的共同问题的。

从 MSMP 中可以看出,对于军事领域,仿真共享资源包括:

(1)各种仿真系统的共同技术构架。在 MSMP 中,公共的技术构架由 HLA、CMMS

和 DS 组成,它保证了各种按标准建立的模型资源可以互操作,从而仿真系统可以展开复杂的仿真模型。

（2）各种国防军事系统所处的环境的模型,包括地形、海洋、大气和空间模型,这些对所有国防军事领域的仿真系统和仿真实验都是共同的。

（3）各种构成国防军事系统成分的模型。在 MSMP 中,这些普遍性的成分包括美国、其盟国及敌方的主要的平台、武器、传感器、作战单位、生命维持系统、C4I 系统和逻辑支持系统等。它们是构成各种国防军事系统的基本且稳定的单元。要指出的是:DMSO 将人和由人构成的群体、组织也视为此类成分,并予以特别强调。

（4）模型的 VV&A 和数据的 VV&C 的方法、标准。

在仿真活动中还应重视过程的重用,即重用完成各种仿真活动的规划、组织和管理知识。因此基础设施中应包括各种可通用的仿真活动规划、组织和管理设施。

可重用和共享是对建模与仿真基础的主要要求,另一个要求是易为用户理解和得到。为此 MSMP 要求基础建设的成果应落实到物质形态的技术上,即将各种资源放到计算机网络上,构成建模与仿真的基础实施。

实现领域仿真资源可重用和共享的关键是建模与仿真工作的标准化。标准化已是工业界与信息界的一项必不可少的要求。相对来说,标准化在建模与仿真领域还不成熟,通行而有效的标准不多。MSMP 高度强调了标准化的重要性,认为标准化是有效开展建模与仿真活动的关键。MSMP 的大部分成果是一系列标准或标准化描述的方法。

建模与仿真领域标准化的目的是使构成建模与仿真的各种成分可以重用与互操作,从而提高效率。按 MSMP,未来的建模与仿真系统由两部分组成:一部分可通过资源库直接获得,另一部分须开发。前一部分必须标准化才能有效地建立、理解、管理、传播和使用。后一部分必须遵循一定的标准才能与其他成分交互,以及有可能存入资源库为未来的建模与仿真重用。而 MSMP 中标准的建立均采用开放论坛的形式,使尽可能多的人员参加,目的是使标准具有广泛的适应性。

一个领域的建模与仿真涉及面广,领域仿真资源建设需要许多领域的人员协同工作来完成,必须采用系统工程的思想与方法来组织实施。MSMP 的制定和实施都体现了这一思路:从整体出发,全面规划,统筹兼顾。在 DMSO 的统一领导下,DoD 成立了专门的工作小组,采用开放式的工作方式,对 DoD 内的建模与仿真工作进行了整体规划。DoD 的各个部门根据规划,在 DMSO 的协调下,确定本部门的建模与仿真计划,有序地执行,同时也避免了重复的工作,使整个计划达到最佳的效益。

MSMP 提示,要将一个领域中的所有建模与仿真工作看作一个有机的系统,对系统中各成员的责任、关系进行仔细的分析与安排,使其协调一致才能获得最大的效益。

仿真是一种分析系统的工具,只有为使用者掌握才能发挥作用。MSMP 特别强调了培训与教育对仿真发展的重要作用,认为仿真工作者仅发展技术是不够的。要利用各种形式和机会传播建模与仿真的成果,教育与培训现有与潜在的用户。例如:各种正式训练课程、期刊、因特网等,使用户在分析、训练、采办和产品开发中首先想到仿真。

以领域仿真共享资源为基础的仿真活动具有更高的效率,因而是领域仿真发展的方向。未来的仿真活动将转向共享仿真资源的思想对仿真的发展有着重要的意义。一方面 MSMP 所提出来的各种可共享的资源的建立,不仅可用于国防与军事领域的仿真,也适用于其他领域。另一方面 MSMP 中基于全领域实施仿真系统工程的思路,将仿真的研究与应用推向了新的阶段。

1.4　仿真理论方法与技术的发展

计算机仿真通过构造既能反映系统特征又能符合系统研究要求的模型,并在该模型上进行所关心的问题研究,揭示系统的内在特性、运行规律、分系统之间的关系并预测未来变化。仿真技术极大地扩展了人类认知世界的能力,可以不受时空的限制,观察和研究已发生或尚未发生的现象,以及在各种假想条件下这些现象发生和发展的过程。它可以帮助人们深入到一般科学及人类生理活动难以到达的宏观或微观世界去进行研究和探索,从而为人类认识世界和改造世界提供了全新的方法和手段。系统仿真方法、技术及其应用,已扩展到人类活动的大部分领域。

仿真技术的发展经历了从集中式到网络化、从定量到定性定量相结合、从单一粒度到多粒度与多侧面协同仿真的发展过程。仿真技术与仿真应用的发展是相辅相成、互相促进的:一方面仿真技术的发展促进了仿真应用领域的不断拓展和仿真应用层次的不断提高;另一方面仿真应用需求的不断提高,也牵引了仿真技术的发展。

近年来,仿真方法、技术及其应用研究越来越广泛,覆盖了工程、社会、管理、军事等领域,逐渐形成了多学科交叉融合的研究趋势。当前系统仿真的主要研究方向,除延续近十多年关注的实时仿真、分布式仿真和 VV&A 以外,在学术上,主要转向复杂系统仿真研究,特别是复杂系统仿真建模、复杂仿真系统的体系结构和支撑复杂系统仿真的运行支撑等技术。模型是仿真的核心,如何尽可能地在模型层次(而不是软件实现层次)上解决问题已成为包括建模与仿真在内的各个研究领域的共识。随着应用问题的日益复杂化,建模技术在仿真系统开发中的作用日益突出。云仿真、计算实验与平行系统等新的方向也开始受到广泛的关注。

1.4.1　建模与仿真理论体系

社会与经济发展的需求牵引和各门类科学与技术的发展,有力推动了仿真科学与技术的发展。半个多世纪以来,仿真科学与技术在系统科学、控制科学、计算机科学、管理科学等学科中孕育、交叉、综合和发展,并在各学科、各行业的实际应用中成长,逐渐突破孕育本学科的原学科范畴,成为一门新兴的学科,正在形成具有相对独立的理论体系、知识基础和稳定的研究对象。

正在逐步形成中的仿真理论体系主要由指导各种仿真活动的共性理论组成,包括仿真相似理论、仿真建模理论、仿真系统理论、仿真应用理论和仿真标准化技术等。

针对仿真模型和研究对象之间关系的相似理论是为建立仿真系统和进行仿真实验而研究各类事物之间相似规律的理论,揭示不同事物、系统、信息之间的相似性。仿真相似理论主要研究相似的基本概念和基本规律,既研究以物理、几何模型为基础的实物模型相似,也研究实物与数学模型的相似性。当前相似理论的研究重点是复杂系统的结构、功能、性能与演化的相似问题。

仿真建模理论在相似理论基础上研究将对象抽象并映射成仿真模型的理论和方法，一方面关注模型的特性和建立仿真模型需要遵守的基本原理，包括模型重用、分解与组合、互操作、多分辨率、可信性等方面；另一方面研究构建模型的理论与方法，包括一般动态系统建模、面向对象建模、面向智能体、混合异构层次化建模、多范式建模、柔性仿真建模、综合性建模等方面。建模理论和方法的研究是仿真学科中最活跃的领域。

仿真系统是指满足特定应用需求，运用仿真技术构建的、由若干组成部分按照一定关系组成的系统。仿真系统理论研究仿真系统设计、构建、运行的理论与方法。近年仿真系统理论主要关注仿真系统体系结构、仿真系统设计和仿真系统全寿命管理。

仿真应用理论主要研究所有仿真应用中的共同的，并能指导仿真活动的理论。目前的关注重点，一是仿真结果可信性（可信性分析方法、可信性规律、可信性影响因素、可信性控制），如可信性的定义、分类，定量和定性描述方法，该方面近年来没有明显进展。二是仿真试验设计原理与方法，以实验优化理论为基础，结合专业知识和实践经验，经济、科学、合理地安排仿真实验方案，充分利用和科学地分析所获取的实验信息，从而能明确回答问题。三是仿真结果综合分析和评估的理论与方法，当前主要有基于定量仿真、基于定性仿真、基于系统动力学仿真和基于网络动力学等系统整体评估方法。系统仿真将逐步从仿真系统的构建研究转向仿真系统的应用研究，仿真试验设计与评估对仿真系统的应用起着重要的影响。未来的趋势是通过因素设计、方差缩减以及大数据挖掘等关键技术的研究，形成仿真试验设计与评估完备的理论体系，推进仿真实验设计与评估分析系列支撑工具的研制和在工程实践中应用，从实验设计、运行到评估分析再反馈到设计循环往复的一体化仿真分析。

随着社会的发展，人们关注的系统的规模越来越大、越来越复杂，仿真技术解决复杂系统问题的需求日益增加，建立相应仿真系统的费用也越来越高，周期越来越长，且协作困难，可信性更难以保证。新开发的仿真系统日趋复杂，牵涉的技术和单位也更加广泛。为了适应这种发展的需要，仿真领域标准化的作用显得愈来愈重要，标准化所涉及的领域大大拓宽，不仅覆盖了仿真系统开发的各个环节，还涉及许多相关的部门。仿真标准与规范的研究是目前仿真技术发展面临的重大现实课题。

平行系统理论方法是系统仿真学科的前沿领域，它通过平行系统中人工系统与实际系统的相互对应和参照，来研究、管理与控制所关注的系统。平行系统基于仿真技术又扩展了仿真技术，是未来值得关注的研究方向。

1.4.2 复杂系统仿真建模方法

复杂系统/开放复杂巨系统具有系统组成关系复杂、系统行为复杂、系统的子系统间以及系统与其环境之间交互关系（物质、能量、信息的交换）复杂等特点。典型复杂系统有军事体系对抗系统、生物系统、社会经济系统等，对它们的研究已经成为人类发展至关重要的课题。复杂系统建模与仿真技术已成为研究各类复杂系统的重要手段之一。当前，复杂仿真建模方法主要有两个主要的发展方向：

一是面向给定应用问题选用针对性更强的方法。例如面向体系级仿真的 Agent 建模方法，面向交战级的 SMP2 建模方法，面向战略级仿真的影响图建模方法，面向动态反馈系统的状态图建模方法，面向并发竞争行为的 Petri 网方法，面向因果反馈的系统动力学方法,面向人的行为表示的认知架构方法,多形式体系建模,DEVS 统一形式体系建模,AToM3 基于模型变换的建模,Ptolemy Ⅱ 组合建模,多分辨率建模,基于元建模的领域特定建模等。

二是使已有仿真模型具备更强的可重用性和可组合性,以支持仿真应用的快速开发,并避免模型资源的重复建设。这方面一般要求相关仿真模型采用权威的统一的模型规范或建模语言,如面向 HLA 对象模型可重用的 BOM 规范,基于 MDA 的仿真模型可移植规范 SMP2、面向 DEVS 互操作的 DEVSML 语言、面向物理系统建模的 Modelica 语言等。

某种程度上,这两个方向的目标存在一定冲突:越是针对性强越是重用性、组合性差。冲突的解决需要进行抽象层次的平衡,越是抽象层次高的模型规范或建模语言,重用、组合的层次会越高,但兼容的建模方法会越少;越是抽象层次低的规范,重用、组合的层次会更低,但兼容的建模方法会更多。

1.4.3 多范式仿真建模方法

多范式建模实际上就是多形式化建模基础上进行模型变换的方法,是在解决复杂系统多领域性问题时提出的。它更加关注不同抽象层次上模型之间的内在联系,以及对元模型(模型的模型)的研究,使模型之间的变换更加容易可行。复杂系统是具有系统整体涌现性的系统,其特征一是由大量组件组成,二是这些组件的多样性。用单一的形式化方法去孤立地研究系统中组件是不够的。从建模的角度来看,对于不同的模型,要求找到最合适的形式化方法来清晰地描述模型的语义。而将模型映射到通用仿真形式化上是因为可以减少运行所要定制的仿真器,不需要考虑不同仿真器之间的交互问题,以及可以通过扁平化模型优化仿真。

目前,国内多范式仿真建模技术的成果主要在两个方面:一是社会仿真方面,其多学科交叉的特性可以用多范式仿真建模技术解决。特别是在应急管理领域,基于人工社会元模型建立的人工社会多范式仿真建模与计算实验体系已经在公共卫生事件的研究中得到了应用;二是在体系效能评估方面,多范式仿真建模解决了体系的跨领域问题,通过结合基础元模型与模型变换的方式利用模型范式约束效能评估全过程。

1.4.4 智能行为建模方法

近年来智能行为建模无论是行为模型的建模理论和方法,还是建模环境和开发工具的研究上都取得了显著的成果,同时也出现了大量以行为模型为关键部件的仿真应用系统。在行为模型认知体系结构研究方面,为了解决特定的任务和问题,已经研究和建立了不少于 20 种认知体系结构,如:SOAR、ACT‐R、COGENT、ART、EPIC、OMAR、ICARUS等,有些仅仅是处于实验阶段,有些已经作为成熟的工具应用到各个领域。它们都在一定程度上体现了认知结构的设计思想,包含了感知、决策、行动、存储器等基本模块。

基于 Agent 的建模与仿真方法(Agent‐Based Modeling and Simulation,ABMS)是智能行为建模的主要方法。ABMS 最初起源于人工智能领域对复杂自适应系统(Complex A‐daptive Systems,CAS)的研究。复杂自适应系统是用来研究生物系统的适应性和涌现行为的系统,它由相互作用的个体组成,会产生适应性机制,以适应不断变化的外部环境。

Agent 技术是 ABMS 的核心技术。ABMS 把 CAS 中的基本元素看作各个仿真实体，对各个仿真实体用 Agent 的方式建模，CAS 基本元素间的联系与作用被看成各个仿真 Agent 实体之间的交互，通过这种 Agent 实体及其之间的交互，来充分刻画 CAS 的微观行为和宏观"涌现"现象。因此，Agent 被定义为在一定的环境下能独立自主地运行，作用于自身生成的环境也受到外部环境的影响，并能不断地从环境中获取知识以提高自身能力，且将推理和知识表示相结合的智能实体。Agent 具有自治性、反应性、自适应性、可通信性以及自学习性等特点。

ABMS 与其他仿真技术相比，提供了对系统的自然描述，这种描述更接近人们对现实的理解，更贴近真实系统；ABMS 的建模方式更灵活，可以很容易地在模型中增加 Agent，Agent 可以与其他聚合 Agent、单个 Agent 进行交互；当系统过于复杂，对其描述的层次很难确定时，ABMS 提供了对系统的复杂性进行研究的方法。

ABMS 吸收了系统科学、复杂性科学、计算机科学、管理科学、社会科学、传统模拟仿真的技术和知识，是一种综合的分析框架。它为分布式开放系统的分析、设计和实现提供了一种崭新的方法，被认为是研究复杂系统的有效途径。ABMS 方法代表了建模与仿真的发展前沿，不仅可以提供完整的模型组件框架，还能够提供嵌入到更大系统中的 Agent 模型组件，以解决传统建模与仿真不能解决的问题。

目前，ABMS 已经在社会、经济、人工生命、地理与生态、工业过程和军事等领域得到应用，但是，大部分研究还处于初级阶段，只具有学术研究的性质，离真正的实际复杂系统的仿真分析与控制还有一定距离。但这些关于复杂系统的 ABMS 的研究与探索，正在使其进入实际应用成为可能。

智能建模未来研究主要在突破行为建模的知识获取、知识表示、个体行为建模、复杂动态环境下多实体自主协同行为建模等若干核心关键技术；以及研究和设计通用行为模型建模框架、开发关键软件工具，为仿真系统构建过程中的行为知识获取、表示、设计与开发、测试与分析提供支持，降低行为建模难度，规范行为建模标准，提高行为建模效率，保证行为模型的适用性、可重用性和可移植性。

1.4.5　复杂环境建模技术

复杂环境建模主要是指利用计算机或物理设备，对大气、地形、海洋、电磁等自然和人为环境进行模拟、分析和实验的技术，是当今仿真领域的研究热点之一。

自然环境中存在着变化万千的自然现象，如风、雨、雷、电等，对这些自然现象建立合理的模型就成了环境系统仿真的一个重要内容。根据各种自然现象的物理原理，建立适当的物理模型，从而得到各种自然现象的数值模型是环境建模的主要方法。

实体在环境中运动必然受到环境的影响，同时环境也会因实体的运动而发生变化，并且进一步影响实体。仿真这种交互是环境建模的一个重要目的。分析环境与实体交互之间的规律，并建立合理的仿真模型成为解决问题的关键。

该领域的研究和应用已经取得了大量有价值的成果，包括复杂环境数据、模型和仿真的可信性研究，复杂环境数据、模型标准及可重用性研究，复杂环境数据表示与交换标准，高分辨率动态环境仿真研究，地形建模理论与数据生成方法，动态地形、三维地形的实时绘制方法，大气环境建模和大气环境效应，海洋信息数据库系统，海洋可视化，电磁环境仿真模型理论,电磁环境数值计算方法,高性能计算在复杂环境仿真中的应用,复杂环境可视化理论与技术等。

广义的复杂环境建模,除上述的自然环境,还有社会人文环境,该方面的研究在国内还不普遍。

随着近年来大数据、云计算技术的发展,环境建模与仿真研究必将与大数据与云计算有效地结合,网络上的各种资源将得到充分利用。环境与实体的交互也将进一步成为环境仿真研究的重点,特别是环境对人的影响将成为未来研究的焦点。

环境仿真未来将会影响人类生活的各个方面。可以通过对地震、气候变化等自然现象的仿真来预测自然现象对人类生活的影响、预测未来的环境变化趋势;而模拟飞行器、船舶的运动也离不开环境仿真的支持;还可以构造三维数字地球,人们可以足不出户便置身于世界的任何角落;可以构造宇宙模拟器,这对于天文学、天体物理学的研究都有重要意义。随着时间的推移,环境建模与仿真在人类的生活和发展中将会发挥越来越重要的作用。

1.4.6　实时仿真技术

实时仿真起步于半实物仿真,其历史悠久,也是仿真应用最为成熟的方向,在装备研制领域有着重要的应用。国内、国外的导弹、卫星、雷达、导航、车辆和飞行器的相关研制和应用部门均开展这方面的工作。目前的支撑技术产品包括 YFSIM(ADSIM)、Simulink\\RTW 仿真语言建模,衍生支撑平台包括 RT–Lib、HRT1000 等,这些平台依托 Simulink,灵活性和集成方面欠缺;硬件支撑产品有 ADI 公司的仿真计算平台,其硬件性能优异,但是配套仿真应用软件缺乏,系统集成复杂。

分布实时仿真系统开发和集成是当前实时仿真研究的重要方向,当前研究重点是分布实时控制技术、面向对象模型重用技术、复杂试验管理技术和实时仿真系统集成总体技术等关键技术;在理论方面侧重研究分布并行实时仿真中的仿真算法,解决复杂模型的并行实时仿真控制。

1.4.7　网络化仿真技术

仿真技术是一门多学科综合的应用技术,其发展与各学科的发展互相促进,特别是跟计算机技术的结合尤为紧密。计算机技术是仿真技术的基础,是仿真的物理平台,由于计算机数据处理能力的不断增强及网络的出现,仿真技术从基于单机的集中式仿真到基于网络(局域网或广域网)的分布仿真的发展,仿真平台的每一次进步都会带来仿真技术的革新,使仿真功能和性能发生跃变。

网络化仿真技术泛指以现代网络技术为支撑的一类仿真技术。由于仿真技术在工程与非工程的各种领域均面临的问题有:①仿真系统规模和结构的扩大和复杂化,以及多单位联合协同仿真需要构建具有分布、异构、协同、互操作、重用等性能的新型分布仿真系统;②各类用户能否通过互联网得到所需的仿真服务。

在上述需求推动下,网络化仿真应运而生。HLA 是网络化仿真发展的里程碑,它已成为构建分布仿真系统(联邦)的国际标准(IEEE Std 1516)。仿真界在先进分布仿真方面开展了大量的理论方法研究和系统开发应用工作,取得了很好的效果。但由于网络资源共享、网络带宽等"瓶颈"的存在,在一定程度上削弱了分布式仿真的效果,限制了它应用的深度和广度。当前以 HLA Evolved 研究为代表,主要关注在多核计算平台和高速通信网络的环境下,时间同步技术、数据分发技术、系统综合集成方法等方面的研究。

网络化仿真的发展趋势是云仿真。目前云仿真研究还处于起步阶段,是建模与仿真领域内的一个前沿方向。国内云仿真是在 2009 年下半年由李伯虎院士提出;国外 Richard M. Fujimoto 几乎也在同一时间开始云仿真方面的研究。美军从 2010 年起也开始了云仿真方面的研究,美国陆军项目执行办公室等部门建议将云计算尤其是私有云引入到国防仿真领域,以提高军事相关的训练、测试、分析的规模和效果,目前在美国陆军的主导下,美军正在建立军队内部的私有云以满足这种需求。与此同时,美国国防部于 2012 年 7 月推出了国防部云计算战略,用于指导包含计算机仿真在内的所有 IT 活动。

1.4.8 高性能并行仿真技术

随着仿真应用的不断深入,仿真规模正在逐步扩大,同时仿真模型也越来越精细复杂,通用计算机及其网络系统难以满足仿真应用对计算资源日益增长的需求,针对仿真应用特点进行计算机体系结构和硬件定制的高性能仿真计算机正成为重要的发展趋势。其一,高性能仿真计算机具有大量计算节点、高速通信、海量存储等特点,能够有效满足大规模或超大规模仿真系统对计算资源的需求,通过将复杂问题分解到多个处理节点上并行运行,能够获得计算加速比,提高仿真运行效率。其二,复杂仿真应用的计算过程中往往涉及大量的同步、复杂模型解算、不规则的计算与通信模式等,在微机互联局域网系统或通用集群上难以取得较好的加速效果。其三,随着可重配置并行计算、多核、众核、GPU、现场可编程门阵列(Field – Programmable Gate Array,FPGA)等技术的发展,针对特定仿真应用特点的计算机体系结构与硬件定制更加可行,高性能仿真计算机面临新的发展契机。除了能够在多计算节点上并行处理,高性能仿真计算机的定制计算部件更有利于加速应用中难以并行化的串行计算部分,而且这样做的效果是非常显著的。

高性能仿真是一个快速发展的多学科交叉领域,融合高性能计算、建模与仿真方法学等,主要利用高性能计算和仿真能力来更好地理解和解决重大复杂问题。从 20 世纪 90 年代初期,仿真界开始了基于高性能计算平台的并行离散事件仿真建模及运行支撑技术研究,先后推出了 SPEEDES、GTW、Maisie、PARSEC、POSE、Charm + + 等多种基于高性能计算机的并行离散事件仿真支撑环境,目前已广泛应用到多个分析仿真项目中。

随着各类应用需求的不断增长,以及建模技术、硬件技术、计算机体系结构、高性能计算、网络技术等领域的发展,高性能仿真已广泛应用于科学研究、国家安全、公共卫生、经济发展等领域,成为国家战略竞争力的重要组成部分。高性能仿真的发展将为更为可信的仿真模型的使用、复杂系统大样本仿真实验的运行提供保证,为攻克重大挑战难题带来重要的机遇。

高性能仿真计算系统包括高性能仿真计算机硬件、软件、仿真环境、网络技术支撑平台以及建模与仿真技术的综合推动,所涉及的关键研究领域包括:

(1)高性能仿真计算机研制。根据仿真应用的特点以及对计算能力的要求,对高性能计算体系结构进行创新研究,研制高性能仿真计算机。由于计算机体系结构,包括处理器、计算加速器、节点连接的拓扑结构等,都与上层应用的性能有着密切的关系,针对

a

仿真应用的具体特点和计算/通信模式,对计算机体系结构、互联通信、I/O、硬件加速器等进行革新、优化与定制,是进一步提高仿真运行效率的重要途径。

（2）并行仿真支撑软件研究。高性能仿真的发展需要并行仿真支撑软件的支持。并行仿真支撑软件必须具备柔性(Flexibility)和可扩展性(Scalability),能够充分利用底层高性能计算机的计算资源,有效支持仿真应用规模和使用的节点个数之间的均衡。

（3）高性能仿真建模理论与技术研究。高性能仿真建模理论与技术是高性能仿真基础软硬件平台与仿真应用之间的桥梁,能够为仿真应用开发提供高效的建模方式,克服并行应用的开发难度,有效挖掘仿真应用的并行性,提高仿真模型的可重用性和仿真应用的开发运行效率。

（4）高性能仿真应用研究。仿真应用位于高性能仿真发展的最上层,主要研究内容是根据具体的仿真目标,探索应用领域的具体特点,寻求合适的硬件、软件解决方案。一方面需要针对问题域采用合适的建模方法,能够准确地表现、求解目标问题;另一方面,具体的应用具有不同的计算通信模式,选择合适的编程模型和仿真运行方法是提高效率的保证。

该技术的发展趋势是研究低成本高性能仿真计算机系统、基于新型高性能计算机及加速部件的并行仿真支撑技术和高效的并行仿真可视化建模与开发技术,需要突破仿真作业级、任务级和线程级三级并行支撑技术,构建基于高性能仿真计算机的并行仿真一体化支撑环境。

1.4.9　仿真 VV&A 技术

仿真技术发展的初级阶段,仿真系统的建设往往是解决有无问题。仿真技术发展趋成熟后,主要考虑的问题是可信度的问题。仿真中存在着可信性问题,具有足够的可信性是仿真应用的前提和必要条件,如何评估复杂大系统的仿真可信性是当前迫切需要解决的问题。

仿真应用的前提是该仿真具有足够的可信性,不具备足够可信性的仿真是没有任何意义的。在工程应用中,对任何系统的建模和仿真都必须进行评估。常见的评估项目包括可信性、逼真度、精度、置信度和准确性等;其中可信性是所有评估的核心,为仿真系统的重用性与可扩展性提供了重要依据。

可信性评估是分析模型与仿真相对于特定应用目的而言,其过程、现象和结果正确反映真实世界的程度的过程。可信性评估与 VV&A 之间关系密切:一方面,确定模型与仿真的可信性是 VV&A 的重要目标,在 VV&A 中时刻要考虑数据、模型和仿真的可信性;另一方面,VV&A 为可信性评估提供数据、方法和工具支持。模型与仿真的可信性可通过校核与验证测量,最后由确认证明其可满足特定的应用目的。根据美国国防部 DoDD 5000.59 的定义,VV&A 包含三个过程:校核(Verification)是确定模型的实现是否正确地表示开发人员的概念描述和表示的过程;验证(Validation)是从模型或仿真预期使用的角度,判断模型或仿真对真实世界正确表现程度的过程;确认(Accreditation)是某一模型或仿真可被用户的某一特定应用所接受的官方证明。

仿真的 VV&A 过程伴随仿真系统的设计、开发及运行全过程,其目的是在仿真系统全过程的各个阶段中,通过对各种中间产品的测试、评估以及与设计和开发活动的交互,保证最终得到的仿真系统满足用户的特定应用需求和目的。VV&A 技术将仿真模型可信度研究可划分为模型校核和模型验证两个部分,目前适用于仿真系统 VV&A 的方法可分为非形式化方法、静态方法、动态方法和形式化方法四大类。近年来,VV&A 技术已在多个大型仿真系统中得到了应用,但仿真界目前面临着复杂系统仿真如何 VV&A 的挑战。最近国内的工作,主要在复杂系统的 VV&A 辅助软件设计与实现方面。

1.4.10 计算实验与平行系统技术

平行系统由某一个自然的实际系统和对应的一个或多个仿真系统所组成。计算实验与平行系统技术是在系统仿真的前沿领域,其研究的对象主要是包含社会的复杂系统,其基础是 ACP(人工社会(Artificial Societies)、计算实验(Computational Experiments)、平行执行(Parallel Execution))理论与方法。

ACP 方法基于人工社会的计算实验思想,就是将计算机作为复杂系统的实验室,通过大量的计算性"实验",对系统行为进行分析。在人工社会和计算试验的基础上通过平行系统的方法,以平行执行的方式实现对复杂系统的控制与管理。

ACP 方法不是单纯为某一特殊对象、某一特定领域的复杂系统的解决方案,而是针对复杂系统中共同存在的不可准确预测、不可拆分还原、无法重复实验等共性问题的综合解决方法。人工社会的概念来源于兰德公司,对应复杂系统中的人工系统,即对复杂系统进行建模时,从行为产生的基本机制入手,不再以逼近某一实际的复杂系统的行为为追求目标,而是构造人工对象,从对象的互动过程生成行为模式,进行观察,获得系统行为生成的模型。

作为跨学科的新兴学科领域,计算实验与平行系统技术得到了国内外管理学科、信息科学及相关交叉学科领域的高度重视。平行系统技术基于动态数据驱动,强调仿真系统与真实系统的同时运行和互动:将仿真系统与实际系统进行同步推进和相互补充分析,对二者之间的行为进行平行控制与管理,通过对各自未来发展和演化状况的借鉴和预估,相应地调节实际系统的管理与控制方式,完成复杂系统的计算实验与管理控制。

目前该方向主要从体系结构、建模技术、平台支撑技术、数据注入技术等多个方面对平行系统进行研究,在智能交通、应急管理领域取得了一定的研究成果。中国科学院自动化研究所研制的平行控制系统平台在乙烯生产和城市交通中的应用,代表了该方向的最新成果。

第 2 章　复杂系统仿真

复杂系统由于其复杂的特征,人们掌握的知识有限,难以开展深入的理论与实验研究。如何利用掌握的有限知识开展复杂系统研究成为一个重要的研究课题。如第 1 章所说,建模与仿真技术已成为认识和改造客观世界的第三种方法,其重要性在复杂系统研究中尤为明显。仿真能够展现复杂系统演化的全过程,能够观察演化过程中的状态变化和结构变化。仿真建模不需过多考虑数学方面的限制,能够自然的描述复杂系统中微观个体的复杂决策逻辑和行为机制,建立的模型更接近真实系统。因此仿真方法成为研究复杂系统的重要手段,在许多领域得到了广泛应用。当前仿真技术的发展主要由复杂系统研究的需求牵引,主要研究方向已转向复杂系统仿真研究。复杂系统与仿真的融合,不仅是复杂系统发展的需要,也是仿真技术进一步发展的需要。

本章简要分析复杂系统的特点、描述方法和建模中的困难,讨论复杂系统仿真的思路、要求和研究内容,然后在介绍复杂系统仿真建模的基础上,对一类复杂系统仿真——作战仿真进行了概要描述。

2.1　复杂系统

复杂系统研究在打破各学科之间壁垒的过程中,逐渐成为一个大范围且跨学科的新兴领域,是 21 世纪科学发展的前沿和热点问题。复杂系统存在于自然科学与社会科学的各个领域,如生物、生态、工程、社会、经济、环境等。

对复杂系统的研究已有很长的历史,进入 21 世纪后又掀起了一轮探索复杂性的热潮,形成了复杂性科学。复杂性科学尽管处在萌芽和发展阶段,但已引起了广泛重视。各领域的科学家使用了多种方法对复杂系统进行了各方面的研究,如神经网络、元胞自动机、混沌理论、多智能体技术等,但到目前为止还没有形成一个普适的方法。

复杂性科学推动了不同学科之间的融合,促进了科学的纵深发展,使人类对客观世界的认识由线性上升到非线性,由简单均衡上升到非均衡,由简单还原论上升到复杂整体论,标志着人类认识水平进入了一个崭新的阶段。

本节从建模与仿真的角度,简要分析复杂系统的特点,讨论系统描述的三种层次,在此基础上分析复杂系统建模的难点。这些难点也是复杂系统仿真研究的方向。

2.1.1　复杂系统的特点

随着社会的发展和人们认识能力的不断提高,所关注的系统规模越来越大、功能和结构日趋复杂,提出了复杂系统的概念。20 世纪 80 年代美国的圣塔菲研究所(SFI)提出了一个新的领域——复杂性科学,复杂系统研究逐渐形成理论体系。

什么样的系统是复杂系统,不同领域专家从不同的学科角度分析了复杂系统所具有的特性。一些学者从生物进化的角度认为:如果一个系统具有显著的下列特征,即基于智能体的、异质的、动态的、反馈的、具有涌现性的,就可称之为复杂系统。成思危教授从系统工程的角度将复杂系统的特性归纳为五个方面:①具有多层次多功能的结构,每一层次都成为构筑上一层次的单元;②各单元之间联系广泛而且相互影响,构成一个网络;③在发展过程中能够不断地学习,重组并完善系统的功能和结构;④具有开放性和适应性,与环境联系密切而且相互作用,能不断地向适应环境的方向演化;⑤处于不断的发展变化中。钱学森院士把复杂巨系统中的复杂性概括为:①系统的子系统间可以有各种方式的通信;②子系统的种类多,各有其定性模型;③各子系统中的知识表达不同,以各种方式获取知识;④系统中子系统的结构随着系统的演变会有变化,所以系统的结构是不断改变的。

因此,复杂系统最主要的特征是具有众多的状态变量,反馈结构复杂,输入与输出呈现非线性特征,即高阶次、多回路、非线性。复杂系统不是各个子系统简单的相加,而是由许多个彼此非线性联系的、相互作用的元素(单元)组成的整体,其功能和结构复杂、内部交联信息众多、结构动态改变、具有一定的智能性和环境适应性。系统中元素数量和种类越多,相互作用的方式越多、越复杂,系统与其环境之间交互关系和能量交换越复杂,那么系统就越复杂。

随着社会的发展而日趋信息化、系统化,在工程技术、社会经济、生态环境等领域出现了许多这样的复杂系统,典型如军事、生物、社会经济、交通、电力、公共服务和城乡生态等系统。由于这一类系统关系到经济发展、社会进步、人民生活或国家安危等重大问题,所以在国内外受到广泛的关注与重视,成为包括建模与仿真在内的各个学科研究的一个重要课题。

概括地说,作为仿真研究对象的复杂系统具有以下特点:

(1)构成系统的元素的类型和数量众多,各元素的功能和结构复杂,在时空两方面都具有很大的广延度,许多复杂系统还包含人;

(2)元素间的交联关系众多,且构成系统的元素间的联系是随时间而变化的;

(3)系统的规模庞大、构成有序,体现出层次性结构特点;特别是人工系统都可以分解为若干子系统,而子系统又可以分解为子系统,依此类推;

(4)系统的功能综合、目标多样;通常复杂系统的目标是多样的(包括技术的、经济的等),因而其功能是多方面的、综合的。

(5)系统的分布范围广、生存周期长,在时间上和空间上都具有较大的广延度;

(6)系统具有可分析分解性、自学习能力和环境适应性。

由于复杂系统在功能和结构上所具有的一系列特点加上模糊性、随机性等一些不确定性因素,进一步增加了研究该类系统的难度。在建模与仿真领域,通常采用定性定量相结合的方法开展对该类系统的研究。

2.1.2 复杂系统的描述

与一般系统的描述一样,复杂系统的描述可分为三级:行为级、状态结构级和结构分解级。在系统与模型之间,如果在行为级等价称之为同态模型,如果在结构级等价,则称之为同构模型。同态意味着系统与模型之间行为的相似,但并无结构上的对应关系。

1）行为水平

在这个水平上描述系统,是将系统看成一个黑盒。通过对系统施加系列输入信号,然后对输出信号进行测量与记录来建立系统的行为描述。为此,行为水平描述以时间基为基础,它一般是一个递增的连续实数区间(连续时间)或者是一个递增的整数序列(离散时间)。输入输出的基本描述单位是轨迹,它是从时间基到观测结果的映射。系统的行为表示为通过输入轨迹得到相应的输出轨迹。通常,输入变量不受盒子本身的控制;而输出变量指向系统边界以外的环境。

因为实际系统的观察通常是在行为水平上,所以这个水平描述是十分重要的,是基础性的描述。

2）状态结构水平

该水平的描述以行为水平描述为基础,将系统看成一个已了解内部工作情况的机构。首先,将系统的特征属性使用状态进行表示,而状态的所有可能取值集合构成了状态空间;状态在输入轨迹以及内部逻辑的驱动下,在状态空间中递推取值,得到状态轨迹,该功能通过状态转移函数实现;而状态的值不能够由外部环境直接得到以及状态不能够直接影响外部环境,因此需要将状态的轨迹映射为输出轨迹,该功能通过输出函数实现。

3）分解结构水平

在这个水平上描述系统,是将系统看作由许多基本元素互相连接起来而构成的一个整体。这种描述也可称为网络描述,其中对每个基本元素给出了状态结构水平或行为水平上的描述。另外,每个元素必须标明输入变量和输出变量,还必须给出元素之间的耦合描述,用来确定这些元素之间的连接及输入与输出变量之间的界面。元素可以进一步进行结构分解,从而获得分辨率更高的描述。

对于上述不同描述的一个基本规则是,如果给定一个水平上的系统描述,那么至少可得到一个比它低的水平上的描述。因此一个明确的分解结构描述具有唯一的一个状态结构描述(比如,它的状态集可通过对每个个别的成分的状态集施行某种集合运算而获得);而状态结构描述本身又只有唯一的一个行为描述。在这种情况下,一个系统可以看作具有一个网络结构、一个状态结构和一个行为结构。

2.1.3　复杂系统建模的困难

复杂系统的分析和综合首先要建立复杂系统的模型,但仅仅通过传统的数学模型是难以描述复杂系统,主要的困难是难以描述复杂系统中许多重要因素。复杂系统描述的主要困难有以下几方面:

1）人的因素描述

复杂系统中往往包含有人的元素,在其建模中不能忽略人,但如何建立人的数学模型是个难题。

例如,在"人—机"系统的研究中,引用控制理论中的数学模型来描述人的因素,用传递函数模型描述操作人员的特性:

$$K(s) = \frac{K_0 e^{-\tau s}}{1 + Ts}$$

式中:$K(s)$ 为操作人员的传递函数;K_0 为传递系数(放大倍数)表示人手操作的力放大作用,从仪表信号至操纵杆位移的物理量转换关系;T 为时间常数,表示人手运动的惯性;τ 为延迟时间,表示人眼的视觉反应及人手动作的延时。

利用拉普拉斯变换导出的频域数学模型只能用于描述线性、常参数、集总参数系统或环节。因此,上式表示的人环节的传递函数,只能用来近似地描述熟练操作人员,例如飞机驾驶员,在正常工作情况下的手动操作特性,即从仪表信号输入人眼到人手操纵驾驶杆的输出动作之间的传递特性。

在没有紧急工作状态或大偏差信号和大幅度动作的正常工作情形,且操作人员训练有素,进行熟练的、习惯的、小偏差、小幅度操作,这时人的手动操作过程是条件反射式的生理活动过程,而不是高级神经中枢的心理活动过程,可用上面传递函数近似描述。

但在非正常情况下(例如紧急事故状态),进行大偏差、大幅度操作,或者不熟练的人员操作,那么人的手动操作过程就不仅是低级神经中枢的条件反射式生理活动,而且涉及高级神经中枢的心理活动和应急反应。这时将出现非线性、不确定因素,不能用上面的线性、确定性数学模型来描述。

在复杂系统中,人的因素更为复杂,不仅有各种操作人员,还有管理、指挥与决策人员。不仅有"人析判断等高级脑力(智力)劳动,而且还有心理(智能)活动。人可能是控制者、管理者、指挥者、决策者,也可能是被控制、被管理、被指挥的对象。在系统的控制、管理、决策的复杂过程中,人具有主动性、灵活性、智能性,这些显然难以用简单的传递函数模型来描述。

2)不确定性

复杂系统包含有许多不确定性因素,例如模糊性和随机性。

模糊性是由于人的思维、语言、行为的模糊性所导致的不确定性。比如,人们说:"这架飞机的飞行速度相当快"。其中"相当快"是模糊的语言,究竟多快是不确定的,会有多种解读。模糊性是概念内涵的不确定性,例中的"相当快"这个概念本身的含义是不确定的。

但是,事物本身的存在性是确定的、客观的,即这架飞机的飞行速度快是客观存在的事实。然而人们对事物的认识是模糊的,主观上是不确定的,即不知道这架飞机的飞行速度的确切数据,也不明确快的标准。由于人们对事物认识的模糊性,造成思维、语言、行为方面的模糊性。

随机性是关于某种事件发生与否、存在与否的不确定性。例如,"当超过保修期后,计算机发生故障的可能性较大"。这里计算机是否发生故障是不确定的,故障发生与否的可能性是不确定的,故障事件的发生是随机的。在这种关于随机事件的不确定性中,事件本身的概念内涵是确定的,如"计算机故障"的含义是指由于元件、部件损坏、老化或磨损,系统发生短路或断路,以及操作错误等原因,导致计算机失去正常工作能力,出现异常工作状态。但故障发生与否、何时发生是不确定的,即事件发生的机遇是不确定的、随机的。

由于模糊性、随机性因素,都会造成复杂系统在结构、参数、功能、特性方面的不确定。因而难以用传统的确定性数学模型来进行描述。

3）不确知性

复杂系统通常是信息不完备、数据不精确、知识不充分的系统，难以建立适用的、完整的数学模型。

所谓不确知性，是指由于人们对客观事物的认识能力的局限性，因而对事物不能确切地了解。即使事物本身的结构、参数、功能、特性在客观是确定的，但由于人们的观察、测量、分析的方法、技术和设备条件的限制，还不能确切地认识事物，缺乏足够的信息、数据和知识，造成不确知性。例如，系统特性不确知，如各种工业炉窑的燃烧特性往往是不确知的。虽然根据炉窑的结构、参数和燃烧过程的机理分析，可以对燃烧特性有定性的、大致的了解。像燃烧是否充分与空气/燃烧比有密切关系，燃烧温度与空/燃比具有极值特性等（当空/燃比太小，空气不足或燃料过多，燃烧不充分，温度低；当空/燃比太大，空气过多或燃料不足，散热量过多或发热量不足，温度也低；其中，存在大小适当的、最优的空/燃比，燃烧过程最充分，温度最高），但是，不能确知最优空/燃比的数值和极值曲线的数学表达式。对于人的建模，不确知的因素更多。

4）数学模型的适用性

即使不考虑上述主动性、不确定性、不确知性，对于复杂系统，要建立适用的数学模型，也存在相当大的困难。

所谓适用性，一方面是要求数学模型具有足够的精确性，适用于描述真实系统的结构、参数、功能、特性。另一方面是可以利用数学模型和相应的求解方法，对真实系统进行有效的分析与综合。即兼顾模型的精确性与方法的有效性：既可对系统进行适当精度的描述，又能对系统进行有效的分析与综合。但在复杂系统研究中，模型的精确性与方法的有效性之间往往是矛盾的。

真实系统的结构、参数和特性可能是非线性、变结构、变参数、分布参数的，系统的状态会大范围变化、结构和参数随时间的变化及按空间分布而变化。例如，电力系统在运行过程中的结构和参数因负荷调度、机组切换、事故处理而变化，由于长线电力传输，系统参数沿电网空间分布。因此，如果要求数学模型能精确反映真实系统，那么，相应的模型将是非线性、变系数、变结构、偏微分方程组。

由于在数学上对非线性、变系性、变结构、偏微分方程组求解十分困难，缺乏通用的、精确的解析方法。因而，在控制理论中，对于非线性、变结构、变参数、分布参数系统，也缺乏有效的、通用的分析与综合方法。但线性、常系数、常微分方程组在数学上有通用的、有效的解析方法。所以对于线性、常系数、集总参数系统，在控制理论中有通用的、有效的分析与综合方法。如线性多变量控制理论，最优控制理论，稳定性分析方法等。

因此，在模型的精确性与方法有效性之间存在矛盾。如果模型精确、复杂（非线性、变系数等），就缺乏有效的分析与综合方法；反之，如果方法有效，就要求简化模型（线性化、定常化等），那么模型就不能精确地描述真实系统。由于复杂系统具有以上的特点，特别是结构动态变化和有人的参与，其行为难以用数学和逻辑的方法进行推导。

此外，以下因素也使得复杂系统建模困难：复杂系统是在不断演化的，结构演化产生新增层次，即功能演化形成跨越层次的相互关系或新层次结构关系；复杂系统中具有复合的相互作用，即多因素、多层次之间的联系，带来比较复杂的因果联系的特征，如一因多果、多因多果、一果多因等；复杂系统研究的理论基础往往尚未达到如物理系统领域的抽象程度,通过系统分析而产生的数学模型常常可信度比较低;复杂系统往往是病态结构,系统结构很难从空间和时间上加以分割,很难确定系统的边界和水平,很难以一种严格的数学形式来对它进行定义及定量分析;对复杂系统的观测和试验都比较困难,从而使获得的数据对于系统行为的反映可信度及可接受性降低。

由于这些困难,当前,仿真是获得复杂系统行为的主要手段,在许多情况下甚至是唯一可行的手段。但这些建模困难,对仿真研究也提出了新的挑战。

2.2 复杂系统仿真

尽管对复杂系统取得完全一致的认识还有待进一步的研究,但一般认为复杂系统必然是动态系统,其微观个体之间存在非线性相互作用,不能根据局部属性演绎得到全部整体特性。社会复杂系统中的个体往往具有一定的智能和适应能力,个体的行为通过学习不断发生进化,相互适应,形成一个共进化的系统。这样的系统特别适合进行仿真研究。仿真方法通过建立个体微观模型,模拟微观个体之间的相互作用,涌现出宏观层面的复杂行为,实现微观和宏观的统一。

复杂系统仿真研究也推动着计算机仿真技术的发展。研究复杂系统的仿真建模方法,开发相应的仿真软件用以仿真和预测复杂系统的动态行为,通过仿真研究复杂系统的预决、适应、自组织、演化的动力学过程,成为当前仿真方法研究的前沿课题。新的仿真技术已成为了目前关于复杂性研究的一种有效可行的方法和工具。可以说,仿真技术现在进入了以复杂系统仿真为主的新阶段。

2.2.1 复杂系统仿真的基本思路

复杂系统仿真的途径与复杂系统的特点及其体现方式密切相关,相对于传统的仿真研究,复杂系统仿真需要关注如下方面:

(1)复杂系统的自适应性和自组织性。复杂系统是由时空交叠或分布的元素构成的。这些元素往往具有自适应、自学习、自聚集、自组织等能力。正是具有这种特征的元素间交互的复杂性,使得整个复杂系统呈现复杂特征,同时也是复杂系统不断演化的驱动力。

(2)复杂系统的不确定性。不确定性与随机性相关,而复杂系统中的随机因素不仅影响状态,而且影响组织结构和行为方式。不确定性还与混沌相关,混沌把表现的无序与内在的决定论机制巧妙地融为了一体。

(3)复杂系统的涌现性。复杂系统中子系统或基本单元之间的局部交互,经过一定时间后在整体上演化出一些新的性质,形成某些模式,便体现为涌现性。涌现性也体现为一种质变。主体之间的相互作用开始后,系统能自组织、自协调,并随之扩大、发展,最后发生质变,即发生了涌现。

(4)复杂系统的预决性。复杂系统的发展趋向取决于系统的预决性,预决性是系统对未来状态的预期和实际状态限制的统一。事实上,任何有生命的物质,都具预期或预测的能力,从而影响系统的运动方向。

(5)复杂系统的演化。复杂系统对于外界环境和状态的预期—适应—自组织过程导致系统从功能到结构的不断演化。从低级到高级、从简单到复杂的不断演化,是复杂系统最本质的特性。

(6) 复杂系统开放性。系统与外部环境及子系统间存在能量、信息或物质的交换。这种交换使系统可能从外界环境输入负熵,使系统的总熵减小,或控制在某种缓慢的增长速度,其结果是增加了系统的有序性,这正是开放性的价值所在。

在建模与仿真中,全面体现复杂系统的以上方面还缺乏有效的一般性方法,只能针对具体领域问题具体分析。但目前复杂系统仿真已有一个基本的思路,即通过观察现实的复杂系统,抽象出每个个体所遵循的简单规则,在计算机中重现这些简单的个体,并让他们相互作用从而观察计算机中的涌现结果,用这些结果来反映现实系统。在研究人员通过进行仿真实验来研究复杂系统的同时,还需要根据仿真结果来不断地完善仿真模型,从而逐渐逼近原系统。

复杂系统仿真的建模过程需要对一切可用的信息源加以集成:即将一切可用的先验知识、专家经验及观测数据,包括定性和定量的、精确和模糊的、形式化和非形式化的统统集成起来,加以利用。这是复杂系统仿真方法一个重要的特征。

仿真方法的基本原理是基于系统与模型之间的相似性或同构性,基本途径有两种:

(1) 建立系统的同态模型,用来复现和预测系统的行为。这时不考虑系统与模型在运动形式和规律上是否存在相似性,也不考虑复杂系统的内在结构。它考虑的是系统与模型行为的相似,据观测数据去建立系统的同态模型,研究系统的行为趋向。建模过程中主要是确定系统观测变量,对于观测到的数据通过归纳的方法进行处理。然后通过系统同态模型外推产生新的数据,实现数据生成。

(2) 建立系统的同构模型,从状态结构级一直到结构分解级,以认识系统运行的机理和规律。这类方法要求系统的运动形式和规律与模型的运动形式和规律相似,即系统和模型具有内在的相似性和同构性。因此需要按照系统的机理去构造系统的模型框架。在没有足够先验理论的条件下,也可以利用和集成有限的先验知识、专家经验和假设,选定一个适当的模型框架,然后经过模型结构的特征化,利用观测数据,进行参数估计,从而建立起系统的同构模型。同时经过可信度分析,不断地修正这个模型,提高模型可信度以求得相对可用模型。

在复杂系统仿真中,需要综合使用这两种方法。复杂系统层次多且关系复杂,子系统数目巨大。可以将子系统按其功能特点、结构特点予以划分,将具有共同属性的子系统归于同一子系统组,形成子系统组。对该子系统(组)着重研究其输入、输出特性,而不关注其内部结构的分解。该子系统(组)的状态(或称为该子系统(组)的输出变量)可视为整个复杂巨系统的一个或一组参数。于是,对于上述分类后的子系统(组),尽管组间存在着各种关联乃至反馈关系,然而任一子系统组的元素与其他子系统组的元素相对来说具有独立性。这样可采取省略其结构的微观细节,抓住其主要特性,在宏观上对各类别的子系统(组)分别进行研究的办法,根据实际情况,应用已有的信息处理技术,进行定性定量相结合的研究,构建起其行为、状态或结构模型。然后以这些模型作为复杂系统建模的单元,通过单元模型组合来实现系统的仿真建模。

在仿真建模过程中,总是要对复杂系统进行简化,这些简化是否会引起整个问题的质变,单在建模过程中很难回答,需要在仿真运行后进行判断。

2.2.2 复杂系统仿真的要求

复杂系统仿真也可以采用简化的方法。例如,在军事对抗仿真中采用简化的兰切斯特方程进行仿真。但这时作战双方众多的元素、联系都被忽略,模型不能反映复杂作战过程的特征,也不能用来获得作战过程中固有的多种行为,从而不能研究作战的复杂性。从仿真技术的角度,用这样的模型等同于简单系统的仿真,体现不出复杂系统对仿真的特殊要求。

基于复杂系统和仿真两者的特点,复杂系统仿真应具有以下的基本要求,即需要对复杂系统仿真的概念作如下的限定:复杂系统的仿真模型应能在一定程度上反应复杂系统元素数量和类型众多、联系众多以及结构动态变化的特点。根据这一限定,可以对复杂系统的仿真做出以下的推论。

1) 在复杂系统仿真中应使用系统的分解结构模型

由上述的要求,自然而然可以推出复杂系统仿真应采用系统的分解结构模型。

系统的结构指的是构成系统的元素的秩序。它包含两层意思:首先指系统的各元素;其次是指元素间的相互关系和作用。结构模型直接描述了构成系统的元素以及元素间的联系,是一种白箱描述方法。系统动力学的创始人 P. J. Froster 曾阐述了系统论的一个基本观点:"系统之宏观行为源自于其微观结构"(王其藩,1994),因此通过模拟系统的结构来获得系统的行为自然是最理想的方法。

复杂系统的行为是其元素运行以及元素间相互作用的总体效应。由于复杂系统元素众多又结构复杂,因而表现出的行为也复杂多变。要研究行为变化的原因和规律,必然要从系统的结构入手。通过构造系统的结构模型来分析系统的行为,这比应用行为模型更适合于研究复杂系统随时间演化的问题。

使用分解结构模型的另一个原因是,复杂系统很复杂,难以对整个系统建立满足仿真要求的行为和状态层次模型。

2) 作为仿真对象的复杂系统应可以分解

构造分解结构模型的一个前提是复杂系统可以分解,另一个前提是分解后的底层元素是可建模的。应指出的是,使用分解结构模型主要是在复杂系统的上层,底层元素的建模往往使用行为或状态模型。

系统的一个普遍接受的定义为:系统是相互联系、相互作用的元素的集合,其中的元素也是系统。这个定义隐含着系统在理论上是可以分解的。但由于人们的认识有限,这种分解在实际操作中并不总能实现。不能分解到一定程度的复杂系统一般不适合用仿真来研究,也就是说应用仿真分析复杂系统要求人们对复杂系统事先有一定的认识或者能够给予合理的假设,其中最主要的是能识别构成系统的成分从而分解系统。

在仿真中可分解包含有几个含义:一是可将系统从整个客观世界中分解出来,即能区分系统与环境;二是可在要求的粒度上将系统分解为一个个元素;三是能辨别和确定元素之间的联系和元素与环境的联系。人工系统特别是工程系统一般满足这样的分解要求,而许多社会系统与生命系统目前还难以得到满意的分解。这也是仿真目前多用于工程系统的一个重要原因。

可分解是复杂系统仿真的一个基本要求,复杂系统仿真的精度和可信度都与分解的深度相关。但反过来,仿真也可以帮助人们分解复杂系统,例如将仿真作为检验分解正确与否的工具。

3）采用面向对象的思想和技术

面向对象提供了从组织结构的角度认识、描述和实现客观系统的世界观、方法论和技术,是建立和描述系统分解结构模型的最佳选择。面向对象用对象系统来描述被仿真系统,通常要求对象系统能够与被仿真系统结构相似。

4）人机综合集成

由于复杂系统的复杂性,仿真过程需要在专家知识的判断、修正和交互之下进行,相应的仿真系统是人机综合集成的系统,即需要人和机器一起协作共同完成仿真任务。相对而言,用于简单系统仿真的仿真系统是完全或基本上“自主”、“自动”的系统——在输入模型和参数、启动运行后,计算机承担了所有的仿真任务,使用者读取结果。

而复杂系统仿真需要人机集成,一方面是仿真运行“模型”中有人在环,因为实际的复杂系统往往是主动系统或人机结合的系统。如在作战仿真中,人是被仿真系统中的重要成分。用于训练的复杂仿真系统,“人”更是不可缺少的一部分。在这些系统中,人很难建模,因此常需将人作为一个单元直接纳入仿真系统中。另一方面仿真系统的运行要人机集成:复杂系统仿真的运行控制难以在实验框架中事先完全设定,需要人(专家)根据运行情况相机处理。人机各有长短,通过取长补短、相互配合,可以更圆满地完成仿真任务。

5）分布并行仿真

许多复杂系统本身是空间分布的,建立相应的仿真系统所需的资源常常也分布在各个部门的各类计算机上。同时复杂系统仿真需要大量不同类型的资源,单一计算机难以满足要求:如各种要求的显示设备、交互设备以及与实物的接口。随着模型的复杂程度增加和细节、层次的加深,展开模型所需的时间也大大增加,所以需要并行展开各个子模型。因而复杂系统仿真多是基于网络的分布仿真。分布的仿真系统可以支持并行仿真而不需要用户掌握并行程序设计的知识。

分布并行仿真中的分布指的是空间分布,并行指的是时间上同时进行计算。分布仿真通常将仿真模型分解成松耦合的子模型,然后在不同的处理器上运行各子模型,用消息的传递来描述子模型的耦合关系。目前从协调各子系统展开的角度,有两类主要的分布并行仿真机制:保守机制和乐观机制。

因此,可以理解复杂系统仿真是在复杂系统可以分解的基础上,使用面向对象的思想和技术,采用系统的分解结构模型,通过人机集成和分布仿真系统对复杂系统进行多方位的实验研究的过程。

2.2.3　复杂系统仿真的研究内容

复杂系统仿真以系统构成元素为建模单元,通过描述组成元素、元素间结构关系、系统的运行过程以及系统相对环境的输入输出建立相应的系统模型,并以模型的仿真运行方式进行系统研究。因此,复杂系统仿真是从复杂系统所存在的现实空间开始,通过人类对复杂系统所建立认识的知识空间,进入仿真描述的计算机虚拟空间来进行研究的。也就是首先是在意识空间中建立起对现实空间中客观存在的复杂系统的认识,然后将认识构建成对复杂系统知识描述的系统模型,再将系统模型投射成计算机空间中的仿真模型;最后基于仿真模型的技术实现研究。复杂系统建模的主要研究内容有如下方面:

1) 复杂系统仿真的概念模型研究

在复杂系统仿真时,概念模型是对复杂系统的组成和行为进行首次抽象所建立的模型,用来指导仿真系统的开发和评估。概念模型通过对复杂系统的构成及行为进行详细描述,来解决仿真系统开发与评估的相关人员间的沟通问题。概念模型的建模过程实际上是对复杂系统进行分解再重构的过程。

2) 复杂系统仿真的可组合模型研究

模型可组合性是指以不同的组合形式选取和装配模型组件形成系统的仿真模型,从而满足特定仿真需求的一种能力。模型可组合性的特征在于能够针对不同目的,用不同的组合方法将模型组件组合成不同的仿真模型。用于复杂系统仿真的模型组件来自不同的专业和不同的部门,可组合的前提是这些模型组件之间可互操作。典型的组合建模仿真方法有:基于公共模型库的组合建模方法、基于互操作协议的组合建模仿真方法、基于有效性准则的语义可组合方法、基于 DEVS 的形式化组合建模方法和基于模型驱动体系(MDA)的组合建模方法等。

3) 基于多 Agent 的 CAS 的建模仿真方法研究

该方法以 Agent 作为模型组件,是在 CAS 系统理论的指导下,结合 Agent 理论与方法和计算机仿真技术来研究复杂系统的一种有效手段。该领域的研究大都在已有的 Agent/多智能体系统(Multi - Agent System,MAS)研究的基础上进行,主要包括 Agent 模型与结构的建立、Agent 的学习和演化、多 Agent 的交互和协调、仿真平台研究以及应用研究等。目前,该方法被应用于经济领域、军事领域和交通控制领域等方面。

4) 复杂系统仿真可信度的研究

可信度保证是系统建模与仿真的生命线。同样,对于复杂系统的建模与仿真,如果不具有较高的可信度,那么对其的研究往往难以有效开展,甚至直接失败。然而,复杂系统具有的特点加大了复杂系统仿真的难度;而且从复杂系统中获得的数据,以及对复杂系统建立的数学模型都存在可信度低的严重问题。那么,如何才能使得复杂系统仿真的可信度得到提高?复杂系统仿真可信度本身的理论体系又是怎样的?用于保证可信度的 VV&A 如何对于复杂系统仿真发挥真正的作用?这些问题都是亟待解决的难题,也是关系复杂系统仿真是否真正有效进行的关键问题。

5) 平行系统技术研究

对于复杂系统的研究,多数情况下既没有全面的、足够精确的模型,也不能建立可以解析的预测系统短期行为的模型。特别是涉及人与社会动态变化的系统,问题本身也在不断变化和发展之中,不可避免地需要一个不断深化的问题认识过程,也导致了对这类系统不存在精确完备的整体解析模型。因此,需要基于不断探索和改善的原则,建立有效可行的计算实验方法体系,为不断完善系统解决方案提供科学依据。平行系统技术的本质是建立同实际系统等价的人工系统,通过在人工系统上的计算实验找到实际系统的等价结果,保证从人工系统上得到的认识等价于实际系统,对人工系统的控制结果等价于对实际系统的控制;然后在非正常状态下由人工系统产生的等价输出来指挥实际系统,在正常时由实际系统的数据修正人工系统的模型和算法,最后由人工系统来不断优化实际系统的控制,从而达到彼此促进,共同进步的目的。这样,不断变化的实际系统尽管不能精确建模,在人工系统的帮助下也能实现不断的滚动优化。

2.3　复杂系统仿真建模基础

建立被研究对象的模型是自然科学、思维科学乃至部分社会科学研究工作中的重要步骤,因为只有建立了被研究的客观世界的可信模型,人类才可能认识客观世界的本质和预测未来。复杂系统仿真模型构建具有艺术与技术双重特征。艺术性是指不存在对所有系统和现象都适用的万能建模方法,建模人员必需灵活运用已有的建模理论和方法,深入分析、抽象问题的特性,结合需求与现有技术、资源选择最优的建模方法,模型的优劣将取决于建模人员个人的学术和修养。技术性是指虽然不可能使用一种方法建立所有系统和现象的模型,但是在对不同系统和现象,采用不同建模理论和方法进行概念建模的过程中,总是存在一些公共的步骤、阶段和原理。

复杂系统的建模相当复杂,其模型所描述的是客观世界中的客观事物的特性,范围非常广泛,需要综合应用多种技术,将艺术化的工作尽量技术化。面向对象仿真建模、概念模型、知识工程和复杂网络建模是支持复杂系统建模技术化的若干基础。

2.3.1　面向对象仿真

复杂系统种类繁多且各自差异很大,但面向对象方法为描述各种复杂系统提供了统一的方法和模式,基于这种统一的方法和模式有可能为复杂系统的建模提供统一的框架,或对某一类复杂系统建立一个通用的框架。

面向对象仿真建模的技术特点是:用一组彼此交互的软件对象来描述真实的系统、现象或过程。这种方法除了具有软件对象可重用和易于维护等优点外,最为显著的优势还在于其软件描述与真实世界间有着直接和自然的一致性。

面向对象仿真建模引入抽象、信息隐藏、多态和继承等面向对象分析与设计的基本原则,采用了类(class)作为基本模型组件的载体。类采用封装技术将对象的数据结构和控制对象行为的方法组合起来。对象通常定义为真实世界中某一实体的抽象,它将实体的特征数据和实体的运动行为的描述封装在一起。一个对象可以描述一个有形的实体,也可代表一种概念性的方法和原则。每一个对象都属于一个特定的对象类,类为一组在真实世界中具有共同特征和行为的实体(如飞机类、舰船类、传感器类等)提供描述。每个对象都是对象类的实例。一个特定类的所有对象都有相同的属性和行为描述,但却具有不同的属性值。

面向对象仿真建模使仿真软件具有现代软件工程的特点,并提供了将仿真模型与信息技术紧密结合的基本手段。对象和模型两者共享内部状态概念,是封装了数据和操作活动逻辑的自治主体,并具有与外界相互作用的输入\输出界面。

设 OS 是对应于复杂系统 $S(t)$ 的仿真模型的对象系统,则 OS 可表示为

$$OS(t) = (OBJ(t), I(t))$$

式中:$OBJ(t)$ 为在 t 时刻 $OS(t)$ 中对象的集合;$I(t)$ 为 t 时刻 OBJ 集中对象的交互关系。根据结构相似原理和面向对象的建模原则,OBJ 中的对象应和 S 中的实体一一对应,而 I

(t)应与实体之间的交互关系一致。因此对象系统 OS(t)有下面的特点：

(1) OBJ(t)中包含大量的对象，因此 OS(t)仿真需要大量的且通常是分布的资源；

(2) OBJ(t)中对象的类型多样，因此仿真系统需要提供各种类型的类和对应的类处理机制；

(3) OBJ(t)中对象相互之间有作用，这要求仿真系统用规范化形式来描述生成对象的类；

(4) OBJ(t)和 $I(t)$ 是随时间变化的，这要求仿真系统能建立和展开动态的对象模型。由于复杂系统所在领域的所有对象都可能进入对象系统，仿真系统应尽可能提供领域中所有相关实体的对象类。且在开发类时，不能针对某一项具体的仿真应用，而应着眼于整个领域。

(5) OBJ(t)中的对象可以是由多个对象组合而成的，所以仿真系统还应支持建立与展开层次的对象系统。仿真系统应能通过组合对象来构建新的对象，且组合对象应具有与原子对象一致的表示方式，可以作为一个对象来使用。

(6) 仿真系统的类库应能对同一个 $S(t)$，支持建立多个 OS(t)。

对象系统 OS 的描述一般采用标准建模语言(Unified Modeling Language，UML)。UML 是由世界著名的面向对象技术专家 Grady Booch，Jim Rumbaugh 和 Ivar Jacobson 发起，在著名的 Booh 方法、OMT 方法和 OOSE 方法的基础上，广泛征求意见，集众家之长，几经修改而完成的。

UML 采用了一整套成熟的建模技术，广泛适用于各种应用领域。它得到了工业界的广泛支持，UML 已成为工业界广泛接受的一种标准建模语言。

UML 是一种定义良好，易于表达，功能强大，且普遍适用的建模语言。它融入了软件工程领域的新思想、新方法和新技术。它不仅可以支持面向对象的分析与设计，更重要的是能够有力地支持从需求分析开始的软件开发的全过程。

UML 是一种建模语言，而不是一种方法。在原理上，任何方法都应由建模语言和建模过程两部分所构成。其中建模语言提供设计的符号(通常是图形符号)，建模过程则描述进行设计所需要遵循的步骤。UML 统一了面向对象建模的基本概念、术语及其图形符号，为人们建立了便于交流的共同语言，同时人们可以根据所开发软件的类型、环境和条件，选用不同的建模过程。

2.3.2 概念模型

在仿真中，概念模型通常指为了理解用户的真实意图及为了强调影响系统性能的重要因素而进行的规范化抽象描述。概念模型是用户需求与系统设计、实现之间的桥梁。随着建模和仿真实践的积累和发展，需要重用已有的一些仿真系统或模型，用户、系统设计人员和管理人员就必须借助概念模型重新理解这些系统和模型。

仿真首先要对被仿真的对象有深刻或较深刻的认识。这种认识需要有一个一致的描述，至少采用通用的描述方法。各个领域的专家对领域有深刻的认识，并且建立了相应的学科，有理论化的体系，但在仿真建模时还会遇到问题：

(1) 学科的理论与实践的知识庞大，哪些是仿真需要的。

(2) 如何描述仿真所需要的领域知识。

（3）如何使参与仿真的各类人员有共同的理解和共同的语言。

（4）如何保证知识的权威性。

（5）如何使用户能方便获得。

（6）如何使上面的工作能共享和继承。

为此,需要针对仿真的需求,建立领域知识的概念模型。概念模型主要用于帮助仿真模型设计人员来决定在仿真中,被仿真对象的哪些属性应该被表现出来以及表现到什么程度。概念模型的建立仍然是一种艺术而非技术。概念模型是描述仿真开发人员对仿真对象及其要点的理解的知识集合。这些知识包括想定、算法、属性、关系和数据等,它们集合到一起就能够描述仿真开发人员对仿真模型所要表现的内容(实体、动作、任务、过程、交互作用等)以及这些内容如何满足仿真目标的需求。概念模型越明显、越精确,最终所得到的仿真模型就越能够满足仿真任务的需求。

概念模型也提供了设计和实现仿真任务(包括系统分析、系统规划、软件设计、代码开发、测试等)的人员、仿真系统的用户、领域专家(包括仿真任务的审核者)以及仿真系统的评估人员(可行性、准确性、正确性评估)所共同遵守的一个清楚的、能够顺利交流的基础机制。

概念模型实际上描述的是对仿真对象的需求。概念模型的发展可以暴露出仿真需求中存在的问题,特别是能够发现存在模糊的、不精确的仿真需求,以及找到仿真需求最好的表述等。当概念模型发展到能够充分满足仿真需求的时候,仿真需求中存在的不一致或者不平衡(对同一区域有的条件给出的限制比较松,而另一些条件则给出相当紧的约束条件)就会显现出来。而且,概念模型的发展也有助于发现那些仿真人员自己想当然地认为应当如此的问题。应该鼓励在早期形式化、明确化仿真需求,确保在概念模型发展过程中使用的需求定义是正确的。

美国国防部提出的使命空间功能描述(Functional Description of Mission Space,FDMS)是概念模型的一个实例。最初,FDMS被称为使命空间概念模型(Conceptual Model of Mission Space,CMMS),2001年更名为FDMS。

FDMS是对真实世界的第一次抽象,是独立于仿真实现、对真实世界中与某项使命相关的实体、活动、任务、交互和环境等因素的可操作性描述。FDMS为建立数学模型、逻辑模型提供足够完备和详尽的信息依据,为模型及仿真的VV&A提供可追踪的参照,确保领域人员与软件开发人员对同一问题理解的一致性,推动模型与仿真互操作和重用,因此,FDMS是建立权威和一致的仿真模型的公共起点。

FDMS是一种以模型方式描述的知识仓库,仿真建模人员通过查找可以发现获得建模所需要的使命(mission)和任务(task)、实体以及它们行动的环境的描述。FDMS虽然是针对军事领域的作战使命定义的,但其思想和方法可以移植到其他领域。

FDMS的提出和推广主要是为了解决三个问题,即:

（1）权威信息不能方便地获取。一个仿真系统是否可以用于军事训练、战术战法分析及武器装备论证取决于其描述的真实世界的军事行动、装备、系统和环境的真实程度。仿真开发者通常对于军事领域知之较少,他们关于军事领域的知识是片面的、零碎的、不成系统的,而且具有强烈的主观色彩。如果仿真开发者获取的问题域信息不是权威的,最终的仿真结果就不可能逼真地反映客观世界的规律。而FDMS提供了军事领域权威的描述信息。

（2）获取的信息是不完整的或不易于理解的。开发具体仿真应用所需获取的知识应该是完备的、没有歧义的。军事人员是军事领域的主题专家，他们了解军事使命、行动和任务的本质和详细信息；仿真开发者是技术领域的主题专家。只有领域专家与技术专家相互结合，充分交流，才能保证开发的系统是满足仿真需求。FDMS 是这两类主题专家之间的桥梁，是他们的公共语言。

（3）获取的信息代价昂贵，但却没能保存下来服务于将来的仿真。以往仿真项目开发完成之后，当时仔细收集和捕获的知识被埋藏在仿真项目中，而没有成为一种有形的产品把这些知识保存下来；所以在以后开发同样或类似仿真系统以及把已有的模型和仿真集成到更大规模的系统时，由于没有现成的"知识文档"或"概念模型"，而又必需重复知识获取的过程。这样就浪费了大量的人力物力。另外，不同的仿真项目往往是由不同组织或个人采用各自的资源、术语、格式描述现实世界，从而导致开发出的概念模型不一致，不一致的概念模型又必然导致开发出的仿真之间不能互操作。如果事先能够准确开发出描述客观世界的权威模型的话，就可以直接重复引用。所以必需建立公共的建模与仿真资源库，各个仿真组织把自己开发的 FDMS 模型上传到资源库，经过权威部门的校核、验证和认可（Verification，Validation and Accreditation，VV&A）成为可以使用的资源，其他授权用户可以通过网络访问和重用已有的模型资源。

FDMS 由三个主要组成部分构成：使命空间模型（MSM），它是与真实世界军事活动相一致的功能描述；技术框架，即知识获取和集成的互操作标准；公共资源库，可以对模型进行注册、存储、管理和释放的数据库管理系统。

MSM 重点描述了军事领域的使命、任务和过程。MSM 纵向包括战略级、战役级和战术级使命/任务；横向包括机动与部署、侦察与监视、打击与攻击、指挥与控制、后勤与保障、防卫与防护等使命。对于一个高层次的复杂使命，为了加强其可操作性，就需要进行分解，把上级粗略描述的使命/任务分解为本级组织可以实施的详细任务流程。

概念模型作为一个权威的知识源，通过描述任一任务所涉及的关键实体、行动和交互的基本信息，为仿真开发提供服务。MSM 是对这些实体、行动和交互的一个中性的描述，即 MSM 是面向军事领域的有关于各种在仿真执行中将会发生的任务的行为和特征的集合。因此，可以说，MSM 全面反映了有关军事行动和任务所包含的复杂的知识，包括每一个实体的性能数据。一旦仿真开发者在特定的演习、测试和实验中，选择好一个剧本（Scenario），并决定双方所使用的兵力和系统等因素后，所形成的"问题空间（Problem Space）"将利用 MSM 中的信息来形成联邦概念模型（Federation Concept Model）。这样做可以确保联邦概念模型是基于并利用真实系统的性能和参数。

技术框架是建立和集成模型的标准，包括：公共的语义和语法、建模方法和数据交换格式。公共的语义和语法为模型提供了一致、无歧义的理解，并且规定了一个完整的知识描述包括哪些内容。由用于信息获取、任务描述、模型集成、权威数据源的构造和注册的一系列的工具、规则和用户接口组成。技术框架是生成和维护通用知识库，并使用通用知识库中的知识的保证机制。FDMS 的技术框架是建立在数据标准化的基础之上的。

公共资源库是 FDMS 模型系统的重要组成部分，仿真开发人员可以访问和检索模型资源库，从中获取与仿真有关的真实世界信息。

FDMS 建模方法一般有三种:①科学报告方法,它主要采用文本表达形式,列举了概念模型必须具备的基本要素;②IDEF3 方法,它主要应用于装备生产、产品设计和工程、软件中人机交互的场景描述等领域,是图形化的描述方法;③UML 方法,它是软件工程领域应用最广泛的一种图形化建模方法,可以描述实体、过程和交互等多种模型。

概念模型的开发是一个不间断的渐进过程,始终处于改进和完善中。在一些重要的仿真项目的支持下,不断地生成并补充任务空间的概念模型的构件和数据。更进一步地说,完成这个词,对于 FDMS 来说,只是意味着该任务空间的概念模型可用和其关键要素已经被开发、运行与可以被批准使用。

2.3.3　知识工程

从知识的角度看,仿真模型和数据是系统知识的一种表达方式。仿真活动是一种知识生成的活动,仿真过程是一个知识应用和创新的过程。建模仿真就是通过计算实验获得对复杂系统的新知识,加深对现实世界的认识,丰富人们对系统的认识。建模仿真过程凝聚了人类的知识和智慧,在这过程中也促进了知识的积累和更新。仿真关注的是知识在仿真过程中的转化和运用,是人的智能活动在计算机程序中的体现。

知识工程以知识本身为处理对象,研究内容主要包括知识的获取、知识的表示以及知识的运用和处理等三大方面。知识工程引入仿真,目的是研究如何梳理领域的知识体系,使之向模型体系转化,并通过仿真执行获得领域的新知识。仿真建模主要与知识获取和知识表示相关。

仿真系统的仿真建模需要花很多人力和财力在领域知识获取上。知识工程中知识获取研究可以提供领域知识的理解、认识、选择、抽取、汇集、分类和组织的方法;从已有的知识和实例中产生新知识,包括从外界学习新知识的机理和方法;检查或保持已获取知识集合的一致性(或无矛盾性)和完全性约束的方法;尽量保证已获取的知识集合无冗余的方法。

知识获取分主动式或被动式两大类。主动式知识获取是基于领域数据与资料利用诸如归纳程序之类软件工具直接自动获取或产生知识,并装入知识库或概念模型编辑工具中。被动式知识获取是通过一个中介人(知识工程师或用户)并采用知识编辑器之类的工具,把知识传授给知识处理系统。按获取知识的工作方式,可以分成交互式和自主式(或非交互式)两种。交互式知识获取在获取过程中要不断与人进行交互,或提供解释,或要求输入信息,或提问求答,或请求验证等。交互式的知识获取,对用户或知识工程师有较大的透明度和控制能力,比较适合于从专家大脑中获取知识。自主式知识获取则在获取过程中完全由知识处理系统自主完成,例如输入的是一段讲话,一本书或资料,输出的便是从中抽取出来的知识。

知识获取困难的关键在于知识转移。它包括两层意思:一是专家难以表达他们的知识,二是知识工程师与领域专家之间没有共同理解的概念和表达这些概念的共同语言。

获得的知识要转换为计算机能够处理的模型,必须将知识以某种形式逻辑地表示出来,并最终编码到计算机中去。知识表示就是对知识的描述或者约定,实质是知识符号化的过程。知识表示是利用计算机能接受并进行处理的符号和方式来表示人类在改造客观世界中所获得的知识。通过知识编码,将原始知识转变成一种具有特定结构的知识,方便交流和传播。知识表示通常要求完备性、一致性(格式规范)、实用性、简洁性、可理解性和可扩充性。合理的、形式化的知识表示,可以使问题求解变得更容易,并且有较高的求解效率和质量。

不同的知识需要用不同的形式和方法来表示。知识工程中的知识表示是将某一专门领域内的外化事实知识和特定专家所具有的经验知识形式化,使计算机能够接受和对它们进行操作。其实质就是能够表示知识的数据结构,使知识能在计算机中有效地存储、检索、使用、推理和改进。通过知识表示,可把知识客体中的知识因子和知识关联表示出来,以便人们识别和理解知识。

仿真模型作为一种知识表示形式,是在对现实问题的高度抽象的基础上,将人类知识模型化。建模与仿真是通过将领域知识转换为能够支持仿真运行的仿真模型,来实现领域知识的集成与创新。复杂系统仿真中的知识表示方法,要求既能表示事物间结构关系的静态知识,又能表示如何对事物进行各种处理的动态知识;既能表示各种各样的客观存在着事实,又能表示各种客观规律和处理规则;既能表示各种精确的、确定的和完全的知识,还能表示更加复杂的、模糊的、不确定的和不完全的知识。知识表示的好坏对知识处理的效率和应用范围影响很大,对知识获取也有直接的影响。知识工程中知识表示的方法很多,例如,谓词逻辑表示,关系表示(或称特性表表示),框架表示,产生式表示,规则表示,语义网表示,与或图表示,过程表示,Petri 网表示,H 网表示,面向对象表示,以及包含以上多种方法的混合或集成表示等。这些表示方法各适用于表示各种不同的知识,都有一定的针对性和局限性,被用于不同的应用领域。而复杂系统仿真需要能够描述较宽领域的知识表示方法。

领域知识的仿真模型化是从领域知识中提炼出概念模型,并进一步描述为形式化模型。概念模型和形式化模型应具有较强的可读性和良好的重用性,并且能够方便向可执行模型进行转化。领域知识的仿真模型表达,首先将领域知识中的显性知识进行形式化并转化为成体系的概念模型,然后在特定的仿真运行环境下结合特定的问题域将概念模型转化为仿真模型。领域知识仿真模型化的目标是将一个领域中的知识形式化为成体系的仿真模型,从而对该领域的建模仿真提供良好的支持。

仿真模型一般可以分为概念模型、形式化模型和仿真实现模型三个层次。相应在仿真中,知识的表示也有三个层次。概念模型是仿真模型的基础,是人可理解的,但直接基于概念模型进行仿真实现面临很多问题。形式化模型是对概念模型的形式化表达,它建立概念模型和仿真实现之间的有机联系,独立于平台并支持仿真实现的自动生成。仿真实现模型满足机器可以执行。

然而,仿真模型在领域知识的描述方面还有一定的局限性:①仿真模型不能描述全部领域知识。领域知识包含显性知识和隐性知识,而仿真模型只是抽象了显性知识中与问题相关的一部分知识;②仿真模型也可能存在对领域知识的不准确表达。仿真模型是对领域知识加工而成,由于模型的不准确性,它可能和实际情况存在较大的差异;③仿真模型是对领域知识的高度集成,它总是和特定的工具和形式化语言相结合,它不便于对领域知识进行扩充和修改。

对于一个复杂系统而言,其模型的实现中往往要求多层次、多样化、多途径。而通常人们在进行仿真中,主要采用数学模型,即用严格精确的数学逻辑表述,其描述能力有局限性,不能或难以描述管理活动中某些问题和现象,而且由于非线性、不确定性、复杂性,采用定理、定律根本不能完全复现原系统,而往往利用人的知识和经验却能很好地表征这个系统。

近年来,由于人工智能技术蓬勃发展及计算机处理能力大大加强,为智能技术在仿真中的应用提供了可能。同时,一些不确定复杂系统的建模也采用人工智能技术优化模型,将数值模型与非数值模型融合起来。

面向对象的方法认为客观世界是由各种对象组成的,任何事物都是对象,是某对象类的元素,复杂的对象可以由相对比较简单的对象以某种形式组合而成。面向对象技术提供了从一般到特殊的演绎手段(如继承),又提供了从特殊到一般的归纳手段(如对象类的表达等),是一种很好的认知模式,在较高层次上模拟了人的思维方式。面向对象的知识表达方法以领域对象为中心,以对象为基本单元表示知识,可将多种单一的知识表示方法,如规则、框架和神经网络表示方法等,按照面向对象的原则组成一种混合的知识表达形式。因而,从知识工程的角度,面向对象的知识表达方法也是复杂系统仿真建模较好的手段。

用对象作为知识的表示单位,一方面把知识和操作进行封装和隐藏,推理机制蕴藏在对象中,既可以实现灵活性的推理机制,又使修改知识操作局限在对象的内容上,容易实现知识库的一致和完备性;另一方面将知识表示成对象以后,对象的独有属性体现了个性与差别。

基于本体的知识表示是当前研究的热点。采用本体技术作为研究形式化描述领域的实体、属性、过程及其相互关系的基础,可为知识库的构建提供一个基本结构来表示现实世界中的知识和常识,提高知识搜索、知识重用、知识共享和知识推理的效率。

2.3.4　复杂网络建模

复杂网络理论是一门在综合大量社会网络、信息网络、技术网络和生物网络科学事实基础上,集成系统论、数学、计算机等方法研究网络共性规律的新兴科学,是探索复杂性的一种有效途径。复杂网络的研究可以使人们更好地了解现实世界的复杂系统。基于复杂网络理论研究复杂系统的建模,是一个值得探索的方向。

复杂网络方法将复杂系统中的各种实体抽象成为节点,将各种网络关系抽象成为边,它能够很好地将复杂系统的微观机制与宏观特征结合起来进行研究。复杂网络的复杂性主要表现在网络的节点数量巨大,网络的连接结构错综复杂,网络中节点本身的复杂以及各种外部复杂因素的相互影响。

现实中的大量系统都可以表现为网络形式。例如细胞中的新陈代谢网络、大脑中的神经网络、组成生态系统的食物链网络、社会关系网络、科研合作网络、经贸网络、互联网、万维网以及电力网等。一个典型的网络由许多节点与连接两个节点之间的一些边组成,其中节点代表真实系统中不同的个体,边则用来表示个体间的关系,往往是两个节点之间具有某种特定的关系则连一条边,反之则不连边,有边相连的两个节点在网络中被看作是相邻的。从复杂网络的角度,系统的复杂性可以归因于这样一个个网络的复杂性,通过这些复杂网络,系统的各个组成部分相互之间发生着各种线性的、非线性的作用。

2.4 作战仿真

在国防军事部门中,信息技术持续推动着一场深刻的"军事革命"。在其影响下,国防领域的现代化越来越需要仿真作为分析、决策、训练与研究的工具。随着现代化作战中武器系统、指挥系统等的日益复杂,国防领域复杂系统的仿真研究和应用发展迅速,推出分布交互仿真(DIS)、集合级仿真协议(ALSP)以及 HLA 等多种针对复杂系统的仿真方法。如果说最初的 DIS 是为实现联网仿真而被动地发展起来的一种仿真方式,则 HLA 是人们主动追求而建立的一种复杂系统仿真模式。

作战仿真是国防仿真技术应用的基础。无论是各种层次的战法研究、指战人员训练、武器装备发展战略论证、武器装备编配论证、武器装备的作战效能评估还是战技指标论证都是在一个逼真的虚拟战场环境中通过作战仿真来实现。作战仿真的对象非常复杂,包括武器装备、军事人员、部队编制等。相同的对象在不同目的的作战仿真系统中有不同的模型,例如同一个武器装备在装备论证仿真系统的模型和在军事人员训练的仿真系统的模型是不相同的。作战仿真需要对武器装备的交战过程、军事力量的对抗、毁伤过程、作战计划的执行实施过程、环境对作战行为的影响以及方案的变化等进行建模。

美国军队对于建模与仿真在战略决策、武器装备研制、教育与训练、形成新的作战能力,以及作战评估等方面的重要作用非常重视。尽管美国对 21 世纪部队的作战能力方面的描述是在不断地演变的,然而,无论是大到核军备试验的手段及方法、战区导弹攻防系统的发展、信息作战理论的研究和 21 世纪美国陆、海、空军和数字化部队的建设,中到武器装备系统的开发研制、部队的教育训练及人才培养,小到一些具体的技术和项目,美国国防部都极力倡导应用作战仿真技术。美国国防部的首脑们认为:"作为一个起点,倘若(美国军队)拥有世界上最精良的部队和武器系统,如果又把科学技术战略的重点放在演示验证和共同的作战仿真与演习上,那么美国就有可能继续保持一支既经济、而技术上又具有优势的部队。"在形成美军各项军事理论成果和研制新式武器系统的过程之中,美军十分强调吸收现代科学技术,特别是计算机仿真技术、系统分析和决策科学的成果。建模与仿真的研究与应用越来越成为国防重大决策和军事科学研究过程中,须臾难离的必要手段。目前,美军在建模与仿真建设中,已经建成了规模宏大、设备齐全、技术先进、多级层次及统一协调的研究与应用体系。

2.4.1 作战的复杂性

作战从层级上分有战争、战役、战斗三层。从系统论的观点来分析作战的性质,对作战系统的表现进行分析,观察作战系统的形态,进而研究作战的复杂性表现,可为深入、系统地研究作战建模与仿真打下基础。

战争系统由大量具有自主或半自主能力的作战单元组成,且需要多方协同和对抗,状态很难稳定;另外战争的结果不能确定、战争过程不能重复,充满了必然的偶然性,导致系统的状态演化结果不能确定,因而战争系统是一种复杂系统。其复杂性表现在非线性、涌现性、不确定性、不可逆性和不重复性等诸多方面。

1）非线性

作战中很多现象涉及因果关系、输入输出关系等都不是线性关系,有的还不具备连续性,不存在各阶导数。它的很多现象都是离散的,常见的延时、死区、饱和等简单的非线性随处可见。作战中普遍存在的是多参数、大范围的非线性动态变化关系,对作战过程进行简化后的兰彻斯特方程就不能表达这些复杂的非线性关系。

例如,在限定一些条件后,作战投入和作战效果有着相关的趋势,从火力打击造成对方战损来说,总趋势是先期火力打击致使对方战损愈高,己方作战中的损失就会减小。但是对方被打击程度和己方战损率之间不是线性:起始打击程度增加时,己方的战损率下降比较慢,到了一定程度,才会出现较快的下降,而后又会比较慢的下降。这就是作战中对先期火力打击的程度是有一定的量值要求的,即"打就要打够",打够的量值可用非线性规律来分析。这种非线性的现象很普遍,常说坚持就是胜利,因为坚持到了非线性的变化区,胜利就在眼前。作战效果、效应的积累是非线性的,军事指挥员如果只有线性思维,没有全局的非线性思维,就会有盲目性。

2）涌现性

作战中对抗的各方有自己的目的,作战过程是一方要消灭另一方的演化过程。这样各方在对另一方的打击中,力求取得大的战果,即消灭更多的有生力量,摧毁更多的作战能力,牢牢地把握作战的主动权。作战中指挥机构、作战部队、作战装备等一系列作战资源,在作战中会消耗,而作战保障系统又要迅速的进行补充弹药、油料和人员,维修战损装备,以求作战能力的恢复。任何一方的补充、维修得不快,就会失去作战中优势,甚至失败。作战演化过程中不断地涌现出作战系统的全局的新现象、新特性,这是作战系统整体涌现性。

在作战系统中,任何一方的子系统之中,其各层次的涌现性表现也是十分明显的。各层次进行作战力量的协同联合时,都会出现新的原有层次没有的能力。这种能力不仅和物质有关,而且和各种作战力量的相互联合、协同有关,此时信息起了重要的作用。由几个师组成一个集团军的作战系统,就不是这几个单独师的系统性能的相加,因为集团军有军指挥所和涌现出所有师所不具备的集团军的系统性能。同样在战术层也是如此,三个排及连长组成一个连就产生了三个排不具备的连的性能。多兵种合成、多军种的联合就比单一兵种、单一军种的性能要复杂得多,而且一定会出现单个兵种、单一军种所不具备的新的作战能力。当系统综合得好,系统就会出现作战能力增大的新性能;如果综合不好,也可能出现比原有单独的性能还要差的性能,这都是系统涌现性的表现。

一般系统尤其是简单线性系统满足叠加原理,性能和数量成正比,数量多性能就大,简单系统的涌现性就是简单的相加性,但作战复杂系统其子系统之和不等于系统,作战系统产生了子系统不具备的新的作战性能,其涌现的新的系统特性,是事先不能准确预料的。

3）不确定性

由于作战系统的复杂性,在演化过程中诸多因素的复杂作用,系统的非线性的作用,且有的非线性对初值条件十分敏感,造成作战演化中的不确定性。

战争中的各战役阶段中的各战术行动它们的发生、发展、结束都是不确定的,每个作战行动对整体可以产生不确定的影响。每一个作战中的行为出现,虽然有它的内在原因,但何时、何地发生何种作战行动在作战系统中是不透明的,作战双方常常蒙在鼓里,被"迷雾"所遮蔽,各种偶然因素表现十分活跃。从战术上看,任何一种杀伤弹药的投放,任一种武器的射击都带有随机性,它的弹着点受到大气环境、地形、弹药的生产精度、战场上的干扰、射手的瞄准误差等一系列因素的影响,使其命中目标时总是有一定的误差,其弹着点的精确值是射击前不能准确的得到的。

战略、战役、战术的各层次的各种事件出现的不确定性,双方作战界线模糊的不确定性,情报信息的不确定性,作战行动效果的不确定性,都是作战中常见的现象,是不以指挥员的意志为转移的现实。通过参战部队各级官兵的努力,会改善这种不确定性,但不能排除,因为战争的本质就是复杂不确定的。人们力求估计出它不确定的范围、上下界,力求把握事件出现的各种可能的机会,使以在不完全、不全面、不确定情况下的决策能够科学、合理,这也是指挥员非常重视作战的不确定性,养成把握战机、随机应变的品质,是以实现不确定和不完全信息下的正确决策的需要。

4)不可逆性和不重复性

作战的演化过程,如同生物的生命演化过程一样,是不可逆。不可逆过程中有两种现象,一是无序不断增加,战斗能力减弱;一是有序不断增加,战斗能力增强。在不可逆过程中,物质,能量不断地消耗,作战各方不断地利用储备、生产或维修,实现补充,形成了后勤、装备的保障。

作战中的不可逆性和不确定性自然造就了战争的不重复性,它们都是复杂系统的必然表现。不重复性表现在战争的演化的过程都是不会完全再现,即使在相同的地点和相同环境的条件,它的演化也不会再现。因为即使相同时间和相同环境条件,它的状态都已经不一样。作战系统的状态变量非常巨大,某一时刻静止状态的相同是不可能的,更不要说它已发生的变化和动态的状态。

作战中的参加者——士兵、军官和其他非军籍的人员,每一个人都是一个复杂的个体。他们的认知是以他的大脑、神经感官作为物质基础,并有着各不相同的,各自所独有的学习方式而积累的知识和经验。在不同的作战样式、作战时节和作战地域的环境下,对每一个相对于作战者而言的外界的事件、动作、态势的输入都会产生他自己的反映。这种反映是这个具体的人的大脑复杂行为,不会出现完全一致的雷同,只能是"英雄所见略同",即原则上和方法上的相同和相似。而具体的处置会在相同的趋势上出现完全不同的个性。这也是战争复杂性根源之一,这个认知过程也是不可逆和不重复的。

2.4.2 作战仿真特点

对于作战对抗这类的大型复杂系统,必须采用与之相适应的分析方法。作战仿真是通过模拟作战的进程和结局来研究作战的一种有效工具。

作战仿真起源于军事家脑海中对战场态势或场景的推演,即思维模拟,以后相继出现了沙盘模拟(物理仿真)、真实仿真(实兵演习)、计算机作战仿真(结构仿真)等几种形式,它们既有先后又有交叉,不是后者对前者的代替,而是一个不断完善与提高的过程,现仍在军事领域中被相互结合应用。

作战仿真由低层次的战术仿真,逐步发展到战役和战略仿真。作战仿真系统的研制由开始时各军兵种各种用途的独立系统,向完整的、有机的作战仿真实验体系发展。目前所建立的各种作战模型,已由描述作战双方各数十个战斗实体的对抗,发展到描述作战双方各数百个到上千个战斗实体的对抗;由仿真几分钟、几小时的对抗,发展到可仿真1周至数月的对抗。计算机作战仿真从蒙特卡罗法的随机模型、兰切斯特方程的确定性解析模型、运行速度较快的战术战役模型指数法模型,向多层次组件化、参数化、可配置、可动态调整的模型发展。

作战仿真基本模型粒度可以从师、团、营、连,作战单元,武器系统,到单兵、单件装备、单个指挥岗位、复杂装备的每一个操作手和每一个战位。一般研究战略问题,仿真粒度到军,战役问题到团、营,战术问题最小的粒度到单兵和单装。

作战仿真涉及自然环境、武器装备和人等方面,即战场中的各种客观事物的特性及其间的交互作用。作战仿真需要建立由真实仿真、虚拟仿真和构造仿真以及战场环境仿真构成的综合战场环境,具有以下的特点:

(1) 人是作战仿真的主体。对于整个一场战争如何一步步推演,取决于敌我双方态势和与之相关的环境及战略考虑,不能按固定程式进行。仿真只是提供给军事专家一个逼真的战场环境,任凭军事专家们在这个环境中驰骋。

(2) 离散/连续的混合建模。对于连续部分(如制导武器)可采用经典的方法建模;对离散事件系统部分其模型用面向事件、面向进程或面向活动的方法描述。

(3) 面向对象建模。对于复杂作战系统,系统本身可以看成层次化的互相独立又相互联系和作用的诸多对象组成。各对象是并发的,但什么时候被激活(或休眠)是由作战规律决定的。根据作战系统本身特性,作战仿真适合于面向对象建模。

(4) 多侧面、多层次建模。在作战仿真中要较完善地描述战场实体的作战能力,要对战场实体的特性从多侧面、多层次描述。如武器作战效能是武器不同特性的综合,武器装备的使用方法和步骤、作战范围、打击精度、战斗部威力、抗毁能力、机动能力、反应时间、可靠性、隐身能力等各个侧面,在仿真中都要建立模型来描述,如战场演示的视觉模型、动力学与运动学模型、对不同波长探测信号的反射模型、对自然光的反射模型及红外辐射模型等。

(5) 感知建模。在实际中敌我双方同时在同一空间进行作战,人员和武器装备的影响是直接感知的,而在仿真中这种感知要通过模型实现。

(6) 模型的多层次,多精度要求。对于不同规模的作战仿真,模型描述的分辨粒度和精度不同。如对防空群进行野战防空作战仿真,其分辨粒度到火力单元(或武器平台);而对于战役仿真,分辨粒度到作战单元(或分队)即可。

另外,在作战仿真中,不同规模的演练,对实体模型要求精度也不一致,原则上是规模越大的演练对实体模型的物理描述越简单,而更多地采用统计描述。这些必须逐步形成规范化的表达。

作战仿真系统的规模由仿真的层次和粒度而定。如果在战略层,且粒度又细,那仿真系统规模就很大,例如战略层的联合作战仿真系统,粒度如到营、连级,仿真系统的规模就很大;而粒度只到师旅,规模就小。集团军层次的作战仿真,仿真粒度到团、营级作战单位,规模较为合适。规模大的作战仿真系统,仿真作战单位多可达上万个,而一般的规模也达到数百个,较小规模为数十个作战单位。

现代战争都是多军兵种的联合作战,由于作战过程的复杂性,作战仿真的实际应用过程中,还可以按问题、时间、空间来简化仿真研究的复杂性。

将问题简化,即只研究一个局部问题,这样将其他的复杂关系简化或略去,只留下关心的主要问题,已简化的因素不影响所研究问题的主要规律,从而实现对作战的仿真研究。

按作战的阶段或作战时间进行简化,实际上只仿真作战中的某一阶段,将上一阶段末的实际作战情况或作战计划,作为本阶段的输入,以本阶段的某一标志性的作战行为或时间作为本阶段仿真的结束。这种局部的仿真,由于初始条件离要所关心的作战问题近,仿真的累计时间不长,仿真的可控性好,对仿真的过程和结果的可信性比较容易分析,常常有较好的可信度。

按空间进行简化,即是按作战地域进行局部仿真,这样缩小了参加仿真的部队的规模和编成。它可以加细仿真粒度,使仿真的内容更丰富。例如集团军群的作战仿真中,可分割为数个集团军在各自作战地域上的仿真,集团军的仿真可以分成主攻师、助攻师等师一级的作战仿真。

当然,这类局部性的简化之后,作战仿真失去了整体性或全面性,仿真结果不会出现原系统中那么丰富的复杂性。

由于作战过程的复杂性,人们很难真正准确的认识其规律,因而也很难建立能够反映其复杂性的仿真模型。作战仿真系统只是真实战争系统的一个相似系统,不具有其所有特性。如何解决作战过程本身的复杂性建模与仿真的问题,近年来一直是仿真学科的前沿课题。

2.4.3 作战仿真建模

现代作战仿真建模的范围包括物理域、信息域和认知域,有时还会延伸到社会域。

物理域是传统的战争领域。在这一领域内,打击、保护和机动均发生陆地、海洋、空中和太空环境中。它是物理平台及连接平台的通信网络所在的领域。相对其他领域而言,这一领域的各个要素最容易测量,因此,传统上主要在这一领域内度量战斗力。在这一领域内度量战斗力的两个重要标准:杀伤和生存能力,已经并将继续成为评估作战效果的基准。

信息域是信息活动的领域。它是信息产生、处理和共享的领域,是促进作战人员间信息交流的领域,是现代军队相互传输指挥控制,传达指挥官作战意图的领域。在争取信息优势的关键斗争中,信息域是斗争的焦点。

认知域是作战人员和支援人员的意识领域。一些战役甚至战争的失败是由认识域上的原因造成的。认识域是一个无形的领域,包括领导能力、士气、部队凝聚力、训练水平与经验水平、态势感知,还有舆论。它是指挥官意图、条令、战术技术和程序存在的领域。认知域属性的测量极其困难,每一个子域(每一个个体的思想)都是独特的。

现代作战仿真一般采用分解结构模型,因此,作战过程分析和战场分解是作战仿真建模的基础。在分析和分解的基础上,通过知识工程获取相关的知识,建立概念模型,进而用面向对象方法进行仿真建模。对一个现代作战过程的分析,可以以 C3I 系统为节点,以信息交互为连接线,建立作战活动及其信息流的时序描述模型来刻画。

战场分解是建模的重要内容和重要技术。这种分解是多层次多方位的,在不同级别的作战仿真中是不一样的。战场分解主要从三个方面进行：

（1）兵力分解。将作战双方的兵力分解成一个个有特定职能与确定位置的基本作战单位。这种分解往往是多层次的。在战役级模型中，通常将兵力分解成基本战术单位，如营或相当建制单位；在战斗级模型中，通常将兵力分解成基本火力单位，如连、排或相当建制单位；在格斗级模型中，通常以单件武器为基本单位。

（2）装备分类。陆军武器装备通常区分为主战系统、综合电子信息系统和保障系统三大类。其中，主战系统分为轻武器、反坦克武器、压制武器、坦克装甲车辆、防空武器和武装直升机六类；综合电子信息系统包括侦察、通信、指挥控制和电子战等分系统；保障系统区分为工程保障、防化保障与综合保障等方面。每个类别又分别包含若干型号。

（3）作战行动分解。将战役分解成战斗，将大的战斗分解成分队间进行的基本战斗，将基本战斗分解成一个个火力单位间展开的格斗，而每个格斗又可分解成一系列基本对抗动作的组合。

通过分析和分解后，作战仿真需要建立的模型通常有以下类别：

（1）作战过程模型。包括侦察、决策、指挥过程模型，以及士兵运动、操作和控制武器进行作战的过程模型。作战过程模型嵌入了一系列的作战事件，每一个事件又是一个过程且又嵌入下一级的作战事件……一直可以分解到基本事件。基本事件的确定取决于仿真模型的分辨度。

（2）毁伤评估模型。包括敌我双方毁伤情况评估模型，它首先取决于武器的正确使用。在满足武器"开火"条件的前提下，取决于武器自身的性能和目标的抗毁能力。

（3）武器系统模型。包括射程和服从不同分布的射击精度、反应时间和可靠性的随机模型。单个武器平台的作战仿真是以事件驱动的作战过程为主线，其中嵌入武器系统的性能模型，评估毁伤模型及环境对作战的影响模型。对一般的武器平台还包括它在综合战场环境中表现出的外特性模型，及对不同波长信号的反射与辐射模型，可视模型等。任何武器平台都有相对独立的作战过程，其流程基本固定，但事件发生时间服从不同的分布。对于复杂的作战平台（如飞机），人对战场的感知及对武器平台的操作控制的行为模型的建立将变得更重要。对于单个武器平台，在接收到上级指挥命令的条件下，可以按平台的作战规则进行模拟。

（4）环境及其对作战影响的模型。自然环境包括地形地貌、海洋、大气、气象、电磁干扰、声的传播等，其建模相当复杂。环境的变化将对作战实体与系统的性能、人的行为产生影响，如环境对传感器探测能的影响，环境对人的决策为的影响等，环境对作战的其他影响包括地形、地物、地貌、气候、烟幕对通视性、命中率、机动速度等的影响。仿真中的发现目标是要经通视性检查确定是否在视线范围之内。环境的建模可采用数据、函数、参数方程或数据库来描述。在许多情况下，仿真的环境数据是固定的，但在某些情况如虚拟战场环境，其地形和建筑物可能受到攻击破坏而动态改变数据。

（5）人的模型。这里的人包括单人和群体，需要建立人操作武器装备的模型、人的物理运动模型、人进行指挥控制的模型和人的心理模型等。对包含不确定性的人的行为建模，传统的方法难以解决，需要采用人工智能的方法。

从面向对象建模的角度，武器装备和人的模型都是对象模型形态，在作战仿真中，称为作战实体模型。作战实体模型可以分为基本作战单元模型和作战平台模型两类。基本作战单元是完成特定作战任务的基本战术分队,通常地面主战以团、营,防空部队以营,航空兵以飞机编队、海军以水面舰艇和潜艇、二炮部队以导弹旅,信息作战部队以营、特种作战以战术分队为基本单位;作战平台为能够执行一定的作战任务的武器平台,如飞机、导弹、干扰站等。实体模型之间构成了多层次的包含关系、通信关系、指挥关系和对抗关系,能够在条件形成时自动建立各类交战交联关系,从而模拟不同作战过程。

每个作战实体模型均可视为由探测、武器、运动、通信、指挥等部件组成。探测部件担负作战实体的探测任务,包括雷达、可见光、红外、声呐等类型。运动部件完成作战实体的空间移动,包括太空、空中、地面、水面和水下的运动。武器部件完成实体间的交战,包括各类软毁伤和硬毁伤。通信部件担负不同作战实体间的通信,主要传输不同实体探测的目标信息和作战命令。指挥部件包括目标列表、命令列表和决策行为。实体模型根据实体探测的目标和其他实体共享的目标可以形成该实体保存的本地目标列表,同样实体接收到的作战命令也组成了作战实体需要执行的本地命令列表,并能够按照不同的作战态势进行战术决策,决策行为是一种可调整和可编程的作战行为。这些作战行为可以改变作战实体的状态,产生新的作战命令或取消、延迟作战命令等。由此可见,通信、目标和命令处理过程表示了实体在信息域的主要活动;探测、机动和武器交战过程表示了实体在物理域的主要活动;作战行为决策表示了认知域的活动过程。实体的组成结构如图 2-1 所示。

实体模型需要考虑作战环境因素。作战环境覆盖了整个战场空间的所有实体,这些环境因素包括气象、水文、地理和电磁等因素。实体在执行作战任务时,通常在作战计划中确定的战术活动区域(TAO)中活动,这些 TAO 可以与相关战场环境的相关因素结合起来,限制作战实体的探测、通信和武器系统作战效能的发挥。作战实体通过决策行为操作其他功能部件与其他作战实体和环境进行交互,从而最终影响和推动整个作战空间的演进。

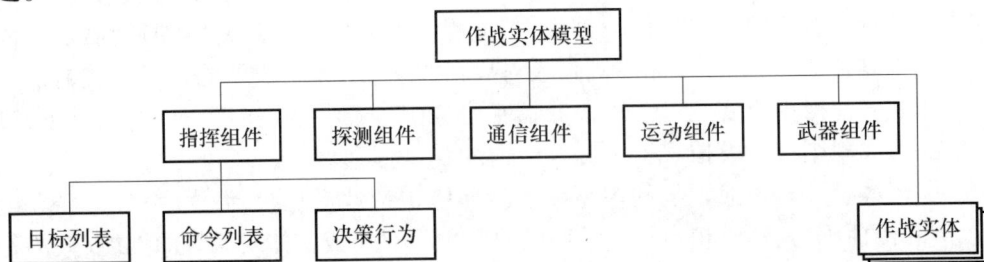

图 2-1　基于 Agent 的作战实体组成结构

战争样式反映所处时代的特点。建立各种作战模型的目的就是更好地反映所处时代的战争特点,从而更加有效的研究战争、指导战争。现代作战正更加突出的表现为基于网络的体系对抗,因而复杂网络理论为我们研究作战建模问题提供了一种新的工具。

信息化战争突出地表现出其基于网络的体系对抗特征,战场的每一方都是一个内部单元以特定方式耦合的动态网络。1997 年,美军提出著名的网络中心战的概念(Network Centric Warfare,NCW),不仅标志着网络作战的概念逐渐得到世界军事界的认可,同时极大地促进了复杂网络理论与方法在军事复杂系统中的应用研究。复杂信息环境下的作战体系从本质上就是一个复杂网络,这个复杂网络是通过各种网络关系连接而成的。如指挥控制网络、通信网络、探测网络、交战网络以及各种关系等。对抗双方构成的作战体系是一个由指控、传感、通信、火力等实体"节点"、各实体节点之间(物理、逻辑)"连接、关系"以及各实体节点之间的(物质、信息和能量)"流"交换、输送、聚焦、融合组构成为一个动态、开放、一体的复杂网络。所以从复杂网络的角度入手,可以更合理地描述作战过程。

　　作战中的网络既受到作战体系指控模式、体制、机制的约束,也受到指控、传感火力与通信节点之间及通信节点之间的连接机制约束,导致与目前各类复杂网络的生成机制、拓扑结构均有差异。所以描述作战体系网络需要研究作战体系网络的基本特征,如指控网的信息流向、通信网络信息流动过程、实体节点的层次性差异、实体节点行为对网络结构的影响,以及在体系对抗的背景下,红蓝方内部和红蓝方之间指挥控制网、预警探测网、通信网和突击火力网之间传递的物质、信息或能量流对网络形态和拓扑结构的影响。

第3章 并行、分布与网络化仿真

计算机仿真技术经历了模拟计算机仿真、混合计算机仿真、专用数字计算机仿真、通用数字计算机仿真,目前已进入高性能仿真和网络化仿真阶段。先进分布仿真技术是针对国防领域的应用而发展起来的一种分布仿真技术,它建立在传统的仿真技术、分布计算与分布系统及并行仿真技术之上。分布、并行与网络仿真技术都利用多计算节点环境来增大问题求解的规模和效率。分布仿真专注于仿真应用之间的互操作性,并行仿真追求仿真计算的高性能,网络化仿真侧重于关注仿真应用的便利。本章对并行、分布和网络化仿真的研究作简要的介绍。

3.1 概 述

仿真在复杂系统研究中应用得越来越广泛,但运行仿真系统一般需要较多计算时间,一旦模型建立并检验完毕,就需进行大量试验,根据预定目标找出最佳参数。尽管过去几十年里处理器能力得到了极大提高,但与此同时仿真模型也越来越细化、精确,尤其是对大规模复杂系统的仿真分析,相对而言还是难以找到足够强大的处理能力。而一些大规模系统内部往往存在一些并行因素,若能直接用分布、并行方法实现这部分的仿真当然就更符合系统的实际特征了。分布仿真与并行仿真就是在这种背景下产生的。

并行仿真与分布仿真起源于20世纪的70~80年代,简单地说,就是在多个计算机系统上执行仿真程序,其研究的重点是时间管理(同步问题)以及数据分发技术。因为并行与分布仿真使得那些巨大的、复杂的问题可以通过日益增长的计算机能力得以实现,所以引起广泛的关注。

为了追求更高性能的计算,并行仿真所使用的计算平台通常是紧耦合的多处理机系统,处理机之间的通信延迟相对较小,处理机之间交互的消息短而频繁。而分布仿真更加注重不同仿真模型之间的互操作性以及协同完成仿真计算的能力,它的执行环境通常是松耦合的多计算机系统(松耦合通常指各节点通过I/O总线相连,而紧耦合通常是指各节点通过存储总线相连)。这些计算机系统可以位于同一个机房内,也可以分散在不同的地理位置上,计算机之间的通信延迟比较大,消息传递频率相对较低。一般说来运行在每个计算机上的仿真程序并不相同,它们只是通过在同一个虚拟时空内的数据交换来满足互操作的要求。分布仿真可以在通过广域网连接的计算机上来执行。这两种类型的仿真都可能包含分布在不同计算节点上的多个仿真程序。

正如分布计算和并行计算不是两种不同的计算模式,并行仿真和分布仿真之间也没有明显的界限,常常用"并行分布仿真"来统称:一方面它们的表现形式都是多个协同工作进程的并发运行,这些进程运行在空间上分布的计算系统中;另一方面它们往往同时存在于同一个应用中,特别是网络化仿真中。

　　并行分布仿真在两类应用得到广泛的应用:一类是分析,即评估一个复杂系统(如空中交通网)可选设计方案或控制策略,这类仿真主要关注的是如何提高仿真工具的效率,从而尽可能快地得到仿真的结果;第二类用于创建人与/或硬件能嵌入的虚拟环境,这类环境广泛应用于训练、娱乐和设备的测试。其好处包括:

　　(1) 通过分解一个大量的仿真计算为许多小的能够并发执行的仿真计算,减少分析仿真的执行时间。对于运行时间非常长的仿真来讲,这点非常重要,例如包含数千个节点的通信网络仿真,在单机上可能需要运行数天到几个星期。

　　(2) 在线仿真需要快速的执行,因为常常只有极少的时间可用于进行重要的决策。许多情况要求在几秒内完成仿真运行。而并行计算提供了减少运行时间的手段。

　　(3) 用于虚拟环境的仿真必须实时执行,例如必须在墙上时钟 1s 的时间内,完成一项延续 1 秒的活动的仿真,从而保证虚拟环境在视觉上的真实感。在多个处理器运行仿真模型可以帮助达到实时性的要求。

　　(4) 分布仿真可以用于创造一个地理上分布的虚拟环境,在方便性和减少费用上有明显得优点。

　　(5) 分布仿真能够简化运行在不同厂家的机器上的仿真应用的集成,提高效率。例如不同类型飞行器的仿真应用可以在不同的计算机上开发,而不需要集中到一台计算机上。

　　(6) 可以增进容错性。如果一个处理器失效,其他处理器可以接替它的工作,保证仿真能够继续进行。

　　并行分布仿真系统的研究主要在三个领域开展。

　　(1) 高性能计算领域。主要关心通过在多个处理器上分布运行来加速仿真运行速度。其早期的工作集中在时间同步算法上,在 20 世纪 70 年代提出了一系列的保守同步算法,20 世纪 80 年代提出了时间回卷(Time Warp)算法。Time Warp 中定义的基本结构被用于一类称为乐观同步的方法中。保守与乐观同步技术是并行离散事件仿真技术的核心。

　　(2) 国防领域。相对于高性能计算领域关注提高运行速度,国防领域关注的仿真应用系统的互操作和软件的重用。SIMNET 项目的成功证明了采用分布仿真来创建作战训练虚拟世界的可行性,从而导致了一系列分布仿真标准的提出:从 DIS、ALSP 到 HLA。

　　(3) Internet 和计算机游戏领域,其研究起源于 20 世纪 70 年代的角色扮演游戏。在 20 世纪 80 年代的多用户地牢游戏(MultiUser Dungeon,MUD)游戏中得到发展。计算机图形技术的成熟使得该行业在今天蓬勃发展。

　　并行仿真与分布仿真力图摆脱单台计算机能力的限制,但也面临着因果一致性、效率和精度等新问题。

　　基于网络的仿真、网格仿真与云仿真的研究,是以用户为中心来变革仿真平台的构建和服务模式。它们在并行仿真和分布仿真的研究成果之上,从用户的仿真需求出发,关注如何满足仿真任务所需的仿真服务内容和仿真业务计算。这样可以更加快捷地聚合网络环境中已有的各类仿真资源,实现个性化需求驱动的仿真应用系统快速开发。这些研究针对的是领域中有多种多样的仿真需求,这些需求的用户可以共享仿真资源(包括模型、数据和工具资源),尝试在网络、网格或云上建立仿真应用系统的动态构建平台,使仿真人员从繁杂的系统搭建工作中解脱出来,把更多精力放在与仿真业务本身相关的工作中。广义地讲,网格仿真和云仿真都是分布仿真的发展。

云仿真作为一种网络化建模仿真最新模式,通过封装各种专业仿真软件、仿真模型、数据库和知识库等构成服务云池,并进行统一的、集中高效的管理和经营,来实现仿真资源的快速部署和虚拟化协同仿真环境的智能、灵活构建,支持多用户随时随地按需获取仿真服务,增强传统网络化建模仿真方法的能力,是网络化仿真主要发展方向。

3.2　并行仿真

随着高性能计算技术的发展,人们对开放、复杂、巨型的系统,如 21 世纪人们所面临的基因工程、全球气候预报、海洋环流以及军事上的体系对抗和工业上的虚拟制造等等方面的系统,进行越来越多、越来越深入的研究。这些复杂系统一般由具有多层结构的子系统组成,通常系统中子系统的个数有几百个,各子系统之间以共享数据或传递消息的方式进行交流,因此系统中必然存在大量的并行信息。由于这些系统非常复杂,而且规模庞大,直接进行实体研究比较困难,设计和研究费用也比较高,同时风险性很大。而仿真技术具有低风险性与高效率性等特点,因此在建立和实施此类系统之前先进行仿真研究就显得特别重要。

由于这些系统中的并行化处理很多,如果采用串行化仿真,就会严重妨碍系统的仿真效果和仿真时间,影响仿真的效率,达不到实时仿真的要求,往往就失去了仿真的意义。并行仿真通常基于专门针对科学计算进行优化设计的高性能计算机(HPC)。随着低成本并行计算机结构和高速网络计算平台的出现,使得并行仿真成为可能,并成为仿真加速技术的主流。

近年大规模并行 Agent 仿真是国内仿真界关注的重点,其在仿真克隆技术、时间同步协议、负载均衡、通信优化等方面有进展。

3.2.1　并行算法

并行仿真基于并行处理技术。并行处理是将一项大的数据处理与数值计算任务分解成为多个可以相互独立、同时进行的子任务,并通过对这些子任务相互协调地运行和实现,从而达到快速、高效地对给定问题求解的处理方法。通常,为并行处理所设计的计算机统称为并行计算机;在并行计算机上求解问题称为并行计算;在并行计算机上实现求解问题的算法可称之为并行算法;利用并行计算机和并行算法进行仿真研究称为并行仿真。并行算法的本质是把多任务映射到多 LP 进程中执行,或将现实的多维问题映射到具有特定拓扑结构的多逻辑进程 LP 上求解。

这里的并行有两种含义:一是同时性,指两个或多个事件在同一时刻发生;二是并发性,指两个或多个事件在同一时间间隔内发生。如在多位并行加法运算中,由于存在信息由低位向高位进位过程的延迟,实际相加过程是低位处于领先地位。因此,n 位加法并不是在同一时刻得到加法结果,而是经一定时间间隔完成,这里的并发性不是同时性。

从计算复杂性的角度来考虑,一个算法的复杂性可表示为空间复杂性和时间复杂性两个方面。并行算法是通过增加空间复杂性(如增加空间的维数及增加处理器的台数)

来尽可能减少时间复杂性的。并行算法可以从不同角度加以分类。

根据基本运算对象的不同可分为：

（1）数值并行算法，主要是指为数值计算设计的并行算法，如矩阵运算、多项式求解、解线性方程组等。

（2）非数值并行算法，是指为基于关系运算的一类诸如排序、选择、分类、搜索及图论等方面的非数值计算问题设计的并行算法。

根据并行进程同执行顺序关系的不同可分为：

（1）同步并行算法，是指某些进程必须等待别的进程的一类并行算法，如通常的向量算法、单指令多数据流（Single Instruction Multiple Data，SIMD）算法及多指令多数据流（Multiple Instruction Multiple Data，MIMD）并行机上进程间需要相互等待通信结果的算法等。

（2）异步并行算法，是指诸进程的执行一般不必相互等待的一类并行算法，进程间的通信一般是通过动态地读、取（修改）共享存储器的全局变量。如通常运行在共享内存的 MIMD 机模型上的并行算法。

（3）独立并行算法，进程间执行是完全独立的，计算的整个过程不需要任何通信，例如气象预报应用中通常需要同时计算多个模型，以保证预报的实时性。

根据各 LP 承担的计算任务粒度的不同可分为：

（1）细粒度并行算法，通常指基于向量和循环级并行的算法。

（2）中粒度并行算法，通常指基于较大的循环级并行，且并行的好处足以弥补并行带来的额外开销的算法。

（3）大粒度并行算法，通常指基于子任务级并行的算法，例如通常的基于区域分解并行算法，它们是当前并行算法设计的主流。

这些算法是研究仿真并行算法的基础。

3.2.2　并行仿真实现

并行仿真中，通常将模型分解为多个独立的子模型。一般情况下，每个子模型以一个逻辑进程（Logical Process，LP）表示。这样并行仿真的计算模型可以认为是 LP 的集合，即看成一个由若干 LP 构成、并通过消息传递来进行通信的网络。一个或多个 LP 映射到一个处理器上执行。一台处理器可以是工作站上网络中的一台机器或是一个共享或分布式存储并行结构中的一个单一节点。一个逻辑过程 LP 代表的是模型中序贯计算单元，它模拟系统内某一物理过程。可以认为整个被仿真系统的状态空间被划分为多个子空间，每个子空间由一个 LP 描述，子空间之间没有交集。每个 LP 可以描述为一个离散事件系统（DES）。

这些 LP 分布在各个计算节点上，每个 LP 都拥有自己的状态变量、事件队列和本地仿真时钟（Local Virtual Time，LVT），每个 LP 按时戳顺序执行属于自己的事件，事件执行的结果可能为修改该 LP 的状态变量，和/或为包括自己在内的任意 LP 调度新的事件。LP 之间通过发送消息来为对方调度新的事件，从时间管理的角度来看，事件与消息常常是等价的概念。为了保证对所有收到的消息按照正确的顺序进行处理，LP 根据消息上所携带的时戳（Timestamp）信息来执行。时戳是为了保证消息一致性的一种时间标志，一般指该消息产生的时间,当然,不同的算法中,时戳的计算有可能不同。

每个 LP 既要处理自己调度的事件,又要处理由别的 LP 调度的事件。模型正确执行的充要条件是每个 LP 都按照正确的时间顺序来处理自己的事件,即满足"本地因果关系约束(Local Causality Constraint,LCC)"。违反因果关系约束就会发生"因果关系错误(Causality Error)"。

并行仿真的实现过程与传统的串行仿真是一致的。首先是物理问题求解,将需要仿真的实际系统进行分解和提取,用数学语言描述系统行为子集的特性,建立合适的数学模型;然后是选择恰当的仿真算法和仿真语言,将数学模型映射到计算机上,形成仿真模型;第三是在计算机上运行仿真模型,进行仿真试验;最后是针对目标问题进行仿真结果分析。对于并行仿真系统而言,仿真结果分析不仅仅要对仿真系统的功能实现进行考核,更重要的是分析系统的执行性能以及仿真策略的有效性。

为了将一个实际系统的模型映射到仿真计算机,首先对实际系统的功能进行层次化和细致化地处理,即将整个系统的功能进行分割,使系统成为由众多相对独立的细小功能组成的一个集合;然后将每一个功能在仿真系统中映射为一个逻辑进程(LP),仿真系统则是由以 LP 为基本模型构件所组成的集合;最后则是选择合适的仿真语言对设计好的仿真系统进行编程实现。

复杂系统包含结构上的复杂性和功能上的复杂性。为了对此类系统进行仿真,首先对其进行层次化分解。不同的复杂系统有不同的分解方法,对于功能复杂的系统而言,在分解的时候首先将其分为几个功能相对独立的子系统,规划出系统之间的关系和交互数据,然后再对每个子系统进行分解,形成功能单一的小模块。对结构上复杂的系统,人们仿真研究已经有很多,分解方式是先将系统结构抽象成一个个层次,然后再根据各自的特点进行分解。

逻辑进程(LP)是并行仿真系统中的基本构件,一个 LP 包含了一个或多个子模型(子子模型等)。它由以下几个部分构成:

(1) 功能部分,每个 LP 都是一个功能模块,在并行仿真系统中完成一定的功能。

(2) 本地虚拟时间(Local Virtual Time,LVT),在仿真系统运行过程中,除了仿真系统的全局时间外,每个 LP 本身都具有一个 LVT 来推进其运行,LP 可以通过消息传递了解另一个 LP 的 LVT 和事件处理情况。

(3) 将来事件表(Future Event List,FEL),LP 将收到的消息进行处理后形成本地事件,如果事件的时戳比当前的 LVT 大,则将其放入 FEL 中等候处理。

(4) 消息,它是 LP 与其他 LP 进行联系的工具,消息在 LP 之间相互传递。收到消息的 LP 必须先将其处理,然后才能形成本地的事件。

(5) 输入通道和输出通道,每个 LP 都具有输入通道和输出通道,需要经过这些通道输出或从外部输入的消息。通道在对消息进行处理时遵循一定的规则,如先到先服务规则(FCFS)或先入先出规则(FIFO)。

3.2.3 并行离散事件仿真

并行离散事件仿真(Parallel Discrete Event Simulation,PDES)是在多处理器系统或网络工作站上并行执行的离散事件仿真软件。其基本思想是将模型划分为若干子模型或逻辑进程(LP),然后映射到各个处理器上执行,再收集仿真结果,从而较快地完成仿真过程。

从 20 世纪 90 年代初期,仿真界开始了基于高性能计算平台建模及运行的 PDES 研究,先后推出了 SPEEDES、GTW、Maisie、PARSEC、POSE、Charm + + 等多种基于高性能计算机的并行离散事件仿真支撑环境,目前已广泛应用到多个分析仿真项目中。该技术的发展趋势是研究低成本高性能仿真计算机系统、基于新型高性能计算机及加速部件的并行仿真支撑技术和高效的并行仿真可视化建模与开发技术。一般要求 PDES 一体化支撑环境能够支持仿真作业级、任务级和线程级三级并行。

PDES 研究主要挑战是如何保持各处理器和计算节点高效地并发处理事件,同时维持全局的因果关系一致性。最早 PDES 的同步策略分为保守策略和乐观策略,后来融合这两种策略的优点产生了两种拓展形式:混合策略和自适应策略。

保守策略严格禁止发生因果错误,即保证按时间先后顺序在并行机上处理各类事件。该策略所面临的主要任务是确定何时能"安全地"执行某一事件,它常常依赖于仿真模型的行为信息,典型的保守策略需静态指定各子模型或 LP 间相互依赖关系。遵循这种策略意味着包括不安全事件的过程必须阻塞等待,这样就容易产生死锁,相应地就有死锁避免、死锁检测与恢复等算法。为保证执行事件的安全性,提出了同步操作算法和保守时间窗算法等,目的是在当前仿真时钟附近安全执行尽可能多的 LP。

与保守策略相反,乐观策略侧重于充分利用系统平台的并行计算能力,设定 LP 可以按任何顺序在空闲处理器上执行。该策略容易产生因果关系错误,对那些违反因果关系的事件,通过回滚(roll back)或仿真算法的逆过程恢复。这就需要占用较多内存保存以前的系统状态、发送反消息(anti message)、撤销以前传送的错误消息。从选择回滚时间的角度有"懒取消(lazy cancellation)"算法和"懒再评估(lazy reevaluation)"算法。为防止乐观算法推进太远而产生长的回滚过程,又提出了"乐观时间窗"算法。

这两种策略各有所长,缺点也很明显。结合两者长处弥补对方的缺点,就产生了混合策略和自适应策略。混合策略是保守策略与乐观策略的结合,可分为两类。一类是在保守策略中加入乐观机制,典型的如 Steinman 提出的瞬时存储桶(Breathing Time Bucket)策略。另一类是在乐观策略引入中断,对乐观策略进行一定控制,如 Steinman 提出的瞬时回卷策略(Breathing Time Warp)策略。目前混合策略在理论上还不够完善,如参数值难以确定,影响了其使用。自适应策略的基本思路是:随着仿真推进,根据系统状态变化,动态确定一个或多个仿真控制参量,从而改变仿真策略的乐观性。这相当于在乐观策略和保守策略之间架起了一座桥梁,可根据需要逼近任何一种策略。具有代表性的有自适应有界时间窗策略和接近完全状态信息的 NPSI 策略。

目前已有些 PDES 系统实验产品问世,比较典型的如下:

(1) 时间回卷操作系统(Time Warp Operating System,TWOS)和 SPEEDES,这两者都是基于事件的系统。TWOS 是对早期时间回卷机制的实现。SPEEDES 是以面向对象方法、C + + 语言实现的 TWOS 改进版本,最突出的特点是支持动态负载平衡。

(2) 佐治亚理工学院提出的时间回卷算法(Georgia Tech Time Warp,GTW),基于事件的 PDES 应用类库。它可运行于各种共享内存和分布内存的体系结构上。但用 GTW 实现具体应用时,须由仿真人员定义事件、初始化程序并开发状态保存程序,比串行仿真语言对开发人员的要求要高得多。

（3）Maisie 并行仿真语言，一种面向对象的 PDES 语言。相对 GTW 而言，Maisie 语言使得并行执行的构建对用户更透明。借助 Maisie 仿真语言，用户可定义串行仿真模型，在仿真性能得不到满足时，再加入支持并行执行的成分。

（4）SIMKIT，Calgary 大学基于 C++开发的、运行于共享内存体系结构上的 PDES 语言。其仿真内核实现了仿真日历和时间回卷算法，构建于仿真内核上的软件体系结构支持面向对象的设计开发。仿真人员还针对具体应用领域开发类库支持状态保存。

从仿真实践来看，乐观策略能更充分利用仿真系统内在的并行机制，它具有较高效率。但这并非总是如此，在模型并行性不高的环境中，采用乐观策略会浪费很多计算资源而增加了仿真运行的时间。此外乐观策略必不可少的状态保存耗费了大量系统资源，在回滚事务多时并行性能也会显著下降。而保守策略不存在这个问题。但保守策略一味追求 LP 的安全执行、要求各 LP 间消息传递拓扑结构在仿真前就确定，而未能充分利用模型内在的并行性。

混合策略和自适应策略来自于前两种策略，但真正应用起来还是很难，其理论有待进一步发展完善，如 Wilson 所介绍的 SPEEDS 系统对用户的要求较高，细到要求用户指定仿真对象到处理器的映射。尽管这四类策略在不同应用领域都取得了一定成功，但适用性都不够广泛。针对这种情况，需要研究 PDES 应用的性能预测问题，看能否在大量投入人力开发 PDES 应用前，预测这种应用的并行仿真效果。研究实际可行、能大体预测 PDES 应用性能的理论与方法是 PDES 研究的一个重要方向。

PDES 受到了广泛关注，但实践研究表明 PDES 非常难以实现。PDES 的应用还缺乏功能强大、使用方便的 PDES 工具和 PDES 语言，这要求仿真人员在充分了解实际应用背景、精通并行计算理论和仿真方法的前提下来开发的并行仿真应用系统，即使如此还难以保证应用性能，这限制了 PDES 的广泛使用。

一些高等院校、科研单位和大公司（如 BM、AT&T 等）积极参与 PDES 研究，在某些领域有比较比较成功的应用，如：

（1）超大规模集成电路（Very Large Scale Integration，VLSI）设计。下代计算机晶体管数将超过十亿只，组成上亿个逻辑门，运行时它们本身就体现了很强的并行性。

（2）通信系统的规划、性能评估。用 PDES 仿真通信硬件、通信协议为用户提供的服务速度和服务质量等，以按用户数对通信资源做出合理规划配置。

（3）航空指挥控制系统和交通系统的规划、管制。这些系统受时间和空间约束很强，在充分考虑各实体运动属性的基础上，制定合理的调度策略也是 PDES 应用领域之一。

（4）战场仿真。现代战争需要成千上万个实体的协调，包括飞机、战舰、士兵、指挥官、辎重、通信系统等。对这种复杂系统，串行离散事件仿真难以胜任。

（5）生产调度仿真。在每个工地有多台机床的多个工地加工多种零件是较常见的生产调度问题，采用 PDES 可模拟并行加工过程，大大减少仿真时间。

3.2.4　并行化的基本方法

将一个仿真进行分解以便在多处理器上有效地实现是成功地实现一个离散事件仿

真的关键。有五种基本的仿真分解方法和一种混合的方法。从分解后系统的可开发性和并行度来看,每一种方法都有自己的长处和不足。另外,每一种方法也都有相应的同步问题。

1) 并行编译器

该方法使用一种并行编译器来发现仿真中可以在不同的处理器中并行运行的代码。编译器通过对使用方便性和执行效率进行综合优化后生成可执行代码。理想情况下,并行编译器对用户来说应该是透明的。然而开发对程序员完全透明的并行编译器是困难的,一般要求程序员给出明确的指导性代码来支持编译器来分解和分布代码。

2) 分布实验

应用多处理器来运行主要是串行操作仿真的一种思路是:在 N 个处理器上分别运行同一仿真的不同副本,最后将结果进行平均。这样不需要在运行期间进行处理器间的通信协调。当仿真总体性能受处理器间通信的影响很小时,可以期望得到 N 倍的加速比。这种方法也允许使用不同的参数同时进行仿真,运行不同参数的多样本仿真可为优化或相关性问题分析提供有价值的数据。

虽然这种方法是高速的,但是本质上没有任何一个仿真过程得到了加速。所以,任何即将被用来进行仿真的模型参数都必须在仿真调度前事先定好,这样将不可能进行交互式的决策,然而对于优化和逐步改进的决策过程是有益的。这种分布试验的策略适用于那些每个节点都拥有相当多独立计算资源的系统。

3) 分布仿真语言

并行仿真中,在不同处理器上的任务应具有最小的相互依赖性。为此,将仿真语言的各个仿真支撑任务(例如:随机变量产生,事件集处理,统计收集,图形处理)分布到不同的处理器上。这是一种自然的方法,但也没有使任何一个任务得到加速。而且,在某些情况下,紧耦合的语言功能模块之间的同步代价将会抵消掉任务分布获得的增益。

这种方法的优点是可以利用现存的仿真语言,能够避免死锁问题,并且对用户来说是透明的。缺点是不能发现正在建模的系统中固有的并行性。

4) 分布事件

可以从一个全局事件列表中进行事件调度来实现并行仿真。因为并发处理的几个事件可能影响到事件列表中的下一个事件,因此需要确保事件列表的一致性,并在调度前必须知道各个事件之间的相应依赖性。这种方法特别适用于共享储器系统,因为这种环境中事件列表可以被所有处理器访问。

全局事件列表是由所有事件按时间顺序排列组成。那些完全不依赖于前面有没有执行事件的事件,称为"安全"事件,这类事件必须被标识出来并被调度执行。全局事件列表需要一个主处理器来维护,主处理器实时更新全局事件列表并维护事件列表的几个副本,因为几个事件的异步执行有可能产生一个事件的执行使另一个事件无效的情形。

分布事件方法适用于具有较少数量的事件处理过程或系统的各组成部分之间需要共享的全局信息较少的情况。另外这种方法也适用相当多的事件之间具有很少的依赖性的问题域。但在这种方法中系统的所有状态信息由一个主处理器来维护,主处理器的失败将会导致整个系统不可挽救的崩溃。由于主处理器对整个系统的实现是至关重要的,所以最好在主处理器设计时考虑冗余的问题。

5）分布模型组件

该方法将仿真模型分解为松耦合的组件,使得每一个组件对应一个进程,不同的进程可以运行在同一个处理器上。这种方法充分利用了模型内在的并行性,但需要仔细考虑进程相互之间的同步。进程之间的同步通常靠传递消息来进行。这种方法在发掘系统的并行性方面具有巨大的潜力,特别适用于需要很少的全局信息和控制的系统。

6）混合方法

上述五种方法可以混合使用,一个实际仿真问题的并行化分解往往需要同时综合以上几种方法。

3.3　先进分布仿真

分布仿真系统具有分布计算的基本特征。设计一个分布仿真系统的主要动机是为了减少执行时间,并且增加潜在的问题规模和仿真运行的交互性。而先进分布仿真技术产生与发展的核心是为了解决当时建模与仿真领域存在的问题:大多数仿真器应用实现较为孤立,仿真器之间的交互性和重用性差;开发、维护和使用费时及成本高;可验证性、有效性和置信度较差。先进分布仿真技术从体系结构上建立这样一个框架,它能尽量涵盖建模与仿真领域中所涉及的各种不同类型的仿真系统,并利于它们之间的互操作和重用。1992 年美国国防部以白皮书《国防部新研制采办政策》颁布的美国国防科学技术路线中指出:"要从新的历史时期国防科技和武器装备发展顶层设计的角度来认识分布交互仿真的意义"。

3.3.1　分布系统

分布系统是由多个自治计算与存储节点通过网络连接起来的系统。这些组成元素通过信息交换进行协作来实现一个总体目标。在分布系统中各个节点都有自己的存储器和处理机,节点之间不共享存储器,通过消息传递进行通信。分布系统含分布硬件、分布控制和分布数据。

分布硬件是指必须包括两个或以上的自治计算机,每个计算机拥有自己的处理机和存储器。分布系统包含着很多物理资源(处理机、存储器、打印机等)和逻辑资源(应用程序、数据库、文档、进程等),必须提供某种形式的控制来管理和协调这些资源的使用。

在分布系统中,这些管理和协调活动是通过分布控制实现的,即将控制功能尽可能地分散到各个节点,使各个节点达到最大限度的自治;同时又要保持适度的全局控制以便协调各个节点的活动,使整个分布系统以单机映像的方式呈现在用户面前。

分布数据一是指数据的分割,即将数据划分成若干个部分,每个部分存放在不同的机器上;另一是指数据重复,即同一数据可以有多个复制品,每个复制品存放在不同的机器上。存放数据时,系统应该尽可能地将数据放在靠近生成或使用它的节点。显然,分布数据可以提高数据的可靠性和可用性,改善系统性能,提高系统的容错能力,但也带来了数据管理的复杂性。

分布系统的设计要求具有以下特性。

(1) 并行性:允许将一个任务分解成多个子任务,并分布在多个处理机上并行执行,彼此同步、协调,共同完成任务。

(2) 自治性:各个节点不存在主从控制关系,完全平等,并尽可能利用处理的局部化原则,减少节点间的通信量,降低系统开销。

(3) 分布性:由很多个分散的物理资源和逻辑资源组成的,通过网络互联成一个完整的系统,这样就为节点自治、全局协同和并行性提供了必要的物质条件。

(4) 可伸缩性:可以随着应用规模的变化动态地扩展或收缩,可以随着应用的发展不断地为系统配置新的资源,从而达到系统性能逐步升级的目的。因此要求分布系统采用开放系统体系结构,允许系统安全、动态地增加、删除、修改或扩充某些任务,使整个系统呈现极强的灵活性。

(5) 协作性:整个分布系统具有适度的全局控制,协调各个自治节点的活动,保证系统正常、高效地运行。

(6) 透明性:用户感觉不到系统中多台自治计算机的存在,以单机映像的方式呈现在用户面前。

(7) 可用性:可靠并有容错能力。通过对系统中的关键资源进行冗余配置,分布系统可以在部分硬件或软件资源不能正常工作时,通过故障检测和系统动态重构与恢复机制使系统继续运行下去,从而提高系统运行的坚固性,当然系统性能可能发生降级。

由于分布系统是在计算机网络的基础之上发展起来的,因此分布系统与计算机网络有着密切关系。两者的区别不在于构成系统的硬件,而更多地取决于系统的软件的配置与功能:分布系统的关键之处在于其软件的高度整体性和透明性。

3.3.2　先进分布仿真

先进分布仿真技术的基本思想是通过建立一致的标准通信接口来规范异构的仿真系统间的信息交换,通过计算机网络将位于不同地理位置上的仿真应用系统连接,构成一个异构的综合作战环境,满足武器性能评估,战术原则的开发和演练,以及人员训练等的需要。

先进分布仿真技术为分布于广阔时空领域不同类型(包括人在内)的仿真对象构造一个基本框架,通过计算机网络实现交互操作,在快速、高效、海量的信息通道及相应处理的支持下对复杂、分布、综合的系统进行仿真。这个框架要容纳不同类型的实体:虚拟实体,真实实体和构造实体,这些实体是基于不同目的的系统、不同年代的技术、不同厂商的产品和不同平台所组成,并允许它们交互操作。

先进分布仿真(ADS)技术主要解决两个问题:一是使大规模复杂系统的仿真成为可能;二是降低费用,即考虑经济的因素。在世界各国都把经济建设放在更加突出地位的今天,研制和生产国防产品时更多地考虑经济承受能力是顺理成章的事。因此,国外国防科技的发展从强调产品的先进能力转向注重产品的经济可承受能力。ADS 发展中的经济因素影响体现在两个方面:一方面是要求仿真能降低武器发展和军事训练的费用,这是由仿真技术固有的特点产生的;另一方面要求仿真系统研制本身的费用降低。

此外,缩短复杂大系统仿真的时间、降低复杂大系统对人员素质的要求、提高仿真结果的可信性、减少人员投入以及降低管理的难度和成本等也是 ADS 要解决的问题。

可以看出,所有这些问题解决的思路集中在重用与互操作上,因此 ADS 的主要的工作是发展和确保仿真中的各种重用和互操作技术,这与面向对象的思想非常吻合。互操作是基础,在保证互操作基础上的重用更多的是管理技术。

随着计算机软硬件技术的发展,原有的分布仿真支撑技术中一些核心关键问题面临着新的挑战,当前主要关注在多核计算平台和高速通信网络的环境下,时间同步技术、数据分发技术、系统综合集成方法等方面的研究。

3.3.3　关键技术

先进分布仿真技术产生与发展的核心是围绕解决建模与仿真领域存在的问题:目前绝大多数仿真器应用实现较为孤立,仿真器之间的交互性和重用性差;开发、维护和使用费时且成本高;验证性、有效性和置信度较差。从构建和运行一个分布仿真应用系统的角度,先进分布仿真系统涉及下面关键技术。

1) 系统总体技术

涉及建立分布仿真应用系统的规范化体系结构和数据标准与协议(如 DIS IEEE Std 1278 标准、HLA IEEE Std 1516 – 2000 标准等);系统信息集成与控制流集成技术(如 DIS 系统中,实现各分系统的信息集成的协议数据单元(PDU)标准实现技术,DIS 系统与 HLA 系统之间的信息集成技术;系统演练管理对仿真想定、模型监控仿真运行技术);系统的测试技术(如分系统标准兼容性测试、交互性测试、时空一致性测试);系统联调技术(包括实体交互、预估(DR)算法、毁伤计算,系统控制流、情报信息流、指挥控制流联调技术等)。

2) 软件框架和平台技术

涉及支持各类仿真系统综合应用、集成的软件框架技术和支持仿真构件开发及集成的支撑平台技术。包括 HLA 中联邦开发过程中涉及的支撑工具集、数据库工具集、网络管理工具集、人机界面生成工具、视景生成工具、工作流管理工具及团队活动工具等。其中,涉及面向对象技术、软件工程技术、分布计算技术、网络技术、嵌入式软件技术、虚拟现实(VR)技术及人工智能技术等的应用。

3) 网络通信技术与分布数据库技术

对大规模分布仿真系统,各仿真节点之间通过局域网/广域网连接在一起,已有三种形式的数据通信方式:单播方式、组播方式和广播方式。其中,单播方式不能满足 DIS 数据通信的需要,广播方式易于实现,但对网络的通信带宽需求较大,导致系统的可扩缩性差。组播方式较单播和广播方式更具有优点,可实现数据被发送传输到真正需要它的结点,从而优化分布仿真主机上的计算负载,降低对网络带宽的要求。此外,网络带宽、延迟和可靠性也是实现高性能网络通信的关键因素。

对分布仿真开发过程所需的模型库、联邦对象模型/仿真对象模型库、数据字典、仿真/联邦目录和仿真工程中所需的与应用领域和仿真目的有关的资源库,还应按照一定的模式,制定和完善相应的模型数据标准,建立标准的数据交换格式,对仿真系统全生命周期各个阶段所涉及的相关数据加以定义、组织和管理,以使这些数据在整个仿真工程中保持一致、最新、共享和安全。

4) 建模、验模与确认技术

大型分布仿真系统涉及的模型类型多,建模复杂,如军事领域仿真系统模型由作战模型、实体模型、环境模型和评估模型四类模型组成。同时,数学模型的正确与否和精确度直接影响到仿真的置信度,规范、标准的模型 VV&A(校验、验证和确认)过程是保证分布仿真置信度的关键技术。

5)虚拟环境技术

环境仿真是先进分布仿真的重要组成部分,尤其在军事对抗仿真系统中,虚拟战场环境的综合仿真,包括地面(地形、地貌)、海洋、大气、空间和电磁环境。虚拟环境仿真需要解决环境仿真模型的建立和环境效应的模拟等问题。应逐步完善和建立各种环境数据库,利用虚拟现实(VR)技术,开发分布虚拟环境(DVE)技术,以满足大规模分布仿真的需要。涉及的主要关键技术有高速网络和数据的实时交互与显示,数据融合与挖掘,3S(遥测、地理信息系统、全球定位系统)技术以及地形绘制、天气描述、运动和传感、武器系统与效应、计算机生成的半自主兵力等的逼真性。

6)系统性能评估技术

系统性能评估技术是指建立分布仿真(建模与仿真的)校核、验证和确认/(数据的)校核、验证和认证(VVA/VVC)及仿真置信度/可信性评估的规范化方法与典型基准题例。根据分布仿真系统的应用目标、功能需求和模型说明,选择对系统置信度影响最大的技术指标进行量化与统计计算,设计相应的评估方案与典型基准题例,以检验系统的标准兼容性、系统的时空一致性、系统的功能正确性、系统运行平台的综合性能、系统仿真精度、系统的强壮性和系统可靠性等。

分布仿真系统主要用于处理复杂大系统的仿真。由于仿真对象的复杂性,对于分布仿真系统的体系结构有许多要求。以国防军事部门为例,其分布仿真系统的通用体系结构应具有以下特性:

(1)应用性:尽可能充分支持国防军事各部门的仿真任务;

(2)综合性:促进国防部各部门之间的联系,为它们各自的需求和国防部的总需求服务;

(3)灵活性:能随时适应新的情况;

(4)开放性:允许使用现在和将来的各种模型和仿真应用,保证各类仿真应用之间都能相互作用。

国防军事领域通用的分布仿真体系结构:DIS、ALSP 和 HLA 的发展,即不断向上述标准持续逼近的过程。DIS 是针对平台级仿真互联而提出的体系结构,ALSP 则是聚合级仿真模型互联的体系结构,而 HLA 是从分布交互仿真技术和聚合级仿真协议技术发展而来的通用仿真体系结构。

3.3.4　应用

先进分布仿真技术在军事部门和非军事部门已得到广泛的应用。在军事上,将其用于军事策略研究、协同作战训练和武器系统仿真试验等已经成为一些西方国家在和平时期研究军事战略、保持部队战斗力的一个重要手段。民用上,先进分布仿真技术已成为实施先进制造技术的关键使能技术,被广泛应用于并行工程、拟实制造、虚拟样机技术中。许多科研和应用领域中也已经开始使用先进分布仿真技术,如远程教育、计算机支持下的协同工作(CSCW)、医疗和联网的多人娱乐等。

军事领域的应用包括如下几个方面。

1）在军事训练中的应用。为提高指挥及参谋人员的作战指挥水平,运用先进分布仿真技术进行指挥模拟训练。如 1994 年 10 月,美军与其欧洲盟国运用 DIS 技术举行了代号为"北大西洋决心"的大规模军事演习,分布在两大洲不同地点的美军及其 5 个欧洲盟军、重型兵器模拟器及操作人员、旅/营级模拟系统和军战斗模拟系统的各级指挥官及参谋人员,通过 DIS 技术联成一个统一的作战实体,在规定的时间、同一想定的地区以及统一指挥下,对同一想象敌人进行了协调一致的战区级合同指挥模拟训练。

2）在武器装备采办中的应用。在新武器装备研制计划开始前,利用先进分布仿真技术进行概念研究,对新的作战思想和新技术所能提供的作战能力进行试验和评估,对新武器装备提出科学的作战需求;在研制方案探索和确定阶段,利用先进分布仿真技术和"虚拟样机"演示手段,检验新武器装备的设计方案和战术技术指标,确保其设计性能,减少或避免反复修改甚至重新设计;在试验和鉴定阶段,利用先进分布仿真技术可大大缩短试验周期,并为鉴定提供近似于实战应用效果的科学意见;在新武器装备采办的各个阶段,利用先进分布仿真技术可减低研制费用和生产成本,缩短研制周期。

3）在军事变革中的应用。美国自 1993 年发起大规模的军事变革研究以来,不断提出武器装备发展的新概念、新的作战概念和新的部队编成设想。美军正是通过广泛采用先进分布仿真技术,利用由此生成的逼真的战场环境,通过计算机模拟和实验部队演练等手段,来验证这些新概念,为进行军事变革提供依据的。

非军事行业的应用非常广泛,列举如下几个方面。

（1）在产品的设计与开发方面的应用。在产品的研究和开发阶段利用虚拟原型设计可以减少费用,提高效率。虚拟原型设计是在分布交互仿真环境下进行,使得位于不同的地理位置的研究者,在仿真环境中可以共同设计、相互解决问题。美国波音公司采用虚拟原型设计和制造新的 777 喷气客机获得了成功,节省了大量的时间、精力和费用。当虚拟原型设计完成后,可以将它部署于仿真环境中,评估产品的性能特征。根据各种试验环境中收集的数据,在制造物理样机之前在虚拟环境中对总的设计进行修改。

（2）在教育方面的应用。由于分布交互仿真允许受训者参与,增强受训者的兴趣,从而可以充分调动受训者的学习机能,并充分发挥学生创造意识,极大地提高受训者的学习效率。

（3）在医疗方面的应用。医疗单位在对严重受伤或危重病人进行实际治疗之前,可以在合成环境中进行虚拟医疗,验证医疗方案。

（4）在购物与娱乐方面的应用。顾客在分布虚拟环境中看、听、使用等,充分考察商品的性能。分布交互仿真也可以用于娱乐行业,以便建立高度交互、引人入胜的游戏。

（5）在紧急救援方面的应用。充分利用分布交互仿真技术,提供能使各种救援机构进行指挥、控制和通信的人工合成环境并在此环境中进行各种灾害演习,将有利于提高处置各种真实灾害的能力。

（6）驾驶训练方面的应用。基于分布交互仿真技术的汽车驾驶模拟器,由于有基于网络的实时交互的数据通信、多线程处理等功能,能在模拟器上对微观交通仿真、智能交通仿真、事故再现、高速公路设计成果的检验及评价、交通控制和管理等等进行研究。其中运动车辆的信息可以来自于网络中的其他车辆,可由智能交通系统(Intelligent Transportation System,ITS)、地理信息系统(Geography Information System,GIS)等提供,也可来自计算机系统随机产生的车辆数据。

在我国,先进分布仿真技术的发展已受到有关部门的关注,并已被成功应用于一些仿真示范系统中。可以预言,随着先进分布仿真技术的进一步发展,各类支撑环境与平台的开发和建立,先进分布仿真技术必将给人们的科研、工作和生活方式产生深远的影响。

3.4　网络化仿真

网络化仿真泛指以现代网络技术为支撑实现系统建模、仿真试验、运行评估等活动的一类技术,涵盖上节介绍的分布仿真和本节的基于网络的仿真、网格仿真与云仿真。但本节介绍的网络化仿真强调构建网络化仿真平台作为网络化建模与仿真的支撑平台或基础设施,支持快捷地聚合网络环境中的各类仿真资源,实现个性化需求驱动的仿真应用系统(如 HLA 联邦)快速开发和应用。其研究的目标是推动仿真成为普适性的手段。

3.4.1　基于网络的仿真

随着分布计算和因特网技术的逐渐成熟,对应用系统互操作性的需求越来越强烈,网络服务(Web Services)技术应运而生。根据万维网联盟(W3C)的定义,网络服务是用统一资源标识符(URI)标识的软件应用组件,其接口和绑定信息以可扩展标识语言(XML)方式来定义、描述和发现。相比传统的分布对象和远程过程调用技术,网络服务的最大特点是其采用了开放和标准的非二进制传输协议。从使用者的角度而言,网络服务具备以下特征。

(1)封装底层细节。网络服务同对象一样具备良好封装性,使用者仅能看到网络服务提供的功能接口,其内部实现的技术细节(如平台、运行环境等)对用户是透明的。

(2)松耦合。只要网络服务的调用接口不变,其实现的任何变化对用户是透明的,甚至是当网络服务的实现平台迁移时,用户都不需要知道。实现这种松散耦合需要有一种适合因特网环境的消息交换协议,目前最为适合的是 XML/简单对象访问协议(SOAP)。

(3)使用标准协议规范。网络服务需要使用开放的标准协议进行描述、传输和交换,这些标准协议是免费的。

(4)高度可集成能力。网络服务采用简单和易理解的标准网络协议作为组件界面描述和协同描述规范,屏蔽了不同软件平台的差异,因此无论公共对象请求代理体系结构(CORBA)、分布式组件对象模型(DCOM)还是(Enterprise JAVA Beans,EJB)都可以通过这一协议进行互操作,实现了高度的可集成性。

网络服务的体系架构中有三种角色:服务提供者、服务注册中心和服务请求者,其间存在三种交互:公布、发现和绑定调用。服务提供者是网络服务的供应商,它实现若干网络服务,并放置于在线服务器上。服务注册中心是网络服务的注册地,汇集了多种在线的网络服务,服务提供者将网络服务安装到服务器之后,需要将网络服务发布到服务注册中心上。网络服务的请求者,首先尝试在服务注册中心寻找所需的网络服务,当发现后,从服务注册中心获取这些网络服务的技术信息引用,通过引用找到真正的服务及其相关信息,从而完成服务请求者和服务提供者之间的绑定。

应用网络技术开发基于网络的仿真应用系统的思想和 HLA 差不多同时出现。初期主要研究 WWW 技术对建模与仿真的影响,仿真界曾致力于将网络服务概念和 MDA 中的元模型思想集成到仿真系统的技术框架中。在 1990 年代末,先后出现了一批基于网络的仿真应用系统和建模仿真开发环境,如联合仿真系统(JSIM)、Silk、WSE(Web‑Enabled Simulation Environment)和 DEVSJAVA 等。这一时期主要研究能不能将仿真应用系统移植到网络环境中。但是早期基于网络的仿真局限于 JAVA 和 CORBA 等技术的使用,没能提出一个通用的技术框架或开发模式,因而限制了它的发展。随着网络技术的不断发展,仿真技术与网络技术的进一步结合,2002 年形成了"可扩展的建模与仿真框架 XMSF"。

XMSF 使用商用的网络技术作为共享的通信平台和通用的传输框架,来增强建模与仿真(M&S)的功能,满足训练、分析、采办的需求。一些机构基于 XMSF 开展了相关的项目研究,如国际科学应用公司(SAIC:Science Applications International Corporation)的"基于网络的 RTI"项目采用基于 Web 协议来解决美国国防部建模与仿真办公室(DMSO)/国际科学应用公司(SAIC)的 RTI 跨广域网通信的问题。基于网络技术实现的 RTI 能够以网络服务的形式存在和运行,支持多个成员跨越 Internet 加入联邦。

XMSF 定义为一组基于网络的建模与仿真的标准、描述(Profiles)以及推荐准则的集合。XMSF 以可扩展标记语言(Extensible Marked Language,EML)为基础,以主流商用网络技术和网络技术为支撑,其核心是应用通用的技术、标准和开放的体系结构,提高 M&S 应用在更大范围的互操作性和重用性,促进 M&S 技术的发展,为未来的 M&S 应用创造一个可扩展的框架。

XMSF 并不是单一的体系结构,而是诸多 Profiles 的集合。XMSF Profiles 是描述基于可互操作网络应用的正式技术规范,能够促进建模与仿真的可组合性和可重用性,有利于仿真资源的集成。XMSF Profiles 包括可应用的网络技术、协议规范、数据与元数据标准,经选择的现有标准的裁剪集合,以及关于应用实现的建议和指导等。XMSF Profiles 的目标是:

(1)提供对框架组件以及组件间接口的明确的功能说明;

(2)确保在建模与仿真及其相关领域内已经存在的和新出现的网络使能(Web Enabled)技术的互操作性;

(3)提供有利于促进组件在诸多建模与仿真应用领域可组合性及可重用性的必要的元数据;

(4)促进能够与现存的应用与服务互换的新应用与服务的发展;

(5)促进功能持续增强的新应用与服务的发展。

从技术角度而言,XMSF 是提供具体技术解决方案的一组标准,以及利用网络服务和技术创建仿真应用的工程过程。研究 XMSF 这类复杂问题的通用方法是将其分解成若干问题后逐一攻克解决。XMSF 涉及多个领域的知识,研究人员将其划分为三个主要的技术领域,分别是:网络技术与 XML,因特网和网络系统(Networking),建模与仿真(M&S)。三个技术领域之间并没有严格的划分界限,彼此之间有许多重叠。

基于网络技术的网络化仿真平台研究发展的重点是 XMSF 相关标准、技术框架和应用模式等的建立与完善,HLA 中成员对象模型(SOM)/联邦对象模型(FOM)与基本对象模型(BOM)的结合,HLA/RTI 的开发应用与网络/网络 Service 技术的结合,广域网条件下的联邦组织和运行,其重要意义在于推动了分布建模仿真技术向着标准化、组件化,以及仿真嵌入实际系统的方向发展。

基于网络的仿真结合了先进网络技术和先进 M&S 技术,在其研究过程中发展出一些有特色的技术概念,如支持网络化建模与仿真的全生命周期活动,支持多领域、多粒度模型的开发和集成,通过仿真应用、仿真运行支撑平台与仿真模型的相互分离实现模型的可重用技术,支持异构系统的集成和通过标准化实现仿真互操作与可重用等。基于网络的仿真在网格仿真和云仿真中得到继续发展。

3.4.2　基于网格的仿真

网格是前些年国际上兴起的一种重要信息技术。传统因特网实现了计算机硬件的连通,网络实现了网页的连通,而所谓网格,是基于因特网技术、网络技术和高性能计算等技术,采用开放标准,将高速互联网、高性能计算机、大型数据库、传感器、远程设备等融为一体,试图实现互联网上所有资源的全面连通、共享和互操作,包括计算资源、存储资源、通信资源、软件资源、信息资源、知识资源等,消除信息孤岛和资源孤岛,为人们提供更多的资源、功能和交互能力。

网格是高性能计算机、数据源、因特网三种技术的有机组合和发展,从数量上说,它的带宽更高,计算速度、数据处理速度可以大幅提高,结构体系比传统网络更能有效利用信息资源;而从本质上说,网格与现有网络的不同在于,它能根据人们的要求生产知识,人们不再需要在数以万计的站点间费尽心思搜寻。在逻辑上网格更像一台机器,接入网格后,寻找信息和利用计算资源更加方便高效,而无需计较这些资源的来源和负载情况。

网格技术受到人们的重视,是由于网格技术在军事应用中具有巨大潜力,因此得到各国军方的普遍重视,最具代表性的是美国国防部正在规划实施、预计于 2020 年完成的"全球信息网格(Global Information Grid,GIG)"。为保证在联合作战中占据信息优势,美国经过数十年的经营,基于互联网等技术建成了规模庞大、自动化程度较高的指挥、控制、通信、计算机、情报、监视和侦察(C4ISR)系统,但该系统存在易受攻击、生存能力弱、互通性能差等不足。为此,美国国防部计划在 C4ISR 体系结构的基础上,发展一个综合的大型系统,即 GIG,利用网格技术给军队提供一个无缝集成的具有全面互操作能力的数据共享环境,使它能够为联合作战提供单一的端对端的信息系统服务能力和安全的网络环境,允许使用者在任何位置都可以得到共享的数据和应用软件。作为这个计划的一部分,美国海军和海军陆战队,已先期启动一个 160 亿美元的 8 年项目,包括系统的研制、建设、维护和升级。

GIG 是一种全球范围内端到端的互联信息处理设备,能够及时响应作战人员、决策者和支援人员的要求,部署人员进行信息的收集、处理、存储、分发和管理。它包括所有形成己方信息优势所必需的服务和设备,即相关的通信设施和计算系统、软件(包括应用程序)、数据、安全性服务等,此外还包括国家安全系统(National Security System,NSS)。不论是在战争时期还是在和平时期,GIG 为国防部、国家安全部门和相关情报部门的任务(包括战略、战术、军事行动和商业上的)提供支持。它为任何地点的军事行动提供信息支持,同时为盟军、联合作战方和非国防部用户和系统提供标准接口。

网格是将分布在不同地理位置的计算资源包括 CPU、存储器、数据库等,通过高速的互联网组成充分共享的资源集成起来的一种基础设施。网格主要由网格节点、数据库、贵重网络设备、可视化设备、宽带主干网和网格软件 6 部分组成,能提供一种高性能计算、管理及服务的资源能力。网格也是一种面向问题和应用的技术,它对最终用户像是一个巨大的虚拟计算系统。

借助于网格技术,用户可以使用大量计算机并通过共享计算、存储等资源来解决问题。通过网格联合在一起的计算资源可能位于同一个局域网,也可能分布在世界各地;可以运行在多种硬件平台、不同的操作系统之上;可以属于不同的部门。在获得权限之后,用户可以利用大量的计算资源来完成其任务。网格的目标是实现网络虚拟环境上的高性能资源共享和协同工作,消除信息孤岛和资源孤岛,促进信息资源的获取、分布、传输和有效利用。

由此可见,将网格技术用于军用仿真领域,基于网格构建大型分布式作战仿真系统,可大大增强仿真的能力,提高仿真系统的性能,使其发挥更大作用。

基于网格的仿真本质上是一种分布式仿真,是网格技术在分布仿真领域的应用,所以,DIS 和 HLA 与基于网格的仿真一脉相承。

基于网格的分布式仿真在继承 HLA 的优点外,还应该利用网格技术来解决 HLA 中固有的问题。实际上,利用网格技术可以解决网络 HLA 的一些固有缺陷:由于互操作的实现,会降低对仿真运作支撑机制的要求,使整个系统在技术实现上得以简化,从而提升系统的稳定性和改善系统的容错能力。其次由于动态资源共享的实现,对数据流量的限制将会降低,从而使在更小粒度上的实时仿真成为可能。

作为先进分布仿真(ADS)的一种,构造基于网格的分布式仿真体系结构可以参考 HLA 及 GIG。总之,网格技术的出现将使在更小的粒度上进行仿真成为可能,从而使仿真结果的精度、逼真度发生飞跃。

网格仿真研究仿真网格及其应用,即针对仿真资源利用率低,跨单位、跨部门安全共享困难,局部资源紧张而全局资源闲置并存,难以优化调度运行等问题,研究整合、共享已有仿真资源,充分提高仿真资源的利用率,实现仿真资源跨地域、跨组织的全面、动态、安全共享、集成与优化调度运行,来满足领域广泛的仿真需求。仿真网格为仿真应用领域便捷地应用网格技术,快速开发实施协同仿真应用网格系统提供安全、开放、通用的仿真领域应用框架。

如复杂型号研制、联合作战等仿真对象都是跨专业、跨部门和异地协同的,是一项复杂的系统工程。其仿真需要整合、共享各种仿真资源。网格技术的核心是解决网上跨地域、跨组织的各类资源/服务的安全、动态共享与优化协同应用问题。

HLA 等技术的出现实现了仿真应用的互操作,也具备一定的资源重用能力,但对于需求多样且需要跨专业、跨部门协同的广域网上仿真,主要不足有:一是仿真资源的互操作与重用性不够,难以实现不同粒度、不同层次的仿真资源跨部门和跨组织的互操作与重用;二是不支持协同建模;三是缺乏仿真资源动态共享机制,仿真资源(计算资源、存储资源、软件工具资源、模型和数据资源等)是静态绑定的,不能在仿真运行过程中动态调度;四是当系统运行在广域网环境时,运行监控、性能监测和控制管理都存在问题。此外,HLA规范没有考虑安全性,在广域网上运行时安全问题凸显。

通过仿真技术与网格技术的结合,可以突破资源动态共享与协作开发上的限制,以充分利用各种资源,并弥补一般分布仿真在可控、可观、可测以及安全性等方面的欠缺,促进仿真技术更深入、广泛地应用。

李伯虎院士将"仿真网格"的技术内涵概括为:"它以应用领域仿真的需求为背景,综合应用复杂系统模型技术、先进分布仿真技术/VR技术,网格技术、管理技术、系统工程技术及其应用领域有关的专业技术,实现仿真网格/联邦中各类资源(包括仿真系统/项目参与单位有关的模型资源、计算资源,存储资源,数据资源,信息资源,知识资源、与应用相关的物理效应设备及仿真器等)安全地共享与重用、协同互操作、动态优化调度运行,从而对工程与非工程领域内已有或设想的复杂系统/项目进行论证、研究、分析、设计、加工生产、试验、运行、评估、维护和报废(全生命周期)活动的一门多学科的综合性技术与重要工具"。因此,仿真网格具备以下的技术特征。

(1)实现仿真网格各类资源安全地共享与重用、动态调度与优化运行;

(2)实现仿真网格中各类模型/模拟器/仿真仪器/实物设备/人的安全、实时互操作和协同仿真;

(3)提供面向仿真应用领域的、可重用的各类模型资源,支持复杂仿真网格工程系统的快速构造和开发;

(4)支持虚拟团队/组织、过程、仿真网格模型资源和仿真网格应用工程项目的管理与优化;

(5)提供面向应用的、用户友好的各类网格门户和基于网格的VR/可视化显示环境;

(6)提供面向仿真应用领域的,支持仿真网格工程全生命周期协同开发应用的各类支撑工具和建模仿真工具集;

(7)仿真网格支撑环境具有分布性、开放性、动态性、可扩展性和灵活性。

仿真网格的特点是既是计算、数据密集,又有服务协作。技术上,需要关注的重点包括:

(1)标准的,开放、普适的仿真网格服务体系结构,给出仿真应用网格开发、实施与应用的模式,以指导协同仿真应用网格系统的开发、实施和应用。

(2)安全、开放、通用,基于网格的仿真领域应用框架,支持仿真应用领域便捷地应用网格技术,支持协同仿真应用网格系统的快速开发实施。

(3)高效、稳定、简便、完备的面向仿真应用的网格中间件,网格中间件在整个仿真应用网格中起着承上启下的基础平台,对各种分布和异构的仿真资源提供一个安全和高效的管理、调度和共享使用环境,对上层仿真应用(如门户、应用中间件等)提供好用的访问和编程接口。

(4)仿真模型服务化,将已有的应用仿真模型封装为仿真网格上的服务,并直接部署在网格平台上,供仿真网格资源调度模块直接调度使用的动态集成技术。仿真模型服务化设计具体体现为仿真模型服务化封装工具的设计。仿真模型服务化封装工具是一种为仿真网格用户提供仿真模型服务化封装和部署的服务工具。它最大限度地屏蔽掉了具体的实现细节,提供最简洁和友好的访问界面,帮助提高各种具体仿真网格应用的开发效率,并达到应用仿真模型服务化封装的高效性、一致性和规范性。

(5)面向仿真网格平台的仿真模型设计开发,提供友好的设计开发规范和易用的开发方法,简化仿真模型的服务化设计,屏蔽具体的技术细节,使用户按照原来的开发习惯,采用与现有开发平台类似的开发工具(门户)就能将仿真应用模型资源进行网格服务化。

(6)仿真软件工具服务化,通过把仿真软件工具的核心功能包装成网格服务,作为网格节点上可共享的网格资源对外发布,提供广域网的软件资源共享,以支持复杂系统的建模与仿真。

(7)仿真网格门户,是仿真网格为各类最终用户使用网格提供的入口。仿真网格门户提供仿真资源的浏览、注册、查询和监控,作业提交、查看和运行监控,仿真可视化等功能。通过面向仿真应用的描述语言、应用编程服务接口、可视化建模与仿真环境和协同环境,门户帮助领域专家完成复杂仿真系统的开发、配置、运行和测试。

仿真应用网格包括应用层、应用门户层、面向应用的核心服务层、网格核心服务层和资源层。

(1)应用层,支持分布、异地、虚拟组织中的各类仿真网格应用人员安全、协同、便捷地进行复杂仿真系统/项目的开发、运行与评估工作。

(2)面向仿真网格用户的应用门户层,向仿真网格应用人员提供各类仿真网格应用门户。

(3)面向仿真应用的核心服务层,提供面向协同论证/设计/虚拟制造/训练/仿真建模/实验/运行/评估/可视化与管理等应用的各类核心服务。

(4)网格核心服务层基于网格计算工具软件(GLobus Toolkit),提供网格中间件运行所需的核心服务。

(5)面向应用的资源层,提供网格调度使用的各类资源,包括应用全过程有关的模型资源、仿真/虚拟设计/虚拟制造/管理工具资源、计算资源,存储资源,数据资源,信息资源,知识资源、与应用相关的物理效应设备及仿真器等。

仿真应用网格通过仿真网格运行与支撑环境来构建。后者包括三个部分:仿真网格资源开发与部署环境——应用仿真网格开发工具实现物理资源的开发、存储与资源的虚拟化;仿真网格虚拟资源运行(服务)提供环境——在网格中间件的支持下,以仿真网格服务方式实现资源的共享;仿真网格资源应用(服务)客户端环境——应用网格中间件的服务、面向仿真的网格服务、仿真网格工具、仿真网格门户等实现对网格资源(服务)的使用,以及对使用过程中资源的监控等。

构建仿真应用网格需要解决一系列集成问题,包括系统的资源集成、信息集成、功能/服务集成、过程集成与界面/门户集成等不同层次的集成。集成的实现依赖于仿真网格支撑环境的互操作支持能力,包括人员之间的互操作、工具/应用系统之间的互操作、模型/资源之间的互操作、服务之间的互操作以及数据通信之间的互操作。

（1）资源集成：通过仿真模型/软件服务化工具对各类计算资源、数据资源、存储资源、网络资源、软件资源、模型资源进行统一虚拟服务化，并通过仿真资源服务中间件提供的服务注册管理功能将资源统一注册，实现基于网格的资源共享与动态集成；

（2）信息集成：基于 XML/元模型/中间件（含网格中间件）/平台技术实现信息的共享与集成；

（3）功能/服务集成：各功能/服务以网格/网络服务的形式统一注册到仿真资源服务中间件提供的服务注册管理中心，实现基于网格的功能/服务动态集成；

（4）过程集成：通过工作流管理系统实现用户的应用模式过程集成，通过面向网格的高层建模语言实现各类服务业务层的集成应用；

（5）界面/门户集成：基于统一仿真网格应用门户技术，实现应用界面的集成，既支持基于浏览器的仿真应用，也支持基于图形用户界面（GUI）的仿真应用。

3.4.3　云仿真

"云"是一些可以自我维护和管理的虚拟计算资源。云计算将所有的计算资源集中起来，由软件实现自动管理，无需人为参与并为人所用。云计算将相对集中的 IT 资源整合起来，在不要求用户构建复杂软/硬件环境的条件下，通过网络将这些 IT 资源按需透明地提供给用户，向用户屏蔽繁杂的软硬件管理的同时提高计算资源的利用率。它是并行计算、分布式计算和网格计算的发展，或者说是这些计算机科学概念的商业实现。云计算具有超大规模、虚拟化、高可靠、通用、高可扩展、使用方便、按需服务和廉价等优点。

从技术上，云计算应该具有：①通过网络透明地提供服务；②规模易于扩展、服务可动态配置；③按用户需求提供服务；④具有一定规模来保证效益。

云仿真是仿真技术在云计算提供的基础设施即服务（IaaS）、平台即服务（PaaS）、软件即服务（SaaS）基础上的延伸和发展。首先，在资源和能力共享方面，云仿真使用户能够共享软仿真资源（仿真过程中的各种模型、数据、软件、信息、知识等），硬仿真资源（各类计算设备、仿真设备、试验设备等），以及建模与仿真能力（支持虚拟、构造、实装三类仿真所需的建模、仿真运行、结果分析、评估与应用等各阶段活动的能力）；其次，在服务模式方面，云仿真能够提供用户网上提交任务以及交互、协同和全生命周期仿真的服务，包括支持单主体（用户）完成某阶段活动，支持多主体协同完成某阶段活动，支持多主体协同完成跨阶段活动，支持多主体按需获得各类仿真能力。因此，在支撑技术方面，现有网络化建模与仿真技术要与云计算、虚拟化、高效能计算、物联网、智能科学等进行融合。

云仿真由仿真用户、云访问终端（手机、笔记本电脑、台式机等设备）上的浏览器、云仿真平台三部分组成。

云仿真平台是一种网络化建模与仿真平台，以服务的形式向用户提供各种仿真工具，是一种 SaaS 类型的云。它以应用领域的需求为背景，基于云计算理念，综合应用各类技术，实现各类资源安全地按需共享与重用，多用户按需协同互操作，利用仿真应用系统动态优化调度运行，进而支持复杂系统的仿真活动。各类用户首先通过网络环境中的云仿真平台门户进行资源的部署注册（仿真云部署）和仿真任务需求的定义；然后云仿真平台便能按用户需求自动查找和发现所需资源（仿真云），并基于服务的组合方式按需动态构造仿真应用系统（仿真云群）。该系统将在云仿真平台对资源的动态管理下，进行网络化建模仿真系统的协同运行,完成云仿真。

因此,在云仿真平台支持下,通过解析仿真任务需求,可自动为用户动态构建出需要的运行环境,仿真任务在该环境中可立即执行。理想情况下,仿真应用系统构建和运行过程都不需要仿真人员的参与,可以实现非仿真人员参与下进行仿真应用活动,使得仿真方法普适化具有可能。由于构建的仿真系统运行环境完全以仿真任务需求为依据,对每个仿真任务都是相对独立,从而可安全高效的支持仿真任务需求。

云仿真平台可以划分为四层:

(1)服务层,主要是一些页面或者客户端软件,是一种用户界面(UI),向云管理层传达云用户的需求。所包含的服务主要是建模、验模服务,在线分析服务,离线分析服务,想定编辑服务,资源管理服务、运行规划及控制服务等。

(2)云管理层,主要是根据服务层传达的任务,控制物理机器的开启关闭休眠等,部署相关虚拟机上的软件、数据等,执行相应的程序,检测资源的负载同时自动调整虚拟机的数目、虚拟机的资源使用量,实时返回相关结果给服务层以报告用户任务执行情况。它主要由服务管理工具、资源部署工具、资源监控工具、物理及虚拟机管理工具组成。

(3)虚拟层,它由虚拟机网络或者说虚拟机池和虚拟机管理系统组成,每台物理裸机上面运行一个虚拟机管理系统,一个虚拟机管理系统受管理层的物理及虚拟机管理工具统一管理,它根据需求可以创建、管理多个虚拟机。虚拟机上运行着节点守护端以对虚拟机的负载进行更精确地监视和控制、运行着运行支撑工具以支撑仿真运行;也运行着建模验模工具以实现建模验模服务、运行着想定编辑工具以实现想定编辑服务、运行着仿真分析工具以实现仿真分析服务。

(4)物理层,主要是用于计算的硬件,包括台式机、服务器、集群等。

在云仿真中,面向多用户的仿真应用系统的动态构建,也是以虚拟化技术为基础。虚拟化技术解耦了仿真模型、仿真工具和计算节点的耦合关系,虚拟机取代原来的物理计算节点,仿真应用系统可以部署在为其动态构建的虚拟计算环境中。一般云仿真平台中还需要仿真知识库来提供构建仿真应用系统所依赖的基础知识,并要求在仿真应用过程中不断的积累仿真应用案例,并通过自学习不断扩展知识容量,增强构建能力。

正如网格计算和云计算的区别,仿真网格构建大多是为完成某一种特定的仿真任务需要,而仿真云一般是为了领域的通用仿真而设计的。

第4章 SIMNET、DIS 与 ALSP

20 世纪 70 年代后期,单兵技能训练已不能满足作战的要求,群体协同训练越来越重要。为了达到一个总体的作战目标而一起作战的部队需要协同作战的技能。缺乏群体协同训练所导致的伤亡率远远大于缺乏单兵技能训练所导致的伤亡率,但协同作战技能的训练相当困难,需要更多的练习。因此,迫切需要将单武器平台训练仿真器连接起来构成逼真的作战环境进行协同作战训练。

此外,高技术条件下的现代战争是武器装备体系的对抗,不同的武器装备体系产生的作战效能是不一样的。为了评估其作战效能,须将武器装备置于真实对抗的作战环境中进行研究。单一武器对抗仿真系统无法评估武器装备体系对抗的效能,需要使分散在各地的单武器平台仿真系统或仿真实验室联在一起组成网络,将多种武器系统和威胁环境连接起来进行评估。

由此,在微处理器技术、网络技术和软件技术等使能技术的推动下,先进分布仿真开始启动。本章主要介绍先进分布仿真前期的研究,分别为 SIMNET、DIS 与 ALSP。

4.1 SIMNET 及其设计原则

SIMNET 计划起源于 20 世纪 80 年代中期美国国防部提出的先进分布仿真技术的概念,目的是将分散在异地的仿真器(坦克、装甲车)用计算机网络连接起来,提供一个更加丰富的训练环境,进行队、组级的协同作战任务训练。

4.1.1 SIMNET 简介

SIMNET 项目计划建造一个分布仿真试验系统,包括至少四个地点,每个地点包含 50 ~ 100 个运动体仿真器。考虑到飞机的高速和高机动性,当年要将上百个飞行仿真器联网对网络能力要求过高,为此 SIMNET 首先开发和连接慢速运动的地面车辆模拟器,然后扩展到直升机模拟器,在得到满意结果后再连入战斗机模拟器。SIMNET 的发展历程如图 4-1 所示。

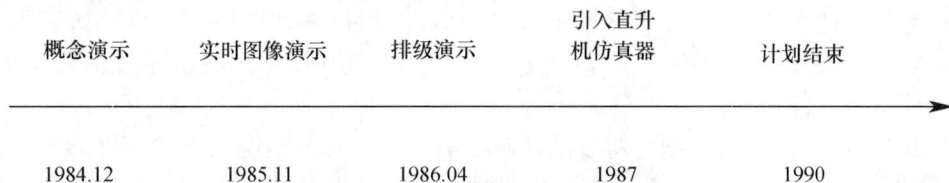

概念演示	实时图像演示	排级演示	引入直升机仿真器	计划结束
1984.12	1985.11	1986.04	1987	1990

图 4-1 SIMNET 的发展历程

到 SIMNET 计划结束时,其建造的分布仿真试验系统已包含约 250 个仿真器(包括坦克、步兵战车、直升机、固定翼飞机、指挥所等)。这些仿真器分布在 9 个训练场所(其中 4

个位于欧洲)和 2 个研究场所。在演练过程中,SIMNET 中的实体数最多可达约 850 个。随着人们对先进分布仿真技术潜力和前景的认识深入,其应用的目标从训练扩展到下一代作战系统的开发和评估。

SIMNET 技术支持构建一个大型可交互的联网仿真系统,可以产生一个综合环境(即虚拟战场),任何授权的战斗员可以从网络的任何地方,使用其仿真器作为站点设备进入虚拟战场。一旦进入,它就可以和其他进入虚拟战场的人员进行交互,仅受作战规则和条令的约束。该综合战场具有多种用途,包括联合训练、作战任务预演、作战概念开发、条令和战术开发与验证、测试及事后回顾等。

SIMNET 实质上就是将分布于各地的仿真器通过局域网或广域网连接起来,构成一个虚拟环境。在这个网络系统中,每一个节点都有一个或多个仿真对象,都具有自身的本地环境模型,拥有虚拟环境中每个仿真对象的标志符,了解其速度和位置,并且知道每个对象的 DR 算法。当进入虚拟环境时,所有的仿真对象都会在网上预先发布自己的初始状态。进入后,当某个对象发生了明显的状态改变时,该对象所在的节点会将这一变化信息通过网络传递给别的相关节点。相关节点在更新信息后,运用适当的 DR 算法计算该仿真对象的新的位置与状态,修正自身环境变量。这样就可以在最大限度减少网络通信压力的情况下,进行远程交互,同时维持一个较为准确的虚拟环境。

4.1.2 SIMNET 的设计原则

SIMNET 之所以能取得成功,主要应归功于采取了一些关键性的设计原则,主要有如下几个方面。

1)采用对象/事件体系结构

SIMNET 引入的第一个关键设计原则是以对象的集合来描述被仿真的客观世界,对象之间通过一系列事件产生交互作用。

2)仿真节点的自治性

在 SIMNET 构建的分布仿真系统中,所有事件都在网络上广播,且所有对它们感兴趣的对象都可以收到。引发事件的仿真节点只发出事件,而不必跟踪可能受该事件影响的其他节点,事件的接收和处理是接收节点的任务。

在 SIMNET 中,没有一个中心控制进程来规划事件或解决冲突,所有仿真节点完全自治。通信算法甚至允许一个仿真节点自由加入或脱离进行中的仿真演练,而不中断其他节点之间的交互作用。

每个节点负责保持仿真世界中至少一个对象的状态,并将该对象引发的任何事件传递给其他节点;同时负责接收来自其他节点的事件报告,并计算该事件对其所仿真的对象的影响;如果这种影响导致其他事件发生,则该节点还负责将这些事件通知其他节点。

3)传递真实信息

SIMNET 中的每个节点把它所表示的对象的实时状态及其所引发的事件如实地进行传递,接收节点负责判断其对象能否识别事件以及是否受该事件影响。如果信息在提交给接收节点或自动设备前要进行某些降级处理,则有关这些处理应由接收节点来完成。

4)仅传递状态变化信息

为了减少通信处理任务,SIMNET 的各节点只在其所含对象的行为发生改变时,才传递相应的状态变化信息:对象行为的改变构成一个事件,可能对其他对象产生显著影响。这种方法可以使信息的重复传输减至最少,在很大程度上减少其他节点的处理负荷。

5)采用 DR 算法

DR 算法是一种对位置/方位进行估计的方法,用于减少仿真节点对它所控制实体的状态更新频率。每个仿真节点拥有与它发生交互作用的其他节点所控制实体的低阶简化(DR)模型,并可根据这些 DR 模型来推算其他节点实体的状态。同时,它也计算自身实体的实际模型和 DR 模型,当这两个模型推算出的状态的偏差超过预先设定的阈值时,它便产生一个事件,该事件将实体的真实状态发送给网络上其他的节点,激励它们更新对本节点的状态估计。系统的实际运行表明,选择合适的 DR 算法及阈值可使通信量减少90%以上。

4.2　DIS 及其 PDU

DIS 技术是 SIMNET 的发展。SIMNET 的成功充分表明了网络仿真的可行性。在此基础上,美国国防部逐步发展起基于异构型网络的 DIS 系统,并于1993年制定出一整套相关标准。此后美国推出综合战场(STOW)计划,用于将构造实体、虚拟实体和真实实体联合起来进行无缝仿真,其关键技术是计算机生成兵力和高速网络技术。1994年举行了 STOW – E 的 DIS 演练,包含了分布于美国和欧洲19个城市的一千九百多个作战实体。美国和欧洲于1997年10月又举行了称为 STOW97 的大规模分布式仿真演练,它包含了分布于美国和欧洲几十个城市的各军兵种在内的约三万个作战实体,其目的在于对大规模联合部队进行先期概念技术演示。

DIS 有两个相关的意思,一个是指 IEEE 协议,该协议可在 IEEE Std 1278 – 1992 查到;另一个指分布式交互仿真,该含义后被 ADS 所取代。

4.2.1　DIS 的组成与特点

DIS 采用一致的结构、标准和算法,通过网络将分散在不同地理位置的不同类型的仿真应用和真实世界互联、互操作,建立一种人可以参与交互的虚拟环境。

从 DIS 系统的物理构成来看,它是由仿真节点和计算机网络组成的,仿真节点除了负责本节点的动力学和运动学模型解算、视景生成、声音产生、网络信息接收与发送、人机交互等仿真功能外,还要负责维持网络上其他实体的状态信息。计算机网络可包括局域网、广域网、网桥(Bridge)、路由器(Router)、网关(Gateway)。技术上,DIS 虚拟环境是通过在分布、自治计算的仿真应用系统之间实时交换数据单元而建立的,这些仿真应用系统以仿真软件、模拟器和仪表化设备形式通过标准的计算机通信服务互连。DIS 采用分布式计算方式,将工作量分配给每个节点上的几台并行计算机,每台计算机只负责虚拟环境的某几个实体模型计算或用户的某几类交互动作,每台计算机只处理与之任务有关的状态。属于同一节点的几台计算机之间,可使用本地信息传输协议进行状态更新。在 DIS 系统中,没有服务器和客户机之分。

从 DIS 系统中实体所扮演的角色来分,DIS 系统由红、蓝、白三方组成。红方和蓝方为对抗的双方,白方为管理方,负责整个 DIS 系统从演练前的规划准备,到演练的初始化,到运行阶段的管理与监控,直至最后的分析与重演。DIS 系统具有时空一致性、互操作性和可伸缩性。

DIS 在一个交互、共享的虚拟环境下,支持分布在同一地点或不同地域的结构实体、虚拟实体和真实实体进行实时交互,适用于构建大规模实时仿真环境。DIS 标准的实质,是定义一种连接不同地理位置上的不同类型仿真应用系统的基本框架,为高度交互的仿真活动建立一个真实、复杂的虚拟世界。该基本框架可以把基于不同目的的系统、不同年代的技术、不同厂商的产品和不同军种的平台连接在一起并允许它们互操作。

一个典型的 DIS 系统网络构型如图 4－2 所示。它由两个局域网组成,局域网(LAN)之间通过过滤器/路由器相连。每个局域网除了仿真应用和计算机生成兵力(CGF)之外,还包括二维态势显示、三维场景显示和数据记录器。其中演练管理负责整个演练过程的仿真管理,又称为白方。

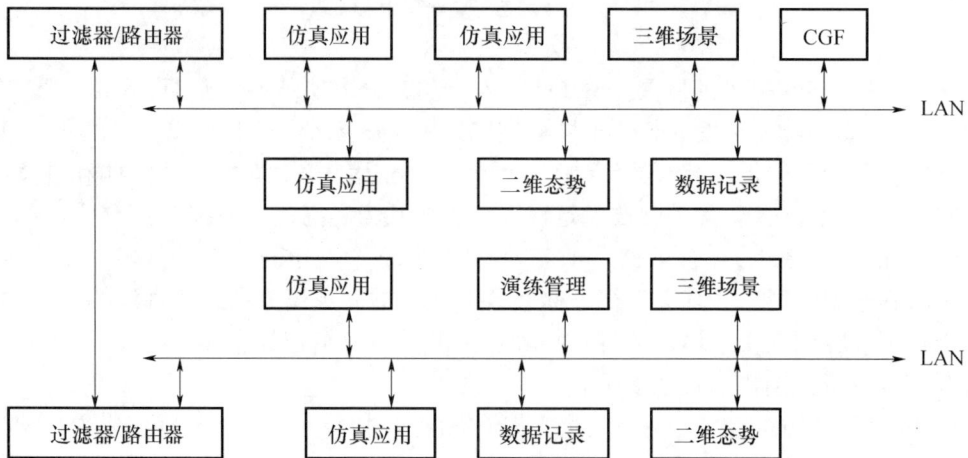

图 4－2 典型的 DIS 网络构型

DIS 系统继承了 SIMNET 的设计原则并有发展,它具有以下特点。

(1)分布性:没有中央计算机控制整个仿真演练。一些仿真系统使用一个中央计算机来维护整个虚拟世界的状态,并由其计算每个实体的行为对其他实体和环境的影响。DIS 系统中没有中央计算机,其计算能力是分布的:DIS 系统各节点在地理位置上是分布的,节点间通过局域网(LAN)或广域网(WAN)连接,由各节点上的仿真应用软件来分工完成仿真实体状态的计算。当新的主机连接到网络上时,它带来了自己的资源。

(2)互操作性:DIS 支持三类实体的互操作,即虚拟实体(人在回路中的模拟器)、构造实体(模拟军事演习、分析工具等自动仿真应用)和真实实体(操作平台和测试、评估系统),支持各实体与环境之间的互操作,支持人在回路中与仿真系统的互操作。

(3)自主性:DIS 的实体不仅可以随时加入 DIS 演练,而且可以随时离开。

(4)异构性:DIS 系统可以包含具有不同硬件平台和操作系统的节点。

(5)伸缩性:在 DIS 系统中,实体可以随心所欲地加入或离开 DIS 演练。

(6)一致性:DIS 要保证空间一致性和时间一致性。

(7)标准化:使用标准协议来传递真实信息:每个节点以协议数据单元(PDU)形式向网络传递其真实信息,接收节点负责计算它对真实信息的感知程度。

　　基于广播通信方式的 DIS 仿真网络在逻辑上是一种网状连接,其体系结构由于网络联结简单,且没有集中的软件组件,不需要可靠的数据传递机制和严格的演练起始与终止限制,使其具有较强的容错能力,较低的网络通信延迟,能支持仿真的实时运行,并可以在计算载荷、位置误差和网络带宽方面提供灵活的均衡。

　　DIS 的局限性表现在:其固定的协议数据单元(PDU)和枚举型定义使 DIS 系统是一个封闭的系统;基于广播方式的体系结构对于较大规模系统(500 个以上实体)可扩展性差;此外,非可靠的数据传递方式,大量冗余数据的处理和非客户定制方式的数据接收使系统缺乏灵活性。

4.2.2　DIS 标准

　　美国国防仿真建模办公室(Defense Modeling and Simulation Office)作为整个 DIS 标准研究计划的管理和资助者,美国佛罗里达州的中佛罗里达大学仿真与训练研究所(Institute for Simulation and Training)则作为 DIS 标准的主要制定单位,从 1989 年 3 月开始每半年举行一次关于 DIS 的研讨会,到 1995 年正式提交了三个标准,并被 IEEE 批准,即 IEEE Std 1278.1 ~ 3 – 1995,分别为 DIS 的 PDU 定义标准、通信结构标准和演练控制和反馈标准,这三个标准是进一步开展 DIS 研究的基础。IEEE Std 1278 标准定义了应用程序协议、通信服务、演练管理和反馈、验证/校验/确认、精度类型需求、枚举和位编码值等方面的内容:

　　IEEE Std 1278.1 – 1995 定义了协议数据单元(PDU)中的数据信息的格式和含义,指定了每种 PDU 所需的通信服务的方式。这些 PDU 在仿真应用之间以及仿真应用与仿真管理程序之间进行信息交换。

　　IEEE Std 1278.2 – 1995 定义了支持 IEEE Std 1278.1 – 1995 中描述的信息交换的通信服务需求。

　　IEEE Std 1278.3 为演练管理与反馈标准,为 DIS 演练提供了设置、执行的指南。

　　在网络通信技术领域,国际标准化组织(ISO)的开放系统互联(OSI)模型将一个网络分为七层。与之相对应,DIS 网络可分为两个大的层次,即通信层和应用层。由于 DIS 对于网络的物理层和数据链路层没有限制,因此,DIS 的通信层对应的是 OSI 模型的第三层(网络层)和第四层(传输层)。而应用层则可认为是涵盖了上面三层的内容。

4.2.3　DIS 的 PDU

　　IEEE Std 1278.1 – 1995 定义的 PDU 是 DIS 的核心标准。DIS 协议标准提供了各种基本的数据结构,同时支持根据用户需求扩充和定义新 PDU。因此 DIS 的 PDU 个数也随着应用协议版本的演化而不断增加,从 IEEE Std 1278 – 1993 中定义的 10 个 PDU,到 IEEE Std 1278.1 – 1995 中定义的 27 个 PDU 到,再到 IEEE Std 1278.1 的 2.1.4 版本中 50 多个 PDU。PDU 中提供的信息包括仿真实体的状态、DIS 演练中发生的实体间交互的情况,以及管理和控制演练的数据等。

　　PDU 中的时间采用格林尼治时间 GMT;坐标系可以采用地心坐标系和实体坐标系。

　　地心坐标系——DIS 在表示实体在仿真环境中的位置时,采用了由右手规则定义的地心直角坐标系即世界坐标系。地球的形状由 WGS84 标准 DMA TR8350.2 来描述,坐标系的原点是地球的地心,坐标轴记为 X、Y、Z,X 轴正向穿过赤道与本初子午线的交点,

Y 轴正向穿过赤道与东经 90°线的交点,Z 轴正向穿过北极。

实体坐标系——X:实体正前方,Y:实体右侧,Z:正下方,原点为有界体的中心。

DIS 中实体的方位由三个欧拉角 ψ、θ 和 ϕ 决定,它们是从世界坐标系到实体坐标系旋转的度数。其中 ψ 为绕 Z 轴旋转的角度,范围为 $\pm\pi$。θ 为绕 Y 轴旋转的角度,范围为 $\pm\pi/2$。ϕ 为绕 X 轴旋转的角度,范围为 $\pm\pi$。

DIS 的实体可以附带铰链部件和附属部件。铰链部件是仿真实体的可视部件,它固定在实体上但可相对实体本身而移动。像坦克的炮塔、潜水艇的潜望镜等均是铰链部件,铰链部件是相对附着部件而言的。附属部件是仿真实体可选的可视部件,它固定在实体上不能相对实体本身而移动,比如飞机机翼下的炸弹和导弹、发射架上的导弹。

IEEE Std 1278.1 – 1995 定义了 DIS 演练中实体间进行信息交互的 27 个 PDU,分为 6 个协议系列,如表 4 – 1 所列。

表 4 – 1 PDU 协议系列

协议系列	PDU 名称
实体信息和实体交互 PDU	Entity State PDU(1),Collision PDU(4)
作战 PDU	Fire PDU(2),Detonation PDU(3)
后勤 PDU	Service Request PDU(5),Resupply Offer PDU(6),Resupply Received PDU(7),Resupply Cancel PDU(8),Repair Complete PDU(9),Repair Response PDU(10)
仿真管理 PDU	Create Entity PDU(11),Remove Entity PDU(12),Start/Resume PDU(13),Stop/Freeze PDU(14),Acknowledge PDU(15),Action Request PDU(16),Action Response PDU(17),Data Query PDU(18),Set Data PDU(19),Data PDU(20),Event Report PDU(21),Comment PDU(22)
分布式发射重构 PDU	Electromagnetic Emission PDU(23),Designator PDU(24)
无线电通信 PDU	Transmitter PDU(25),Signal PDU(26),Receiver PDU(27)

所有 PDU 都具有相同格式的 PDU 头记录(共 96 位),如表 4 – 2 所列。它规定了协议公共信息和 PDU 公共信息。

表 4 – 2 PDU 头记录

PDU 头记录	协议版本号:8 位枚举类型
	演练标识符:8 位无符号整型
	PDU 类型: 8 位枚举类型
	协议系列: 8 位枚举类型
	时戳值: 32 位无符号整型
	长度: 16 位无符号整型
	保留: 16 位

表 4 – 2 中:

协议版本号——说明了此次 DIS 演练所使用的 DIS 协议版本,其定义为:其他(0)、1.0 版本(1)、IEEE Std 1278 – 1993 版本(2)、2.0.3 版本(3)、2.0.4 版本(4)和 IEEE Std 1278.1 – 1995(5)。同一 DIS 演练中实体要求使用相同的版本号。

演练标识符——DIS 网络上可以同时举行多个 DIS 演练,演练标识符用于区分不同的演练。

PDU 类型——8 位的枚举类型,定义了此 PDU 是 27 个标准 PDU 中的哪一个。

协议系列——将 6 个协议系列用枚举类型定义:其他(0)、实体信息/实体交互(1)、作战(2)、后勤(3)、无线电通信(4)、仿真管理(5)和无线电通信(6)。

时戳值——表示 PDU 中数据产生时刻的时间值(图 4-3),指从现在的小时值开始所经历的时间。时戳值的表示与各仿真应用是否同步有关。若各仿真应用不进行时间同步,则使用相对时戳值,此时最低位要设置为 0,各仿真应用从任意时间起点开始计时,相对时戳值包含发送此 PDU 时相对本仿真应用主机时钟的时间值。若各仿真应用之间需要进行时间同步,则使用绝对时戳值,最低位要设置为 1。绝对时戳值使用世界时间(Universal Coordinated Time, UTC)。由于时戳值用 31 位来表示小于 1h 的时间值,故时戳值的最小时间单位为 $3600\text{s}/(2^{31}-1)$,即 $1.676\mu\text{s}$。

长度——表示整个 PDU(包含 PDU 头记录)长度的字节数。

31	1	0
相对时间		0

31	1	0
绝对时间		1

图 4-3　时戳值的表示

实体状态 PDU 是最主要的 PDU。它除了包括与实体状态有关的信息外,还包括接收方再现该实体时所必需的信息。DIS 实体之间通过实体状态 PDU 来通报实体的状态,实体状态 PDU 中包含的信息如表 4-3 所列。

表 4-3　实体状态 PDU

域名称	域大小(位)	实体状态 PDU 的域
PDU 头记录	96	(见表 4-2)
实体标识符	48	场所标志:16 位无符号整型
		应用标志:16 位无符号整型
		实体标志:16 位无符号整型
兵力标识符	8	8 位枚举类型
铰链部件数目	8	8 位无符号整型
实体类型	64	实体种类:8 位枚举类型
		领域:16 位枚举类型
		国家:8 位枚举类型
		类:8 位枚举类型
		子类:8 位枚举类型
		特定信息:8 位枚举类型
		额外信息:8 位枚举类型
另一实体类型	64	(内容同"实体类型")
实体线速度	96	X 分量:32 位浮点数
		Y 分量:32 位浮点数
		Z 分量:32 位浮点数

（续）

域大小（位）	域名称	实体状态 PDU 的域
实体位置	192	X 坐标:64 位浮点数
		Y 坐标:64 位浮点数
		Z 坐标:64 位浮点数
实体方位	96	ψ:32 位浮点数
		θ:32 位浮点数
		φ:32 位浮点数
实体外观	32	32 位记录枚举类型
DR 参数	320	DR 算法:8 位枚举类型
		其他参数:120 位保留
		实体线加速度:3×32 位浮点数
		实体角速度:3×32 位浮点数
实体标记	96	实符集:8 位枚举类型 字符串:11 个 8 位无符号整数
能力	32	32 位布尔型
铰链参数	n×128	参数类型指示:8 位枚举类型
		变化指示:8 位无符号整数型
		附属标识符:16 位无符号整型
		参数类型:32 位参数类型记录
		参数值:64 位
实体状态 PDU 长度 =1152 +128n 位,n 为铰链部件的个数		

表 4 – 3 中:

实体类型——7 个层次化的子域详细划分了仿真实体的类型。实体种类域是个 8 位的枚举类型,它指定了仿真实体的 9 个种类:其他(0)、平台(1)、军火(2)、生命体(3)、环境(4)、文化特征(5)、补给(6)、无线电(7)、消耗品(8)和传感器/发射器(10)。平台实体指舰船、坦克、飞机和潜艇等运载工具。军火实体指导弹、鱼雷、子弹等弹药。生命实体包括步兵、侦察员等人类和鲸鱼、虾等动物。环境实体包括实际物理环境实体(如云、雾、冰山等)和特殊环境的特性(如海洋状态)。文化特征实体指自然或工程效果形成的实体,比如火山口、建筑物、桥梁、车辙等。补给指除了军火之外的军需品,比如燃料、油料、食品、人员等。无线电指传输声音和数据的电子设备。消耗品指从实体上施放的反制设备,它可以是主动发射器或被动能量反射器,比如铂条、烟雾、诱饵等。传感器/发射器指不属于任何平台或系统的传感器和发射器,如独立的雷达、干扰机、侦听系统等。领域指定了仿真实体的演练区域,比如平台实体的领域有水下(4)、水面(3)、陆地(1)、空中(2)、太空(5)等,它与实体种类有关。国家域表示实体的生产国,比如中国用 45 表示,美国用 225 表示,俄罗斯用 260 表示。类域描述了仿真实体的主要类别,子类域则基于分类进一步划分了实体的特殊子类。特定信息域描述了实体基于子类的特殊信息,额外信息域给出了特殊实体所需要的其他额外信息。

　　另一实体类型——其格式与实体类型相同,它指定了仿真实体作为敌方兵力时的显示类型,这样可使实体扮演反方的角色。接收方在显示实体时,首先判定此实体的兵力标识符,若是友方实体,则使用实体类型域来显示此实体,若是敌方实体,则使用另一实体类型来显示。这样当实体类型和另一实体类型不同时,敌我双方都可以把自己当作友方实体,把对方当作敌方实体,这就是 DIS 中的伪装功能。当实体类型和另一实体类型内容相同时,则不使用伪装功能。

　　实体标识符——由两部分组成:仿真地址标志和实体标志。仿真地址标志又由场所标志和应用标志组成。在同一 DIS 演练中,实体标志应该是唯一的,如果 DIS 仿真实体数超过了 32 位能表示的范围,则实体标志可以重用。

　　兵力标识符——兵力标识符用于区分敌方和友方,它是个 8 位的枚举类型:其他(0)、友方(1)、敌方(2)、中立方(3)。

　　实体标记——实体标记域标明实体唯一的标记,比如部队的番号。

　　实体状态 PDU 的实体状态信息包括:

　　实体位置——表示了仿真实体在世界坐标系中的位置。

　　实体线速度——实体线速度由 DR 算法来确定是用世界坐标系表示还是用实体坐标系表示。

　　实体方位——实体方位由实体坐标系表示。

　　能力——能力域用 32 位布尔类型表示了实体具有的能力。相关位设置为 1 则表示实体具有此能力:弹药供应(位 0)、燃料供应(位 1)、恢复(位 2)、维修(位 3)。

　　实体状态 PDU 的实体显示信息描述实体外观域,它是由 32 位记录枚举类型来表示的,其中低 16 位表示了实体外观的通用信息,而高 16 位与实体类型和领域有关,还包括一些特殊位,如第 21 位冻结状况位和第 23 位激活状态位。表 4－4 列出了其外观域通用信息的定义。

　　实体状态 PDU 的实体 DR 参数域是个 8 位枚举类型,它给出了实体具体采用的 DR 算法,同时还决定了实体的线速度和线加速度采用的坐标系是世界坐标系还是实体坐标系。

　　实体状态 PDU 的铰链部件信息中,铰链部件数目表示了此实体上铰链部件或附属部件的个数。铰链参数记录描述了实体上可移动的部件。一个记录只能表示铰链部件的一个参数,所以描述一个铰链部件的状态可能需要多个记录。参数类型指示域是个 8 位的枚举型,它为 0 表示铰链部件,为 1 表示附属部件。变化指示域当铰链部件无变化时不改变,当铰链部件变化时变化指示域要增 1。附属标识符域表示了铰链部件所连接的主体的标志。仿真实体的附属标识符为 0,其他部件的附属标识符递增,以坦克为例,炮塔附着在坦克上、炮管附着在炮塔上,所以炮塔和炮管的附属标识符分别为 0 和 1。参数类型记录的定义与附属部件和铰链部件相关。

表 4－4　外观域通用信息的定义

位	名称	设　　　置
0	描绘方法	0:统一颜色;1:伪装
1	机动性	0:无影响;1:失去机动性

（续）

位	名称	设　　　置
2	开火能力	0:无影响;1:失去开火能力
3~4	损伤	0:无损伤;1:轻度损伤;2:中度损伤;3:损坏
5~6	烟	0:无烟;1:实体冒烟;2:引擎冒烟;3:实体和引擎均冒烟
7~8	尾迹	0:无;1:小;2:中;3:大
9~11	舱门	0:没用;1:关闭;2:关门;3:关门且有人
12~14	灯	0:无;1:运行灯开;2:导航灯开;3:队形灯开
15	火焰	0:无;1:有
21	冻结状况	0:没冻结;1:冻结
23	激活状态	0:激活;1:不活动

当下列任何一种情况发生时,仿真应用就应发送实体状态 PDU。

（1）实体的实际状态和 DR 算法外推的状态之差超过了预定的阈值。该阈值包括实体的位置/方位信息和铰链部件参数信息。默认的位置阈值和方位阈值分别为 1m 和 3°。

（2）实体外观发生变化,如失火、冒烟等。

（3）自从上一个实体状态 PDU 发送之后已经超过了预定的时间间隔,此时间间隔值的默认为 5s,它可由仿真管理员在演练开始前或演练过程中确定,并允许有 10% 的误差。

（4）实体退出综合环境。此时在发送最后一个实体状态 PDU 时要将外观域激活状态位设置为不活动。

（5）实体能力的改变。

（6）仿真应用所使用的 DR 算法的改变。

实体状态 PDU 用最佳效果多点通信服务方式发送。在典型情况下数据有序、完整而无误地到达目的地址。如传递出错或信息包丢失,并不采取任何措施来补救:既不更正错误,也不重发信息包。接收到实体状态 PDU 之后,仿真应用首先判定实体状态 PDU 中状态信息是否比它当前使用的实体状态信息更新。如果是,那么仿真应用将使用其中的信息来更新发送实体的位置、方位和外观,否则该 PDU 将被丢弃。

如果实体的外观表明实体处于不活动状态或从收到此实体的最近一个实体状态 PDU 之后已超过了预定的时间间隔,那么仿真应用将从演练中删除该实体。此时间间隔在演练开始之前已确定好它,也可以在演练过程中改变,其默认值是发送实体状态 PDU 的时间间隔值 2.4 倍也就是 12s。

DIS 的特点之一是具有自主性。如果在 DIS 演练开始后的任一时刻实体想加入 DIS 演练,则它必须知道整个 DIS 虚拟世界的信息,以便进行交互,这是通过 DIS 的“心跳”（Heart Beating）机制实现的。实体状态 PDU 的发送可以由 6 个条件中任何一个触发。其中时间阈值规定自从上一个实体状态 PDU 发送之后超过了规定的时间间隔（默认为 5s）,即使其他五个条件均不满足,也要发送实体状态 PDU。这就意味着网络上总是有实体的最新状态信息,后加入 DIS 演练的实体可以在很短的时间内收到网络上所有活动实体的状态信息,从而重构 DIS 虚拟世界。这样 DIS 实现了实体的自由加入。

对于自行离开 DIS 演练的实体,在它离开之前要发送最后一个实体状态 PDU,将外观域(表4-4)的激活状态位设置为不活动。对于收到这个实体状态 PDU 的节点而言,它就要将这个实体从实体状态表中删除。另外对于实体的删除也存在一个时间阈值,超过了就应将此实体从实体状态表中删除。如此,DIS 实现实体自由离开。

DIS 中采用对象/事件结构,DIS 中武器交战由以下一系列事件表示:

(1)实体开火事件,由开火 PDU 来表示。

(2)武器发射事件,所发射的武器由控制此武器的仿真应用负责建模。如果武器需要跟踪数据,那么所发射的武器相当于一个实体,仿真应用要为它分配实体 ID 号,并发出实体状态 PDU。如飞机发射导弹、舰船发射鱼雷等就要这样处理。

(3)爆炸或击中事件。当武器击中目标或爆炸时,使用爆炸 PDU 来表示。如果武器不是当作一个实体,则爆炸表示了武器的终止。如果武器被当作一个实体,则武器的终止应将实体状态 PDU 外观域的激活状态位设置为 1 来表示。

开火 PDU 的结构如表4-5所列。对于单发炮弹,数量为1,射速为0。对于齐射(向同一方向发射多发炮弹或多组武器朝同一方向开火)情况下,应规定齐射的数量和射速。接收到开火 PDU 的仿真应用负责产生视觉和声觉效果,如炮口火焰和炮声。

表4-5　开火 PDU 结构

开火 PDU 域	域大小/位	开火 PDU 的域
PDU 头记录	96	
开火实体 ID	48	
目标实体 ID	48	如果未知则全 0
武器 ID	48	当作实体的武器 ID 号(需要跟踪数据)。否则为全 0
事件 ID	48	Site ID;Application ID;Entity ID
开火任务索引	32	未知时为 0
发射位置	192	世界坐标系
开火描述	128	武器类型:64 位实体类型记录 弹头:16 位枚举类型 引信:16 位枚举类型 数量:32 位,连发次数
速度	96	发/秒
射程	32	三维直线距离(m)

当武器击中其他实体、地形、地物或爆炸时发送爆炸 PDU,如表4-6所列。如果武器既没有击中物体又没有爆炸,仍要发送爆炸 PDU,只是爆炸结果为"无"。接收到爆炸 PDU 的仿真应用负责产生视觉和声觉效果,如果是本机实体受到攻击,要进行毁伤计算,同时发送实体状态 PDU 表示外观的变化,爆炸结果的枚举定义见表4-7。

表4-6　爆炸 PDU

开火 PDU 域	域大小(位)	爆炸 PDU 的域
PDU 头记录	96	
开火实体 ID	48	

（续）

开火 PDU 域	域大小（位）	爆炸 PDU 的域
目标实体 ID	48	如果未击中则全 0
武器 ID	48	如发送过开火 PDU，则与开火 PDU 中武器 ID 相同。否则与实体状态 PDU 中实体 ID 相同
事件 ID	48	与开火 PDU 中事件 ID 相同，如不是由开火 PDU 引起，那么事件 ID 为 0；地雷爆炸
爆炸时速度（世界坐标系）	96	世界坐标系速度（m/s）
爆炸位置（世界坐标系）	192	世界坐标系
爆炸描述	128	与开火描述相同
爆炸位置（实体坐标系）	96	用于毁伤计算。如目标 ID 为 0，则全为 0
爆炸结果	8	见表 4 - 7
目标实体铰链参数数目	8	
目标实体的铰链参数	$n * 128$	

表 4 - 7 爆炸结果枚举定义

枚举定义	结果	枚举定义	结果
1	Entity Impact	14	Water blast, small
2	Entity Proximate Detonation	15	Water blast, medium
3	Surface Impact	16	Water blast, large
4	Surface Proximate Detonation	17	Air hit
5	Detonation	18	Building hit, small
6	None	19	Building hit, medium
7	HE Hit, small	20	Building hit, large
8	HE Hit, medium	21	Mine - clearing line charge
9	HE Hit, large	22	Environment object impact
10	Armor - piercing hit	23	Environment object proximate detonation
11	Dirt blast, small	24	Water impact
12	Dirt blast, medium	25	Air burst
13	Dirt blast, large		

4.2.4 PDU 过滤与 DR 算法

分布、交互、实时、节点自治和灵活等特点，使 DIS 系统中需要进行大量的信息传递与处理，对计算机网络的带宽和容量提出了更高的要求，这一方面需要研究高速带宽的网络技术，另一方面应设法降低网络的负载，即减少各节点之间交互的信息量。

在 DIS 中 PDU 采用广播方式发送。在仿真的规模比较大，实体数目较多时，发送 PDU 的数量是巨大的。这将在两方面影响整个 DIS 仿真系统的性能：

　　一是对网络资源的占用,以 10M 以太网为例,由于以太网一般在 70% 的负荷时达到饱和,因此实际带宽只有 7M,PDU 典型大小以 144 字节计算,加上以太数据包固定附加信息 26 字节和数据包之间的 12 字节间隔,一个 PDU 实际大小为 182 字节,即 1456 位。则局域网的饱和 PDU 容量约为 4807 个/s。根据 NPSNET - I 中的数据:在 30 帧/s 的条件下,飞机实体每秒发 12 个状态 PDU,并开火一次(3 个 PDU),则由于网络条件限制,只能同时仿真 320 架飞机,如果扩展到广域网情况下,网络带宽更小,如采用 56k 调制解调器,则仿真的规模则下降到 2 架飞机实体,这显然是难以接受的。

　　二是大量 PDU 的接收与处理需要仿真计算机耗费大量的计算资源。如远程实体 DR 推算,碰撞检测等,虽然计算机的计算速度较以往有较大的提高,但对 PDU 的某些处理(如碰撞检测)计算开销是 PDU 数量的指数函数,这仅仅靠计算机速度增长是不能解决的。这就是 DIS 系统的可伸缩性要研究的领域。

　　PDU 的过滤是解决 DIS 可伸缩性问题有效的手段,包括输出过滤和输入过滤。输出过滤一般应用在网关管理,指屏蔽本局域网内部的 PDU 数据包,只将必要的 PDU 发送到广域网或其他局域网段上。输入过滤可以同时应用在网关和仿真计算机上,指屏蔽外部的 PDU 数据包,只将本局域网(仿真计算机)内部所预定的 PDU 接收进来。

　　输入过滤由仿真计算机在初始化时选择,包括 5 级过滤:DIS 演练号过滤,PDU 类型的过滤,实体类型过滤,实体域过滤,实体位置过滤,如图 4 - 4 所示。

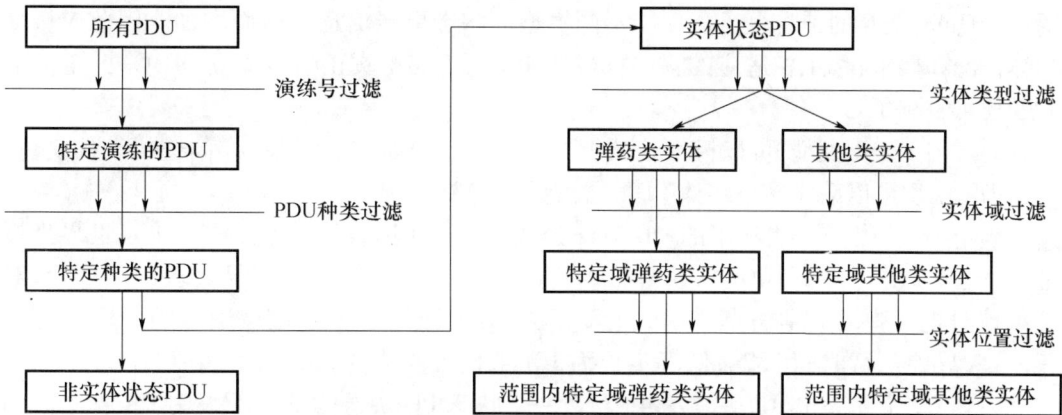

图 4 - 4　DIS 中的典型 PDU 过滤机制

　　DR 算法是降低对网络带宽要求、提高系统实时性的一种有效方法,对减少通信量、简化系统结构具有重要意义。其基本思想如下:

　　设 A 是 DIS 系统中的任意一个仿真节点,在 A 中放入一个反映其自身状态的 DR 模型,并将这个模型放入将与之交互的其他所有节点中,其他节点可根据此模型来计算 A 的状态。A 并不在每个仿真帧周期都将自己的状态通知其他交互节点,而是在根据自身的 DR 模型推算出的状态与其真实状态之间的差值超过某个规定的阈值时,才产生新的状态更新信息通知与之交互的节点。

　　如图 4 - 5 所示,A,B 为交互的一对节点。节点 A 根据 DR_A、DR_B 模型分别推算自身和 B 的状态。当 A 的真实状态 X_A 与推算状态 X_{1A} 的差值大于阈值 δ_A 即 $|X_A - X_{1A}| \geqslant \delta_A$ 时,A 就向 B 发出状态更新信息。

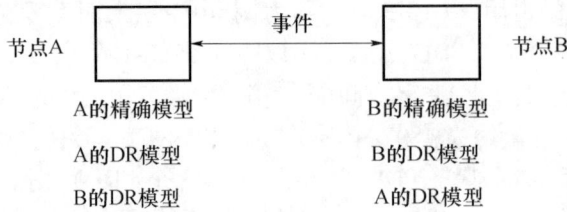

图 4-5　DR 算法示意

反之,B 也进行同样的工作。由此可以看出 DR 算法既可减少通信量、又可保证系统偏差在一定的容限之内,状态更新信息在一定条件下方进行。据有关文献,采用 DR 算法,可使通信量减少 90% ~98%,大大降低对网络的要求。

当然 DR 算法的推算方法不仅有一阶、二阶、高阶方法,还有单步法、多步法之分。使用不同的推算方法,误差大小、算法的复杂度及效率都会不同。DR 模型越精确,效果越好,但计算复杂度也相应增加了。在一定的阈值 δ 下,状态变化加快时,固定的 DR 算法效率会降低。是否可以在 DR 模型中引入一个判断环节,当状态变化较慢时,采用精确的、误差小的 DR 模型。当状态变化较快时,采用算法复杂度低或效率高的 DR 模型。这个判断环节的判断因子可以选用前一个状态更新时间或模型信息更新前的仿真帧数。用判断因子与某个阈值比较来决定采用何种模型。这种办法的缺点是需要的模型多,需要判断环节,交互的信息量可能由于不同模型的状态更新信息不同而增加。因此应根据具体情况和要求,选用相适应的算法。当然如果研究出了真正的自适应 DR 算法,上面的问题便可解决了。

通过引入 DR 模型,可以极大地减小网络通信量,即使对飞机这样高速机动的实体,引入 DR 模型可以减小网络实体 PDU 通信量的 2/3。

表 4-8 列出了一些常用的 DR 算法公式。其中 DRM(RVW)方法提供了世界坐标系下的位置二阶外推和角度一阶外推,在大多数情况下,是足以满足要求的。例如,对某型地对地导弹动力学仿真采用此 DR 算法,对导弹的姿态变化最激烈的一段弹道进行测试,导弹飞行时间 237s,仿真步长为 10ms,位置阀值为 3m,角度阀值为 1°,在 237s 内共发送 62 个状态 PDU,平均约 4s 发送一个状态 PDU,通信量为不采用 DR 算法时的 0.26%。

表 4-8　DR 算法公式

算法编号	模型	公　　式
1	STATIC	无
2	DRM(FPW)	$P = P_0 + V_0 \Delta t$
3	DRM(RPW)	$P = P_0 + V_0 \Delta t$ $[R]_{W \to b} = [DR][R_0]_{W \to b}$
4	DRM(RVW)	$P = P_0 + V_0 \Delta t + \frac{1}{2} A_0 \Delta t^2$ $[R]_{W \to b} = [DR][R_0]_{W \to b}$
5	DRM(FVW)	$P = P_0 + V_0 \Delta t + \frac{1}{2} A_0 \Delta t^2$

（续）

6	DRM(FPB)	$P = P_0 + [R]_{W \to b}^{-1}(R1V_b)$
7	DRM(RPB)	$P = P_0 + [R]_{W \to b}^{-1}(R1V_b)$ $[R]_{W \to b} = [DR][R_0]_{W \to b}$
8	DRM(RVB)	$P = P_0 + [R]_{W \to b}^{-1}(R1V_b + R2A_b)$ $[R]_{W \to b} = [DR][R_0]_{W \to b}$
9	DRM(FVB)	$P = P_0 + [R]_{W \to b}^{-1}(R1V_b + R2A_b)$
注:公式中的各项含义详见 DIS 标准 IEEE Std 1278.1		

DIS 对 DR 最基本的要求就是在满足一定的仿真精度的条件下,尽可能地降低仿真实体状态更新频率,从而减少由于 PDU 的发送和接收所造成的网络通信负荷与仿真节点的计算负荷。因此,可以定义如下 8 项 DR 技术指标:

（1）最大递推误差和平均递推误差:DR 模型计算的递推轨迹与仿真实体实际运动轨迹之间误差绝对值的最大值和平均值;

（2）最大状态更新频率和平均状态更新频率:仿真进程运行时,单位时间段内发生状态更新的最大次数和平均次数;

（3）最大网络通信负荷和平均网络通信负荷:DIS 仿真进程运行时,单位时间段内仿真实体之间的状态更新信息交换而带来的网络通信负荷的最大值和平均值;

（4）最大状态更新计算负荷和平均状态更新计算负荷:DIS 仿真进程运行时,单位时间段内处理仿真实体之间的状态更新信息而带来的仿真节点计算机计算负荷的最大值和平均值。

4.3 DIS 仿真管理与时间管理

DIS 系统的管理从时间上来看,涉及 DIS 系统从需求分析、设计、初始化、运行到事后分析与评估整个生命周期;从空间上来看,涉及不同的单位、不同的人员和不同的仿真资源。但从技术因素看,DIS 系统的管理主要关注仿真管理、时间管理、网络管理和安全管理,本节介绍前两项。

4.3.1 DIS 仿真管理

仿真管理是 DIS 系统管理的核心问题。DIS 演练开发和执行过程由演练规划、演练开发、演练运行和事后分析四个阶段组成。由此可以把 DIS 仿真管理按照演练时间的推进方向分为任务规划、初始化设置、管理与控制、分析与重演四个阶段的功能。

1）任务规划阶段

任务规划的目的就是要保证 DIS 演练能够满足用户的需要,因此在这一阶段仿真管理员需要作战人员的支持和相应仿真管理软件的支撑。任务规划阶段要执行的基本任务为:

（1）定义演练目的、目标、日期和安全需求。演练目的的定义为演练目标和剧情的定义提供了基础,其中包括明确演练类型和演练限制。演练目标包括操作目标、技术目标、测试目标等。演练用户和仿真管理员应紧密协同,为演练涉及的人员和机构划分各自的职责。这些机构和人员包括 DIS 用户、仿真管理员、演练设计人员、模型/工具提供者、DIS 控制机构、网络管理员、VV&A 人员、演练分析员，根据 DIS 演练的复杂程度不同可以进一步分解或组合。只有参加 DIS 演练的各级机构和人员对自己和他人的职责有了明确理解之后，DIS 演练才有可能成功。如果 DIS 演练同时具有保密和非保密仿真应用，要制定出安全限制是件困难的任务，因此在制定保密要求时要十分慎重。

（2）确定性能评估和效能评估方法。性能评估和效能评估可以针对整个 DIS 演练，也可针对 DIS 演练中某个子系统，同时还可以对 DIS 演练的各个测试过程定义性能评估和效能评估。确定了性能评估方法和效能评估方法后，通过与性能要求相比较就知道 DIS 演练目标是否达到，从而为参加 DIS 演练的人员和决策人员提供反馈。

（3）明确反馈手段、反馈对象和时间要求。为满足 DIS 演练中人员和机构的反馈需求，要明确在什么时候使用什么手段来提供反馈，反馈手段可包括数据记录器、录像带、远程会议系统等。

（4）定义具体的数据采集需求。一旦反馈手段、反馈对象和时间要求明确之后，就要进一步定义具体的数据采集需求，如采集的 PDU 数据等。

（5）制定 VV&A 计划。为了保证 DIS 演练目标能够达到，保证 DIS 演练开发和构成过程的一致性，仿真管理员要与 VV&A 人员一起制定 VV&A 计划。

（6）制定进度表。DIS 演练涉及大量参加人员，在规划过程的早期就要制定必须遵守的进度表。

（7）定义作战规则和政治环境。演练目的、目标和剧情直接与作战规则和政治环境相关，因此，应尽早确定所有可能的作战规则和政治环境对演练目的、目标和剧情的影响。

（8）确定演练区域。应尽早确定演练作战区域，以便有充足的时间来准备地形、数据库和定义地形相关性需求。演练区域的地图也要同时确定（包括投影方式、地图格式、地图中心点、经纬度等）。

（9）确定演练时间。既要确定 DIS 演练的仿真时间，又要确定执行 DIS 演练时的真实时间，由于 DIS 演练可能涉及不同时区的区域，所以时间统一使用格林尼治平时（Greenwich Mean Time，GMT）。

（10）定义演练环境（气候、大气、海洋）。尽早定义演练环境有利于正确采集不同仿真器不同格式的数据和确定模型与协议。

（11）确定演练兵力（友方、敌方、中立方）。在开发剧情之前要确定友方、敌方和中立方的兵力构成。

（12）确定虚拟仿真、构造仿真和真实仿真的混合方式。为了最大限度地利用有限的虚拟仿真和真实仿真资源，在确定虚拟仿真、构造仿真和真实仿真时，不仅要考虑到三者的构成成分，还要考虑到三者之间动态的互换关系，如当坦克群常规行进时可使用构造仿真，而当坦克作战时可以使用虚拟仿真和真实仿真。

（13）确定仿真资源。一旦演练目标、环境和兵力确定之后，就要确定可用的仿真资源来满足三类仿真的混合方式的需求。仿真资源包括靶场、仿真器、人员、模型、网络等，如果得不到某些仿真资源，那么要么自行开发所缺仿真资源，要么改变三类仿真应用混合方式。为此需要建立仿真资源库，它包含有逼真度、文档、I/O 数据、测试数据、数据库、

VV&A 等信息。仿真资源库的建立对于确定仿真资源将大有帮助。

（14）确定必须开发的仿真资源。如果必须开发仿真资源,仿真管理员要提出明确需求。

（15）确定技术支持人员和演练支持人员。由于 DIS 的人员需求十分广泛,在 DIS 演练中人员是个十分重要的组成部分,然而演练所需的人数常常被低估。所需人员的类型和数量与许多因素有关,比如每天演练的时间长短、场所的数量、各场所协调的复杂度、话音通道数、参演人员的水平、保密需求等。每个场所需要的人员包括场所协调人员、剧情协调人员、网络管理员、仿真操作人员、仿真技术人员、通信技术员等。

（16）定义初始条件、规划的事件、剧情。仿真管理员要为所有仿真应用建立一套公共的初始条件集合,初始条件包括地理位置、运动学、传感器状态等。定义好的剧情在演练规划和开发阶段就要分发到各仿真应用,这样在演练执行之前就能发现问题,而且有利于测试,从而保证演练目标能够达到。

（17）确定靶场安全需求。

（18）开发接口规范和需求。除了开发仿真应用的内部接口外,还要开发外部接口,比如组元接口部件接口需求。组元是指这样一类实体的集合,它们共享相同的公共数据库、使用兼容的模型和算法、并通过数据报的广播来交换信息。

（19）选择并分发会话库。会话库是一个标准的 DIS 数据库,它包括网络、实体和环境初始化数据及控制数据,它包含了启动会话所必需数据。会话库在演练开发阶段的早期就要分发到各个用户,以便各用户对数据进行测试,确保仿真应用的兼容性和一致性。

2）初始化设置阶段

仿真应用是由数据驱动的,这些数据来自任务规划阶段所形成的会话库中,包括实体信息、行为信息、环境信息和仿真专有信息,一般由控制台提供。如果控制台不提供,则仿真应用使用默认数据。此阶段的主要任务是将上阶段形成的剧情按组元进行分解,然后分别加载到各组元,并初始化各仿真实体和仿真环境,进行时钟同步,具体功能包括:

（1）按组元分解剧情。在任务规划阶段形成剧情之后,就要把剧情加载到各仿真节点上去。为减少网络负载和各节点对不相干信息的处理,显然没有必要把整个剧情加载到各个实体上。一个可行的办法就是将剧情按组元分解,然后加载到各个组元。一个 DIS 演练可能包括多个组元,由于组元通常是由同构的仿真实体组成,其中实体使用完全一致的模型和数据库。因此相对于按实体分解剧情,按组元分解既减少了控制台上的处理工作量,又减少了网络流量。

（2）加载经格式转换后的剧情。剧情按组元分解之后,将分别加载到各个组元中去。由于不同的组元对数据的格式可能有不同的要求,而分解后的剧情首先还要按各组元的格式要求进行格式转换,然后才能下载。一个场所可能包含一个、多个或一部分组元,因而仿真管理员要与场所管理员协调将剧情下载到各场所,然后各场所管理员再将剧情进一步加载到各仿真节点上。

（3）初始化并建立仿真实体。初始化并建立仿真实体所需的信息即为实体信息。实体信息描述了仿真实体在 DIS 演练中所扮演的角色,包括:类型、兵力标识符、外观、标识符、名称、初始位置、方位和速度、模型、指挥结构、传感器/武器系统的特殊初始状况、能力(后勤保障、维修)等。

（4）初始化计算机生成兵力（CGF）。行为信息一般用于初始化 CGF，这些数据由 CGF 的认知模型直接使用或由 CGF 操作员来使用，行为信息包括：作战规则、智能等级、射击计划、队形结构和分配、运动计划和分配、操作规程、数据和话音安全需求、初始态势等。

（5）初始化环境。环境信息用于对环境进行初始化来支持实体与环境的交互，包括：环境数据库（地形、地物、大气、海洋等）、演练地图和气候条件。

（6）初始化 DIS 仿真系统。仿真专有信息是指除了实体信息、行为信息和环境信息以外的所有信息。它包含整个 DIS 演练所需的全局信息和初始化白方所需的信息，具体包括：DIS 演练名及演练标识符、所使用的用户数据报协议（UDP）端口号、DIS 版本号、DIS 默认值（共 32 个）、演练开始真实时间、演练开始仿真时间、三维隐身观察所需的视景数据库、白方初始化数据。

（7）同步时钟。在 DIS 演练中，每个仿真节点都具有自己的局部时间。每个 PDU 中都带有时戳值，因而时钟同步对于保证虚拟世界的时间一致性是至关重要的。时钟同步的好坏不仅关系到 DIS 演练的启动、重放和数据的集成与分析，而且直接影响 DIS 演练的逻辑结果正确性。时间一致性问题是 DIS 的基本问题，时钟同步是解决时间不一致的基础。

3）管理与控制阶段

在管理与控制阶段，仿真管理员通过控制台启动 DIS 演练，然后对 DIS 演练进行监控和记录，必要时还要对 DIS 演练和实体进行状态转换。

（1）控制演练。DIS 演练由一个或多个会话组成，仿真管理员应能对会话进行控制。

启动会话：仿真管理员启动一个新的会话或以前保留的会话。

冻结会话：仿真管理员可以在异常情况下暂时冻结一个会话或实体，例如在修正网络出现的问题时，仿真管理员可以冻结演练。

恢复会话：仿真管理员把会话或实体从冻结状态中重新启动。

终止会话：终止会话的原因很多，比如 DIS 演练以一方的胜利告终，或者仿真管理员认为演练目的已经达到，或者由于安全和保密原因会给演练的正常举行带来负面影响时，仿真管理员都可以终止会话。

保留状态：保留状态功能主要是用于支持事后分析。仿真管理员要保留的仿真状态包括实体状态、环境条件等。进行状态保留的条件同样要事先确定。

返回到保留状态：仿真管理员可以用此功能把实体返回到所选定的保留状态，从而进行应变分析。仿真管理员也可以在 DIS 演练出现技术问题时用此功能来恢复演练。

启动片段：从所选定的保留状态来启动一个片段。

终止片段：仿真管理员可通过终止片段来标记片段的结束，从而方便事后分析。

（2）控制实体。仿真管理员通过仿真管理 PDU 对实体进行控制。

建立实体：仿真管理员为实体分配唯一的标识符后，实体便可以参加 DIS 演练了。一般在演练的任务规划阶段就要确定在何种条件下一个新实体可以投入到 DIS 演练之中。

移走实体：仿真管理员也应具有把实体从 DIS 演练中移走的能力。同样在演练的任务规划阶段就要事先确定实体从演练中移走的条件。

实体再生:对于被杀死或从 DIS 演练中移走的实体,仿真管理员可以保留此实体原有实体标识符,并将它重新投入 DIS 演练中去。

(3) 查询参数。对于 PDU 流中一般不包括而在事后分析中又非常有用的数据,比如炮管的方位、开关的设置等,仿真管理员可以通过查询参数来把这些数据记录下来。

(4) 修改实体参数。仿真管理员可以改变实体的特性参数,这也体现了仿真管理员的应变分析能力。当然修改实体参数的条件也应事先确定。

(5) 标记事件。并不是所有的事件都对 DIS 演练的结果有影响,因而对于某些事件在 PDU 流中进行标记,可以方便事后分析。

(6) 监控与显示。仿真管理员、DIS 用户和其他 DIS 演练有关人员需要有一个感知仿真世界的窗口,因此要为 DIS 演练的控制人员和观摩人员提供监控演练进程的多级显示系统,同时相对于参演实体而言还要是透明的。此外,对于采用了话音通信的 DIS 演练,演练控制人员也应能监控参演人员之间的对话,DIS 的显示能力至少要包括:

二维态势显示:二维态势显示为决策人员提供了整个战场的综合信息。二维态势显示一般是基于数字地图,使用统一的图标来表示实体和事件。

三维场景显示:三维场景显示具有多种观察模式,可以以任意速度观察战场的各个局部细节,也可以接到某个参演人员的内部视点上,还可以跟踪某个实体的运动。

图/表显示:用图形、曲线或表格的形式来监控实体或单位的信息,如毁坏情况、燃料、武器状况等。

网络监控:网络监控为网络管理员提供了监控网络性能的信息,比如负载、延时、错误等。如果 DIS 系统的性能降级了,可以通过实时网络监控尽早发现问题并干预。

(7) 实时数据记录。为了能够对 DIS 演练进行重演和分析,所有网络上传输的 PDU 信息都要记录下来。除此之外,一些非 PDU 信息,例如话音通信、地图、作战指令、环境信息等,也要进行记录。非 PDU 信息记录的形式还要方便与 PDU 信息的集成,以利于事后分析。对于要采集的非 PDU 数据和采集的方法在任务规划阶段就要确定。数据记录器要保证所有关键数据都能够记录下来。

4) 分析与重演阶段

DIS 演练结束以后,需要对 DIS 演练进行分析,基于分析的结果进行性能评估和效能评估,最后形成分析和评估报告。同时,还要根据 DIS 演练反馈的要求,重演 DIS 演练过程,其功能包括:

(1) 二维显示:二维显示提供所有实体及其交互的鸟瞰图,二维显示还应包括人文特征,比如山脉、道路、城市、边界等,这些特征在分析实体的运动和动作时是非常有用的。用户还应能够对显示的内容用文本或图形方式进行注释,以利于对演练进行分析。

(2) 三维显示:三维显示对于理解实体的运动和动作是十分有益的。将视点连接到实体的视点上可以让分析人员从参演人员相同的角度来观察演练。同时三维显示还应允许用户在演练中任意移动视点。

(3) 放像机功能:为便于在某时刻对演练条件进行详细研究,演练反馈系统允许用户暂停回放,也可以直接向前或向后跳到演练中的任一时刻,还可以选择回放片段。这就方便用户对演练的不同时间段进行快速比较,或者跳过不感兴趣的时间段。同时,用户还应能够对回放的速度进行调节。对于非常快的事件可将时间放慢以便观察,对于发展缓慢的事件也许加快后理解得更好。

（4）对图像可移近、移远、拍全景、地图比例尺应可调。

（5）层次化反馈：由于 DIS 演练的作战体系和决策体系具有层次性，因此演练反馈系统也应针对不同的观众提供层次化的反馈。例如可以用某种图标来表示装甲排中的四辆装甲车，但对于装甲营如果还用原来的图标来表示每一辆装甲车，显示就会太混乱了。因此演练反馈系统应具有根据作战指挥的不同层次来对实体的表示进行聚合和解聚的能力。

（6）环境效果显示：对于实体的某些行动，如果这些行动不是由其他实体引起的，那么在分析这些行动时就要考虑到环境的影响，比如烟、雨、照度等。

（7）铰链部件运动显示：对于某些演练可能不必显示实体的铰链部件的运动，而用一个图标来表示整个实体即可。而有些演练则铰链部件的运动十分重要，因而必须显示。比如炮管和潜望镜的运动。

（8）硬复制功能：在事后分析和报告中，常常要用到某些关键事件的硬复制，因而对于任何显示都应能够进行拷贝。

（9）音频与视频的同步：在 DIS 重演时，必须具有将参演人员的语音通信与显示图像同步的能力。有些演练允许将语音通信用文本方式显示在图像。不管用什么方式表现语音，音频与视频在时间上必须同步。

（10）分析功能：用户应能够将非 PDU 数据叠加到显示上；能够使用图标的变化来显示相关变量和状况的变化，比如开火事件，规避动作等；能够对显示的图像和信息进行编辑；能够进行图形和表格显示，显示关键事件的时间线、摘要等；能够根据用户命令显示两个或多个实体的互探测性。

4.3.2　DIS 时间管理

仿真实际上是在真实的时空中构造出一个虚拟的时空，并将仿真模型置于该虚拟时空环境中运行的过程，因此时间是仿真中的一个基本概念，时间一致是时空一致中的重要一环。

DIS 是加速比等于 1 的实时仿真，即仿真时间的流逝速率和自然时间的流逝速率是相等的。因为自然时间是不可控制的，因此实时仿真中时间管理的关键就是如何控制仿真时间的推进。

一般以时间同步精度来度量仿真时间和自然时间的匹配程度。然而从本质上说，自然时间是连续均匀流逝的；而仿真时间则是仿真系统根据仿真模型的计算流程来确定的，实际上是一个离散的、有限可枚举的时间序列，因此在严格的意义下，二者是不存在比例关系的。要准确描述同步精度需要引入一系列相关定义。一般而言对连续系统仿真，通常采用仿真帧步长和积分时间的相对误差来度量同步精度。

对于一个特定的实时仿真，同步精度的选择并没有准确的规定。单平台的实时仿真，尤其是实物在回路的情况（即半实物仿真），同步精度越高越好。而对网络分布的连续系统实时仿真，考虑到分布时间同步误差和网络数据传输延迟，同步误差保持在仿真步长以内就可以了。

控制仿真时间和自然时间同步推进，一个关键是在仿真中对自然时间的度量，这可通过计算机提供的时间函数完成的,显然时间同步的精度和时间函数的精度密切相关。因此,实现高精度的实时仿真,首先必须获得高精度的时间函数。在典型的 C + + 环境下,时间函数的精度是在 10 ~ 50μs 之间,因此要实现高精度的实时仿真,只能针对不同的计算机系统采取不同的方法来获得理想的时间函数。

高精度的时间函数只是实现实时仿真的一个必要条件,要真正实现实时仿真,还必须借助其它的方法,如进程调度、存储控制、仿真运行框架选择等。对于时间苛刻的实时仿真,如半实物仿真,一般要求采用特殊的计算机(如专用仿真计算机)和操作系统(专用仿真计算机甚至没有通用操作系统)。对于采用通用计算机进行实时仿真,往往要在时间同步的精度和计算机的应用效率之间作权衡,尤其在仿真运行框架选择方面,不同的选择必然得到不同的结果。

DIS 是一个大规模的网络分布实时仿真,因此除仿真时间和自然时间保持一致之外,还要求分布系统之间的时间保持一致,这是一个网络时间同步问题。

DIS 网络时间同步的具体实现,可采取软、硬分层混合同步策略,即在广域网范围内采取 GPS 授时系统进行时间同步(硬同步),而在局域网内部则采取软件算法实现同步控制(软同步)。软同步的方法又分为确定性网络同步和概率性网络同步两种,根据 DIS 中时间同步精度的要求,确定性网络同步方法能满足大多数的同步精度要求,又简单易行,是比较实用的方法。

根据网络同步校正的机制将同步方法分为三种方案,即初始时间校正、初始时钟频率校正和实时时间校正。初始时间校正指在仿真开始之前进行对表;初始时钟频率校正指在初始时间校正的基础上进行时钟频率偏差校正;实时时间校正指在仿真过程中多次进行时间校正操作。用户可以根据实际的需求选择合适的方案。

由于 DIS 是一个分布系统,仿真节点间的时间同步误差不可避免。同时仿真实体间交换的 PDU 在网络传输上有延迟,因此为了标记 PDU 的发送时刻,每个 PDU 都带有一个时间戳。时间戳标注的是 PDU 发送时间对小时的余数值,即时间戳的最大值为 3600s。时间戳用 32 位记录,因此在留出 1 位标志位后,其精度可以达到 $3600/2^{31} = 1.676 \times 10^{-6}$s,这个精度对绝大多数仿真应用而言是足够的。时间戳成功应用的前提是各仿真计算机的时间(包括机器时间模拟的自然时间和仿真时间)必须同步,为确定时间同步与否,时间戳的最低位专门用作时间同步标志:最低位为 1,则表明时间已经同步,此时的时间戳称为绝对时戳;反之,则称其时间戳为相对时戳。

时间戳最大只能表达 3600s,而 DIS 试验时间不局限于这一时间值。因此为标识 DIS 中的时间,仅有时间戳是不够的,为此 DIS 专门引入了一套时间规则以及相应的数据结构。为统一时间描述,DIS 取 1970 年 1 月 1 日 0 时为时间参考点,采用一个 64 位的结构描述的,前 32 位为描述小时数,即从 1970 年 1 月 1 日 0 时为时间起点以来的流逝的小时计数;后 32 位描述自最近一小时以来的秒数,其描述方式同"时间戳"。采用这种方式所描述的时间跨度可以达到 49 万年,时间精度可以达到 1.6μs,足以满足 DIS 的要求。

时间戳的引入可用于 PDU 接收方对所接收的数据进行时间补偿:一是 PDU 的滞后接收补偿,即接收 PDU 的时间戳(设以仿真时间作时间戳)小于接收仿真计算机的仿真时间;二是 PDU 的超前接收补偿,即接收 PDU 的时间戳大于接收仿真计算机的仿真时间。PDU 的滞后比较容易理解,是网络传输及响应延迟产生的。PDU"超前"接收的原因有三方面:一是由于时间同步误差;二是发送者的有意超前发送,因为在 DIS 中当对 PDU 的延迟不能容忍时,应允许在可能的情况下超前发送该 PDU;三是由于分布节点仿真时间的差异导致的,当两个仿真应用程序的仿真步长相异时存在这种情况。仿真计算机可以通过缓存超前的 PDU 来解决超前问题,也可参考对 PDU 的滞后补偿方法,通过对应实体的 DR 模型进行补偿。

4.4 聚合级仿真协议(ALSP)

在 DIS 发展的同时,为将分布的构造型战场仿真应用系统组织在一起支持联合军事演习,20 世纪 90 年代初期,美国国防部先进研究项目局(DARPA)发起了一个聚合级分布式作战仿真的实验,随后委托 Mitre 公司对实验进行分析研究。Mitre 公司对照 SIM-NET 对实验进行了技术分析,提出了 ALSP 的需求和一系列用于解决分布的聚合级仿真接口问题的原则,并提出了集合级仿真协议。

ALSP 是对 DIS 的进一步扩展,目的是允许多个独立存在的战斗仿真应用可以通过局部或广域网进行交互作用,因而陆海空三军的战斗仿真应用可以在一起构成一个联合仿真模型以支持大型的军事演习。战斗仿真应用(Wargame simulation)通常是指构造型的或聚集级的仿真,因为它们是以营级单位为构件在更高、更聚集一级的层次上建模。

ALSP 使现有的多个聚合级作战仿真应用可以通过局域网或广域网相互交互。在概念上,每个仿真控制其自身对象,并且共享有关其自身与其他仿真的信息。

1991 年用地面作战仿真系统(Ground War Simulation,GRWSIM)进行了三个实验以验证 ALSP 的可行性,此仿真的任务是对地面兵力活动进行建模:移动、消耗、后勤、地面作战和磨损。初始原型包括两个 GRWSIM 复制,允许一个仿真应用中的单元通过 ALSP 与另一个仿真应用中的单元进行交互。第二个实验是用 GRWSIM 和空战仿真系统(Air War Simulation,AWSIM)来验证进行空空、空地、地空战争的能力,验证将不同类型仿真的对象和交互集成在一起的能力。最后的实验是以兵团作战仿真系统(Corps Battle Simulation,CBS)作为地面仿真应用,并且进一步扩展了交互能力以在不同仿真应用所拥有的对象之间进行交互(例如 CBS 空防单元打掉 AWSIM 中飞行的飞机)。由此可见,ALSP 可以通过共同的、基于消息的协议使各个不同战场的仿真应用来进行多战场仿真,这样可以增加各个独立仿真应用的效用。1992 年,ALSP 应用于美军的"中心堡垒 92"、"回师德国 92"和"聚焦镜头 92"三次主要军事演习。

4.4.1 体系结构

ALSP 的体系结构发展经历了初期、中期和后期三个阶段。初期 ALSP 的主要特点是采用集中的时间管理策略来协调分布仿真部件间仿真时间的推进,保证事件的因果关系。随着对更复杂的时间管理服务的需求和 ALSP 对象与对象交互模型越来越复杂,将集中的时间管理改进为分布的时间管理服务,并引入新的数据管理服务层,形成了中期的 ALSP 体系结构。为进一步支持 ALSP 与具体应用系统实现的无关性,增强其灵活性,采用了基于消息的程序接口,提出了 ALSP 通用模块 ACM(ALSP Common Module),形成了后期的 ALSP 体系结构。

ALSP 系统由多个仿真应用系统组成,且信息共享,它们之间通过已建立的协议进行通信,此协议描述了共享的对象及这些共享对象间的交互,并且进行任务协调,例如时间推进和对象所有权。这种由仿真应用或仿真部件以及相应的支撑部件组成的系统称为联邦(Confederation)。

ALSP 的"聚合"指的是 ALSP 的操作层次,即 ALSP 中的对象通常描述的是聚合的实体。而 DIS 协议中的对象描述的是像单个车辆这样的单个实体。聚合实体的一个例子是包含作战武器、人员、补给等的作战单位。因而 ALSP 与 DIS 的主要区别是对被仿真系统分解的层次不同,DIS 分解得深些,相应对象的粒度细一些。

ALSP 规定的逻辑体系结构组成如图 4 – 6 和图 4 – 7 所示。ALSP 联邦只是一个逻辑观点,并不代表哪个计算机要作为哪个组件的主机,也不代表各组件之间的通信路径。

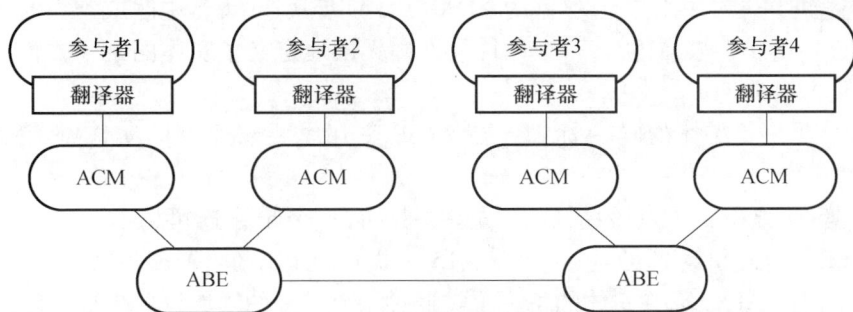

图 4 – 6　ALSP 逻辑体系结构之一

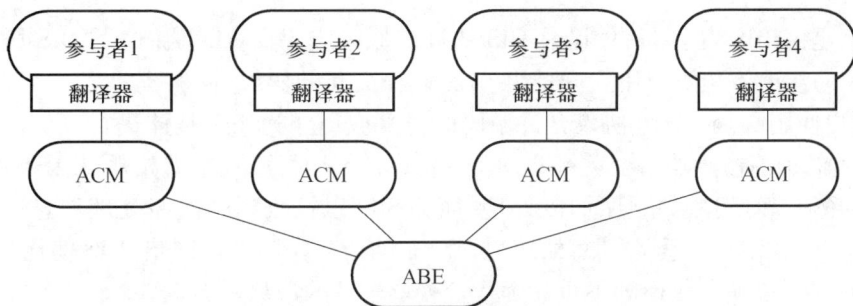

图 4 – 7　ALSP 逻辑体系结构之二

参与者(Actor):是一个作战仿真应用,大部分 Actor 在进入由 ALSP 协议连接的仿真系统(在 ALSP 中称为联邦)前已建立且可以独立运行,通常要适当修改才能进入联邦中。

翻译器(Translator):一组包装 Actor 的计算机代码,使 Actor 能加入 ALSP 仿真系统,主要职责是为 Actor 和 ALSP 联邦提供一条联系纽带。功能包括:①建立与 ACM 的通信;②通过 ACM 协调 Actor 与 Confederation 其余部分的仿真时间推进;③接受 Actor 信息,将内部动作和变化转换为 ALSP 表示的属性,交给 ACM;④接受来自 ACM 的信息,转发给 Actor。

ALSP 公共模块(ACM):使加入联邦的 Actor 不需要知道其他成员是什么,是联系 ALSP 联邦的黏合剂,功能含:①处理 Actor 加入与离开 ALSP 联合;②协调 Actor 内部时钟与联邦的时钟;③过滤输入 Actor 的信息;④协调对象属性的所有权,使所有权能在 Actor

间迁移;⑤使 Actor 仅输出其对象属性的新值。

ALSP 消息传播模拟器(ABE):一个 ABE 是处理 ALSP 信息分发的一个进程。它的主要功能是接收其某一通信线路上的信息,并将该信息传播到它所属的所有其他信息线路上。它允许所有的 ALSP 组件彼此配置在本地(在同一台计算机上或一个局域网中),如图 4 - 6 中所示。也可以允许如图 4 - 7 所示的配置,即每一组 ACM 和它们本身的 ABE 通信,而 ABE 彼此之间的通信则通过广域网进行。

ALSP 控制器(ACT):在 ALSP 联邦中,还引入了 ALSP 控制器 ACT 来监督和控制 ACM 或 ABE 的运行。ACT 是一个连接到 ACM 或 ABE 的进程,每个 ACM 或 ABE 至多可连接 4 个 ACT,这些 ACT 可驻留在不同的计算机上。

在 ALSP 中,实体是重要的军事单位和目标。由于 ALSP 实现的是集合级协议,因此,实体与模拟的层次相适应。典型的 ALSP 实体是步兵连、飞行中队或空军基地等。实体可以通过一组属性来描述,每一个属性都准确无误地定义了实体的某一方面。每个实体至少需要两种属性:

(1) ID 号——实体的唯一标识。在 ALSP 联邦中要求所有的实体都有唯一的识别号。

(2) 类——是实体类型的层次化描述。例如,一个步兵连可以有一个"GROUND. MANEUVER(地面_机动)"的类;一个 F - 15 飞机可以有一个"AIR. FIXEDWING(空中_固定翼)"的类。ALSP 允许实体的每一个类通过一个唯一的属性设置来描述。

4.4.2　ALSP 连接方式与协议

ALSP 是由 DIS 发展来的,其中 DIS 的许多原则应用在 ALSP 中。与 DIS 协议类似,ALSP 也是一组允许仿真应用之间能共享信息和交互的协议,同时提供了一组系统软件来帮助用户使用协议。这些协议允许不同的仿真应用作为一个整体进行工作。ALSP 与 DIS 中使用的训练仿真的一个关键不同是 ALSP 联邦运行过程中严格服从因果关系。即仿真事件必须以时间戳的顺序加以处理,而 DIS 则以接收到的次序处理消息。ALSP 使用 Chandy/Misra/Bryant 型空消息协议以对分布的仿真应用进行同步,DIS 使用的是 UDP 协议,UDP 协议以消息传递的不可靠为代价换取较低的消息延迟。

ALSP 联邦组件的每一部分之间的通信如下:

Actor - Translator:由于 Actor 与 Translator 是同一计算机程序的不同部分,所以 Actor 与 Translator 之间的通信使用内部过程和数据结构。

Translator - ACM:ACM 与 Translator 的通信使用"程序 - 程序"通信。它采用文本消息的形式通过标准协议进行发送和接收,所支持的有 VMS 邮箱、DECnet 内部处理器通信、以及 TCP/IP 等。

ACM - ABE:ABE 与 ACM 的通信使用"程序 - 程序"通信。它采用文本消息的形式通过标准协议进行发送和接收,所支持的有 DEC 邮箱、DECnet 内部处理器通信、以及 TCP/IP 等。每一个已建立的"ACM - ABE 通信"可以使用不同的协议。"ACM - ABE 通信"协议也可以不同于选定的"翻译器 - ACM 通信"。

ABE - ABE:ABE 与其他 ABE 之间的通信使用与"ACM - ABE 通信"相同的方式。再一次强调,对于每一条通信路径,可选用不同的通信协议。

ACT – ACM 及 ACT – ABE：ACT 与其控制的程序（ACM 或 ABE）的通信使用一个内部的文本协议，通过 DECnet 或 TCP/IP（用户可以选择）。这个通信协议可以不同于其他 ACT 所选的与 ACM 或 ABE 之间的通信协议。

ALSP 协议在逻辑上可以分为两个层次：一个是 Actor – Actor，该层是 Actor 之间交换关于它们实体的信息；另一个是 Actor – ACM，该层是 Actor 向联邦请求并接收 ALSP 服务。

Actor – Actor 协议：Actor 彼此之间的通信是通过描述它们所控制的实体信息和实体间的交互行为来进行的，这种通信的完成表现为前述消息形式。ACM 使每一个消息在适当的时间到达所有其他的 Actor，以便接收 Actor 可以响应这些消息。

Actor – ACM 协议：由 Actor – Actor 协议支持、ALSP 联邦控制支持、仿真时间的推进支持和数据控制的管理支持等消息组成。

在大多数情况下，一个实体由一个 Actor 所控制。Actor 必须向 ALSP 联邦的其他 Actor 报告其所控制的每个实体的特征。提供这种报告的机制是"UPDATE（更新）"消息。当一个实体新加入联邦时，Actor 必须报告描述该实体的所有属性的值。其后，当其某一属性值发生变化时，Actor 必须通过一个"UPDATE"消息进行报告。通常，只需报告更新的属性。

交互（INTERACTION）消息报告交互事件，典型的交互如 SAM（地对空导弹）向飞行中队射击、步兵连与另一个连进行直接交战、炮兵连的齐射等。INTERACTION 消息中，有些参数是必需的：

FROM——包含了发出交互动作的实体的识别号。

TO——指出该动作的接收者。对于有些交互消息（如炮兵齐射），没有 TO 值。

KIND——指出交互的类型（例如，直接射击或间接射击）。

PARAMS——包含了进一步定义交互的其他参数。可能的话，这些参数描述实际的物理实体（4 MK82 炸弹）要比 Actor 特定的概念（200 能量单位）直观。

4.4.3　ALSP 特点

ALSP 吸取了 SIMNET 与 DIS 技术中的一些原则，如没有中心节点、地理分布、自主属性和基于消息的协议等，同时发展了系列聚合级仿真所需的技术：时间管理、数据管理和体系结构等。但 ALSP 主要是针对离散事件和逻辑时间的仿真系统，应用局限于军事演习领域的构造仿真，不能实现与其他两类仿真，即真实仿真和虚拟仿真间的互操作。

ALSP 与 DIS 和 SIMNET 相比，具有以下技术特点：

（1）体系结构——现存的仿真以多种不同的方式构造，包括它们的计算机实现语言、与用户的通信方式以及它们本地仿真时间推进的技巧等。因此，必须有一种方法来保证在一个 ALSP 联邦中，允许仿真继续使用现存的体系结构。

（2）时间管理——聚合级仿真时间推进的方式并不直接依赖现实时间（wall – clock time）。聚合级仿真的时间与现实时间无关，这些仿真时间必须被调整，使得所有仿真的时间对于用户来说是相同的。ALSP 使用一个修正的 Chandy – Misra 算法来协调在 ALSP 联盟中所有仿真时间。

（3）数据管理——数据管理主要处理实体及其属性管理事务。参与聚合级仿真的每一个现存的仿真允许使用其自身的数据格式。因此,必须有一种方法,允许仿真通过一种公共的理解方法来共享信息。

(4)消息过滤——ACM 能够过滤来自 ALSP 联盟的更新消息,只发送那些感兴趣的消息给 Actor,主要提供的有两类过滤机制:

一类是整个实体类能够接收或拒绝,基于 FILTER_CLASS 消息中提供的值来实现,例如所有的海上实体的类可以被拒绝。另一类是一个属性值的范围可以被接收或拒绝,基于 FILTER_ATTR 消息中提供的值来实现,例如地面类的实体可以被限制在一个特定的经纬度范围内。

由上可以看出,ALSP 是一种实现大规模复杂作战系统仿真的方法,它具有建立和展开动态对象系统的能力,如 Actor 的动态加入与退出,时间推进的协调和 Actor 之间的通信。与 DIS 一样,ALSP 采用的是一种集成方式来迅速完成仿真系统的构建:通过一组系统软件如 Translator 、ACM 和 ABE 等,将已有的一些作战仿真应用集成起来,以完成大规模的作战仿真。

集成是通过共享信息与交互来进行,而共享信息与交互依赖于一致的协议。因此协议是采用集成方式建立复杂大规模仿真系统的核心。

ALSP 存在的主要问题包括:联邦中的仿真系统都是独立开发的,因此只有有限的互操作性;系统设置时间较长;需要很多人员来操作。

第5章　高层体系结构

HLA 的提出具有其技术和需求背景。在技术方面,计算能力大幅度提高的同时,计算成本大幅度降低;高带宽低延迟网络在商业领域得到广泛应用,并且具有大量的支持软件和工具;计算机软件技术的进一步发展,将面向对象技术同分布计算技术有机地结合起来,产生了基于客户/服务器模式的分布对象计算,以及支持分布对象计算的标准,如 CORBA、DCOM。这些技术上的进步为 HLA 的产生提供了技术基础。在仿真领域,DIS 和 ALSP 的发展为 HLA 的建立提供了经验和技术基础,此外,DIS 和 ALSP 各自的不足也为 HLA 的完备性提供了依据。在需求方面,被仿真的系统越来越复杂,范围更加广泛,系统自身具有分布的特性,综合仿真环境构建不仅涉及连续、离散和混合等仿真方法,还涉及虚拟、结构和真实等仿真形态。

在此背景需求下,美国国防部负责军事领域仿真的建模与仿真办公室(DMSO)于 1995 年 10 月提出了一个通用的技术框架 HLA。其目的是提升各种类型的仿真应用之间及其与 C4I 系统之间的互操作,促进各种类型的仿真系统间的互操作和仿真系统及其部件的重用,从而实现将构造仿真、虚拟仿真和真实仿真集成到一个综合环境中,以满足不同类型仿真的需要。同时,这样的体系结构具有对技术和需求发展的适应性,使得分布交互仿真的发展与计算机技术、网络技术和仿真技术的发展保持同步。

HLA 采用面向对象的方法来分析系统,建立不同层次和粒度的对象模型,从而促进了仿真系统和仿真部件的重用。HLA 在非军事领域如道路交通指挥仿真、工厂的生产线仿真等也有广泛应用,成为分布仿真的通用标准。

本章首先概述了 HLA 涉及的基本概念和基于 HLA 仿真系统的构成,描述了其发展过程,从体系结构的角度分析了 HLA 的技术特点;然后介绍了 HLA 标准的四个部分,并讨论了其对互操作的支持;最后,针对 HLA 的发展,介绍了 HLA 演化(HLAE)和测试与训练使能体系结构(TENA)。

5.1　HLA 概述

美国国防部 DMSO 在美国国防部建模与仿真主计划(MSMP)中,提出为国防领域的建模与仿真制定一个通用的技术框架,HLA 是该技术框架的核心。HLA 是在 DIS 和 AL-SP 经验基础之上,针对更广范围的复杂系统,采用集成方式建立仿真系统的一种体系结构,其重点关注的是不同类型仿真应用集成时的互操作性和可重用性。

5.1.1　概念与构成

DMSO 在经过四个原型系统的开发与试验后,于 1996 年 8 月正式公布了 HLA 规范,按此规范,HLA 主要由规则(Rules)、对象模型模板 OMT(Object Model Template)和运行支撑系统 RTI(Run – Time Infrastructure)的接口规范说明(Interface Specification)三部分组成。

在 HLA 中,将用于达到某一特定仿真目的的分布仿真系统称为联邦(Federation),它由若干个相互作用的联邦成员(Federate,或简称成员)、一个共同的联邦对象模型 FOM 以及 RTI 构成,作为一个整体用于达到某一特定的仿真目的。最主要的一种联邦成员是仿真应用(Simulation),仿真应用使用实体的模型来产生联邦中某一实体的动态行为。其他类型的成员有联邦管理器、数据收集器、隐形观察器等。由联邦成员构建联邦的关键是要求各联邦成员之间可以互操作。在 HLA 中,互操作定义为:一个成员能向其他成员提供服务和接受其他成员的服务。

成员由若干互相作用的对象构成。对象是成员的基本元素,用于描述真实世界的实体,其粒度和抽象程度适合于描述成员间的互操作。这组对象被选择来构成成员是为了完成联邦运行的某一功能,如记录数据,仿真某个实体(飞机、坦克)的动态行为等。在任意给定时间,对象的状态定义为其所有属性值的集合。实际上,成员是一类粒度比对象更大的可重用单元。但在 HLA 的规范中,不考虑如何由对象构建成员,而是在假设已有成员的情况下,考虑如何构建联邦。联邦也可以作为一个成员加入到更大的联邦中。

运行支持系统 RTI 是通用的分布操作系统软件,用于集成各种分布的联邦成员,在联邦运行时提供具有标准接口的服务。

HLA 中分布仿真系统结构如图 5 – 1。在这种结构中,RTI 犹如软总线,满足一定要求的成员可以在联邦运行时随时插入到软总线上。HLA 按照面向对象的思想和方法来构建仿真系统,它是在面向对象分析与设计的基础上设计对象,将对象组合为联邦成员,集成仿真成员来构建仿真联邦。图 5 – 2 表示了基于 HLA 的仿真系统的层次结构。

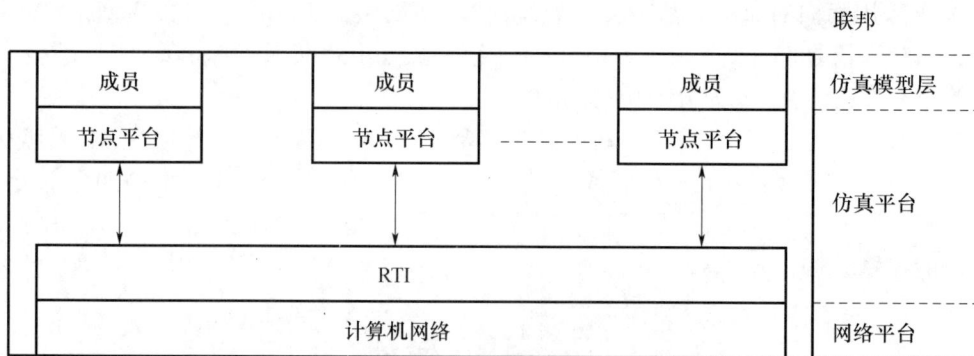
图 5 – 1　HLA 中分布仿真系统结构示意图

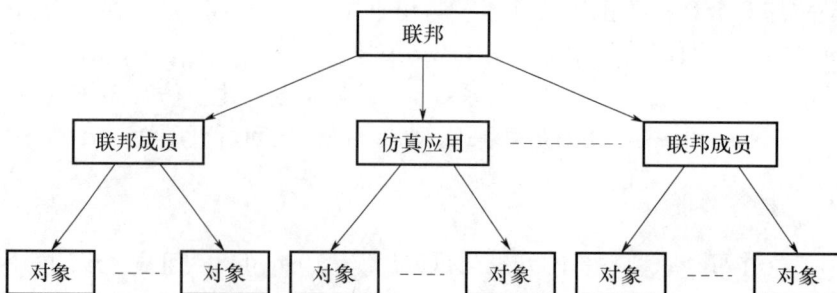
图 5 – 2　基于 HLA 的仿真系统的层次结构

HLA 是一种开放性体系结构,随技术和需求的发展,当出现新技术、新的仿真系统时,能灵活地集成相应的技术、形成新的对象交互协议 OIP 和数据通信协议 DTP,而不必对所有系统进行大的改动。无论是模型、成员、联邦还是运行支撑系统,HLA 都采用了面向对象的设计方法,具有很好的可重用性。

HLA 与 DIS 都属分布交互式仿真的范畴,但采用了不同的体系结构。HLA 在某种程度上克服了 DIS 灵活性和可扩性方面的局限性,因而更加开放,可以容纳包括政府部门、工业部门以及国防部门在内的几乎所有类型的仿真应用。由于 HLA 体系结构的开发与一系列标准的制定同步进行,使得符合 HLA 规范的建模与仿真具有更好的互操作性和可重用性,从而减少了模型的重复性开发,提高了模型利用率,同时也缩短了后续仿真项目的开发时间。

HLA 从体系结构上对 DIS2. x 和 ALSP 的不足进行完善,而不是简单地其进行协议和接口层次上的修改。HLA 只是构造建模和仿真技术框架的一个起点和基础,是实现不同类型仿真之间及其与 C4I 系统间的互操作和重用的必要基础。进一步的发展需要在 HLA 体系结构上,将使命空间概念模型(CMMS)、相应的数据标准和协议标准有机地结合起来构成建模仿真的通用技术框架,以真正实现更广泛的仿真系统间的互操作和重用。

5.1.2　HLA 的发展

SIMNET、DIS、ALSP 都是同类功能仿真应用(武器平台、模拟仿真器、计算机生成兵力 CGF、聚合级仿真模型)互联,只有有限的互操作性,不能满足越来越复杂的作战仿真需求。为此,美国国防部 1995 年 10 月发布了建模与仿真主计划(M&S Master Plan,MSMP),决定在国防部范围内建立一个通用的仿真技术框架来保证国防部范围内的各种仿真应用之间的互操作性。该通用技术框架由三个部分组成:

(1) 高层体系结构(High Level Architecture,HLA);

(2) 任务空间概念模型(Conceptual Models of the Mission Space,CMMS);

(3) 数据标准(Data Standards,DS)。

HLA 是建模与仿真通用技术框架的核心。其目的在于促进各种类型的模型与仿真应用以及它们与相关的 C4I 系统之间的互操作性(Interoperability),同时也促进建模与仿真部件的可重用性(Reuse),实现仿真规模的可伸缩性和仿真的高性能,以此来支持建模与仿真主计划目标的完成。

美国国防部的建模与仿真办公室(DMSO)领导体系结构管理小组(AMG)以推动和促进多个仿真系统的交互以及资源可重用为目标来发展 HLA,在 1995 年 3 月给出了 HLA 的最初定义。经过一系列的原型开发,最初的定义被发展成为一个基线定义,并在 1996 年 8 月发表。1996 年 9 月,美国国防部 DoD 规定 HLA 为美国国防部所有仿真的标准技术结构,由美国防部建模与仿真执行委员会 EXCIMS 通过 AMG 来管理执行。规定指出 DoD 的各个部门应在 1997 财政年度的二季度前检查其所有的仿真项目和计划,以便建立下一步与 HLA 相容的计划。美国国防部曾规定 2001 年后所有国防部门的仿真必须与 HLA 相容。1997 年 12 月,HLA 被仿真互操作标准组织(SISO)执行委员会接受,并被 IEEE 批准作为一个 IEEE 标准进行开发。

在这些基线定义发表之后,U. S. DoD HLA 标准继续发展完善,在 1998 年 2 月发表了 HLA 1.3。1998 年 8 月,DMSO 接受 HLA 1.3 为标准,对象管理组织(OMG)1998 年 11 月采纳 HLA V1.3 定义;这时 DMSO 认为 1.3 版相对成熟,不再往前定义,而作为 IEEE Std P1516、1516.1、1516.2/D1 提交 IEEE 标准协会(SA)讨论。北约(NATO)1998 年 12 月在北约的 M&S 主计划中采纳 HLA V1.3。

在 HLA 定义的制定过程中,为了验证 HLA 定义的可行性、合理性,先后经过一系列 HLA 原型系统(分别用于分析、训练、测试与评估等目的)的开发、运行及测试,从而使得 DMSO HLA 定义的各部分也不断得到修改完善。

成为 IEEE 标准可以扩大 HLA 规范的使用范围,使得 HLA 标准由于更广泛的应用和审查而变得更加完善。AMG 将 HLA 发展为正式工业标准的决定得到了对 HLA 有兴趣的商业和国际性组织的支持。AMG 和支持 HLA 向这一方向发展的国际组织一起工作,来提出 HLA 的工业标准。

至 2000 年 9 月,经过众多团体的评论以及交换看法,由 IEEE 计算机界的仿真互操作标准委员会(SISC)发起的、基于 DMSO HLA 1.3 进行讨论修改的 IEEE 建模与仿真高层体系结构(HLA)标准系列 IEEE Std P1516、1516.1、1516.2/D5 经 IEEE 标准协会(SA)投票批准,成为正式的 IEEE 标准。北约最终也采用了 HLA 的 IEEE 标准。2003 年 HLA 联邦开发与运行过程模型(FEDEP)也成为 IEEE Std 1516.3 标准。

HLA 被正式接纳为 IEEE 规范后,成为主流的分布仿真技术标准,在军事和工业领域得到了广泛应用,但与此同时也暴露了不少问题,面临着新的挑战。2008 年,IEEE 总结近年来 HLA IEEE Std 1516 - 2000 规范在使用过程中的经验和反馈,提出了下一代的 HLA 规范。2010 年通过重新投票修订成为新一代的 IEEE Std 1516 2010 标准,亦即 HLAE(HLA Evolved)标准。HLA 标准化的过程如表 5 - 1 所列。

表 5 - 1   HLA 标准化的过程

阶段	时间	说明
初始定义阶段	1994 年 6 月 ~ 1995 年 3 月	形成了关于 HLA 的初始定义,并在 1995 年 3 月召开的 DIS 春季会议上发布
基本开发阶段	1995 年 3 月 ~ 1996 年 9 月	由 AMG 通过了联邦原型开发 HLA 的基本定义,DoD 于 1996 年 9 月正式采纳 HLA
技术发展阶段	1996 年 9 月 ~ 1998 年 9 月	加强规范制定的稳定性并符合工业标准;开发和公布了一系列免费软件支撑,如 RTI、OMDT 等;创建和开展了 HLA 的服务支持,包括联邦成员适应性测试能力等
完善标准	1998 年 9 月 ~ 2001 年 5 月	确定正式的 HLA 标准规范,2001 年 5 月,HLA 已被正式接受为 IEEE 标准。DMSO 已将工作重点从技术开发转向全面实施
全面实施	2001 年 5 月 ~ 2008 年 9 月	将工作重点转向全面实施
发展阶段	2008 年 9 月至今	2008 年,IEEE 总结近年来 HLA1516 - 2000 规范在使用过程中的经验和反馈,提出了下一代的 HLA 规范。2010 年通过重新投票修订成为新一代的 IEEE Std 1516 2010 标准,亦即 HLAE 标准

相对于 DIS 和 ALSP,HLA 针对一般的复杂大系统,提出了动态仿真模型的统一描述方法。基于这种统一的模型形式,分离出了建立和展开动态仿真模型需要的公共功能,由此建立公共的服务来实现这些功能:处理对象的加入和退出、确定对象间的通信关系、处理对象间的通信和协调对象的时间推进等。

5.2　HLA 的技术特点

5.2.1　HLA 的软件体系结构特征

基于体系结构的开发已经成为通用的工程实践的一部分。对于某个应用领域来说,如果没有一个整体的体系结构,任何新系统的开发将变成一个跟其他的项目或整个业界的目标和战略关系不大的单个"点方案",从而导致许多烟囱式的系统;没有一个体系结构就没有一种系统化地建设大规模系统或系统的系统的机制。

IEEE Std 610.12 – 1990 对体系结构是什么给出了一个指南,而 IEEE Std 1471 – 2000 对如何描述一个体系结构规范给出了推荐的方法。在软件工程领域,Rational Software 公司定义了一个由统一建模语言(UML)和统一过程模型中派生出的概念松散集成的、用于讨论软件体系结构的"4 +1"框架。在 IT 界,基于微电子与计算机技术联盟(MCC)的技术而定义的体系结构描述标记语言(ADML)是一种基于可扩展标记语言(XML)的、用于促进 IT 界体系结构互操作的标准。

在军事领域,美国国防科学委员会早在 20 世纪 90 年代就建议美国国防部为其所有的军事系统建立体系结构方面的指南。作为响应的结果,1997 年 12 月美国国防部发布了 C4ISR 体系结构框架 V2.0。该框架本身不是一个体系结构,但它为所有的 C4ISR 系统提供了如何描述它们系统体系结构的指南。C4ISR 体系结构框架在整个国防部的许多范围中应用非常成功,包括在那些不直接与 C4ISR 相关的领域,目前已成为美国国防部体系结构框架。但是,C4ISR 体系结构框架 V2.0 面向系统的特性限制了建立能表达系统的规模和抽象特性的体系结构。扩展的 C4ISR 体系结构框架(ECAF)针对这些问题进行了改进,它使得任何体系结构明确依赖于一个对系统意图的设想,从该设想可派生出驱动需求,如图 5 – 3 所示。

本质上,系统体系结构是系统需求与系统设计之间的桥梁,是系统设计与实现的蓝图。其中最重要、最关键或最抽象的需求称为系统的驱动需求。在技术领域存在驱动需求,在运作领域也存在驱动需求,这些驱动需求最终体现在系统体系结构,决定了对系统的基本分割。在建模与仿真领域,为了促进仿真之间及其与 C4I 系统之间的互操作,促进仿真及其组件的重用,美国国防部建立了建模与仿真的高层体系结构 HLA。

HLA 通过定义了对象模型、仿真应用程序之间的编程接口(RTI 的 API)来实现构件的装配。它的最显著的特点就是通过提供通用的、相对独立的支撑服务程序 RTI,将应用层同其底层支撑环境功能分离开,隐蔽了各自的实现细节,可以使这两部分相对独立的开发,最大程度的利用各自领域的最新技术。同时,HLA 的应用可实现应用系统的即插即用,并针对不同的用户需求和不同的应用目的,实现联邦快速、灵活的组合和重配置,保证了联邦范围内的互操作和重用。

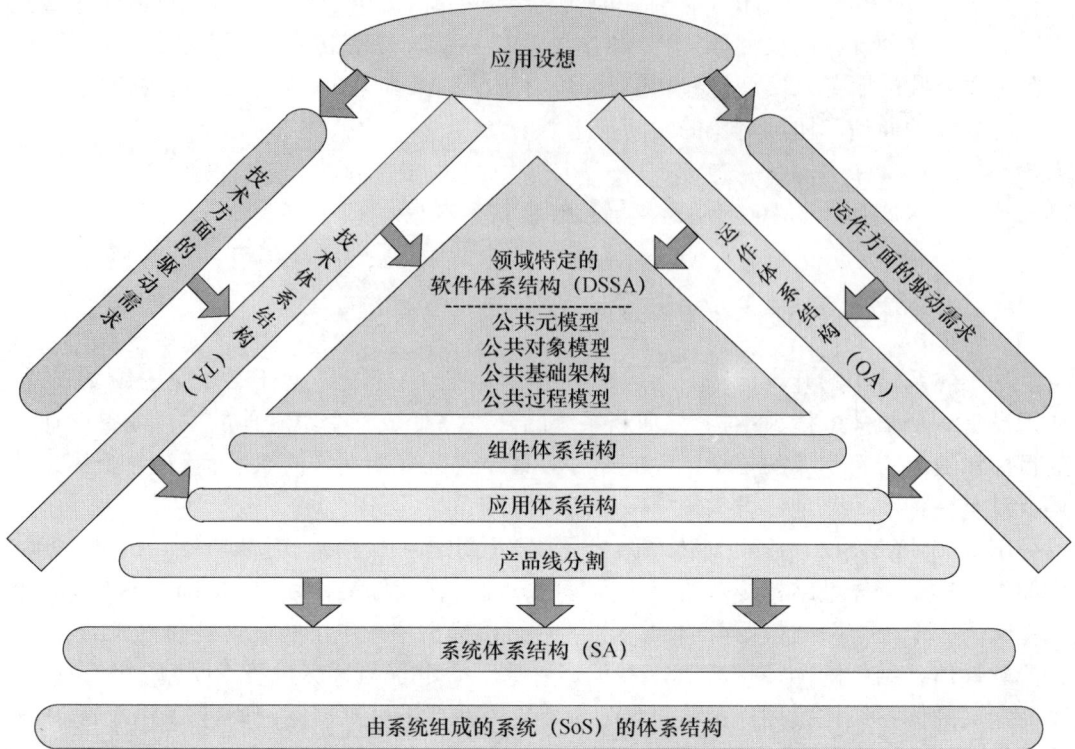

图 5 - 3　扩展的 C4ISR 体系结构框架(ECAF)

　　HLA 是一个可重用的用于建立基于分布式仿真部件的软件构架,它支持由不同仿真部件组成的复杂仿真。因而 HLA 本身并不是软件应用,而是一个用于帮助设计和运行仿真应用的构架和功能集。HLA 的提出,主要是解决计算机仿真领域里的软件可重用性和互操作性问题,使得仿真软件的开发应用进入了标准化、规范化阶段,而这与计算机软件领域强调的开放、标准化的总体趋势是一致的。

　　HLA 的主要意图是定义了一个软件体系结构,使所创建的仿真应用能够与其他仿真应用组合在一起。在这种情况下,HLA 支持基于组件(成员)的仿真开发。HLA 的设计是基于一些对仿真的基本认识,具体有:

　　(1)没有一个单一的仿真应用能够满足所有用户的需求,不同用户对于逼真度和细节等方面的兴趣和需求一般都是不同的。

　　(2)对于要模拟的领域的知识,仿真开发人员掌握的程度是有区别的。即使在一个领域,也没有一组开发人员能够对其中的所有细节都掌握。

　　(3)没有任何一个人能够预见一个领域中仿真的所有应用,以及其中的仿真能够有效地组合在一起的所有方式。即使一个开发人员能够在某一应用领域,开发单一的仿真应用来满足一组广泛的需求,他也无法预见这个领域未来的需求变化。

　　(4)为了从技术的进步中受益,需要将新的技术和现有的工具集成。开发人员需要按照用户的需求来将新的技术集成到已有的仿真系统中。

　　这些事实导致了 HLA 设计人员所遵循以下的要求:

　　(1)HLA 必须能够支持将一个大的仿真问题分解成许多较小的部分。这些较小的部分能够比较容易和正确地定义、创建与校验。

（2）HLA 必须能够支持将所生成的小的仿真应用组合成一个大的仿真系统。

（3）HLA 必须能够支持将这些较小的仿真应用和其他可能但未预见到的仿真应用组合起来，以形成一个新的仿真系统。

（4）那些通用的仿真功能必须独立于具体的仿真应用。这样，所产生的通用支撑软件就能够在不同的仿真系统中重用。

（5）仿真应用和通用的支撑软件间的接口必须能够将仿真应用和用来实现支撑软件的技术的变化隔离开来，也必须能将支撑软件和仿真应用中的技术隔离开来。

本质上 HLA 是一种支持基于组件方式的仿真体系结构，其中的"组件"是成员。成员是一个仿真应用或工具，它在一个联邦中设计和实现后，能够应用到其他联邦。联邦是由成员来构建的，所以成员是联邦中的一个组成单元，也是软件重用的组成单元。成员一般要比通用的软件组件规模要大，它是完整的运行程序，而不是子程序或库中的对象。

抽象地讲，软件体系结构包含了创建系统所需的组成单元的描述，这些单元间的交互，指导组合的模式以及对这些模式的约束。对应到 HLA 体系结构，这三个组成部分分别为：

（1）组成单元（Elements）。HLA 规则和接口规范将一个 HLA 联邦的组成单元定义为一组成员、一个 RTI 和一个通用的对象模型。

（2）交互（Interactions）。HLA 规则和接口规范定义了成员与 RTI 以及成员之间（RTI 作为中介）的交互。对于一个联邦，联邦对象模型定义了成员和 RTI 间的交互所包含的数据类型。对象模型样板（OMT）是所有联邦对象模型（FOM）的元模型，它规范了每一个 FOM 的结构。

（3）模式（Patterns）。HLA 中所允许的组合模式是由规则来约束，并在接口规范中进行了定义的。

HLA 是几种体系结构风格的组合，主要体现了三种体系结构特征：层次化、数据抽象和基于事件，HLA 将这三种风格组合在一起，充分利用它们各自的优点。

1）HLA 是层次化的体系结构

一个层次化的系统是采用分层的方式来组织，其中每一层都为它上面的层提供服务，并作为它下面层次的客户。在一些层次化的系统中，当内部层次不需要提供用于输出的函数时，除了邻近外部的层次外，它对其他层次都是隐含的。

从成员的角度来看，RTI 是一个处于其下面的完全封装了 RTI 功能的层次。例如，在一个分布式的联邦中，RTI 包含了用来实现分布式的网络功能，这些分布功能对成员而言，是隐藏在 RTI 的接口后面的。

将 RTI 的功能和成员进行隔离完成了两件重要的事情。第一，成员中不需要包含通用的仿真互操作部分，因此成员的代码不需要重复互操作中所需的服务；第二，将成员与 RTI 中的技术变化隔离开，这样 RTI 必须修改以适应一种新的网络时，成员不受影响。

2）HLA 是数据抽象的体系结构

这种风格是基于数据抽象和面向对象组织的，数据的表示和其中相关的基本操作封装在一个抽象的数据类型或对象中。这一风格的组件是对象,或者说是抽象的数据类型的实例。

HLA 中的层次化采用了双向的数据抽象方式:RTI 提供了到成员的接口,在其后面隐藏了它的所有状态;同样,每一个成员也都提供了到 RTI 的接口,其中也隐藏了它的所有状态。从 RTI 的角度来看,一般有多个成员,每一个都具有同样的接口,但有不同的实体,这也是数据抽象或面向对象组织的本质。

类似于从成员来看 RTI 的数据抽象风格的优点,从 RTI 来看成员,其优点也是 RTI 不会被成员中的变化所影响。同样的 RTI 的实现能够应用到不同的成员中,这些成员本身可能包含复杂的系统(如一个完整的车辆模拟器),或者被连接到其他的系统(例如传感器)。

但这样的系统要求其中的对象必须对相互之间关系非常清楚,以便能够明确地实现相互间的操作。很明显,如同一般的面向对象编程一样,每一个成员必须能够找到它的 RTI 实现以便加入一个联邦,同时 RTI 也必须为每一个成员维护它的索引或其他类型的参数。

应注意,根据 HLA 的规则,一个成员永远不会和另外一个成员直接进行交互,而是一直通过联邦的 RTI 来完成交互。成员不必保存其他成员的任何类型的索引参数,而且实际上也不需要意识到其他成员的存在。

3) HLA 是一个基于事件的体系结构

基于事件的体系结构是隐含方式激活的,即不直接激活一个过程,而是一个组件广播一个或多个事件,该系统中的其他组件注册对这一事件的兴趣,并将一个过程与该兴趣关联。当该事件发生时,系统本身就会激活所有曾经注册到该事件的过程,因此这一事件的发生隐含地引起了对其他模块中的过程的激活。

隐含激活的思想渗透于 RTI 服务的设计中。HLA 的规则 3 阐明了成员不能直接进行交互,而是通过 RTI 来完成。在这样的体系结构中,通常成员不会意识到其他成员的存在,相反,是由激活 RTI 上某一服务的成员来让 RTI 激活其他成员中的服务,至于决定调用哪一个成员是 RTI 的任务。

最简单的例子是发送一个交互(HLA 中,从一个成员传输到另一个成员的所发生的事件称为交互):首先由一个成员来发送某一类的交互,然后 RTI 将其转发给所有定购这一交互类的成员;发送成员并不需要关心哪些成员将接收这一交互,因此发送成员就隐含地激活了所有接收成员。隐含激活在所有的六大类服务中都使用,如一个有时间管理的联邦中,当一个成员请求推进其逻辑时间时,也会引起其他的成员获得推进时间的许可,前者并不需要来理解后者。

这一体系结构风格的主要优点,是支持重用和易用,这样系统可以不断地向前发展。这也是 HLA 中引入这一风格的主要目的:采用某一联邦对象模型(FOM)所设计的成员能够来和有同样 FOM 的成员进行组合。

隐含激活的主要缺点是组件放弃了对系统计算的控制,特别是没有对事件发生的顺序做出任何假定。同时它也无需对遵守 FOM 的成员提出其他一些约束,例如:当一个成员对某一特定类的对象进行操作时,它所要做的工作就是订购该对象类,并处理 RTI 通知给它的所有该类的对象,而不对该对象类建模的成员的数量和种类提出任何要求。

　　作为体系结构,HLA 具有对称性。所谓对称的体系结构是指在整个系统中,所有的应用程序都是通过标准的接口形式进行交互以及共享服务和资源,这是实现互操作的基础。HLA 将分布仿真的开发、执行同相应的支撑环境分离开,这样可以使仿真设计人员将重点放在仿真模型及交互模型的设计上,在模型中描述对象间所要完成的交互动作和所需交换的数据,而不必关心交互动作和数据交换是如何完成的;另一方面,RTI 为联邦中的仿真提供一系列标准的接口服务,满足仿真所要求的数据交换和交互动作的完成,同时还要负责协调各仿真间各个层次上的信息流的交互,使整个联邦能够协调执行以提供一个综合的分布交互仿真实验环境。通过在对象模型中的声明,成员描述它希望发送和接收的信息,RTI 负责将信息按声明中的要求传输到相应的成员,并完成相关的网络操作,从而实现将变化的信息传输到需要的地方。与 DIS2. x 那样采用广播的方式将所有信息传输到所有结点比较,这种方式可以大量减少网络负载。

　　在 HLA 的体系结构下,由于 RTI 提供了较为通用的标准软件支撑服务,具有相对独立的功能,可以保证在联邦内部成员及部件的即插即用;针对不同的用户需求和不同的目的,可以实现联邦快速、灵活的组合和重配置,保证联邦范围的互操作和重用;此外,仿真同其支撑环境功能的分离,通过提供标准的接口服务,隐蔽了各自的实现细节,可以使这两部分相对独立的开发,可以最大程度的利用各自领域的最新技术来实现标准的功能和服务而不会相互干扰,这可以使分布交互仿真的发展与计算机技术、网络技术和仿真技术的发展保持同步。

　　HLA 建立在 DIS 和 ALSP 经验基础之上,是在新技术发展的前提下提出来的;是从体系结构上对 DIS 的不足进行完善,而不是简单的对 DIS 进行协议和接口层次上的修改;是基于客户/服务器技术而不是 DIS 中的广播方式;是在系统层次上来解决互操作问题,使分布环境下的仿真系统间能够彼此提供和接受对方的服务,并且通过彼此交换服务来有效的在一起运行。HLA 为下一代分布交互仿真指明了方向。

5.2.2　HLA 与 CORBA

　　CORBA 是用于“中间件”的一种体系结构。所谓“中间件”是指处于操作系统和应用层之间的软件,它允许对分布于不同计算机上的对象进行计算。CORBA 标准是对象管理组织 OMG 的产品,OMG 是一个软件提供商和用户的联盟。CORBA 是同类标准中应用最为广泛的,也还有其他类似的中间件产品,如微软的 DCOM。

　　CORBA 定义了一个对象请求中间件 ORB,这一支撑软件实现了 CORBA 的功能,对于 HLA 的应用人员而言,RTI 有点像 ORB,ORB 是作为分布式对象间的交互中介,而 RTI 是作为成员间交互的中介。但这种相似性是表面的,一个 HLA 联邦和一个基于 CORBA 的系统间的体系结构上有以下不同:

　　(1) 从体系结构的意义上来讲,CORBA 是用于创建面向对象的系统的。在面向对象的系统中,ORB 一级的所有组成元素都明确地进行交互;而在 HLA 中,成员是以隐含的方式进行交互的。

　　(2) RTI 支持成员一级的组件模型,CORBA 却不支持。CORBA 是一个能在其上定义一个组件模型的平台。

因此，即便 CORBA 和 HLA 都是用来创建分布式的系统，它们也不相同。当然，它们之间存在一定的关系：成员和 RTI 间的接口可以映射成 CORBA 的接口。ORB 和 CORBA 服务都可以作为实现 RTI 的工具，它们在 RTI 中的应用被有效地隐藏在 RTI 接口的后面。同样地，成员也可以不受约束地在它们的实现中使用 CORBA，在具体的实现中 RTI 和成员都可以采用 ORB。

RTI 向客户方的应用提供标准的接口，屏蔽了许多与分布式计算有关的细节，如对象的定位、网络连接的建立和请求的发送等。这与 OMG 制订 CORBA 规范的原则是一致的，它使得 RTI 的实现有很大的自由度，并使 RTI 的易用性体现得非常充分。但是，过多地屏蔽实现细节会使应用难以控制底层 RTI 所提供的服务的质量。

5.2.3　HLA 与联合技术体系结构

为了实现"2020 联合设想（JV2020）"，美军建立了"联合技术体系结构（JTA）"和"联合作战体系结构（JOA）"。为了给作战人员带来信息优势，美军根据基于 JOA、JTA 和用于 C4ISR 系统的国防信息基础设施公共运行环境（DII COE）为 C4ISR 系统建立一套公共体系结构。

JTA 所关心的是"互操作"和"信息的标准化"，它定义了整个国防部范围内的所有系统的服务范围、接口、标准，并且在新系统或改进系统的开发和采办过程中要求强制执行这些规定。对于系统的服务范围，JTA 通过提供技术参考模型（TRM）使其结构化；对于系统的标准和指南，JTA 则采用稳定的、技术成熟的并且易于获得的产品标准，并且尽可能采用商业化的、有多个商家支持的产品；对于尚未成熟的标准或指南则指明并将采用最终成熟的产品。

JTA 由两个主要部分组成：JTA 核心和 JTA 附录。JTA 核心包括支持互操作的、适用于所有 DoD 系统的 JTA 元素的最小集合，它涉及信息技术标准、信息处理标准、信息传输标准、信息建模与元数据及信息交换标准、人 – 计算机接口标准、信息安全标准等。JTA 附录则包含适用于特定功能领域的其他的 JTA 元素。这些元素对于保证每个特定领域的系统之间的互操作是必需的。当前版本的 JTA 附录涉及的元素包括 C4ISR、作战支持、建模与仿真和武器系统等领域。

JTA 附录的建模与仿真领域确定了保证整个 DoD 范围内的仿真系统与真实世界中系统之间的互操作的关键标准：包括一系列影响模型和仿真的定义、设计、开发、运行和测试的标准。DoD 建模与仿真包含了从高逼真度的工程性仿真到包含联合兵力的高度聚合的、战役级仿真的各种类型。现在，DoD 和提供支持的工业部门越来越多地将计算机仿真、实际的作战系统、武器模拟器和仪表化的靶场等各种类型的系统混合集成起来运行，以支持各种应用目的：训练、任务演练、行动分析、投资分析以及支持系统生命周期各个阶段的系统采办的多方面运筹分析。

由于武器系统或 C4I 系统整体中往往包括一部分嵌入式的仿真，因此必须将它们纳入 JTA 主体、建模与仿真领域的附录或任何其他的应用性领域附录中。所嵌入的仿真之间的互操作则主要受建模与仿真领域附录的支配。JTA 中建模与仿真领域的强制标准如表 5 – 2 所列。

表 5 - 2　JTA 中 M&S 领域的强制标准

JTA 章节 & 服务范围	当时强制的标准、标题 & 日期	先前强制的标准
M&S.2.2.2.1 HLA 规则	IEEE Std P1516，M&S HLA 框架和规则，1.3 版，1999 年 4 月 23 日	HLA 规则，1.3 版，1998 年 2 月
M&S.2.2.2.2 HLA 接口规范	OMG 分布仿真系统 1.0 版，1998 年 11 月 10 日	
	IEEE Std P1516.1，M&S HLA 联邦成员接口规范，2 版，1999 年 4 月 23 日	HLA 接口规范，1.3 版，1998 年 2 月
M&S.2.2.2.3 HLA 对象模型模板	IEEE Std P1516.2，M&S HLA OMT 规范，1.3 版，1999 年 4 月 23 日	HLA 对象模型模板，1.3 版，1998 年 2 月
M&S.2.4.2.1 联邦运行细节数据交换格式 （FED DIF）	联邦运行细节数据互换格式，1.3 版，1998 年 2 月	相同
M&S.2.4.2.2 对象模型模板数据交换格式 （OMT DIF）	对象模型模板数据交换格式（OMT DIF），1.3 版，1998 年 2 月	相同
M&S.2.4.2.3 标准模拟器数据库互换格式	MIL - STD - 1821，标准模拟器数据库（SSDB）互换格式（SIF）设计标准，1993 年 6 月 17 日，附加更改通知 1，1994 年 4 月 17 日，更改通知 2，1996 年 2 月 17 日	相同

表 5 - 2 中所列举的 HLA 和相关的建模与仿真标准表达了为保证互操作和重用所必需的仿真设计中的各方面的关键技术，但又不过分限制实现细节。这是因为这些标准可能在各种各样的训练、分析和采办仿真中应用，但因目标不同因而有不同的表示细节、时间限制和处理要求。该附录中的建模与仿真技术标准提供了一个框架，依据该框架可以开发满足各种具体需求的具体系统。这些系统往往会运行在依据 JTA 所规定的其他标准所开发的环境中，但也可能运行在需要大量的并行处理或其他特有的实验室配置的环境下。这些系统需要满足自己独特的需求，因此仿真开发者应同时遵守仿真实现所依赖的环境的标准。

5.2.4　HLA 与 DIS 的比较

HLA 最重要的两个特点就是支持基于组件（成员）的仿真应用开发模式和将仿真功能与通用的支撑系统相分离的体系结构。HLA 期望通过提供一个具有开放性、灵活性和适应性的体系结构，采用标准的方法解决联邦模式仿真中存在的固有问题，支持对未来新技术的充分兼容与应用，支持对不同仿真应用的重用，支持用户分布、协同地开发复杂仿真应用系统，并最终降低开发新应用系统的成本和时间。

DIS、ALSP 和 HLA 三者均是采用集成的方式来构建大规模的仿真系统，因而基本思路是一致的。但由于它们构建的仿真系统所要求处理的仿真模型或仿真对象不同，因此在结构、实现方式等各方面有较大的差异。相对于 DIS 协议只规定了一系列数据标准格式的情况，HLA 从更高层次考虑了未来建模/仿真发展的需求，规定了开展仿真活动的整个过程中应遵循的规则,包括仿真对象的建模与模型表示、应用程序接口、仿真程序开发及运行规则等一系列内容,因而是一个通用的建模与仿真技术框架。

建立在数据交换标准之上的 DIS 体系结构是一种低层次的、随意的体系结构。这种体系结构对处理具有复杂的逻辑层次关系的系统是不完备的,自治的仿真节点之间是对等的关系,每个仿真节点不仅要完成自身的仿真功能,还要完成信息的发送、接收、理解等处理。而不同仿真节点间的逻辑和功能的层次关系,只能通过在 PDU 中增加某些信息来实现,不同的系统和不同的结点间或许采用不同的约定,因此,在系统的逻辑结构上采用的是一种非对称的体系结构。

不同的系统或一个系统中不同的仿真节点对数据精度的要求是不一样的。而DIS2. X 对于不同的数据要求采用固定的表示法,这就造成大量冗余信息,构成对网络带宽的浪费,这意味着 DIS 还不能做到在仿真节点间传递变化的信息。

归纳起来,基于广播式通信机制的 DIS 存在着以下几个方面的局限性。

(1) DIS 只提供实时时间机制,不能满足国防领域中存在的多种时间机制的仿真应用;

(2) DIS 的点对点连接方式及消息的广播发送方式不能适应大规模网络仿真的需要,在节点增多,消息量增大的情况下,难以保证实时交互;

(3) DIS 提供的 PDU 种类及 DR 算法有限,且难以增加新的类型,因而很难将现有的和未来的仿真应用全部纳入其体系结构中去;

(4) 无论节点状态发生了怎样的改变,都要发送一个完整的 PDU 报文,并且发送给网上所有节点,增加了通信量。

因而 DIS 不能满足军用仿真领域不断扩大的功能需求,需要发展 HLA。

(1) HLA 体系结构是一个开放的、面向对象的体系结构,是仿真系统的展开动态对象模型的一种实现,其基础是构件技术。构件技术是开发大型应用的一种方法,它引入了一种机制,不仅可以用来表示面向对象的软件实体本身,还可以提供一种把软件实体装配成完整应用的方法。构件技术不仅减轻了大型软件的开发负担,降低了大型软件的维护费用,还大大提高了软件模块的可重用性。

(2) HLA 通过定义了对象模型、仿真应用程序之间的编程接口(RTI 的 API)来实现构件的装配。它的最显著的特点就是通过提供通用的、相对独立的支撑服务程序 RTI,将应用层同其底层支撑环境功能分离开,将仿真应用与仿真应用间的互操作功能相分离,隐蔽了各自的实现细节,可以使两部分相对独立的开发,最大程度的利用各自领域的最新技术。同时,可实现应用系统的即插即用,并针对不同的用户需求和不同的应用目的,实现联邦快速、灵活的组合和重配置,保证了联邦范围内的互操作和重用。

(3) RTI 相当于一个分布式操作系统,是联邦运行的核心,它不仅具有分布计算环境的特点,向客户方的应用提供标准的接口,屏蔽了许多与分布式计算有关的细节,如对象的定位、网络连接的建立和请求的发送等;RTI 还集成了各类分布仿真的共同需要的功能,如状态数据交换、时间管理和仿真管理等,由此保证了仿真应用的设计与实现可以独立于联邦,又保证了仿真应用间能互操作,使仿真应用成为可重用的软构件。这样一个统一的框架使设计人员可将精力集中于开发客观系统的模型上,从而降低分布仿真系统开发的复杂性。

（4）相对于 DIS 和 ALSP,HLA 针对一般的复杂大系统,提出了动态仿真模型的统一描述方法。基于这种统一的模型形式,分离出了建立和展开动态仿真模型需要的公共功能,由此建立公共的服务来实现这些功能:处理对象的加入和退出、确定对象间的通信关系、处理对象间的通信和协调对象的时间推进等。

总之,在 HLA 中由于引入 RTI,明确地将仿真应用模型、仿真支撑功能和数据分发及传递服务分离开来,使仿真应用的开发者把主要精力集中在仿真应用功能的开发上。HLA 还引入了面向对象的思想,提高了系统的封装性。同时,HLA 通过 OMT、FOM、SOM提供了一个 HLA 的开发标准,方便了模型的建立、修改和管理。HLA 使用 RTI 将对象交互协议和数据通信协议分离,对象交互协议规定在各种条件下,仿真要传输的信息,数据通信协议用来传输对象交互协议规定的信息。后者与具体的网络结构有关,前者只与具体的仿真应用有关。HLA 还引入声明管理减少了冗余信息。HLA 的另一大特点是它支持多种仿真类型间的交互,随着技术和需求的发展,当出现新的技术和仿真系统时,它能够灵活地对新的技术和仿真系统进行集成,不必对原系统进行较大的改动。因此,HLA是一个开放的系统,在可重用性和互操作方面都有了很大的改进。

在网络结构上,DIS 从逻辑上看是一种网状连接,HLA 的逻辑拓扑结构是星形连接。从而使仿真网络中的通信更加有序,使仿真网络的规模扩展成为可能。DIS 中,仿真网络是一种严格的对等结构,如果实体状态发生变化,那么就要随时向其他仿真用户广播其状态信息,若实体无任何状态变化,也要隔一定的时间广播其信息。在 HLA 中由于采用了客户/服务器机制,所以只有实体的状态发生变化时才传递信息。

通信协议方面,在 DIS 中采用固定的 PDU 格式,而 HLA 中则支持多种数据格式。DIS 中每个仿真成员负责将自身的状态更新传输给其他的仿真成员,HLA 中的属性传输是通过 RTI 进行的,每个仿真成员将对象属性的变化传输给 RTI,再由 RTI 根据需要传给其他仿真成员;在 DIS 中,每次都要传输一个完整的包含固定状态信息的 PDU,哪怕只有一个状态发生了变化,在没有状态变化时,PDU 的传输是周期性的,而 HLA 只有在初始化时才传递所有的状态信息,以后则只有在状态发生变化时才传输,且只传输发生变化的信息;传统的 DIS 一般采用广播式通信,而 HLA 可采用点对点通信(Unicast)、一点对多点通信(Multicast)和广播(Broadcast)三种通信方式,而且一点对多点通信用得最多,广播方式较少使用。

仿真管理方面,DIS 通过建立一个演练 ID(Exercise ID)创建演练,通过从网上收听数据,开始发送 PDU 加入演练,通过停止发送 PDU 来退出演练。在 HLA 中,通过创建联邦执行来创建一个演练,通过加入联邦执行来加入一个演练,通过撤销联邦执行来退出演练;在DIS 中由应用程序产生一个唯一的 ID 来分配实体 ID,而 HLA 是通过向 RTI 请求对象 ID 得到的;DIS 中创建对象通过创建实体(Entity)实现,如果接收到来自未知实体的状态 PDU 则发现一个对象,HLA 创建一个新对象是实例化一个对象,如果 RTI 发现一个新实例则对象化它;在对象删除方面,DIS 是通过停止发送 PDU 删除实体,HLA 是显式地删除对象。

在预估算法方面,DIS 只有实体位置和方向可以外推,而且只给出了有限的几种预估算法,而 HLA 中只要在 FOM 中定义,任何属性都可以外推,需要时还可以在 FOM 中定义新的预估算法。

在时间管理方面,DIS 一般是实时的,而 HLA 则更加灵活多样。

与 DIS 不同(DIS 中所有仿真都接收一段数据广播),HLA 的联邦成员有能力确定:它们将产生什么信息,它们喜欢接收什么信息,数据传输服务的类型(例如可靠的或快速的)等等。正因为如此,采用 HLA 后,整个联邦范围内所发送的数据量将明显减少,因此可以使一个网络上同时有更多的仿真应用,而且仿真软件也被简化。另外,HLA 既不规定对象由什么构成(对象是被仿真的实际物体,例如坦克和导弹),也不规定对象交互的规则,它考虑的重点是如何实现成员之间的互操作,即如何将已有的联邦成员集成为联邦。这是 DIS 和 HLA 的主要区别。

采用 HLA 这样体系结构是因为认识到,在开发新的仿真系统时,75% 的花费用于构造其基础支撑系统,只有 25% 的花费用于实现具体的仿真行为。因此,如果通用的 RTI 能够被重用支撑不同类型的仿真,就可以节省大量的时间、人力和资金。从标准化的观点来看,使用 RTI 的一个重要的益处是将对象交互协议(Object Interaction Protocol,OIP)同数据通信协议分离开,对象交互协议规定在各种条件下,仿真间必须传输何种相应的信息,而数据通信协议用来传输对象交互协议中规定的信息,后者同具体的网络结构和拓扑有关,而前者只同具体的仿真应用有关。这样,就比目前 DIS 中使用的 PDU 格式具有更大的灵活性,可以减少网络通信量,实现在仿真间只传输需要的和变化的信息。同时,HLA 也能保证随着技术和需求的发展,当出现新的技术和仿真系统时,能够灵活的集成相应的技术、新的对象交互协议和数据表示格式,而不必对已有的系统进行大的改动,即 HLA 具有良好的开放性体系结构。

DIS 是一种从底层可行技术上,针对有限的一类问题提出的复杂大系统仿真的方法。而 HLA 是针对国防部门所有可能的复杂大系统仿真问题,从问题本身出发提出的复杂大系统仿真的方法,因而 HLA 在体系结构上更完备。

DIS、ALSP 和 HLA 是在国防军事领域相继出现的三种复杂大系统仿真的体系框架,都能支持建立和展开动态仿真模型。HLA 针对最广泛的应用背景,分离出建立和展开动态仿真模型的公共功能,可以更大限度地提高建立仿真系统的效率,是未来复杂大系统仿真的发展方向。

HLA 模式的主要限制和问题是 HLA 联邦运行需要嵌入支撑软件 RTI;由于支持领域数据过滤,使数据收集记录困难;系统延迟较大,对实时运行的支持能力差;以及系统稳定性和容错能力较差,技术复杂。

5.3　HLA 标准规范组成

HLA 的 IEEE Std 1516 标准主要由四部分组成:

(1)IEEE Std 1516 标准——HLA 框架与规则,定义了 HLA 的 10 项基本规则。

(2)IEEE Std 1516.1 标准——HLA 成员接口规范,描述 HLA 的运行时间支撑系统 RTI 的接口规范。

(3)IEEE Std 1516.2 标准——对象模型模板,记录 HLA 对象模型的格式和结构的规范说明。

(4)IEEE Std 1516.3 标准——联邦开发与执行过程(FEDEP),定义了 HLA 使用者开发和运行联邦所应该遵循的程序和步骤。

5.3.1　HLA 的规则

HLA 的规则共十条,用以描述联邦仿真和成员的职责。前五条规定了一个联邦必须满足的要求,后五条规定了一个成员必须满足的要求。

规则 1　联邦必须有一个 HLA 联邦对象模型(Federation Object Model,FOM),且 FOM 必须符合 HLA 对象模型模板。

FOM 是定义一个联邦的基本元素。FOM 应记载运行时联邦中各个成员间交换数据的协议及数据交换的条件(例如,当属性值的变化超过一定的范围,成员将通过 RTI 向外发送更新的值)。数据交换协议的规范化是 HLA 的一个重要方面。HLA 不限定 FOM 中包含的数据项,而将此留给联邦的用户或开发者去定义。为了支持新的用户能重用一个联邦(FOM),或新的成员能够加入一个联邦,HLA 标准要求以确定的形式描述 FOM。

HLA 独立于用领域,能用来支持具有不同用途的各种联邦。FOM 是一种用来规范 HLA 仿真应用中数据交换的方法。通过规范化协议与需求确定的过程及将结果用形式化方式描述,FOM 为联邦的用户和开发者提供了理解联邦的主要元素以及支持联邦以部分或整体重用的手段。此外,FOM 提供了在联邦运行时初始化 RTI 的数据。

规则 2　在一个联邦中,所有与仿真应用有关的对象实例必须在成员中描述,不能在 RTI 中描述。

HLA 的一个基本思想是将仿真应用的功能与通用的仿真支撑服务相分离。在 HLA 中被仿真的对象归属于仿真应用(更一般的是成员),而 RTI 提供类似于分布操作系统的功能来支持联邦中对象的交互。

RTI 服务应能支持各种联邦,是能最广泛被重用的基本服务集,包括分布仿真中所需要的最基本的协调与管理服务,如联邦运行时间协调与数据分发等。因为这些服务应用广泛,因此以标准服务的形式统一提供比由用户自己定义效率更高。同时,这使得成员能集中处理应用领域的问题,减少仿真应用开发者投入的时间及资源。RTI 服务中可以使用对象的属性与交互数据,但不能改变这些数据。

规则 3　在一个联邦执行中,所有 FOM 中的数据交换必须通过 RTI。

HLA 的 RTI 提供一组接口来按联邦 FOM 的规定支持对象属性值的交换,以及支持对象间的交互作用。在 HLA 中,对象间的交互作用是由数据交换来完成的。

联邦各成员根据 FOM 中的数据格式定义,将属性与交互的数据提供给 RTI,而 RTI 提供成员间的协调、同步及数据交互的功能。在成员能负责在正确时间提供正确数据的情况下,RTI 保证数据按声明的要求传递给需要数据的成员。

为保证联邦中的所有成员在整个联邦运行期间保持协调,它们之间的交互必须使用 RTI 服务。如果一个联邦在 RTI 外交换数据,则联邦的一致性将被破坏。公共的 RTI 服务保证了在仿真应用间数据交换的一致性,减少开发新联邦的费用。

规则 4　在一个联邦执行中,成员与 RTI 的交互必须遵循 RTI 接口规范。

HLA 提供了访问 RTI 服务的标准接口,成员应使用这些标准接口与 RTI 交互。接口规范定义了成员应怎样与 RTI 交互。由于接口及 RTI 应能用于具有多种数据交换方式的各类应用中,所以没有对通过接口交换的数据作任何规定。标准化的接口使得开发仿真应用时不需要考虑 RTI 的实现。

规则 5　在一个联邦执行中,实例的属性在任一时刻只能为一个成员所拥有。

HLA 允许同一个对象的不同属性分属于不同的成员。为保证联邦中数据的一致性,给出了以上规则。HLA 提供了将属性动态地从一个成员转移到另一个成员的机制。

规则 6　成员必须要有一个 HLA 成员对象模型(Simulation Object Model,SOM),SOM 必须符合 HLA 对象模型模板。

SOM 描述了成员能在联邦中公布的对象、属性和交互,但不描述数据,数据描述是成员开发者的责任。

HLA 对重用与互操作的支持主要在成员这一级,SOM 是实现这种支持的主要手段之一。SOM 充分描述了成员能向外提供的基本能力,这样可以识别该成员在一个新联邦中潜在的应用。应注意 SOM 并没记录成员的全部信息,用户也不需要成员的全部信息来确定软件的重用。

规则 7　成员必须能按 SOM 的规定更新和(或)反射属性,以及发送和接收对象交互。

这一规则保证成员内部的能力(如属性更新、交互处理)能为参与联邦的其他成员所使用,此种使用通过属性交换与交互发送来实现。

规则 8　成员必须能按 SOM 的规定,在一个联邦执行中动态地转移和(或)接受属性的所有权。

HLA 允许不同的成员拥有同一对象的不同属性,因此,为一个目的设计的仿真应用可以与为另一目的设计的仿真应用耦合,从而满足新的要求。通过赋予仿真应用转移和接收对象属性所有权的能力,使一个仿真应用能在未来联邦中广泛应用。

规则 9　成员必须能按 SOM 的规定改变属性公布的条件。

HLA 允许成员拥有对象的属性,然后通过 RTI 使这些值能为其他成员所使用。不同的成员(仿真应用)在其 SOM 中可指定不同的属性更新的条件。仿真应用在加入联邦运行时,应有调整此条件的能力,从而使得仿真应用可广泛使用。

规则 10　成员必须能以某种方式管理其局部时间,从而可以与联邦的其他成员交换数据。

HLA 的时间管理支持使用不同内部时间管理机制的成员之间的互操作。为了达到这一目标,HLA 提供了统一时间管理结构来保证不同成员之间时间管理的互操作性。不同类型的仿真应用视为此统一结构的一个特例,一般只使用 RTI 时间管理能力的一个子集。

成员在加入联邦运行期间,不需要明确告诉 RTI 其内部所用的时间推进机制(时间步长、事件推进或独立时间推进)。

5.3.2　对象模型模板

HLA 的目的是促进仿真应用间的互操作,提高仿真应用及其部件的重用能力。可重用性和互操作性要求一个成员管理的所有对象和交互必须对外部是可见的,这就需要按照一个通用的格式对这些对象和交互进行详细说明。为了达到这一目的,HLA 要求采用对象模型(Object Model)来描述联邦及其中每个成员在联邦运行过程中需要交换的各种数据及相关信息。通常来讲,对象模型可以用各种形式来描述,但 HLA 规定必须用一种统一的表格——对象模型模板(Object Model Template,OMT)来规范,OMT 是 HLA 实现互操作和重用的重要机制之一。OMT 提供了建立 HLA 对象模型的通用框架。

OMT 用于定义联邦对象模型 FOM、成员对象模型 SOM 和管理对象模型(Management Object Model,MOM)。按 HLA 规则要求,每一个联邦都有其联邦对象模型 FOM,其中包括一些联邦中成员可共享的信息,如对象和交互。FOM 还要考虑一些成员内部的问题,如数据编码方案。按 HLA 规则要求,每一个成员也都有其成员对象模型 SOM,用于描述了成员的重要特征,提供了该成员能供外部使用的对象和交互。管理对象模型 MOM 是全局定义的,它提供了管理一个联邦所需的对象和交互。HLA 将数据和构架独立开来,这样,由 OMT 定义的对象和交互无须修改,就能集成到 HLA 应用中。

OMT 以表的形式来描述 HLA 对象模型。各类对象及其属性和交互的详细信息都记录在 OMT 的表中。HLA 要求联邦和成员都使用这些表来记录,但根据不同的情况,允许某些表为空。所有的 HLA 对象模型必须至少包含一个对象类或交互类。OMT 的主要表格包括:

(1)标识表——提供联邦或成员的主要标识信息,包括联邦或成员名称、版本号、创建日期、目的、应用域等信息;

(2)对象类结构表——包含了联邦或成员中对象的类层次信息;

(3)交互类结构表——包含了联邦或成员中交互的类结构信息;交互是指在一个成员中的一个或一组对象所产生的行为,并有可能影响到不同成员中的对象。

(4)属性表——联邦或成员中的每一对象类都有固定的属性集,其中一部分属性定义对象的状态,其值可随着时间推移而变化(如飞行速度)。HLA 对象类的属性值的变化情况可以通过 RTI 公布出去,这样联邦中的其他成员就可以得到这些值。这些属性值写在 OMT 的属性表中。

(5)参数表——对于每个在交互类结构表中标识的交互类,其参数集写在参数表上,参数表项包括相应的交互类的参数名、数据类型、优先级、精确度等。

有关 OMT 表格的详细介绍见第 6 章。

5.3.3　RTI 接口规范

RTI 提供了一系列服务来处理联邦运行时成员间的互操作和管理联邦的运行,是分布交互仿真系统构成的基础软件。HLA 规则要求所有的成员按照 HLA 的接口规范说明所要求的方式同 RTI 进行数据交换,实现成员间的交互作用。

RTI 作为联邦执行的核心,其功能类似于某种特殊目的的分布操作系统,为成员提供运行时所需的服务。RTI 提供六大类服务,包括联邦管理、声明管理、对象管理、所有权管理、时间管理和数据分发管理。这些接口可区分为两种类型:一类是 RTI 提供的服务,由成员调用的接口;另一类是由成员响应,RTI 调用的接口。RTI 接口以 API 接口函数形式提供给成员开发,接口函数可用 C ++、Ada 和 Java 语言描述。

HLA 接口规范 1.3 规定了 RTI 的六大管理及支持服务共计有 130 个。而 HLA 接口规范 IEEE Std 1516.1 – 2000 规定,RTI 应提供共计 136 个接口(见表 5 – 3),以 API 接口函数形式提供给成员开发。

表 5－3　HLA 接口规范定义的服务

名称	服务数	功能
联邦管理	24	提供创建、删除、加入、退出和控制联邦运行及保存状态等功能
声明管理	12	用于公布、订购属性/交互,支持仿真交互控制的功能
对象管理	19	包括对象提供方的实例注册和更新,对象用户方的实例发现和反射,同时包括收发交互信息的方法、基于用户要求控制实例更新和其他各方面的支持功能
所有权管理	17	提供属性所有权和对象所有权的迁移和接收的服务
时间管理	23	提供 HLA 时间管理策略和时间推进机制
数据分发管理	12	通过对路径空间和区域的管理,提供数据分发的服务,使成员能有效地接收和发送数据
支持服务	39	是对实现六大基本服务的支持,可完成联邦执行过程中关于名称及其对应 handle 之间的相互转换,并可设置一些开关量

在 HLA 的体系结构下,由于 RTI 提供了较为通用的标准软件支撑服务,可以保证在联邦内部实现成员及部件的即插即用(Plug and Play)。针对不同的用户需求和不同的目的,可以实现联邦快速、灵活的组合和重配置,保证了联邦范围内的互操作和重用。

RTI 按照 HLA 的接口规范标准进行开发,提供了一系列用于仿真互连的服务,是 HLA 仿真系统进行分层管理控制、实现分布仿真可扩充性的支撑基础,也是进行 HLA 其他关键技术研究的立足点。RTI 通过应用接口层和网络接口层将仿真应用、底层支撑和 RTI 的功能模块相分离,如图 5－4 所示。

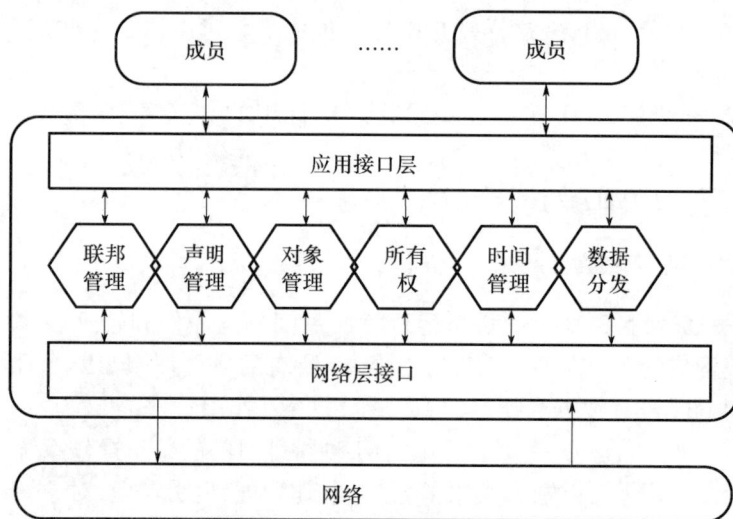

图 5－4　RTI 内部逻辑结构示意图

5.3.4　联邦开发与执行过程模型 FEDEP

基于 HLA 的分布交互仿真系统的开发同其他软件系统一样,都包括需求分析、总体设计、详细设计、系统实现和测试、系统维护等主要阶段。为了有效地促进基于 HLA 的仿真系统的开发和使用,需要一整套包括系统分析、系统设计、软件编程、系统测试和系统维护在内的软件工程理论作为指导。为此,美国 DMSO 提出了开发分布交互仿真系统的软件工程方法,即联邦开发与执行过程模型 FEDEP(Federation Development and Execute Process Model)。

FEDEP 是指导 HLA 分布仿真系统设计开发的基本方法。它为联邦开发提供了一个一般的、通用性的步骤,即规定了联邦开发过程中所有必需的活动和过程,以及每一个活动和过程需要的前提条件和输出结果,从而有利于联邦开发的需求分析、设计、实现和测试,便于联邦开发过程的管理和组织,并可最大限度地避免在联邦开发过程中由于失误而耽误开发进程。

HLA 早期的设计目标之一是联邦开发过程高度柔性,用户通过这个过程可以开发和运行 HLA 仿真应用来达到特定的需求和目的。为了避免对构建和执行 HLA 应用有不必要的限制,开发和运行 HLA 联邦的实际过程可以在不同的用户应用中有较大的变化。例如,开发与运行面向分析的联邦的基本活动类型与顺序,与面向分布训练的联邦比较,有很大不同。然而,在一个抽象的层次上,可以归纳出一个完备的七个步骤过程,所有的 HLA 联邦都应遵循这些步骤来开发和运行。FEDEP 模型描述了 HLA 联邦开发和运行的高层框架。其意图是提供一套联邦开发和运行的指南,使得联邦的开发者能够方便地达到其应用目的。

图 5-5 描述了 FEDEP 的步骤,概括描述如下:

第 1 步:定义联邦目标。联邦用户、赞助者和联邦开发团队对联邦目标的定义达成一致,并完成实现这些目标所必需的文档。

第 2 步:进行概念分析。基于问题空间的特点,开发真实世界领域的适当表示方法。

第 3 步:设计联邦。识别现有的可重用成员,完成已有成员修改和新成员的设计,把需要实现的功能分派给各个成员,并制定联邦开发和实现计划。

第 4 步:开发联邦。开发联邦对象模型(FOM),建立成员协议,完成新成员的实现和已有成员的修改。

第 5 步:计划、集成和测试联邦。完成所有必要的联邦集成工作,并且执行测试来确保满足互操作。

第 6 步:运行联邦和准备输出。运行联邦并且预处理联邦运行输出的数据。

第 7 步:分析数据和评估结果。分析和评估联邦运行的输出数据,结果报告给用户或者赞助者。

在实现上述 7 个步骤过程中的可采取的变化主要取决于已有的联邦产品的可重用性。在某些情况下,以前没有做过相关的工作,因而需要使用新定义的需求来识别合适的成员集合,以及构建支持运行的全套联邦产品来开发一个新的联邦。在其他情况下,已有长期需求的联邦用户可能会有附加的需求。在这种环境下,联邦用户能够在对产品进行新的开发的同时,选择部分或者全部重用先前的工作。这时,联邦开发者可通过重用一套已建立的核心联邦成员子集和对其领域中其他可重用的联邦产品(如 FOM,计划书)的适当修改来满足新的用户需求。当有一个适当的管理结构来改善这种联邦开发环境的时候,能够显著减少开发的费用和时间。

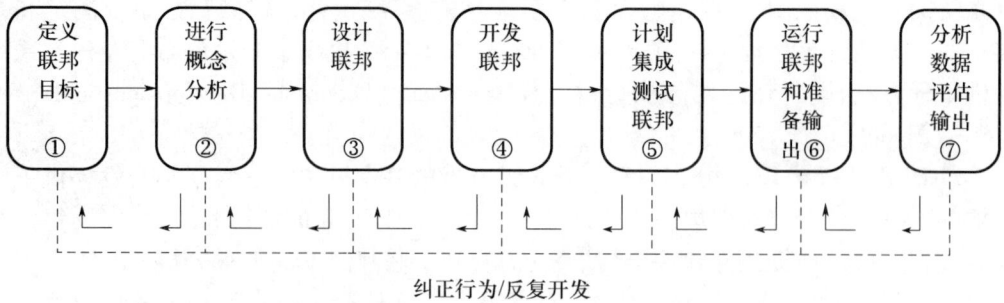

图 5 – 5　联邦开发与执行过程(FEDEP)顶层视图

因为这 7 个步骤的过程可以根据应用的实际情况以多种方式实现,所以构建和运行一个 HLA 联邦的时间和投入变化很大。例如,可能需要一个联邦开发团队用几周来充分定义大规模复杂应用所关心的真实世界。而在小规模简单的应用中,同样的行为可能不到一天就完成了。在该过程中对规范化要求的不同也会导致对联邦资源需求的变化。

5.4　HLA 中的互操作性

互操作是分布仿真系统的一个重要目标,它可以实现不同仿真系统、不同仿真应用程序之间信息的有效交换,而不受实现语言、执行环境等限制。跨空间、跨平台、跨语言的互操作性能力反映分布仿真系统交互能力的程度。HLA 作为一个通用的仿真技术框架,它提出了开展仿真活动的整个过程中应该遵循的规则,其互操作性主要是通过它的对象模型技术和运行支撑系统实现的。

5.4.1　HLA 对象模型与互操作性

在 HLA 中,对象模型是描述客观事物的一组对象的集合,包含对象的关系、属性和交互等内容,主要反映分布仿真系统中需要交换的数据。

HLA 的对象模型主要包括仿真对象模型 SOM 和联邦对象模型 FOM。SOM 描述成员在参与联邦运行时所能提供的能力,它将成员的内部结构和功能映射到外部的公共接口;FOM 以联邦中所有成员的 SOM 为基础,描述在联邦执行过程中成员可以共享的信息,为所有成员提供的公共数据交换规范。根据 FOM 产生的联邦执行数据(Federation Execution Data,FED)文件,用于 RTI 初始化过程中,建立联邦的初始运行环境。

根据 HLA 规则,所有联邦及其成员必须按照对象模型模板(OMT)建立相应的 FOM 和 SOM。OMT 是 HLA 标准定义的一个标准化的对象模型信息描述框架,定义了记录 HLA 对象模型中的格式和语法。它提供一个公共可理解的机制来描述成员间的数据交换,并以通用标准化的方法来确定成员的能力。OMT 标准的建立,是 HLA 促进分布仿真系统互操作的重要手段,也有利于促进设计和应用于建立 HLA 对象模型的公共工具。目前 HLA 对象模型的开发工具主要采用对象模型开发工具(OMDT)。

根据 IEEE Std 1516.2 标准,OMT 由 12 个表组成,其中,最主要的 4 个表对应着 HLA 对象模型重点要表达的对象类、属性、交互类和参数,FOM/SOM 词典则提供一种通用的表格方法来定义 FOM/SOM 中所用的术语,以便能够对这些数据的含义有一个共同的理解,提高各仿真系统间的互操作性。

通过 OMT 提升互操作的另一个途径是,HLA 对象模型采用可扩展标识语言(XML)的约定命名,采用 XML 存贮和转换 FOM/SOM,以及初始化 RTI 的数据。XML 是一组用来形成语义标记的规则集,这些标记可以把一篇文档分割成许多部分或验证文档中的不同部分,符合 OMT 描述的要求。XML 使用一对相互匹配的起始和结束标记符来标记信息,提供一种标准来描述在一篇文档中数据是如何组织和存放的。它具有以下四个特点:

(1)简单。XML 起源于标准通用标记语言(Standard Generalized Markup Language,SGML)。SGML 是用于定义怎样描述不同种类的电子文档的数据的结构和内容的一种语言标准,是国际标准化组织 ISO 负责指定和管理的。XML 是 SGML 的简化版本,它去除了 SGML 中一些复杂且用得很少的特性,使其更加精炼、简洁,更利于理解和使用。

(2)可扩展性。XML 在两个意义上是可扩展的,首先,它允许开发者创建自己的文档格式定义(Document Type Definition,DTD);其次,XML 文档建立在基本嵌套结构的一个核心集的基础之上,它是一种元标记语言,用户可以按照工作要求,使用几个附加的标准,对 XML 进行扩展,这些附加标准向核心的功能集增加样式、链接和参照能力。

(3)互操作性。XML 可在多种平台上使用,而且可以用多种工具进行解释。因为文档的结构是相容的,所以解释它们的语法分析器可以以较低的费用建立。XML 支持用于字符编码的许多主要标准,允许它在许多不同的计算环境中使用。

(4)开放性。XML 标准在网络上是完全开放的,可以免费获得,并且 XML 文档自身也较为开放,由开放软件描述(OSD)来定义 XML 标记。

因为 XML 易理解、非专有、易读写,所以对于在不同的应用程序之间的数据交换是非常有益的。这些优点使 OMT 不仅自身从根本上达到互操作性和可扩展性,而且它描述的数据可促进不同应用执行的互操作性。

HLA 的互操作主要表现为一个成员能向其他成员提供服务以及能够接受其他成员的服务。因此,HLA 对象模型是以数据交互为中心的仿真功能抽象,它对互操作的支持表现在 OMT 有效地指明了一个仿真应用(成员)能够提供什么样的服务,这些服务通过对象属性和交互的公布/订购实现,并且 HLA 的对象模型采用类层次结构来扩展联邦成员订购信息的能力。FOM 和 SOM 中记录了相关的信息,尤其是 FOM 的建立为联邦仿真问题的理解、数据的交换和互操作的实现提供了一个共同基础。这些信息在联邦运行时提供给 RTI,使各个仿真成员能够协同工作。

5.4.2　HLA RTI 与互操作性

基于 HLA 的分布仿真系统要在大范围内真正有效、交互地运行起来,则 RTI 必须具备在多种环境中互操作的能力。

基于 RTI 实现的 HLA 互操作性模型分为 4 个层次:①成员应用层的互操作;②模型层的互操作;③服务层的互操作;④通信层的互操作,如图 5-6 所示。其中,服务层的互操作性指的是不同 RTI 之间的服务能互相映射。

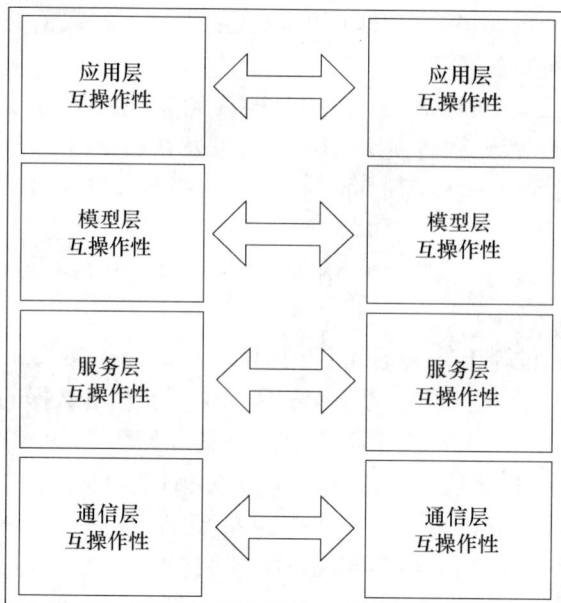

图 5-6　基于 RTI 的 HLA 互操作性分层模型

RTI 采用客户/服务器模式的分布集成框架,符合当前软件互操作的基本要求,并解决了如下三个基本问题。

（1）功能匹配。RTI 提供了一系列服务功能来处理联邦运行时成员间的互操作和管理联邦运行。仿真开发者调用由 RTI 提供的 API 函数来实现相应服务,成员之间通过 RTI 进行数据交换。一个成员选择的服务类型(如时间管理机制)对其他成员是透明的。

（2）接口匹配。RTI 根据 HLA 的接口规范说明设计实现。它根据联邦执行数据文件 FED 初始化,通过公布/订购机制,为数据交换和互操作的实现提供共同的基础,明确了客户方接口与远程服务接口之间的对应关系。此外,RTI 的实现不受操作系统和宿主语言的限制。

（3）运行支撑。RTI 在一定程度上实现了"软总线"的功能,使成员得以灵活地加入仿真执行。它采用组播通信机制实现成员间的互操作,解决了 DIS 采用广播式通信存在的不足。

对于大规模 HLA 仿真系统要解决的互操作性问题还包括:在同一联邦中含有多个 FOM 和多个 RTI 的情况。参考基于 RTI 的 HLA 互操作性分层模型,SISO 的 RTI 互操作性研究小组提出了如下四种解决方案。

（1）联邦网关(Federation Gateway)。联邦的网关完成两个联邦执行间信息的交互转换功能。一个联邦中所有需要与另一个联邦交互的信息都通过其中某个成员来完成,该成员通过网关与另一联邦的相应成员进行交互,然后在本联邦内完成信息的转发。这个成员与网关的接口并不需要按照 HLA 接口规范。网关将一个联邦分成几个小联邦的共同体,实现相应联邦层次的信息交互。

（2）成员代理(Federate Proxy)。这种方案采用的是一个成员同时加入两个或多个联邦,使它所在的几个联邦之间的通信通过它的代理实现。这个联邦成员应在这几个联邦的 FOM 中均有定义。

（3）RTI 代理（Broker）。引进 RTI Broker 的方法是通过服务级的 API 实现多个 RTI 之间的数据通信，这里的 RTI 可以是由不同语言、不同版本实现的。这种 RTI 之间的通信独立于联邦成员定义，可以实现多个联邦的数据交换。它也可以实现由同一个 RTI 支持的多个联邦之间的数据通信，主要是将不同联邦的成员之间的数据交换通过 RTI 内部的信息交换实现。同前两种方法不同之处在于联邦之间的数据交换不再通过成员代理完成，而是在 RTI 内部或 RTI 之间协调完成。

（4）RTI 互操作协议（Interoperability Protocol）。这种方式主要是为了解决由不同版本实现的 RTI 之间的互操作问题，通过增加一层将不同协议数据转化为标准协议数据格式的接口，来解决基于不同网络协议、多种数据表示的交互，在底层提供它们的互操作协议。这种协议应该独立于 RTI 的基本通信体系结构，以确保所有厂商提供的 RTI 的互操作性和兼容性。

5.5　HLAE 标准主要技术改进

HLA Evolved（HLAE）标准是 HLA1516 标准系列原有功能基础上的进一步发展。它仍然是以互操作和重用为需求进行改进，其改动大都集中在 HLA 接口规范和 HLA 对象模型模板部分，而 HLA 规则基本没有变化。其中，有一些改动不同于规范的简单修订和补充，它们为 HLA 带来了新的功能和特性，无论对成员的开发还是 RTI 实现都有重大影响。HLAE 中的这类改动抽象归纳成如下五个主要的方面：

（1）提供模块化的 FOM 和 SOM，可以实现 HLA 对象模型动态维护；

（2）提供 WSDL（Web Services Description Language，Web 服务描述语言）API，实现了通过广域网对 HLA 标准所有功能的访问；

（3）提供容错机制，可以处理运行中不稳定或者崩溃的成员；

（4）采用智能更新频率，实现在不同成员订阅同一信息时，选择不同的频率；

（5）提出动态链接的概念，使联邦可以在不同的 RTI 间切换且无须修改接口。

5.5.1　模块化 FOM

FOM 是成员间互操作所必需的"信息模型协议"，是 HLA 联邦中成员有效地进行互操作所达成的联邦协议中最为重要的一部分。其主要目的是支持联邦规划、在执行期间定义数据交换的需求、提供初始化 RTI 的方法。开发人员需要在设计阶段预先协调和约定 FOM，因而灵活性差、扩展性和重用性低，任何计划外的变动所造成的 FOM 的更改甚至替换都要求成员代码的修改和重新编译。

为了满足联邦动态开发和配置的需求，使 FOM 能够在运行时进行动态加载和扩展，HLAE 中引入了模块化（Modular）FOM 的相关概念和服务，支持运行时 FOM 的动态改变。联邦 FOM 被设计成不同模块化组件，并在联邦创建或成员加入联邦时由 RTI 使用 FOM 模块以及一个管理对象模型和初始化模块（MIM）装配组成。其基本思想如图 5-7 所示。

FOM 模块是 FOM 的子集，它遵循 OMT 数据交换格式（Data Interchange Format，DIF）格式定义，包含部分或全部的 OMT 表格。FOM 模块按其独立性可分为两种：独立 FOM

模块(Standalone FOM Module)和依赖 FOM 模块(Dependent FOM Module)。独立 FOM 模块可以作为 FOM 单独被 RTI 加载使用,原有 HLA1.3 和 HLA1516 - 2000 中的 FOM 都属于这种类型。依赖 FOM 模块不能被 RTI 单独加载为 FOM 使用。HLA 运行时的 FOM 既可由两类 FOM 模块组合而成,也可由单个或若干个独立 FOM 模块组合而成,但第一个被 RTI 加载运行的 FOM 模块要求是独立的。

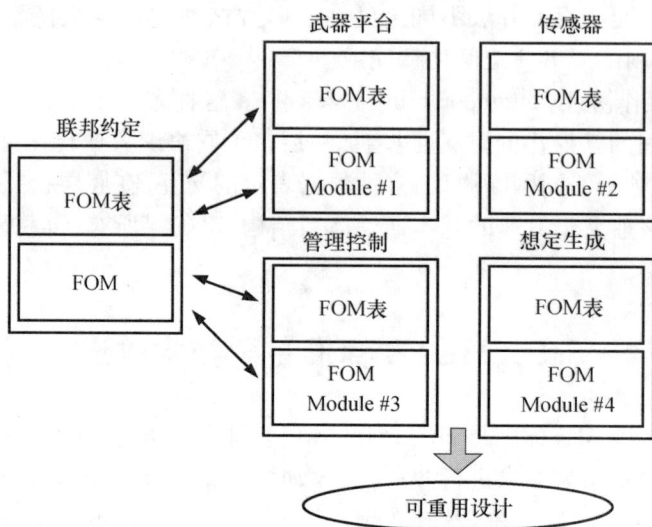

图 5 - 7　Modular FOM 的基本思想

为保证不同 FOM 模块加载后的一致性和有效性,促进相关工具的开发,HLAE 在 OMT 中规定了 FOM 模块的组合规则(Merging Rules)和组合原则(Merging Principle)。组合规则共有四条,给出了 FOM 模块组合时必须遵守的基本准则:

(1) 组合后的 FOM 应是其构成 FOM 模块中所有对象类、交互类、属性、参数、维、同步点、传输类型、更新率、数据类型、注释以及 FOM/SOM 词典的定义和描述的集合。

(2) 组合过程将忽略其构成 FOM 模块中模型标识表的所有内容,组合后模型标识表除仅在引用栏的"组成"域中注明参与组合的所有 FOM 模块外其他内容保持为空。

(3) 参与组合的各 FOM 模块在时间表示表、开关表、用户自定义标记表中的内容必须完全一致。

(4) 组合后 FOM 必须包含一个对象管理及初始化模块(MIM),定义 MOM 和其他需要预定义的 HLA 结构,例如对象和交互类、数据类型、传输类型和维等等。在已有 FOM 模块中不包含 MIM 定义的情况下,RTI 在运行中将为组合后的 FOM 添加一个预定义的标准 MIM。

FOM 模块的组合原则与组合规则不同,它描述的是组合规则下 FOM 模块中具体内容在各种可能情况下的组合方法。

MIM 一方面描述了 HLA 的管理对象模型,另一方面还包含数据类型、传输类型、维度以及对象类和交互类的根节点等其他 HLA 结构。HLAE 定义了一个标准 MIM,在没有提供用户自定义 MIM 的情况下,由 RTI 自动将其与所有 FDD 合成一个整体。在 OMT 元数据描述表格中通过"Reference"域来描述与其他模块的依赖。

MIM 是合并模块的基础,RTI 在调用 Create Federation Execution 服务时必须首先加载标准 MIM 或用户自定义 MIM,然后与调用时所提供的 FOM 模块进行初次合并,并通过调用 Join Federation Execution 服务时所提供的其他 FOM 模块进行运行时 FOM 扩展。

由于模块化 FOM 功能的增加,FOM 模块的一致性检查也成为一个重要的部分。特别是在对同一个问题的理解上,涉及的相关不同模块的开发人员必须达成共识,保证对同一个问题的描述在各个模块中是一致的。FOM 的一致性检查建议通过相应的 OMT 开发工具来支持,以提高 FOM/SOM 的开发效率,同时减少错误的发生。

从 FEDEP 过程来看,模块化 FOM 的设计和开发主要与前几个步骤相关,图 5 - 8 简要示例了使用模块化 FOM 的过程。在定义联邦目标阶段,联邦用户和联邦开发者对联邦开发的目标以及要达到这些目标需要完成的任务文档达成共识,这些目标为 FOM 的设计打下了基础。在执行概念分析阶段,基于问题空间的特征,对所要仿真的真实世界域进行抽象性描述,通过概念模型定义了被仿真实体之间的联系和相互作用关系,而不同成员中的实体之间的相互作用关系在 FOM 中被定义为成员之间的信息交换。在联邦设计阶段,需要识别可以重用的成员,分配成员的必需功能,如果需要使用模块化 FOM,那么对 FOM 进行模块化分解,定义各模块负责的内容。在后续阶段,开发不同的模块 FOM 后需要对 FOM 模块的一致性进行检查,并根据联邦测试或执行结果对 FOM 模块进行微调。

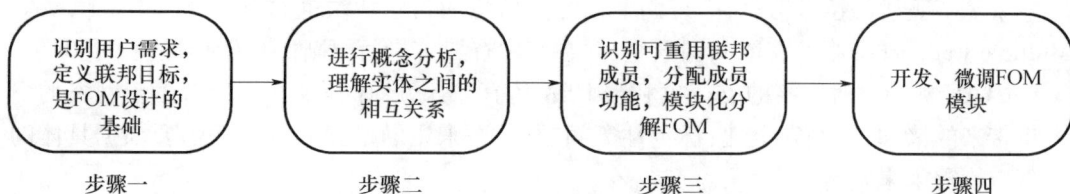

步骤一　　　　　　步骤二　　　　　　步骤三　　　　　　步骤四

图 5 - 8　FOM 模块开发过程

5.5.2　Web 服务 API

随着网络技术的发展,在仿真中使用 Web 能够带来系统易用、模型可重用、访问可控制等优点。由于受到 HLA 标准的约束,基于 HLA 的仿真系统难以作为一个服务提供给用户,这无疑限制了基于 HLA 仿真的应用范围。过去常用的网络化 HLA 的方法有网桥和网络封装,它们都属于形式或功能上的网络化,没有很好地结合利用 HLA 和网络 Services 各自的优点。因此,作为一种总线式结构的分布式仿真标准,HLAE 借鉴网络 - RTI 的基本思想,于接口规范中新增了网络服务描述语言(WSDL)API 描述,使得 HLA 从本质上具备了向网络跨平台扩展的能力。

与以往的基于 C++ 和 Java 的 API 不同,HLAE 标准中基于 WSDL 的 API 不是一种编程 API,而是描述成员和 RTI 之间基于 Web 服务的接口、访问消息格式和访问地址的通信协议。其中,成员是 Web 服务消费者,服务提供方是网络服务提供的 RTI 组件(WSPRC)。一个 RTI 可以提供多个 WSPRC 组件,一个 WSPRC 可以支持多个端口与成员的同时连接。基于 WSDL 的 API 使成员既可以通过本地 RTI 组件(LRC)与 RTI 连接,也可以通过 WSPRC 组件实现在局域网或广域网上的互联,如图 5 - 9 所示。

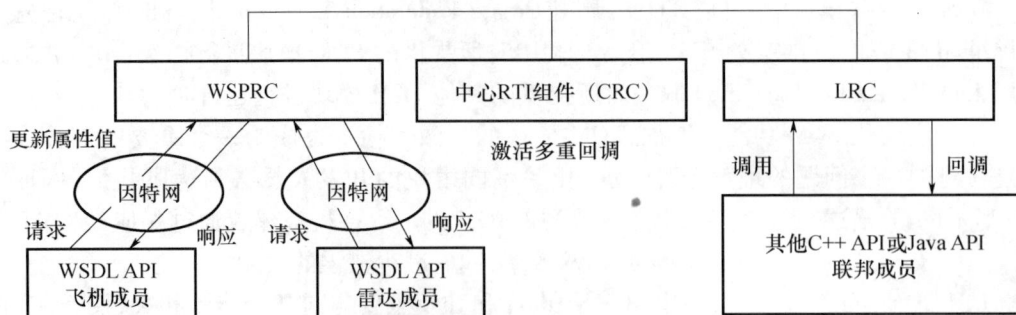

图 5-9　RTI Web 服务提供组件

从 HLA 仿真系统的通信层、接口规范层、成员接口层和应用层等网络化四层结构上看,WSDL API 是对 HLA 接口规范的网络实现。从技术角度看,WSDL API 是使用 WSDL 协议对原有联邦接口规范的 HLA C++ 或 Java 接口函数的网络服务封装描述。与传统的 HLA API 采用的函数调用和回调类型的数据交换方式不同的是,网络 Service 使用消息的请求/响应模式来进行数据交换。由于回调是由 RTI 发起的,因此在 WSDL API 中不能使用回调,回调服务通过激活多重回调(Evoke Multiple Callbacks)服务来获取,由该服务返回一个回调的 XML 数组。例如,飞机成员通过访问更新属性值(update Attribute Values)服务来更新飞机的位置信息,而订购了该位置信息的雷达成员通过激活多重回调(evoke Multiple Callbacks)服务获取回调数组,并在其中查找飞机所更新的位置属性值。

HLAE 标准中对网络的支持也利于 HLA 仿真向云方向的发展。但是,由于网络的引入将带来的诸如速度、安全性、稳定性等问题,是否采用网络支持 RTI 还需要根据具体的仿真应用需求来确定。

5.5.3　容错支持

随着成员的增加和仿真规模的扩大,特别是当 HLA 扩展到广域网应用之后,仿真系统出现故障的概率也越来越高。过去的 HLA 标准中缺乏对系统容错的支持,某个成员的运行错误如运行中突然失去连接等将导致整个仿真执行的失败。因此,需要增强容错能力来提高仿真运行时的鲁棒性。

在 HLAE 规范中,增加了容错机制。其主要思想是当一个或多个成员与联邦失去连接时,由 RTI 发送管理对象模型(MOM)交互来通知其余正常的成员识别各个丢失的成员,并重启联邦范围的同步操作(如消息处理和时间同步)。而丢失成员通过回调函数以类似于正常退出指示的方式来退出联邦,并在其后按照正规的连接和加入顺序尝试重新加入联邦。这样,在正常成员看来,丢失成员是以正常方式退出联邦,因此,成员的丢失不影响逻辑上与该成员无关的其余部分的正常执行,不致使整个联邦执行全部失败。相比于其他可能的错误处理方式,如基于成员复制的方法或基于行为模拟的方法,这种方式更易于实现。

联邦设计上可以采用多种设计模式来加入容错支持,主要包括:

(1)必需的联邦子集。只要必需的成员保持运行,联邦都可以继续运行。

(2)可选的联邦。尽管联邦丢失,但是成员仍然可以继续执行。

(3)重新出现的成员。成员只要丢失与 RTI 的连接,都将试图重新连接 RTI。

（4）错误监测成员。指定一个成员监测错误的发生并进行一定操作处理错误。

（5）自发性联邦。成员的运行不依赖于联邦,如果联邦存在的话加入联邦。

（6）备选成员。成员丢失时,使用备选成员取代丢失成员。

（7）备选 RTI。如果原有 RTI 出现故障,让成员加入备选 RTI。

由于应用目的的不同,在与 RTI 的连接丢失时,成员可能采取的动作也有所区别。如,用于训练的联邦注重训练经验的提供,操作手所在的成员丢失与联邦的连接时,更偏向于与 RTI 重新建立连接以从错误中恢复。而用于分析的联邦更偏向于对错误的跟踪,因为错误的发生可能对结果产生较大的影响。

使用 HLAE 标准中容错机制的成员的典型动作过程及其与 RTI 之间的关系可以描述如图 5-10。在 FOM 中的开关表中有一个自动退出开关用于确定当成员丢失连接且 RTI 调用退出联邦执行服务时,RTI 所执行的退出动作。

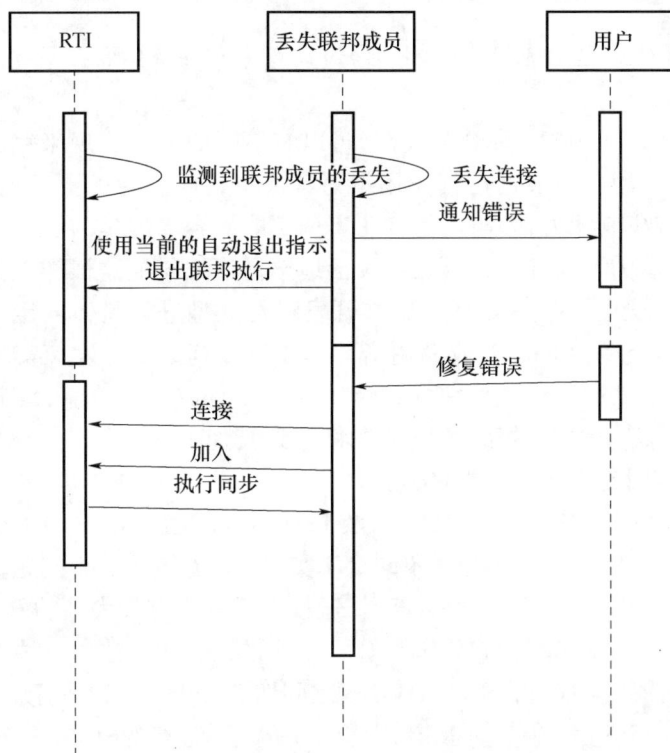

图 5-10　成员使用 HLA 容错支持时 RTI 关系图

联邦和成员是否使用 HLAE 标准提供的容错支持,与联邦目标息息相关,关于容错问题的考虑贯穿于 FEDEP 的全部过程(见图 5-11)。

在制定联邦目标和预算时,就需要考虑对错误的处理上所要达到的目标。在概念模型开发阶段,需要注明不同模型组件需要或可选的程度。这一信息用在联邦设计阶段,联邦协议需要确定每一个成员要实现何种类型的容错以及错误处理所采用的标准设计模式。在测试和集成时,对可能的错误进行模拟,触发容错功能,以测试对错误的处理能力。在联邦执行阶段,某些错误可能还需要手工干预并进行动态调整,并需要对错误进行记录。在分析和评估结果时评估发生的错误对结果的影响程度。

133

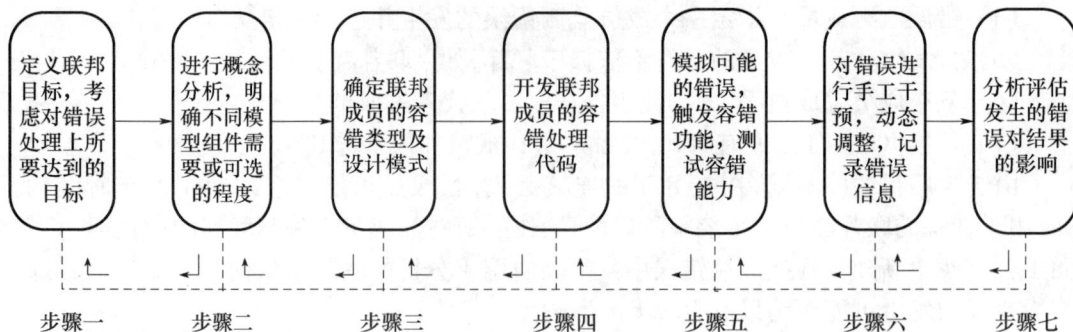

| 定义联邦目标，考虑对错误处理上所要达到的目标 | 进行概念分析，明确不同模型组件需要或可选的程度 | 确定联邦成员的容错类型及设计模式 | 开发联邦成员的容错处理代码 | 模拟可能的错误，触发容错功能，测试容错能力 | 对错误进行手工干预，动态调整，记录错误信息 | 分析评估发生的错误对结果的影响 |

| 步骤一 | 步骤二 | 步骤三 | 步骤四 | 步骤五 | 步骤六 | 步骤七 |

图 5-11　容错支持与 FEDEP 过程

5.5.4　动态库兼容

RTI 的动态库兼容是指成员代码能够通过动态库文件替换而在不同开发商 RTI 实现下直接切换使用的能力。

根据 HLA IEEE Std 1516 - 2000 规范，可以有不同的 RTI 实现来完成接口规范中描述的功能，领域相关用户则根据仿真应用编写其成员代码。为了更好地实现这一目标，成员要与特定实现机制无关，即与任何 RTI 实现都能兼容。但是，在 IEEE Std 1516 版本中，由于 API 设计者为了允许 RTI 开发商灵活地选择诸如句柄这样类型的不同实现，API 仅提供了一些与实现相关的头文件，RTI 在开发时对类型进行具体的定义，例如，为对象类句柄指定其数据类型为 long 型或使用指针。如果没有 RTI 开发商实现的具体 RTI 软件，成员不能仅仅依靠这些头文件完成编译工作。一旦成员完成编译，其可执行代码将与特定的 RTI 形成对应关系，相同的成员在移植到其他 RTI 应用中，或在同一应用中与不同 RTI 实现连接时都需要重新编译链接。

HLAE 中主要基于早期的 DLC API 以及 DoD 解释文档 2.0(DoD Interpretation Documents V2.0)开发了 EDLC API，解决了不同 RTI 实现的动态链接兼容问题，同时对原有 API 进行了简化。DLC API 是由 SISO PDG(产品开发组)及三个有代表性的 RTI 开发商共同开发的 API，其主要思想是在成员接口规范和 C ++ API 的语义之间建立一种可选择性的映射，明确地允许成员通过替换 DLL 在不同 RTI 实现之间切换，如图 5-12 所示。DoD 解释文档则是对原来 IEEE Std 1516 API 中与动态链接兼容无关的部分进行的改进，是 DLC API 的起点。

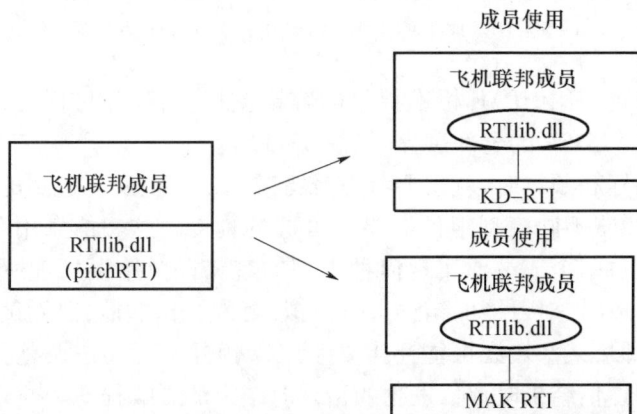

图 5-12　RTI 的动态链接兼容

在 EDLC API 中,使用了(pointer to implementation, PIMPL)方法将句柄、值等变量的定义与实现完全分离,且成员可以在运行时从 RTI DLL 中获取具体的实现。同时,规定由创建联邦的成员选取逻辑时间的具体实现,其他加入的成员使用同一逻辑时间实现;使用 C++ enums 类型定义枚举类型替换掉以前 C++ 类定义方式,大大简化了 API 的代码。

EDLC API 从设计上就考虑到了对用户的透明性,成员开发者在进行代码移植工作时,针对 EDLC API 的改变主要在细节之处,且由于设计方式上的接近,将 HLA 1.3 的代码移植到 EDLC API 比移植到 IEEE Std 1516 API 更为简单。

需要注意的是,RTI 动态库兼容性是建立在平台兼容的前提之下的,首先需要保证双方应用平台的一致(包括操作系统版本、编译器、RTI 规范版本等)或兼容,然后才能保证 RTI 动态库的兼容。此外,RTI 的动态库兼容并不等同于 RTI 的网络兼容。事实上,由于不同厂商 RTI 的底层通信机制实现的不同,不同的 RTI 实现一般是不能网络兼容的,同一联邦内的所有成员必须在相同 RTI 实现的基础上才能够进行互操作。

5.5.5　智能更新率降低

更新率是指具有实例属性所有权的 HLA 成员向 RTI 或者由 RTI 向实例属性订购成员提供实例属性值的速率。

针对 DIS 协议中采用广播方式在仿真系统中发送 PDU 造成网络通信量以 N^2 数量级增长的问题,HLA 标准提供了两种机制来实现数据(即对象类及其属性和交互类及其参数)的反射和更新:声明管理和数据分发管理。声明管理为成员提供了类层次的公布/订购机制,使成员向联邦表明自己的能力/表达自己感兴趣的信息来过滤数据;数据分发管理则提供实例层次的表达来对发送方和接收方的数据进行匹配。相对于 DIS 的广播方式,这两种机制极大地减少了仿真运行中的网络数据量。但是,仍然有冗余数据在网络上传输,并且数据发送者的数据生产率与数据接收方的数据处理能力差异较大时,很容易导致接收方成员被洪水般的数据所淹没。另外,在进行大规模分布式仿真时,容易造成网络拥塞。而成员的运行效率极大地影响到联邦运行的整体性能,特别是在时间步进仿真中,运算量大处理数据能力较差的成员往往是制约联邦性能的"短板"因素。

因此,在 HLAE 标准中,提出并引入了智能更新率减少的智能化更新率降低(SURR)机制。SURR 机制的主要思想是成员在订购属性时提供一个最大更新率,使 RTI 和作为数据产生者的成员根据这一需要调整更新率,如图 5-13 所示。

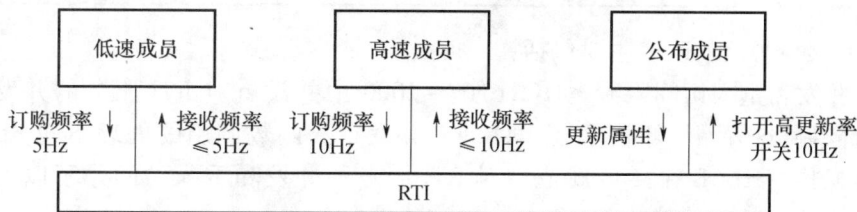

图 5-13　SURR 公布订购示意图

在 FOM 表中,增加了一个智能更新率表格,提供了一种将特定名称与最大更新率校准的方式。这一表格可转化成 FOM 文档标识符(FDD)提供给 RTI 在运行时使用。所有使用智能更新率的联邦应在 FOM 或相关 FOM 模块的更新率表格中指定其表示。在使用数据分发管理(DDM)和不使用 DDM 时都可以使用智能更新率减少机制。

成员在订购对象类属性时,可以确定所采用的、对应 FDD 中的数据更新率,这时,成员以该更新率订购数据。RTI 提供给订购成员的数据更新率将不会超过该更新率。值得注意的是,更新率没有限定最小值,例如,成员 A 以更新率 5Hz 向成员 B 订购对象类属性 Att1,但是 Att1 的实际更新率可以为 0。

对 RTI 开发来说,可以自由选择 RTI 中 SURR 的实现机制,例如基于发送方降低或基于接收方降低,基于不同组播组或叠加组播组实现等等。

5.5.6 HLAE 的其他变化

除重大技术改进之外,HLAE 中还有一些改动虽然没有带来新特性和功能,但相比以前作了较大的修改,对成员开发和 RTI 实现均有一定的影响。

HLAE OMT 的改进包括:

(1) 使用 XML Schema 代替 IEEE Std 1516 的 DTD 对 OMT 的 DIF 进行定义,增强了 OMT 的自我校验能力和对约束内容的表达。

(2) 借鉴 BOM 中模型标识表的使用经验,在对象模型标识表(Object Model Identification Table)中增加 Security Classification 等常用元数据,删除 Sponsor 等使用频率较低的元数据。

(3) 允许为表格添加注释(Note)关联。

(4) 增加更新率表以支持 SURR。

(5) 增加一个可选的接口规范服务使用表(Interface Specification Services Usage Table),用来定义描述成员或联邦使用的 HLA 接口服务,见表 5-4。

(6) 开关表中新增 3 个开关量。

表 5-4 接口规范服务使用表样例

序号	服务	使用
4.2	Create Federation Execution	No
4.3	Destroy Federation Execution	No
4.4	Join Federation Execution	No
4.5	Resign Federation Execution	No
…	…	…

HLAE 接口规范的改进主要包括:

(1) 并发和重入访问限制。HLA1516-2000 中并没有对 RTI 服务的并发和重入访问进行限制,这导致了不同实现 RTI 间对并发重入函数调用的处理不同,影响了成员间的互操作。HLAE 在接口规范中对 RTI 服务的并发和重入访问作了以下规定和约束:

① 不允许 RTI 并发访问调用同一成员大使实例;

② 允许成员并发访问调用同一 RTI 大使实例;

③ 允许成员同时调用多个 RTI 大使实例;

④ 允许成员在回调中调用 RTI 大使服务。

（2）增加显式 RTI 连接服务，当成员首次连接上 RTI 服务器时，服务器负责提供可加入的联邦执行。

（3）去除了 Ada API 支持。

（4）为 RTI 的编码解码提供助手帮助（Ecoding Helpers，目前仅支持 Java RTI）。

（5）每个成员在加入联邦时需要提供唯一标识的成员名称。

（6）增加了用于列出未完成同步成员列表的服务。

5.6　HLA 与 TENA

在建模与仿真领域，为了促进仿真系统之间及仿真系统与 C4I 系统之间的互操作，促进仿真及其组件的重用，美国国防部建立了建模与仿真的高层体系结构 HLA。在作战试验与训练领域，也迫切需要一种能克服烟囱式设计，能实现靶场资源之间的互操作、重用和可组合的机制。因此，美国国防部提出了试验训练使能体系结构（TENA）。TENA 和 HLA 的设计目标都是促进互操作、重用，并且在试验与训练领域得到大量应用，因此它们之间具有天然的联系，但由于侧重点的不同，它们之间又存在显著区别。

5.6.1　TENA 简介

美国国防部认为未来的作战概念依赖于网络中心战（NCW）能力，它需要基于互操作与重用为试验和训练界提供一种新的技术基础。美国不可能完全重建整个试验和训练靶场，必须建立一种途径来保证已有的靶场能力得到重用，并且未来的投资能支持互操作。这就是美国国防部通过作为"试验与训练投资核心项目（CTEIP）"之一的基础计划 2010（FI2010）工程来开发 TENA 的原因。TENA 设计的主要目的是给试验和训练靶场及其用户带来可负担的互操作。TENA 通过使用"逻辑靶场"的概念来促进集成的试验和训练，促进基于仿真的采办（SBA），支持 2020 年联合设想（JV2020）。

一个逻辑靶场将分布在许多设施中的试验、训练、仿真、高性能的计算技术集成起来，并采用公共的体系结构将它们连接在一起互操作。在一个逻辑靶场中，真实的军事装备及其他模拟的武器和兵力之间能彼此交互，而不论它们存在于世界上什么地方。

TENA 作为一种体系结构，可以从运作、技术、应用和系统等方面来分析。

TENA 运作体系结构（OA）主要是描述一个逻辑靶场的运作概念，用于指导规划、建立、测试和使用一个逻辑靶场。TENA 通过考察各种靶场运行中使用的大量系统，从功能上将这些系统分为六大类，它们精确表示了当今靶场使用的各种系统的类型，从而确定了 TENA 逻辑靶场必须支持的系统。这六种类型系统构成的逻辑靶场如图 5 - 14 所示。

TENA 通过对各种靶场的运作过程进行分析后提炼出的逻辑靶场运作概念，将一个逻辑靶场的运作过程分为事件前、事件、事件后三个阶段中的 5 个主要活动：①对用户目标和需求的分析活动；②靶场事件规划活动；③事件的构造、设置和预演活动；④事件的执行活动;⑤分析和报告活动,如图 5 - 15 所示。活动中参与人员的角色可分为用户、事件分析员、逻辑靶场开发人员、资源所有者、靶场资源开发人员、事件执行人员等六大类。

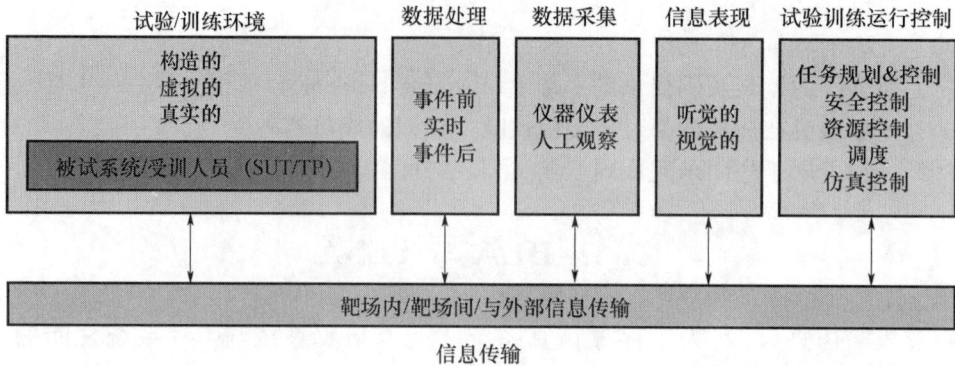

图 5 - 14 靶场系统功能分解图

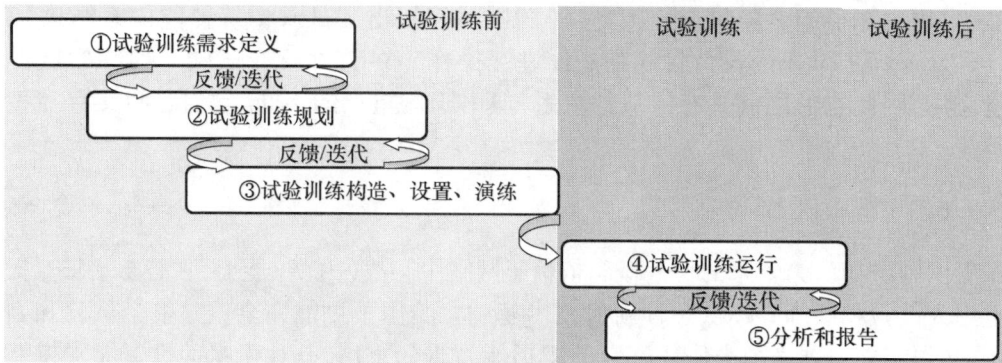

图 5 - 15 逻辑靶场运作概念中各阶段的活动及其关系

这样确定了逻辑靶场的运作概念,包括各种角色的需要,有助于随后定义各种 TENA 工具和实用程序,帮助完全或部分实现逻辑靶场运作概念中各种活动的自动化。

TENA 技术体系结构(TA)主要说明使用 TENA 的规则,以及辅助 TENA 应用来实现技术需求和目标的相关标准。TENA 规则分为三种不同的类别,分别代表某个应用可在三个不同层次与 TENA 兼容。这 3 个不同层次的 TENA 有如下几个兼容性及相应的规则。

1)层次 1:最小限度的兼容

(1)当应用之间通过 TENA 中间件互相交互时,必须使用标准的应用编程接口(API);

(2)逻辑靶场必须定义一个逻辑靶场概念模型(LROM);

(3)LROM 中的所有对象必须遵从 TENA 元对象模型。

2)层次 2:扩展的兼容

(1)运行时,应用之间所有的通信必须通过 TENA 中间件;

(2)应用设计人员必须描述应用公布和订购的数据;

(3)所有应用必须正确实现时间推进;

（4）所有应用必须描述它们的时间测量机制及其精度。

3）层次 3：完全兼容

（1）所有应用必须公布一个应用管理对象（AMO）；

（2）应用不能使用与标准的 TENA 对象模型相冲突的对象定义；

（3）应用必须使用逻辑靶场数据档案存储所有数据。

TENA 技术体系结构参考了大量的商业标准。TENA 与两个最重要的外部标准的关系是：与 JTA 兼容，与 HLA 互操作。它本身也定义了一些新标准，包括 TENA 中间件 API、TENA 元对象模型和 TENA 对象模型。

TENA 特定领域的软件体系结构（DSSA）说明了 TENA 的四个基本部分：一个公共的元对象模型，一个公共的对象模型，一个公共的软件基础设施，一个公共的明确地表达互操作的技术过程。这四个部分在支持互操作方面相互补充：公共元对象模型定义了由什么组成一个"对象"，TENA 对象模型代表所有的 TENA 应用所共享的公共语言和公共接口，公共软件基础设施支持 TENA 应用在整个逻辑靶场过程中使用 TENA 对象模型，公共技术过程对如何建立与整个 TENA 运作概念一致的逻辑靶场及与 TENA 兼容的软件提供了指南。

TENA 应用体系结构的焦点在于如何建立一个应用。靶场资源应用由靶场开发人员建立并配置到每个靶场以执行试验和训练所需的所有重要功能。这些应用包括显示系统、传感器系统、硬件在回路试验床及其他系统。

TENA 系统体系结构概览如图 5-16 所示，它描述了五类基本软件：

（1）TENA 应用（靶场资源应用和 TENA 工具）：靶场资源应用是与 TENA 兼容的靶场仪器仪表或处理系统，它们是逻辑靶场的核心；TENA 工具是通常可重用的 TENA 应用，它们有助于促进对逻辑靶场事件全生命周期的管理。

（2）非 TENA 应用：与 TENA 不兼容但在某个逻辑靶场中需要的靶场仪器仪表/处理系统、被试系统（SUT）/训练参与者（TP）、仿真系统和 C4ISR 系统等。

（3）TENA 公共基础设施：为实现 TENA 的目标和驱动需求奠定基础的那些软件子系统，包括用于存储应用、对象模型、其他信息的 TENA 仓库，用于信息实时交换的 TENA 中间件，用于存储剧情数据、试验事件期间所收集的数据以及总结信息的逻辑靶场数据档案。

（4）TENA 对象模型：所有的靶场资源和工具之间用来通信的公共语言。某个逻辑靶场中所使用的对象模型称为"逻辑靶场对象模型（LROM）"，它依据 TENA 对象模型定义，可包含 TENA 标准的对象定义，也可能包含非标准的对象定义。

（5）TENA 实用程序：为逻辑靶场使用 TENA 及相应的管理而特别设计的应用，它们是"TENA 产品线"的一部分。

这种区分是为了实现 TENA 的驱动需求而设计的：公共的 TENA 对象模型作为特定领域的软件体系结构的一部分，加上一个用于通信的公共基础设施，支持了互操作；重用是通过使用一个公共的基础设施以及存在大量的、能在 TENA 逻辑靶场和其他的体系结构、协议与系统之间实现互通的网关来达成的；可组合是通过使用特定的、能访问 TENA 仓库中的各种对象定义和组件的 TENA 工具以及实用程序来落实的。

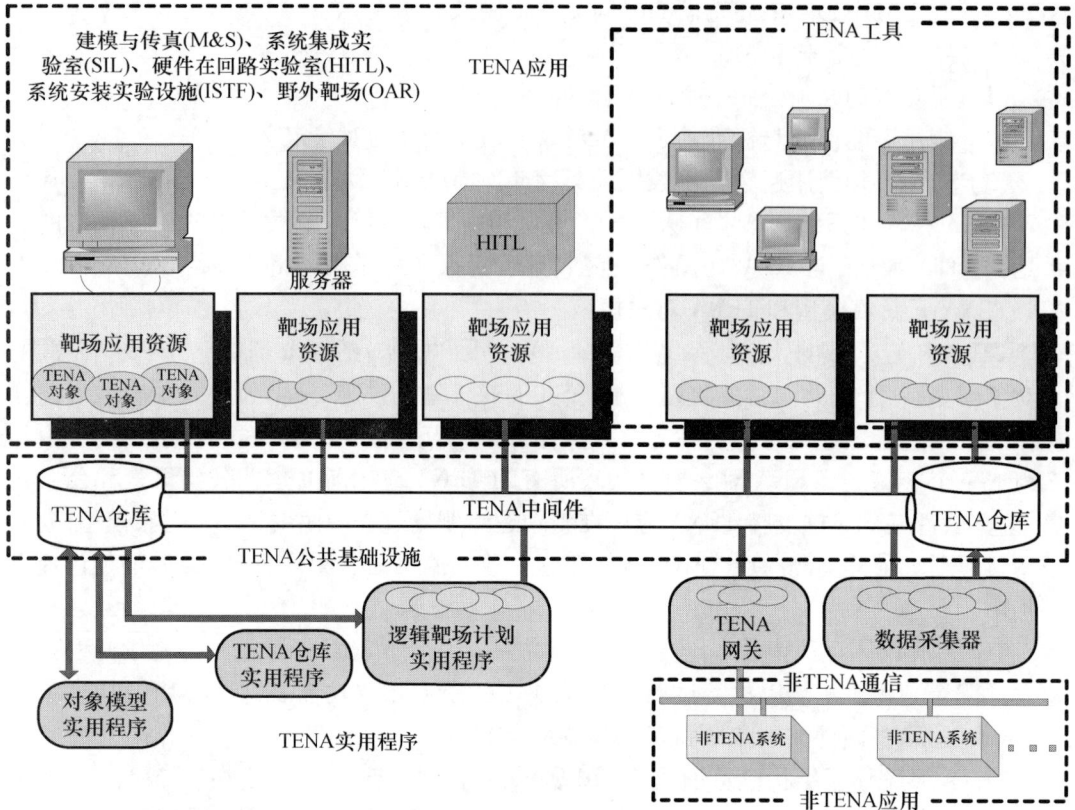

图 5 - 16　TENA 系统体系结构概览

5.6.2　TENA 与 HLA 比较

TENA 充分借鉴了 HLA 的诸多优点,而且 HLA 本身也可应用试验与训练领域,能将分布在各地的构造的、虚拟的和真实的仿真集成起来互操作。因此,TENA 的思想可以基于 HLA 并通过扩展加以实现。而 TENA 扩展 HLA 的关键功能包括以下几个主要方面:

1) 标准的对象模型

TENA 的对象模型和接口都采用面向对象的方法,TENA 的对象都是真正的软件对象。而且,TENA 提供了对标准化对象模型的管理。将靶场界广泛同意的数据格式、定义等标准化,比 HLA 规范能更大程度地促进互操作。

2) 高性能、高可靠性

对于 TENA 兼容的应用而言,TENA 对象被编译到应用中。这样会使性能更高、更可靠,因为数据格式方面的任何错误都可在软件编译期间(事件执行之前)被发现,而不是事件执行期间发现。

3) 管理持久数据

TENA 提供了对整个靶场事件生命周期的数据库信息,包括剧情信息、演练期间采集的数据的管理和标准化。这样通过在靶场事件之前、期间、事后都取得互操作,从而能更容易的组织、初始化、分析靶场事件,节省了时间和经费。

4）支持数据流

TENA 支持实时发送和存储数据流信息（声频、视频和遥测）。大量的试验信息是流数据，以标准的、可重用的、互操作的方式将数据流完全集成到 TENA 中，可支持对这类信息的高性能的管理。

5）支持更复杂、更有含义、用户定义的对象模型

TENA 允许对象由其他的对象组成（即对象可以包含对象）。这点的重要意义在于小的"基础部件"对象（时间、位置、方位等）可以标准化和重用来高效地定义其他更复杂的对象，可以比 HLA 更快更省地产生互操作。

6）TENA 中间件提供数据的列集/散集，而不依赖应用自身完成.

中间件"列集"使得在分布式的试验训练事件中集成不同的计算机平台（Windows、Linux、Sun 等）更容易，还可避免用户编写软件的不一致而导致集成错误。

7）TENA 支持远程激活

TENA 还支持远程激活另一个应用的"方法"（控制命令、操作、处理等等），这样软件接口可设计成更自然、更高效地用于分布式试验事件。

8）基于 CORBA 的安全机制支持对象级的安全

充分利用了现有的对象安全机制。在 TENA 对象模型编码中明确定义对象关系 TENA 对象模型中的对象是真正的软件对象。

9）明确包括代理与服务器的对象缓存，从而给应用提供面向对象的一致接口

以用户透明的方式提供面向对象的一致接口，大大方便了应用的理解与开发。

开发基于 TENA 的可重用的、公共的靶场工具软件 TENA 产品线定义了支持逻辑靶场全寿命周期运作概念的各种工具软件。

第6章 对象模型模板

HLA 的对象模型模板(Object Model Template,OMT)是一种标准的结构化框架,以表格的形式来描述 HLA 对象模型:如联邦对象模型(Federation Object Model,FOM)、成员对象模型(Simulation Object Model,SOM)和管理对象模型(Management Object Model,MOM)。这些表格用于引导用户详细说明联邦及联邦中的每一个成员在联邦运行过程中需要交换的各种数据及相关信息,主要目的是促进仿真应用的互操作和仿真应用组件的重用。

本章首先分析了 HLA 对象模型的概念,将其与面向对象分析与设计的对象模型进行了比较,再重点讨论了 OMT 的作用和介绍了 HLA 标准中 OMT 的组成,然后介绍了管理对象模型,最后讨论基本对象模型。

6.1 HLA 中的对象模型

HLA 中的对象模型主要用来描述两类对象,一类是联邦中的各个成员,即创建各单个的 HLA 仿真应用的 SOM;另一类是相互之间存在信息交换特性的那些成员组成的联邦,即创建 HLA 的 FOM。

6.1.1 FOM 与 SOM

在开发一个 HLA 联邦的过程中,所有参加联邦运行的成员对于它们相互之间必须进行交换的信息具有准确的、一致的理解是十分关键的,否则各成员之间的互操作将难以正确、有效地完成。建立 FOM 的目的就是借助于 OMT 提供的标准化记录格式,为一个特定的联邦中各成员之间需交换的数据的特性进行描述,以便各成员在联邦的运行中正确、充分地利用这些数据进行互操作。

在联邦运行过程中,成员之间的数据交换是借助于 RTI 提供的服务通过"公布"与"订购"实现的:由声明公布对象类属性或交互类的成员不断地提供更新的属性值或交互,由订购数据的成员自己接收数据,并把它本地化加以利用。因此,FOM 中的数据主要包括:联邦中的作为信息交换主体的对象类及其属性、交互类及其参数,以及对它们特性的说明。FOM 实际上是建立了保证联邦中各成员达到互操作目的的必要的(但不是充分的)"信息模型合同"。与 DIS 采用 PDU(协议数据单元)比较,HLA 采用的这种数据交换协议使用起来要灵活得多。

HLA 联邦过程的一个重要步骤是确定联邦中的各个成员,以便它们能最好地满足联邦发起者的目标。HLA 的 SOM 作为一种标准化的对象模型,它描述了各个成员可以提供(公布)给联邦的信息,以及它需要(订购)从其他成员接收的信息,反映的是成员具备的向外界"公布"信息的能力及其向外界"订购"信息的需求。与 FOM 一样,SOM 中包含的数据也是作为信息交换主体的对象类及其属性、交互类及其参数,以及对它们本身特性的说明。建立 SOM 的目标在于使成员成为一个通用的、独立于具体联邦的应用。因此,SOM 的建立并采用标准的格式记录有利于决定仿真应用参与具体联邦的适合程度,有利于它在建立具体 FOM 中的重用。显然,SOM 的建立将大大方便于 FOM 的建立,在特定情况下,FOM 的构成可以是由各 SOM 合并而成,或者是在此基础上根据联邦开发的具体目标适当进行修改而成。

在 DIS 中,仿真应用是由 IEEE Std 1278 中提出的一套协议数据单位(PDU)进行交互的。由于 DIS PDU 类型及其数据的限制,限制了分布仿真系统互操作数据的描述能力。FOM 提供的互操作灵活性是一个有意义的进步,HLA 允许联邦开发人员创建、重用、裁剪 FOM 以满足联邦的具体需求。FOM 为联邦内的仿真应用或模型的分布开发和描述提供了更大的潜能,因此,也提供了更多地通过集成进行演练和作战实验的机会。在 HLA FEDEP 模型中定义了用于创建和维护 HLA 的 FOM 一系列活动,采用OMT 可以减轻扩展和记录 FOM 的负担。但是,扩展 FOM 的任务仍是复杂和费时的,联邦开发人员需要研究和采纳提高有关重用和扩展现有 FOM 的方法,例如引入基本对象模型。

6.1.2　HLA 对象模型与 OOAD 对象模型的关系

HLA 中的对象模型跟传统的面向对象分析与设计(OOAD)中对象模型的定义并不完全一致,主要区别在两个方面:

1) 使用意图不一致

在传统的 OOAD 领域中,系统的对象模型是一个系统的抽象表示。建立对象模型的目的在于充分地表示真实系统,以便让人充分地理解它。为了达到这一目的,大多数的OOAD 方法学倾向于从多个视角来描述真实系统,其中包括对系统中各组成对象之间的静态关系(如 is-a、part-whole 结构关系及其他的联系)和动态关系(对象之间的交互随时间推移的特性及其触发条件等)的描述,以及对对象本身特性的算法性的描述(对象属性随时间推移发生变化的算法描述)。

HLA 对象模型要描述的系统的特性范围窄得多。FOM 所关心的是在联邦运行过程中成员之间数据交换和相互协作的需求,即它们之间的数据交换和协作必须借助于哪些对象和交互的公布和订购完成,这些对象类和交互类的结构、对象属性和交互参数特性又如何等。建立它的目的在于使各成员对于相互之间必须进行交换的信息——对象及其属性、交互及其参数的特性具有准确的、一致的理解,以便利用它充分、正确地实现互操作。开发 FOM 之前,可先采用传统的 OOAD 方法将真实世界中所包含的所有对象之间的关系及各自的特性描述清楚,即先建立联邦概念模型(FCM),用于确定 FOM 中所需描述的各成员之间的信息交换的需求,FCM 的建立是 FOM 建立的基础。

而 SOM 关心的是一个潜在的成员对外界信息的需求(需要订购哪些对象类属性和交互类参数)及其向外界提供信息的能力(可以公布哪些对象类和交互类)。它描述的是系统在包含确定的对象类及交互类的情况下,它们与外界进行信息交换的公共接口。至于该成员的组成(该成员应该设计成包含哪些对象类及交互类,关系如何)及其内部的功能如何,这是传统的 OOAD 建立的系统的对象模型所描述的。

2）对象描述不同

OOAD 的对象定义为数据成员（属性）及方法（操作）成员的软件封装体；HLA 的对象完全由联邦执行过程中，成员之间进行交换的属性以及成员内会影响其他 HLA 对象属性值的行为或操作（交互）来定义。OOAD 中的对象既可能是具体的也可能是概念性的，而 HLA 中的对象往往是表示真实的东西（如坦克、飞机等）。在 OOAD 和 HLA 中都采用继承的概念，但目的和兴趣也不尽相同，HLA 中主要是便于数据的公布与订购的声明，且只支持单一的继承关系。OOAD 中对象之间的交互是通过发消息，即一个对象调用另一个对象的方法来实现；而 HLA 中对象之间的交互是通过更新对象的属性值或通过发送交互类（类似于 OOAD 中的事件的概念）实现。同时，HLA 中的对象属性值的更新责任可以由一个联邦中各个成员共同承担。这是因为 HLA 中成员信息交换是借助于 RTI 提供的服务进行公布与订购实现的，由公布信息的成员提供信息，由订购信息的成员接收信息，并把它本地化。而在 OOAD 中对象将自己的状态封装起来，状态的改变也只能通过自己封装的方法改变。

采用 OMT 格式记录的 FOM 或 SOM 的目的在于为成员之间的互操作提供标准的描述形式（FOM），或为成员向外界提供信息的能力及对外界信息的需求提供标准的描述形式（SOM）。OMT 本身对 HLA 对象模型必须包含哪些对象类（各对象需包含哪些属性，各属性值随时间如何变化）和交互类（各交互类需包含哪些参数）也没有提供指导。因此，OOAD 建立的对象模型是 HLA 对象模型的应用基础。

6.2　OMT 的作用与组成

HLA 规则要求联邦及成员都需要建立自己的对象模型来描述外部或内部的信息交换关系。联邦中成员间的信息交换主要是通过由 RTI 提供的"对象属性"及"交互"的"公布与订购"的服务来实现。声明"公布"信息的成员负责更新公布的信息，由 RTI 负责通知"订购"信息的成员，再由成员自己反射（接收）这些信息，并把它本地化加以利用。FOM 用于把联邦运行时各成员中参与信息交换的对象类及其属性、交互类及其参数的特性描述清楚；SOM 用于把成员可以对外公布或需要订购的对象类及其属性和交互类及其参数的特性描述清楚。

OMT 作为对象模型的模板规定了记录这些对象模型内容的标准格式和语法。但对于对象模型如何建立，OMT 必须记录哪些内容，OMT 本身并没有说明。之所以要定义一个记录对象模型的标准，原因有：①提供一个通用的、易于理解的、用来说明成员之间数据交换及运行期间的协作的机制（FOM）；②提供一个通用的、标准的机制，用来描述一个潜在的成员所具备的与外界进行数据交换及协作的能力（SOM）；③有助于促进通用的对象模型开发工具的设计与应用。

1998 年 4 月 20 日 DMSO 公布了 HLA OMT 1.3 版本作为 HLA OMT 成熟的定义，对应于 IEEEP Std 1516.2/D1，它由以下几个表格组成：

（1）对象模型识别表：用来记录识别 HLA 对象模型的重要信息。

（2）对象类结构表：用来记录联邦/仿真中的对象类及其父类 – 子类关系。

（3）交互类结构表：用来记录联邦/仿真中的交互类及其父类 – 子类关系。

（4）属性表：用来说明联邦/仿真中对象属性的特性。

（5）参数表：用来说明联邦/仿真中交互参数的特性。

（6）枚举数据类型表：用来对出现在属性表/参数表中的枚举数据类型进行说明。

（7）复合数据类型表：用来对出现在属性表/参数表中的复合数据类型进行说明。

（8）路径空间表：用来说明一个联邦中对象属性和交互的路径空间。

（9）FOM/SOM 词典：用来定义各表中使用的所有术语。

当描述一个联邦或成员的对象模型时，都必须使用上述表格。一个 HLA 对象模型至少要包含一个对象类或交互类，但在某些情况下，描述对象模型的一些表可能是空表。例如一个联邦中某些成员的对象之间存在属性信息的交换，但它们之间没有"交互"，则该联邦的 FOM 的交互类结构表将为空，相应地其参数表也为空。一般情况下，成员中的对象具有其他成员都感兴趣的属性的话，那么这些对象及其属性都需要描述。但是，如果某个成员甚至整个联邦只通过"交互"来交换信息，那么它的对象类结构表及属性表都将为空。对于 SOM 来说，其路径空间表总为空，因为它的信息交换局限于其内部；而对于 FOM 而言，如果整个联邦都不使用数据分发管理（DDM）服务，其路径空间表也将为空。

此外，为了更清晰地描述对象间的关系，HLA OMT 早期定义的版本还提供了三个可选的 OMT 扩展表（不作为定义的一部分）：

（1）构件结构表：记录联邦或成员中类的部分－整体关系，这种部分－整体关系指明某类对象是另外某类对象的组成部分，描述了不同对象间的"组成"关系。

（2）关联结构表：记录类之间的部分－整体以外的其他关联关系，它对于评估模型的互操作性和可重用性是有用的。

（3）对象模型的元数据：记录联邦或成员的整体的信息，该信息对于决定某个 FOM或 SOM 的可重用性时很重要。

IEEE Std 1516.2 标准中的 OMT 提供了一组相关的共 14 个表格，用来描述对象模型中的对象类及其属性和交互类及其参数的特性。这些表格与 IEEE Std P1516.2/D1 类似，不过 IEEE Std 1516.2 还增加了几个新表以满足可能出现的各种用户需要。这些表包括：数据类型表、时间表示表、用户提供的标记符表、同步表、传输类型表、开关表。两个版本的 OMT 构成比较见表 6－1。

表 6－1　两个版本的 OMT 比较

IEEE Std 1516.2/D1	IEEE Std 1516.2
对象模型识别表	对象模型鉴别表
对象类结构表	对象类结构表
交互类结构表	交互类结构表
属性表	属性表
参数表	参数表
路径空间表	维表
枚举数据类型表	数据类型表
复合数据类型表	

（续）

IEEE Std 1516.2/D1	IEEE Std 1516.2
—	时间表示表
—	用户定义的标签表
—	同步表
—	传输类型表
—	开关表
—	注释表
FOM/SOM 词典	FOM/SOM 词典

从 DMSO HLA OMT V1.3 演化到 IEEE Std 1516.2 标准最显著的变化是"数据类型"的表示部分。在讨论制定 IEEE 标准的过程中,许多 OMT 的用户反映 DMSO HLA OMT V1.3 对数据类型规范化的支持太有限了,并提出了许多完善的建议。考虑到这些有益的建议,IEEE Std 1516.2 在 DMSO HLA OMT V1.3 的基础上添加了许多新的表格。通过这些表,新标准的 OMT 对任意类型的数据定义都可以提供支持,用户可以根据实际的应用构造所需要的数据类型,为仿真应用的开发提供了更大的灵活性。这些表取代 DMSO HLA OMT V1.3 中的枚举数据类型表、复合数据类型表及附录 B 中的属性/参数基本类型。这些新添加表格包括:基本数据表、简单数据类型表、枚举数据类型表、数组数据类型表、记录数据类型表、可变记录数据类型表。

为了支持 IEEE Std 1516.1 中对数据分发管理(DDM)的修改,DMSO OMT V1.3 中的"路由空间表"被 IEEE Std 1516.2 的"维表"所取代。"维表"记录了与 DDM 中"重叠区域"计算所用到的每一个"维"相关的缺省范围、归一化函数、范围上界及其数据类型。对公共的归一化函数(IEEE Std 1516.2 附录 B)也作了小的改动,以便与 IEEE Std 1516.1 保持一致。

IEEE Std 1516.2 对 DMSO OMT V1.3 中其他表格的改动相对较小。在"对象模型识别表"中,添加了两行用于识别"参考资源"和与成员的重用相关的任何信息。在"对象类结构表"和"交互类结构表"中,所需要的"根类"明确出现在表中,而位于表最后一列的可选项"参考续表"被删除了。"属性表"和"参数表"中多列(如粒度、单位、分辨率、精度)被删除了,因为这些信息在"数据类型表"中提供了。此外,对于"属性表"和"参数表"还有少量的术语改变了,并增加了两列用于识别"对象属性"或"交互"的"传输类型"和"发送顺序"。IEEE Std 1516.2 标准的数据交换格式(DIF)采用了 XML 标准。

对 IEEE Std 1516.2 所有新增加表格的简单总结如下:

(1) 基本数据表:该表提供了描述"用来定义所有其他数据类型的基本数据"的手段。它提供了对每一个"基本数据表示"的编码信息。

(2) 简单数据类型表:该表提供了将一系列重要信息(名字、单位、分辨率、精度基语义)跟其他表格中出现的"基本数据表示"关联起来的手段。这种关联提供了利用基本数据类型定义 HLA 数据元素的方法。

(3) 枚举数据类型表:该表提供了描述其取值可具体枚举的"数据元素"的手段。

(4) 数组数据类型表:该表提供了描述可检索的同类数据类型的集合的手段。

（5）记录数据类型表：该表提供了描述不同类型的数据集合（如复合数据结构）的手段。

（6）定长记录数据类型表：这个表提供了描述异构数据类型集的方法。

（7）可变记录数据类型表：这个表描述了一种数据元素，它的数据类型根据一个判别式的取值决定。

（8）时间表示表：此表提供了定义表示时间的抽象数据类型（ADT）的方法，当成员加入联邦时提供给 RTI。它也为时间前瞻量值提供了一种定义 ADT 的方法。

（9）用户提供的标记符表：该表提供了描述提供给某些特定的 HLA 服务的标记符的手段。

（10）同步表：该表提供了描述同步点的手段。同步点用于在联邦运行过程中同步成员的活动。

（11）传输类型表：该表提供了定义用于在成员之间传输数据的机制的手段。表中有两种预定义的传输类型（HLA reliable 与 HLA best effort），但也可以增加一些其他的传输类型。

（12）开关表：这个表对 RTI 中不同开关量的初始值进行设置；这些开关量对 RTI 的某些功能是否使能进行设置。

6.3　OMT 表格

本节将较为系统地介绍 IEEE Std 1516.2 HLA OMT 的各类表格。OMT 中的对象类名、交互类名、属性名、参数名、数据类型名等名称必须遵循 XML 的命名惯例，包括：名称是字母、数字、连字符、英文句点和下划线构成的字符串，其中不能出现空格和其他分隔符（例如制表符、回车符等）。

6.3.1　对象模型识别表

设计 HLA 对象模型的关键目标在于可重用，其中之一是利用已有的 SOM 快速合成一个新的 FOM 或者在已有的 FOM 的基础上快速开发新的 FOM。这样，联邦开发者可能需要详细了解已有的 SOM 或 FOM 的构造的一些细节。这时该表提供的模型识别信息就极为重要，这些信息可以帮助确定单个成员在新应用中可重用的潜力。例如，当联邦开发者希望知道成员或联邦如何构建的细节时，表中的 POC（联系人）信息提供了获取的渠道。表的格式如表 6-2 所列。

表 6-2　对象模型鉴别表

类　　　别	信　　　息
Name	< name >
Type	< type >
Version	< version >
Modification Date	< modification date >
Purpose	< purpose >

（续）

类　　别	信　　息
Application Domain	< application domain >
Sponsor	< sponsor >
POC	< poc >
POC Organization	< poc organization >
POC Telephone	< poc telephone >
POC Email	< poc email >
Reference	< reference >
Other	< other >

对于表中信息栏内容的填写格式没有特别的要求,但对象模型的名称及版本号要与 HLA 的对象模型库(OML)中对应的信息一致。

Name(名称):填写对象模型的名称。

Type(类型):说明对象模型的类型;有效值为 FOM 或 SOM,表示这个对象模型描述一个联邦或一个成员。

Version(版本):说明对象模型的版本。

Modification Date(修订日期):说明此版本的对象模型被创建或修改的最新的日期,采用"YYYY – MM – DD"格式。

Purpose(目的):说明成员或联邦开发的目的。

Application Domain(应用领域):说明成员或联邦适用的领域类型。可用下列值,但其他值也有效:

(1) Analysis(分析)。

(2) Training(训练)。

(3) Test and Evaluation(测试与评估)。

(4) Acquisition(采办)。

Sponsor(资助机构):填写资助(负责)成员或联邦开发的机构。

POC(联系人):填写查询成员或联邦及相关的对象模型信息时的联系人,包括敬称(如 Dr. 、Ms. 等)、职务和姓名。

POC Organization(联系人单位):填写 POC 的工作单位。

POC Telephone(联系人电话):填写 POC 的电话号码,包括 POC 国家的国际电话代码。

POC Email(联系人 Email):填写 POC 的电子邮件地址。

Reference(参考索引):指明附加的参考信息源。例如,描述保存/恢复语义和时间管理策略的文档,或其他需要通过这个域给出的联邦政策决议的文件名。当没有适当的参考时,就填写"NA"。

Other(其他):填写对象模型的作者认为有关的其他数据。当没有适当的数据时,就填写"NA"。

6.3.2　对象类结构表

HLA 对象模型的对象类结构定义了联邦或成员中各种对象类之间的继承关系,可用于描述联邦或成员对其公布或订购的支持情况。

HLA 对象类是具有某些共同属性的对象的抽象表示,即具有某些共同属性的对象集合。每个由类生成的单个的对象被称作该类的一个实例。对象类的结构关系是由表示对象类之间的"父类－子类"这一继承关系的层次结构定义的。类层次结构中不相邻类间的关系可通过传递性导出:如果 A 是 B 的超类,B 是 C 的超类,则 A 是 C 的超类。超类和子类在关系中是两个相对的角色:如果 A 是 B 的超类,则 B 是 A 的子类。

子类可以看作是其超类的特殊化或细化。子类总是继承超类的属性,同时它们还拥有附加的属性以满足特殊用途。例如,假定"Circle(圆)"类被定义为"Figure(图形)"类的子类。Figure 类定义的属性应当适用于所有的 Figure 类型,如属性"Color(颜色)"和"Line Thickness(线的粗细)"。Circle 类自动继承 Figure 类的这些属性,然而,或许还会定义只适用于 Circle 类的附加的属性——"Radius(半径)"。如果一个类没有子类,这个类就是类结构的叶类。

对象类"HLA object root"是 FOM 或 SOM 中所有其他对象类的超类。HLA 对象模型只支持单继承,在这种机制下,每个类至多有一个直接超类。

HLA 定义了三类属性,即:声明属性,对应于对象类层次结构中每一对象的属性;继承属性,对应于对象类层次结构中某一对象类的父类的属性;可用属性,是一个对象类的父类及其自身的声明属性的集合。

HLA 定义的对象类为成员提供了一个订购具有某些共性属性的所有联邦对象的方法,而对象类的继承关系扩大了成员订购信息的能力。类层次结构使得成员可订购广泛的对象超类的信息,如订购所有坦克、所有攻击机、甚至所有地面车辆、空中飞机或水面舰艇,从而扩展了平面的分类能力。HLA 中成员一旦订购了某一对象类及其属性,则它将同时获得该对象类父类的对象属性,从而简化了成员对交换信息需求的声明。

对象类结构表格式如表 6－3 所列。该表及后面的交互类结构表中对涉及类的各项描述,均采用 BNF 规则,即:

$$[<\text{class}>(<\text{ps}>)][,<\text{class}>(<\text{ps}>)]*|[<\text{ref}>]$$

式中:方括号中的内容为可选;角括号中为应该填写的内容;圆括号中的内容为必须有;星号为零次或多次重复;竖杠为可根据需要在其连接的两边任选一项。

表 6－3 最左边的一列中输入所有对象类的根类,该根类被称为"HLA object root"。接着在下一列中输入最抽象的对象类,再下一列是它们的直接子类,如果需要,接着填写更深一级的子类。中间的列数根据成员或联邦的需要而定。如果成员或联邦使用的继承层次超过了表格的列数,可根据需要添加列,列数等于对象类结构的层数。最后,处于树状图的叶子节点上的对象类应填入最右边的列。如果一张表记录不下,则在最后一列用<ref>转向续表。

对象类名需用 ASCII 码字符集定义,类名可用点符号表示类的继承关系。虽然单个的类名不要求是唯一的,但是当与高层超类名连接(借助句点".")在一起时,所有的对象类应当在 HLA 对象模型中可以唯一地确定。

对象类结构表中的每个对象类都应在名称后的一个括号内标注公布和订购能力的信息,在模板中使用缩写的变量名<p/s>来指明此信息,它反映的是一个成员的能力。对于一个 SOM,<p/s>的有效值如下:

P(可公布):成员至少能够公布对象类的一个属性;

S(可订购):成员至少能够订购对象类的一个属性;

PS(可公布订购):成员至少能够公布对象类的一个属性和至少能够订购对象类的一个属性;

N(两者都不):成员既不能公布也不能订购对象类的任何属性。

对于 FOM,<p/s> 的有效值与 SOM 相同。如果联邦中只要有一个成员可以公布或订购对象类一个可用属性,这个对象类就认为是可公布或可订购。

被指明为"可订购"或"两者都不"的类不能被注册为实例,但是它们可以有子类被注册。对于设计为抽象类的对象类,由于它本身不能被实例化而往往可以有能被实例化的子类,因此它不能被公布,但它可以用来订购,以便获得对该对象类子类的所有对象的共同的属性值,从而简化了订购关系。

表 6-3　对象类结构表

HLA object root (<p/s>)			[<class>(<p/s>)]	···	[<class>(<p/s>)]
			[<class>(<p/s>)]	···	[<class>(<p/s>)]
		[<class>(<p/s>)]	···	···	···
	[<class>(<p/s>)]		[<class>(<p/s>)]		[<class>(<p/s>)]
		[<class>(<p/s>)]	[<class>(<p/s>)]	···	[<class>(<p/s>)]
			···	···	···
	[<class>(<p/s>)]	[<class>(<p/s>)]	[<class>(<p/s>)]	···	[<class>(<p/s>)]
	···		···	···	···
			···	···	···

HLA 对象模型中任一表格内引用了的对象类都应当包含在对象类结构表中。

FOM 和 SOM 的对象类层次结构设计原则是不一样的。对于 SOM 而言,是成员的对象类的实例及其属性对联邦提供有用的信息,而这些信息是通过公布和订购进行交换的。因此,对象类的结构层次的设计是显示成员对对象类的公布和订购的支持能力;而对于 FOM 而言,对象类结构层次的决定,则完全由各成员对对象类及其属性的订购需求来决定,以便在联邦的建立中具体实现对象属性的值交换。

虽然联邦内具体实体类型的对象类集合(如 M1 坦克和布雷德利战斗车辆)可以完全满足一些类型的 HLA 应用的订购需求。但是,如果成员希望在更高的抽象层次订购对象(如坦克、装甲车或地面车辆)信息,就需要附加的高层对象类。为了使成员能订购到希望的抽象层次的 HLA 对象信息,对象类结构表中应设计相应抽象层次的对象类。例如,假定一个联邦包含了许多海军、陆军、空军的具体类型的实体。如果一个特定成员需要的不是地面车辆某种具体类型的信息,而是在它兴趣域内的所有地面车辆的信息,那么就要求有一个以具体车辆类型作为子类的适当超类(如 Ground Vehicle)来满足此需求。

6.3.3　交互类结构表

交互是 HLA 采用的各成员之间进行信息交换的另一重要机制。在 HLA 中,交互定义为一个成员中的某个或某些对象产生的能够对其他成员中的对象产生影响的明确的动作。交互动作的发出同样通过 RTI 提供的服务进行公布,由订购的成员进行接收,通过该交互携带的参数,由接收成员自己计算该交互对自己产生的影响。

交互类结构类似于对象类结构,也采用支持继承关系的层次结构定义。交战交互可以具体化为空对地交战、舰对空交战和其他类型交战。因此,交战交互被称为许多具体交战类型的抽象。为了支持交互的公布与订购,RTI 必须知道所有的交互。这些交互及其各自的层次通过交互类结构表来记录。该表格式如表 6 - 4 所列。

表 6-4 的基本格式与前面对象类结构表的格式一致。因此,根交互类应该在最左边一列说明,并被命名为"HLA interaction root"。随后向右,各列交互类的具体化程度不断增加。如同对象类结构表,可以根据需要增加列以充分描述交互层次结构。同样,虽然单个的类名不要求是唯一的,但是当与高层超类名连接(借助句点".")在一起时,所有的交互类应当在 HLA 对象模型中可以唯一确定。交互类名遵循 HLA 命名约定。

表 6 - 4　交互类结构表

HLA interaction root (\<p/s\>)	[\<class\>(\<p/s\>)]	[\<class\>(\<p/s\>)]	[\<class\>(\<p/s\>)]	…	[\<class\>(\<p/s\>)]
			[\<class\>(\<p/s\>)]	…	[\<class\>(\<p/s\>)]
		[\<class\>(\<p/s\>)]	…	…	…
			[\<class\>(\<p/s\>)]	…	[\<class\>(\<p/s\>)]
		[\<class\>(\<p/s\>)]	[\<class\>(\<p/s\>)]	…	[\<class\>(\<p/s\>)]
			…	…	…
			[\<class\>(\<p/s\>)]	…	[\<class\>(\<p/s\>)]
		…	…	…	…
	[\<class\>(\<p/s\>)]	[\<class\>(\<p/s\>)]	[\<class\>(\<p/s\>)]	…	[\<class\>(\<p/s\>)]
			…	…	…
		…	…	…	…

交互类结构表中的每个交互类名后都应在一个括号内标注有关公布和订购能力的信息,在模板中使用缩写的变量名 \<p/s\> 来指明此信息。对于 SOM, \<p/s\> 的有效值如下:

P(可公布):成员能够公布此交互类;

S(可订购):成员能够订购此交互类;

PS(公布订购):成员既能公布又能订购此交互类;

N(两者都布):成员既不能公布又不能订购此交互类。

对于 FOM, \<p/s\> 的有效值与 SOM 相同。如果联邦中有一个成员可以公布或订购此交互类,这个交互类就被认为可公布或可订购。

被指定为"可订购"或"两者都不"的交互类不被发送,但它们可以有能被发送的子类。

交互是影响仿真应用(成员)之间互操作性的主要因素之一。通常互操作性要求在处理不同成员提供的交互时,应遵循某种一致性。例如在分布战场中,处理交战交互时需要某些一致性以确保不同成员仿真的对象可以公平作战。因此,FOM 中的所有交互应当可识别,且 HLA 联邦中的所有成员应该以一致方式处理特定的交互。

对 FOM 而言,交互类的层次结构的设计原则主要是支持对交互类的订购需求,当一个交互的作用范围不是在成员之间,即一个成员发出而不会对另一个成员产生影响的话,则该交互不应出现在 FOM 中。当交互只发生在单个成员内时,这些交互不必记录在 FOM 中。例如,在一个工程仿真应用中,如果只有一个成员直接与发动机部分交互,发动机内在的动态交互就不应作为 FOM 的一部分。

SOM 中的交互层次结构主要是反映成员如何支持对交互的公布和订购。由于 HLA SOM 的设计原则是使该 SOM 独立于某个特定的联邦应用,因此成员中具有的交互只要可能支持未来联邦应用中信息交换,它就应该记录在 SOM 中。

6.3.4 属性表

仿真中的每一个对象类都具有一些固定的属性,这些类属性所对应的状态值随着时间的推移可能会发生改变(如武器平台的位置或速度)。属性表用来详细记录对象类结构表中各层次对象类所具有的属性的特性及其使用情况。详细记录对象属性是为了成员能更好地订购、使用它的值,由公布对象属性的成员负责属性值的更新,由 RTI 通知订购的成员反射属性值。在这个过程中,除了对象属性的名字、传输类型、发送顺序及可用维数在 RTI 的初始化中利用外,其他如对象属性值的类型、单位、更新条件、属性的公布、订购情况以及该属性所有权在联邦运行过程中是否转换的说明,对于成员的具体实现及其他成员对该属性的理解都具有重要意义。属性表记录的内容为上述过程的正确完成提供了重要信息。表格的格式如表 6-5 所列。

表 6-5 的第 1 列填写用 ASCII 码字符集定义的对象类名。如有必要,对象类名可用点符号表明继承关系。类本身可以从类层次结构的任一级选取。通常为了减小冗余度,表 6-5 的第 2 列中对应于第 1 列的对象类名所对应的每一属性,应选取对于该对象类层次结构最高一级类的属性,以便属性能够提供更有用的信息。

FOM 的属性表应记录联邦中出现的所有对象属性。SOM 的属性表应记录成员公布或订购的所有类属性。在 HLA 联邦执行期间会被交换的所有实例属性应当记录在 FOM 的属性表中。所有能被成员公布或订购的类属性应记录在 SOM 的属性表中。属性表的模板如表 6-5 所列。

表 6-5 属性表

对象类名	属性	数据类型	更新类型	更新条件	D/A	P/S	可用维	传输	顺序
HLA object root	HLA privilege todelete object	\<datatype\>	\<update type\>	\<update condition\>	\<d/a\>	\<p/s\>	\<dimensions\>	\<transport\>	\<order\>

（续）

对象类名	属性	数据类型	更新类型	更新条件	D/A	P/S	可用维	传输	顺序
< object class >	< attribute >	< datatype >	< update type >	< update condition >	< d/a >	< p/s >	< dimensions >	< transport >	< order >
	< attribute >	< datatype >	< update type >	< update condition >	< d/a >	< p/s >	< dimensions >	< transport >	< order >
	< attribute >	< datatype >	< update type >	< update condition >	< d/a >	< p/s >	< dimensions >	< transport >	< order >
< object class >	< attribute >	< datatype >	< update type >	< update condition >	< d/a >	< p/s >	< dimensions >	< transport >	< order >
	< attribute >	< datatype >	< update type >	< update condition >	< d/a >	< p/s >	< dimensions >	< transport >	< order >
	< attribute >	< datatype >	< update type >	< update condition >	< d/a >	< p/s >	< dimensions >	< transport >	< order >

第 1 列（对象类名）应当包含来自于对象类结构表的、与属性有关的对象类名。对象类名应包含必要层次的父类（超类）以确保在此表中能被唯一识别，极端情况可能要包括全部的父类。通常，为减少冗余，属性应在它们所在的最高层次的类中说明。例如，如果所有的空中飞行器都有属性"Minimum Turn Radius At Maximum Speed"，则此属性只被整个类"Air Vehicle"说明一次，某些冗余即可被避免。如果所有的对象类都继承了超类的这个属性，"Air Vehicle"的子类，如 Fixed Wing 和 Rotary Wing，也将拥有此属性。

第 2 列（属性）应列出指定对象类的属性。属性名应遵循 HLA 命名约定。分配给特定对象类属性的名称都不应与该类其他属性的名称或高层超类中的属性名重复（重载）。一个对象类可以有多个属性。

第 3 列（数据类型）应说明属性的数据类型。数据类型应从数据类型表描述的简单、枚举、数组、定长记录或变长记录中选择。如果属性总是没有值，就填写为"NA"，此类属性的一个例子是一个被拥有而不被更新的标记。

虽然一个属性类型可以定义为"NA"，但是它还是应指定有效的 transportation 和 order 类型（不能为"NA"）。当数据类型填写"NA"时，update type、update condition 和 available dimensions 列也应当为"NA"。

第 4 列（更新类型）应当记录更新实例的类属性的策略。有效值如下：

Static（静态）：属性值是静态的；当初始化或被请求时，成员才更新它；

Periodic（周期）：成员以固定的时间周期更新属性；

Conditional（条件）：当满足规定的条件时，成员更新属性；

NA：成员不提供此属性值。

第 5 列（更新条件）应当详细解释更新实例类属性的策略。当更新类型为 periodic 时，在该列说明单位时间内的更新次数。当更新类型为 conditional 时，在该列说明更新的条件。更新条件列也可用来说明实例属性更新的初始条件。如果成员可以改变更新实例对象属性的频率和条件,这个信息应记录在此列或 OMT 的注释表中。如果更新类型为 Static 或 NA,此列中应填入"NA"。

第 6 列(D/A)应指明一个实例类属性的所有权是否可被释放或获得。

在 FOM 中,如果一个实例属性可以从一个成员中释放,那它就应当可以被联邦的其它成员获得。所以,此列的有效值如下:

N(不可转移):该实例类属性的所有权不可以在联邦内转移;

DA(可释放可获得):一些成员可以释放实例类属性所有权给其他成员,其他成员可以获得实例类属性所有权。

在 SOM 中,成员可以释放实例属性所有权、获得所有权、两者都可或两者都不可以。此外,相应的类属性应在释放或获得的成员中公布。此列的有效值如下:

D(释放):成员可以公布类属性,并可使用 HLA 所有权管理服务把实例属性的所有权释放给另一个成员;

A(获得):成员可以公布类属性,并可从另一个成员获得实例属性的所有权;

N(不转移):成员既不能释放实例类属性所有权,也不能获得该所有权;

DA(释放获得):成员既能释放实例类属性所有权,也能获得该所有权。

第 7 列(P/S)应当指明成员或联邦对于类属性的公布或订购能力。

在 SOM 中,此列可以取以下值:

P(可公布):成员能在属性被声明的类或此类的至少一个子类上公布该类属性(即有以该类作为参数调用适当的 HLA 公布服务的能力);

S(可订购):在属性被声明的类或至少此类的一个子类上,成员能订购该类属性(即有以该类作为参数调用适当的 HLA 订购服务的能力);

PS(可公布订购):成员既能公布又能订购类属性;

N(两者都不):成员既不能公布又不能订购类属性。

在 FOM 中,可应用同样的值。

第 8 列(可用维)在成员或联邦对该属性使用了数据分发管理(DDM)服务的情况下,记录类属性与维集合的联系。

此列应当包含一个逗号隔开的维名列表,维名将在 6.3.6 节中说明。类属性可以单独地与维相关联,而不管该类的其他属性是否已与此维关联。对没有对该类属性使用 DDM 服务的成员 SOM 和联邦 FOM,或对没有与维关联的类属性,此列中应填"NA"。

第 9 列(传输)应当说明属性的传输类型。传输类型的值应在传输类型表中选取,传输类型表将在 6.3.10 小节中介绍。

第 10 列(顺序)应当说明此实例类属性的发送顺序。此列的有效值如下:

Receive(接收顺序):实例类属性以不确定的顺序发送到接收成员;

TimeStamp(时戳顺序):实例类属性以确定的顺序发送到接收成员,此顺序取决于实例属性更新时分配的时戳。

表 6-5 中有一特殊行。此行第 1 列为"HLAobjectRoot",第 2 列为"HLAprivilege-ToDeleteObject",随后各列根据成员或联邦情况完成。IEEE Std 1516.1-2000 标准中说明了此属性的用途和约束。

6.3.5 参数表

交互是用交互参数来描述的,包括参数的数据类型、维数、传输类型及发送顺序。它对其他订购该交互的成员产生的影响是通过订购成员接收该交互后,使用这些参数进行计算而获得的。与对象属性不同的是,一个交互具有的多个参数只能作为一个整体被订购,而不能被单个订购,即订购必须在交互类一级进行。因此,参数的可用维数,传输类型(可靠传输或最佳效果等)及发送顺序(时戳或接收顺序等)的指定都是位于交互一级的。

参数表用来记录描述交互类及相应的交互参数。这些信息对于某些交互类的订购者来说不一定都用得上,但对于另一些订购者来说则可能必须用它们来计算受交互影响的对象属性的新值。

参数表的模板如表 6-6 所列。交互类"HLA interaction root"是 FOM 或 SOM 中所有其他交互类的超类,与其他交互类一样,此类也可以指明参数。

表 6-6 参数表

交互表	参数	数据类型	可用维	传输类型	顺序类型
< interaction class >	< parameter >	< datatype >	< dimensions >	< transportation >	< order >
	< parameter >	< datatype >			
	< parameter >	< datatype >			
< interaction class >	< parameter >	< datatype >	< dimensions >	< transportation >	< order >
	< parameter >	< datatype >			
	< parameter >	< datatype >			

第 1 列(交互类)填写来自于交互类结构表的交互类名。交互类名应包含足够层次的父类(超类)名以确保在此表中能被唯一识别,极端情况需要包括全部的父类名。通常,为减少冗余,参数应在其描述了有用信息的最高层次类中说明,但这不是必需的。例如,如果所有武器开火交互都包含了一个表示武器开火时平台红外信号的参数,则此参数可以只在最高层类 Weapon Fires 中说明一次,避免一些冗余。如果所有的交互子类都继承了超类的此参数,Weapon Fires 的子类,如 Tank Fires 和 TEL Fires,也将拥有此参数特性。注意,一个交互类可以不包含任何参数,但所有的交互类都应当包含在此表中,使得其"传输"和"顺序"特性可以被说明。

第 2 列(参数)应列出每个交互的参数。参数名应遵循 HLA 命名的约定。每个分配给特定交互类参数的名称都不应与此类的其他参数名或高层超类中的参数名重复(重载)。一个交互类可以有很多参数。如果一个交互类没有任何参数,此列应输入"NA"。

第 3 列(数据类型)应说明参数的数据类型。数据类型应从数据类型表中的简单、枚举、数组、定长记录或变长记录等数据类型中选择。如果交互类没有参数,此列填写"NA"。

第 4 列(可用维)在成员或联邦为该交互使用了 DDM 服务的时候,记录交互类与维集合的联系。此列应当包含一个逗号隔开的维名列表,维名在维表中定义。这表明当交互被发送时,此交互类的所有交互都将是过滤的对象,过滤是通过这些维的子集构成的区域进行的。一个交互类的可用维应当是它们直接子类的可用维的超集。对于没有使用 DDM 服务的 SOM 和 FOM,或者不与维关联的交互,此列中应填"NA"。

第 5 列(传输类型)应说明交互的传输类型。类型值应当从传输类型表中选取。

第 6 列(顺序类型)应说明交互的发送顺序。此项的有效值如下:

Receive(接收顺序):交互以不确定的顺序发送给接收成员;

TimeStamp(时戳顺序):交互以确定的顺序发送给接收成员,此顺序取决于交互发出时指定的时戳。

在联邦中,任何可以被提供的并且对订购者有用的交互类的信息元素(由类的公布者给出)都应包含并作为交互参数记录在参数表中。对于单个成员,SOM 开发者应提供其可公布的交互类的这样一些信息:只要他们觉得这些信息有可能为交互的订购者用来计算被交互影响的实例属性值的变化。另外,对于成员订购的交互类,SOM 开发者应决定什么类型的信息需要包含到交互中,使得成员可以计算相关的影响。

6.3.6　维表

HLA 中,联邦在成员间传送实例属性和交互数据,并根据对象类、交互类和属性名限制一些数据的发送。但数据管理服务减少的数据量可能还不能满足某些联邦的需求,因为这些联邦内有大量的成员,或者类中有大量的对象和交互,或者每个对象有大量的实例属性更新。这样的联邦可使用数据分发管理(DDM)服务来进一步减少发送给成员的数据量。

维是最基本的 DDM 的概念。DDM 服务使用的每个属性或交互将有一个可用维的集合,此集合在相应的属性表或参数表中说明。每个可用维的集合是维表中定义的全体维的一个子集,它定义了一个多维坐标系,通过此坐标系,成员可以表达接收数据的兴趣域或声明希望发送数据。通过在坐标系内创建表示特定兴趣范围的区域,就可说明以上意图。与实例属性或交互相关联的区域应当只包含属性或交互可用维的子集,不必包含所有可用维。这些区域有以下两种用法:

订购区域:用来缩小订购成员感兴趣区域的区间集合;

更新区域:能保证对象包含在坐标系内指定位置的区间集合。

在开发使用了 DDM 的联邦时,所有成员取得对 DDM 维和维的语义的共识并遵守共同的维规范集合是十分重要的。对于保证成员以正确一致的方式过滤实例属性更新和交互来说,这些协议是必要的。协议应当包括维名、属性和交互与维的联系、每一维的成员视图,以及当成员创建区域但没有指定区间时,RTI 应为属性和交互的可用维提供的缺省区间。

成员视图给每一维赋予用户定义的语义,以及表示值的相关数据类型。成员应为每个维提供一个标准化函数,此函数把值从维的成员视图映射为维的 RTI 视图。注意,联邦中各个成员对同一维的 RTI 视图是相同的。

维的 RTI 视图是一个非负的整数区间,其下限对所有维是固定的。但如维表中所示,上界是变化的。对于同一个维,其 RTI 视图的分辨率没必要与成员视图的分辨率相同。

维构成了成员向 RTI 说明更新和订购区域的基础。通过在成员层次上加强对维的内涵的一致性理解,RTI 可以高效地计算更新和订购的重叠区域而不必理解维的语义。维表应当以标准格式记录表述协议所必须的元素。记录维的模板如表 6 – 7 所列。

表 6 - 7　维表

名称	数据类型	维上界	标准化函数	值
< demension >	< type >	< bound >	< normalization function >	< default range/excluded >
< demension >	< type >	< bound >	< normalization function >	< default range/excluded >
< demension >	< type >	< bound >	< normalization function >	< default range/excluded >

第 1 列(名称)应说明维的名称。维名应遵循 HLA 命名约定。此列中的维名应当是唯一的。每个维都表示了一个可用来过滤的特定特征。例如,称为 Altitude Limits 的维就说明了基于高度来过滤信息的要求。

第 2 列(数据类型)应从维的成员视图指明其数据类型。数据类型应从简单数据类型或枚举数据类型中选择。

第 3 列(维上界)应填写满足联邦对维的子区域分辨率要求的维上界。此列的值应是一个正整数。此值界定了 RTI 必须提供来满足联邦过滤需求的分辨率。维上界也是成员在此维区间上与 RTI 通信时可使用的最大值。例如,如果一个维表示广播频率范围在 88.1 ~ 107.3MHz 之间,增量为 0.2,维上界为 97 就足够了。

第 4 列(标准化函数)应说明从订购/更新区域边界坐标到[0,维上界]内的非负整数子区间的映射。因为与 RTI 通信的区域是由维的 RTI 视图值表示的边界坐标描述的,所以成员应使用标准化函数来构建区域。对于区域中的每个维,它的标准函数用来把维的成员视图的边界映射到[0,维上界]的子区间上。为保证联邦正确解释语义,联邦参与者应对每一维使用的标准化函数达成一致的协议。这个协议应包括标准化函数和其用到的所有值的规范说明。如果一个属性或参数出现在标准函数中,应借助于句点". "符号,结合它的类层次结构来详细说明,以唯一确认此属性或参数。标准化函数应说明是使用整个区间的一个子集还是使用构成维类型基础的数据类型的一个子集。IEEE Std 1516.2 附录 B 列出了标准函数的例子。

第 5 列(默认值)在一个维是一个属性或交互的可用维,并且当成员创建了一个随后(更新或交互)与该属性或交互一起使用的区域时,此维没有被说明,则该列描述了 RTI 用于重叠计算的维的默认区间。默认区间应是[0,维上界]的非负整数子区间。默认区间的说明应通过被两个终结符分开的两个值或通过一个单独值。所有范围都应是闭下界(表示为"[ ]"以及开上界(表示为")")。使用单个值时应说明"点"的范围,此范围以指定点为下界以指定点加 1 为上界,使得没有有效值落于两点间。此列填写"Excluded"表明了一个维不能用于重叠计算,除非它的一个特定范围被提供给区域说明。

若联邦要求的数据减少量超过 DM 服务基于类的过滤能提供的数据减少量,联邦就应使用维表来记录在联邦范围内有关 DDM 维的语义和使用的协议。类型和标准化函数指导成员保持一致地使用维,以维持联邦内 DDM 语义的正确。同样,在联邦内正常运行的成员应当记录其利用 DDM 的机制。

6.3.7　时间表示表

仿真提供了沿时间运行系统模型的方法。在联邦执行期间,时间扮演两种角色。成员可以把自己与 HLA 时间轴上的点关联起来,也可以把一些行为,如更新实例属性值或发送交互,与 HLA 时间轴上的点关联起来。HLA 时间轴上的这些点被称为时戳。当联邦执行推进时,成员可以沿着 HLA 时间轴推进。

仿真中用来推进时间的特定策略取决于仿真的目的。例如,超实时的、事件推进的仿真通常用于分析仿真中;而实时的、时间步长推进的仿真通常用于训练仿真。选择时间推进策略是设计仿真应用时的重要事项,因为它会影响仿真应用的性能和联邦内仿真应用间互操作的能力。由于此原因,在 SOM 中记录一个仿真应用如何支持时间推进是很重要的。对于设计一个分布式仿真,仿真的时间推进策略的选择是很重要的,因为它既影响仿真的性能,同时也影响仿真成员与其他成员进行互操作的能力。因此在 SOM 中记录仿真成员在联邦运行中如何支持联邦时间的推进是很重要的。

IEEE Std 1516.1 – 2000 提供了多种时间管理服务来控制成员在 HLA 时间轴上的推进。这些服务允许各个成员各自的时间推进策略各不一样。因此,对于所有成员来说,联邦内采用一致的时戳表示方法以及把这些一致约定记录在 FOM 中是十分关键的。这种一致性就记录在 FOM 的时间表示表(表6 – 8)中。

在联邦执行中,时戳是描述时间的抽象数据类型的实例。当成员加入联邦执行时,这种抽象数据类型被提供给 RTI,使得 RTI 知道如何使用时戳。时间表示表允许在 FOM 和 SOM 中解释数据类型和用于时戳的抽象数据类型的语义。

定义成员和联邦的时间前瞻量(Lookahead)特性也是很重要的。Lookahead 是 HLA 的时间管理服务中,对于采用时戳顺序发送消息机制来说,为了保证 RTI 将消息按时戳顺序将消息发送给接收成员而定义的一个时间前推量。为了理解 Lookahead 的作用,必需详细理解 HLA RTI 的时间管理服务的实现原理。对于单个的成员来说,它支持 Lookahead 的方法是评价它在某个联邦应用中是否能与其他成员匹配的一个因素;对联邦来说,则必须记录整个联邦所支持的 Lookahead 的特性。SOM 和 FOM 中都应包含前瞻量和时戳的描述。前瞻量是一个非负类型值。

当成员加入联邦执行时,提供了前瞻量的抽象数据类型。时间表示表的前瞻量项允许在 FOM 和 SOM 中记录此抽象数据类型及其语义。

在时间被用来描述时戳与计算前瞻量方面,语义存在差异。当描述时戳时,时间被认为是时间链(HLA 时间轴)上的绝对值。因此,可进行时间比较以决定一个时戳是否大于另一个时戳。然而,前瞻量表示一段时间,它可与时戳相加但不能用于比较。用于记录时间描述的模板如表6 – 8 所列。

表6 – 8　时间表示表

类别	数据类型	语义
Time Stamp	< type >	< semantics >
Lookahead	< type >	< semantics >

第1列(类别)描述了将在表中说明的两种时间相关的值:时戳和前瞻量。时戳和前瞻量对应于表中仅有的两行。

第2列(数据类型)应说明时间值的数据类型。此数据类型应从简单、枚举、数组、定长记录或变长记录等数据类型中选择。当时戳或前瞻量不适用于成员或联邦时,此列中应输入"NA"。

第 3 列(语义)扩展来描述时间值的数据类型的使用。当不需要语义信息时,此列中应输入"NA"。

所有联邦都应把它们使用的时戳和前瞻量记录在 FOM 的时间表示表中。如果联邦(在联邦执行期间)不使用时戳或前瞻量,"NA"应被填入此表。所有使用了时戳的成员应当在其 SOM 的时间表示表中记录其时戳的表示。对于支持前瞻量的成员来说,前瞻量的描述应记录在 SOM 的时间表示表中。对于没有时间维的成员,其 SOM 的时间表示表的所有列都应输入"NA"。

6.3.8　用户定义的标签表

HLA RTI 提供了一种机制,它使得成员在调用 HLA 服务时,可以运用一些自己定义的标记符,以便对 HLA 提供的服务进行额外的协调和控制。用户定义标记符表就是用来记录这些用户定义标记符的数据类型及其语义的,以便在整个联邦范围内对它们有一致的认识。用于记录用户定义的标签信息的模板如表 6-9 所示。

表 6-9　用户定义的标签表

类别	数据类型	语义
Update/reflect	< type >	< semantics >
Send/receive	< type >	< semantics >
Delete/remove	< type >	< semantics >
Divestiture request	< type >	< semantics >
Divestiture completion	< type >	< semantics >
Acquisition request	< type >	< semantics >
Request update	< type >	< semantics >

第 1 列(类别)列出了能够接收用户定义的标签的 HLA 服务的类别。

Update/reflect:更新和转发实例属性值;

Send/receive:发送和接收一个交互;

Delete/remove:删除和移走一个对象实例;

Divestiture request:剥夺实例属性所有权的协商;

Divestiture completion:确认和完成实例属性所有权剥夺的协商;

Acquisition request:获得实例属性所有权的协商;

Request update:请求更新实例属性值和相应的 RTI 提供实例属性值的指示。

第 2 列(数据类型)用于说明成员或联邦使用上述类别服务时指定的标签的数据类型。这些数据类型应从简单、枚举、数组、定长记录或变长记录等数据类型中选择。当用户定义的标签的类别没有被成员或联邦使用时,此栏中应填入"NA"。

第 3 列(语义)应扩展来说明用户定义的标签数据类型的使用方式。当不需要语义信息时,此列中应输入"NA"。

所有使用了用户定义的标签的联邦应在 FOM 的用户定义标签表中恰当地记录这些描述。所有可以使用用户定义标签的成员应在 SOM 的用户定义标签表中记录它们的标签描述。

6.3.9　同步表

HLA RTI 提供了一种机制使得成员可以使用一种所谓的"同步点"来同步一些活动。同步服务是由 HLA RTI 联邦管理服务提供的。同步表用来记录有关同步点的信息。对同步点的描述包括其标志、数据类型及成员对同步点的支持能力(可登记同步点(Register)、可获取同步点(Achieve)并通知 RTI、既可登记又可获取同步点 RegisterAchieve)、不能支持(NoSynch))及对同步点语义的解释。用来记录同步点信息的模板如表 6 - 10 所列。

表 6 - 10　同步表

标记	标签数据类型	能力	语义
< lable >	< type >	< capability >	< semantics >
< lable >	< type >	< capability >	< semantics >
< lable >	< type >	< capability >	< semantics >

第 1 列(标记)应包含一个文本串,此文本串定义了与同步点关联的标记。同步标记应遵循 HLA 命名规则。

第 2 列(标签数据类型)说明为这些同步点提供的,用户定义标记的数据类型。如果使用,这些数据类型应从简单、枚举、数组、定长记录或变长记录等数据类型中选择。

第 3 列(能力)应说明成员能实现的交互层次。对于 FOM,不需要使用此列,应填入"NA"。对于 SOM,有效值如下:

Register:成员可以调用 HLA 服务来注册同步点;

Achieve:成员可以调用 HLA 服务来指示到达同步;

RegisterAchieve:成员既能注册也能到达同步点;

NoSynch:成员既不能注册也不能到达同步点。

第 4 列(语义)应扩展来解释同步点的使用方法。

所有使用了同步点的联邦应把这些点的适当描述记录在 FOM 的同步表中。所有使用了同步点的成员应把它们记录在 SOM 的同步表中。

6.3.10　传输类型表

HLA RTI 为成员间的数据(交互和实例属性值)的传输提供了多种机制,传输类型表用来记录 HLA RTI 提供的传输数据的服务类型。传输类型表为成员设计者提供了描述其所支持的传输类型的手段,也为联邦设计者提供了记录关于实例属性和交互的传输协议的手段。所有 RTI 都应提供基于 TCP/IP 协议的可靠传输类型 HLA reliable 和基于 UDP 协议的最佳效果传输类型 HLA best effort,其他传输类型可由特定的 RTI 提供。用来记录传输类型信息的模板如表 6 - 11 所列。

表 6 - 11　传输类型表

名称	说　　明
HLA reliable	Provide reliable delivery of data in the sense that TCP/IP delivers its data reliably
HLA best effort	Make an effort to deliver data in the sense that UDP provides best - effort delivery
< name >	< description >

第1列(名称)应包含一个文本串,此文本串定义了与传输类型关联的名称。传输类型名应遵循 HLA 命名规则。

第2列(说明)应解释传输类型。

HLA 需要的两种传输类型(HLA reliable 和 HLA best effort)应包含在表中。根据需要,联邦可选择使用一个、两个或都不用。特定 RTI 提供的其他传输类型,如果联邦使用,应包含在此表中,可添加在这些类型之后。

6.3.11 开关表

在联邦运行中,HLA RTI 提供的某些服务功能是否需要执行是由成员的能力或联邦设计的目的决定的。HLA RTI 通过提供一些功能开关,可由成员进行设置,从而规定 RTI 可以提供哪些服务。开关表就是用来记录对这些开关的初始设置情况,以显示 RTI 是否执行哪些服务。

虽然每个开关的初始设置已在开关表中说明,但是在联邦执行期间,每个开关的值是可以改变的。Auto Provide 和 Convey Region Designator Sets 开关可在整个联邦范围内控制,如果一个成员改变了这些开关设置,则会影响 RTI 与联邦中各个成员的交互;而 advisory switch 开关是单个成员控制的。如表 6-12 中所列,联邦中的每个成员都有同样的初始设置,一个成员改变了开关的设置,将只影响 RTI 如何与此成员交互。同样,Service Reporting switch 开关的改变也是只影响单个的成员。如表 6-12 中所列,RTI 一开始或者为所有成员通报服务调用,或者都不通报;联邦执行期间发生的改变只影响 RTI 是否为特定的成员通报服务调用。

开关表是一个简单的两列的表。开关表需要记录初始设置状态的开关共有 7 个,具体情况见表 6-12。

表 6-12 开关表

开　　关	设　　置
Auto Provide	< auto provide >
Convey Region Designator Sets	< convey region designator sets >
Attribute Scope Advisory	< attribute scope advisory >
Attribute Relevance Advisory	< attribute relevance advisory >
Object Class Relevance Advisory	< object class relevance advisory >
Interaction Relevance Advisory	< interaction relevance advisory >
Service Reporting	< service reporting >

第1列(开关)列出了由此表提供设置的开关名。这些开关的定义如下:

Auto Provide:当发现一个对象时,RTI 是否自动地向实例属性所有者请求更新。

Convey Region Designator Sets:在调用 Reflect Attribute Values 和 Receive Interaction 时,RTI 是否应提供可选的 Sent Region Set 参数。

Attribute Scope Advisory:当一个对象实例的属性进入或退出范围时,RTI 是否应通知成员。

Attribute Relevance Advisory：RTI 是否应通知成员，此成员应提供一个对象实例的某属性值的更新；RTI 根据有无其他成员需要实例属性值来决定是否通知。

Object Class Relevance Advisory：RTI 是否应通知成员应注册一个对象类的实例；RTI 根据有无其他成员表达了对此对象类某属性的兴趣来决定是否通知。

Interaction Relevance Advisory：RTI 是否应通知成员发送一个交互类的交互；RTI 根据有无其他成员表达了对此交互类的兴趣来决定是否通知。

Service Reporting：RTI 是否应通报 MOM 服务调用。

第 2 列（设置）列出了说明开关的设置。对于 SOM，这些项目是可选的；当没有适当的值时，所有栏应输入"NA"；对于 FOM，所有项目都应填写。有效值如下：

Enabled：开关被使能，在适当时机，RTI 应执行操作。

Disabled：开关被使不能，RTI 不应执行操作。

在表 6 - 12 中说明的开关设置应包含在所有 FOM 中，用以记录联邦开发者间的对于联邦执行开始时开关初始设置的约定。开关设置可提供在 SOM 中以指示成员开发者希望的设置。

6.3.12 数据类型表

多种 OMT 表格（如属性表、参数表、维表、事件表示表、用户定义的标签表和同步表）包含了说明数据类型的列。数据类型表就是用来详细描述这些表中可能指定的数据类型的特性的。OMT 的数据类型包括基本数据、简单数据、枚举数据、数组数据、定长记录数据、变长记录数据及预先定义的构造数据等，因此数据类型表提供了各种子表分别用来说明这些数据类型。这些数据类型表的单元项可包含其他表的单元项，这样设计人员可以创建任意复杂的数据类型。

注意，数据类型名或数据描述在数据类型表中应是唯一的。

所有联邦对象模型都应在数据类型表中描述其 OMT 表格中出现的所有数据类型，也应描述和记录其他数据类型表中的出现数据类型。相似地，成员的 SOM 也应记录这些表中出现的数据类型。

1）基本数据表

基本数据的描述是所有 OMT 数据类型的基础。虽然它并没有作为一种数据类型应用在 OMT 表中，但是它构成了实际应用的数据类型的基础。表 6 - 13 列出了描述基本数据类型的格式，这个表包含了预先定义的数据类型集（HLA integer 16BE，HLA integer 32BE，HLA integer 64BE，HLA float 32BE，HLA float 64BE，HLA octet Pair BE，HLA integer 16LE，HLA integer 32LE，HLA integer 64LE，HLA float 32LE，HLA float 64LE，HLA octet Pair LE，HLA octet），此集合应包含在所有的 SOM 和 FOM 中；其他类型可添加在这些项目之后。虽然这些项目必需出现，但是并不要求成员或联邦使用或支持所有的这些类型。

第 1 列（名称）应说明基本数据描述的名称。基本数据描述名称应遵循 HLA 命名规则。

第 2 列（位数）根据基本数据描述的比特数，定义数据描述的精度。此列中的内容应与相关的编码描述一致。

表 6 – 13　基本数据表

名称	位数	解释	字节序	编码
HLA integer 16BE	16	Integer in the range $[-2^{15}, 2^{15}-1]$.	Big	16 – bit two's complement signed integer. The most significant bit contains the sign.
HLA integer 32BE	32	Integer in the range $[-2^{31}, 2^{31}-1]$.	Big	32 – bit two's complement signed integer. The most significant bit contains the sign.
HLA integer 64BE	64	Integer in the range $[-2^{63}, 2^{63}-1]$.	Big	64 – bit two's complement signed integer. The most significant bit contains the sign.
HLA float 32BE	32	Single – precision floating – point number.	Big	32 – bit IEEE normalized single – precision format (see IEEE Std. 754 – 1985).
HLA float 64BE	64	Double – precision floating – point number.	Big	64 – bit IEEE normalized double – precision format (see IEEE Std. 754 – 1985).
HLA octet Pair BE	16	16 – bit value	Big	Assumed to be portable among hardware devices
HLA integer 16LE	16	Integer in the range $[-2^{15}, 2^{15}-1]$.	Little	16 – bit two's complement signed integer. The most significant bit contains the sign.
HLA integer 32LE	32	Integer in the range $[-2^{31}, 2^{31}-1]$.	Little	32 – bit two's complement signed integer. The most significant bit contains the sign.
HLA integer 64LE	64	Integer in the range $[-2^{63}, 2^{63}-1]$.	Little	64 – bit two's complement signed integer. The most significant bit contains the sign.
HLA float 32LE	32	Single – precision floating – point number.	Little	32 – bit IEEE normalized single – precision format (see IEEE Std. 754 – 1985).
HLA float 64LE	64	Double – precision floating – point number.	Little	64 – bit IEEE normalized double – precision format (see IEEE Std. 754 – 1985).
HLA octet Pair LE	16	16 – bit value	Little	Assumed to be portable among hardware devices
HLA octet	8	8 – bit value	Big	Assumed to be portable among hardware devices.
< name >	< size >	< interpretation >	< endian >	< encoding >
< name >	< size >	< interpretation >	< endian >	< encoding >

第 3 列(解释)应对数据描述进行解释。

第 4 列(字节序)应说明数据描述中的多个字节是如何安排的。有效值如下：

Big:高位字节首先到达。

Little:低位字节首先到达。

第 5 列(编码)应详细描述数据由 RTI 接收和发送时,数据描述的编码(如位的顺序)。

2) 简单数据类型表

简单数据类型表描述简单的标量数据。表 6 – 14 列出了简单数据类型表的格式。此表包含三个预先定义的简单数据类型(HLA ASCII char,HLA unicode Char,HLA – byte),应包含在所有的 FOM 和 SOM 中。虽然这几种数据类型都必须出现,但没有必要全部使用。

表 6-14　简单数据类型表

名称	表示	单位	分辨率	精确度	语义
HLA ASCII char	HLA octet	NA	NA	NA	Standard ASCII character （see ANSI Std. X3. 4 - 1986）
HLA unicode char	HLA octet pairBE	NA	NA	NA	Unicode UTF - 16 character （seeThe Unicode Standard, Version 3. 0）
HLA byte	HLA octet	NA	NA	NA	Uninterpreted 8 - bit byte
< simple >	type >	< representation >	< units >	< accuracy >	< semantics >
< simple >	type >	< representation >	< units >	< accuracy >	< semantics >

第 1 列（名称）说明简单数据类型名。简单数据类型名应遵循 HLA 命名规则。

第 2 列（表示）应说明此类型的基本数据描述。它应是基本数据表中某行的名称。

第 3 列（单位）如果存在单位的话，说明计量单位（如，m、km、kg）。此列中的单位也表示了分辨率和精确度列中的单位。若此列数据类型无单位，应输入"NA"。

第 4 列（分辨率）说明数据类型的计量精度。通常，这项说明可有效区分不同值的最小增量。某些情况下，例如当值被存储为浮点类型时，分辨率就会随值的量级而变化。这时，数据类型应提供更敏感的分辨率。当没有分辨率的信息时，此列应输入"NA"。

第 5 列（精确度）应说明成员或联邦中，数据与期望值背离的最大极限。虽然它通常作为刻度值，但是对于离散值，精确度是"perfect"（完全精确的）。对于没有提供精确度信息的数据类型，此列应输入"NA"。

第 6 列（语义）应描述数据类型的意义和用途。当不需要语义信息时，应输入"NA"。

3）枚举数据类型表

枚举数据类型表用于描述值为有限离散集合的数据元素。表 6-15 列出了枚举数据类型表的格式。此表包含了一个应出现在所有 FOM 和 SOM 中的、预先定义的数据类型（HLA boolean），附加的类型列举其后。虽然数据类型 HLA boolean 必需出现在对象模型中，但是没有要求成员或联邦一定使用它。

表 6-15　枚举数据类型表

名称	描述	枚举值名	值	语义
HLA boolean	HLA integer 32BE	HLA false	0	Standard Boolean type
		HLA false	1	
< enumerated type >	< representation >	< enumerator 1 >	< value(s) >	< semantics >
		…	…	
		< enumerator 1 >	< value(s) >	
< enumerated type >	< representation >	< enumerator 1 >	< value(s) >	< semantics >
		…	…	
		< enumerator 1 >	< value(s) >	

第 1 列（名称）说明枚举数据类型名，其名称应遵循 HLA 命名规则。

第 2 列（描述）应说明构成此数据类型基础的基本数据描述。它应是基本数据类型表中某行的名称,该名称说明了离散值的数据类型。

第 3 列(枚举值名)应提供此数据类型的所有枚举值名。枚举值名应遵循 HLA 命名规范。

第 4 列(值)应提供每行枚举值名对应的枚举值。赋予的枚举值应与描述列中的数据描述保持一致。如果多个值都与一个枚举值名关联,应使用逗号把值分隔开。

第 5 列(语义)应说明数据类型的意义和用途。当不需要语义信息时,应输入"NA"。

4) 数组数据类型表

数组数据类型表用于说明可索引的同质数据类型的汇集;这些数据类型通常称为数组或序列。表 6 - 16 列出了数组类型表的格式。此表包含三个预先定义的数组类型(HLA ASCII string,HLA unicode string,HLA opaque data),它们应包含在所有的 FOM 和 SOM 中;附加的类型可跟随其后。虽然这三种数据必需出现,但在联邦或成员中没有必要全部使用。

第 1 列(名称)应说明数组数据类型的名称。其名称应遵循 HLA 命名约定。

第 2 列(元素类型)应说明此数组的元素的数据类型。此列的值应从数据类型表中选取(简单、枚举、定长记录、数组或变长记录数据类型)。注意,通过在此列中输入数组数据类型,可说明多维数组。

第 3 列(基数)应说明此数组包含的元素数目。多维数组可借助一个逗号分隔的值的列表来说明,每个值代表一个维。如果数组中的元素数目是变化的,应提供一个范围值;这个范围应采用上下界的形式,由两个终结符分开及被括号包围。作为选择,关键字"Dynamic"可应用于此情况。

第 4 列(编码)详细说明在 RTI 接收与发送时,数组类型的编码(如多维数组中元素的次序)。数组中元素的编码取决于元素类型列中的说明。数组的编码取决于编码列中的说明。数组数据首先由数组编码策略解释,再由元素类型的编码策略解释。

表 6 - 16　数组数据类型表

名称	元素类型	基数	编码	语义
HLA ASCII string	HLA ASCII char	Dynamic	HLA variable Array	ASCII string representation
HLA unicode String	HLA unicode Char	Dynamic	HLA variable Array	Unicode string representation
HLA opaque Data	HLA byte	Dynamic	HLA variable Array	Uninterpreted sequence of bytes
< array type >	< type >	< cardinality >	< encoding >	< semantics >
< array type >	< type >	< cardinality >	< encoding >	< semantics >

对于使用了两个预先定义的数组编码之一的一维数组,编码列应填写"HLA fixed array"或"HLA variable array"。"HLA fixed array"编码用于固定基数的数组,由每个元素顺序编码构成。"HLA variable array"编码用于变基数(包括"Dynamic")数组,首先包含编码为 HLA integer32BE 的数据,其后跟随元素按顺序编码。

第 5 列(语义)应说明此数据类型的用途和意义。当不需要语义信息时,输入"NA"。

5) 定长记录数据类型表

定长记录数据类型表用来描述异类数据的汇集,这些数据结构也称为记录或结构。此表的每一项都可以包含其他类型的数据,如简单、定长记录、数组、枚举与变长记录数据类型。这允许用户根据成员或联邦的需求来构建"数据结构的结构"。表 6－17 列出了用来记录定长记录数据类型的表格。

表 6－17　定长记录数据类型表

记录名	域			编码	语义
	名称	类型	语义		
< record type >	< field 1 >	< type 1 >	< semantics >	< encoding >	< semantics >
	…	…	…		
	< field n >	< type n >	< semantics >		
< record type >	< field 1 >	< type 1 >	< semantics >	< encoding >	< semantics >
	…	…	…		
	< field m >	< type m >	< semantics >		

第 1 列(记录名)说明定长记录数据类型的名称,其名称应遵循 HLA 命名规则。

第 2 列(域名称)描述定长记录数据类型的一个域名,其名称应遵循 HLA 命名规则。

第 3 列(域类型)应说明域的数据类型。此列的值应来自于其他数据类型表(简单数据类型表、枚举数据类型表、定长记录数据类型表、数组数据类型表或变长记录数据类型表)。

第 4 列(域语义)应说明此域的意义和用途。当不需要此信息时,应输入"NA"。

第 5 列(编码)应详细说明 RTI 发送和接收时,定长记录数据类型的编码(如域的组织)。定长记录中域的编码取决于域类型列的数据类型。定长记录的编码取决于编码列的内容。记录的数据首先由记录的编码策略解释,再由域类型的编码策略解释。对于使用了预先定义的记录编码的定长记录数据类型,编码列填写关键词"HLA fixed record"。"HLA fixed record"编码由每个域的编码顺序构成,顺序为其声明的顺序。此预先定义编码的细节在下面中说明。

第 6 列(语义)说明此数据类型的意义和用途。当不需要语义信息时,此列应输入"NA"。

6) 变长记录数据类型表

变长记录数据类型表说明可区分的类型联合,这些结构也称为变量或可选的记录。表 6－18 列出了变长记录数据类型表的格式。

表 6－18　变长记录数据类型表

记录名	判别式			可选项			编码	语义
	名称	类型	枚举值	名称	类型	语义		
< variant type >	< name >	< type >	< set 1 >	< name 1 >	< type 1 >	< semantics >	< encoding >	< semantics >
			…	…	…	…		
			< set n >	< name n >	< type n >	< semantics >		
< variant type >	< name >	< type >	< set 1 >	< name 1 >	< type 1 >	< semantics >	< encoding >	< semantics >
			…	…	…	…		
			< set m >	< name m >	< type m >	< semantics >		

第 1 列(记录名)应说明变长记录数据类型的名称,该名称应遵循 HLA 命名规则。

第 2 列(判别式名称)应说明判别式的名称,该名称应遵循 HLA 命名规则。

第 3 列(判别式类型)应说明判别式的数据类型。此列的值应是来自于枚举数据类型表的名称。

第 4 列(判别式枚举值)说明用于确定可选项的枚举值集合。枚举值应来自于判别式类型列中列举的数据类型。此集合应由一个或多个枚举值、逗号分隔的枚举值范围或特殊符号"HLA other"构成。枚举值范围应由两个终端符分隔的、方括号中的两个枚举值说明。枚举值范围指示枚举数据类型中的所有枚举值,在枚举数据类型表中,它的定义是在指定的枚举值之间(包含指定的枚举值本身)。符号"HLA other"表示枚举数据类型中的所有没有明确包含在相关记录名的其他枚举值项目的中枚举值。对于每个记录名,符号"HLA other"至多只出现一次。

第 5 列(可选项名称)定义此可选项的标示符或名称。可选项名称应遵循 HLA 命名规则。如对于判别式列中的枚举值没有可选项时,"NA"应输入此列。

第 6 列(可选项类型)应说明此域的数据类型。此列的值应是其他数据类型表(简单、枚举、定长记录、数组或变长记录数据类型表)中的名称。如没有可选项应用于判别式枚举值列的枚举值,"NA"应输入此列。

第 7 列(可选项语义)应描述此可选项的用途和意义。当不需要此信息时,应输入"NA"。

第 8 列(编码)应详细说明 RTI 接收和发送时,变长记录数据类型的编码(如判别式的位置)。变长记录中域的编码取决于可选类型列的数据类型。变长记录的编码决定于编码列中的编码。记录的数据应首先由记录编码策略解释,再由域的编码策略解释。

对于使用了预先定义变长记录编码的变长记录数据类型,关键词"HLA variant record"应输入编码列。"HLA variant record"编码由判别式构成,与判别式值相关的可选项跟随在判别式之后。

第 9 列(语义)应说明变长度数据类型的意义和用途。当不需要此信息时,应输入"NA"。

7) 预先定义的构造数据类型的编码

每种构造的数据类型(数组、定长记录和变长记录)都有预先定义的、用来描述其中元素(如数组元素或定长或变长记录的域)如何放置的编码。它们用于说明为了保证元素间正确的字节队列,一个构造数据类型的每个元素如何填充等内容。OMT 使用预先定义的关键字 HLA fixed array,HLA variable arra,HLA fixed record,或 HLA variant record 来描述一个构造数据类型的编码。根据需要,对象建模者可定义和使用可选的编码策略。

通常,在一个构造类型中,填充字节应根据需要增加从而使得元素正确排列。例如,一个 32 位的浮点数应排列在 32 位以内,64 位的浮点数应在 64 位以内。决定一个构造类型的元素后所需的填入字节数取决于以下三个因素:

(1) 元素到构造类型的开头字节偏移量;

(2) 元素的字节大小;

(3) 下一元素的字节边界值。

简单和枚举数据类型的字节边界值来源于基本数据描述表中的类型。字节边界值

被定义为 2^n 的最小值,其中,n 是非负整数,8×2^n 大于或等于此数据类型的位数。预先定义的基本数据描述的字节边界值如表 6 – 19 所列。

表 6 – 19   预先定义的基本数据描述的字节边界值

基本描述	8 位组边界值
HLA octet	1
HLA octet Pair BE	2
HLA integer 16BE	2
HLA integer 32BE	4
HLA integer 64BE	8
HLA float 32BE	4
HLA float 64BE	8
HLA octet Pair LE	2
HLA integer 16LE	2
HLA integer 32LE	4
HLA integer 64LE	8
HLA float 32LE	4
HLA float 64LE	8

一个构造数据类型的字节边界值是此数据类型的所有元素中最大的字节边界值。例如,包含了一个 HLA boolean 域(基于 HLA integer 32BE),一个基于 HLA octet 域和一个基于 HLA float 64BE 域的一个定长记录字节边界值为 8。任何包含了这个定长记录的数据类型的字节边界值至少为 8。它的字节边界值可能大于 8,取决于其他组件的字节边界值。

下面介绍四种预先定义的构造数据类型的编码,包括在每个数据类型的元素后填入的字节数。如果使用这些预先定义编码的数据类型的字节大小不是 8 的整数倍,应补充位使得数据类型的大小成为 8 的下一个整数倍。添加的位和字节始终为 0。

1) HLA fixed record

HLA fixed record 编码应由每个域的编码顺序组成,其顺序为声明的顺序。定长记录的第一个域应从记录的 0 偏移处开始。

除了最后一个域,零或更多的填充字节应填入每个域,以保证记录中的下一个域可正确排列。采用此编码时,一个定长记录的第 i 个域后填入的字节数为满足下列公式的最小的非负的 P_i 值:

$$(\text{Offset}_i + \text{Size}_i + P_i) \bmod V_{i+1} = 0$$

式中:Offset_i 为此记录的第 i 个域的偏移量(单位为字节);Size_i 为此记录的第 i 个域的大小(单位为字节);V_{i+1} 为此记录的第 $(i+1)$ 个域的字节边界值。

填充的字节不应添加在记录的最后一个域之后。定长记录的字节大小应包含填充的字节数。

例如,考虑一个使用了 HLA fixed record 编码的一个定长记录,此记录由一个基于 HLA octet 的域,一个 HLA boolean 域和一个基于 HLA float 64BE 的域顺序组成的。编码计算如下：

域 1：　$(\text{Offset}_1 + \text{Size}_1 + P_1)\bmod V_2 = 0$

　　　　$(0 + 1 + P_1)\bmod 4 = 0$

　　　　$(1 + P_1)\bmod 4 = 0$

　　　　$P_1 = 3$

域 2：　$(\text{Offset}_2 + \text{Size}_2 + P_2)\bmod V_3 = 0$

　　　　$(4 + 4 + P_2)\bmod 8 = 0$

　　　　$(8 + P_2)\bmod 4 = 0$

　　　　$P_2 = 0$

域 3：　没有字节填充到此最后域之后。

因此，三个字节被填充在基于 HLA octet 的域之后，没有字节填充在 HLA boolean 域或基于 HLA float 64BE 的域之后。此定长记录的所有字节数为 16。此例的表 6–20 描述如下，以填充字节为 0 显示了 16 个字节的内容。

表 6–20　HLA fixed Record 定长记录编码

字节数															
0	1	2	3	4	5	6	7	8	9	10	11	12	13	14	15
HLA octet	0	0	0	HLA boolean				HLA float 64BE							

注意，如果定长记录由同样的三个域组成，但顺序颠倒时，没有字节填充到任何一个域之后，并且此定长记录的大小为 13 字节。

2）HLA variant record

HLA variant record 编码应由判别式组成，判别式后是与判别式值相关的可选项。判别式应放置在记录的零偏移处。

如果判别式的值没有可选项，填充字节应添加在判别式之后（如果需要）以保证它的字节大小等于字节边界值。

如果判别式的值存在可选项，填充字节应添加在判别式之后（如果需要）以保证可选项适当排列。采用此编码时，在变长记录的此判别式之后填充的字节数应是满足下列公式的最小的非负的 P 值：

$$(\text{Size} + P)\bmod V = 0$$

式中：Size 为判别式的大小（单位为字节）；V 为可选项的字节边界值的最大者。

填充的字节不应添加在可选项之后。变长记录的大小应包含所有被添加的字节。

例如，考虑一个使用了基于 HLA octet 描述的判别式的变长记录，一个可选项由基于 HLA integer 32BE 描述的域组成，第二个可选项由一个包含两个域的定长记录组成，这两个域均基于 HLA octet 描述。编码计算如下：

$$(\text{Size} + P)\bmod V = 0$$

$$(1 + P)\bmod 4 = 0$$

$$P = 3$$

因此，三个字节应添加在此判别式之后。

当一个判别式包含一个值，此值表明基于 HLA integer 32BE 的可选项被使用时，此变长记录见表 6 - 21。

表 6 - 21　HLA variant record 编码(一)

字节数							
0	1	2	3	4	5	6	7
HLAoctet	0	0	0	HLA integer 32BE			

当一个判别式包含一个值,此值表明一个定长记录可选项被使用时,此变长记录见表 6 - 22。

表 6 - 22　HLA variant record 编码(二)

字节数					
0	1	2	3	4	5
HLA octet	0	0	0	HLA octet	HLA octet

3)HLA fixed array

HLA fixed array 编码应用于基数固定的数组,并应由每个元素的编码顺序组成。数组的第一个元素应放置在数组的零偏移量处。

使用此编码,除了最后一个元素,在数组的第 i 个元素后填充的字节数应是满足下列公式的非负的最小的 P_i 值。

$$(\text{Size}_i + P_i) \bmod V = 0$$

式中:Size_i 为此数组的第 i 个元素的大小(单位为字节);V 为此元素的字节边界值。

填充字节不应添加在数组的最后一个元素之后。固定数组的大小应包含任何添加的填充字节。

例如,考虑一个由固定数目的元素构成的数组,并且每个元素都是使用了 HLA fixed record 编码的定长记录,每个元素都由一个基于 HLA integer 32BE 描述的域和紧接着的基于 HLA octet 描述的域组成。

当遵循 HLA fixed record 编码规则计算时,此数组中每个元素的大小是相等的,即 5 个字节。此数组中每个元素的字节边界值是 4 字节,4 字节是此记录的两个域的字节边界值的最大值。除了最后一个元素,计算每个元素后的填充字节如下:

$$(\text{Size}_i + P_i) \bmod V = 0$$
$$(5 + P_i) \bmod 4 = 0$$
$$P_i = 3$$

因此,除了最后一个元素,数组中每个元素后填充 3 字节。此数组的图表描述,包含两个元素,如表 6 - 23 所列。

表 6 - 23　HLA fixed array 编码

字节数												
0	1	2	3	4	5	6	7	8	9	10	11	12
HLA integer 32BE				HLA octet	0	0	0	HLA integer 32BE				HLA octet

4)HLA variable array

HLA variable array 编码用于变基数(包括动态)数组,并应由一个编码为 HLA integer

32BE 的元素(表示元素组件的数目)开始,后面是每个元素的顺序编码构成。元素组件的数目应从数组的零偏移量开始。

如果需要,填充的字节应加在元素组件数目之后,以保证数组的第一个元素可正确排列。这里,填充的字节数应是满足公式的非负的最小的 P 值。

$$(4+P) \bmod V = 0$$

式中:V 为此元素类型的字节边界值。

可变数组中每个元素后填充的字节数的计算方法与 HLA fixed array 相同。可变数组的大小应包含所有添加的字节。

例如,考虑一个由基于 HLA float 64BE 描述的可变数组。元素填充计算如下:

$$(4+P) \bmod V = 0$$
$$(4+P) \bmod 8 = 0$$
$$P = 4$$

因此,在元素组件数之后填充 4 个字节。此数组只包含一个元素,它的描述如表 6-24。

表 6-24 HLA variable array 编码(一)

字节数															
0	1	2	3	4	5	6	7	8	9	10	11	12	13	14	15
HLA integer 32BE				0	0	0	0	HLA float 64BE							

第二个例子,考虑一个称作 vararray 的数组,它由基于 24 位描述的元素组成,元素的数目是可变的。计算元素组件数后应填充的字节的方法如下:

$$(4+P) \bmod V = 0$$
$$(4+P) \bmod 4 = 0$$
$$P = 0$$

因此,在元素组件数后没有字节填充。除了最后一个元素,其他每个元素后填充的数量计算如下(使用 HLA fixed array 编码的公式):

$$(\text{Size}_i + P_i) \bmod V = 0$$
$$(3 + P_i) \bmod 4 = 0$$

$$P_i = 1$$

因此,每个元素后填充 1 个字节,除了最后元素。由两个元素组成的数组的如表6-25。

表 6-25 HLA variable array 编码(二)

字节数										
0	1	2	3	4	5	6	7	8	9	10
HLA integer 32BE				24 – bit value			0	24 – bit value		

最后一个例子,考虑一个元素为 vararray 类型的变长度数组。特别地,考虑一个包含两个数组的实例,第一个包含一个元素,第二个包含两个元素。这里,两个数组组成的数组被称为外层数组,每个元素被称为内部数组。外层数组的元素组件数后填充的字节计算如下:

$$(4 + P) \bmod V = 0$$
$$(4 + P) \bmod 4 = 0$$
$$P = 0$$

在外层数组的元素组件数之后没有字节填充。填充在外层数组的第一个元素之后的字节数计算如下(使用 HLA fixed array 编码公式):

$$(Size_1 + P_1) \bmod V = 0$$
$$(7 + P_1) \bmod 4 = 0$$

$$P_1 = 1$$

因此,在外层数组的第一个元素,也是第一个内部数组之后填充一个字节。没有字节填充在外部数组的第二个元素,也是第二个内部数组之后,如表 6 - 26 所列。

表 6 - 26　HLA variable array 编码(三)

字节数																						
0	1	2	3	4	5	6	7	8	9	10	11	12	13	14	15	16	17	18	19	20	21	22
HLA integer 32BE				HLA integer 32BE				24 – bit value			0	HLA integer 32BE				24 – bit value			0	24 – bit value		

6.3.13　注释表

各种 OMT 表中的项目都可在表之外说明一些附加的描述信息。这个特性允许用户把解释信息和单个表格项目联系在一起以促进数据的有效利用。

把一个或多个注释关联到一个 OMT 表格项目的机制包含一个指向适当表格单元的注释指针。在表格形式的 OMT 格式中,此注释指针应由一个可唯一标识的注释标记(或一系列逗号分隔的标记)组成,这些标记前面注以星号,并用括号括起来。注释本身应与注释标记关联并包含在本小节的表中。注意,一个单个的注释或许被 OMT 表引用许多次,而 OMT 表格的一个项目或许涉及多个注释。记录注释的模板如表 6 - 27 所示。

表 6 - 27　注释表

标记	语义
< label >	< semantics >
< label >	< semantics >
< label >	< semantics >

第 1 列(标记)包含对象模型中涉及的每个注释指针的标记。

第 2 列(语义)应包含注释的说明文本。

描述所有成员和联邦的 SOM 和 FOM 都可以包含注释,只要这种注释改善了对象模型的透明性和可理解性。

6.3.14　FOM/SOM 词典

OMT 作为一种记录 HLA 对象模型的模板,其目的就是为了使对象模型的各使用者对该对象模型的理解准确、一致,以便在联邦开发中保证成员利用它正确地实现互操作。

要想做到这一点,仅仅是按 HLA OMT 的格式记录了对象模型的各项内容是不够的,还必须保证对象模型的使用者对描述对象模型的各种术语语义的理解达到一致。只有这样,才能真正做到对对象模型准确、一致的理解。因此,OMT 还提供了 FOM/SOM 词典,用来对 OMT 各表格中所采用的各个术语的含义进行解释。它包含对象类定义表、交互类定义表、属性定义表、参数定义表,分别用来对各对象类、交互类、属性、参数名称的含义进行定义。

对象类定义表描述 HLA 对象类,模板如表 6 – 28 所列。

表 6 – 28　对象类定义表

类	定义
< class >	< definition >
…	…
< class >	< definition >

第 1 列(类)包含在 FOM 或 SOM 中描述的所有对象类的名称。对象类名在必要时应使用句点“.”以唯一标识定义的对象类,对象类名可以包含完整的超类。

第 2 列(定义)应描述对象类的语义。

交互类定义表描述 HLA 交互,模板如表 6 – 29 所列。

表 6 – 29　交 互 类 定 义 表

类	定义
< class >	< definition >
…	…
< class >	< definition >

第 1 列(类)应包含每个交互类的名称。交互类名在必要时应使用“.”符号以唯一标识定义的交互类,交互类名可以包含完整的超类。

第 2 列(定义)应描述交互类的语义。

属性定义表描述对象类属性,模板见表 6 – 30。每个行描述对象类的一个属性。

第 1 列(类)包含指定属性所属的对象类名。在需要时应使用“.”符号以唯一标识对象类,对象类名可以包含完整的超类。

第 2 列(属性)应包含属性名。

第 3 列(定义)应描述此属性在对象类中的含义。

表 6 – 30　属性定义表

对象类	属性	定义
< class >	< attribute >	< definition >
…	…	…
< class >	< attribute >	< definition >

参数定义表描述与交互类有关的参数的格式,模板如表 6 – 31 所示。每行描述交互类的一个参数。

表 6 - 31　参数定义表

交互类	参数	定义
< class >	< parameter >	< definition >
…	…	…
< class >	< parameter >	< definition >

第 1 列(类)应包含与指定参数有关的交互类的名称。交互类名在必要时应使用"."符号以唯一标识定义的交互类,交互类名可以包含完整的超类。

第 2 列(参数)应包含参数名。

第 3 列(定义)应描述参数所表达的特定信息。

6.4　管理对象模型

监视和控制联邦及成员的运行情况对联邦执行的正常进行是必需的。管理对象模型(MOM)是 HLA 为联邦管理定义的数据模型,其作用是收集汇总各成员、整个联邦和 RTI 的运行状态信息,并为控制 RTI、联邦和单独的成员提供手段。成员能使用 MOM 的信息来观测联邦内部运行的情况,并控制 RTI、联邦执行和单个成员,因此 MOM 可用于构建管理 HLA 联邦执行的通用工具。

MOM 在成员接口规范里定义。MOM 对于所有 HLA 联邦是通用的。各种版本的 RTI 必须支持 MOM 的服务,各种联邦的 FOM 里应当包括 MOM 规定的内容,实际上,很多对象模型模板工具,如 DMSO OMDT,都支持在生成联邦 FOM 时自动添加 MOM 的内容。

MOM 由两部分构成:标准部分和用户扩展部分。标准部分由 HLA 的规范定义,规定了用于联邦管理的对象类、交互类,对这些类的名称、子类、属性或者参数及其数据类型、公布/订购关系做了严格的定义,用户不能改动,这样才能保证 MOM 在不同联邦和不同版本的 RTI 中的通用性。它必须是每个 FOM 的一部分。不包含 MOM 标准部分的 FOM 文件是非法的,并会引起 RTI 的异常。所有标准的 MOM 对象类、交互类、属性以及参数定义不能被修改。用户扩展定义的 MOM 附加子类、类属性或者参数不能被 RTI 直接使用,只能由联邦中的成员使用。

MOM 也使用 OMT 格式以及语法来描述。RTI 负责公布 MOM 对象类、注册相应的对象实例和更新这些对象实例的属性值,以及订购和接收一些 MOM 交互类。而负责控制联邦执行的成员订购 MOM 对象类的一部分或者全部,转发更新、公布和发送一些交互,以及订购和接收其他的交互类。虽然一个联邦的 FOM 应包含 MOM 的所有元素,但一个联邦可以选择使用全部、部分或者根本不使用 MOM 标准类及其相关的信息元素。使用 MOM 的成员(无论是标准部分还是扩展部分)不必考虑实现 MOM 的软件在什么地方,这些成员只是通过 MOM 的对象模型与 MOM 软件交互,就如同这些成员与 FOM 中任何其他部分交互一样。

6.4.1　MOM 对象类

MOM 定义了 Manager. Federation 和 Manager. Federate 两个对象类,前者有 8 个属性,

后者有 23 个属性,分别用以描述联邦信息和联邦成员的相关信息。MOM 的对象类及其属性不受一般联邦成员控制,RTI 拥有 MOM 对象类实例的属性所有权,而且所有权不能转移。

图 6 - 1 描述了高层 MOM 对象类结构。

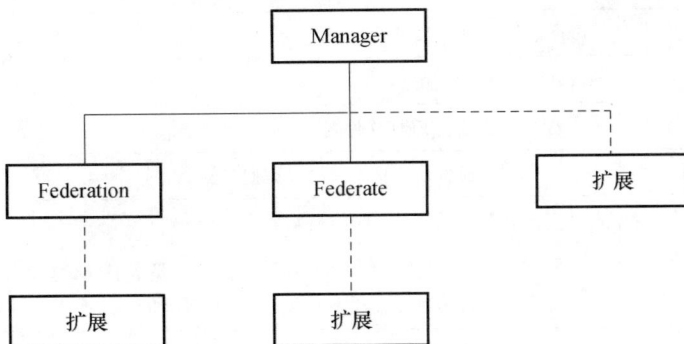

图 6 - 1　高层 MOM 对象类结构

1) Manager. Federation 对象类

Manager. Federation 包含有关联邦运行状态的 8 个属性(见表 6 - 32)。在联邦运行中,由 RTI 公布此对象类,自动为其注册一个对象实例,并负责收集更新这些属性值。但需注意,必须向 RTI 发送 MOM 交互类里的 Request 子类的 Request Attribute Value Update 交互请求实例属性更新,否则 RTI 不会自动更新这个对象类的实例属性值。

表 6 - 32　Manager. Federation 对象类

属性	类型	描述
FederationName	String	联邦名
FederatesInFederation	Handle List	已加入联邦的成员列表
RTIversion	String	RTI 版本
FEDid	String	联邦 FED 文件名
LastSaveName	String	上一次联邦保存名
LastSaveTime	Time	上一次联邦保存的逻辑时间
NextSaveName	String	下一次联邦保存名
NextSaveTime	Time	下一次联邦保存的逻辑时间

表 6 - 32 的属性中,FederationName 和 FEDid 是区分 HLA 仿真联邦的标志;FederatesInFederation 里的成员标志是当成员加入联邦时,由 RTI 分配给它的唯一数字标志值;NextSaveName 和 NextSaveTime 只有在联邦有按时间预定保存时才有意义。

2) Manager. Federate 对象类

Manager. Federate 包含了有关成员运行状态的 23 个属性(见表 6 - 33)。在联邦运行中,由 RTI 公布此对象类,为每一个加入联邦的成员注册一个相应的对象实例,并负责收集更新所有成员的此类对象实例的属性值。但需注意,必须先向 RTI 发送 MOM 交互类里 Adjust 子类的 SetTiming 交互来设置属性更新周期值。如果没有属性更新周期值或设为 0,那么 RTI 将不会更新此对象类的属性。

表 6 - 33　Manager. Federate 对象类

属性	类型	描　述
FederateHandle	Handle	成员标志
FederateType	String	成员名
FederateHost	String	成员运行的主机名
RTIversion	String	RTI 版本
FEDid	String	成员 FED 文件名
TimeConstrained	Bool	成员是否是时间约束类型
TimeRegulating	Bool	成员是否是时间控制类型
AsynchronousDelivery	Bool	当成员时间为"Idle"时(只有当成员为时间约束时有效)是否 RTI 向成员传递接收顺序消息
FederateState	Enum	成员状态,有效值为:— Running　— Save pending —Saving　—Restoring　— Restore pending
TimeManagerState	Enum	成员时间管理状态,有效值为:—Idle　— Advance pending
FederateTime	Time	成员逻辑时间(若没有使用逻辑时间则为 0)
Lookahead	Time	时间前瞻量　(若没有使用逻辑时间则为 0)
LBTS	Time	时戳下限　(若没有用逻辑时间则为 0)
MinNextEventTime	Time	LTBS 最小值及 TSO 队列的起点(若没有用逻辑时间则为 0)
Rolength	long	RO 队列事件数
TSOlength	long	TSO 队列里事件数
ReflectionsReceived	long	接收到的反射数
UpdatesSent	long	发送的更新数
InteractionsReceived	long	接收到的交互数
InteractionsSent	long	发送的交互数
ObjectsOwned	long	拥有的对象实例数(成员掌握其 PrivilegeToDelete 属性)
ObjectsUpdated	long	已更新对象实例(至少已更新了一个属性值)数
ObjectsReflected	long	已反射对象实例(至少已反射了一个属性值)数

　　RTI 永远不会释放在上面两个表中定义的 MOM 实例属性的所有权。RTI 将通过标准的实例属性更新机制提供值来响应来自任何成员的、对任何 MOM 对象类或实例属性请求属性值更新(Request Attribute Value Update)服务的调用。

6.4.2　MOM 交互类

　　图 6 - 2 中描述了 MOM 交互类结构。MOM 只有唯一交互类(Manage)和唯一子类(Federate),Federate 又分为 4 种子类:Manager. Federate. Adjust,Manager. Federate. Request,Manager. Federate. Report,Manager. Federate. Service。这 4 个子类共有 60 个交互,调用这些交互可以实现对联邦和成员的管理控制功能。RTI 将公布或订购各子类的交互(包括各交互所有定义的参数)。

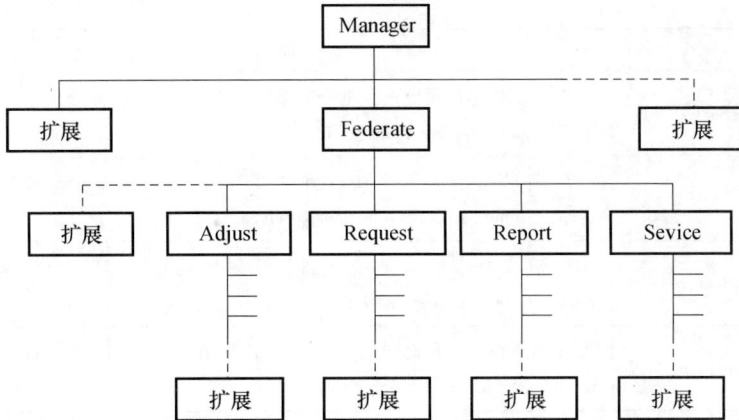

图 6 - 2　MOM 交互类结构

1）Manager. Federate. Adjust 子类

包括 4 个交互,作用是设置或修改联邦成员的某些特性。详见表 6 - 34。

表 6 - 34　Manager. Federate. Adjust 交互子类

交互	描　　述
SetTiming	设置成员的 Manager. Federate 对象实例属性的更新周期
ModifyAttributeState	修改成员对象实例的属性所有权状态
SetServiceReporting	设置借助 Report. ReportServiceInvocation 交互报告服务要求
SetExceptionLogging	设置记录 RTI 异常

2）Manager. Federate. Request 子类

包括 10 个交互,作用是请求某个联邦成员的一些运行参数。详见表 6 - 35。

表 6 - 35　Manager. Federate. Request 交互子类

交互	描　　述
RequestPublications	向 RTI 请求指定成员公布的对象类和交互类情况的报告,RTI 会为每个对象实例发回 1 个 Manager. Federate. Report. ReportInteractionPublication 和 1 个 Manager. Federate. Report. ReportObjectPublication 交互
RequestSubscriptions	向 RTI 请求指定成员订购的对象类和交互类情况的报告,RTI 会为每个对象实例发回 1 个 Manager. Federate. Report. ReportInteractionSubscription 和 1 个 Manager. Federate. Report. ReportObjectSubscriptions 交互
RequestObjectsOwned	向 RTI 请求指定成员的对象所有权情况的报告,RTI 会发回 1 个 Manager. Federate. Report. ReportObjectsOwned 交互
RequestObjectsUpdated	向 RTI 请求指定成员的对象更新情况,RTI 会发回 1 个 Manager. Federate. Report. ReportObjectsUpdated 交互
RequestObjectsReflected	向 RTI 请求指定成员反射实例属性更新情况的报告,RTI 会发回 1 个 Manager. Federate. Report. ReportObjectsReflected. 的交互
RequestUpdatesSent	向 RTI 请求指定成员已产生的更新(属性)情况的报告,RTI 会发回 1 个 Manager. Federate. Report. ReportObjectsSent 交互

（续）

交互	描 述
RequestInteractionsSent	向 RTI 请求指定成员已产生的交互数目的报告，RTI 会发回 1 个 Manager. Federate. Report. ReportInteractionSent 交互
RequestInteractionsReceived	向 RTI 请求指定成员已接收到的交互数的报告，RTI 会发回 1 个 Manager. Federate. Report. ReportInteractionsReceived 交互
RequestReflectionsReceived	向 RTI 请求指定成员已接收到的反射数的报告，RTI 会发回 1 个 Manager. Federate. Report. ReportReflectionsReceived 交互
RequestObjectInformation	向 RTI 请求指定成员对象实例信息的报告，RTI 会发回 1 个 Manager. Federate. Report. ReportObjectInformation 交互

3）Manager. Federate. Report 子类

包括 14 个交互，作为对 Manager. Federate. Request 交互类的响应，由 RTI 向成员发送此类交互，报告成员要求的信息。详见表 6－36。

表 6－36 Manager. Federate. Report 交互子类

交互	描述
ReportObjectPublication	响应 Manager. Federate. Request. RequestPublications 交互，报告成员已公布的对象类－属性信息，对成员的每个对象类都要发 1 个此类交互
ReportInteractionPublication	响应 Manager. Federate. Request. RequestPublications 交互类，报告成员已公布的交互类列表
ReportObjectSubscription	响应 Manager. Federate. Request. RequestSubscriptions 交互，报告成员订购的对象类列表
ReportInteractionSubscription	响应 Manager. Federate. Request. RequestSubscriptions 交互，报告成员已订购的交互类列表
ReportObjectsOwned	响应 Manager. Federate. Request. RequestObjectOwned 交互，报告由成员掌握 Privilege-ToDelete 属性的对象实例的数目
ReportObjectsUpdated	响应 Manager. Federate. Request. RequestObjectUpdated 交互，报告由成员负责更新（至少 1 个属性）的对象实例的数目
ReportObjectsReflected	响应 Manager. Federate. Request. RequestObjectReflectd 交互，报告由成员反射更新属性（至少 1 个属性）的对象实例的数目
ReportUpdatesSent	响应 Manager. Federate. Request. RequestUpdateSent 交互，报告自联邦执行开始以来，成员（对象类）发送的更新数，RTI 为每一个被使用的传输类型都发送 1 个此类交互
ReportReflectionsReceived	响应 Manager. Federate. Request. RequestReflectionsReceived 交互，报告自联邦执行开始以来，成员（对象类）接收的的反射数，RTI 为每一个被使用的传输类型都发送 1 个此类交互
ReportInteractionsSent	由 RTI 发送以响应 Manager. Federate. Request. RequestInteractionsSent 交互，将报告自联邦执行开始以来，成员（交互类）发送的交互数，RTI 为每一个被使用的传输类型都发送 1 个此类交互

（续）

交互	描述
ReportInteractionsReceived	由 RTI 发送以响应 Manager. Federate. Request. RequestInteractionsReceived 交互，将报告自联邦执行开始以来，成员（交互类）接收的的反射数，RTI 为每一个被使用的传输类型都发送 1 个此类交互
ReportObjectInformation	响应 Manager. Federate. Request. RequestObjectInformation 交互，报告某一对象实例、描述其属性、注册类和已知类
ReportServiceInvocation	当成员或 RTI 调用 RTI 服务时由 RTI 发送，默认 RTI 不发送此类交互，由 Manager. Federate. Adjust. 类交互控制（开或关），此交互通常包含服务调用者的讨论，如果服务请求成功，此交互也包含给调用者的返回值（如果服务由返回值）；否则，此交互提交给调用者的 1 个异常指示
Alert	当发生异常时由 RTI 发出

4）Manager. Federate. Service 子类

此类交互将作用于 RTI 上，代理某一成员调用 RTI 服务，对于通常由成员调用的服务，它们将像成员调用一样引起 RTI 反应；对于通常由 RTI 回调的服务，它们将也引起 RTI 回调。如果使用这些交互发生异常，它们将借助 Manager. Federate. ReportAlert 交互向所有订购此交互的成员报告。需注意的是注意：这些交互有可能破坏联邦正常运行，需小心使用。详见表 6 – 37。

表 6 – 37　Manager. Federate. Service 交互子类

交互	描述
ResignFederationExecution	强制成员退出联邦执行
SynchronizationPointAchieved	代替成员发出到达同步点的报告
FederateSaveBegun	代替成员发出开始保存的报告
FederateSaveComplete	代替成员发出保存完成的报告
FederateRestoreComplete	代替成员发出完成恢复的报告
PublishObjectClass	公布 1 个对象类及其属性
UnpublishObjectClass	取消公布 1 个对象类及其属性
PublishInteractionClass	公布 1 个交互类
UnpublishInteractionClass	取消公布 1 个交互类
SubscribeObjectClassAttributes	设置属于成员 1 个对象类的属性的订购状态
UnsubscribeObjectClass	不再订购 1 个对象类的属性
SubscribeInteractionClass	订购 1 个交互类
UnsubscribeInteractionClass	不再订购 1 个交互类
DeleteObjectInstance	将对象实例从联邦中删除
LocalDeleteObjectInstance	通知 RTI 将某对象实例视为未曾发现的对象实例
ChangeAttributeTransportationType	改变某一对象实例的属性的传输类型
ChangeAttributeOrderType	改变某一对象实例的属性的顺序类型
ChangeInteractionTransportationType	改变成员发送某一交互类使用的传输类型

（续）

交互	描　　　　述
ChangeInteractionOrderType	改变成员发送某一交互类使用的顺序类型
UnconditionalAttributeOwner-shipDivestiture	引起成员无条件夺取某一对象实例的属性所有权
EnableTimeRegulation	设置成员为时间调整类型
DisableTimeRegulation	取消成员的时间调整类型
EnableTimeConstrained	设置成员为时间约束类型
DisableTimeConstrained	取消成员的时间调整类型
EnableAsynchronousDelivery	设置成员为异步发送消息类型
DisableAsynchronousDelivery	取消成员的异步发送消息类型
ModifyLookahead	改变成员的时间前瞻量
TimeAdvanceRequest	代表成员请求推进逻辑时间,并放弃传递给成员的消息
TimeAdvanceRequestAvailable	代表成员请求逻辑时间推进,并放弃传递给成员的消息
NextEventRequest	请求成员逻辑时间推进到下一个 TSO 消息传递给成员的时戳时间,此 TSO 消息的时戳不得大于请求的逻辑时间
NextEventRequestAvailable	请求成员逻辑时间推进到下一个 TSO 消息传递给成员的时戳时间,此 TSO 消息的时戳不得大于请求的逻辑时间
FlushQueueRequest	请求成员逻辑时间推进到下一个 TSO 消息传递给成员的时戳时间,此 TSO 消息的时戳不得大于请求的逻辑时间,所有 TSO 消息将被传递给成员。

6.4.3　MOM 扩展

MOM 定义的对象类及其属性不一定能完全满足实际仿真应用中用户对联邦监视的需求,所定义的交互也不一定能满足用户控制联邦的需要,所以 HLA 接口规范中规定可以对 MOM 进行扩展。

可以通过增加子类或类属性来扩展 MOM 对象类。如果没有扩展,RTI 将以预先确定的 MOM 类属性来公布 Manager. Federate 和 Manager. Federation 类,注册一个实例,以及更新预先定义的实例属性值。扩展 MOM 对象类的有效方法有以下几种。

1. 向任何 MOM 对象类添加子类

联邦中的成员可以公布该对象类和它的属性,注册新类的一个对象实例,以及根据联邦执行的要求更新对象实例属性值。注意,子类的实例与 RTI 注册的 MOM 对象实例是分开的。因此,由从 MOM 预先确定的类派生来的扩展子类的实例属性不会被 RTI 更新。

2. 向任何 MOM 对象类添加属性

联邦中的成员可以公布有新属性的对象类,且可以订购该对象类和它的属性,可以发现和转发更新以获取所关心的对象实例,可以使用已发现对象实例标识符更新新实例属性的值(当然首先要获取所有权)。注意,成员应更新有新的实例属性的实例,RTI 永远不会获得任何一个新类属性的所有权。

通过增加子类或参数可以扩展 MOM 交互类。有三种扩展 MOM 交互类的类型。

1）由 RTI 发送、成员接收的交互子类

即 Manager. Federate. Report 的子类。RTI 应在 MOM 叶节点类层（例如：Manager. Federate. Report. ReportException）上公布。它将发送包括所有预定义参数的该交互类的交互。扩展这类的 MOM 交互类的有效方法如下：

（1）可以将子类添加到这些 MOM 交互类。RTI 将不发送这些子类的交互。如果加入成员订购了该子类，它们将收到完整的交互。如果它们订购了一个其扩展子类的父类，该交互将被提交给订购此类的加入成员，扩展出来的类所拥有的新参数将丢弃；

（2）可以将新参数添加到任何 MOM 交互类。RTI 发送这些类的交互时不包含这些新的参数。

2）由 RTI 接收、成员发送的交互子类

包括 Mmanager. Federate. Adjust、Manager. Federate. Request，Manager. Federate. Service，以及 Manager. Federation. Adjust）。RTI 应在 MOM 叶类层（例如 Manager. Federate. Adjust. SetTiming）上订购。它将收到这些交互，且处理该交互类定义的所有参数。扩展这种类型的 MOM 交互类的有效方法如下：

（1）可以将子类添加到任一 MOM 交互类。如果一个加入成员发送这种类的一个交互，RTI 将收到仅包含预先定义交互类的参数；

（2）可以将参数添加到任一 MOM 交互类。如果一个加入成员以附加的参数发送一个交互，RTI 会收到这个新参数，但将忽略它，仅处理预先定义的参数。

3）既不被 RTI 发送也不被 RTI 接收的交互的类

RTI 将不进行处理，也不做响应，看作与 FOM 里其他普通交互类一样。这些交互的类将被 RTI 忽略，因此可以以任何与符合 IEEE Std 1516. 2 – 2000 标准的 FOM 开发相兼容的方式构成。

新扩展的子类、交互和参数的名称和数据类型也由用户自己定义。但是，扩展 MOM 的内容在联邦中的处理方式与 MOM 定义的内容是完全不一样的。

由上所述，对 MOM 扩展内容的处理等同于一般的对象类或交互类，所以联邦管理所需要扩展的内容并不一定要添加在 MOM 定义的对象类和交互类里面。可以根据需要组织分类，一些与 MOM 定义相似的内容可作为扩展子类添加到 MOM 对象类、交互类里，一些独立于 MOM 定义相似的内容可作为新的类添加到 FOM 里，由成员作为普通对象类、交互类进行公布、订购。

6.5 基本对象模型

仿真互操作标准组织（Simulation Interoperability Standards Organization，SISO）提出的基本对象模型 BOM（Base Object Models）规范的目的是为促进互操作性、重用性和组合性提供一种重要机制，为建模和仿真领域实现可组合性提供了一种基于组件机制的实现技术。BOM 目前已正式成为 SISO 的标准，作为描述组件化的仿真模型组件规范，提倡通过可重用的仿真模型组件的组合，以"搭积木"的方式快速构建具有功能多样性、大小可伸缩的动态仿真，进一步促进仿真领域的重用性和互操作性。

本节首先详细分析 BOM 模板的主要结构，接着深入研究 BOM 的体系结构，并把

BOM 与对象模型 SOM/FOM 进行比较分析,归纳三者之间的异同点,最后分析了用 BOM 扩展 FOM 的方法,便于在实际的建模与仿真中更好地发挥 BOM 的优势,提高仿真的互操作性和重用性。

6.5.1 BOM 的概念

SISO 给出 BOM 的概念:BOM 是概念模型、仿真对象模型或联邦对象模型的模块化表示,作为仿真应用和联邦的开发和扩展所需的构建模块。BOM 概念是基于一定的假设:仿真应用和联邦的各个"片段"(piece - part)能够作为建模的模块或组件被抽取出来并重用。

为了更好地理解 BOM 概念,可以"房屋建筑"作类比。当开始准备盖新房子(类比 HLA 的联邦)时,首先必须从概念上理解房屋的主要设计特征以及这些特征之间的相互关系。在建筑领域中,这些设计特征和关系的概念理解(类比 BOM 的概念模型)通常用设计图表示出来并详细设计成蓝图,为房屋建造提供相关的规范。房屋的设计蓝图可以类比联邦的 FOM。FOM 描述联邦主要的特征(对象类/交互类以及相关的属性/参数)和这些特征之间的相互关系(对象类/交互类的类层次关系)。蓝图中存在许多房屋设计的公共元素和模式,比如大多数房屋的浴室所需的元素通常包含淋浴器、浴室、卫生间和水槽,这些在蓝图中作为通用的元素而且可以定制,车库、厨房、家庭活动室或卧室等房屋元素也可同样处理。使用这些公共的元素或模式可以加速蓝图的开发。同理,BOM 是各类联邦的公共元素或模式,使用 BOM 可以加速 FOM 的开发。

当选择房屋特征时,买方可以采用以下几种方法之一(与 FOM 构造进行类比)。

(1)房屋买方可以选择已有的设计蓝图。类比 HLA 联邦构造中选择一个已经存在的 FOM,通常选择参考 FOM。

(2)房屋买方可以和房屋架构师及工程师一起开发一个全新的架构图和蓝图。在联邦构造中类似于从头建立 FOM,有时采用自底向顶方法设计 FOM。

(3)房屋买方可以和房屋架构师及工程师一起从已有的权威设计中选择元素进行组合。例如,买方可以从一系列卧室、浴室、卫生间和走廊设计中选择一种布局;从另外的一系列起居室、饭厅设计中选择布局;从第三系列厨房、洗衣房和车库设计中选择布局。这些系列都存在已有的产品。这方法最接近于装配组件片段实现 FOM 构造(即从描述相互作用模式的 BOM 构造 FOM)。在房屋建造和 FOM 构造中,集成设计组件到最终的产品可能会增加买方的某些个性化需求。

选择以上任意一种方法后,房屋建造先选择架构图和使用建造制品,如固定设备、用具、地板和窗户。尽管房屋建造还存在多种方法,但以上第三种方法的例子充分展示使用组件化机制建造房屋的蓝图过程。同样,BOM 提供一种组件化机制构造 FOM。这种面向组件的开发方法产生的影响已经体现在其他市场如软件开发、电子工程和房屋建造。总之,面向组件的方法已经为这些市场产生革命性影响,BOM 方法将在建模和仿真互操作领域产生同样的影响。

从 1997 年秋天开始,SISO 在 RFOM(Reference FOM)的基础上提出了 BOM 的概念,其主要目的是解决联邦开发过程中 FOM 设计所存在的问题,即重用性较差、重复性工作又较多。BOM 提供一种面向组件的仿真模型开发机制,作为开发仿真模型组件的基础,作为一组可重用的信息包,用来表示仿真内部交互活动的各种模式,并以建模用的"材料"应用到仿真的开发和扩展中,通过组合不同的仿真模型组件实现成员的灵活性和可组合性。为此,SISO 在 2000 年春季 SIW 会议上建立了 BOM 研究小组,进一步研究 BOM 的有关概念和方法,同时也成立专门的 BOM 产品开发小组,开发了一些相关的文档,如 BOM 的模板规范和 BOM 使用指南等文档。

　　BOM 作为实现 SISO 提出快速构建未来的可组合和可扩展的建模与仿真的重要手段之一,也是 DMSO 倡导的 CMSE(Composable Mission Space Environments,可组合的使命空间环境)和 XMSF(Extensible Modeling and Simulation Framework,可扩展的建模和仿真框架)重要的实现技术之一。

6.5.2　BOM 模板结构

　　SISO 以标准化形式定义了 BOM 模板结构,通过定义模型标识、概念模型、模型映射和 HLA 对象模型形成描述组件化仿真模型的规范,不但通过 HLA 对象模型定义了模型的静态结构,而且以概念模型的模式和状态机定义了模型之间的互操作及动态行为能力。

　　BOM 本身采用 XML 和 XML Schema 的方法定义和校验其描述的内容,有利于增强数据的交换和理解能力。图 6 - 3 展示了 BOM 模板结构,它包含四个主要的模板组件:模型标识、概念模型、模型映射和 HLA 对象模型。

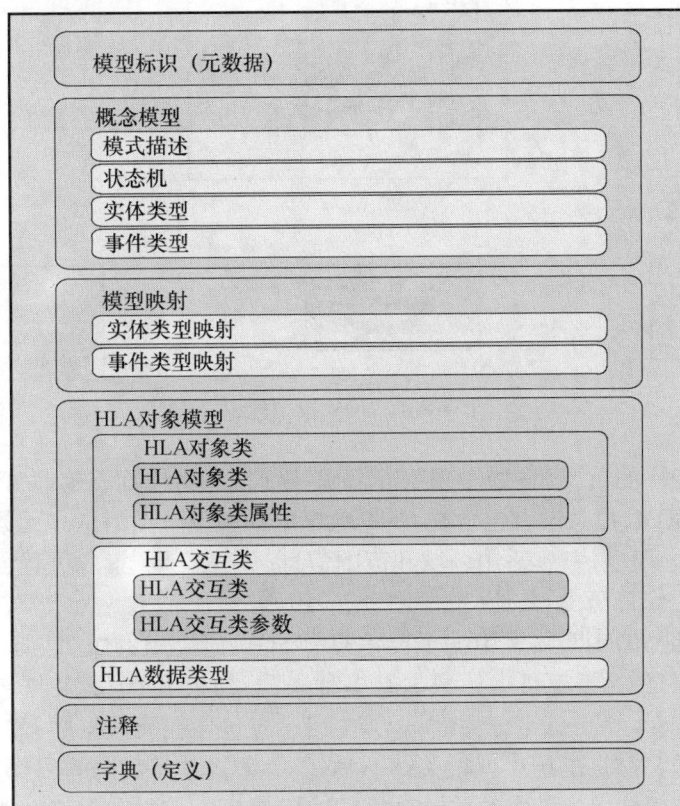

图 6 - 3　BOM 模板结构

1）模型标识

模型标识是以文档化形式描述 BOM 自身的重要信息，为 BOM 提供最小但足够详细程度的描述信息，有助于对 BOM 的理解，从而实现重用。

任何可重用的资源都必须是可见的和可访问的。可视性不仅意味 BOM 具有可见性，而且还意味具有足够的描述信息来允许未来的用户可以决定已有的 BOM 是否适合其需求。为此，BOM 模型标识表定义一套公共的描述符集合。构建 BOM 库可以实现重用性的第二个因素是可访问性，BOM 模型标识表包含的元数据提供了访问 BOM 库的途径。这些规范的元数据是从公共使用的元数据标准集合中抽取出来的。虽然该表的核心部分重用了 IEEE Std 1516.2 标准 OMT 的模型标识表，但是 BOM 模型标识表还进行扩展。扩展的元素来自其他的通用标准，如 Dublin Core，DDMS（DoD Discovery Metadata Specification，美国国防部元数据发现规范）和 VV&A 推荐工程指南（Recommended Practice Guide，RPG）。BOM 模型标识表如图 6-4 所示。

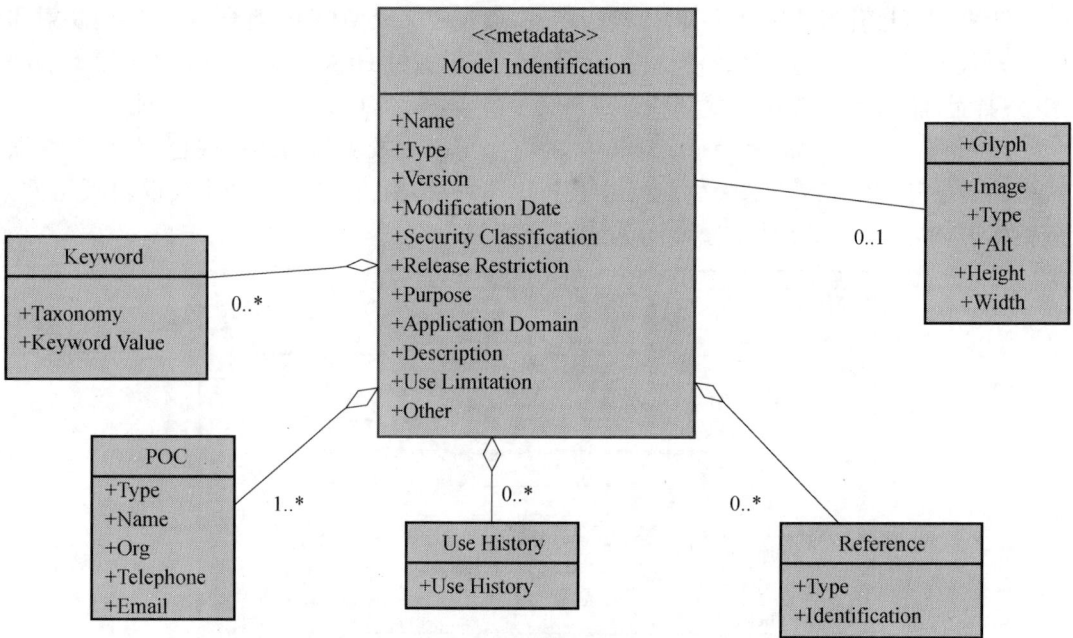

图 6-4　BOM 模型标识

元数据是 BOM 的重要组件，不仅有助于用户理解 BOM 而且有助于在资源库中搜索、选择和重用 BOM，提供没有包含在 OMT 数据中的关键重用信息。元数据包括以下内容：需求信息、概念模型信息、适用领域和范围信息、集成经验（集成过程、集成产品、经验教训、如何使用）、修订历史、其他（顺序图表、应用剧情）。

元数据是保证 BOM 顺利重用的重要信息，RFOM 研究组的报告强调元数据是所有 RFOM（包括 BOM）的重要组件。元数据有多种来源，如果 BOM 是来源于 FOM 或 SOM，联邦或成员的 VV&A 历史就十分关键，VV&A 信息应包含在元数据中；如果 BOM 来自于权威数据源，数据 VV&C 的历史就很关键，VV&C 信息就是元数据的一部分。因此，元数据是理解 BOM 重用能力和潜力的关键，也是 BOM 重用的前提和保证。如果联邦工程师在开发新的 FOM 或 SOM 时希望重用 BOM 资源，首先应该认真研究、分析 BOM 元数据，判断 BOM 是否适合当前应用。总之,元数据是 BOM 的基础,缺少了元数据的 BOM 就没有任何应用价值可言。

2）概念模型

BOM 的概念模型包含模式描述表、状态机表、概念实体类型表和概念事件类型表,通过概念实体类型和概念事件类型静态描述真实世界中的事物,并以相互作用的模式和状态机动态刻画这些真实世界中的事物之间是如何相互作用。BOM 的模式描述表与概念模型紧密相关,每个模式都包含一个或多个用来完成某一具体目的或功能的步骤,而与一个步骤相关的活动则提供对所需功能和行为活动的描述,而且模式描述表同时也提供对可能产生的扩展性和变更性等方面的支持。每一个模式步骤中所需的活动都能够关联到 BOM 内部定义的某一事件,或由其他的 BOM 提供更详细的活动来描述。

如图 6-5 所示,一个模式包含一个或多个实现确定意图或功能所需的动作。动作相关的每个名字表示功能和行为的活动以及完成意图或目标所需的概念实体,这些概念实体被刻画为发送者和接收者。BOM 模式描述表可以区分与某个活动相关的异常和变

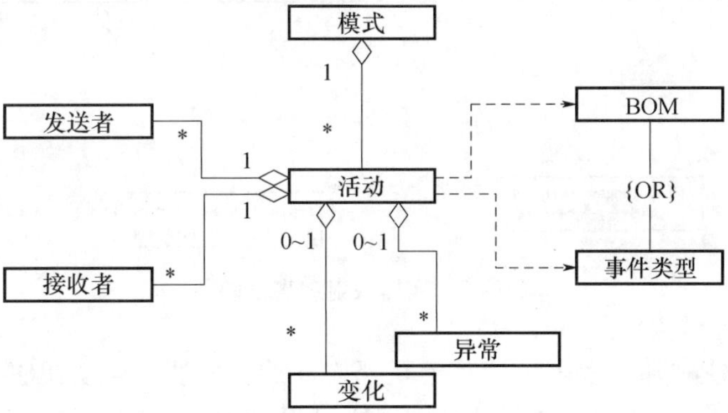

图 6-5 BOM 模式结构

化。异常是指可能产生的突发动作,从而导致模式的其他活动失败而无法进入下一动作。变化只是完成某个动作可能有不同的方法,但不会影响或中断模式的完成。不管是异常还是变化,它们都与 BOM 内定义的事件类型或外部 BOM 相关。

如图 6-6 所示,BOM 状态机可以使用模式的一系列动作辨识完成状态转移所需的行为条件,与完成状态定义的角色的一个或多个概念实体相关联。同时,状态机支持一个或多个的状态,每个状态可以从一个状态转移到另一个状态直到退出为止,这些状态与模式描述定义的动作相关。

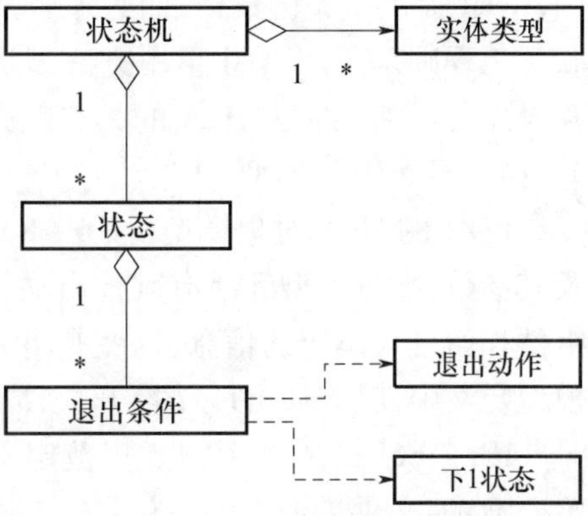

BOM 实体类型表描述支持模式的相互作用和完成不同状态机所需的概念实体类型。BOM 事件类型表包含两种 BOM 事件类型:BOM 触发器事件类型和 BOM 消息事件类型,在模式相互作用它们都是用来描述和执行动作,变化和异常。

图 6-6 BOM 状态机结构

每个 BOM 在描述概念模型元素中都应该包含实体类型表和事件类型表或它们在其他 BOM 的引用。

3）模型映射

模型映射提供一种机制实现概念模型空间的元素和 HLA 对象模型空间的元素之间的映射,支持实体类型和事件类型这两种映射类型,如图 6 - 7。通常,实体类型映射把概念模型空间的实体与 HLA 对象模型空间的对象类元素进行映射,同样事件类型映射把概念模型空间的事件与 HLA 对象模型空间定义的交互类元素进行映射。

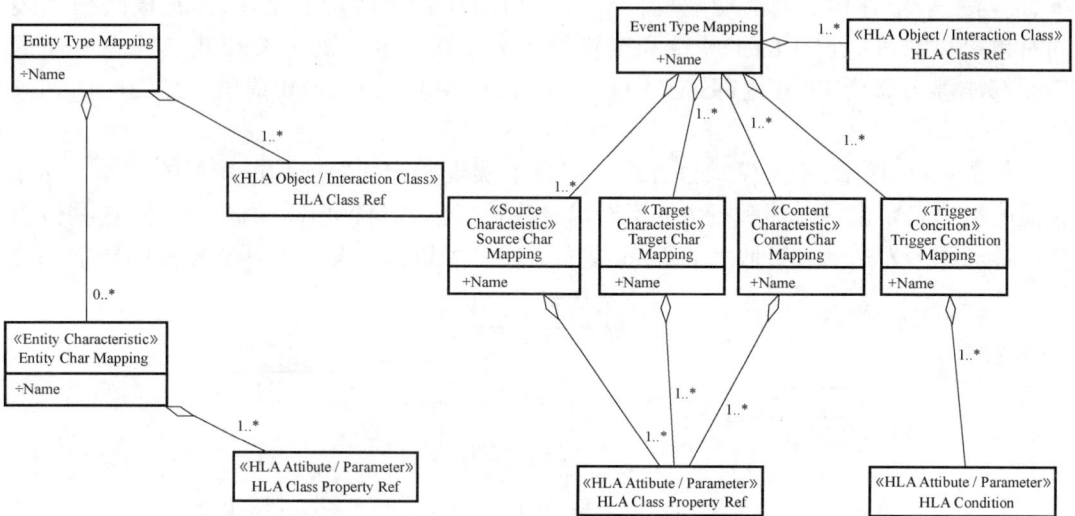

图 6 - 7　实体映射和事件映射

BOM 是能够使联邦工程师设计基于联邦构件的积木块。包含 BOM 构造和 BOM 应用的 BOM 开发是合理的、可能的。构造 BOM 可通过 Object/Attribute Pair Oriented BOM Building Method 或者 Interaction Oriented BOM Building Method 实现。在构造 BOM 期间,获取 meta - data 的原则是支持 BOM 的集成或优化成为 FOM 或 SOM。另外,BOM meta - data 提高了联邦开发的自主性。

在 HLA 内,应支持和倡导建立通用的、可重用的仿真组件的能力。在联邦开发方法中,BOM 提供了关键数据,而且在开发联邦中 BOM 的应用得到联邦实现工具的支持,被联邦工程师采用。BOM 重用方法满足了 HLA 重用扩展的要求,提高了自主性,使得 FOM 互操作的灵活性成为 HLA 的具有魅力的成功的一个方面。

4）HLA 对象模型

BOM 的 HLA 对象模型(图 6 - 8)描述 OMT 信息,包含 HLA 对象类及其属性、交互类及其参数、数据类型和所有其他有关实现数据从一个仿真模型组件传输到其他仿真模型组件如何进行编码的信息,这些是 BOM 接口信息组成部分。OMT 有些信息并不在 BOM 模型定义中使用,如 RTI 转换开关,同步点和用户自定义标识符。

IEEE Std 1516. 2 - 2000 规范定义 DTD(Document Type Definition,文档类型定义)来验证 OMT 文件的有效性,为了确保在 BOM 模板中灵活重用 OMT,DTD 被转换为 XML Schema,BOM 模板的 XML Schema 包含或重用这些相关 OMT 的 XML Schema 片段。

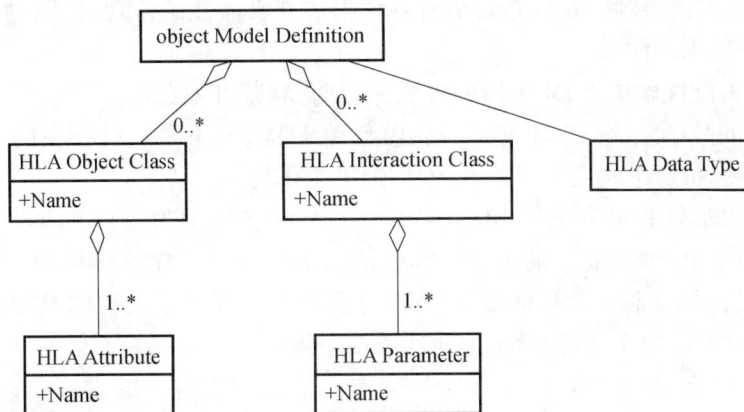

图 6 - 8　HLA 对象模型

6.5.3　BOM 用于扩展 FOM

一般用于扩展联邦 FOM 的方法有如下几种。

1）由底向上的方法

在 HLA 中,扩展联邦 FOM 的最普通的方法是一开始就创建 SOM 和 FOM,称为由底向上方法。因为在需求扩展中需要获得和记录媒体数据,由底向上的方法具有支持创建后可能成为参考 FOM 的能力。相关的联邦媒体数据也是重要的 FOM 需求。由底向上的方法在联邦开发中耗费较多的时间和工作量。

2）单 SOM/组合 SOM 方法

另一种 FOM 扩展方法是应用单 SOM 或多个组合 SOM 作为模板。这种方法称为单 SOM/组合 SOM 法。尽管这种方法可减联邦开发的时间,(相对于自底向上法),但是从模板 SOM 获得的数据一般很难迁移到将要构造的 FOM。而且单 SOM 方法可能会限制联邦内某些联邦的反应能力。常用的组合 SOM 法要求在组合表示和组合重设计的结果间有更广泛的合作。

3）参考 FOM 方法

比单 SOM/组合 SOM 更好的方法是将已存在的 FOM 或参考 FOM 作为模板创建新的 FOM。基于已存在的 FOM 创建的 FOM(或 SOM)具有迁移能力,基于参考 FOM 创建的 FOM 允许记录 meta - data 数据,且具有更大的自主性。

在这些方法中,对于较大的或固定联邦,参考 FOM 方法是最有效的。但现有的参考 FOM 法和单 SOM/组合 SOM 方法都要求在创建新联邦时仔细选择和提炼 FOM 或 SOM。这也是费时的工作。由于数据的收集和 DDM 通常意味着每一 FOM 部件与 FEDEX 具体特性有关,即使完成了 FOM 的重用也不排除需要更新、修改、重新创建新的 FOM。

在 HLA 体系结构下,各种类型成员在特定的联邦中可以作为独立的组件,通过 RTI 在联邦中实现即插即用,体现了 HLA 倡导的重用性和互操作性。但是,成员的重用性和互操作性受到特定联邦约定的 FOM 约束,限制了 HLA 提出仿真重用性和互操作性思想的实现。目前,在开发联邦过程中,大多数中间件组件通常以几个常用的 FOM 作为参考 FOM,在此基础上进行裁剪形成新联邦约定的 FOM。若长期如此,只使用这几个固定的

FOM 开发联邦,严重限制了在分布式仿真领域内仿真灵活性的体现,也限制了 HLA 重用性和互操作性思想的推广。

没有不费力就能解决 FOM 重用的方法。然而,联邦开发已有了另一种不同的方法,能够提高开发的效率。该方法不是一开始就创建 FOM,也不是从已存在的 SOM 和 FOM 提取/组合 FOM,而是在创建之前考虑 FOM 的可重用构件。

这种重用可通过扩展和应用 BOM 实现。BOM 曾被标记为"FOM lets",由 Reference FOM Study Group 在 1998 春天的仿真互操作能力的研讨会上定义。BOM 可按 OMT 类、交互操作、相关的属性和元数据区分。BOM 为联邦开发提供了关键的数据包,为互操作架起了桥梁。而且,BOM 支持 OMT 中描述的重用规划。

BOM 具有已定义的行为,被构造成为能像元数据中所包含的内容一样动作。BOM 可能是抽象的,也可能是具体的。具体的 BOM 被集成在某个联邦的 FOM 中时,可不经过修改,直接重用,而抽象的 BOM 集成在 FOM 中时,它只是遗传因子,在实现时才能重用。但是,抽象 BOM 的优点在于其灵活性,可被更多的联邦接收。

BOM 在 HLA 环境中可看成仿真构件的调色板,从这块调色板中最终用户可选择适当的颜色建立或修改 FOM 和 SOM。BOM 概念类似于 Rapid Application Development (RAD)环境,在那里已定义的对象组件对于开发者来说是工具条上的一个图标。可拖拉这些图标来表示实际的应用。这些构件可能代表 Graphical User Interface (GUI)的小组件或计时时钟或其他的应用。关键的是开发者可选择对象组件来表示所需的功能,将其拖到工作平台,操作对象组件可满足程序的要求,这样程序员可不断地增加应用部件。

同样,在 HLA 环境中,联邦开发者可以用工具栏项、文件或仓库选择以前定义的 BOM,用 BOM 来创建或增加有待扩展的 SOM 或 FOM。因此,在 HLA 实现工具中组合 BOM 的能力并有助于迅速而有效地开发 FOM。

第7章 运行支撑系统 RTI

RTI(Runtime Infrastructure)是 HLA 的仿真运行支撑,是 HLA 仿真系统的核心,它提供一系列用于仿真互连的服务。RTI 既是 HLA 仿真系统分层管理控制、实现分布仿真可扩充性的基础,也是 HLA 其他关键技术研究的立足点。

基于 RTI 开发分布仿真系统,可以不考虑具体的网络特征,而只关注被仿真的客观事物,同时可以重用已有的成员,大大提高分布仿真系统开发的工作效率。RTI 也是面向对象技术在分布仿真中应用的一个范例。面向对象仿真的基本思想是将系统划分为对象,仿真运行是由对象的运行与对象间交互构成的。在包含各种类型仿真应用的分布仿真环境中,RTI 提供了处理对象间交互的方法。这种处理方法成为分布仿真中的一个通用标准。

本章在对 HLA RTI 的构成和其中间件特征分析的基础上,介绍 IEEE Std 1516.1 - 2000 版标准中各组管理服务的作用和内容,重点论述管理服务涉及的概念、原理和作用,而不涉及服务的具体描述。

7.1 RTI 概述

中间件是处于应用软件和系统软件(操作系统、网络协议、数据库等)之间的一个软件层。RTI 是分布仿真的中间件,具有中间件的一般特征和作用。RTI 屏蔽了环境底层的复杂性,提供给应用开发者统一的、功能强大的 API,使应用开发者只专注于业务逻辑,快速地开发出可靠、高效的分布仿真应用。

7.1.1 RTI 作用与构成

RTI 通过一致的用户接口为用户提供尽可能多的服务。这些服务按照 HLA 接口规范标准进行开发,在仿真系统运行过程中为动态信息的管理和集成提供有效的支持。

RTI 作为联邦运行的底层支撑系统,在逻辑上与仿真应用程序(成员)构成典型的客户/服务器模式(client/Server)。RTI 将仿真应用模型、仿真支撑功能、数据分发及传递服务三方面分离开来,使仿真工作者只集中于领域仿真模型的开发,而不必涉及有关网络通信和仿真管理等方面的实现细节。HLA 接口规范定义了成员和 RTI 之间的服务调用关系,从逻辑功能上看 RTI 是一个整体,提供给仿真用户透明的服务调用。RTI 提供的服务包括支持联邦的创建和终止、联邦对象的声明和管理、联邦时间管理,同时为成员的交互提供了高效的通信。RTI 采取了层次化的结构,将仿真部件和通信部件独立开来,从而改进了以前的仿真标准(如 DIS 与 ALSP)。

在 HLA 框架下,成员通过 RTI 构成一个开放性的分布式仿真系统(如图 7 - 1 所示),整个系统具有可扩充性。其中,成员可以是真实、构造或虚拟仿真系统以及其他辅助性的仿真应用(如联邦运行管理控制器、数据收集器等)。在联邦的运行阶段,成员之间的数据交换必须通过 RTI。

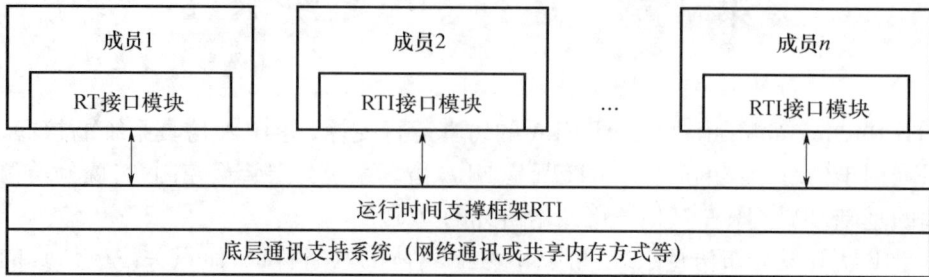

图 7-1　HLA 仿真体系结构

RTI 与成员之间的接口实质上反映了 RTI 能提供给成员的服务。接口规范对这些服务进行了标准化。随着 HLA 标准的更新,这些服务也在增加。但最初版本 RTI 服务,包含了 RTI 的核心功能。RTI 接口有 C++,Java,Ada 以及 CORBA 的 IDL(接口描述语言)四种语言的描述。其中,基于 CORBA IDL 开发的方式最为简便,但它受 CORBA 软件的限制,延时较大,不能支持实时性要求高的仿真。

一个 HLA 仿真系统包括两个全局进程,即 RTI 执行进程 rtiexec 和联邦执行进程 fedexec,成员通过调用 RTI 库函数将 HLA 服务扩展到成员。

rtiexec 是运行在一个平台上的全局进程,占用一个公开的端口号,侦听预置端口的数据,接受来自该端口的各种请求。rtiexec 负责创建和取消联邦执行,可管理多个联邦执行的创建和终止,保证每个联邦执行具有唯一的标识。

通过 rtiexec 创建的每个联邦将有一个对应的 fedexec 进程(联邦执行进程),由该进程管理该联邦的运行和交互。它控制成员加入或离开联邦,并协调成员的数据交换。每一个运行中联邦的 fedexec 进程是由第一个加入联邦的成员创建的。联邦执行对每一个联邦成员分配一个唯一的句柄,以便成员之间进行数据交换。

根据调用关系,RTI 软件被分为两部分(见图 7-2):一部分被包装成 RTI amb 类,定义和实现成员所需的与 RTI 通信的接口,由成员主动调用;另一部分被包装成 Fed Amb 类,定义和实现 RTI 所需的与成员通信的接口,由 RTI 回调使用,须根据具体的联邦仿真应用开发,完成相应功能。

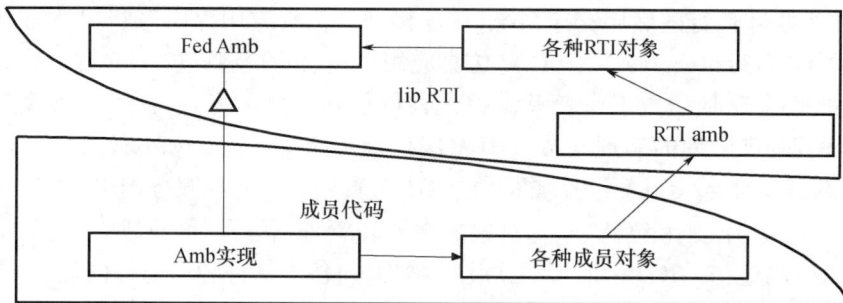

图 7-2　RTI 软件的组成

在 HLA 中,RTI 可看作是一个分布仿真的操作系统,它在每个成员的主机中都有驻留程序。成员在开发过程中必须遵守相应的规则和 RTI 接口规范,在运行过程中也只与本机中的 RTI 驻留程序进行直接交互,其余的交互任务全部由 RTI 来完成。从整体结构上来说,RTI 在一定程度上实现了"软总线"的功能,使成员以灵活地加入仿真执行。从标准化的角度看,RTI 实现了将对象交互协议 OIP 和数据通信协议 DTP 的分离。其中,OIP 同具体的仿真应用有关,规定了在各种条件下仿真间必须传递何种相应的信息;DTP 用来传输 OIP 中规定的信息,同网络结构和拓扑分布相关。RTI 的功能数据流关系如图 7 - 3 所示。

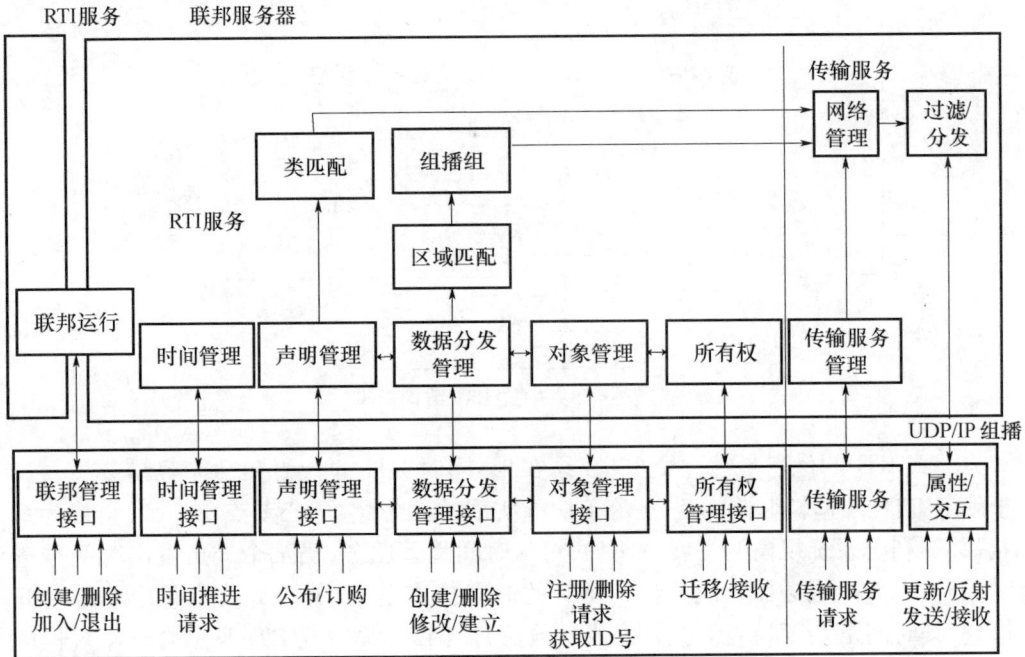

图 7 - 3　RTI 的功能数据流关系

在 HLA 中,没有定义类似于 DIS 中 PDU 那样特定的数据结构来专门进行数据交换,一个真实的系统被建模成一系列包含给定数目属性的对象,根据在对象模型模板(OMT)中定义的公布/订购关系进行交互,进一步提高了灵活性。

因此,对于 HLA 的运行支撑系统 RTI 来说,其关键技术既涉及与通信相关的结构和算法,又同模型初始化和管理能力紧密相关。它包括面向对象技术、分布操作系统、分布并行计算、网络通信、内存管理、进程管理、数据库管理等多方面的内容,同时需要实现组播通信、时间同步控制、数据分发、数据捆绑等实际有效的算法。此外,六大管理服务中时间管理服务和数据分发管理服务是相对较为复杂的,特别是在大规模分布交互仿真中,许多问题值得深入研究。

7.1.2　RTI 软件的结构

RTI 作为联邦执行的底层支撑系统,其软件结构的优劣直接关系到仿真系统的性能。从 RTI 的逻辑结构看,有以下三种结构模型。

1）集中式结构模型

这是一种典型的 client/Server 实现途径,它由一个集中式的 RTI 服务器(Server)实现所有服务功能,成员根据 HLA 接口规范与 RTI 服务器之间的交互。这种结构的特点是具有一个全功能的中心节点,在该中心节点上实现所有的服务,如图 7 -4 所示。成员之间无直接的通信关系,所有的成员之间都通过中心节点提供的服务实现消息的转发与交换。

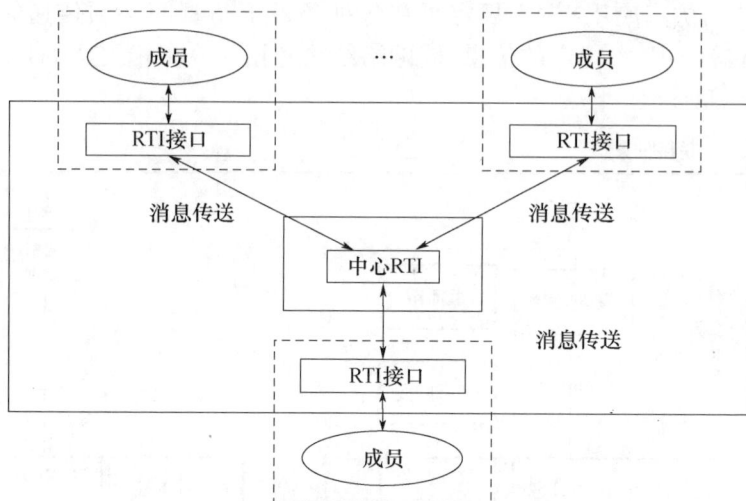

图 7 -4　集中式 RTI 结构模型

集中式 RTI 的优点是结构简单、容易实现,同时 RTI 的行为和性能容易分析、控制,适于确定 RTI 的基本性能;缺点是由于功能实现的集中化,中心节点负担大,将成为系统的瓶颈,不利于系统规模的扩展。比如,对于时间管理服务,当某个成员发出时间推进请求时,必须由 RTI 服务器从成员收到所有的时间推进请求,并以此决定整个联邦时间的推进量,其时间复杂度为 $O(n)$(n 为成员数目)。因此,集中式 RTI 只适合于小规模的仿真环境,日本三菱电子公司信息技术研究开发中心开发的 RTI 是典型的集中式 RTI 实现。集中式 RTI 实现主要在研究初期阶段,用于验证 RTI 接口服务。

2）分布式结构模型

图 7 -5 为分布式 RTI 结构模型示意图。这种结构的特点类似于 ALSP 系统的体系结构,不存在中心节点,每个仿真节点机上都有自己的局部 RTI 服务器(Local RTI),成员只需向本地 RTI 服务进程提出请求,由本地 RTI 做出响应。如果本地 RTI 不能完成响应,则请求外部的 RTI 服务进程协同完成。本地 RTI 服务进程相当于服务器和代理器的集合,对于来自本地的服务请求如能满足,则直接提供给本地成员相应的服务,否则请求外部的 RTI 服务进程协同完成。在这种结构模型中,局部 RTI 的功能基本上是相同或相近的,分散于不同机器上的 RTI 在原理上相当于多个集中式 RTI 服务器。

分布式 RTI 解决了系统瓶颈问题,有利于系统规模的扩展。但这种结构模型缺乏集中式的全局操作管理,对于需要与所有的局部 RTI 进程进行协调完成的服务,如时间管理,则协调算法复杂,系统的运行效率较低。

3）层次式结构模型

层次式结构模型结合分布式和集中式的实现方法,以克服各自存在的问题。在这种

192

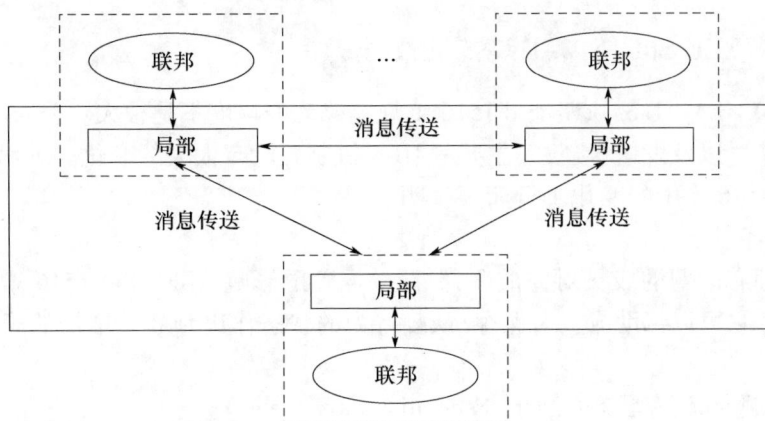

图 7 - 5　分布式 RTI 结构模型

结构模型下有一个中心服务器,用于执行一些全局的操作,如前面提到的时间管理问题。为了获得较好的扩展性,模型在中心服务器下设置一组子 RTI 服务器(sub – RTI),每个子 RTI 服务器负责一组成员的服务请求,涉及全局操作的请求由中心服务器协调完成。

这种结构是多层的,以适应不同规模的仿真系统。层次结构可以减少全局操作的延迟,提高仿真执行的并行性。对于一些在集中式结构中顺序执行的操作,可由 RTI 的子服务器分散执行,降低了计算的耦合度,可提高执行效率。层次式 RTI 结构模型还可以区分为集中集中式和分布集中式。集中集中式是指系统中多个 RTI 的设置呈层次结构,它们之间有严格的上下级关系;分布集中式是指局部设置中心 RTI 服务器(如在一个局域网构成的仿真站点中),但 RTI 服务器在整体上(广域网一级)是分布放置的,它们之间的关系是对等的,每个 RTI 服务器完成本站点内部的请求服务,如有全局操作则由 RTI 服务器协商完成(或由一个指定服务器完成)。图 7 - 6 给出了集中集中式 RTI 结构模型,在这种结构模型下有一个中心 RTI 服务器,在中心 RTI 之下设置了一组子 RTI 服务器(sub RTI)。

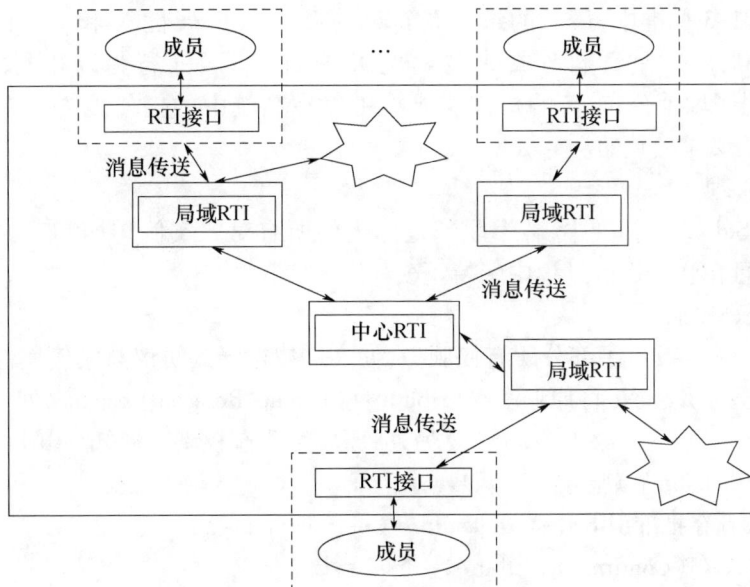

图 7 - 6　层次式 RTI 结构模型

7.1.3 IEEE Std 1516.1 规范的改进

相对 DoD HLA V1.3,IEEE Std 1516.1 规范改动的幅度不是很大。公布/订购、注册/发现、更新/映射以及发送/接收等主要的 HLA 机制并没有太大的变化。下面对各大服务在 IEEE Std 1516.1 中的变化进行简要说明。

1）联邦管理

为了处理有问题的成员对完成联邦保存/恢复的影响,IEEE Std 1516 增添了新的联邦管理服务。它可以帮助成员对保存/恢复行为的状态作出判断。增加的服务包括如下四种。

(1) 查询联邦保存状态(Query Federation Save Status)。

(2) 联邦保存状态响应(Federation Save Status Response +)。

(3) 查询联邦恢复状态(Query Federation Restore Status)。

(4) 联邦恢复状态响应(Federation Restore Status Response +)。

因为可能需要分布的信息,所以这些保存/恢复状态请求都要分两步完成。另外,在联邦管理服务中还有其他的改进。为了提高同步点机制的可表达性,增加了同步点状态表;在联邦执行过程中有问题产生时,为了能给出关于错误的更多信息,为同步点注册与保存(SynchronizationPoint Registration and Restore)服务增加了一个用于说明错误原因的参数。另外,原联邦执行数据(FED)在 IEEE Std 1516.1 中替换为 FOM 文档标识符(FDD)。

2）声明管理

对象类属性的公布/订购语义由原来的替换变为添加。例如,在一个成员中有如下两个订购服务调用。

(1) 订购对象类 A 的属性 X 和 Y。

(2) 订购对象类 A 的属性 X 和 Z。

在 DoD V1.3 标准中,最后的结果是订购对象类 A 的属性 X 和 Z。而按 IEEE Std 1516 标准,最后状态是订购对象 A 的属性 X、Y 和 Z。公布行为以相同的方式工作。"un"服务提供了取消公布/订购机制。成员可以在系统中的任何地方公布/订购,这与 DDM 的区域语义是一致的。

3）对象管理

在 IEEE Std 1516 标准中,整个联邦范围内的所有对象实例句柄和对象实例名称都是唯一的,并且在联邦运行过程中保持不变。

4）所有权管理

IEEE Std 1516 改进了部分所有权服务,使实例属性释放协议与实例属性获得协议更加对称。最主要的改动是将原服务 Attribute Ownership Release Response 的名称改为 Attribute Ownership Divestiture If Wanted。另外,原属性所有权剥夺通知(Attribute Ownership Divestiture Notification +)服务改为两步。

(1) 请求剥夺批准(Request Divestiture Confirmation +);

(2) 确认剥夺(Confirm Divestiture)。

另外,为了获得更强的一致性,重命名了几个服务;为交换附加信息,确认剥夺服务

(Confirm Divestiture)和属性所有权获得确认服务(Attribute Ownership Acquisition Notification +)增加了用户自定义标识(user – supplied tag)参数。

5)时间管理

时间管理中最主要的改动是在 RO 消息中增加了时戳变量。这有如下两大好处:

(1)它使成员可以通过 TSO 或非 TSO 消息得到同一数据;

(2)它为非 TSO 成员提供了一种传送时间值的方法。

另外,其他改进包括:成员可以取消那些它们从来没有接收到的消息,这样 RTI 就不必保存那些发送的消息,降低了空间占有量;联邦必须为时戳和时间间隔定义自己的抽象数据类型,并且需要为这些数据类型定义相应的方法。

最后,澄清了与时间相关的一些概念,并且对与时间相关的一些术语做了改动,使它们具有更加直观的意义。

6)数据分发管理

基于 DoD HLA V1.3 标准开发的成员在向 IEEE Std 1516 标准过渡时,需要改动的主要原因来自数据分发管理方面的变化。IEEE Std 1516 标准去掉了路由空间(Routing Space)和限域(extent)两个概念,因为它们过于复杂且不灵活。在去掉它们之后 DDM 简单化了,并且对 DDM 的功能没有影响。另外,为区域和区间分配了标识符,并且在编程语言的 API 中定义了明确的数据类型来表示它们。这样,成员就可以通过句柄来与 RTI 交换区域信息了。最后,区间上下界的数据类型由浮点型变为了整型,并且在 FDD 中为联邦执行的每一维定义了上界。

7)支撑服务

为了与新的 OMT 规范保持一致,IEEE Std 1516 中所有的名称都区分大小写,并且是 Unicode 编码标准的。它增加/改进了如下服务以支持新的 DDM 机制。

(1)获取维上界(Get Dimension Upper Bound);

(2)获取维句柄集(Get Dimension Handle Set);

(3)获取/设置区间范围(Get/Set Range Bounds)。

为了保证成员与 RTI 在维的归一化原则上保持一致,对于 RTI 来说,最好的方法就是由成员提供归一化函数,因此增加了下面两个服务。

(1)归一化成员句柄(Normalize Federate Handle);

(2)归一化服务组(Normalize Service Group)。

为了支持成员初始化/结束、成员与 RTI 之间的交互,增加了如下四个服务。

(1)初始化 RTI 服务(Initialize RTI services);

(2)结束 RTI 服务(Finalize RTI services);

(3)唤起(多重)回调(Evoke (Multiple) Callback(s));

(4)使能/禁止回调(Enable/Disable Callbacks)。

8)程序设计语言映射条款

IEEE Std 1516 标准中增加了由对接口服务的解释性说明到编程语言 API 的映射条款,这个新的条款描述了下面的对应关系。

(1)说明性标示符—>API 中的句柄/名称;

(2)说明性服务—>API 中的方法;

（3）说明性抽象数据类型—＞API 中的类/数据类型。

9）管理对象模型（MOM）

IEEE Std 1516 标准中使用标准的 OMT 表格来描述管理对象模型。利用 OMT 规范中定义的缺省数据类型,可以减少 MOM 中专用数据类型的定义,简化了 MOM。

另外,MOM 中增加了对数据分发管理的利用。所有属于 Manager. Federate 类的实例属性与属于 Manager. Federate. Report 类的交互都与 MOM 定义的成员维相关联;属于 Manager. Federate. Report. Report ServiceInvocation 类的所有交互都与 MOM 定义的成员以及服务组维相关联。如果成员只是利用声明服务来订购这些 MOM 类,那么可以不理会数据分发管理的问题。

增加了一个新的交互类 Federate. Report. MOMalert,用以进行 MOM 中的异常处理服务。

通常当联邦处于保存或恢复状态时,成员不能发送交互。但是,为了帮助解决联邦保存/恢复过程中的问题,联邦执行管理者需要执行某些 MOM 操作。为了实现这些功能,在保存/恢复过程中,成员可能需要发送这些下面这些交互。

（1）当处于保存/恢复状态时,成员可以发送 ResignFederationExecution;

（2）当处于保存状态时,成员可以发送 FederateSaveBegun 或 FederateSaveComplete;

（3）当处于恢复状态时,成员可以发送 FederateRestoreComplete。

MOM 中增加了交互 Manager. Federate. Report. ReportServiceInvocation。该交互在 HLA 服务被调用时由 RTI 或者由某一个特定成员发送。该交互使联邦执行管理者可以在整个联邦执行过程中监控 RTI 服务调用。

MOM 还有如下几个方面的改动。

（1）支持成员一致性测试;

（2）提供更多的成员信息;

（3）支持同步死锁处理等。

10）API

对三种语言的 API 都做了如下改进。

（1）对文件作了重新安排与组织;

（2）增加了时间的抽象数据类型（ADTs）;

（3）根据规范中的改进作了相应的服务改进/增加/删除;

（4）增加了 wide 字符串,用于支持 Unicode。

在 Java API 中,所有可能由成员实例化的类都实现了 java. io. Serializable 接口以支持保存/恢复。

在 C ++ API 中,有下面的一些改进。

（1）头文件的重新组织;

（2）重新组织使平台/编译器/RTI 实现相对解耦;

（3）为每个类分配一个文件;

（4）增加了 C ++ 标准类的应用;

（5）增加了包装类数据类型—为公用数据类型提供类型安全的接口;

（6）模板的大量应用。

另外,在规范中增加了一个原理说明的附录,该附录包含的信息不是正式标准的一部分,但是解释了隐含在规范的各个部分中的思想。当然,还有一些用来改进文档的编排方面的变化。经过标准化过程的 IEEE Std 1516 规范有更强的完备性、一致性和可理解性。

7.2　联邦管理

"联邦管理"(Federation Management)涉及联邦执行的创建、动态控制、修改和删除。成员加入一个联邦执行之前,该联邦执行必须存在。

7.2.1　联邦执行

只要一个联邦执行存在,成员可以以任何顺序加入执行或退出执行。图 7 - 7 给出了使用一些基本的联邦管理服务时,一个联邦执行经历的全部状态。

图 7 - 7 从联邦执行不存在状态开始,表示 RTI 已经启动,但是还没有与联邦执行相关的服务调用。当联邦执行创建后,此时进入没有加入成员状态。这个状态代表空白、刚初始化的联邦执行,没有成员加入,不存在对象实例,没有消息排队。从第一个成员加入执行到最后一个成员退出执行,联邦执行处于支持成员加入状态。这个状态表示在一个运行的联邦执行中,IEEE Std 1516.1 规范中的服务是可用的。

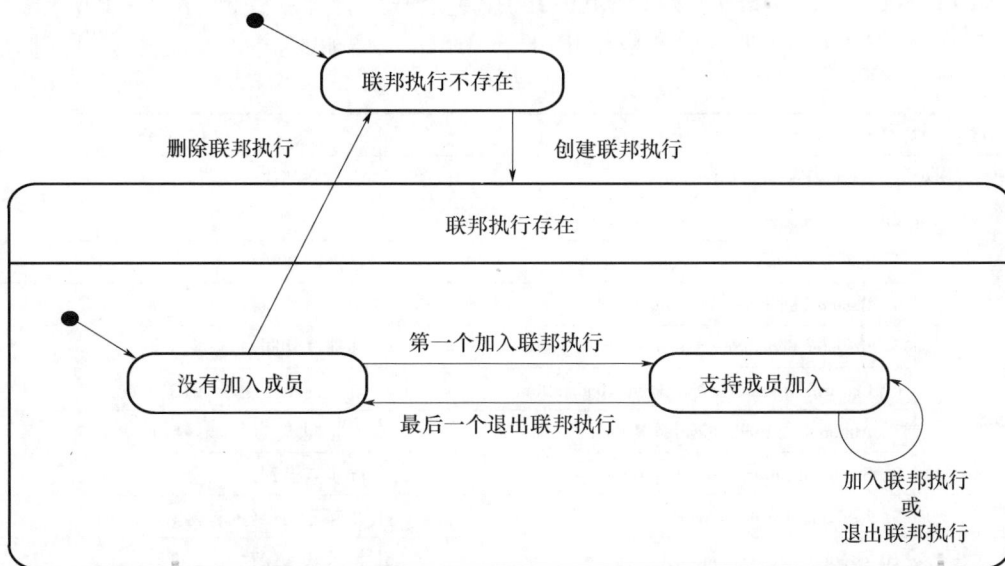

图 7 - 7　联邦执行基本状态

只要一个联邦执行存在,成员可以按联邦用户的意图,以任以顺序加入或退出该联邦执行。图 7 - 8 给出了一个成员参与联邦执行期间,与 RTI 之间基本关系。图 7 - 8 中的箭头表示 RTI 服务组的一般调用,并不表示使用这些服务的严格顺序要求。RTI 既不排除单个仿真应用作为多个加入成员参加一个联邦执行,也不排除单个仿真应用加入多个的联邦执行。

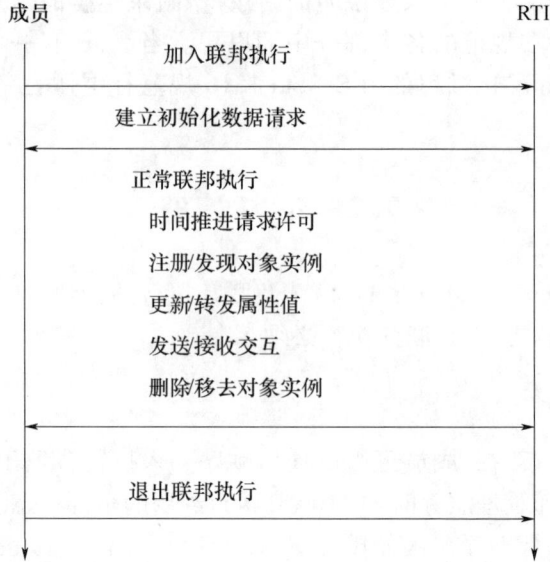

图 7-8 联邦执行过程中成员与 RTI 的调用关系

7.2.2 联邦管理服务

IEEE Std 1516.1 标准的接口规范中共有 24 个联邦管理服务,如表 7-1 所列。其中,15、16 与 23、24 两组四个服务是在 IEEE Std 1516.1 增加的。

表 7-1 联邦管理服务

分组	服务名称	功能简介
第1组	1. Create Federation Execution	创建联邦执行
	2. Destroy Federation Execution	撤销联邦执行
	3. Join Federation Execution	加入联邦执行
	4. Resign Federation Execution	退出联邦执行
第2组	5. Register Federation Synchronization Point	注册联邦同步点
	6. Confirm Synchronization Point Registration +	确认同步点注册(回调函数)
	7. Announce Synchronization Point +	宣布同步点(回调函数)
	8. Synchronization Point Achieved	同步点已到达
	9. Federation Synchronized +	联邦已同步(回调函数)
第3组	10. Request Federation Save	请求联邦保存
	11. Initiate Federate Save +	初始化成员保存(回调函数)
	12. Federate Save Begun	成员保存开始
	13. Federate Save Complete	成员保存完成
	14. Federation Saved +	联邦已保存(回调函数)
	15. Query Save Status service	查询联邦保存状态
	16. Save Status Response +	回答联邦保存状态(回调函数)

（续）

分组	服务名称	功能简介
第 4 组	17.　Request Federation Restore	请求联邦恢复
	18.　Confirm Federation Restoration Request +	确认联邦恢复请求（回调函数）
	19.　Federation Restore Begun +	联邦恢复开始（回调函数）
	20.　Initiate Federate Restore +	初始化成员恢复（回调函数）
	21.　Federate Restore Complete	成员恢复完成
	22.　Federation Restored +	联邦已恢复（回调函数）
	23.　Query Federation Restore Status	查询联邦恢复状态
	24.　Federation Restore Status Response +	回答联邦恢复状态（回调函数）

第 1 组服务完成联邦执行创建、成员加入退出及联邦执行撤销等功能。第 2 组用于成员间的同步：首先由需要同步的成员向 RTI 发出注册联邦同步点的请求；RTI 收到请求后，记录该同步点信息并向请求的成员发出"Confirm Synchronization Point Registration + "的回调，随后 RTI 向所有被要求同步的各个成员发出"Announce Synchronization Point + "；这些成员在各自的回调函数中完成相应的处理；一旦被要求同步的成员到达同步点，它应调用"Synchronization Point Achieved"通知 RTI；当所有被要求同步的成员均达到同步点后，RTI 用"Federation Synchronized + "通知发出同步请求的联邦成员，联邦已同步。第 3、4 组服务分别用于完成联邦保存和恢复操作，过程与同步类似。

7.2.3　成员生命周期

如图 7 - 9 所示，随着加入联邦执行（Join Federation Execution）服务的成功完成，成员将进入加入成员状态（Joined Federate State）。它将保持本状态，直到它从联邦执行退出为止。如在加入成员状态里的虚线所指，加入成员状态由两个平行的状态机制（State Machines）组成：一个与加入成员是否处于保存或恢复状态的过程有关（如虚线左边所示）；另一个与加入成员是否被允许执行正常动作有关（如虚线右边所示）。当在加入成员状态时，加入成员同时处于虚线左边状态机制和虚线右边状态机制的一个状态。最初进入加入成员状态时，该加入成员会处于活动状态（Active State）和正常活动许可状态（Normal Activity Permitted State），如黑色圆圈变迁所指示的。在这两个平行状态机制之间以及虚线左边的状态机制与后面提及的临时状态（Temperal State）机制之间存在着相互依赖。这些相互依赖用保护信息（方括号中所示）描述。这些保护信息与某些状态变迁相关联。如果一个变迁有一个保护信息与之关联，当保护信息确认为真时，加入成员将会从一个状态变迁到另一个状态。如果变迁仅有一个保护（不与服务调用关联），那么当保护信息为真时，加入成员将立即执行相关的变迁。

作为在加入成员状态时两个平行状态机制相互依赖的例子：如果一个处于活动状态的加入成员收到一个联邦恢复开始（Federation Restore Begun + ）服务的调用，它将变迁到准备恢复状态（Prepared to Restore State）（如从活动状态变迁到准备恢复状态的标记所指）。一旦加入成员进入准备恢复状态，它也进入了正常活动不许可状态（Normal Activity Not Permitted State），如从正常活动许可状态（Normal Activity Permitted State）到正常活动不允许状

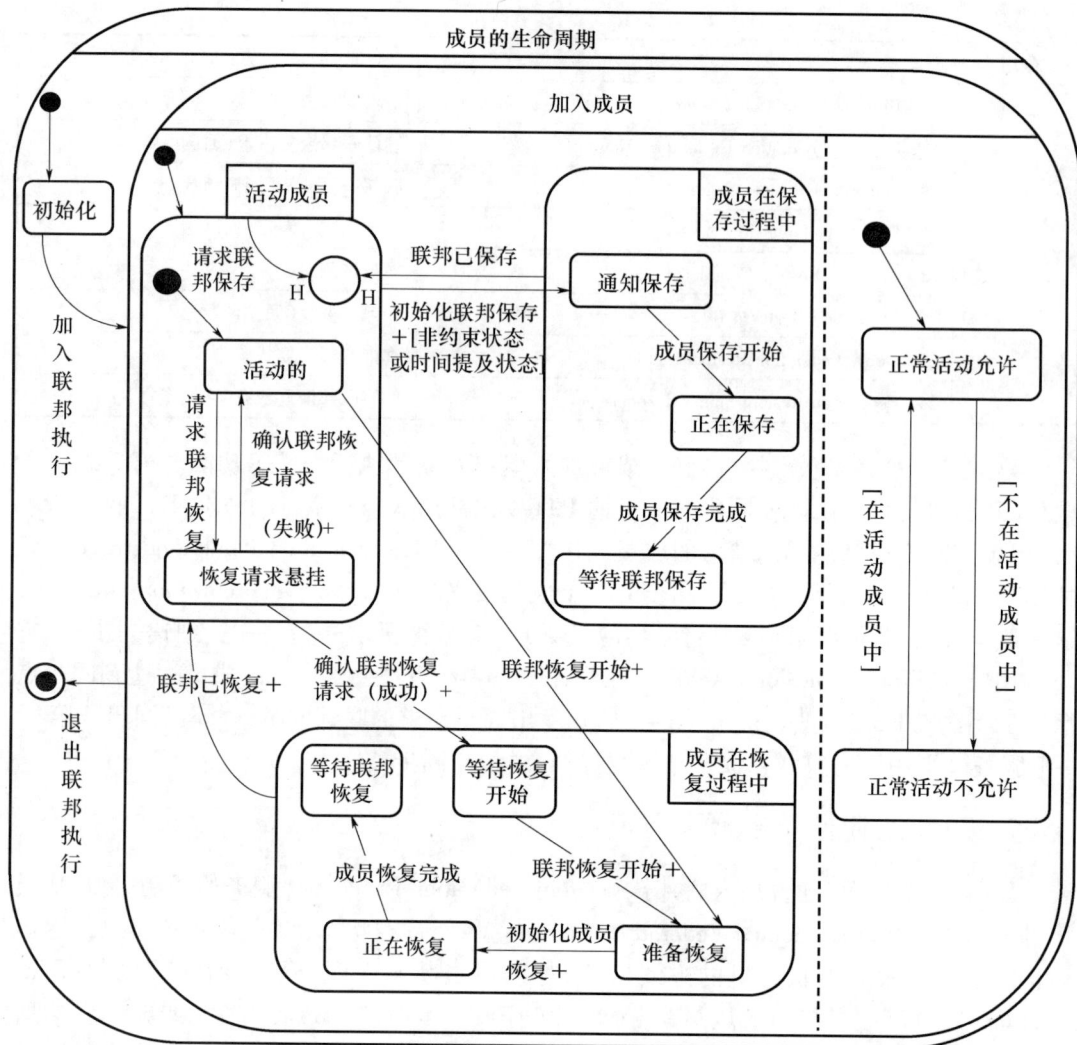

图 7-9　成员的生命周期

态的保护信息所指。即保护信息将下列约束信息强加给加入成员：加入成员可以在正常活动允许状态（右边），当且仅当它处于活动成员状态时（左边）；加入成员也可在正常活动不许可状态（右边），当且仅当它处于指示保存状态（Instructed to Save State）、正在保存状态（Saving State）、等待联邦保存状态（Waiting for Federation to Save State）、准备恢复状态（Prepared to Restore State）、正在恢复状态（Restoring State）、等待联邦恢复状态（Waiting for Federation to Restore State）、等待恢复开始状态（Waiting for Restore to Begin State）时（左边）。

　　左边状态机制与暂时状态之间的依赖关系如下：处于活动状态的加入成员不会接收到初始化加入成员保存（Initiate Federate Save＋）服务的调用，除非该加入成员处于非约束状态（Not Constrained State）或时间推进状态（Time Advancing State）。这两个时间管理有关的状态曾在从活动状态到指示保存状态变迁的保护信息中提及过，这说明了加入成员的保存/恢复状态与暂时状态之间的相互依赖关系。特别地，它指出，为了接收一个初始化成员保存（Initiate Federate Save＋）服务调用，加入成员要么不被时间管理约束，要么处于接受时间推进许可的位置。

有一个种状态图符号需要特别解释,即用 H 标记的浅历史状态。这表示进入 H 状态层的所有状态,如果是第一次产生,则表示进入初始状态(如黑圈指示的开始变迁)。例如,图 7-9 在活动成员状态中有一个浅历史状态。请求联邦保存的变迁开始于活动成员状态的外部边沿,意味着该变迁可以从活动成员状态的任一状态(即活动或恢复请求悬挂)开始。变迁终结于浅历史状态,意味着完成变迁,成员将返回到活动成员中其先前处于的任一状态(即返回到活动或恢复请求悬挂)。从上层状态到浅历史状态的变迁是一种惯用的标记手段,表明变迁可以在上层状态的任一子状态发生,且将返回变迁之前相同的状态。

如果一个加入成员处于正常活动允许状态,该加入成员可执行正常加入成员的活动,如注册和发现对象实例、公布和订购对象类属性与交互、更新和转发实例属性值、发送和接受交互、删除和移去对象实例、请求或接收时间推进许可。尽管正常活动允许状态在加入成员状态图中很简单,实际上包含了许多其他的状态,这些状态出现在本章后面的第一部分状态图中。总之,这些状态图从加入成员的角度形式化地描述了一个加入成员的状态。所有列出的变迁表示了合法操作,没有列出的表示非法操作这个意义上来说,这个状态图是完备的。非法操作一旦调用会产生异常。状态图没有包含 MOM 和 DDM 活动。

7.2.4　联邦执行的保存与恢复

联邦执行中的任何加入成员都可以通过调用请求联邦保存(Request Federation Save)服务来初始化一个保存。如果该服务的调用没有提供时戳参数,RTI 将通过对所有这些加入成员调用初始化成员保存(Initiate Federate Save +)服务,指示联邦执行中的所有加入成员(包括请求的加入成员)尽快保存状态。如果提供时戳参数,当时间约束的加入成员的本地时间值推进到给定值时,RTI 将向它们调用初始化加入成员保存(Initiate Federate Save +)服务,并且在此之后,它将尽快向所有非时间约束的加入成员调用初始化加入成员保存(Initiate Federate Save +)服务。

当加入成员收到初始化加入成员保存(Initiate Federate Save +)服务调用且随后保存它的状态时,它应使用联邦保存标记(该标记由请求保存的加入成员在请求联邦保存(Request Federation Save)服务中指定)、它的成员类型(加入联邦执行时指定)和它的成员标识符(加入联邦执行时返回)以区分保存的信息。

已保存的信息应永久存在,即它被存进磁盘或其他永久性媒体,在该联邦执行被撤销后信息也保持完整。已保存的信息随后可被某一新的加入成员集合使用,以把联邦执行中的所有加入成员恢复到保存这些信息时的状态。然后联邦能从保存点开始继续仿真执行。当恢复到先前保存的状态时,联邦执行的成员集不必是状态被保存时联邦执行的成员集。但是,加入联邦执行的每一成员类型的成员数应是相同的。因此,在加入联邦执行(Join Federation Execution)服务调用中提供的成员类型参数项对保存和恢复过程是关键的。声明一个成员为一个给定的类型等价于确认该加入成员能被同类型的另一加入成员使用保存的状态信息恢复。

对由一个 RTI 实现进行的保存能否由另一个 RTI 实现恢复没有作要求。

7.2.5　联邦执行的同步

图 7-10 描述了考虑同步点的联邦执行状态。为了充分解释同步点,RTI 的状态以及每

个加入成员的状态都被详细描述。由于多个加入成员被调用,该状态图集内的每个转换都包含一个参数,表示对那一个加入成员进行了服务调用(即一个 F_s 参数标记第 s 个加入成员)。

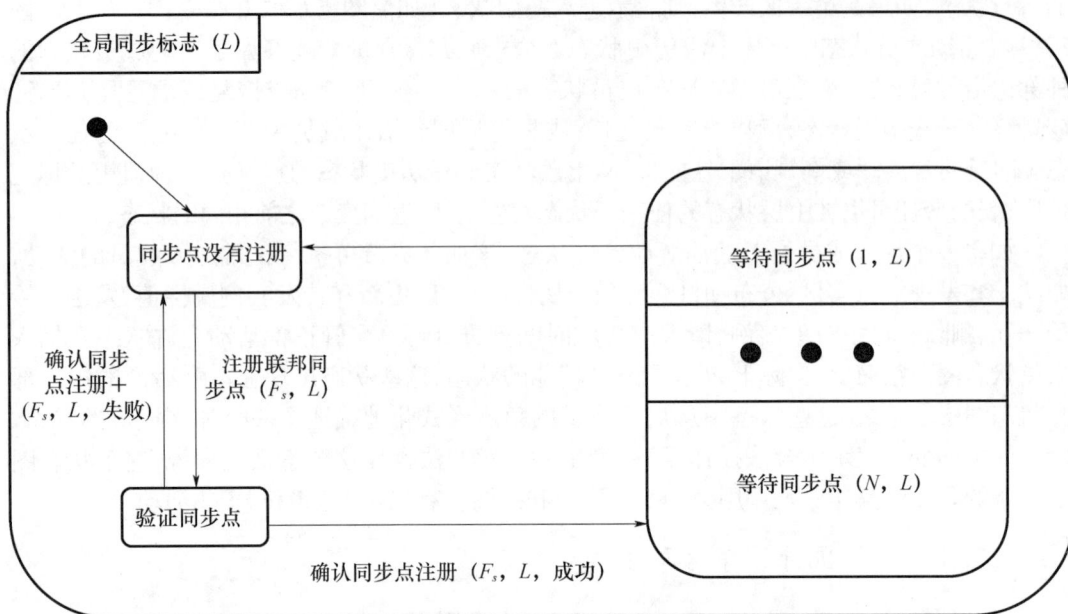

图 7 – 10　全局同步标志(L)

RTI 应分别跟踪每一个同步点,RTI 对任一同步点的处理在图 7 – 11 种解释。在该表中没有显示 RTI 是如何计算同步集的,这个内容将在服务描述中细化。同步集的使用

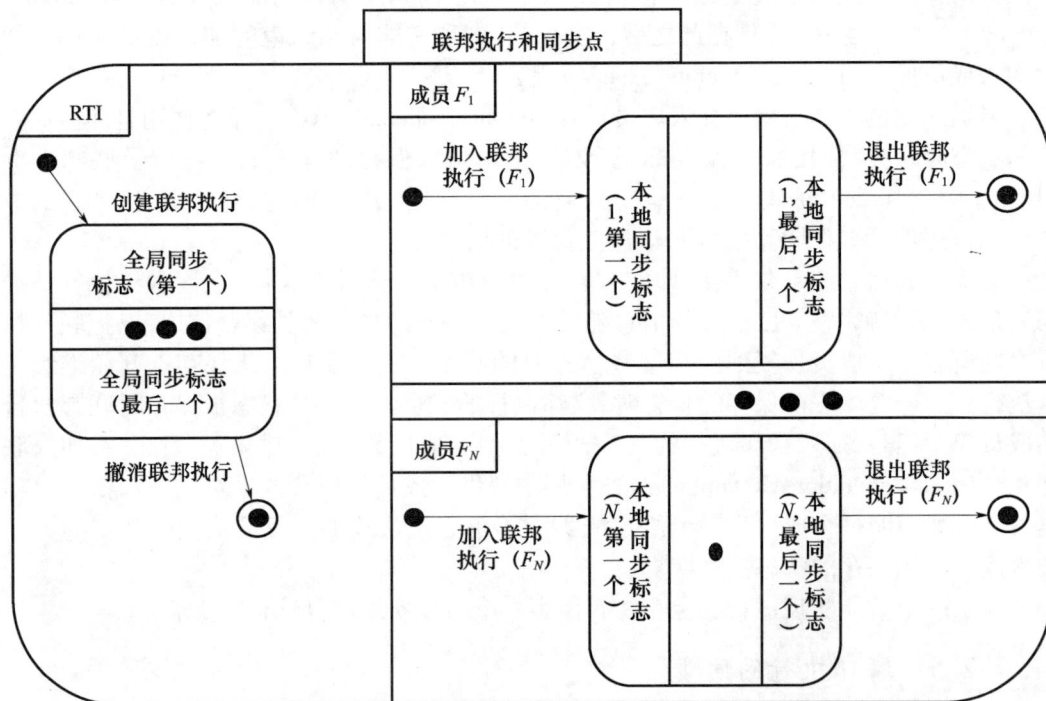

图 7 – 11　联邦执行及同步点

在关于从同步(s,L)状态到同步点未注册状态的转换图中描述。这个转换表示,通过在保护信息中对同步集使用统一的指示,联邦的同步只有当同步集中的所有加入成员已经完成各自的同步时才能达到。一个加入成员自身从 RTI 的角度来看的同步在图 7 – 12 中详细描述。

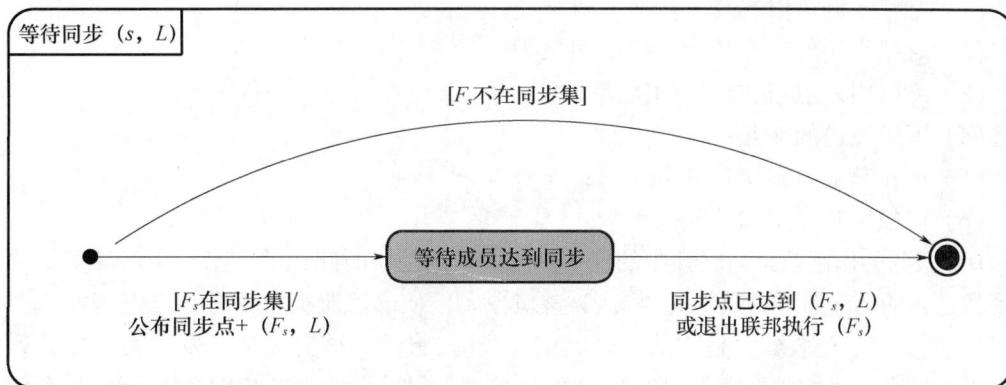

图 7 – 12　等待同步(s,L)

描述同步点图集的最后一个状态图如图 7 – 13 所示。这个状态图描述一个加入成员如何跟踪任一同步点。该图包括加入成员如何注册同步点,以及一个加入成员如何在实际上达到同步。

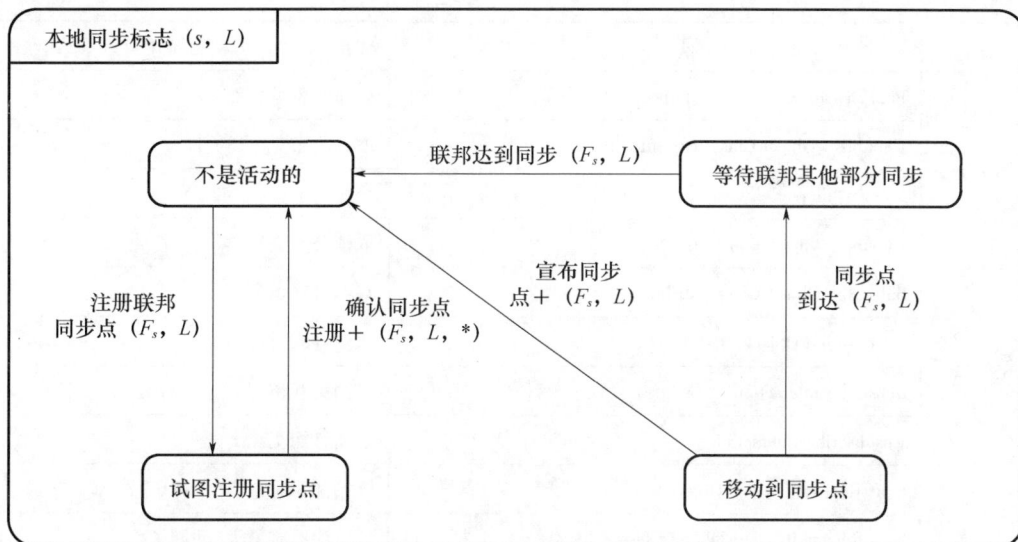

图 7 – 13　本地同步标志(S,L)

7.3　声明管理

成员加入联邦后,在注册对象、更新实例属性值、发送交互之前,应调用适当的 DM 服务来声明它可以向其他成员提供那些信息;也应调用适当的 DM 服务或 DDM 服务来声明它期望接收的信息(成员可以单独使用 DM 或 DDM 服务,也可一起使用来声明它要接受的信息。本节描述如何单独使用 DM 服务。DDM 和 DM 服务联合使用方式见 7.7 节)。DM 与 DDM 服务以及对象管理服务、所有权管理服务和定义在 FDD 中的对象类和交互类层次结构等将一起决定:

(1)对象实例可以在其上注册的对象类;

(2)对象实例可以在其上发现的对象类;

(3)可以用来更新和转发的实例属性;

(4)可以发送的交互;

(5)可在其上收到交互的交互类;

(6)可以用来发送和接收的参数。

DM 服务的作用效果与联邦中的任何加入成员的逻辑时间无关。当一个对象实例的已发现类是它的已注册类的超类时,将认为该对象实例从已注册类被提升到已发现类。同样地,当一个交互的已收到类是它的发送类的超类时,将认为该交互从已发送类被提升到已收到类。提升对保护成员代码加入 FDD 的新超类是很重要的。当 FDD 被扩展到包含新的对象和交互类时,提升确保已存在的成员不必改换代码就能工作在扩展后的 FDD。

7.3.1 声明管理服务

IEEE Std 1516.1 标准接口规范一共定义了 12 个声明管理服务,共分为三组,见表 7-2。

表 7-2 声明管理服务

分组	服务名称	功能简介
第 1 组	Publish Object Class Attributes	公布对象类属性
	Unpublish Object Class Attributes	取消公布对象类属性
	Publish Interaction Class	公布交互类
	Unpublish Interaction Class	取消公布交互类
第 2 组	Subscribe Object Class Attributes	订购对象类属性
	Unsubscribe Object Class	取消订购对象类
	Subscribe Interaction Class	订购交互类
	Unsubscribe Interaction Class	取消订购交互类
第 3 组	Start Registration For Object Class +	开始注册对象类(回调函数)
	Stop Registration For Object Class +	停止注册对象类(回调函数)
	Turn Interactions On +	置交互开(回调函数)
	Turn Interactions Off +	置交互关(回调函数)

第 1 组服务用于公布或取消公布对象类和交互类。第 2 组服务用于订购或取消订购对象类和交互类。第 3 组服务为一组回调函数,RTI 根据联邦中的公布和订购关系用这组回调函数来通知成员完成相应的操作。在运行过程中,成员的公布和订购关系可以动态修改。

7.3.2　声明管理状态图

声明管理状态图描述了任一对象类、任一类属性、任一对象类的 HLA 删除对象权利类属性和任一交互类的状态。图 7 - 14 描述了任一对象类的状态,该图在两个层次上描述对象类。首先,它确定该对象类的每一类属性有哪些状态应模拟;其次,它建立了对象类任意数目的实例。更进一步,它定义了什么条件下允许一个对象实例作为该对象类的实例被加入成员所知。

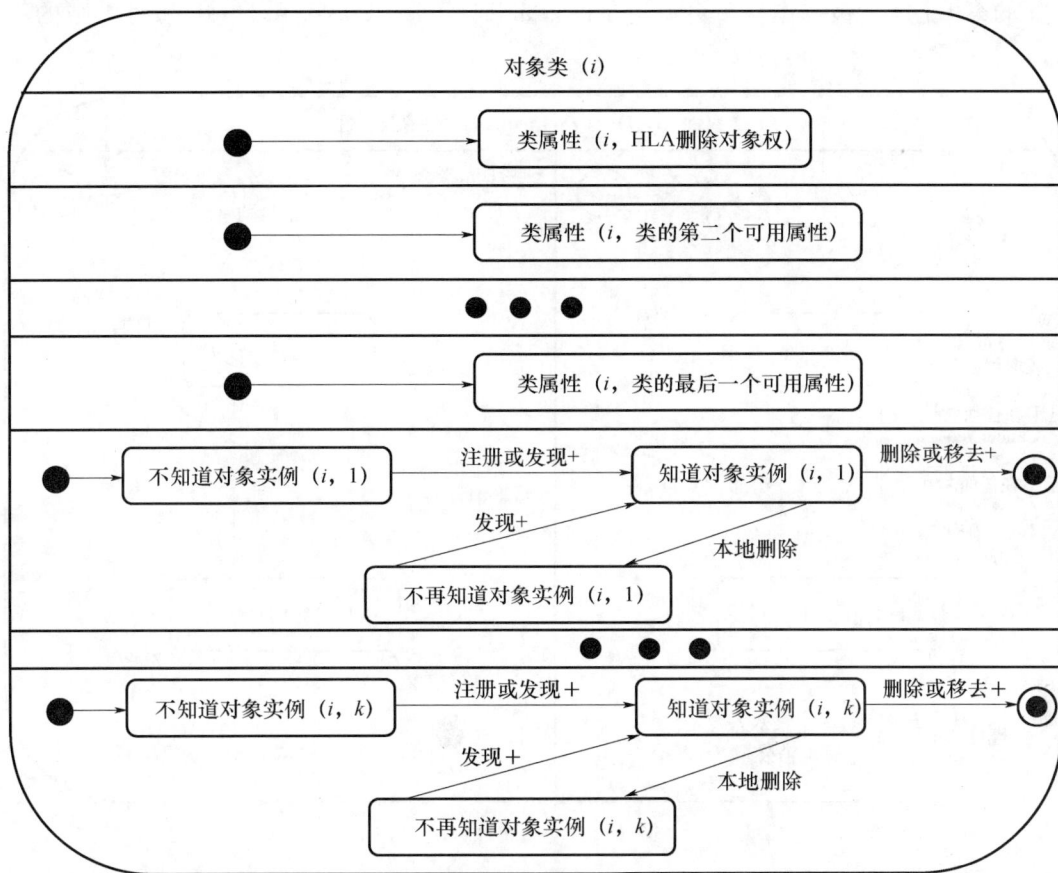

图 7 - 14　对象类(i)

概念上,一个对象类的状态由该对象类的类属性状态和该对象类的对象实例的状态组成。进一步,对象实例的状态由该对象实例的实例属性状态组成。在实例属性和它们的相应的类属性之间有一种一致性。这种一致性凭借对每一个属性的索引来建立。带有相同的 i 和 j 的实例属性(i,k,j)和类属性(i,j)意味着此类属性是此实例属性对应的类属性。这是因为具有同样的 j 表示它们有同样的属性标识符,具有同样的 i 表示包含实例属性的对象实例在加入成员上的已知类与该类属性的对象类标识符相同。

每一对象类应有如 FDD 中所定义的固定数目的可用类属性。然而,一个给定类的对象实例数目是任意的。当注册一个对象实例时,注册的加入成员变为已知对象类的该对象实例。它也可以被联邦执行中其他加入成员已知。如果他被联邦执行中其他加入成员已知,这应该是由于被发现的结果。

图 7-15 描述了任一类属性(不包括一个对象类的 HLAprivilegeToDeleteObject 类属性)的状态图,并指出其可以被加入成员在该类属性层次上控制的特性。特别地,加入成员可以公布或订购类属性。尽管公布对象类属性(Publish Object Class Attributes)服务和订购对象类属性(Subscribe Object Class Attributes)服务能以类属性集作为参数,但图 7-15 仅描述了单个类属性时的情况。因此,例如公布类属性(i,j)意思是,对象类 i 的第 j 个属性被用作公布对象类属性(Publish Object Class Attributes)服务参数的集的一个元素。

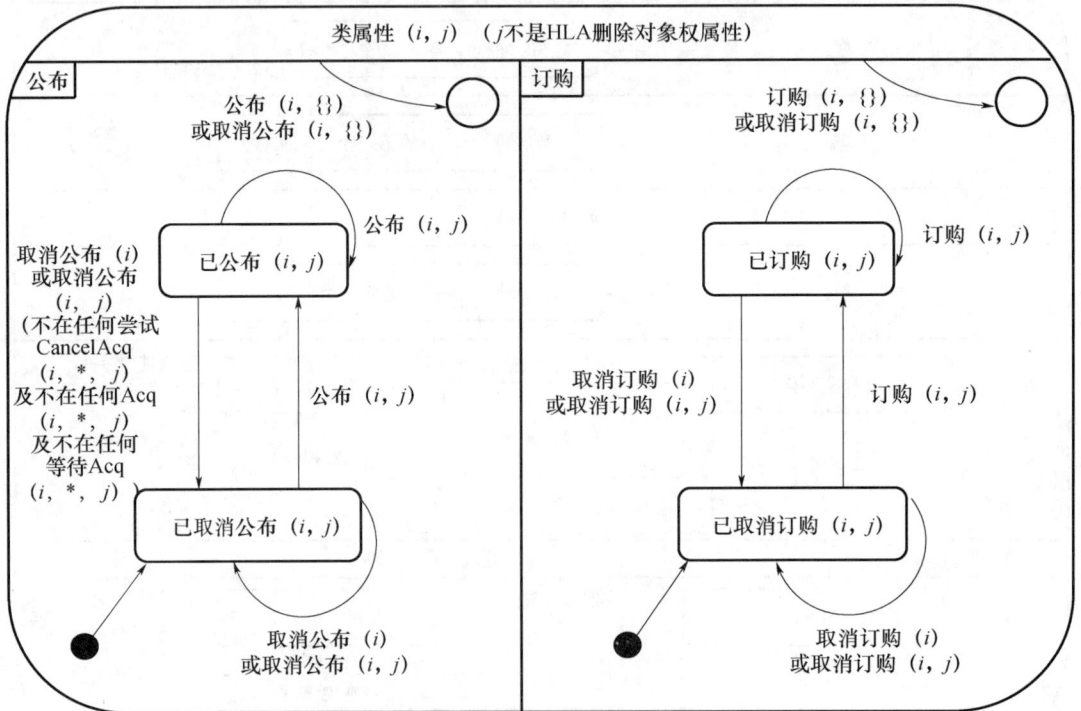

图 7-15 类属性(i,j)

任一对象类的 HLA 删除对象权利类属性与其他的类属性略有不同,图 7-16 中进行了详细描述。HLA 删除对象权利不同于其他类属性,除了显式的公布/取消公布动作,如果其他环境合适(如状态图所示所描述),它还可以在给定加入成员上对给定对象类进行隐式公布和取消公布。对于订购,任一对象类的 HLA 删除对象权利类属性与其他的类属性没有区别。

图 7-17 描述了任一交互类的状态,并指出了交互类可被加入成员控制的那些特性。特别地,一个加入成员可以公布或订购一个交互类。

当一个给定类的交互与联邦执行中的其他成员相关时,加入成员可以通过使能/禁止类相关公告转换(Enable/Disable Class Relevance Advisory Switch)服务来指示 RTI 要不要使用置交互开(Turn Interaction On +)和置交互关(Turn Interaction Off +)服务。

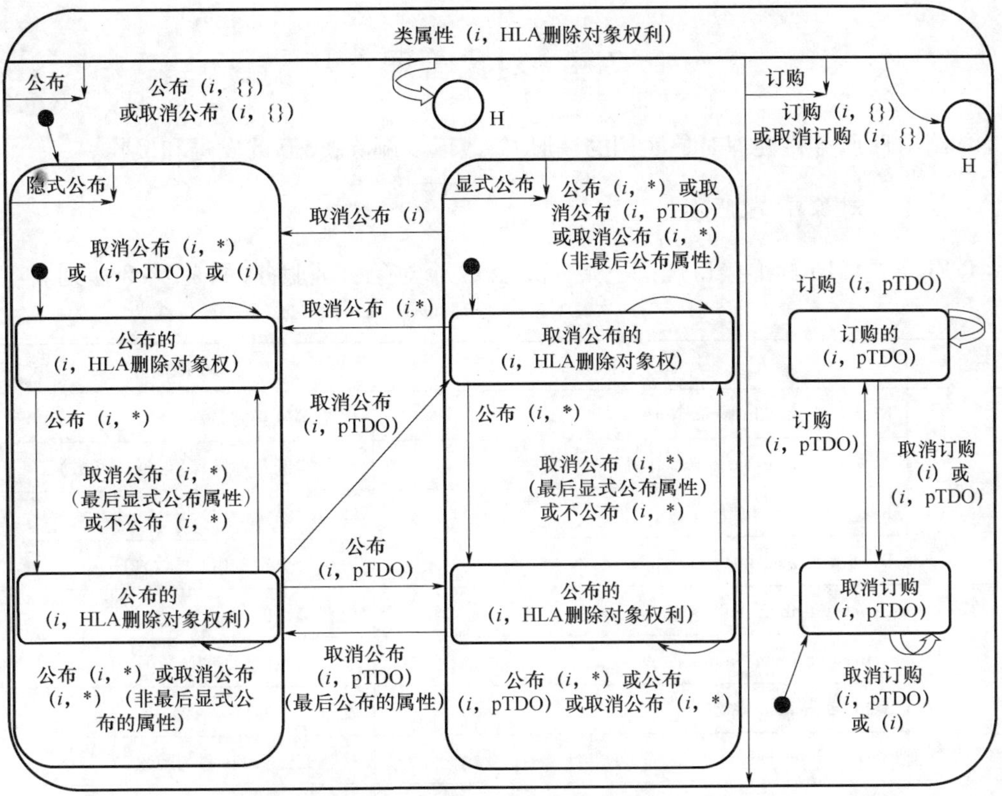

pTDO为HLA删除对象权属性，公布（i，*）为公布pTDO或{}外的任一对象类属性

图 7 - 16　类属性（i,HLA 删除对象权）

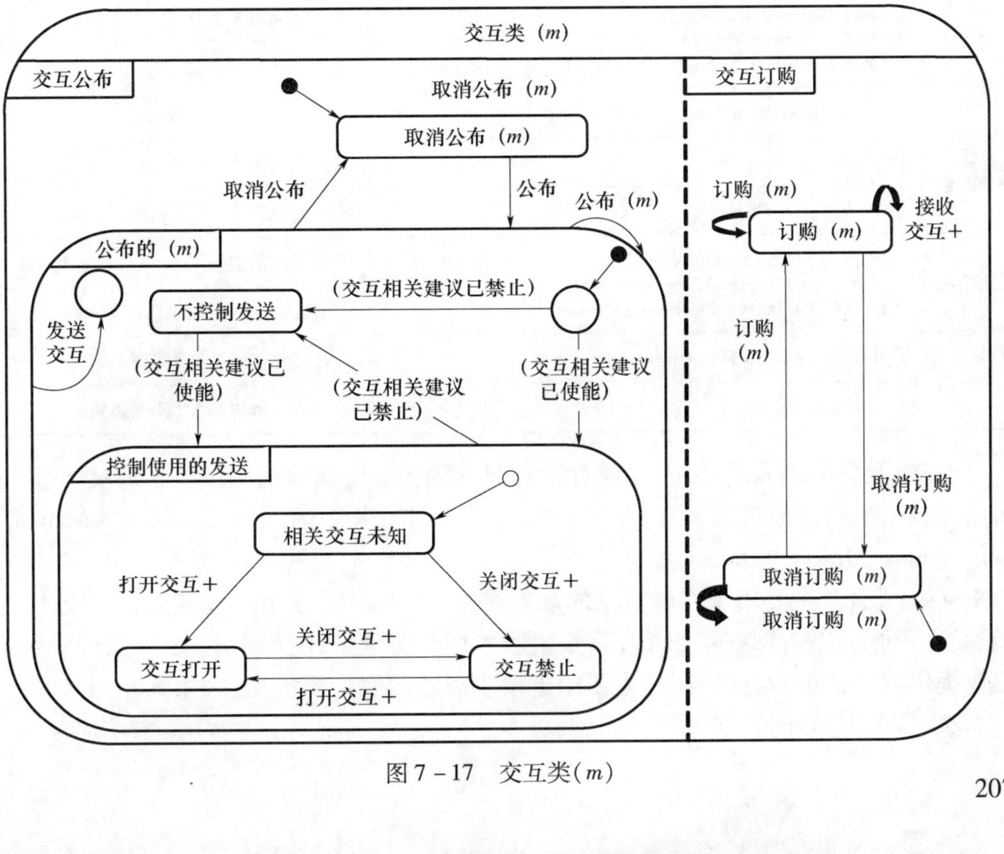

图 7 - 17　交互类（m）

207

7.4 对象管理

本组 RTI 服务将处理对象实例的注册、修改以及删除，交互的发送和接收。

7.4.1 对象管理服务

IEEE Std 1516 标准接口规范一共定义了 19 个对象管理服务，如表 7-3 所列。

表 7-3 对象管理服务

分组	服务名称	功能简介
第 1 组	Reserve Object Instance Name	保留对象实例名称
	Object Instance Name Reserved +	对象实例名称已保留（回调函数）
	Register Object Instance	注册对象实例
	Discover Object Instance +	发现对象实例（回调函数）
第 2 组	Update Attribute Values	更新属性值
	Reflect Attribute Values +	反射属性值（回调函数）
第 3 组	Send Interaction	发送交互实例
	Receive Interaction +	接收交互实例（回调函数）
第 4 组	Delete Object Instance	删除对象实例
	Remove Object Instance +	移去对象实例（回调函数）
	Local Delete Object Instance	本地删除对象实例
第 5 组	Change Attribute Transportation Type	改变属性传输类型
	Change Interaction Transportation Type	改变交互类的传输类型
第 6 组	Attribute In Scope +	属性进入范围（回调函数）
	Attribute Out Of Scope +	属性离开范围（回调函数）
第 7 组	Request Attribute Value Update	请求属性值更新
	Provide Attribute Value Update +	提供属性值更新（回调函数）
第 8 组	Turn Updates On For Object Instance +	置对象实例更新开（回调函数）
	Turn Updates Off For Object Instance +	置对象实例更新关（回调函数）

前三组服务分别完成注册/发现对象实例、更新/反射属性值、发送/接收交互实例等操作，允许对象动态地进入与退出联邦执行；第 4 组服务中的"Delete Object Instance"服务和"Remove Object Instance"服务完成删除/移去对象实例的操作，而"Local Delete Object Instance"服务主要用于实现对象的动态管理；第 5 组服务用于改变属性和交互类的传输类型（可靠传输或快速传输）；第 6 组服务用于传递 RTI 控制信息；第 7 组服务用于请求/提供属性值更新，这组服务主要用于请求对外部属性值的更新；第 8 组服务用于设置对象实例的更新开关。

加入联邦执行中的每个对象都有标识符 ID,用于唯一地标识该对象。每个 ID 在联邦执行过程中都是唯一的,即使对象退出了联邦执行,其 ID 也不能再分配给其他对象。

7.4.2　对象实例发现与交互接受

对象实例发现是本组服务中的一个主要概念。如果加入成员 F 订购了对象实例 O 的已注册类或对已注册类的超类,对象实例 O 在加入成员 F 上将有一个候选发现类。(一个加入成员 F 可以通过 DM 订购服务中的订购对象类属性(Subscribe Object Class Attributes)服务或 DDM 服务中的带域订购对象类属性(Subscribe Object Class Attributes with Region)服务订购)。如果一个对象实例在加入成员上有一个候选发现类,该候选发现类应是对象实例的已注册类,如果该对象实例被订购给该加入成员。否则,该对象实例的候选发现类将是加入成员订购的该对象实例的已注册类的最近超类。

加入成员通过发现对象实例(Discover Object Instance +)服务发现一个对象实例。本服务将对对象实例 O 向加入成员 F 调用,当在 F 上不已知 O,且 O 有一个实例属性 i,i 有一个相应的类属性 i',且另一个加入成员(非 F)拥有 i,并且满足下面一项:

(1) i' 是 O 的候选发现类的已订购属性;

(2) i' 是 O 的带域的候选发现类的已订购属性,并且 i 在其拥有加入成员上的更新区域集合与订购的加入成员在 O 的候选发现类上 i' 的订购区域集合重叠。

当发现对象实例(Discover Object Instance +)服务被调用时,作为该服务调用参数的类被称作该对象实例的已发现类。在发现时刻,已发现类应与候选发现类相同。发现之后,已发现类不会改变,但候选发现类可以改变。然而,只要一个对象实例保持已知,它的候选发现类不重要。

当加入成员使用了注册对象实例(Register Object Instance)服务注册了一个对象实例,或收到一个发现对象实例(Discover Object Instance +)服务调用而发现了一个对象实例,该对象实例变成为该加入成员所已知,且该对象实例在该加入成员上有一个已知类。如果加入成员由于注册而已知一个对象实例,该对象实例的已知类是它的已注册类。如果该加入成员由于发现而已知一个对象实例,该对象实例的已知类是它的已发现类。

当被发现对象实例(Discover Object Instance +)服务调用时,无论 DDM 是否在被使用,将有一个实例属性,它是新近发现对象实例的一部分,且立即进入在发现加入成员的范围中。一个对象实例的实例属性进入加入成员 F 的范围,如果加入成员已知该对象实例,其他的加入成员拥有该实例属性,且满足下面一项:

(1) 该实例属性的相应类属性是该对象实例的已知类的已订购属性;

(2) 该实例属性的相应类属性是该对象实例的已知类的带域订购属性,并且该实例属性与订购加入成员上实例属性的已知类的实例属性的相应类属性的订购区域相重叠。

如果一个实例属性在给定加入成员 F 的范围内,在联邦执行中恰好有另一个可能调用更新属性值(Update Attribute Values)服务的加入成员(U)存在。这样,如果 U 对该实例属性调用更新属性值(Update Attribute Values)服务,则对 F 相应的转发属性值(Reflect

Attribute Values +)服务调用的前提都得到了满足。

RTI 将向加入成员对给定的实例属性调用转发属性值(Reflect Attribute Values +)服务,如果实例属性在范围内。另外一个加入成员对该实例属性调用了相应的更新属性值(Update Attribute Values)服务。

RTI 也将向加入成员对给定的实例属性调用转发属性值(Reflect Attribute Values +)服务,如果实例属性不在范围内。当实例属性在范围内时,另外一个加入成员对该实例属性调用了相应的更新属性值(Update Attribute Values)服务。

一个加入成员也可以通过使能/禁止属性相关提示开关(Enable/Disable Attribute Relevance Advisory Switch)服务来指示 RTI,该成员要或不要 RTI 使用置对象实例更新开(Turn Updates On For Object Instance +)服务和置对象实例更新关(Turn Updates Off For Object Instance +)服务来通知该成员何时更新与联邦执行中的其他成员相关的指定实例属性值。

可能会有一些模糊的情况,这时一个对象实例可能会在联邦内变得孤立。孤立的对象实例对所有加入成员来说都是未知的,并且不能以任何方法被发现。一个对象实例将会变得孤立,只有当没有加入成员已知该对象实例时(即由于最后一个已知对象实例的加入成员已经退出或调用本地删除对象实例(Local Delete Object Instance))。没有加入成员已知对象实例的一个结果是该对象实例的实例属性不被拥有。因为发现的定义要求至少拥有一个实例属性,所以没有加入成员能发现对象实例,因而没有加入成员能通过所有权管理来获取一个实例属性的所有权。孤立的对象实例是加入成员所不能获取的,应由 RTI 适当的处理。

交互的接收在对象管理服务组中也是一个很重要的概念。如果加入成员 F 订购了交互 I 的发送类或发送类的超类,交互 I 在加入成员 F 上将有一个候选接收类(加入成员 F 可以通过 DM 订购服务订购交互类(Subscribe Interaction Class)或 DDM 订购服务带域订购交互类(Subscribe Interaction Class with Region)订购到一个交互类)。如果一个交互类在一个加入成员上有一个候选接收类,在该加入成员上的这个候选接收类应是该交互的发送类(如果该交互的发送类已被该加入成员订购)。否则,该交互的候选接收类将是该加入成员订购的交互发送类的最近超类。

加入成员通过接收交互(Receive Interaction +)服务接收一个交互。在加入成员 F 上本服务将被调用,当另一个加入成员(非 F)已调用了发送交互(Send Interaction)服务来发送交互 I,I 在 F 上有一个候选接收类,且该候选接收类:

(1) 是一个已订购交互类;

(2) 是一个带域的已订购交互类,I 的更新区域集合与 I 在订购加入成员上的候选接收类的订购区域集合重叠。

当接收交互(Receive Interaction +)服务被调用时,作为调用参数的类将称为该服务调用而收到的交互的接收类。当收到时,该接收类将与候选接收类相同。

7.4.3 对象实例状态图

图 7-18 是单个对象实例状态的正式描述,图 7-19 描述了单个实例属性的所有权含义。

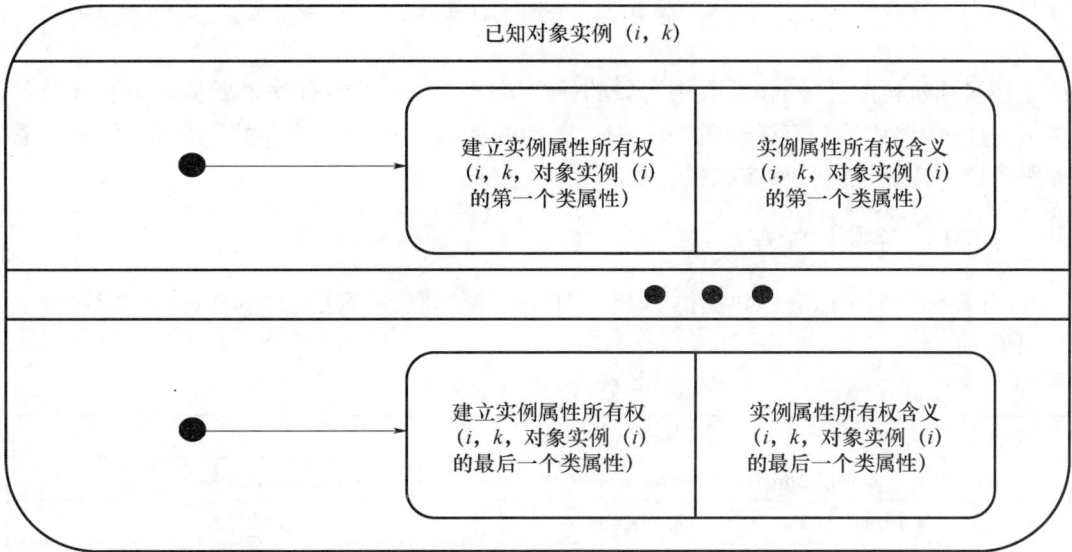

图 7－18　已知对象实例(i,k)

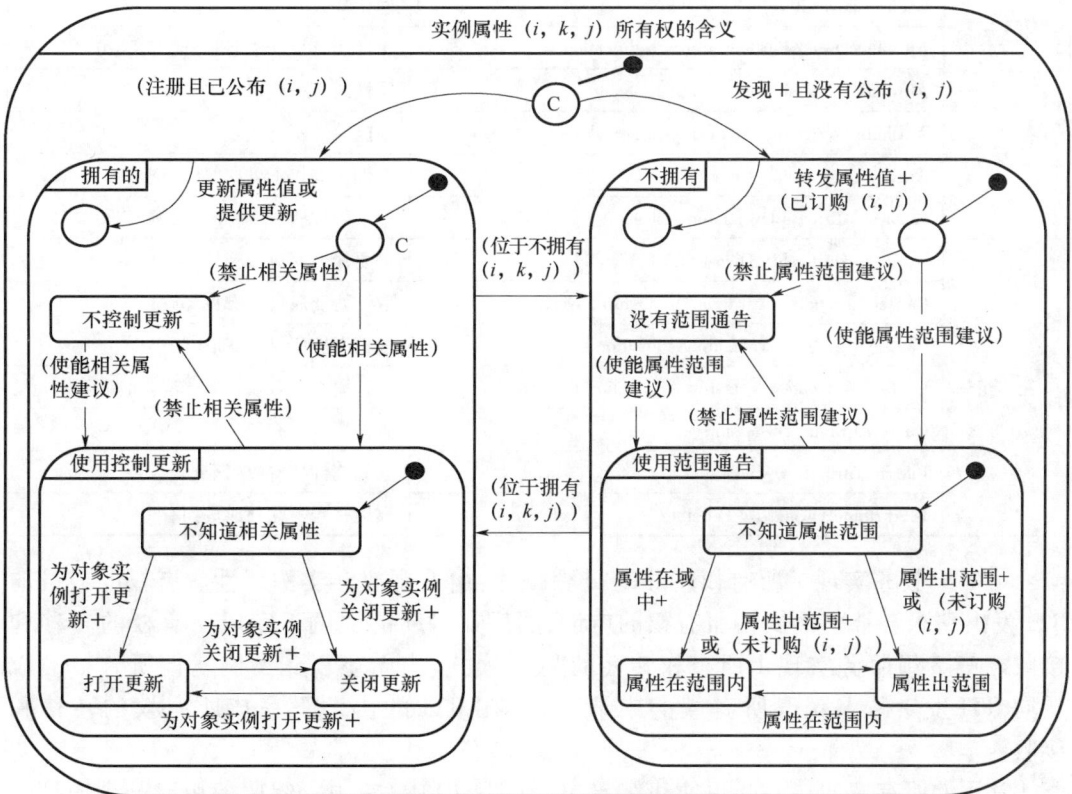

图 7－19　实例属性(i,k,j)所有权含义

7.5　所有权管理

在联邦执行的任一时刻,其中对象的任一属性应有且只能有一个成员来负责其值的更新,这时称该成员拥有属性的所有权。属性的所有权可以在成员之间转移,所有权管理服务即用来处理属性所有权的迁移和接受。

7.5.1　所有权管理服务

IEEE Std 1516 标准一共提供了 17 个所有权管理服务,这些服务可以分为两组,如表 7 - 4 所列。

表 7 - 4　所有权管理服务

分组	服务名称	功能简介
第 1 组	Unconditional Attribute Ownership Divestiture	无条件属性所有权释放
	Negotiated Attribute Ownership Divestiture	协商属性所有权释放
	Request Attribute Ownership Assumption +	请求属性所有权接受(回调函数)
	Request Divestiture Confirmation +	请求释放确认(回调函数)
	Confirm Divestiture	确认释放
	Attribute Ownership Divestiture Notification +	属性所有权释放通知(回调函数)
	Attribute Ownership Acquisition	属性所有权获取
	Attribute Ownership Acquisition If Available	空闲属性所有权获取
	Attribute Ownership Unavailable +	属性所有权不可获取(回调函数)
	Request Attribute Ownership Release +	请求属性所有权释放(回调函数)
第 2 组	Attribute Ownership Divestiture If Wanted	需要属性所有权释放
	Cancel Negotiated Attribute Ownership Divestiture	取消协商属性所有权释放
	Cancel Attribute Ownership Acquisition	取消属性所有权获取
	Confirm Attribute Ownership Acquisition Cancellation +	确认属性所有权获取取消(回调函数)
	Query Attribute Ownership	查询属性所有权
	Inform Attribute Ownership +	通知属性所有权(回调函数)
	Is Attribute Owned By Federate	属性是否被联邦成员拥有

第 1 组服务实现了所有权转移的"推"模式:由希望放弃实例属性所有权的成员向 RTI 发出请求转让实例属性所有权的申请,然后在 RTI 的协调下完成所有权的转移和接收。第 2 组服务实现了所有权转移的"拉"模式:由希望得到实例属性所有权的成员向 RTI 发出请求获取所有权的申请,然后在 RTI 的协调下完成所有权的转移和接收。

常用的所有权的转移有两种动作方式,图 7 - 20 中,左边一组服务用于某个原拥有所有权的成员希望放弃的情况。右边一组用于某个成员希望从别的成员处获得属性所有权的情况,服务 4 为左右两组共用。从 1 到 4 的单线箭头表示了成员放弃所有权的过程。从 5、6 到 4 的双线箭头表示了成员申请获得所有权的过程。

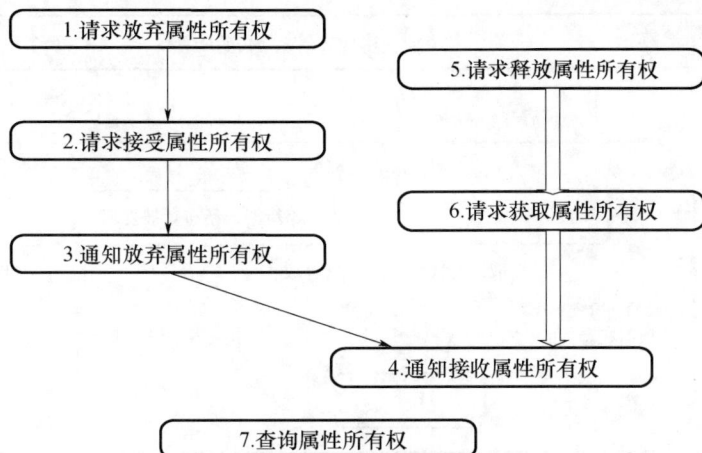

图 7 - 20　所有权管理服务

7.5.2　所有权与公布

一个实例属性的所有权与该实例属性的相应类属性是否在该实例属性的已知类上被公布紧密相关。这表明,图 7 - 21 中的所有权状态机与公布状态机相互依存。为了拥有一个对象实例的相应实例属性,加入成员应在该对象实例的已知类上公布类属性。

(1) 在加入成员在拥有一个对象实例的相应实例属性之前,应在该对象实例的已知类上公布类属性。这种在所有权和公布之间的相互依赖关系在图 7 - 21 中表示为"不能获取状态(Not Able to Acquire state)",不拥有状态中的[in "Unpublished(i)"]和[in "Published(i)"]迁移,以及从初始状态到拥有(Owned state)和不拥有状态(Unowned state)的转移。

(2) 如果拥有一个实例属性的加入成员停止在该实例属性的已知类上公布对应类属性,该实例属性将立即变成不被拥有。所有权和公布之间的这种依赖关系在图 7 - 21 中由从拥有状态到[in "Unpublished(i)"]标记的不拥有状态的迁移表示。如在图 7 - 21 中公布状态机从 Published (i,j) 状态到 Unpublished (i,j) 状态迁移上的控制项所描述的,如果有一个以给定类作为已知类,并且在加入成员中有相应(处于 Acquisition Pending 或 Willing to Acquire (i,k,j)状态)实例属性的对象属性,该加入成员不应停止该类类属性的公布。即如果有一个以该类作为它的已知类的,并且有加入成员调用了下列服务的相应实例属性的对象实例,加入成员不应停止公布一个给定类的类属性。

① 属性所有权获取(Attribute Ownership Acquisition)服务,但仍然没有收到确认属性所有权获取取消(Confirm Attribute Ownership Acquisition Cancellation +)服务调用或属性所有权获取通知(Attribute Ownership Acquisition Notification +)服务调用。

② 空闲属性所有权获取(Attribute Ownership Acquisition If Available)服务,但仍然没有收到属性所有权不可获取(Attribute Ownership Unavailable +)服务调用、属性所有权获取通知(Attribute Ownership Acquisition Notification +)服务调用,或没有调用属性所有权获取(Attribute Ownership Acquisition)服务(在条件①)应用之后)。

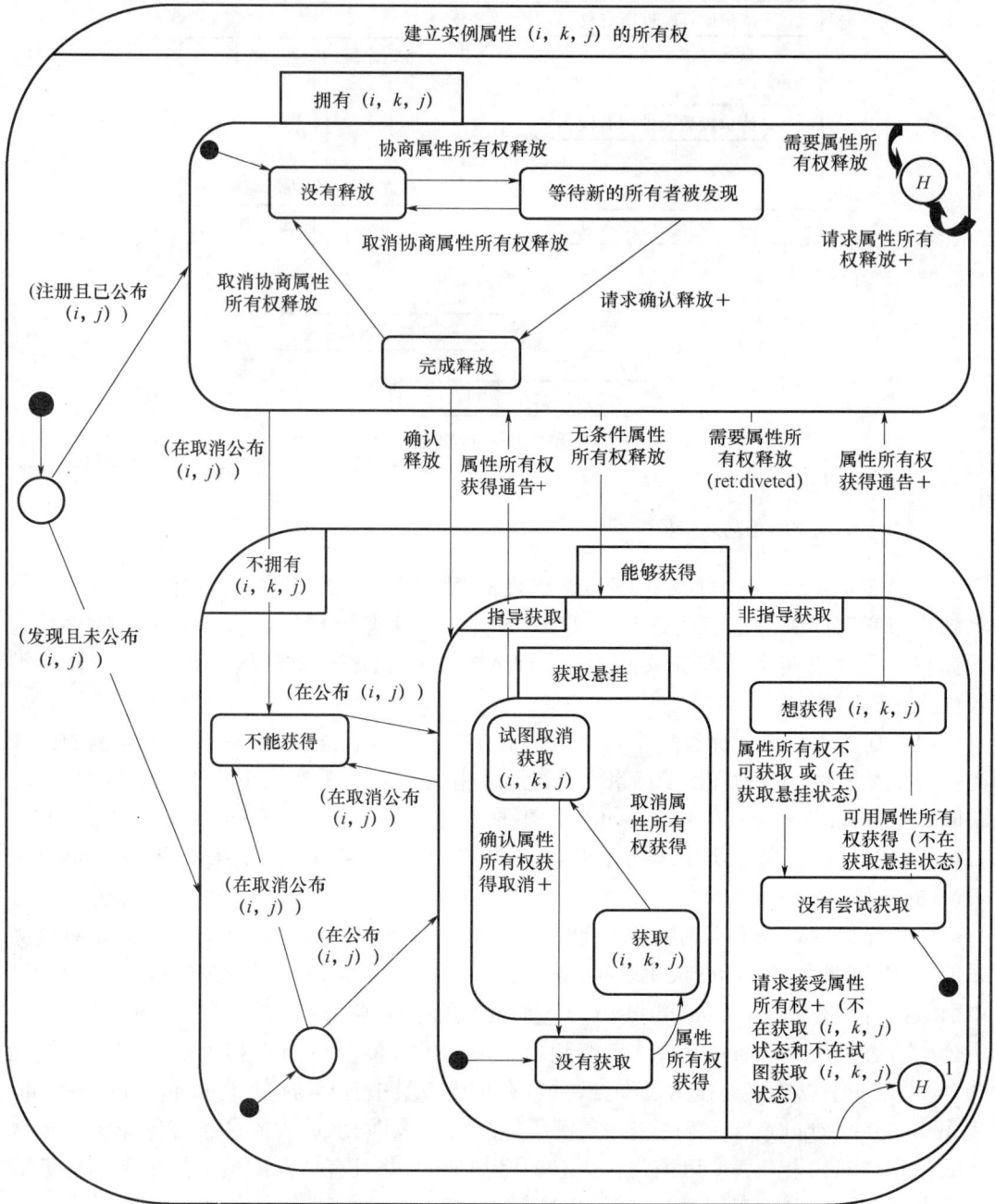

图 7-21 建立实例属性(*i*,*k*,*j*)的所有权

  成员和 RTI 使用所有权管理在成员之间传递实例属性的所有权。在成员之间传递实例属性所有权的能力可用于支持联邦中给定的对象实例的协作建模。只有拥有一个实例属性的成员才能调用更新属性值(Update Attribute Values)服务来为该实例属性提供新的值;接收对该实例属性的提供属性值更新(the Provide Attribute Value Update +)服务的调用;接收适合于该实例属性的对象实例置更新开(the Turn Updates On For Object Instance +)和对象实例置更新关(the Turn Updates Off For Object Instance +)服务调用。

在任意的时间,一个实例属性只能为一个的成员拥有,或不被任何成员拥有。对于一个给定的成员,每一个实例属性或被它拥有,或不被它拥有。

注册一个对象实例时,进行注册的成员将拥有该对象实例的所有其在对象实例的已注册类上公布了的对应类属性的属性,而对象实例的所有其他的属性不被该成员拥有。当发现一个对象实例时,发现的成员不拥有该对象实例的任何属性。如果一个成员不拥有一个实例属性,它将一直不拥有该实例属性,直到它收到属性所有权获得通知(Attribute Ownership Acquisition Notification + (AOAN +))服务调用为止。

在所拥有的状态中,有剥夺和释放两个平行的状态,即一个实例属性同时处于两种状态。每种状态有两个独立的子状态:被拥有的属性处于被剥夺过程或不处于被剥夺过程;拥有它的成员处于收到或没收到一个释放它的请求。当一个实例属性变成被拥有时,它最初不处于被剥夺的过程,且同时没有释放它的请求到达。因为剥夺和释放状态机的操作是平行的,所以成员可以使用如无条件属性所有权剥夺(Unconditional Attribute Ownership Divestiture)或协商属性所有权剥夺(an Negotiated Attribute Ownership Divestiture)服务调用来响应一个请求属性所有权释放(Request Attribute Ownership Release +)服务调用。

实例属性所有权可由拥有它的成员以主动请求剥夺方式,或由不拥有它的成员请求获得它的方式,从一个成员转移到另一个成员。无论哪种方式改变所有权,仅当拥有它的成员或获得它的成员以显式服务调用下,该实例属性才会改变所有权。所有权不会没有经成员同意而剥夺,或给予一个不同意接受的成员。

7.5.3　所有权处理

被成功释放的实例属性不再为被释放加入成员拥有。如果实例属性不被拥有,在实例属性的已知类的对应类属性可以是已公布或没公布的。如果加入成员在该类上已公布类属性,该加入成员可合法获取对应的实例属性,可以由 RTI 通过请求接收属性所有权(Request Attribute Ownership Assumption +)服务来提供所有权。加入成员有五种方式释放其拥有的实例属性,有两种方式获取其没拥有的实例属性。

7.5.3.1　释放

五种加入成员自动释放它所拥有的实例属性的方式:

(1) 加入成员可以调用无条件属性所有权释放(Unconditional Attribute Ownership Divestiture)服务。在这种方式下,实例属性将立即变成不被它拥有,事实上,所有加入成员都不拥有。

(2) 加入成员可以调用协商属性所有权释放(Negotiated Attribute Ownership Divestiture)服务。该服务通知 RTI,假如 RTI 可以寻找到一个愿意拥有该实例属性的加入成员,加入成员希望释放自身的实例属性。如果有加入成员正处于试图获取该实例属性的过程中,该加入成员将拥有此实例属性。RTI 能尝试通过在所有不在试图获取该实例属性的过程中,但在该对象实例的已知类上公布了该对象实例的对应类属性的加入成员上,调用请求接收属性所有权(Request Attribute Ownership Assumption +)服务来识别其他愿意拥有该实例属性的加入成员。如果 RTI 能够找到一个愿意获取该实例属性的加入成员,RTI 将通过调用请求确认释放(Request Divestiture Confirmation +)服务,通知被释放的加入成员。被释放的成员将通过确认释放（Confirm Divestiture）服务完成协商释放，这样该成员失去实例属性的所有权。

（3）假如有另一个加入成员正在试图获取所有权，加入成员可以调用需要属性所有权释放（Attribute Ownership Divestiture If Wanted）服务，通知 RTI 希望释放它自己的实例属性的所有权。此服务调用有一个返回参数，RTI 使用它指出已成功释放所有权的实例属性集合。如果一个实例属性不在返回的实例属性集中，它的所有权没有被释放并且释放这个实例属性的请求将被终止。因此，如果需要属性所有权释放（Attribute Ownership Divestiture If Wanted）服务在已释放的实例属性集中返回了指定的实例属性，该实例属性不再被调用的加入成员拥有（在图 7-21 中，从被拥有状态经需要属性所有权释放（Attribute Ownership Divestiture If Wanted）服务调用到不被拥有状态的迁移，被标记为"Attribute Ownership Divestiture If Wanted"（ret :success））。这是一个便利的表达方式，指出正在讨论中的实例属性是返回实例属性集的一个元素。

（4）加入成员可以停止在实例属性的已知类上公布该实例属性的对应类属性，这将导致该实例属性立即变成不被该加入成员及所有加入成员拥有。

（5）加入成员可以从联邦执行中退出。当加入成员从具有无条件释放属性选择的联邦执行中成功退出时，该加入成员拥有的全部实例属性将不再被它拥有，事实上，不再被所有加入成员拥有。图 7-15 中没有描述这种迁移，因为它发生在加入成员层的，而不是属性层的操作。

五种方式中只有协商属性所有权释放（Negotiated Attribute Ownership Divestiture）服务可以被取消。一个协商属性所有权释放（Negotiated Attribute Ownership Divestiture）服务调用将保持待定，直到实例属性变成不被拥有，或申请释放的加入成员通过调用取消协商属性所有权释放（Cancel Negotiated Attribute Ownership Divestiture）服务取消了释放请求。应保证释放取消是成功的。

五种方式中有三种方式（无条件属性所有权释放（Unconditional Attribute Ownership Divestiture）服务调用，停止在实例属性的已知类上公布该实例属性的相应类属性的请求，以及退出联邦执行（Resign Federation Execution）服务调用）将导致实例属性变成不被所有的加入成员拥有。当使用协商属性所有权释放（Negotiated Attribute Ownership Divestiture）服务或需要属性所有权释放（Attribute Ownership Divestiture If Wanted）服务时，RTI 将保证在拥有加入成员失去该实例属性的所有权时，有另一个加入成员立即被授予了该属性的所有权。为确定实例属性的范围，该实例属性在它的所有权通过协商属性所有权释放（Negotiated Attribute Ownership Divestiture）服务或需要属性所有权释放（Attribute Ownership Divestiture If Wanted）服务从被释放加入成员到获取加入成员迁移期间，应不间断地一直被拥有。当实例属性值被加入成员使用 TSO 消息更新，同时该加入成员正在初始化该实例属性的协商释放时，被释放与接收的加入成员应注意潜在的因果关系或转发的异常。因为释放与时戳没有关联，接收的加入成员在实例属性所有权获取时的逻辑时间可能早于或晚于被释放的加入成员的时间，这样在加入成员拥有该实例属性的 HLA 时间轴上的时间间隔有一个间隔或重叠。一些问题的讨论如下：

（1）在 HLA 时间轴上可能有一些点，在这些点上没有加入成员拥有该实例属性。这可能导致时戳间隔，使得实例属性值不被更新，除非一方或双方加入成员采取特殊措施。

（2）在 HLA 时间轴上可能有一些点，在这些点上双方加入成员拥有实例属性。这可能导致双方加入成员以相同时戳产生实例属性值更新，除非一方或双方加入成员采取特殊措施。

（3）可能存在由释放的加入成员发送的 TSO 更新，当释放发生时还没有发送给其他的加入成员（例如它们在 RTI 内排队）。这些特殊的 TSO 更新中，可能一些被释放加入成员撤销，其他的可能不撤销。

（4）释放的加入成员可能需要额外的信息来随同实例属性所有权一起迁移。

7.5.3.2 获取

有两种方式，在给定类上公布了类属性的加入成员可以获取在该加入成员上以给定类作为已知类的对象实例的对应实例属性。

（1）加入成员可调用属性所有权获取（Attribute Ownership Acquisition）服务，RTI 将向拥有指定实例属性的加入成员调用请求属性所有权释放（Request Attribute Ownership Release +）服务。

（2）加入成员可以调用空闲属性所有权获取（Attribute Ownership Acquisition if Available）服务，通知 RTI，它想要获取指定的实例属性。该调用要求当且仅当指定的实例属性不被所有的加入成员拥有，或正在被拥有加入成员的释放过程中。

第一个获取的方法可以认为是强制的，因为 RTI 将通知拥有实例属性的加入成员，另一个加入成员想要获取它，请求拥有加入成员释放该实例属性，转给请求的加入成员。第二个方法可以被认为是非强制的，因为 RTI 不会通知拥有的加入成员放弃。属性所有权获取（Attribute Ownership Acquisition）服务也优先于空闲属性所有权获取（Attribute Ownership Acquisition if Available）服务被采用。一个加入成员，它调用了属性所有权获取（Attribute Ownership Acquisition）服务，且在获取待定状态，将不会调用空闲属性所有权获取（Attribute Ownership Acquisition if Available）服务。如果一个加入成员，调用了空闲属性所有权获取（Attribute Ownership Acquisition if Available）服务且在愿意获取状态时，调用了属性所有权获取（Attribute Ownership Acquisition）服务，则它将进入获取待定状态（Acquisition Pending state）。

属性所有权获取（Attribute Ownership Acquisition）服务调用可以被显式取消，但空闲属性所有权获取（Attribute Ownership Acquisition if Available）服务调用不可以被显式取消。当加入成员调用了空闲属性所有权获取（Attribute Ownership Acquisition if Available）服务，将在该加入上调用属性所有权获取通知（Attribute Ownership Acquisition Notification +）服务或属性所有权不可获取（Attribute Ownership Unavailable +）服务来响应。（如果实例属性不被所有加入成员拥有或在被它的拥有者释放过程中，属性所有权获取通知（Attribute Ownership Acquisition Notification +）服务将会被调用，否则，属性所有权不可获取（Attribute Ownership Unavailable +）服务会被调用）。

当加入成员调用了属性所有权获取（Attribute Ownership Acquisition）服务后，本次请求将保持待定，直到获取实例属性（如由属性所有权获取通知（Attribute Ownership Acquisition Notification +）服务指出的那样），或该加入成员成功地取消了获取请求。加入成员可以试图通过调用取消属性所有权获取（Cancel Attribute Ownership Acquisition）服务来取消获取请求，该服务不能被保证是成功的。如果它是成功的，RTI 将通过调用确认属性所有权获取取消(Confirm Attribute Ownership AcquisitionCancellation +)服务向取消加入成员说明成功。如果失败,RTI 将通过调用属性所有权获取通知(Attribute Ownership Acquisition Notification +)服务向取消加入成员说明失败,如此,该实例属性的所有权授予加入成员。

属性所有权获取(Attribute Ownership Acquisition)服务的调用会使空闲属性所有权获取(Attribute Ownership Acquisition if Available)服务调用无效。这意味着,调用空闲属性所有权获取(Attribute Ownership Acquisition if Available)服务的加入成员,在收到一个属性所有权获取通知(Attribute Ownership Acquisition Notification +)服务或属性所有权不可获取(Attribute Ownership Unavailable +)服务调用之前,调用属性所有权获取(Attribute Ownership Acquisition)服务,在这种情形下,空闲属性所有权获取(Attribute Ownership Acquisition if Available)服务请求会被隐式取消,属性所有权获取(Attribute Ownership Acquisition)服务将保持待定状态,直到获取实例属性或该加入成员成功地取消了获取请求。如果加入成员已调用了属性所有权获取(Attribute Ownership Acquisition)服务,但它还没有收到属性所有权获取通知(Attribute Ownership Acquisition Notification +)服务或确认属性所有权获取取消(Confirm Attribute Ownership Acquisition Cancellation +)服务的调用,该加入成员将不应调用空闲属性所有权获取(Attribute Ownership Acquisition if Available)服务。

7.5.3.3 删除

所有对象类都应有一个称作删除对象权(HLA privilege To Delete Object)的可用属性。如同所有其他的可用属性那样,加入成员可以在对象实例的已知类上公布删除对象权)类属性,从而合法拥有相应的删除对象权实例属性。

删除对象权实例属性可以在加入成员之间传递。对删除对象权属性所有权的所有管理服务同其他实例属性的管理服务相同。但是,加入成员希望拥有删除对象权实例属性的原因是不同的:典型实例属性的所有权会给一个加入成员为该实例属性提供新值的权力,而删除对象权实例属性的所有权还给加入成员另外一个权力:从联邦执行中删除该对象实例。

7.6 时间管理

仿真交互必须要遵守时间的因果性,时间管理就是要保持时间的因果性。如果事件 A 领先于事件 B,那么在所有与这两个事件有关的仿真中,事件 A 都要在事件 B 之前执行。根据逻辑优先权为事件赋以时间戳,按时戳递增的顺序执行时间来实现时间的因果性,服从时间因果性的仿真称为时间一致性,时间一致性可以分为两类:内部或局部一致性和全局一致性。局部一致性是指每个单独的仿真应用要保持时间的正确,假设参加到联邦中的每个仿真应用都保持局部一致性,全局一致性是指参加演练的仿真应用在由交互仿真而引进事件时仍具有局部一致性,

时间是仿真中的重要因素,对于分布仿真显得尤其重要。HLA 作为新一代分布交互仿真体系结构,其根本目的是为了实现不同类型仿真部件的互操作和重用,因此,对它的时间管理提出了更严格的要求,需要支持多种仿真时间推进机制,提供较为丰富的时间

管理方式,这也是 HLA 优于 SIMNET、DIS 和 ALSP 等以往的分布交互仿真体系结构的一个重要方面。

　　时间管理贯穿着 HLA 仿真系统运行的整个过程,在很大程度上决定了系统性能的优劣。HLA 标准仅从接口服务功能上提出了规范和要求,设计者有较大的自由去选择如何实现它们的方法,可以采取不同的策略不断完善。但首先要理解 HLA 的各种时间管理方式:HLA 中时间管理是如何协同调度各成员仿真时间推进的。

　　时间、时钟和同步是分布式仿真实现中的重要问题,一个仿真的执行时间与真实世界中的事件完成时间通常是不同的。

　　控制仿真的方法通常有两种:事件驱动或时间驱动。

　　时间驱动相对容易实现。时间驱动的仿真要求系统在逻辑时间增加时检查所有可能的事件。这种方法通常使程序变得很庞大,难于验证。更差的是,由于要经常检测全局时钟而使通信量增大。这种方法不需要回溯,每一个事件在执行时都是安全的,然而全局时钟同步需要的代价往往使这种方法不可用。

　　事件驱动的仿真可以实现真实世界的更真实的建模和抽象。真实世界中要被仿真的每一个事件可以用实现中的一个独立的事件来仿真。然而,事件的调度处理难于实现。通常,中断驱动的实现是唯一的选择。然而,中断的调度和处理需要操作系统级的编程,这对编程和调试都带来了困难。

　　仿真控制方法显著影响仿真系统的性能。因此,一味考虑速度是不合适的。

7.6.1　时间管理

　　时间管理(TM)服务保证 RTI 能在适当时间以适当的方式和顺序,将来自成员的事件转发给相应的成员。HLA 时间管理可以支持所有这些时间推进方式的混合使用。

　　系统中的时间可以表示为联邦中沿联邦时间轴上的点。每一成员在执行期间可以沿时间轴推进。成员时间的推进可以受其他成员推进的约束或不受约束。

　　时间管理涉及控制每一成员沿联邦时间轴的推进机制。一般地,时间推进必须与对象管理服务协调进行,使得信息能以正确的因果顺序发送给成员。

　　一个时间控制(Time Regulating)的成员可以把它的一些行为(例如更新实例属性值或发送交互)与联邦时间轴上的点相关联。它可以通过给行为打上相应于联邦时间轴上点的指定时戳来实现这种关联。一个时间约束(Time Constrained)成员有兴趣以一个联邦范围的时戳顺序接收这些行为(如反射实例属性值和接收交互)的通知信息。使用时间管理服务来实现联邦执行中的时间控制和时间约束成员之间的这种协同。这种协同可用本章中描述的关于成员行为的各种约束获得。

　　既非时间控制也非时间约束(加入联邦时的缺省状态)成员的行为将不会由 RTI 与其他成员协同,且这些成员不需要使用任何时间管理服务。

　　HLA 服务与时间的协调的方式将贯穿消息(messages)的概念:当成员调用更新属性值(Update Attribute Values)服务、发送交互(Send Interaction)服务、发送带域的交互(Send Interaction With Region)服务或删除对象实例(Delete Object Instance)服务时称作发送消息。

　　当成员被回调反射属性值(Reflect Attribute Values +)服务、接收交互(Receive Interaction +)服务或取消对象实例(Remove Object Instance +)服务时称为接收消息。

特别地,由一个成员发送的消息可以导致一个或多个其他成员接收一个响应消息。例如,表示更新属性值(Update Attribute Values)服务调用的消息发送将导致满足适当的公布/订购特性的成员被回调表示反射属性值(Reflect Attribute Values +)的服务来接收消息。消息也可以称为事件(event)。

每一个发送或接收的消息,可以是时戳顺序(Time Stamp Order,TSO)消息或是接收顺序(Receive Order,RO)消息。消息的排序类型将由下面几个因素决定:

(1)首选顺序类型:一个消息的首选顺序类型与包含在消息(实例属性值或交互)里的数据的首选顺序类型相同。每一个类属性和交互类将在 FED 文件中指定一个首选的顺序类型,这些首选类型指出当发送消息为这些类的实例传递值时应使用的顺序类型(TSO 或 RO)。在发送表示删除对象实例(Delete Object Instance)服务调用的消息时,该消息的首选顺序类型应基于指定对象实例的删除对象权(privilege To Object)属性的首选顺序类型。成员可以使用改变属性顺序类型(Change Attribute Order Type)服务改变实例属性的首选顺序类型;类属性的首选顺序类型在一个执行期间不可以被改变。成员可以使用改变交互顺序类型(Change Interaction Order Type)服务改变交互类的首选顺序类型。

(2)携带时戳:每一个对应发送或接收消息的服务均应有一个可选时戳项。如果使用一个带可选时戳参数的服务调用发送一个消息,那么该成员试图发送一个 TSO 消息。如果一个消息被发送,且没有可选时戳参数,那么该成员试图发送一个 RO 消息。所有收到的 TSO 消息有一个时戳。所有收到的 RO 消息没有时戳。

(3)成员的时间状态:一个成员是否时间控制决定该成员是否能发送 TSO 消息。同样,一个成员是否时间约束决定该成员能否接收 TSO 消息。

(4)发送消息顺序类型:一个收到消息的顺序类型依赖于相应发送消息的顺序类型。

当决定一个消息是否是以一个 TSO 消息或 RO 消息接收或发送时,这些因素要一起考虑。

一个发送消息的顺序类型取决于在发送成员处的消息的首选顺序类型,不论该成员是否是时间控制的,不论是否在用于发送消息的服务中使用了时戳。表 7 - 5 列出了如何决定一个发送消息的顺序类型。

表 7 - 5　发送消息顺序类型

首选顺序类型	发送成员是时间控制的	使用时戳	发送消息的顺序类型
RO	No	No	RO
RO	No	Yes	RO
RO	Yes	No	RO
RO	Yes	Yes	RO
TSO	No	No	RO
TSO	No	Yes	RO
TSO	Yes	No	RO
TSO	Yes	Yes	TSO

　　尽管携带了时戳,如果首选顺序类型是 RO 或发送成员不是时间控制的,则认为是 RO 消息。如果一个时戳由发送成员提供,它将被删去。

　　收到消息的顺序类型取决于该成员是否是时间约束的和相应发送消息的顺序类型。表 7-6 列出了如何决定接收消息的顺序类型。

表 7-6　接收消息的顺序类型

接收成员是时间约束的	相应的发送消息顺序类型	接收消息顺序类型
No	RO	RO
No	TSO	RO
Yes	RO	RO
Yes	TSO	TSO

　　因为上面的规则定义了一个接收消息的顺序类型,RTI 有时会把一个发送 TSO 消息转换成在某些接收成员上的接收 RO 消息。这些转换应该基于每个成员来考虑,可以认为在不同成员上收到的相应于同一发送消息的接收消息具有不同的顺序类型。但发送 RO 消息从来不会被转变成接收 TSO 消息。

　　作为 TSO 方式收到的消息,仅能被给定成员以时戳顺序收到,不用考虑消息发出成员和消息发送的顺序。因此两个带不同时戳的 TSO 消息将被每一个成员以相同的顺序收到。多个带相同时间邮戳的 TSO 消息将被接收到的顺序是不定的。

　　RO 消息的接收顺序是任意的。

　　(5) 逻辑时间:每一个成员,当加入一个执行时,会被指定一个逻辑时间。最初,一个成员的逻辑时间被设置为联邦时间轴的初始时间(时间 0)。联邦中的时间只能向前推进;因此一个成员只能请求推进到一个大于或等于它的当前逻辑时间的时间。一个成员为了能推进它的逻辑时间,它应该显式地请求推进。直到 RTI 发出一个许可,推进才会发生。一般地,执行中的任何瞬时,不同的成员可以有不同的逻辑时间。

　　成员也可以成为时间控制和/或时间约束的。时间控制成员的逻辑时间会被用于约束时间约束成员的逻辑时间推进。

　　(6) 时间控制成员:只有时间控制成员可以发送 TSO 消息。成员通过调用使能时间控制(Enable Time Regulation)服务请求变成时间控制的。RTI 随后通过回调该成员的时间控制使能(Time Regulation Enable)服务使该成员变成时间控制。一个成员将停止作为时间控制的,无论何时它调用 Disable Time Regulation 服务。时间控制成员不需要按时戳顺序发送 TSO 消息,但所有它发送的 TSO 消息将会被其他成员按时戳顺序收到(如果它们作为 TSO 消息被接收)。

　　每一个时间控制成员在变成时间控制时应该提供一个前瞻时间值(lookahead)。前瞻值(lookahead)是一个非负值,它为成员发送的 TSO 消息提供了一个时戳下限。需要明确的是,一个时间控制成员不能发送一个时戳小于当前逻辑时间加 lookahead 的 TSO 消息。成员的前瞻时间一旦建立,就只能调用修改前瞻时间(Modify Lookahead)服务才能被改变。

　　一个零前瞻时间的时间控制成员还受另外的约束支配。若这样的成员通过使用时间推进请求(Time Advance Request)或下一事件请求(Next Event Request)服务推进了它的逻辑时间,那么它将不能发送时戳小于或等于它的逻辑时间(不是通常的小于约束)的

TSO 消息。随后使用的推进成员逻辑时间的不同的时间推进服务使用了另外的约束。例如,如果一个零前瞻(look ahead)成员调用了时间推进请求(Time Advance Request) t^l ,紧接着调用了时间推进请求可能(Time Advance Request Available(t^l)),该成员仍有另外的约束。在即时时间推进请求(Time Advance Request Available)被许可之后,它仍旧不可以发送任何带时戳小于或等于 t^l 的 TSO 消息(时间推进请求(Time Advance Request)的约束),由于第二个推进没有真正推进该成员的逻辑时间。

(7) 时间约束成员:只有时间约束成员才能收到 TSO 消息。一个成员通过调用使能时间约束(Enable Time Constrained)服务请求变成时间约束的。RTI 将随后通过回调该成员的时间约束许可(Time Constrained Enabled)服务使该成员变成时间约束的。无论何时一个成员调用了禁止时间约束(Disable Time Constrained)服务,该成员将不再为时间约束的。

一个执行中的每一个成员,无论时间约束与否,有一个关联的时戳下限(LBTS)值。这个时戳下限(LBTS)值由 RTI 计算。如果该成员是时间约束的,这个时戳下限(LBTS)值表示该成员能够收到的 TSO 消息时戳的最小值。对一个给定的成员执行这种计算,RTI 将考虑联邦执行中的所有时间控制成员的逻辑时间和的前瞻时间(Lookahead),以决定给定成员能收到的 TSO 消息的最小时戳值。如果联邦执行中没有时间控制成员(除了给定的成员),则该成员的时戳下限(LBTS)值是无穷大。

为帮助确保时间约束成员按时戳顺序收到所有 TSO 消息,一个时间约束成员不会被允许推进其逻辑时间超过它的时戳下限(LBTS)值。这确保一个时间约束成员不能接收一个时戳小于该成员逻辑时间的 TSO 消息。如果一个时间约束成员请求推进的逻辑时间超过了它的当前时戳下限(LBTS)值,该时间推进不会被许可,直到该成员的时戳下限(LBTS)值已充分提升到满足约束为止。

(8) 推进时间成员只能通过从 RTI 请求一个时间推进才可推进它的逻辑时间。在 RTI 回调该成员的时间推进许可(Time Advance Grant +)服务之前,成员的逻辑时间实际上不能推进。这些服务调用之间的间隔应是时间推进(Time Advancing)状态,该状态已在图 7 -9 的成员生命周期状态中给出。

一个成员通过调用下面的服务来请求推进它的逻辑时间:时间推进请求(Time Advance Request),即时时间推进请求(Time Advance Request Available),下一事件请求(Next Event Request),即时下一事件请求(Next Event Request Available),清空队列请求(Flush Queue Request)。

每一服务以一个请求推进的逻辑时间为参数,请求时与 RTI 之间的协同稍微不同,如表 7 -7 所描述的,在对这些服务描述中会进一步详述它们。

表 7 -7　服务描述

推进方式	时间推进到 t_1 的约束	允许推进到 t_2 前传递给成员的消息	允许到 t_2 的约束	
TAR	不能发送 $t_s < t_1$ + Lookahead	队列中所有的 RO 消息,所有 $t_s \leq t_2$ 的 TSO 消息	不能发送 $t_s < t_2$ + Lookahead	$t_2 = t_1$
TAR (零前瞻)	不能发送 $t_s \leq t_1$	队列中所有的 RO 消息,所有 $t_s \leq t_2$ 的 TSO 消息	不能发送 $t_s \leq t_2$	$t_2 = t_1$
TARA	不能发送 $t_s < t_1$ + Lookahead	队列中所有的 RO 消息,所有 $t_s < t_2$ 的 TSO 消息,队列中所有 $t_s = t_2$ 的 TSO 消息	不能发送 $t_s < t_2$ + Lookahead	$t_2 = t_1$

（续）

推进方式	时间推进到 t_1 的约束	允许推进到 t_2 前传递给成员的消息	允许到 t_2 的约束	
NER	不能发送 $t_s < t_1$ + Lookahead	队列中所有的 RO 消息,具有最小的 t_s 且 $t_s \leq t_1$ 的 TSO 消息和其他所有的具有同一 t_s 的 TSO 消息	不能发送 $t_s < t_2$ + Lookahead	$t_2 \leq t_1$
NER（零前瞻）	不能发送 $t_s \leq t_1$	队列中所有的 RO 消息,具有最小的 t_s 且 $t_s \leq t_1$ 的 TSO 消息和其他所有的具有同一 t_s 的 TSO 消息	不能发送 $t_s \leq t_2$	$t_2 \leq t_1$
NERA	不能发送 $t_s < t_1$ + Lookahead	队列中所有的 RO 消息,具有最小的 t_s 且 $t_s \leq t_1$ 的 TSO 消息和队列中其他所有具有同一 t_s 的 TSO 消息	不能发送 $t_s < t_2$ + Lookahead	$t_2 \leq t_1$
FQR	不能发送 $t_s < t_1$ + Lookahead	队列中所有的 RO 消息,队列中所有的 TSO 消息	不能发送 $t_s < t_2$ + Lookahead	$t_2 \leq t_1$

　　时间推进许可(Time Advance Grant +)服务用于准许一个推进而不管请求是何种形式。该服务将以一个逻辑时间为参数,它是该成员的新逻辑时间。RTI 所做的关于提供的逻辑时间的消息传送的保证,依赖于推进时间请求的类型;特别的保证将在服务描述中提供。需要注意的是在某些情形下,RTI 所推进成员的逻辑时间小于该成员请求的时间。

　　RTI 将允许成员推进到逻辑时间 T,仅当它能保证所有带时戳小于 T 的 TSO 消息均传递给成员。这个保证使该成员能够将它所表示的实体行为仿真到逻辑时间 T,而不需考虑会收到时戳小于 T 的新事件。注意在一些情形中,提供这种保证要求 RTI 在允许一个时间约束成员的时间推进之前,要等待一段重要的墙上时钟时间。然而,在成员是非时间约束的情形中(因此不能接收 TSO 消息),该保证一般是正确的,且能立即准许推进。

　　由时间控制成员推进的逻辑时间是重要的,因为正如它许诺的那样,它不发送任何时戳小于某个指定时间的 TSO 消息。一般地,当时间控制成员向前推进它的逻辑时间时,时间约束成员也能向前推进。

　　非时间控制的成员不必推进它们的逻辑时间,但也可以这样做。这样的推进对其他成员的时间推进没有任何影响,除非该推进成员随后变成时间控制的。

7.6.2　HLA 对时间管理服务的需求

　　HLA/RTI 时间管理的内容非常广泛,它允许一个联邦执行能够支持使用不同类型内部时间管理机制的成员之间的互操作,包括:①具有不同消息顺序机制的成员间的互操作;②使用不同内部时间推进机制的成员间的互操作;③变尺度比例实时成员与采用尽快执行方式仿真的成员间的互操作;④采用保守和乐观同步协议的成员间的互操作;⑤同一成员内部,不同类型的事件允许使用不同的消息顺序方式和传输服务。

　　为什么专门设计时间管理服务来处理仿真过程中的消息,而不是由联邦成员直接进行消息的收发?直观上,后者的"捆绑"式结构实现显得更直接一点:一旦某个仿真器中被其他仿真器订购的属性或参数发生改变,这个仿真器就可以直接将消息发送出去,而无须经过时间管理服务的处理。但是,这种实现方式会带来一系列问题,例如:一个实时仿真系统由三个仿真器(联邦成员)组成,分别模拟一辆坦克、目标和观测者,假设模拟坦克的联邦成员向目标开火并摧毁了目标,观测者对此过程进行监视,如图 7 - 22 所示。

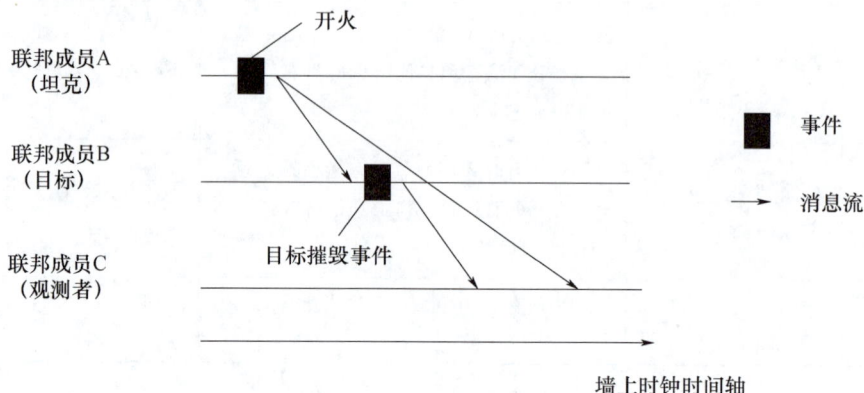

图 7 - 22　联邦在某时间点处的执行情况

　　成员 A 的开火事件产生"坦克开火"消息;成员 B 接收到这个消息后,模拟目标被摧毁,并同时产生"目标摧毁"消息;联邦成员 C 接收上述两个消息,但由于网络延时等因素的影响,"目标摧毁"消息比"坦克开火"消息先达到。这样,从观测者角度来看就出现了事件因果顺序颠倒的现象。这是一种典型的缺乏相应时间管理服务而出现消息"因果"顺序颠倒的情况。

　　此外,还可能出现不同的仿真器接收同一事件消息顺序不同的情况,这样就会引起仿真执行的其他不一致性。如在图 7 - 22 中再增加一个观测者,那么它接收两个消息的顺序可能正常。由于网络延时具有一定的随机性,在没有其他服务的支持下,成员接收消息的顺序也经常不定,这就导致产生另一个问题:相同的初始状态和外部输入,重复实验产生完全不同的仿真结果,出现了仿真结果的不可信和仿真实验的不可重复。这些都是与仿真的初衷相悖的。

　　以上时间上的异常现象,在"捆绑"式结构中是无法避免并且很难解决的,成员要自己判断消息的正常顺序比较困难,为此,在 HLA 中设计了一系列时间管理服务来加以解决:首先,通过时间服务,为每个传输事件打上一个时戳(仿真时间),并保证这些事件按时戳顺序(Time Stamp Order,TSO)分发。因为开火事件的时戳值 < 目标摧毁事件的时戳值,RTI 将会延迟对"目标摧毁"消息的分发直到"坦克开火"消息已被分发出去。其次,时间管理服务还将抑制对"时戳值 < 成员当前时间"事件的分发,以保证成员不会接收一个"过时"的事件而出现混乱,并减少网上冗余信息的传输。以上两个方面是保证消息处理"因果"顺序正确所必不可少的。

7.6.3　HLA 时间管理服务

　　IEEE 1516 标准的时间管理服务共 23 个,分为四组,如表 7 - 8 所列。

表 7 - 8　时间管理服务

分组	服务名称	功能简介
第 1 组	Enable Time Regulation	打开时间控制状态
	Time Regulation Enabled +	时间控制状态许可(回调函数)
	Disable Time Regulation	关闭时间控制状态
	Enable Time Constrained	打开时间受限状态
	Time Constrained Enabled +	时间受限状态许可(回调函数)
	Disable Time Constrained	关闭时间受限状态
第 2 组	Time Advance Request	步进时间推进请求
	Time Advance Request Available	即时时间推进请求
	Next Event Request	下一事件请求
	Next Event Request Available	下一事件即时请求
	Flush Queue Request	清空队列请求
	Time Advance Grant +	时间推进许可(回调函数)
第 3 组	Enable Asynchronous Delivery	打开异步传输方式
	Disable Asynchronous Delivery	关闭异步传输方式
第 4 组	Query GALT	查询 GALT
	Query Logical Time	查询成员逻辑时间
	Query LITS	查询 LITS
	Modify Lookahead	修改 Lookahead
	Query Lookahead	查询 Lookahead
	Retract	回退
	Request Retraction +	请求回退(回调函数)
	Change Attribute Order Type	改变属性顺序类型
	Change Interaction Order Type	改变交互类的顺序类型

第 1 组服务的主要功能是设置(或取消)联邦成员的时间管理策略。第 2 组服务的主要功能是进行时间推进,其中,"Time Advance Request"和"Time Advance Request Available"服务是基于步长的时间推进请求,"Next Event Request"和"Next Event Request Available"服务是基于事件的时间推进请求,"Flush Queue Request"服务是乐观的时间推进请求,"Time Advance Grant +"服务是"时间推进许可"回调函数。第 3 组服务是设置(或取消)异步传输。第 4 组服务是一组辅助服务,主要完成查询和回退等功能。

HLA/RTI 的时间管理服务主要包含三部分内容:消息分发顺序、传输服务和时间推进服务。

1. 消息分发顺序

时间管理服务的一个主要任务是将要传递的消息按一定的顺序发送给成员。在 HLA 中,可按四种顺序收发消息:接收顺序 RO、优先级顺序 PO(Priority Order)、因果顺序 CO(Causal Order)和时戳顺序 TSO。目前,HLA 的对象模型模板 OMT 中只定义了 RO 和 TSO 两种消息顺序。

为了正确地收发 RO 和 TSO 这两种不同类型的消息,在 RTI 内部为每个成员分别建立了两个相应的消息队列。为减少 RTI 中心服务器处理的事务,以免出现数据传输瓶颈,可以将这些队列建在联邦成员所在的本地机器上,由驻留在其上的 RTI 线程来完成。这种体系结构采纳了集中分布相结合的设计思想,它对消息的处理完全遵循 HLA 中的规定,并且对于用户是透明的。这样,需要转发给联邦成员的 RO 消息在相应队列中排队,在条件允许的时候按 FIFO 的顺序将消息发送出去;对于 TSO 消息,它们各自携带消息产生时刻的时戳值,RTI 首先剔除那些"时戳值 < 成员当前仿真时间"的消息,并将未剔除的消息按照时戳顺序在相应的消息队列中进行排序,在传送给该成员条件许可、并保证不再会接收到比消息队列中最小时戳值更小时戳的消息的情况下(一般在成员接收到时间推进 Grant 时进行判断),发送那些满足发送要求的 TSO 消息。为了确保后一条件,RTI 必须计算一个接收从其他成员将要发来的消息的时戳最小值(下限)。因此,TSO 消息的传送可能比 RO 消息传送具有更大的时延。当然,按 RO 顺序的消息也可能携带时戳值,只不过对于这些时戳值,RTI 在消息分发时不作考虑。

另外,对于具有相同时戳值的 TSO 消息,RTI 的分发顺序是随意的。但通常这些并发消息的顺序对于联邦成员有着特定含义,因此,联邦成员必须具有缓存这些消息和重新排序的功能。为此,RTI 提供一种方法,标明什么时候成员已经接收到了在同一时间(对于一个给定的时戳值)发生的所有事件。

2. 传输服务

HLA 强调支持不同类型仿真应用的互操作性,因此它首先应该适应各类仿真的要求,提供多样的服务机制,以适应不同可靠性、消息顺序以及系统代价的要求。不同类的传输服务区别在以下两个方面:①消息顺序;②消息分发的可靠性。依据消息发送的可靠性,定义了可靠的发送方式(Reliable)和最佳消息发送方式(Best effort)两类服务;结合前面所讲的 4 种消息分发顺序,即可形成 8 种不同类型的传输方式,其中下述 4 种在 OMT 中有定义:

(1)BRec 类:Best effort message delivery,Receive order。

(2)RRec 类:Reliable message delivery,Receive order。

(3)RTS 类:Reliable message delivery,Timestamp order。

(4)BTS 类:Best effort message delivery,Timestamp order。

联邦成员的对象属性或交互的传输方式直接在联邦执行文件 FED 中进行描述,RTI 在初始化时获取这些信息,然后按照相应的处理方式收发消息。其他四种方式由于涉及未在 OMT 中定义的 PO 和 CO 两种消息分发顺序,需要通过联邦成员应用程序来共同完成。

3. 时间推进服务

HLA 时间管理服务包含以下四种主要的时间推进方式:

(1)事件驱动(Event driven)。联邦成员处理内部事务和由其他成员产生的按 TSO 的事件;联邦成员处理完一个事件后,将时间推进到该事件的时戳值处。面向过程的仿真结构通常采用这类机制。

(2)时间步进(Time stepped)。联邦成员按一些固定的仿真时间长度(步长)推进时间。步长通常根据仿真精度(或稳定性)来选定。例如,导弹系统的动力学仿真对仿真的实时性要求比较苛刻,仿真步长一般情况下只有几 ms;对人在回路的仿真,仿真步长取决于人对仿真系统更新频率的敏感程度,可以允许仿真步长达到 30 ~ 100ms,有时可以更大。

在 HLA 中,当且仅当与当前时间步长范围相关的所有仿真活动全部结束,才能将时间推进到下一时间步长段,因此还不能简单地理解为一定的时间间隔推进一个时间步长。

(3) 离散事件并行仿真(Parallel discrete event simulation)。运行在多处理系统之上的成员,必须在内部通过一个保守的或乐观的同步协议进行同步。在一个保守的协议中,成员内部的各个逻辑过程都必须按事件的 TSO 进行处理;乐观的同步协议允许逻辑过程不按 TSO 处理事件,而是提供了克服由此产生错误的方法——常通过使用反转机制。

(4) 墙上时钟时间驱动(Wall clock time driven)。即实时约束下的仿真。在上述各种时间管理机制中,其中仿真执行步进与墙上时钟时间推进同步的情况属于墙上时钟时间驱动机制。对于这种时间管理机制,它并不要求按事件的 TSO 进行处理。通常,人在回路、半实物仿真和有其他软件实时性约束的仿真多采用这种机制。

7.7　数据分发管理

与分布交互式仿真 DIS 相区别,HLA 没有定义类似于 PDU 那样专门的结构用于数据交换,而是根据 HLA 联邦对象模型 FOM 中的规定,在运行过程中由 RTI 来确认对象或交互的公布/订购关系,从而确定要传递的数据。这样,HLA 就只传输需要的和变化的数据。因此,在联邦仿真过程中如何确定符合传输条件的数据,是有效地实现 HLA 数据分发管理的关键。在较小规模的联邦仿真中,可直接根据 RTI 声明管理确定的公布/订购关系,进行基于类的数据选择;而在大规模联邦仿真中,为进一步减少数据冗余量及其处理时间,应采用更小粒度的数据选择机制,由此引进了数据分发管理(DDM)服务。DDM 采用基于值的数据选择方法,实现有效的、具有可伸缩性和简单易用接口的数据分发管理服务。

7.7.1　数据分发管理

根据联邦成员之间数据的供求关系,实现数据的有效转发,目的是限制一个大规模联邦中成员接收信息的范围,一方面可以减少联邦成员的处理开销,另一方面可减少网络上传输的数据量,提高执行效率。

数据分发管理(DDM)服务被成员用于减少发送和接收无关数据。尽管声明管理服务在类属性层次上提供了关于数据相关的信息,数据分发管理服务在实例属性层次上增加了进一步精炼数据需求的能力。数据公布者可以依据用户定义的路径空间应用 DDM 服务声明它们的数据特性,相似地,在同一路径空间中数据订购者依据 DDM 服务指定它们的数据需求。RTI 基于声明和需求之间的匹配从公布者向订购者发布数据。

DDM 服务基于以下概念和术语:

（1）维（dimension），在 FED 文件中声明的坐标轴段。RTI 将提供一个有序值对定义的单个坐标轴段，这为定义在 FED 中的所有维提供了单个基。有序值对的第一个成分称为轴下限，第二个成分称为轴上限。所有维将基于相同的坐标轴段，且因此具有相同的轴下限和轴上限。

（2）路径空间（routing space）是维的一个命名序列，它将形成多维坐标轴系统。在 FED 文件中，通过指出形成路径空间的维定义了路径空间。路径空间在 FED 文件中声明它的定义。另外，RTI 将提供一个隐含定义的缺省路径空间（default routing space）。在 FED 中定义的路径空间不能使用字符串"HLA"作为它的初始名字。

（3）排列（range）是定义在维上的由有序值对表示的一个连续间隔。有序值对的第一个组成部分被称作排列下限，第二个组成部分被称作排列上限。

（4）限域（extent）是一个有序排列，每一个排列相对应于路径空间中的一维，且以维出现在路径空间中的顺序进行排序。

（5）区域（region）是属于同一路径空间的限域集合。区域定义了路径空间内的一个子空间。

RTI 将为每一个路径空间提供一个缺省区域。缺省区域将覆盖整个的路径空间。

建立在 FED 中的关系适合路径空间：一个类属性或是被显式绑定到一个声明路径空间或被隐式绑定到一个缺省路径空间；一个交互类或是被显式绑定到一个声明路径空间或被隐式绑定到一个缺省路径空间；一个给定类属性被绑定到至多一个路径空间；一个给定交互类被绑定到至多一个路径空间。

通过 DDM 服务建立的关系适合区域：使用创建区域（the Create Region）服务可以在一个声明的路径空间中创建一个区域。可以使用删除区域（the Delete Region）服务删除区域，可以调用一个修改区域（the Modify Region）服务通知 RTI 关于该区域的限域更改。

通过 DDM 服务建立的关系适合对象类、类属性、对象实例和实例属性。一个区域将用于更新一个实例属性，如果一个成员在调用下面服务使用了该实例属性和区域作为参数，则在带有区域的对象实例注册（the Register Object Instance With region）服务中，或在关联区域更新（the Associate Region For Update）服务中。

随后同一（对象实例，区域）对调用取消更新关联域（the Unassociate Region For Update）服务或没有提供实例属性的同一（对象实例，域）对调用更新关联域（the Associate Region For Update）服务将引起该区域不被用于该实例属性的更新。

用于更新一个实例属性的区域是该实例属性的相应类属性所绑定的路径空间的子空间。如果没有其他的区域用于一个实例属性更新，则一个实例属性的相应类属性所绑定的路径空间的缺省区域用于更新该实例属性。如果一个非缺省区域被一个成员用于更新一个实例属性，且该成员丢失了该实例属性的所有权，该域将不再被用于更新该实例属性。

如果一个成员使用一个类属性、一个给定的对象类和区域作为区域相关订购对象类属性（the Subscribe Object Class Attribute With Region）服务的参数，该域将被用于订购该类属性。随后，为同一（对象类，域）对调用取消区域相关订购对象类（the Unsubscribe Object Class With Region）服务或为没有提供该类属性的同一（对象类，域）对调用区域相关订购对象类属性（the Subscribe Object Class Attribute With Region）服务将引起该区域不再用于该类属性的订购。

用于订购类属性的区域将是绑定该类属性的路径空间的子空间。

如果该成员已使用该类属性作为订购对象类属性(the Subscribe Object Class Attribute)服务调用中的一个参数,绑定类属性的路径空间的缺省区域将被用于该类属性的订购。随后为同一对象类调用的取消订购对象类(the Unsubscribe Object Class)服务或为没有提供该类属性的相同对象类调用的订购对象类属性(the Subscribe Object Class Attribute)服务将引起该缺省区域不被用于该类属性的订购。

通过 DDM 服务建立的关系适用于交互类、参数订购和交互行为。在区域相关发送交互(the Send Interaction With Region)服务调用期间,一个区域用于发送一个交互行为。用于发送一个交互行为的区域是绑定该交互类的路径空间的一个子空间。在发送交互(the Send Interaction)服务调用期间,绑定交互类的路径空间的缺省区域用来发送一个该类的交互。为发送一个交互,当调用区域相关发送交互(the Send Interaction With Region)服务时一个成员将使用一个区域以声明该交互的特性。

如果该成员使用一个交互类和区域作为区域相关订购交互类(the Subscribe Interaction class With Region)服务的参数,该区域将用于该交互类的订购。随后为相同的(交互类,域)对调用的区域相关取消订购交互类(the Unsubscribe Interaction class With Region)服务将引起该区域不被用于该交互类的订购。用于订购一个交互类的区域是该交互类被绑定到的路径空间的一个子空间。

如果该成员使用一个交互类作为订购交互类(the Subscribe Interaction class)服务的参数,该交互类被绑定到的路径空间的缺省区域将被用于该交互类的订购。随后为相同交互类调用的取消订购交互类(the Unsubscribe Interaction class)服务将引起该缺省区域不用于该交互类的订购。

为订购一个交互类,一个成员利用区域表明接收该交互类的需求。用于更新实例属性或发送交互行为的区域被称作更新域。用于订购类属性或交互类的区域称为订购域。

一个更新域和一个订购域重叠,当且仅当两域是同一路径空间的子空间和相应限域集的重叠。如果在每个限域集中存在一个限域,且这两个限域重叠,则两个限域集将重叠。如果限域中的所有排列相应重叠,则两个限域重叠。两个排列 A = [alower, aupper] 和 B = [blower, bupper] 重叠,当且仅当 alower = blower 或(alower < bupper and blower < aupper)。

对使用数据分发管理服务中的联邦数据到维的映射留给联邦。DDM 服务的效果依赖于联邦时间。

7.7.2 RTI 对数据过滤机制的支持

1)基于类的数据过滤

在 HLA 中,对象是对象类的实例。成员在进入联邦执行时,可以通过 RTI 的 DM 服务来声明它能提供哪些对象的属性,及订购它需要的属性。

HLA/RTI 的 DM 提供了一种基于类的数据选择机制:一个成员通过 DM 服务订购一个对象类的属性值或一个交互类,而 RTI 将保证该成员只接收到联邦中订购对象类的所有对象的属性值和属于订购交互类的所有交互,且不传送该成员没有订购的信息。这种基于类的数据选择适用于规模较小的联邦,或联邦中每个类对应的对象个数不多的情况。而对应大规模的或其中的类含有大量对象的联邦,需要粒度更细的数据选择机制。对此 DDM 提供了基于值的数据选择方法。

2)基于值的数据过滤

DDM 服务允许一个成员基于公布的属性值的特征有选择地接收订购了的属性值,即按值的特征来选择什么时间接收订购的数据。这样定向订购的数据不是始终都传送给订购的成员,而是在满足一定条件时才发送。在前面定向的基础上加上这种定时的选择即构成了基于值的数据选择机制。为了实现这种机制,HLA 引进了路径空间(Routing Space)的概念。

路径空间是对 DDM 服务的一个基本抽象,它是一个多维的坐标空间,可用于联邦成员表达它希望接收和发送数据的条件。路径空间的子集包括更新区域和订购区域两类(图 7 - 23 所示的是一个二维路径空间)。

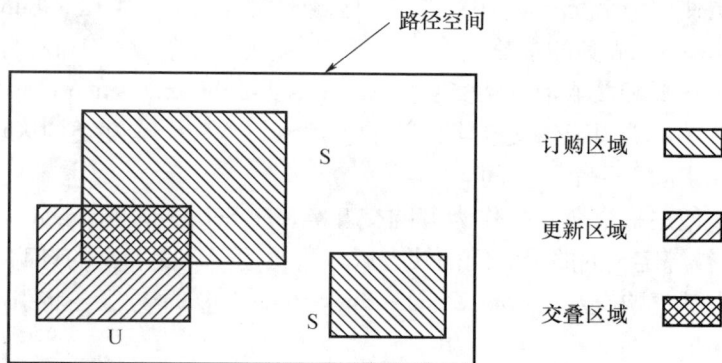

图 7 - 23　一个二维路径空间

更新区域与联邦成员的对象相关联,用于描述一个联邦成员产生和发送数据所应满足的条件。订购区域与联邦成员相关联,用于描述一个联邦成员希望接收到数据的范围。

一个联邦可定义多个路径空间,分别用于不同的数据分发目的,但从效率角度考虑,一个对象往往只从属于一个路径空间。路径空间的描述包括维数和路径变量两个方面。其中路径变量与路径空间坐标轴一一对应,但无须同联邦成员对象的属性相对应;维数的范围由 RTI 的初始定义决定,并无概念上的要求。RTI 只关心路径空间的维数,路径变量及其他的映射均由各个联邦成员自己处理。

7.7.3　数据分发管理服务

HLA 的数据分发管理服务共有 12 个,分为三组,如表 7 - 9 所列。第一组服务用于区域的创建、修改和删除;第二组和第三组服务主要用于将区域和对象类属性、交互类、对象实例以及实例属性相关联。需要说明的是,所有的数据分发管理服务都独立于时间管理,即所有的数据分发管理服务一旦发出,其作用即立即生效,不受时间管理的限制。

表 7 - 9 数据分发管理服务

分组	服务名称	功能简介
第一组	Create Region	创建区域
	Commit Region Modifications	提交区域修改
	Delete Region	删除区域
第二组	Register Object Instance With Region	带区域注册对象实例
	Associate Region For Updates	关联更新的区域
	Unassociate Region For Updates	取消关联更新的区域
	Subscribe Object Class Attribute With Region	带域订购对象类属性
	Unsubscribe Object Class With Region	取消带域订购对象类
第三组	Subscribe Interaction Class With Region	带区域订购交互类
	Unsubscribe Interaction Class With Region	带区域取消订购交互类
	Send Interaction With Region	带区域发送交互实例
	Request Attribute Value Update With Region	请求带域属性值更新

7.7.4 实现方案及途径

数据分发管理的实现过程包含三方面工作:区域定义、区域匹配和组播组分配,最后进行数据的传输,其中,前三部分是进行数据过滤的必要步骤。数据分发管理的基本流程如图 7 - 24 所示。

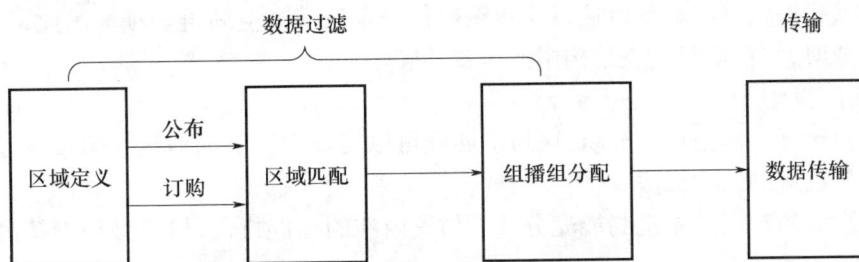

图 7 - 24 数据分发管理的基本流程

(1) 区域定义:每个成员向 RTI 声明自己的兴趣集合,包括希望接收的数据和可以发送的数据的限制条件,这些行为就通过区域定义来完成。

(2) 区域匹配:通过对订购区域和公布区域进行比较,确定它们在路径空间中的重叠情况。其结果是发送方和接收方的一个映射。

(3) 组播组分配:数据过滤机制的实现是以底层的组播组通信为基础的,DDM 中的这部分工作主要是:根据区域匹配结果,分配组播组,建立数据的通道。

(4) 数据传输:根据前三步数据过滤,按照建立的数据通道将数据发送出去。

1) 区域匹配方法

区域信息的匹配是数据分发管理中过滤算法最基本的操作,是实现数据正确过滤的前提。

HLA 只规定了在路径空间上定义区域作为数据过滤信息的描述方式,并没有规定过滤机制的具体实现方法。过滤机制实现的效率直接影响系统的性能,作为其中关键步骤的区域匹配算法的复杂度将直接影响到过滤机制的实现代价。

衡量区域匹配算法的两个标准如下:

(1)算法的精确度。对于一个给定的区域通过算法匹配是否能够准确地找出与其相交的所有区域,且只找出与其相交的区域。

(2)算法的复杂度。即匹配算法的快速性。

2)路径空间层次及其编码方法

路径空间划分的有效性包含如下两方面的意思:

(1)路径空间的划分应尽可能地开发区域之间的内在关系的细节,如:可能相交或不可能相交;

(2)空间的划分应有利于区域的快速归类与查找。

采用层次划分的优点是:

(1)有利于区域空间位置关系的表达、分类与查找;

(2)能适应不同区域尺寸,更加精确地开发区域空间位置关系的细节,排除不同级子空间中进行匹配计算的可能性。层次划分后的路径空间存在的内在树状结构,可以清晰地表达空间的包容关系,从而开发了位于各个空间上的区域之间的隐含位置关系。

空间层次划分将空间各部分的包容关系开发出来,那么它需要提供一种方法来有效地存储和表达这种关系,使其能够与层次空间建立映射关系。为了实现这一目的,引进了空间编码的方法。

编码的过程也是区域搜索空间链表以及向链表中存储区域的过程。空间链表可采用升序方式排序,这样,就可以通过比较编码值来定位某一空间链表项。因此,当空间区域编码完成时,它在空间链表结构中的位置就确定了。

3)匹配算法

通过对区域编码信息的分析,区域的匹配可以实现启发式的剪枝搜索过程。通常采用层次划分区域的匹配算法。

采用高效的数据过滤机制能充分开发仿真内在的局部特性,但它必须以精确的过滤信息为代价。

第8章 HLA 联邦的设计

基于 HLA 的分布仿真系统(联邦)是由 RTI 集成的成员的集合。在拥有 RTI 的情况下,联邦的设计主要是成员的设计,以及如何将成员集成为联邦。一个成功的分布仿真系统的设计开发,需要规范的 HLA 联邦开发过程和高效的支撑工具。后者包括一个开放的、集成各种开发活动支撑工具的框架,包括通用工具(如需求管理工具)、建模与仿真领域工具(如 VV&A 工具)、HLA 联邦开发和执行过程中与 HLA 规范有关的工具(如联邦模型开发工具)。

本章主要根据联邦开发与执行过程 FEDEP(Federation Development and Execution Process)模型,介绍联邦开发与运行的规范化过程,然后讨论成员设计的方法,最后简要介绍支持联邦开发的工具体系和基于持久联邦的联邦设计。

8.1 FEDEP 模型

联邦指的是为满足用户的某个具体需求而开发的仿真系统。FEDEP 模型是用于联邦开发的通用且支持重用的方法。FEDEP 有一个重要假设,即在联邦开发之前是不知道联邦该由哪些成员组成的,成员的选择是在联邦设计阶段根据现有仿真应用在具体联邦的限制条件下,能够表示该联邦的"对象"和"交互"的能力(如逼真度等)决定的。这种假设与 HLA 的基本目标是一致的,即联邦应由相互独立、可重用的仿真组件组成。

不同应用领域的用户群在建立自己的 HLA 应用时,所采用的步骤可能各不相同。例如,面向分析的联邦与面向分布训练的联邦比较,它们开发与运行的基本活动类型与顺序有很大不同。但是,从高层来看,HLA 联邦开发和运行的过程可抽象为几个必须遵循的基本的步骤。对于这些基本步骤,不同应用领域的仿真开发者可能会采用不同的具体方法实现,由此导致所耗费的时间和所产生的效果也各不相同,特别是不利于 VV&A 的进行。因此,提供一个结构化的适合于工程系统的方法以指导 HLA 联邦开发与运行就显得十分必要,这就是建立 FEDEP 模型的目的。FEDEP 模型的意图是提供一套联邦开发和运行的指南,使得联邦开发者能够方便地达到其应用目的。

DMSO FEDEP 模型将联邦开发与运行过程分为 6 个步骤,每个步骤又包含一些更详细的活动,如表 8 - 1 所列。

表 8 - 1 DMSO FEDEP 模型的"六步骤"过程

序号	步　　　骤	活　　　动
1	定义联邦目标	1.1 鉴别发起人需要 1.2 开发联邦目标
2	开发联邦概念模型	2.1 开发剧情 2.2 进行概念性分析 2.3 开发联邦需求

233

（续）

序号	步　　骤	活　　动
3	设计联邦	3.1 选择成员 3.2 分配功能 3.3 制定计划
4	开发联邦	4.1 开发 FOM 4.2 建立联邦协定 4.3 成员修改
5	集成并测试联邦	5.1 制定运行计划 5.2 集成联邦 5.3 测试联邦
6	运行联邦并分析结果	6.1 运行联邦 6.2 处理结果 6.3 输出结果

而 IEEE Std 1516.3 FEDEP 分为 7 个步骤,如表 8 – 2 所列。

表 8 – 2　IEEE Std 1516.3 FEDEP 的"七步骤"过程

序号	步骤	工作	活动
1	定义联邦	定义联邦目标。联邦用户、赞助者和联邦开发团队对联邦目标达成一致,并完成实现这些目标所必需的文档	1.1 确定用户需求 1.2 制定目标
2	概念分析	进行概念分析。基于问题空间的特点,建立真实世界领域的适当表示	2.1 开发想定 2.2 开发联邦概念模型 2.3 开发联邦需求
3	设计联邦	设计联邦。识别现有的可重用成员,完成已有成员修改的设计和新成员的设计,把需要实现的功能分派给各个成员,并制定联邦开发和实现计划	3.1 选择成员 3.2 准备联邦设计 3.3 准备计划
4	开发联邦	开发联邦。开发联邦对象模型 FOM,建立成员协议,完成新成员的实现和已有成员的修改	4.1 开发 FOM 4.2 建立联邦约定 4.3 实现联邦设计 4.4 实现联邦的构造和组织
5	规划、集成和测试联邦	规划、集成和测试联邦。完成所有必要的联邦集成工作,并且执行测试来确保满足互操作	5.1 执行规划 5.2 集成联邦 5.3 测试联邦
6	运行联邦,准备输出	运行联邦和准备输出。运行联邦并且预处理联邦运行输出的数据	6.1 运行联邦 6.2 准备联邦输出
7	分析数据,评估结果	分析数据和评估结果。分析和评估联邦运行的输出数据,结果报告给用户/赞助者	7.1 分析数据 7.2 评估反馈结果

　　这 7 个步骤的过程可以根据应用的实际情况以多种方式来实现,所以构建和运行 HLA 联邦的时间和投入差别很大。例如,可能需要联邦开发团队用几周来定义大规模复杂应用所关心的真实世界。而在小规模简单的应用中,同样的描述工作可能不到一天就完成了。

　　上述 7 个步骤主要取决于已有的联邦产品的可重用性。在某些情况里,没有可重用的产品,因而需要使用新定义的需求来识别合适的成员,以及构建支持运行的全套联邦产品来开发一个新的联邦。在另一些情况下,联邦用户能够在进行新产品开发的同时,选择部分或者全部重用先前的工作。这时,联邦开发者可通过重用一套核心成员子集和对其领域中其他可重用的联邦产品(如 FOM、计划书)的适当修改来满足新的用户需求。当有一个适当的管理结构来改善这种联邦开发环境的时候,能够显著减少开发的费用和时间。

　　尽管 FEDEP 图表中描述的许多活动非常有序,但并不表示联邦开发和运行应该采用严格的流水作业方法。实际上,经验表明图 8 - 1 中的许多有次序的阶段实际上是

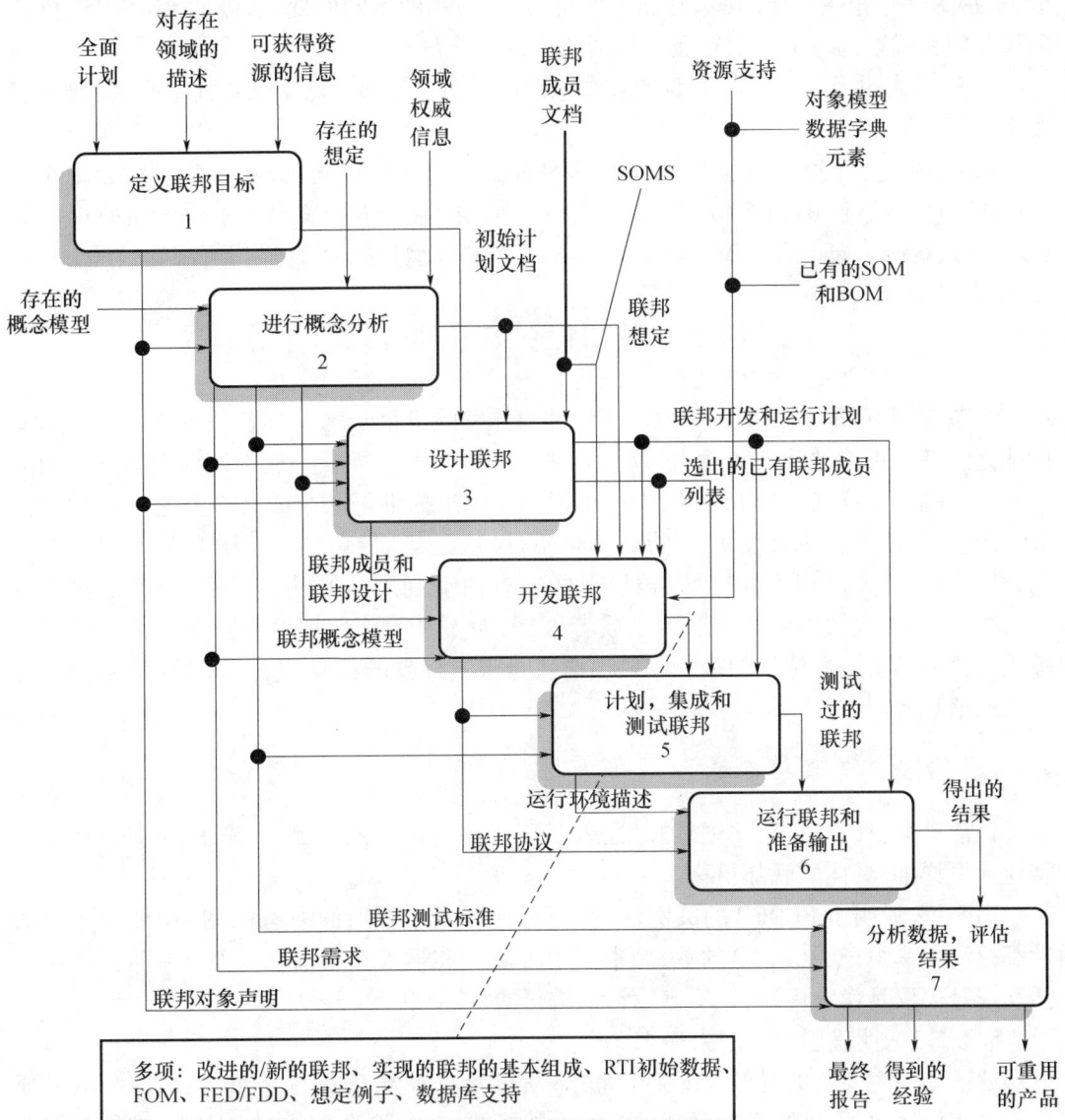

图 8 - 1　FEDEP 的详细视图

循环或并发的。FEDEP 的使用者应该明白,虽然 FEDEP 所描述的阶段适合于大多数 HLA 联邦的开发和运行,但用户还是可以修正或剪裁该过程以满足具体的应用需求。例如,使用者应不被 FEDEP 明确规定的联邦产品所限制,而是应该生成任何必要的支持应用的附加文档。FEDEP 应当被视为一种指导,一种用于开发联邦的特定方法和运行预期应用的参考。

FEDEP 对人员的需求也随联邦应用范围不同而变化。在某些情况下,需要几个人组成的紧凑团队在大规模复杂的联邦开发中充当一个角色,而在小规模应用中则可能一个人身兼数职。在 HLA 联邦里,可能的角色类型包括用户/赞助者、联邦管理者、技术专家、安全分析人员、校核验证和确认(VV&A)机构、功能领域的专家、联邦设计者、运行计划人员、联邦集成人员、联邦操作人员、成员代表和数据分析人员。某些角色(比如操作者)的作用只存在于过程中的一步,而其他一些角色的作用则贯穿于整个过程(如联邦管理者)。因为一个角色的作用(和它涵盖的行为)随应用的不同而变化,因此 FEDEP 所推荐的操作规程描述的行为只指定属于普通团队的个体角色。

图 8-1 提供了 FEDEP 模型的详细视图,阐明了表 8-2 定义的七步过程的信息关系。

FEDEP 作为一种活动过程,可采用多种描述方法进行描述,如功能建模综合定义语言(IDEF0)、数据流图(DFD)、项目评估与总结技术(PERT)图表、过程描述捕捉方法(IDEF3)、统一建模语言(UML)等。DMSO FEDEP 模型选择 DFD 进行可视化描述。

8.2　联邦设计与开发过程

本节介绍 IEEE Std 1516.3 中联邦设计与开发的 7 个步骤及其各个活动。每个活动的描述包括其可能的输入和输出,以及典型的任务列表。每个步骤中还提供活动之间的互相关系的图表描述。当 FEDEP 中一个活动的输出提供了一个或几个其它活动的主要输入时,箭头用来标识接受输入的活动。不过,这是建立在一个 FEDEP 的假定前提下的,即一旦一个产品产生,它可以被以后的所有活动利用。另外,一旦一个产品完成开发,这个产品可以被以后的活动修正或者更新,而不必明确地把这些认为一个任务或者输出。没有活动图号标签的输入和输出箭头是来自外界的信息或者在 FEDEP 范围之外使用的信息。

8.2.1　定义联邦目标

该活动的目的是定义并记录开发、运行 HLA 联邦的一系列目的、需求,并把这些需求转化为更详细、具体的联邦目标。

图 8-2 说明了 FEDEP 的关键活动。此图(以及本节后面所有的图)中的每一个活动都标注了一组记为(X.Y)的数,用来描述活动 Y 和第 X 步的关联关系。在这些图中的活动编号仅仅是作为标注,并不表示活动进行的实际顺序。

8.2.1.1　明确联邦发起人需求

此活动的主要目的是清晰地描述联邦发起者对将要开发、运行的联邦的一系列要求。这些描述包括:感兴趣的联邦关键特性的概要描述;逼真度的粗略需求;被仿真实体

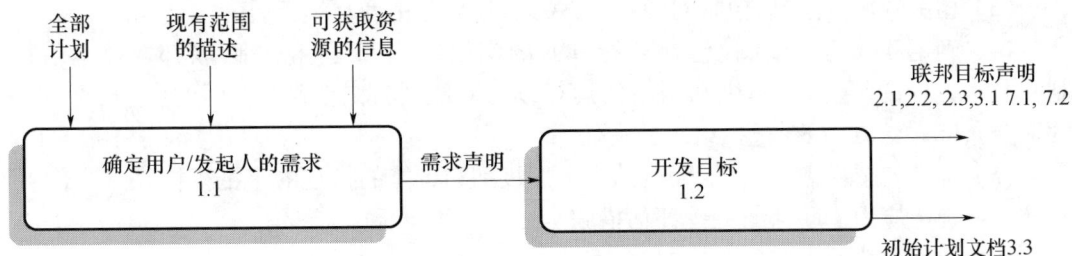

图 8-2 定义联邦目标(第 1 步)

的行为需求;联邦剧情中必须表示的关键事件;输出数据需求;可提供的支持联邦开发的资金、人力、工具、设施情况;日期、安全性能等限制条件。通常,在此 FEDEP 的早期阶段,应该尽可能考虑更多的细节和一些特别的信息。根据规范化的范围和程度的要求不同,需求的描述也大不相同。

联邦需求的明确描述对于联邦开发者之间的理解和交流至关重要。如果在 FEDEP 过程的早期不能对最终产品的需求达成一致的认识,将会导致高昂的返工代价。

这一阶段可能需要的输入包括(来自投资者的)全部的计划、现有的领域知识和可获得的资源信息。可能需要进行的工作包括:通过分析计划目标来确定驱动联邦开发和运行的特定要求和目标、确定可获取资源和已知的开发与运行限制,以及将以上列出的信息写入需求文档。可能的需求输出包括:联邦目标、确定的需求(如领域描述、感兴趣的关键系统的高层描述、逼真度的粗略需求、被仿真实体的行为需求)、联邦剧情中必须表示的关键事件、输出数据的需求、可提供的支持联邦开发的资源(如资金、人力、工具、设施情况)以及日期、安全性能等限制条件。

8.2.1.2 开发联邦目标

此活动的目的将联邦发起者的需求描述细化成更具体、可评估的联邦目标。联邦目标的描述是产生联邦需求的基础,也就是将联邦用户/发起人的期望转换为更加具体的、可衡量的联邦目标。这一步需要联邦用户/发起人和联邦开发团队之间的紧密合作来确保对初始需求描述的正确分析和解释,得到和需求声明保持一致的目标。

联邦可行性和风险的早期评估也应当在这一活动里完成。特别是某些目标可能由于客观的限制和约束不能达到(如费用、规划和可以动用的人员与设备),这些应尽早在联邦目标的声明里确定,并考虑适当的限制与约束。

最后,支持剧情开发的工具选择、概念分析、校核与验证(V&V),测试行为和管理配置等应当在本活动结束之前列出。这些决定是联邦开发团队基于可获得的工具、资金、给定应用程序的可用性和参与者的个人选择做出的。给定工具所具有的交换联邦数据的能力也是需要考虑的一个重要因素。

这一步的输入是需求描述。建议进行的工作包括:分析需求描述文档、估计联邦可行性与风险、对联邦目标进行提炼和划分优先次序并与需求描述文档保持一致、与联邦发起人讨论联邦目标来消除意见差异,以及确定可能用来支持计划的开发工具。

活动输出是联邦目标声明和初始计划文档,联邦目标声明的内容可能包括:

(1) 联邦目标优先级评估表;

(2) 联邦关键特性概要描述(可重复性、可移植性、时间管理方法、可获取性等);

（3）相关领域的限制,包括对象行为/关系,地理范围和环境条件;

（4）确定联邦运行限制,包括功能方面的(比如,联邦运行控制,联邦成员运行控制),技术方面的(包括计算机和网络的运行,联邦性能检测),经济方面的(包括可获得的资金),和政治方面的(包括组织的责任);

（5）确定安全性需求,包括大概的安全性级别和可能的指定的审批机构;

（6）确定应用于联邦的关键评估措施。

初始计划文档的内容包括:

（1）联邦开发的大致进度安排和里程碑计划;

（2）需要的设备,设施和数据的评估需求;

（3）联邦 VV&A、测试、管理配置和安全性的初始计划文档。

8.2.2　开发联邦概念模型

该活动的目的是通过开发联邦剧情,建立联邦问题空间所涉及的真实世界域的适当描述。包括开发剧情、开发联邦概念模型和开发联邦需求三项活动,如图 8 – 3 所示。

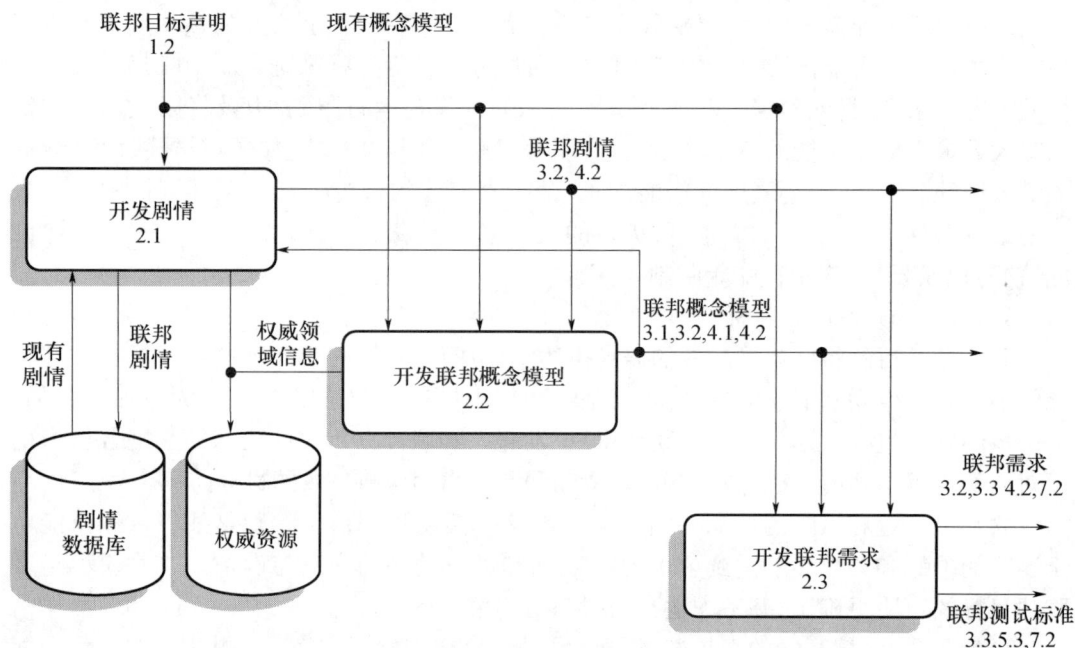

图 8 – 3　开发联邦概念模型(第2步)

8.2.2.1　剧情开发

该活动的目的是描述联邦剧情。根据联邦需求,联邦剧情可能包括多重剧情,每个剧情由带有时序的一些事件和行为组成。这一步的输入是第一步联邦目标声明中确定的领域范围,已有的剧情数据库也可提供可重用剧情作为活动的起点。在构造剧情前,应当确定用来描述主要实体和它们能力、行为以及联系的正确、权威资源。联邦剧情包括联邦必须描述的主要实体的类型和编号,实体的能力、行为,主要实体之间与时间相关的联系的功能性描述,相关环境条件(将影响联邦中的实体或者被实体影响)。联邦剧情还应当提供初始条件(如物理对象的地理位置)、终止条件和明确的地理区域。这个阶段的产品为概念模型阶段的工作界定一个范围。

剧情的描述方式由联邦开发者决定。文本格式、事件追踪图以及物理对象和通信路径的图形化表示都是描述剧情信息的有效手段。使用剧情开发软件工具可以通过配置来生成这些形式的剧情描述。重用已有的剧情数据库可以提高开发剧情的效率。

这个阶段可能的输入有:联邦对象声明、已有的剧情、联邦概念模型、权威的领域信息。

这一步可能的任务包括:选择合适的工具/技术来开发剧情和使剧情文档化;使用权威的领域信息来确定需要在联邦剧情里描述的实体、行为和事件;定义一个或者多个联邦事件的具有代表性的简略描述,使得联邦运行时,能够产生达到联邦目标所必需的数据;定义感兴趣的地理区域、环境条件;定义联邦剧情的初始条件和终止条件;确保选择了适当的剧情,或者如果需要开发新的剧情信息,确保新剧情能为联邦发起人接受。

这个阶段的输出是联邦剧情,包括:联邦必须表达的主要实体/对象的类型和编号;实体/对象能力、行为和联系的描述;事件类别、地理区域、自然环境条件;初始条件、终止条件。

8.2.2.2 进行概念性分析

该活动的目的是开发独立于具体联邦实现的联邦概念模型(FCM),将联邦目标信息转化为功能和行为性的活动,为联邦目标到联邦实现的设计提供依据。

从面向对象(OO)的设计角度看,FCM 类似于传统的对象模型。它基于联邦剧情确定联邦对象,以及这些对象之间的静态(如 is－a 或 part－whole 等)和动态关系(如对象之间的交互关系及其随时间变化特性、触发条件等),确定每一个对象类的行为特性(如属性、交互参数等)。在 FCM 的开发过程中,CMMS(任务空间概念模型)、OML(对象模型库)和 HLA OMDD(对象模型数据字典)等是重要的重用资源。

在这个阶段里,联邦开发团队基于他们对用户需求和联邦目标的理解,对问题空间进行概念表示。FCM 提供一个和具体实现无关的问题空间描述,把联邦目标转换为系统和软件设计者可以接受的功能和行为描述。FCM 也提供一个重要的从联邦目标陈述到最后设计实现之间的可追踪性联系。FCM 能够被用作许多联邦设计和开发行为的基础,也能够突显在联邦开发过程早期校核时可修正的问题。

FCM 最初作为在联邦里用来达到所有联邦目标而需要进行的实体和行为描述的起点。这时,实体与行动的描述和联邦中将使用的仿真应用无关。FCM 也包括假设和有限的说明列表。在 FEDEP 的后面几步,FCM 转换为适于联邦设计的参考产品。

FCM 开发的关键在于确定实体之间静态和动态的关系,确定每个实体算法方面的行为和转换。静态关系能够可表示为普通的关系,或者更明确的关系类型,比如泛化关系("A 是 B"关系)或者集合关系("A 是 B 的一部分"关系)。动态关系应当包括(如果适合的话)有时序关系的、带有触发条件的实体交互顺序。实体属性和交互参数也尽量在早期阶段确定。虽然一个概念模型能够使用不同的符号进行描述,但它必须能够揭示真实世界领域的问题本质。

在下一步(设计联邦)前,FCM 需要仔细评估。包括回顾关键过程和事件来向用户/

发起人确保 FCM 的描述足够充分。最初的联邦对象和 FCM 的修订能够被作为反馈结果提炼和实现。随着 FCM 的发展,它从一个真实世界领域的普通描述通过成员和可获得资源的限制转换为能力更清晰的联邦。FCM 为以后许多开发阶段比如选择联邦成员、联邦设计、实现、测试、评估和验证提供基础性的工作。

这个阶段可能的输入包括如下:联邦对象声明、权威的领域信息、联邦剧情和已有的概念模型。

建议进行的工作包括:选择适当的 FCM 开发及文档化技术和方式;对感兴趣的领域,确定和描述所有相关实体;定义联邦实体之间的静态和动态联系;确定领域内感兴趣的事件,包括时序关系;对 FCM 和相关决定文档化;和联邦发起人一起检验概念模型的内容。

这个阶段输出是联邦概念模型 FCM。

8.2.2.3 开发联邦需求

该活动的目的是基于联邦目标,在联邦概念模型的基础上,定义一系列详细的、可直接评估的和对联邦实现具有指导作用的联邦需求。

FCM 开发以后,需要产生一套详尽的联邦需求描述。这些基于最初的联邦目标(第一步)所产生的需求,应当是可测试的,并可作为设计和开发联邦的指南。联邦需求应当考虑所有联邦用户特定的运行管理需求,如联邦运行控制、成员或联邦监测、联邦数据采集等,这些需求会影响 8.2.2.1 阶段开发的剧情。联邦需求也应当明确列出逼真度问题,这样逼真度需求能够在成员选择时被考虑。另外,任何联邦编程或者技术上的限制应当被足够详细地提炼和描述以指导联邦实现。

这个阶段可能的输入有:联邦目标声明、联邦剧情和联邦概念模型。

这个阶段的任务包括:定义联邦实体的行为需求和联邦事件的特征需求;定义已有的、实际的和建设性的联邦需求;定义人或硬件的需求;定义联邦评估需求;定义时间管理需求(实时、超实时或欠实时);定义主机和网络硬件需求;定义软件支持需求;定义硬件、网络、数据和软件的安全性需求;定义联邦输出需求,包括数据采集和数据分析需求;定义运行管理需求;确保联邦需求清晰、唯一和可测试;确保联邦需求和联邦目标、联邦对象、联邦剧情与联邦概念模型的相容性;对所有联邦需求文档化。

这个阶段输出包括:联邦需求和联邦测试标准。

8.2.3 设计联邦

该活动的目的是鉴别、评估并选定成员,为它们分配功能;制定联邦开发和实现的详细计划。该步骤包括三个活动,如图 8-4 所示。

8.2.3.1 选择成员

该活动的目的是评估现有各个仿真应用成为联邦成员的合适程度。主要通过考察仿真应用对 FCM 中确定的对象、活动和交互等表示能力,同时考虑管理因素(如可得性、安全和设备设施等)、技术因素(如 VV&A 状况、移植性等)来决定。从重用的角度看,一是评估现有的、相似的 FOM 重用于该联邦的可能性;另一是决定单个仿真应用成为成员的合适程度。可以利用 OML 提供的搜索、浏览功能来帮助完成工作。用户指定的仿真应用往往必须采用。

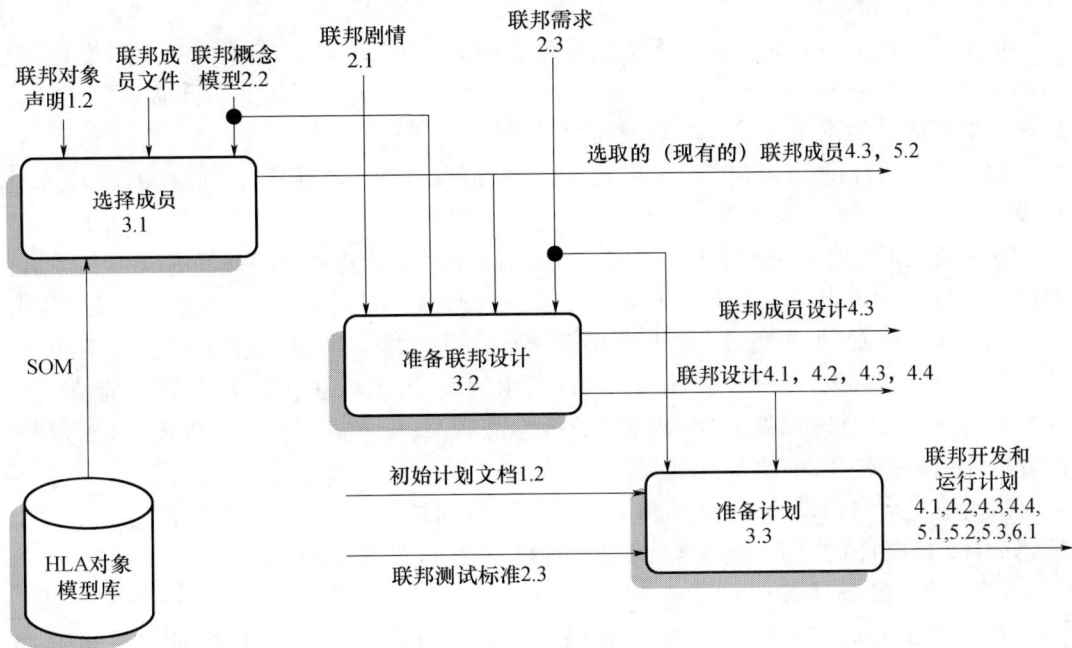

图 8 - 4　设计联邦(第 3 步)

　　这个阶段可能的输入包括：联邦目标、联邦概念模型和成员文档(包括仿真对象模型,即 SOM)。

　　这个阶段可能的任务包括：为成员的选择定义标准;确定是否存在可重用的、符合或部分符合联邦需求联邦;确定供选择的成员,包括预先确定的联邦参与者;分析每个供选择的成员的能力,看是否能表达需要的联邦实体/对象和事件;参照选择的成员和资源的可获取性回顾联邦要求和目标;文档化成员选择的基本原则。

　　这一步输出是所选择的联邦成员列表,包括文档化的成员选择原则。

8.2.3.2　联邦设计准备

　　该活动的目的是基于选定的成员,为每个成员分配表示 FCM 中规定的实体和行为的责任,同时考察一些技术问题,如时间管理、联邦管理、运行性能、实现方法等,为制定联邦运行计划做准备。

　　如果所有成员已经选定,本阶段就是准备联邦设计和基于联邦概念模型分配成员表达实体和行为的责任。这个阶段需要评估所选择的成员是否提供了所有需要的功能。成员功能分派活动的附带产品是可以描述联邦概念模型的额外设计信息。

　　一旦对成员的功能分配达成了一致,就需要权衡各种不同的适宜于联邦设计和实现的方案。这些方案中的主要内容是早期的运行规划,还包括诸如时间管理、联邦管理、结构设计、运行时间性能和可能的实现方法等技术问题方案。在这个阶段里,联邦概念模型被用来作为沟通手段以确保用户特定领域的需求被正确地转换成为联邦设计。高层联邦设计策略(如建模方法和工具的选择)则可根据成员的选择而重新确定。当对先前的联邦进行修正或扩充的时候,新的成员必须遵守所有先前的联邦协定,并重新考虑相关技术问题后做出的协调。初始的安全风险评估和操作概念可以在此阶段提炼出来,从而明确安全级别和操作模式。

如果已有成员不能完全满足所有的联邦需求,需要对联邦进行适当的重新设计,包括增加选择一个或多个的成员,或可能设计一个全新的成员。联邦开发团队必须在设计选择中平衡成员的重用需求和时间/资源的限制。

这个阶段可能的输入包括:联邦概念模型、联邦剧情、联邦需求、选择的联邦成员列表。

这一阶段的任务有:分析选择的成员,确定最好地提供需要的功能和逼真度的成员;对选择成员分派功能和确定是否需要对成员进行修改,是否需要开发新成员;提出成员修正和新成员开发(如果需要)的设计需求;确保早期的联邦协定和选择的成员不冲突;评估可选择的联邦设计,确定最佳表达联邦需求的设计;进行联邦结构的设计;定义支撑的数据库设计;评估联邦性能,确定是否符合性能需求;如果需要,分析、提炼初始的安全性分析评估和操作概念;文档化联邦设计。

活动输出是联邦设计,包括:联邦成员责任、联邦结构(包括支撑结构设计)、支撑工具(如 RTI,性能评估设备,网络监测)、成员修正或新成员开发的要求。

8.2.3.3 准备计划

该活动的目的是开发一个协作计划以指导联邦的开发、测试和运行,包括每个成员开发的特定任务及其完成日期、里程碑、软件支持工具(如 RTI 版本、联邦运行、CASE、系统配置管理、VV&A 和测试等工具)。该计划的制定需要联邦开发者的密切合作,达成一致意见。

这个阶段的输入包括:初始计划文档、联邦需求、联邦设计和联邦测试标准。

这个阶段的任务包括:提炼和扩充初始联邦开发和运行计划,包括特定的任务和每个联邦的里程碑;确定需要的联邦约定和计划采取的安全措施;开发集成联邦的方法和计划;修订(必需的)VV&A 和测试的计划;对数据采集,管理和分析计划最后定稿;完成对支撑工具的选择,建立开发、获取和安装这些工具的计划;开发建立和管理基线设置的计划和程序;将联邦需求转换为联邦运行和管理的计划;如果需要,准备试验设计。

这个阶段的输出是联邦开发和运行计划,包括:联邦时间表(包括详尽任务和里程碑)、集成计划、VV&A 计划、测试和评估计划、安全性计划、数据准备计划和管理配置计划。确定需要的支撑工具。

8.2.4 开发联邦

这一步的目的是开发联邦对象模型(FOM);必要时修改成员;为联邦集成与测试做准备(如数据库开发、安全特性的实现等)。该步骤包括三个活动,如图 8-5 所示。

8.2.4.1 开发 FOM

该活动的目的是支持成员之间的数据交换以实现联邦目标。

大型的 HLA 联邦的成员可能地理位置分散,需由不同的开发人员进行开发,因此它们之间的信息交换的协定即 FOM 的开发非常重要。开发 FOM 的方法通常有以下几种方法:

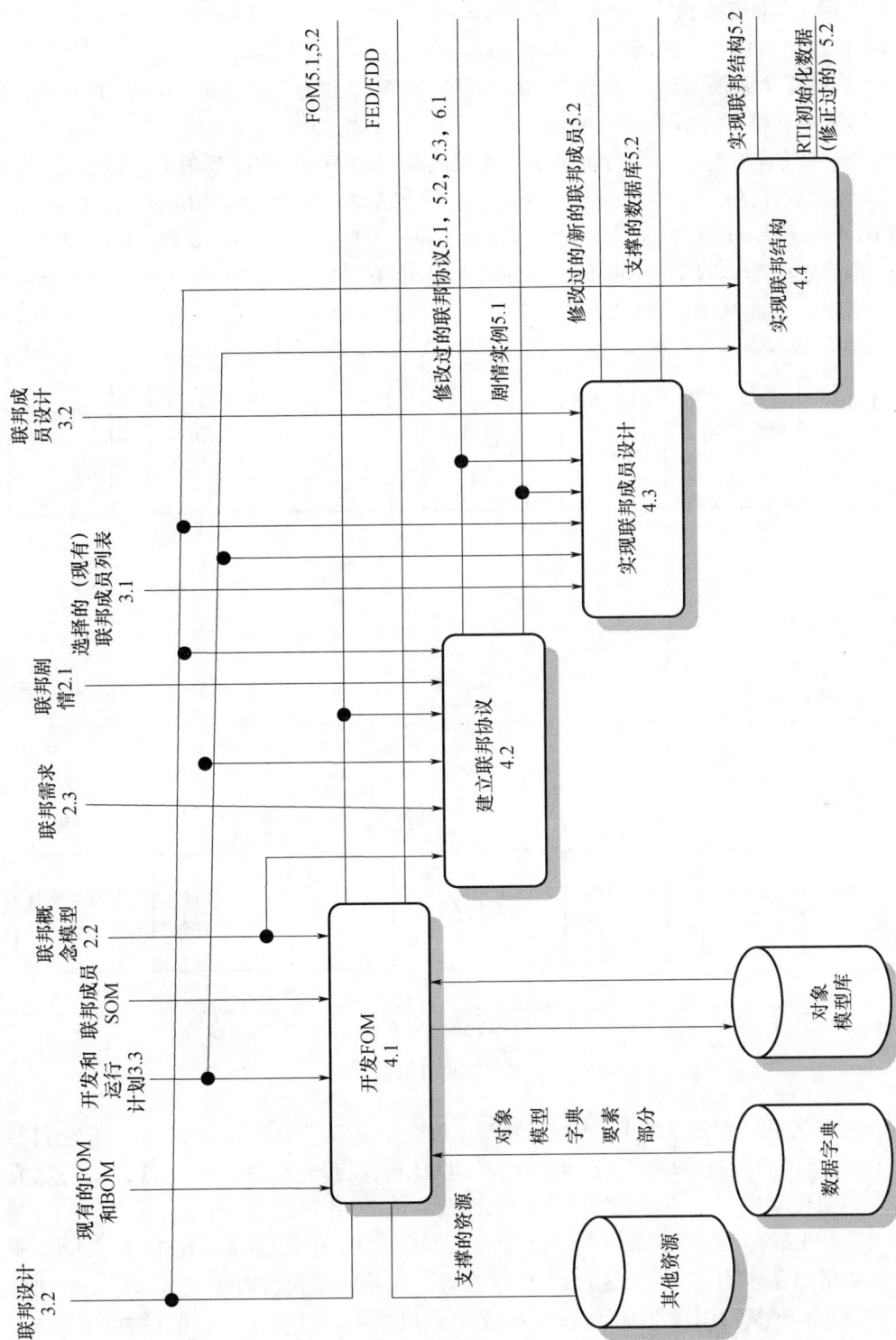

图8-5　开发联邦（第4步）

联邦设计 3.2

现有的FOM 和BOM

开发和 运行 计划3.3

联邦成员 SOM

联邦概 念模型 2.2

联邦需求 2.3

联邦剧 情2.1

选择的（现有） 联邦成员列表 3.1

联邦成 员设计 3.2

FOM5.1.5.2

FED/FDD

修改过的联邦协议5.1, 5.2, 5.3, 6.1

剧情实例5.1

修改过的/新的联邦成员5.2

支撑的数据库5.2

实现联邦结构5.2

RTI 初始化数据 （修正过的）5.2

实现联邦结构 4.4

实现联邦成员设计 4.3

建立联邦协议 4.2

开发FOM 4.1

对象 模型 字典 要素 部分

支撑的资源

对象 模型库

数据字典

其他资源

243

（1）利用对象模型数据字典（OMDD）、联邦剧情（Senario）及联邦概念模型（FCM），采用"自底向上"的方法构造，具体过程如图 8 - 6 所示。

（2）合并所有参与成员的 SOM，同时删除那些不必要的内容。

（3）选择某个跟所需建立的 FOM 最相近的 SOM，以此为基础删除不必要的内容，再把其他 SOM 中必需的内容合并进来。

（4）选择以前与现在开发的联邦功能类似的联邦的 FOM，在此基础上进行修改。

（5）根据联邦的应用类型，选择一个已经定义好的参考模型，如 RPR FOM（指导转换 DIS 到 HLA 的参考 FOM 模型），C2 IPT FOM（指导开发联合演习仿真系统和 C4I 系统集成的参考 FOM 模型）；T&E Application FOM（指导用于系统测试和评估的联邦系统的参考 FOM 模型），在此基础上进行修改。

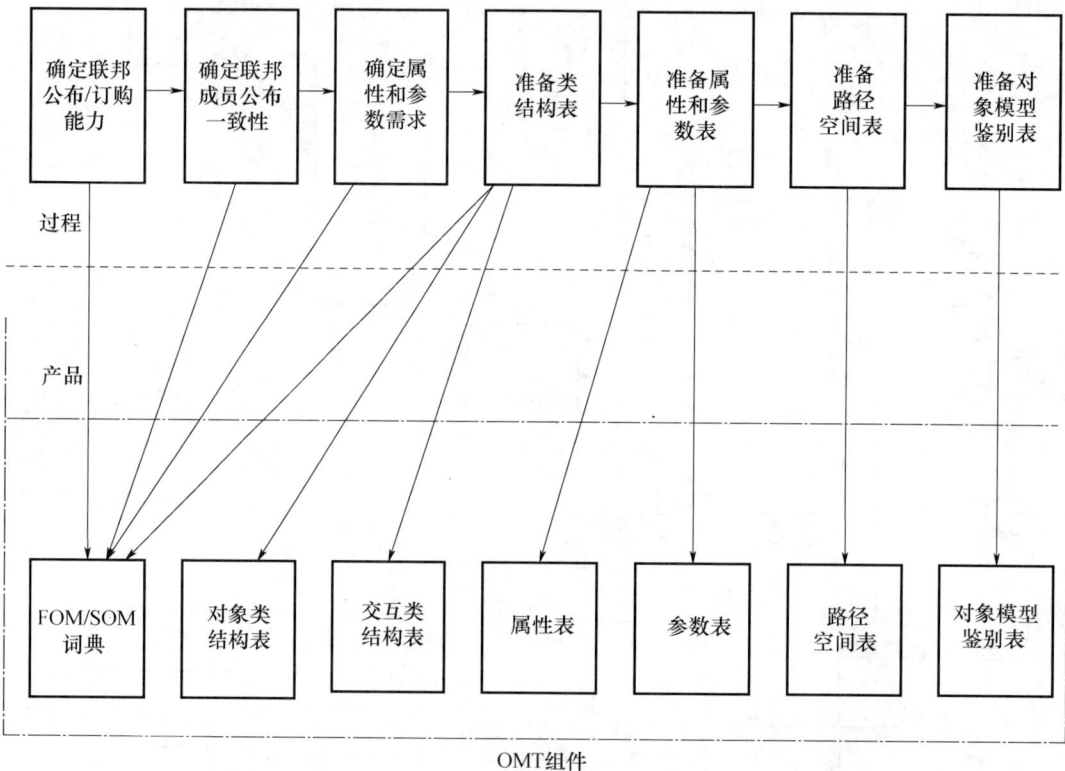

图 8 - 6　HLA 对象开发过程

后四种方法是更有效率的 FOM 开发策略（与完全从零开始开发相比而言），它们都需要在 HLA 对象开发过程中进行适当的裁剪和利用。联邦安全性维护人员必须清楚成员的仿真对象模型中每一项相关的分类信息以及并入 FOM 时的意义。

可以利用 HLA 对象模型库和自动化工具来促进 FOM 开发过程。另外，对象模型库提供可重用的对象模型，作为开发新 FOM 的基础。这些库也包含对象模型"块"（比如单个对象类，整个 BOM），用在 FOM 构建或扩充中充当模块。自动化工具能够被用来修正或扩充一个存在的 FOM 或者建立一个全新的 FOM。这些工具提供的特色功能有一致性检查、语法检查、联邦运行数据（FED）生成、FOM 文档数据（FDD）和在线用户手册产生。

这个阶段的输入包括联邦设计、成员 SOM、联邦开发和运行计划、对象模型数据字典元素、已有的 FOM 和 BOM、支撑的资源(OM 开发工具、OM 库、对象模型数据字典等等)、联邦概念模型。

这个阶段的任务包括选择 FOM 开发方法;确定可重用的 OM 或 OM 中的子集;应用数据字典来确定相关 OM 属性;用合适的工具开发和文档化 FOM;校验 FOM 和联邦概念模型保持一致。

这一阶段的输出包括 FOM 和 FED/FDD。

8.2.4.2　建立联邦协定

FOM 虽然记录了成员之间必须交换的数据以达到联邦目标,但成员之间还必须达成一些不必记录在 FOM 中的协定,这些协定对于建立一个完全一致的、可互操作的分布仿真环境是十分必要的。实际上联邦协定在 FEDEP 早期过程中即开始建立并且包含在每一步中,但没有形成一套完整的正式协定文档。在这一步,联邦开发者需要仔细考虑需要什么额外协定并且如何文档化。协定需要达到的目标包括:

(1) 成员开发者必须以联邦概念模型为标准,对所有联邦对象的行为特性及这些对象之间的交互随时间变化特性的理解达到完全一致,并转化为对所选定的成员软件的具体修改要求。

(2) 联邦运行过程中的公用支撑资源如数据库、算法等必须相同(至少保证一致),以保证各成员之间各种交互的有效性。如为了保证不同成员的对象之间的交互和行为特性具有真实感,被仿真的环境特征和现象在整个联邦范围内必须一致。

(3) 一旦确定了支持联邦的各种权威数据资源(ADS),就可以利用这些数据把功能性描述的联邦剧情(FSS)转化为一个可执行的剧情实例。依据该剧情实例,可以直接对联邦进行测试或驱动联邦运行。

(4) 涉及各成员的一些操作问题必须提出来并加以解决,如为了保证对联邦进行合适的操作,必须对联邦的初始化程序、同步点、保存/恢复政策等做出若干规定。

联邦开发者必须了解某些协定可能需要 FEDEP 之外其他过程和活动的支持。例如,使用和修订某些成员,需要建立成员之间或用户/发起人与受到影响的成员之间的约定活动。即使不需要约定活动,成员之间也需要正式的协定。另外,需要处理保密数据的联邦一般都需要建立安全协定。外部过程中的每一个活动都可能在资源和时间限制方面影响联邦的开发和运行,应当尽早考虑进工程计划中。

这一活动的输入包括联邦剧情、联邦概念模型、联邦设计、联邦开发和运行计划、联邦需求和 FOM。

这一活动的任务包括确定每个联邦对象的行为和他们在运行中如何互相影响;对选择的成员确定必要的软件修订方式;确保数据库和算法保持一致性;为成员和联邦数据库确定权威数据源;建立所有成员和联邦需要的数据库;确定联邦中的时间管理、建立联邦同步点和建立联邦初始化程序;确定联邦如何保存和恢复的策略;确定如何在联邦中分布数据;将功能性的剧情描述转换为可执行的剧情实例;回顾安全协定,建立安全程序。

这一活动的输出是联邦协定和剧情实例。联邦协定包括安全程序协定、时间管理协定、数据管理和分布协定、定义的同步点、定义的联邦初始化程序、联邦存储/恢复策略、支撑数据库和算法的协定、权威数据源的协定以及公布和订购责任的协定。

8.2.4.3 实现成员的修改

该活动的目的是对成员进行各种必需的修改,以便保证它们能依据联邦概念模型完成分配给它们的各种联邦对象及其行为特性的描述功能,能依据 FOM 产生联邦数据并与其他成员交换联邦数据,能遵守建立的联邦协定。

修改涉及成员的内部,以便它能完成分配给它的功能;也可能是修改或扩展成员的 HLA 接口,以便它能支持新的 FOM 数据结构或 HLA 服务。在某些情况下(如非 HLA 兼容的成员)甚至需要为成员开发 HLA 接口(此时,既需考虑资源(如时间、费用等)限制,先满足目前的应用,也要考虑长远的重用问题(如选择最佳的方案,为今后的完整实现留有余地))。

这个阶段的输入包括:联邦开发和运行计划、选取的联邦(存在的)列表、成员设计、联邦设计、联邦协定、剧情实例。

这个阶段的任务包括:实现成员的修正来支持分配的功能;实现所有 HLA 联邦成员接口的修正和扩充;为 HLA 不兼容成员开发接口;实现的新成员设计;如果需要,完成 HLA 一致性证明。

这一活动的输出包括修订过的或者新的成员以及关联的支撑数据库。

8.2.5 集成和测试联邦

该活动的目的是计划联邦的运行,建立成员之间所有必需的互联,并在联邦正式运行前测试联邦。该步骤包括三个活动,如图 8 - 7 所示。

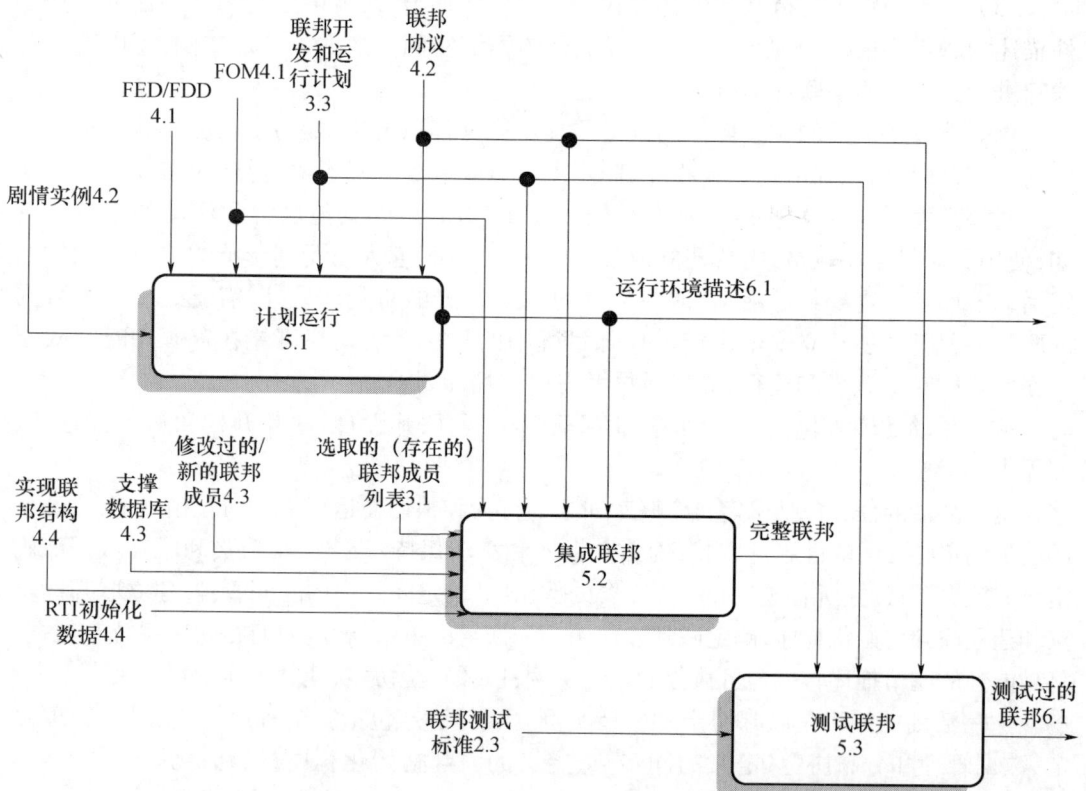

图 8 - 7 计划、集成和测试联邦(第 5 步)

8.2.5.1　运行计划

该活动的目的是定义并开发支持联邦运行所需的所有信息。

该活动应充分描述联邦运行环境和开发运行计划。例如,成员/联邦的性能需求、联邦中采用的主机与操作系统、重要的网络特征等都应当在此时被文档化描述。由 FOM和相关的 FED/FDD 保存的完整信息是联邦集成和测试阶段的必要基础。其他任务还有:完善测试和 VV&A 计划,完成安全性测试和评估计划的开发。后者需要检查联邦开发至今的安全性工作完成情况,以及最后确定安全性设计的技术细节(比如,信息降密规则等)。运行计划是联邦必需文档的一个重要组成部分。

操作计划是这个阶段的关键部分。操作计划应当描述每次运行时包含哪些支撑和操作的角色,应对每次运行和运行前必需的准备工作列出详细的时间表。对联邦支持人员和操作人员的训练与预演应当给出必要的规定。开始、引导和结束每次运行的特定程序应当被文档化。

这个阶段的输入包括 FOM、FED/FDD、剧情实例、联邦协定、联邦开发和运行计划。

这个阶段的任务包括在 VV&A、测试和安全性方面进行必需的提炼并扩充联邦开发和运行计划;分派联邦组件到合适的运行环境;确定风险和采取行动减少风险;文档化所有联邦运行相关的信息,开发详细的运行计划。

这一阶段的输出是联邦运行环境的描述。

8.2.5.2　联邦集成

该活动的目的是把所有的联邦参与单元联合成一个统一的操作环境。依据联邦开发计划中指定的联邦互连方法,根据联邦剧情实例提供的有关联邦集成的上下文指导,实现硬件互连,并安装相应的软件。

因为广域网/局域网的问题常常难以诊断和改正,广域网/局域网的连接应当首先建立,特别是涉及连接安全的时候。联邦开发计划指定了这一步使用的联邦集成的方法,并且联邦剧情实例为集成活动提供了必要的上下文指导。

联邦集成通常和联邦测试紧密结合执行。反复的"测试 - 修改—测试"方法在实际应用中广泛采用并且已经被证明是行之有效的。

这一阶段的输入包括联邦开发和运行计划、运行环境描述、联邦协定、FOM、RTI 初始化数据、成员(包括已有的、修订的和/或新开发的成员)、实现的联邦结构和支撑数据库。

这个阶段的任务包括:确保所有的成员软件正确地安装和互联;按照计划执行增量式的联邦集成;明确处理已知软件问题的方法。

这个阶段的输出是完整的联邦。

8.2.5.3　联邦测试

该活动的目的是将所有的联邦参与者作为一个逻辑统一的运行环境,测试各成员互操作的程度是否达到了联邦目标要求。HLA 应用有如下三种级别的测试:

(1)成员测试:分别测试各个成员,以保证其软件正确实现了 HLA FOM 及其他一些联邦操作协定所规定的要求;

(2)集成测试:将联邦作为一个整体,测试其互操作性的基本水平,主要观察各个成员与 RTI 之间是否正确交互和按 FOM 规定交换数据的能力;

（3）联邦测试：测试联邦互操作的程度是否达到联邦目标，观察成员之间的交互能力是否达到剧情规定和逼真度要求，同时验证安全性能。

此阶段是一个调试完善的过程，工程上常常采用"测试－修改－测试"的方法，直至可转入正式运行阶段。

测试的程序和执行过程必须在联邦开发者中达成协议，并形成正式的测试文档，同时制定数据收集计划，保证测试阶段能精确收集并存储支持联邦目标的数据。测试阶段可以利用 MOM 提供有关 RTI、各成员及整个联邦的运行情况。

这一阶段期望的输出是集成过、测试过、验证过和确认过的联邦，说明联邦运行可以开始。如果早期测试和验证发现了联邦集成和确认的问题，成员或者联邦开发者必须采取必要的修正手段。在很多情况下，这些修正手段只需要相对较小的软件改动，或者对 FOM 做相对较小的改动。然而，测试也可能发现严重的软件、互操作性或有效性方面的问题。在这种情况下，需要根据它们相关的耗费和时间（包括安全性和 VV&A 意义）来确定修正措施，而且应当在修正措施实施之前和联邦用户/发起人进行讨论。

最后，如果一个成员已经修改了它的 HLA 接口以符合联邦需要，它必须进行 HLA 一致性测试。

这一阶段的输入包括联邦开发和运行计划、联邦协定、运行环境描述、完整的联邦和联邦测试标准。

这个阶段的任务包括进行成员测试；进行联邦连接和互操作性测试；分析测试结果（与测试标准比较）；和联邦用户一起检查测试结果。

这个阶段的输出是测试过的联邦，包括成员测试数据、测试过的联邦、联邦测试数据和修正的行为。

8.2.6　运行联邦并准备结果

该步的目的是运行联邦并处理联邦运行的输出数据，报告结果并存储可重用的联邦产品。该步骤包括两个活动，如图 8－8 所示。

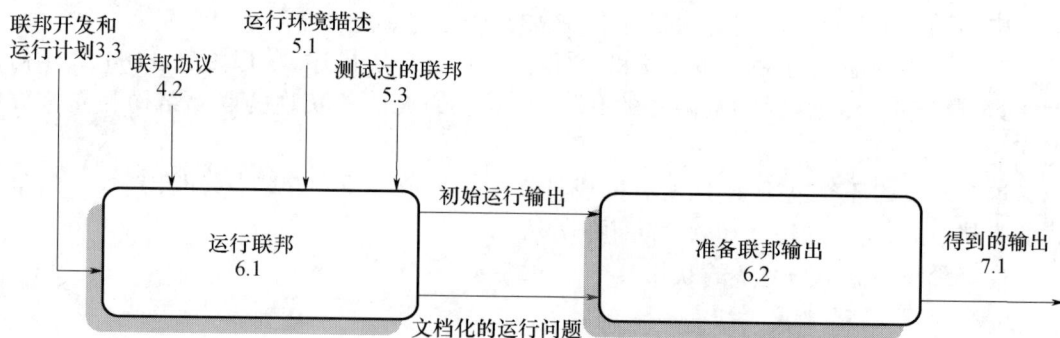

图 8－8　运行联邦与准备输出（第 6 步）

8.2.6.1　运行联邦

此阶段的目的是让所有的联邦参与者作为一个联邦整体参与演练，产生所需要的结果，从而达到联邦开发运行的目标。这一步开始前，联邦必需已经测试成功。

除了以协作方式运行联邦外，还要进行联邦运行管理和数据收集活动。其中运行管理包括通过专用工具软件控制和监测联邦运行,运行监测既可以在硬件一级进行(如 CPU 使用情况,网络负荷等),又可对各个成员软件的运行或整个联邦的运行进行监测;数据收集的重点是所需的输出数据、其他有助于评估联邦运行有效性的数据和支持联邦重演的数据。数据可以通过成员内部的数据库存储,或通过专用的数据收集软件工具直接通过 RTI 收集。

为了保证联邦的可靠性,必须在运行时注意联邦安全的状态。概念清晰的操作、充分训练过的安全性维护人员和严格的配置管理有助于这个过程。对明确配置的成员同意授权操作是很重要的。任何对成员或联邦组成的改变都需要重做安全性检查,并进行部分或者全部的安全性测试。

这一阶段的输入包括测试过的联邦、联邦开发和运行计划、联邦协定和运行环境描述。

这个阶段的任务包括进行确认的运行和收集数据;运行管理与联邦开发和运行计划保持一致;对运行中发现的问题文档化;确保延续的安全性操作及其证明与确认的决策和需求保持一致。

这个阶段的输出包括原始的运行输出数据、文档化运行问题。

8.2.6.2　准备联邦输出

此活动的目的是在第 7 步的正式分析数据之前预处理联邦运行采集的输出数据,包含使用数据过滤技术来减少要分析的数据量和将数据转换为特定的格式。如果数据是从很多来源获取的,需要使用数据融合技术进行融合。应当检测数据和采取适当的措施来处理丢失和错误的数据。

这一阶段的输入包括:原始运行输出数据、文档化的运行问题。

这一阶段的任务包括:融合多种来源的数据;减少/转换原始数据;检测数据,检查数据的完全性和可能的错误。

8.2.7　分析数据和评价结果

这一步的目的是分析和评价上一步得到的数据,并且把结果回馈给用户/发起人。为了确保联邦完全满足用户/发起人的需要,这个评价是必需的。结果反馈给用户后,用户可以判断联邦目标是已经达到了,还是需要进一步的工作。在后一种情况里,需要重复 FEDEP 中的几步来对联邦产品做一些修正。图 8-9 表明了 FEDEP 中这一步的关键阶段。

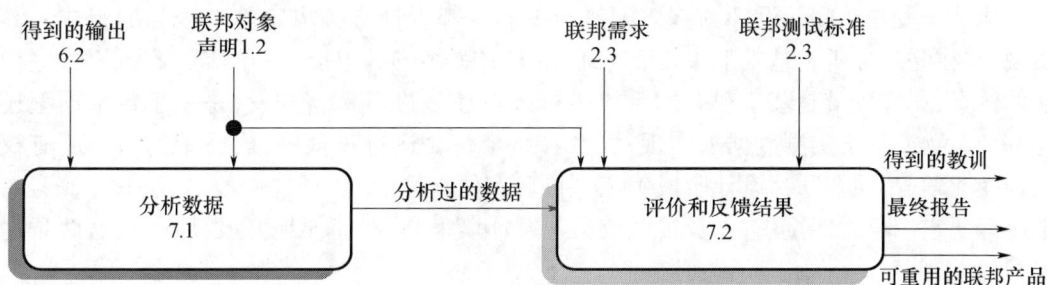

图 8-9　分析数据和评估结果(第 7 步)

8.2.7.1　分析数据

这个阶段的主要目的是分析第 6 步得到的输出。输出的数据可能是多种媒体形式的(如数字、视频、音频),需要合适的工具和方法来进行分析。这些工具可以是商业性的,或政府部门普遍使用的,或为特定联邦专门开发的。除了数据分析外,这一步还包括给联邦运行定义合适的"成功/失败"评价标准和定义合适的格式来提供结果给用户/发起人。

这个阶段中的输入包括联邦运行输出和联邦目标声明。推荐的任务包括:选择数据分析工具;定义适当的表达格式;用选定的格式准备数据。活动输出是分析过的数据。

8.2.7.2　评价和反馈结果

这一阶段的目的是确定联邦是否已经达到和是否得到了可重用的联邦产品。第一个工作是评估前一阶段中导出的结果,以确定是否所有的联邦目标都已满足。这需要将运行结果与可评估的联邦需求集合对照,该需求集合最初产生于概念分析(第 2 步)并在后来的几步中得到逐步细化。该工作也包括按照联邦测试标准来评价结果。在绝大多数例子中,任何妨碍满足联邦需求的缺陷都已经在早期的联邦开发和集成阶段确定和解决了。这样,对于设计良好的联邦,这项工作只是一个最终的检查,在那些少数到这一阶段还没有完全达到联邦目标的例子里,必须确定和实现修正行为。这就必需返回到 FEDEP 的前几步过程中以重新产生联邦结果。

假设所有的联邦目标都达到了,该阶段的第二个工作是将所有可重用的联邦产品储存到合适的档案文件中,其目的是为了使产品能够被广泛地重用。这一步至少要存储 FOM 和修改的 SOM。其他可以重用的联邦产品还有联邦想定和联邦概念模型。实际上,在一些实例中几乎全部联邦产品对新的联邦开发和运行都是有价值的。联邦开发团队应仔细辨识和确定哪一个联邦产品在未来应用中可能会重用。

这个阶段的输入包括经过分析的数据、联邦目标声明、联邦需求和联邦测试标准。

这个阶段的工作包括确定是否达到所有的联邦目标;如果找到不足,采取适当的纠正措施。

这个阶段的输出包括最终的报告,得到的教训,可重用的联邦产品。

8.3　成员设计与开发

成员开发是在联邦设计的基础上进行的。联邦设计直接决定整个联邦的组成及其实现,它在联邦分析的基础上决定整个联邦该由哪些成员组成,各个成员该承担哪些功能的仿真,这些成员是基于现有的系统进行改造还是进行重新开发,是基于数学模型还是基于实物或基于实测数据来实现,以及在整个仿真运行过程中,成员中的对象所有权的转换问题,都须在联邦设计阶段确定。将现有仿真系统/仿真应用改造成 HLA 兼容的系统以便它们今后能重用,以及提供成员开发环境来高效、简便地开发新成员,这两条途径同样重要。

第一种途径中,现有的系统可分为 HLA 兼容的和非 HLA 兼容的两种,后者需将现有的系统改造成 HLA 兼容的,常常采用封装方式。第二种途径,可分为纯软件实现和人在回路或硬件在回路的实现。目前纯软件成员的开发有四种主要方式：直接开发、基于成员框架自动生成工具的开发、基于组件的成员开发、基于商用仿真软件成员开发等。无论什么方式，作为 HLA 成员的软件接口实现是类似的。

8.3.1　成员流程设计

HLA 中采用了面向对象的建模思想，将客观世界的实体抽象为对象，对象中包含若干个属性；将对象之间的相互作用抽象为交互，每个交互含有若干个参数。成员之间的信息交换就是通过对象和交互的形式进行的。

用户在开发成员的过程中，一方面是对实际要仿真的实体模型进行建模，并设计其仿真流程，主要围绕实现成员的内部功能设计展开；另一方面是为成员设计 SOM，并确定联邦执行数据。通常情况下实体模型的开发工作量要远大于交互模型，它的开发往往需要借助于各个领域的模型设计开发工具。成员通过调用 RTI 接口函数，将 HLA 交互模型与实体模型相结合，实现 SOM 中定义的仿真功能。

HLA 交互模型描述系统中各实体间的交互作用，是 HLA 应用系统中的一个重要组成部分，它基于 RTI 和 FOM/SOM 表实现。在设计 SOM 时，开发者需要定义每个成员仿真的对象和其他成员对该对象感兴趣的属性，对象间的交互和交互参数也需要进行同样的定义。为了简单起见，不要在 SOM 中加入联邦仿真过程中并不需要的对象属性和交互。可以利用 OMDT 输入 OMT 所规定的 SOM 的表格形式。RTI 使用 FED 文件进行联邦初始化，为成员的交互运行设定数据结构环境。

实体模型直接描述实体的行为特征，或用一组动力学和运动学方程，或用一组事件流，分别对应连续和离散两类系统。实体模型的主执行逻辑可分为连续系统主执行逻辑、离散系统主执行逻辑和混合系统执行逻辑，它与用户定义的实体模型相关。图 8 - 10 归纳了成员的设计工作。

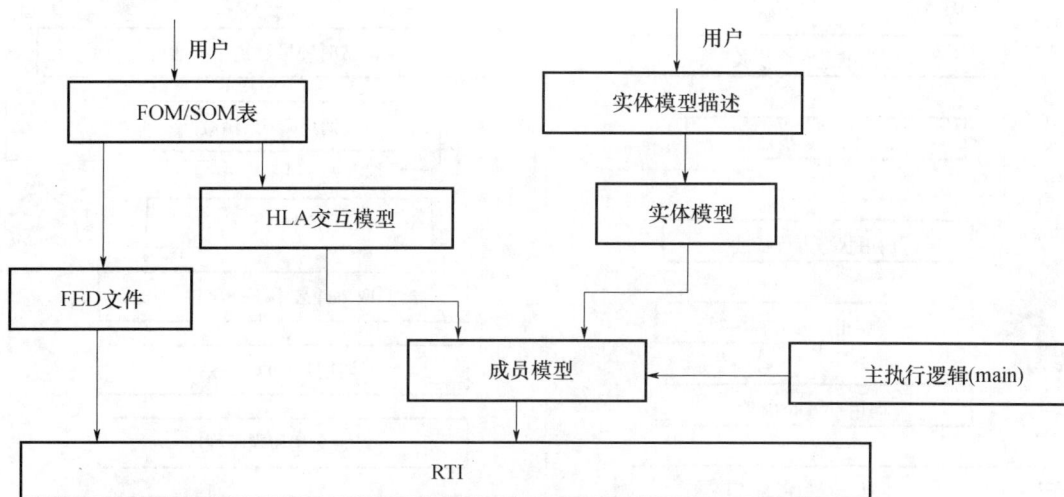

图 8 - 10　联邦成员设计过程

联邦执行数据(FED)定义了联邦执行过程中经由 RTI 通信的数据，即对象类和交互类，以及它们的属性和参数。为确定 FED，开发者必须为联邦设计 FOM，为每个成员设计

SOM,然后生成 FED 文件和 OMT DIF 文件。值得注意的是,尽管为每个对象属性和交互参数定义了数据类型,但需要成员自己进行数据存储和类型转换。

下一步就是要为成员应用程序编写代码以实现 SOM 中定义的仿真功能。每个成员可以注册若干个对象实例(实体),更新自己所拥有的对象实例的属性值,反射(接收)自己感兴趣的实例属性值;发送公布的交互类,接收订购的交互类。

图 8 - 11 和图 8 - 12 分别描述了连续系统和离散系统主程序执行流程。结合这两个流程,也可以设计离散/连续混合系统的主执行逻辑(图 8 - 13):把状态方程的积分标记为特殊的循环事件,采用和离散事件仿真类似的主执行逻辑,在被允许推进到下一时间点时,根据事件的标记类型判断是进行积分还是执行事件函数。在初始化时,把积分的第一步插入到事件表中,同时,在每一步积分完成后,把下一步积分作为下一事件插入到事件表中。此外,将积分事件在事件表中的排序设为在时间相等的条件下优先,当下一步积分时间点和下一事件时间点相等时,首先实行积分程序,再执行下一离散事件。

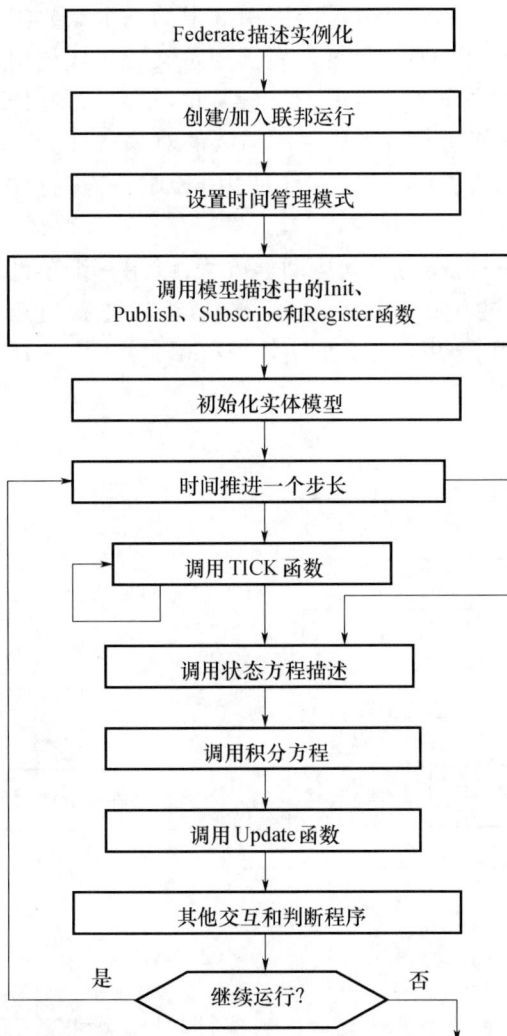

图 8 - 11　连续系统主程序执行框图　　　图 8 - 12　离散系统主程序执行框图

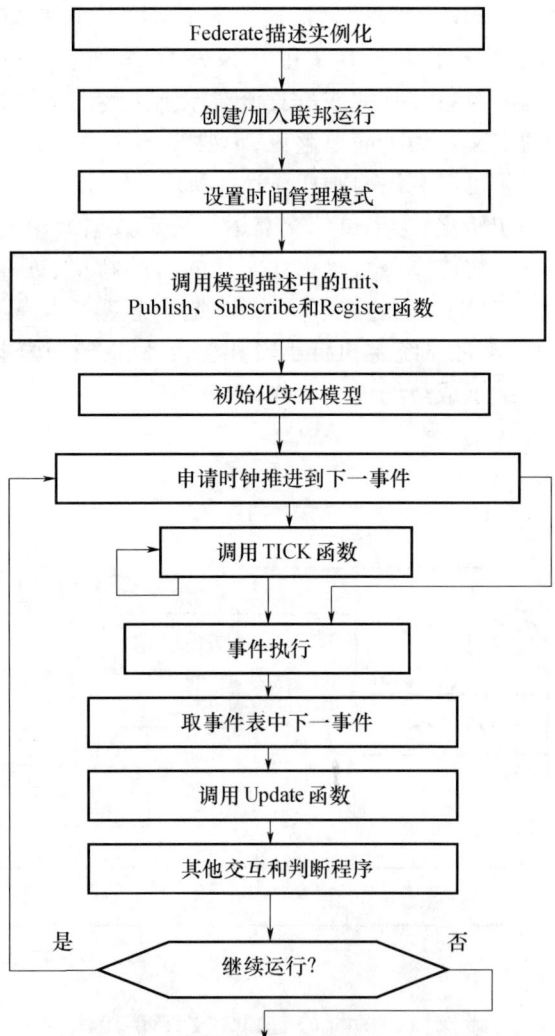

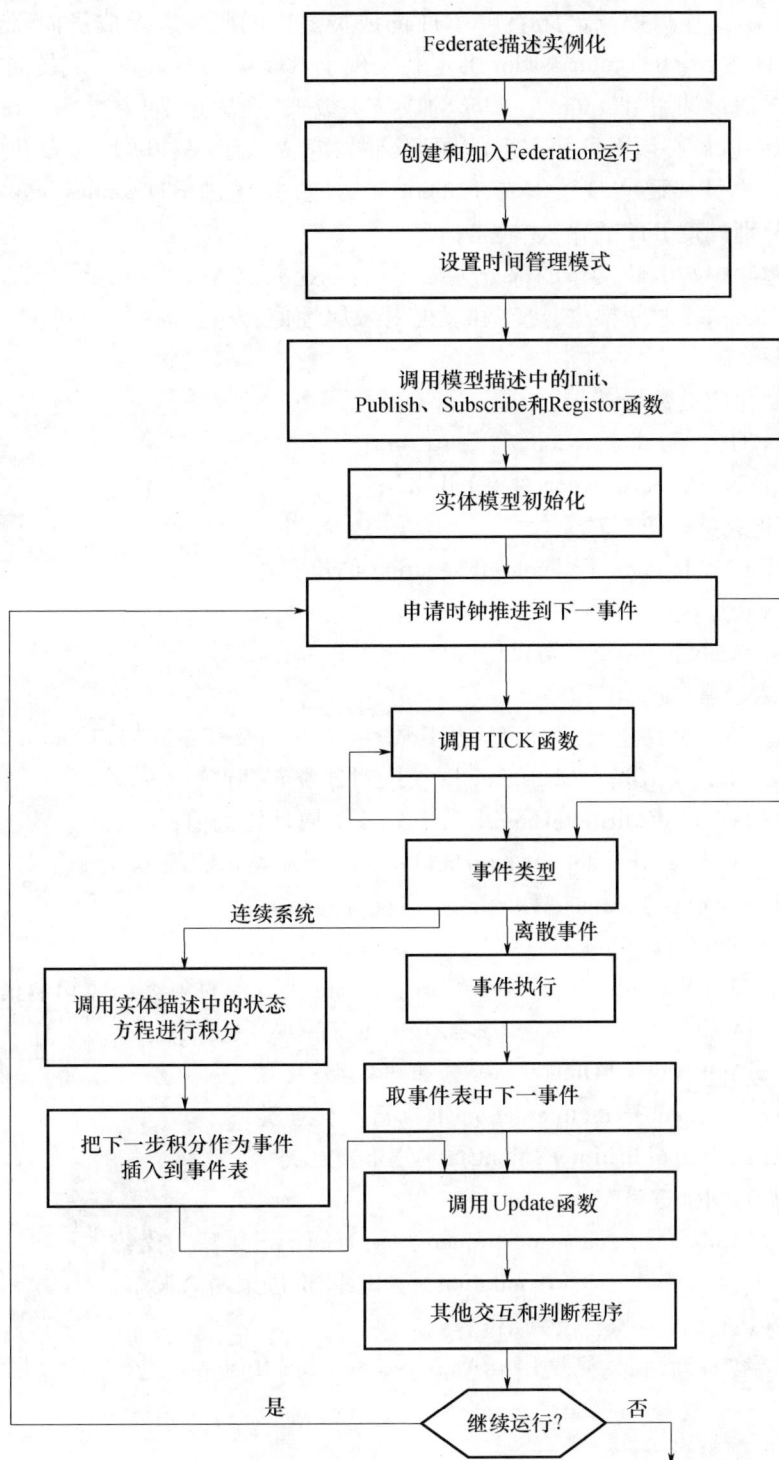

图 8 – 13　离散/连续混合系统主程序执行框图

　　成员应用程序代码的编写需要实现 SOM 中定义的仿真功能,这些功能的实现需要 RTI 的支持。HLA 接口规范定义了 lib RTI 向成员提供的服务以及成员向联邦承担的责任。在 lib RTI 中,类 RTI ambassador 绑定并实现了 RTI 提供的服务。成员向 RTI 提出的所有请求都是通过调用 RTI ambassador 的成员函数来完成的。抽象类 Federate Ambassador 规定了每一成员必须提供并实现的回调函数,它提供了一种联邦通知并向成员提供信息的机制。成员代码实现了其应有的仿真功能,并通过 RTI ambassador 和 Federate Ambassador 分别处理 RTI 的输入/输出信息。

　　成员的程序中与 RTI 接口的部分主要包括:创建并加入联邦,初始化 RTI 数据,声明公布/订购关系,请求时间推进,更新和反射对象属性值,发送和接收交互,退出并撤销联邦等,具体流程如下:

　　(1) 初始化成员数据。

　　① 创建 RTI::RTI ambassador 对象 rtiAmb;

　　② 创建 FederateAmbassador 对象 fedAmb;

　　③ 初始化成员的仿真对象。

　　(2) 调用 rtiAmb. createFederationExecution 创建联邦。

　　(3) 加入联邦执行。

　　① 调用 rtiAmb. joinFederationExecution 加入联邦;

　　② 若加入异常,则退出程序。

　　(4) 获得 FED 文件定义的对象类及其属性、交互类及其参数的句柄。

　　① 调用 rtiAmb. getObjectClassHandle 获取对象类句柄值;

　　② 调用 rtiAmb. getAttributeHandle 获取对象类属性句柄值;

　　③ 调用 rtiAmb. getInteractionClassHandle 获取交互类句柄值;

　　④ 调用 rtiAmb. getParameterHandle 获取交互参数句柄值。

　　(5) 声明公布/订购关系。

　　① 调用 RTI::AttributeHandleSetFactory::create 为每一对象类创建句柄集;

　　② 调用 rtiAmb. subscribeObjectClassAttribute 订购对象类属性,
　　　　调用 rtiAmb. publishObjectClass 公布对象类;

　　③ 调用 rtiAmb. subscribeInteractionClass 订购交互类,
　　　　调用 rtiAmb. publishInteractionClass 公布交互类。

　　(6) 声明时间推进策略。

　　① 调用 rtiAmb. enableTimeConstrained 声明时间推进策略为受约束;

　　② 调用 rtiAmb. enableTimeRegulation 声明时间推进策略为调解。

　　(7) 仿真运行,反复执行下列语句。

　　① 若需要创建新对象,则调用 rtiAmb. registerObjectInstance 进行注册,并记录返回的实例句柄值;

　　② 仿真向前推进一步

　　a. 运行仿真模型,

　　b. 更新对象实例属性值:
　　　　调用 RTI::AttributeSetFactory::create 创建 RTI::AttributeHandleValuePairSet,

　　调用 rtiAmb. updateAttributeValues 更新实例属性值,

c. 发送交互:

　　调用 RTI::ParameterSetFactory::create 创建 RTI::ParameterHandleValuePairSet,

　　调用 rtiAmb. sendInteraction 发送交互,

d. 若仿真结束,转至(8),

否则,调用 rtiAmb. timeAdvanceRequest 请求时间推进,

调用 rtiAmb. tick 处理 RTI 事件,直至时间允许推进。

(8) 结束成员运行。

① 调用 rtiAmb. resignFederationExecution,退出联邦;

② 调用 rtiAmb. destroyFederationExecution,撤销联邦。

　　初始化包括建立一个成员代理类的对象以实现对 RTI 函数的回调,建立一个 RTI 代理类对象以实现对 RTI 函数调用;对成员名称、成员所在的联邦的名称进行初始化;对仿真初始时间,仿真最小逻辑时间等进行初始化。成员运行中,通过调用 RTI 函数进行通信,并在不同的仿真推进方式(逻辑时间步长推进或事件推进)下进行仿真过程。

　　下面以一个简单的作战想定来概述成员的实现过程。

　　作战想定:蓝方出动一架 F16 战斗机,携带"宝石路"激光制导炸弹,空袭红方双 35 高炮营阵地,攻击目标为营指挥所;双 35 高炮营接收上级空情指示,奉命拦截该架敌机。

　　在该联邦中,我们可以设计两个成员来仿真该作战过程。一个为蓝方空袭飞机成员,一个为红方双 35 高炮营成员,其公布/订购关系分析如下:

　　蓝方飞机需要公布飞机对象类(包括批次、位置和速度)和投掷炸弹、飞机被击毁两个交互类,需要订购双 35 高炮营指挥所对象类(包括位置、自身状态),以及高炮对飞机的开火交互;而高炮营成员的公布/订购关系与飞机成员的恰恰相反。其 FOM/SOM 定义的对象类和交互类可以如表 8－3 所列。

表 8－3　防空联邦 FOM/SOM 概览 a～d

(a)

对象类	属性	数据类型	传送方式
Plane	group_no	Unsigned short	Reliable
	position	Vector	Best Effort
	velocity	Vector	Best Effort
CommandPost	position	Vector	Reliable
	state	DamageDegree	Reliable

(b)

交互	参数	数据类型	传送方式
CastBomb	bomb_type	BombType	Reliable
	bomb_num	Unsigned short	Reliable
	point_of_fall	Vector	Reliable
PlaneCrash	group_no	Unsigned short	Reliable
AAGunFire	group_no	Unsigned short	Reliable
	Kill_proba	Unsigned short	Reliable

(c)

复杂数据类型	域名	数据类型
Vector	X	duoble
	Y	duoble
	Z	duoble

(d)

标识符	枚举项	描述
DamageDegree	Fine	1
	PartlyDamaged	2
	Damaged	3
BombType	BSL_GuidedBomb	1

将 FOM 表格输入 OMDT 生成 Fed 文件,当 RTI 创建联邦时予以加载。下面以蓝方飞机成员为例,介绍各 API 函数的使用方法。

1)创建联邦

调用 rtiAmb. createFederationExecution("空地攻防对抗仿真","antiair. fed");

其中"空地攻防对抗仿真"是将要创建的联邦的名字,"antiair. fed"是由 FOM 生成的 Fed 文件名。

2)加入联邦

调用 FedHandle = rtiAmb. joinFederationExecution("蓝方空袭飞机","空地攻防对抗仿真",&fedAmb);

其中"蓝方空袭飞机"为成员名,FedHandle 为函数返回的成员句柄值(RTI 为每个加入同一联邦的成员分配唯一的句柄值)。

获取 Fed 文件定义的对象类及其属性、交互类及其参数的句柄值

获取公布/订购的对象类及其属性的句柄值

ms_CommandPostId = rtiAmb. getObjectClassHandle("CommandPost");

ms_CPpositionId = rtiAmb. getAttributeHandle("position",ms_CommandPostId);

…

获取公布/订购的对象类及其属性的句柄值

ms_PlaneCrashId = rtiAmb. getInteractionClassHandle("PlaneCrash");

ms_PCgnId = rtiAmb. getParameterHandle("group_no",ms_PlaneCrashId);

…

3)声明公布/订购关系

公布飞机对象类:

RTI∶∶AttributeHandleSet ∗ Attributes = RTI∶∶AttributeHandleSetFactory∶∶create(3);

  Attributes − > add(ms_PlaneGNId); ///加入飞机批次属性

  Attributes − > add(ms_Plane_positionId); ///加入飞机位置属性

  Attributes − > add(ms_Plane_velocityId); ///加入飞机速度属性

  rtiAmb. publishObjectClass(ms_PlaneId, ∗ Attributes);

Attributes − > empty( ) ;

订购营指挥所对象类:

Attributes − > add(ms_CPpositionId) ; ///加入营指位置属性

Attributes − > add(ms_CPstateId) ; ///加入营指状态属性

rtiAmb. subscribeObjectClass(ms_CommandPostId, ∗ Attributes) ;

delete Attributes;

公布飞机投弹和飞机坠毁交互类:

rtiAmb. publishInteractionClass(ms_CastBombId) ;

rtiAmb. publishInteractionClass(ms_PlaneCrashId) ;

订购高炮开火交互类:

rtiAmb. subscribeInteractionClass(ms_AAGunFireId) ;

4) 声明时间推进策略

因为飞机成员需要发送并接收 TSO 消息,所以其时间推进必须既为 Regulating 又为 Constrained。

当调用 rtiAmb. enableTimeConstrained( ) 声明时间推进为 Constrained 成功时,RTI 则回调成员实现的 RTI∷FederateAmbassador∷timeConstrainedEnabled 函数,通知成员当前的联邦仿真时间 grantTime;

当调用 rtiAmb. enableTimeRegulation(grantTime,ms_Lookahead) 声明时间推进为 Regulating 成功时,RTI 则回调 RTI∷FederateAmbassador∷timeRegulationEnabled 函数,通知成员当前的联邦仿真时间 grantTime。其中 ms_Lookahead 为成员的前瞻时间值。

5) 注册飞机对象实例

m_PlaneInstanceId = rtiAmb. registerObjectInstance(ms_PlaneId) ;

m_PlaneInstanceId 为返回的对象实例 ID。当该实例更新属性值时,其实例 ID 需要作为 rtiAmb. updateAttributeValues 的一个参数使用。

6) 更新实例属性值,发送交互

计算成员在仿真时间 grantTime 时的对象属性值,只需将改变的属性值更新出去即可。更新属性值的 API 函数使用方法如下:

RTI∷AttributeHandleValuePairSet ∗ pAttributes = RTI∷AttributeSetFactory∷create(3) ;

pAttributes − > add(ms_PlaneGNId,(char ∗)&m_PlaneGN,sizeof(m_PlaneGN)) ;

pAttributes − > add(ms_Plane_positionId,(char ∗)&m_PlanePosition,sizeof(Vector)) ;

pAttributes − > add(ms_Plane_velocityId,(char ∗)&m_PlaneVelocity,sizeof(Vector)) ;

rtiAmb. updateAttributeValues (m _ PlaneInstanceId, ∗ pAttributes, GetTimeStamp ( ) , NULL);

当飞机投掷炸弹时,需要发送 CastBomb 交互,其 API 函数使用方法如下:

RTI∷ParameterHandleValuePairSet ∗ pParams = RTI∷ParameterSetFactory∷create(3) ;

pParams − > add (ms _ CBbomb _ typeId, (char ∗) &m _ bombType, sizeof (m _ bomb-Type)) ;

pParams − > add (ms _ CBbomb _ numId, (char ∗) &m _ bombNum, sizeof (m _ bomb-Num)) ;

pParams – > add(ms_ CBpoint_of_fallId,(char *)&m_point_of_fall,sizeof(Vector));

rtiAmb. sendInteraction(ms_CastBombId, * pParams,time_stamp,NULL);

7) 请求时间推进

当调用 rtiAmb. timeAdvanceRequest(requestTime) 请求时间推进成功时,RTI 则回调 RTI::FederateAmbassador::timeAdvanceGrant() 函数,通知成员当前的联邦仿真时间 grantTime。然后跳转第 7 步,直至仿真结束。

下面以高炮成员接收飞机成员的对象属性更新和交互为例,说明 RTI 如何在成员之间交换信息的。

当高炮成员加入联邦并订购飞机对象类,且飞机成员注册飞机实例之后,RTI 回调高炮成员的 RTI::FederateAmbassador::discoverObjectInstance() 函数(函数参数包括对象类 ID 和实例 ID),使高炮成员发现该飞机实例。

当飞机成员更新属性值时,RTI 回调高炮成员的 RTI::FederateAmbassador::reflectAttributeValues() 函数(参数包括对象实例 ID 和一个 RTI::AttributeHandleValuePairSet 结构),由高炮成员根据实例 ID 找到相应的实例,按照对象属性句柄取出结构 RTI::AttributeHandleValuePairSet 中的属性值。

当高炮成员已经订购投弹交互类并且飞机成员发送投弹交互时,RTI 回调高炮成员的 RTI::FederateAmbassador::receiveInteraction() 函数(参数包括交互类 ID 和一个 RTI::ParameterHandleValuePairSet 结构),由高炮成员根据交互类 ID,按照交互参数句柄值取出结构 RTI::ParameterHandleValuePairSet 中的参数值,再进行高炮成员的毁伤计算。

当飞机收到高炮的开火交互且计算出飞机被击落,则飞机成员除了需要发送 PlaneCrash 交互之外,还需要调用 rtiAmb. deleteObjectInstance() 函数删除飞机实例;RTI 则回调高炮成员的 RTI::FederateAmbassador::removeObjectInstance() 函数通知高炮成员该飞机实例已被删除。

8.3.2　成员框架

HLA 的成员是一组对象类的集合,是比对象更大粒度的重用单元,设计及实现这些类的目的是使它们一起工作,以便能够模拟某个实体或者提供某种能力。虽然不同成员所承担的责任不同,实现的功能不一样,各自满足特定的仿真需求,但是它们都是利用 RTI 这个"软总线"提供的服务与其他成员进行数据通信,因此可以从这些成员中提取它们的共同特征实现一个通用的成员框架,这个通用框架就是各种具体成员的不变部分,是它们的核心部分。基于这个核心,成员开发者通过扩展自己所需的模块搭建满足自己需求的具体的成员。

实际上,凡是需要共享的软件功能或软件服务都可以通过提供一个可共享的软件框架来实现。软件框架通常是一个面向对象的基类集,它可以给具体应用的软件开发者提供一个公共的起点。基于软件框架的应用开发的方法通常是利用软件框架提供的通用服务,或扩展框架以实现具体应用所需的特定功能。微软基类库(MFC)就是一个著名的、高效的软件框架,它是一个 C++库,它给 Windows 编程提供了一个高层接口,屏蔽了底层的 Win32 API;它同时提供了大量的 Windows 应用程序公用的功能。软件框架的优点是重用:通过重用提供高层服务而屏蔽底层细节的软件,可以大大提高各类应用程序的开发效率,避免重复编写大量相同的代码以及对由此可能产生的错误的修改。

一个 HLA 成员软件中包含了所有与 RTI 的接口函数,同时也包含了一些对象实体及它们的属性(数据)。尽管 RTI 提供了反映 HLA 接口规范的 API 函数,但它将联邦状态的管理留给了成员开发者。对于成员软件开发者来说,面临着理解和使用 RTI 运行机制以及它的接口函数的问题,使他们无法专注于对象的仿真过程。对于不熟悉 RTI 的开发者,开发成员软件是一件很困难的事情,即使是熟知 HLA/RTI 的成员开发者也需要大量的时间去编写和调试这些代码。而成员框架自动生成技术可以根据 SOM 数据生成成员软件框架,即成员软件的 VC++外壳代码。框架代码实现并封装了成员与 RTI 的接口函数。在这个框架的基础上,成员开发者只需完成对象的仿真过程代码就可完成联邦成员软件的开发,而不必关心 RTI 运行机制。HLA 的成员框架实现如下功能。

(1) 可配置的仿真运行框架。任何成员必须具有某种仿真运行机制,用来保证其加入、退出联邦运行,保证其仿真运行的时间推进方式与所有的仿真组件、算法及其协作的其他系统的时间推进方式相匹配。HLA 的成员框架需要提供一个仿真运行框架,该运行框架可以通过配置来支持连续系统仿真、离散事件仿真或混合仿真,支持基于逻辑时间步进、基于事件驱动或实时仿真(包括人或硬件在回路的仿真)等不同的时间推进方式。

(2) 支持对对象模型元素的直观表示。RTI 对 FOM 中定义的对象类、交互类、枚举数据类型和复杂数据类型等对象模型元素进行直观表示的支持功能有限,它用不同的整数值句柄来引用不同对象类和交互类,数据值则用原始的缓冲器格式来保存。这些底层编程结构的表示跟联邦问题域中对它们的形象描述相差甚远,因而影响了成员的开发,HLA 的成员框架应该提供一种更接近成员问题域的高层编程结构。

(3) 提供联邦对象的本地代理。当 RTI 通知某个成员一个新的对象已经由别的成员注册以后,它只是给该成员提供一个用来表示那个对象类的句柄和一个用来辨别那个对象的唯一的"ID"值,成员自己必须采取某种方法来内部表示那个对象的存在,以便 RTI 在随后引用那个对象时能够区分、理解它以及能够计算那个对象对成员自己的仿真对象的影响。这实际上是 RTI 赋予所有的成员必须完成的又一个通用的功能:远处的对象用本地的代理对象来表示,由本地的代理对象来直观地存储远处对象的属性值及其他一些状态信息。这样,远处对象的属性值等信息可以通过跟该对象在 FOM 定义中相同的接口直接在本地查询、使用。

(4) 提供联邦交互的本地代理。类似于联邦对象,当成员接收到来自其他成员发送的交互时,通常需在本地保存,这样使用时可直接应用所保存的交互。

(5) 自动更新和反射对象的属性值。更新属性和反射远处对象属性值也是几乎每个成员都必须进行的一项工作,因此适合于在软件框架中完成。对仿真对象采用直观、自然的表示和提供远处对象代理后,更新本地对象属性值和反射远处对象属性值的过程依靠本地的对象代理就可以方便实现。

(6) 自动发送和接收交互。类似于自动更新和反射对象的属性值,依赖于本地的交互代理可方便实现交互的发送与接收。

除了提供上述服务以外,成员框架还可以提供一些正确方法和框架性的指导来帮助成员开发者避免一些 RTI 编程中常犯的错误。这些应当避免的错误往往包括:

(1) RTI 并发错误。由于 RTI 通常不是"可重入式"的,因此当 RTI 正在进行某种服务(如正在处理"接收交互"事务)时,任何激活 RTI 服务的尝试都会导致 RTI 并发错误。

(2) RTI 的时间管理。RTI 的时间管理机制灵活,但很复杂。通过 RTI 起动、推进仿真时间、实现与壁钟时间的同步功能、对使用时间调节功能的成员的 lookahead 的正确处理等等都不容易,容易引起错误。

(3) 数据列集。数据列集指的是在必要的时候对数据进行格式转换以保证不同体系结构的机器能够以相同的方式正确地识别这些数据。数据列集不当会导致不同支撑环境下的成员不能有效地互操作。

除此以外,还有许多与 HLA 不直接相关但对大多数的成员来说都是有用的服务,这些服务可以纳入成员框架。这些服务包括:

(1) 事件模型。联邦运行过程中,每当一种类型(或其子类型)的事件发生后,RTI都会以一种保证类型安全的方式通知成员与该事件对应的所有事件句柄。一种合适的事件模型可以给成员开发者编程处理常用的仿真事件及 RTI 事件(如发现对象和接收交互等)提供便利。

(2) 数据记录。大多数成员在运行期间,都需要把一些记录仿真事件、错误和结果的数据存储到一个输出文件或数据库中。

(3) 初始化数据输入。通常情况下,每个成员都承担联邦剧情所赋予的责任,都需要从输入文件中读取初始化数据(来自剧情或模型自身的)以便运行时能正确地实现联邦功能。

所有以上描述的服务功能只是表示适合在成员软件框架中实现的功能种类。当然,还有其他的服务功能也可在框架中实现。在决定哪些服务功能应该在成员软件框架中实现时,应当遵循以下原则:如果大部分成员需要,就应该在成员软件框架中实现。

下面以 KD – FedWizard 为例,简要说明成员框架的设计。

KD – FedWizard 是在 Visual Studio 的 AppWizard 的基础设计与开发的一种成员框架生成工具,主要由 Custom Templates (Dialog Resources)、Dialog Classes、Text Templates、Macro Directionary、Information Files 五部分组成。它们之间的关系如图 8 – 14 所示。

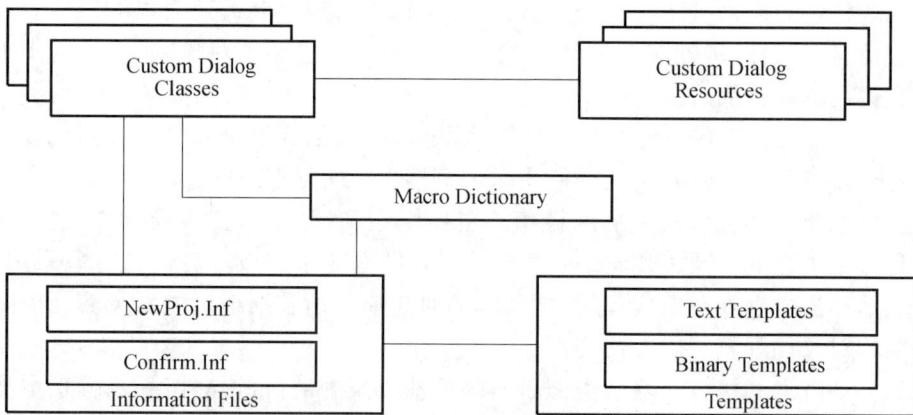

图 8 – 14　FedWizard 的组成关系

Custom Dialog Classes 是 KD – FedWizard 添加的对话框类,名字一般默认,如 CCus-tom1Dlg 等,它们的基类为 CAppWizStepDlg。FedWizard 呈现出一系列对话框(包含添加

的对话框)来检索创建新项目所必需的设置。不同的选项产生不同的设置值,FedWizard 把这些值就存储在一个字符串映射表中,这个字符串映射表作为字典,也即 MacroDictionary。NewProj. Inf 这个文件就好比 FedWizard 的"材料清单",包含了一些指令,这些指令是 MFCAPWZ. DLL 用于开发的 FedWizard 生成用户新项目文件。Confirm. Inf 列出了用户在 FedWizard 的对话框中设置所产生文件的描述以及其他的信息,显示在向导的最后一个对话框中。模板(templates)包含两种类型:TextTemplates 和 Binary Templates。Text Templates 主要是包含一些源代码行、C ++ 和资源脚本。FedWizard 就是利用这些来生成用户创建新项目所需的代码文件。Binary Templates 主要是位图,这些位图是 FedWizard 用来生成用户界面所需的位图,如工具栏按钮和图标等。

8.3.3　基于组件的成员开发

软件组件是一种定义良好的独立、可重用的二进制代码,包括功能模块、被封装的对象类、软件框架和软件系统模型等。20 世纪 80 年代起,面向对象的软件开发思想迅速发展起来,这时的软件组件的含义就是类库。类虽然提供了封装性、多态性和继承性,但需要依赖于具体的编程语言,耦合度高,且需要用户对类库的结构和宿主语言有较深入的了解,因此,不能完全达到软件重用的可移植性和互操作性要求。20 世纪 90 年代后,组件的内涵进一步加强,聚合性、独立性和重用性进一步提高。目前,基于对象的组件软件体系结构中的组件是指可方便地插入到语言、工具、操作系统、网络系统中的二进制代码和数据。

这种软件组件可以看作是一种软件集成电路元件,具有以下特点:

(1) 构成粒度大小自由,便于扩展;

(2) 通过规定一个统一的二进制标准,建立起机构之间的智能互操作机制和语言独立性;

(3) 外界仅通过接口访问组件;

(4) 多侧面性,即组件表达的语义层次高,可以从不同侧面进行连接,外部特性不唯一;

(5) 支持封装、继承、多态性。

基于面向对象技术的组件模型,为软件体系结构设计和大型应用软件开发给予了强有力的支持,已经为软件行业所广泛接受。Microsoft 的 OLE/COM 和 SunSoft 的 JavaBeans 都是典型的软件组件规范。

组件式的软件开发实际上是对软件体系结构的改革,随之引入的新开发模式。所谓软件体系结构是指一个程序或系统的构件的组织结构、它们之间的关联关系以及支配系统设计和演变的原则和方针。一般地,一个系统的软件体系结构描述了该系统中的所有计算构件,构件之间的交互、连接件以及如何将构件和连接件结合在一起的约束。

组件式软件开发的核心是重用,通过开发一系列高度可重用的组件并以某种体系结构组合起来形成软件系统提供所需的功能,因此组件和体系结构的开放性、集成性和可扩充性是不可分割的。将组件式软件技术扩展到 HLA 中,可以提高成员的开发效率和可信性。

如果成员没有一个好的体系结构,不能将开发工作分解以在开发人员之间形成不同

方向并协同配合的开发模式,会带来以下问题:

（1）对开发人员提出了很高的要求,不仅要掌握模型,还要掌握仿真协议,培训的投入比较大,开发人员也比较难接受;

（2）各个成员的结构不一致,影响了对成员的理解,同时不合理的结构还会影响系统整体的性能甚至结果;

（3）开发的模型与仿真协议接口耦合度高,难以单独验证和重用,并且不能以二进制的方式直接重用;

（4）开发人员任务不单一,无法为系统制定整体的开发流程并控制开发进度;

（5）造成开发进度的延误和经费的浪费;

（6）更严重的是,由于仿真协议的复杂性,很可能导致开发出来的仿真成员可靠性不高甚至影响正确性,系统质量差。

一个成员通常由以下几部分组成:模型、调度、环境、仿真服务、人机界面等。其中模型表示了成员的计算、仿真能力,模型在调度的驱动下执行仿真,而环境表示了成员所处联邦提供给成员的外部事件和对象所组成的外部仿真世界,仿真服务对成员提供仿真支持,例如时间协调、数据交换等,对外匹配分布仿真协议,可以连接到多种协议上。从组件化的角度,成员整体结构可以用图 8 - 15 来表示。

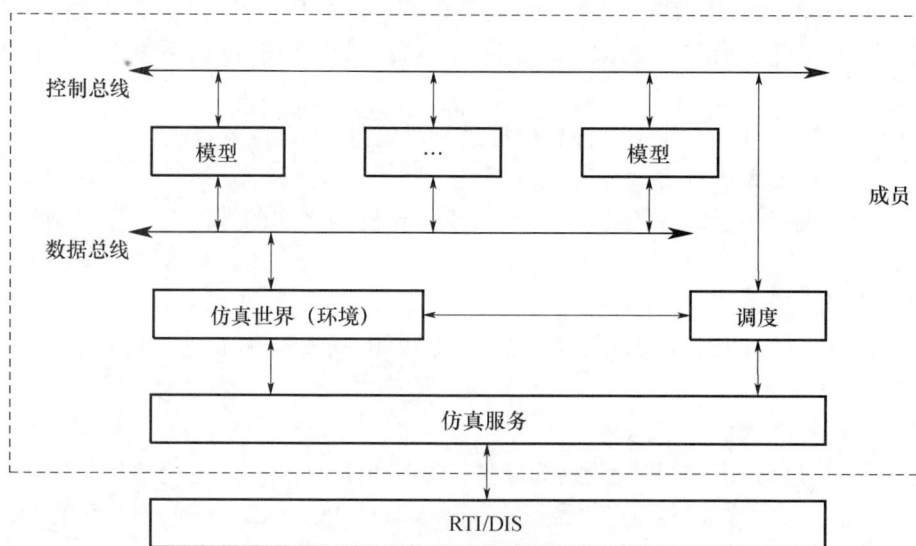

图 8 - 15　组件式成员体系结构

在这个由组件构成的成员中,调度组件是核心,负责控制协调其他组件,驱动模型计算,其作用类似于仿真引擎。不同仿真模式的成员有不同的调度模式,但其基本结构是一致的,因此可以提供一个框架,或者提供生成调度组件的向导,指导用户生成组件代码。模型是仿真计算的核心,除了完成内部的计算之外,还需要在模型之间进行数据和控制命令的通信,并且接收外部仿真世界的信息,以及将信息更新到仿真世界中。模型采用二进制形式描述规范,因此可以保证高度可重用,通过提供接口给调度组件使自身被调度,通过数据总线上的数据接口进行通信。仿真世界(环境)维持内外的仿真环境,通过仿真服务接收外部数据,通过数据接口将数据公布在数据总线上,通过接收模型在数据总线上的数据,在调度的控制下维持对外的数据更新。仿真服务提供了抽象的仿真协议,以保证对使用的仿真协议的连接和无关性。

整个体系结构采用了面向对象和基于总线的综合,吸收了两种体系的优点。在具体构成成员的时候,由可选的各类组件根据需求,通过配置文件进行描述,动态加载模型形成。这种模式在很大程度上改变了仿真开发、管理工作以及许多软件工具的要求。

8.4　联邦开发支持工具体系

HLA 给建模与仿真带来了巨大的潜在好处。作为一种技术框架,它给 HLA 应用开发者留下了广阔的自由发挥空间。对 HLA 联邦的终端用户,只有当开发 HLA 联邦的过程达到相当程度的自动化,HLA 的潜在好处才能成为现实。美国国防部从 HLA 原型联邦开发中得到的一个经验是,如果要应用 HLA,那么就需要支持联邦开发过程的自动化工具。因此,HLA 的推广应用在很大程度上取决于是否有比较划算的可用软件工具来创建、开发、测试和运行 HLA 联邦。在 HLA 规范确定以后,开发相关支持工具是主要的工作。

FEDEP 模型从工程化、系统化方法的角度抽象出开发 HLA 联邦开发运行的全过程,这为开发支持联邦开发运行过程的自动化工具提供了依据。由于 FEDEP 对用户在应用 HLA 的过程中需要遵循的主要阶段给出了一个视图,因此它能够作为一个框架,来研究在创建联邦的过程中需要应用哪些支撑工具来节约用户的时间和资源,因此可以设计一个"HLA 的工具体系"。该工具体系指出了在联邦开发过程中需要哪些自动化工具以及这些工具使用在什么地方,也说明了各种不同类型的工具间的信息交换类型。

这一工具体系在 HLA 规范的开发阶段就已经被确定,因此这个工具体系能够用来指导 HLA 开发人员、独立的 HLA 用户和商业工具开发人员进行工具的开发。类似于FEDEP 模型,支持 FEDEP 自动化的工具体系应由支持 FEDEP 各阶段活动的工具组成。针对 DMSO 的 FEDEP 模型所定义的支持 FEDEP 自动化的工具体系如图 8 – 16所示。

从功能上,要求自动化工具体系能够支持 HLA 联邦的创建、测试、运行和维护;从开发策略上,要求工具体系具有可扩展性、开放性和互操作性;从性质上,该体系有通用目的工具、M&S 特定领域的工具以及 HLA 联邦开发和运行工具三类;从组成上,该工具体系的区分为生命周期管理工具、需求定义工具、概念模型开发工具、联邦设计工具、联邦开发工具、联邦集成和测试工具和运行和分析工具。

工具体系中有相当一部分工具需要参与仿真运行,如成员接口测试工具、数据采集工具、联邦校核工具和运行监控工具等,这类工具称之为仿真运行工具。HLA 仿真运行工具以成员形式参与联邦运行,并与 RTI 交换数据。仿真运行工具从适用范围上可分为专用工具和通用工具两大类:专用工具为某一特定的联邦设计,所处理的数据类型和事件都比较明确,可借助成员生成向导 FedWizard 开发专用的成员,并在该成员中实现所需的操作;而通用工具必须能适应于所有联邦,满足各类联邦不同的数据类型和事件处理需要,在开发时具有一定的难度。

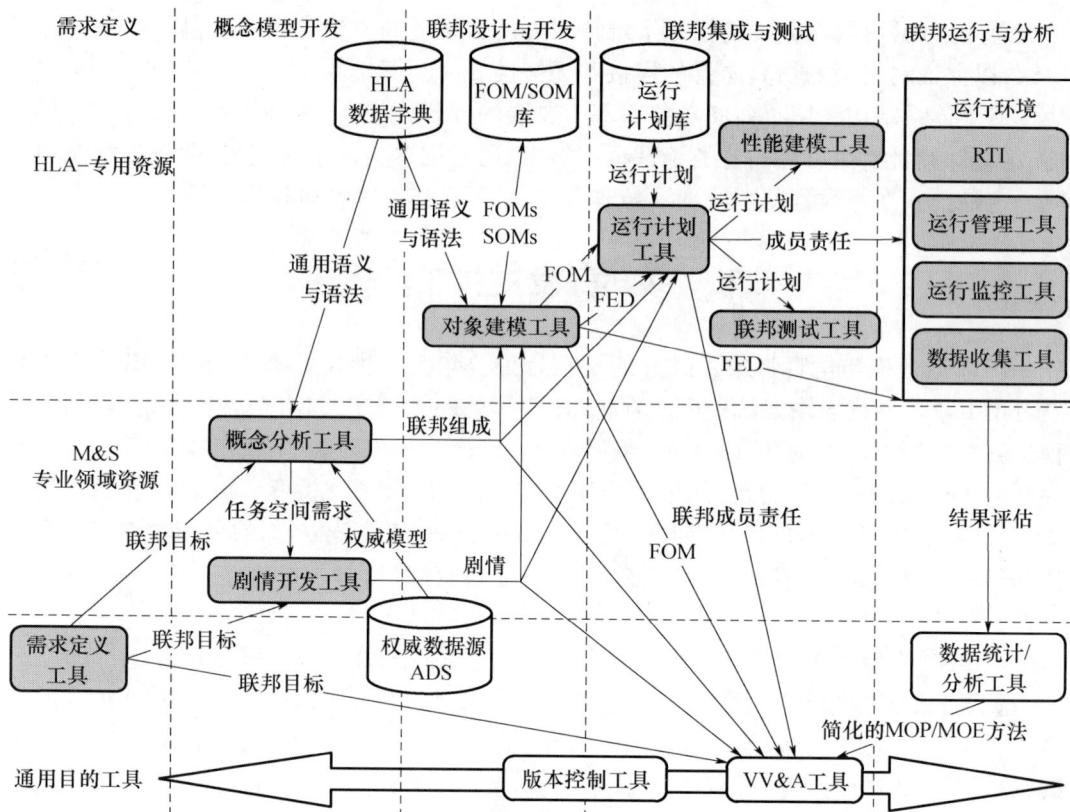

图 8 - 16　HLA 自动化工具体系的组成

8.5　基于持久联邦的联邦开发

　　按联邦设计与开发过程开发某个新的联邦,通常是用来满足联邦用户的某个具体需求。但是,随着 HLA 应用的不断深入,许多情况下希望所开发的联邦能被重用,能满足将来的用户需求。这种类型的联邦就称为"持久联邦(Persistent Federation)"。持久联邦是开发完成能反复应用的联邦,或根据需要进行某些修改后,可以应用到新的需求中的联邦。

　　持久联邦通常都是由一些稳定的仿真应用组成的,用于一类具体问题的研究。由于这类问题对仿真的需求和涉及的仿真对象是相对稳定的,因此可以构建持久联邦。持久联邦的运行通常具有稳定的状态,一般通过对标准的"任务"提供仿真支持从而给用户提供服务。

　　如果在一个仿真中心,对于某一类问题有一系列标准的仿真应用可作为联邦的成员而重复使用,那么对于属于该类问题的每个新的用户需求,只需从这些标准的成员集合中挑选出合适的成员组成新的应用联邦,此时新联邦所对应的 FOM 只是标准的 FOM(持久 FOM)的子集;而新的联邦运行计划只需对先前联邦实现所制定的联邦运行计划进行适当调整、更新即可。如果现有的资源能满足用户的需要的话,则需进行的测试将很少;如果为了满足用户需求,需要对 FOM 进行扩展的话,则要么增加新的联邦成员,要么通过扩展某个标准联邦成员的对象或交互。这时测试将主要集中在这个扩展的成员上。

　　设计和开发持久联邦的目的是提高仿真工作的效率。持久联邦可以看成一个高度可重用的基本 FOM 和一系列可重用成员的集合。持久联邦定义的基本 FOM 中的对象类和交互类等应覆盖这类问题涉及的所有仿真要素。以下从联邦开发的主要阶段,比较基于"持久联邦"的联邦开发与普通联邦开发的异同点。

　　(1)需求开发阶段。该阶段的目的在于为联邦开发制定一个高层计划并为联邦制定一系列具体的目标。这对于"从头开始"的联邦开发而言,通常包括"定义联邦需求"并开发如何满足这些"联邦需求"的"联邦计划"的过程。但对于"持久联邦"而言,因为是基于现有的基础构造,因此对"资源"的需求将会减少;并且当联邦发起人和联邦开发小组首次碰头时,由于他们对问题空间已经有很好的理解,因此"制定计划"的许多工作只需对以前所产生的计划进行少量的调整,从而能更快完成该阶段的工作。此外,"联邦目标"及其所需要的 MOE/MOP 很可能只需在先前应用的基础上进行少量调整。

　　(2)概念模型开发阶段。该阶段的目的是描述感兴趣的真实世界,详细到能设计并开发联邦为止。对于非"持久联邦"而言,这通常需要开发一个"联邦剧情"以定义所需表示的真实世界的边界条件;确定并获取权威的信息来源以定义感兴趣的实体、实体所执行的任务以及这些实体之间发生的交互。但是,在"持久联邦"中,所需求的真实世界的许多活动是类似的,与"持久联邦"相关的、特定的应用范围已经由其内在特性确定。因此,确定对权威的真实世界的"表示"并以恰当的格式对其内容进行描述的活动通常不需要进行了,可以直接重用先前应用中的"表示"。

　　(3)联邦设计与开发阶段。该阶段的目的是评估现有的 FOM/SOM 以尽可能重用;选择合适的联邦参与成员并为其分配功能;开发 FOM 及联邦协定,定义联邦实现与测试的方法及工作计划。对非持久联邦而言,通常首先通过访问对象模型库(OML)或其他一切候选的资源以确定可能重用 FOM 的可能性,并研究 FOM 的设计来决定是优先考虑重用现有的 FOM 还是开发新的 FOM;其次,同一个 OML 可用于搜索潜在的可能重用的成员,通过评估它们是否具备以所希望的逼真程度表示所需求的联邦对象和属性的能力来决定是否可作为联邦的成员。一旦选定了成员,就可开发该具体应用的 FOM。最后,依据联邦设计的结果和所制定的计划,采用协同工作的方法使得整个联邦的开发得以实现。

　　对于持久联邦而言,该过程将大为简化。首先是 FOM 的开发。持久联邦的基本FOM 为随后的应用提供了一个可重用的框架。随着持久联邦的多次使用,它所对应的基本 FOM 也会不断成熟、完善,以至它本身也会成为一个持久的 FOM,在各种不同的应用中很少有改变。对于成熟的、持久的 FOM 而言,由于特定的联邦运行所需配置的具体成员的不同,可能只需使用 FOM 的子集。如果需要对 FOM 进行修改,由于问题领域相关的OMDD 数据项在先前的应用中研究过,因此修改过程也相对容易。更为重要的是,持久FOM 的存在为新的联邦运行的创建提供一个稳定的框架,从而可大大简化 FOM 的开发过程,大部分的应用只需对持久 FOM 进行小的调整即可。

　　其次,确定适合的成员的工作也会大大简化,因为组成持久联邦的各种可能的成员都是事先知道的。但这并不意味着为了特定的应用目的,其他仿真不能集成到持久联邦中。实际上,持久联邦很可能根据用户需求通过增加新的成员而扩展。而是,因为大多数情况下"确定合适的成员"的活动在联邦开发过程中可以提早进行,并且所需花费的精力会少得多。

最后,联邦实现与测试的过程规划通常也会简单。因为大多数情况下,参与应用中的各个成员以前已经一起工作过,知道为了构造表达同类问题的联邦需要完成什么。对于只需要使用持久 FOM 的子集,即只需使用持久联邦的部分成员实现联邦运行时,联邦测试只需进行预运行测试,甚至完全不需要再测试。

(4)联邦集成与测试阶段。该阶段的目的是建立成员之间必要的连接,并测试联邦运行能否实现联邦目标。对于非持久联邦,这通常需要完成好几个运行计划活动,并且需针对各成员及整个联邦进行多种层次的测试。

对于持久联邦而言,这多种层次的测试都会由于以下原因而更容易:持久联邦是建立在过去经验的基础之上的,不仅是表达了共同的用户需求,而且是使用相同的设施来满足用户的需求。因此联邦运行计划可以通过重用以前所开发的。事实上,联邦运行计划的内容本身也可成为持久性的,通常只需要作少量的修改以满足新的联邦运行的需要。此外,在持久联邦中,联邦测试所需做的工作通常会更少。对于基本成员的 HLA 兼容性测试通常很少需要进行,因为成员在以前的应用中已得到测试。类似地,持久联邦中成员之间数据互换的实现通常也只需进行少量的重新测试。对联邦测试而言,由于用户通过以前的应用已经理解并接受了各个成员内部的行为,因此测试也相对简单。

(5)运行联邦与分析结果阶段。该阶段的目的是启动并监控联邦运行,收集所需的数据,分析结果并存储可重用的产品。对于持久联邦而言,用于运行监控、数据收集、事后处理所需的工具集以及更新持久产品的程序都可以相对固定。

第9章　基于 HLA 的通用仿真环境设计

基于 HLA 的通用仿真环境,是指支持一个部门或一个领域采用 HLA 标准进行仿真的环境。以装备发展领域的仿真需求为例,仿真应用贯穿装备全寿命周期的四个阶段:发展战略研究、顶层设计、工程建设和运行使用。因此,期望仿真环境能够满足装备发展的全方位、全过程仿真的需求。从仿真的角度,这些需求主要体现为建立一个以 HLA 为规范的建模/仿真一体化集成环境,能够支持各种样式、规模与级别联邦的构建与运行。

本章主要以作战仿真为背景,讨论基于 HLA 的通用仿真环境设计。首先,分析了环境的设计目标、功能和结构。在此基础上,描述了环境的各个组成部分,包括资源管理、联邦开发支持、运行支撑、管理控制、演示和评估研讨等系统。通用仿真环境的"通用"是针对一个单位或一个领域的仿真需求而言,对不同的领域,基于 HLA 的通用仿真环境构成会有所不同。

9.1　基于 HLA 的通用仿真环境

在一个部门或一个领域的仿真中,以下三种情况适合于建立基于 HLA 的通用仿真环境:一是有多种仿真任务,这些任务仿真的对象有共同的背景;二是仿真系统需要多个领域、部门的人员协同完成;三是仿真系统需要与其他部门或领域的仿真系统互联。

9.1.1　设计要求与功能

仿真界推出并采纳 HLA 标准,其目的是要解决以下问题:

(1) 通过缩短仿真时间,降低仿真人员的素质要求,提高仿真结果的可信性,减少人员投入,以及降低管理的难度和成本等,使大规模复杂系统的仿真成为可能。

(2) 降低费用,即考虑经济因素。在世界各国都把经济建设放在更加突出地位的今天,研制和生产国防产品时更多地考虑经济承受能力,是顺理成章的事。因此,国外国防科技的发展从强调产品的先进能力转向注重产品的经济可承受能力。仿真中的经济因素影响体现在两个方面:一方面是要求仿真能降低武器发展和军事训练的费用,这是由仿真技术固有的特点产生的;另一方面要求仿真系统研制本身的费用降低。HLA 针对的主要是后一方面。

HLA 对这些问题的解决体现在 HLA 技术本身和 HLA 技术的应用两个方面。提出基于 HLA 的通用仿真环境,针对的是 HLA 技术的应用。对于作战仿真而言,基于 HLA 的通用仿真环境的目标是能够根据不同的作战想定,迅速建立相应的 HLA 联邦来生成所需的虚拟战场。

图 5-1 给出了 HLA 联邦的逻辑结构。在这种结构中,仿真联邦是通过 RTI 集成的成员集合。图 9-1 是在图 5-1 基础上给出的一种作战仿真联邦的一般结构,成员区分

为四类:导演方成员组、红方成员组、蓝方成员组和战场环境成员组此外,另有一组接口成员。其中,红蓝方成员组中又各包含三类成员:由真实成员接口接入的真实类成员,由虚拟成员接口接入的模拟器(实物)节点成员和由软件实现的、符合 HLA 标准的成员。这类联邦可以作为成员加入到上层联邦,其他联邦也可以作为一个成员加入该联邦,这是需要构建向上集成的接口成员和向下接入的接口成员。

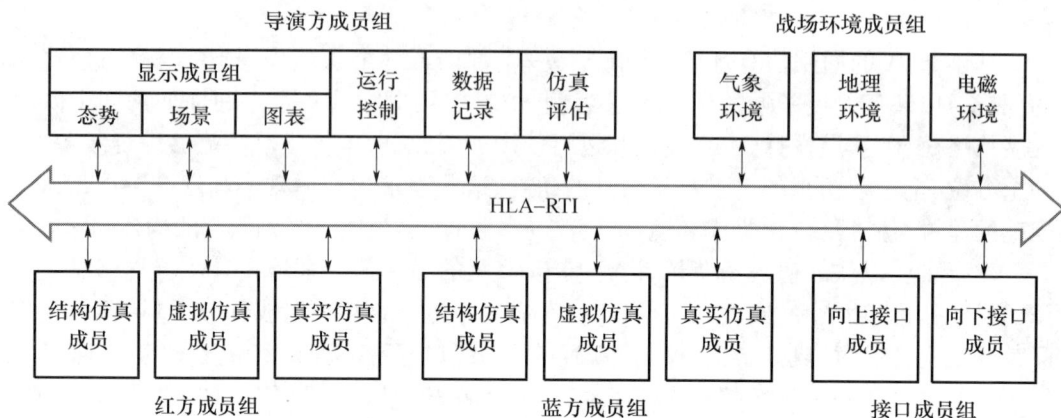

图 9 - 1   基于 HLA 的作战仿真联邦的框架

　　基于 HLA 的通用作战仿真环境,支持各类具有图 9 - 1 结构的联邦构建和运行。完整的一体化的建模/仿真环境包括建模、验模、仿真实验运行、分析处理、优化、资源管理和人机交互界面等子系统。HLA 通用仿真环境是一类面向一个部门或一个领域的一体化建模/仿真环境,其主要的一个要求是能够重用各种仿真资源,灵活组建各种仿真联邦。在军事领域,这种要求普遍存在。例如,陆军装备体系论证领域,面临的模拟任务类型多样,包括不同作战对象、不同作战规模、不同作战环境和不同兵力配置等条件下的模拟,不是一个单一的联邦能够满足,需要一个通用的仿真环境来支持。

　　从通用仿真环境用户的角度,其功能可以从以下几个方面考虑:

　　(1)仿真资源管理与服务功能:应能够安全、有效地管理应用领域中的仿真资源,这些资源可能来自不同的单位,应用于联邦研发、运行、分析等各阶段,并具有多版本、多层次的数据和模型。

　　具体而言,仿真资源管理与服务功能包括:在联邦研发阶段,提供各种可重用的数据、模型资源,支持仿真应用各成员开发;在联邦运行阶段,支持各仿真成员对数据、模型的调用需求,并存储相应的结果数据;在联邦分析阶段,提供数据和模型支持系统的分析、评估。仿真资源库存储和管理的主要内容应包括装备数据、仿真模型、环境信息、目标信息、仿真结果、场景模型等。

　　(2)联邦开发支撑功能:支持用户完成模型组件、成员和联邦开发等工作,提供组件(成员)框架自动生成、对象模型开发、成员一致性测试等工具支持,能集成将商用建模工具建立的模型,能够支持领域中不同规模、不同应用类型的联邦开发。

　　(3)联邦运行支撑功能:具有集中、分布、并行等仿真运行的支持能力,能够提供运行时的管理控制、数据采集和显示功能,具有连接仿真器、实际装备、信息系统等的能力,可以同时支持多个用户的多个联邦运行。

（4）实验管理控制功能：提供友好的人机交互接口，作为用户的使用环境，使用户可以按需要设计各种方式的仿真实验，灵活地调用各种资源和工具，完成实验方案的部署和实验运行的控制，从而将各类仿真资源和各个仿真节点有机地组成一个整体，实现实验过程的集成化管理。

（5）仿真结果的评估功能：能够提供可视化的指标体系构造工具，辅助指标体系的生成和可视化建模；支持按照评估领域的不同，提供若干可重用的指标体系模板，辅助面向具体评估问题的指标体系的快速生成；提供多种评估方法，从仿真结果中获得评估指标的值，并辅助评估结论形成。

（6）面向联邦目标的研讨功能：支持研讨流程、研讨人员和研讨模板管理；具有将专家研讨意见转化为仿真问题的能力，支持研讨意见综合。

（7）仿真的 VV&A 支持功能：支持所有 VV&A 工作规范、自动、高效展开，方便 VV&A 人员进行全程管理，从而提高仿真系统的开发与管理的效率。

建立一个领域的 HLA 通用仿真环境，需要将领域中的仿真活动作为一个整体进行筹划，以领域的可重用仿真资源标准化建设为核心，研制相应的工具来高效地支持领域中的各种仿真应用。其中一项核心工作是对部门或领域中的各类仿真活动进行分析，识别其共同特征和可变特征，抽象出领域的共同结构，并以此为基础识别、开发和组织可复用资源。当开发一个新的联邦时，可根据新应用的需求和共同的体系结构形成新应用的设计，以此为基础选择可重用构件进行组装，从而形成满足要求的具体联邦。

9.1.2　环境结构

在以 HLA 为核心技术框架的仿真应用领域，其通用仿真环境可以采用以下的设计思路：以符合 HLA 标准的仿真资源库为核心，采用"资源 + 平台 + 应用"的系统架构，建立包含联邦开发、运行支撑、演示、控制管理、评估研讨的仿真环境，支持模型和工具灵活组合，在此仿真环境的支撑下，通过重用快速建立各种各样的联邦；同时，联邦的开发反过来充实和完善仿真环境，使以后的联邦开发更迅速和方便。

图 9 - 2 给出了一种用于研讨的通用仿真环境的结构。

通用软硬件环境包括计算机、通信保障、信息网络、图像显示系统和安全系统等硬件资源，以及操作系统、数据库系统和地理信息系统等通用软件系统，其核心是计算机网络系统。

仿真资源库系统主要用于存储和管理联邦开发和运行过程中所需要的数据、模型、算法、文件（图片、音像、演示文稿、Word 文档等）等各种资源，为用户提供具有可信性、权威性、互操作性和可重用性的仿真资源。资源库将各种仿真资源有序地组织起来统一管理，为实现建模与仿真资源的重用提供支撑，从而促进仿真资源的完全共享，提高仿真系统开发的效率。在作战仿真中资源库通常包括装备数据库、环境信息库、地理信息库、目标库、仿真结果库、场景想定库、仿真模型库和评估模型库等。管理系统以资源服务器群为载体，为各类仿真资源提供注册、存储、查询、检索、提取、备份、恢复等服务，还可完成对仿真资源的检验、认证、统计、分析、整理、加工等服务，确保环境仿真资源的独立性、整体性、可修改性、可扩充性和安全保密性。

平台是环境的基础，由建模、检测、运行、演示、评估和研讨等仿真支持工具构成。它能方便快捷地提取仿真资源，开展仿真实验、评估和研讨，是仿真资源到仿真应用之间的

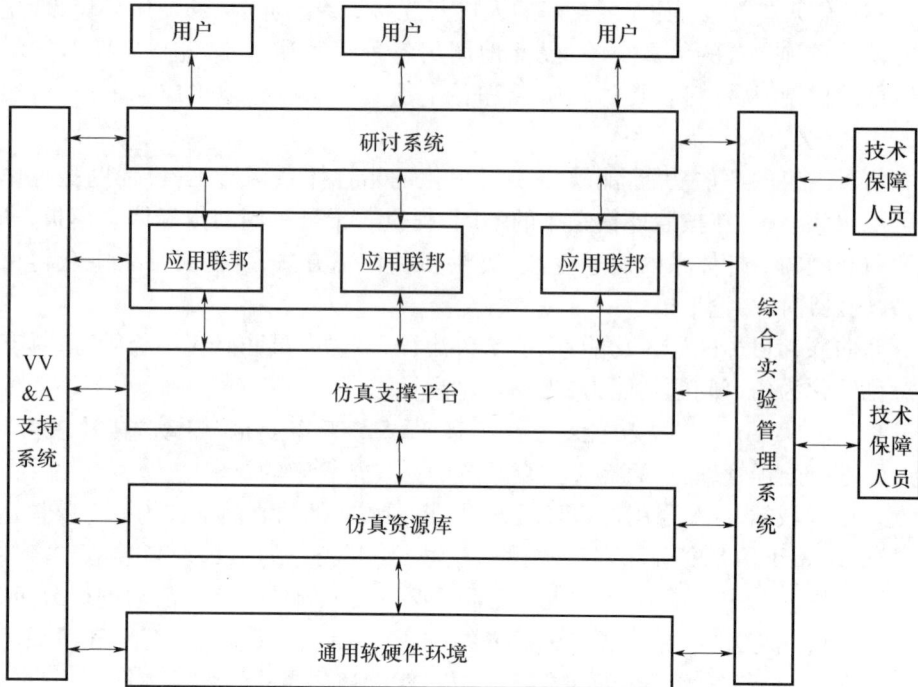

图 9-2　基于 HLA 的通用仿真环境结构

桥梁。平台采用组件化设计方法,将平台分解为由独立功能组件构成的工具,每个工具拥有标准接口,可面向各类应用需求灵活构组,既能够提供统一的地形、气象、大气等环境服务,坐标转换、空间计算等基础服务,以及日志、调试等辅助开发服务,又能够提供面向具体应用的个性化服务。单个工具的升级改造不影响平台其他部分的功能结构,最终增强系统可扩展性与可组合性,满足多样化应用需求。

实验管理系统面向技术保障人员。技术保障人员根据研讨的需要,通过资源库管理系统调用资源,在仿真支撑平台提供的工具支持下,设计仿真实验,调用或组建仿真应用系统,管理和控制仿真实验,最后将评估结果提交研讨系统。管理系统协调整个系统的工作,是整个环境的控制中心、管理中心,它将各类仿真资源和节点有机地组成一个整体,实现功能集成化和管理控制的一体化、自动化,保证仿真环境可重用、易配置、具有强大的人机交互及管理能力。

应用联邦针对特定的应用,按一定的结构(如图 9-1 的作战仿真联邦)开发的仿真系统,它的运行能够产生要求的评估数据。随着应用进行,通用仿真环境将逐步积累各种持久性的仿真应用联邦。

研讨系统直接面向指挥人员提供基本的研讨环境,并能够将专家关注的问题转化为仿真问题后提交给综合实验管理系统处理,同时将发展的结果以友好的方式呈现给专家。

VV&A 支持系统是专门用于支持专门人员进行 VV&A 工作的辅助系统,主要对各类VV&A 工作的过程进行管理,从而提供全系统和全过程的 VV&A 支持。

图 9-3(a)描述了作战领域通用仿真平台各个部分的关系,图 9-3(b)描述的是通用仿真环境中主要工具与联邦的关系,图中各个工具的说明见后续各节。

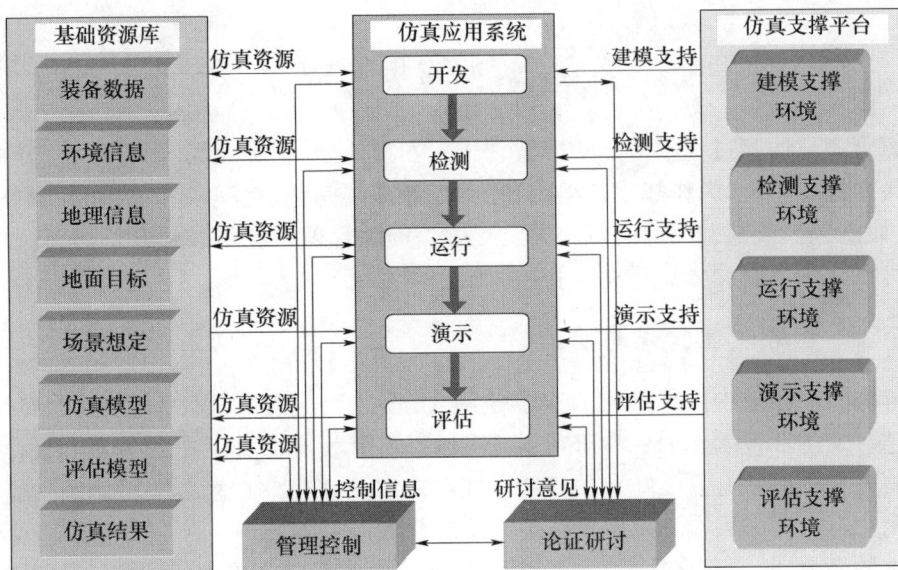

（a）

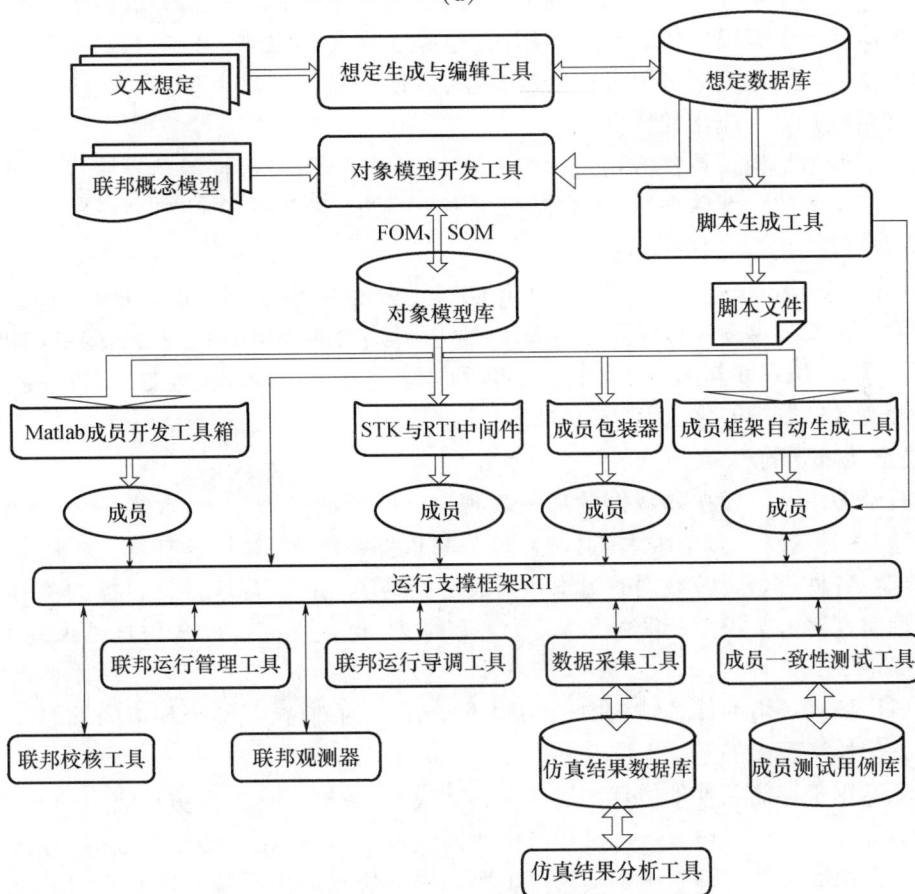

（b）

图 9-3 作战仿真联邦

（a）仿真支撑层的信息流关系；（b）通用仿真环境中工具与联邦的关系。

9.2 资源管理系统

资源管理对仿真过程中涉及的模型、想定、方案计划、基础数据、运行数据、分析数据等进行集中统一管理，为作战模拟组织者、实施者提供完整、有序、高效的资源服务，为实现模型、数据、规则、案例资源的重用提供支撑。资源管理系统将联邦开发与运行中涉及的各种可以重用的资源分类建立库和相应的管理系统。

9.2.1 资源管理需求与功能

随着部门和领域中仿真系统的逐步使用，仿真过程中所涉及的模型、数据等仿真资源越来越多。仿真技术作为一种研究工具可以提高开发和研究系统的效率，但仿真技术本身的研究与应用常常需要花费较长的时间和较多的费用。在复杂大系统的仿真中，这个问题尤为突出。如果在开发每个仿真系统时都要重新开发所有所需的仿真资源，不仅浪费大量的人力、时间和金钱，而且不能保证所开发的系统具有高可信性和与其他系统的互操作性。为了解决仿真研究中这一矛盾，减少仿真过程中时间和资源的浪费，建模与仿真团体提出了建模与仿真资源重用、共享和互操作的思路，将部门或领域中已有的成熟的模型、算法、数据等资源进行开放共享，以便在最大程度上促进仿真工作的开展，提高仿真系统开发和应用的效率。

仿真资源是指模拟系统应用过程中所涉及的各类模型、数据等信息资源。例如，作战模拟资源主要包括评估指标、作战模拟脚本、作战计算模型、作战模拟模型、作战模拟数据，以及算法、文档、知识和工具等。

不同的用户需求对仿真模型的层次和粒度要求是不同的。例如，发展战略研究仅需要粗粒度的仿真模型就可以满足任务要求，而故障处置的决策研究则会需要细粒度的仿真模型。同时，仿真联邦的正常运行需要多种类多层次数据的支持。如何将这些模型与数据资源有效地管理起来，为联邦的构建和运行提供快速方便的资源查询、提取、存储等服务，是至关重要的。

仿真资源主要以模型和数据的形式表现。这些资源类型繁多，数据量大，数据规格多样，存在多种精度或多个版本的数据，涉及的软件系统多，并且还有着实时性、安全保密的需求。各种类型资源数据的组织和高效使用是实现仿真环境设计目标的关键之一。资源管理实现对各类模拟资源的录入、管理和维护，也是提高建模与仿真结果的可信度的重要保证。

在通用仿真环境的体系结构中，资源库处于重要的地位，是整个环境的核心，环境的功能都是依托资源库的基础上展开的。

资源库用于存储和管理仿真系统中的各类模型、数据，为分析、仿真应用的开发提供可重用的资源，为分析、仿真运行过程提供所需资源，并存储相应的结果数据。按标准规范建立的资源库及其管理系统是实现可重用和提高仿真应用系统开发效率的重要支撑。资源库的建立能够为仿真系统的开发提供大量的资源支持；促进仿真资源的重用与共享；提高建模与仿真结果的可信度。

仿真资源可能来自不同的单位，应用于仿真应用研发、运行、分析等各阶段，并具有多版本、多层次的数据和模型。仿真环境应能对各种资源进行有效的管理,并积累各种资源,促进仿真资源的共享,提高仿真联邦的开发效率。资源管理需要提供资源的入库、检索和下载等功能,提供基于网络的用户接口和 API 开发接口。它具体包括模型管理、数据管理、规则管理、案例管理、实验方案管理等。从阶段上区分,资源库功能包括:在仿真应用研发阶段,提供各种可重用的数据、模型资源,支持仿真应用各成员开发;在仿真应用运行阶段,支持各仿真成员对数据、模型的调用需求,并存储相应的结果数据;仿真应用分析阶段,提供数据和模型支持系统的分析、评估。此外还要求具有友好的用户界面、支持多种类型资源的管理、支持复杂仿真模型的存储和管理、支持多版本资源管理和具有完善的安全访问机制。

仿真资源库主要有模型库和数据库两类。数据库中包含装备数据、战场环境信息、兵力编配数据、战术行动与条件数据和仿真结果数据;模型库中包含作战实体的概念模型、数学逻辑模型和程序模型。

9.2.2　资源库层次结构

仿真资源库是建立在各种专题数据库基础上、能综合管理和操作各类数据的数据库框架体系,其难点是多元数据的集成使用。它与数据仓库有一定区别,数据仓库是支持管理决策过程的、面向主题的、集成的、随时间而变的、持久的数据集合,是数据库的数据库,而集成数据库是建立各种独立数据库管理系统之上的数据管理环境,是各独立数据库与应用系统之间的中介。图 9 - 4 给出了一种仿真资源库的层次结构。

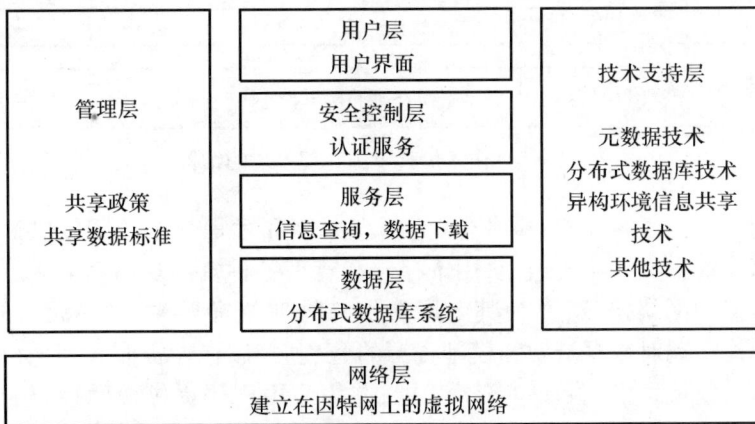

图 9 - 4　仿真资源库层次结构

最上层是用户界面层,用户可以采用多种方式进入相应的系统,包括网络方式,进行权限范围内的业务;管理层应负责制定指导仿真资源共享的方针与政策,以及共享资源信息和数据的标准;网络层是位于整个系统最底层的实际网络系统,其主要功能是连接各客户机、服务器,为信息共享和远程数据访问提供通道;数据层由分布式数据库系统组成,其主要功能是管理和存储数据;安全控制层,利用该层提供的信息安全保证了整个系统的安全性;服务层负责整个系统所有的业务逻辑,包括信息查询,数据传输,数据格式转换,数据下载等内容;用户层负责提供系统与用户的交互接口,为用户提供信息的表示。它为用户提供动态的网页界面,使用户能够在网页界面上浏览和查询所需仿真资源信息,并使由服务层返回的查询结果能够通过网页显示给用户;技术支持层包括了建立整个系统所用到的关键技术,包括元数据技术,分布式数据库技术,异构环境下的信息共享技术和其他相关关键技术。

作战仿真资源库一般由实体数据库、环境信息库、仿真结果库、场景想定库、仿真模型库、评估模型库和案例库等组成。图9-5给出了一种作战仿真领域资源管理系统的结构。

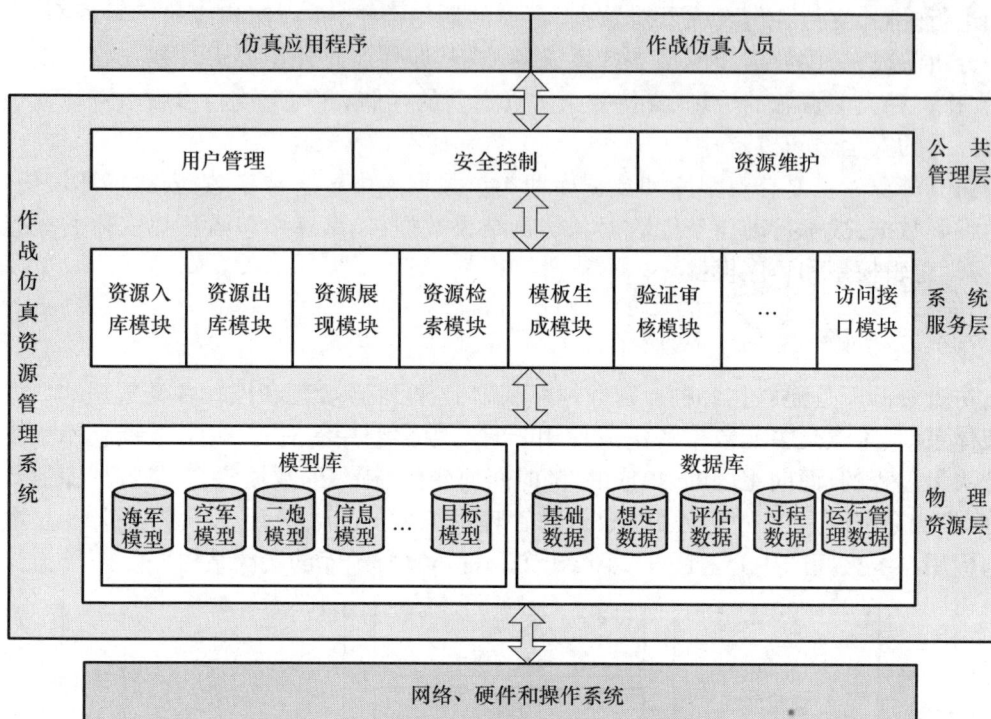

图9-5 作战仿真资源管理系统的结构

网络层用于连接各客户机、服务器,为信息共享和远程数据访问提供通道。物理资源层由数据库系统和文件系统组成,用于存储和管理各种资源。物理资源层使用网络层提供的网络连接和网络协议,并为其上层提供与物理位置无关、协议无关的资源管理。系统服务层具体实现对数据资源和模型资源的管理服务,包括资源入库、资源出库、资源展现、资源检索、模板生成、验证审核等功能,并为应用程序提供访问接口。公共管理层提供用户管理、安全控制、资源维护等公共管理功能。用户层负责提供系统的用户接口与外部用户交互的接口,用户可以采用图形界面使用系统,也可以通过系统提供的 API 函数来访问特定的资源。

9.2.3 模型资源

仿真模型包含了模型属性信息、模型组合信息、模型算法信息、模型关联信息等。在模型层次化过程中,一个复杂的模型可描述成一系列标准组件模型的组合,组件模型具有标准输入/输出端口并通过它进行信息传递。因此,模型资源管理涉及如何利用模型库,如何管理模型,如何组织仿真模型的结构化信息,如何构造仿真模型,如何整合仿真模型。

模型库对遵从建模标准开发的模型源代码、模型插件、模型接口、技术文档和其他描述信息进行管理和维护,支持多种模型检索方式,具有层次的使用控制机制,对外提供统一的、屏蔽模型内部实现细节的模型调用接口。通常,模型管理要求实现的功能包括:

(1) 增加、修改:允许用户向模型库中增加/删除新的仿真模型。

(2) 检索、查询:模型库将每个模型的结构信息、动态特征等分类存储,使得用户可以对模型库中的模型部件进行查询/检索。

(3) 模型结构化处理:提供一个基于模型库的结构化算法,将建模环境所建模型转化为树形表示形式(结构化),并将结构化关系信息表存于关系数据库之中。

(4) 替换/裁减:支持用户利用模型库中的模型替换模型组合中的模型,并允许用户对系统仿真模型进行裁减。

模型管理的基础是模型的分类方式,在确定模型分类方式基础上,模型库管理系统应能提供关于模型的操作,如模型的生成、组装、修改、检索,以及提供友好的人机接口。

模型的描述方法多种多样,如图文法建模、结构建模和逻辑建模。模型描述的一个基本要求是模型部件和方法部件、模型部件与数据部件相互独立。因此模型库的管理需要在对模型中不同的部件、不同的描述方式分别管理的基础上,保持模型的整体性和一致性。

模型库作为用户定义和管理模型的工具,常规的仿真软件工具比较,有以下几方面的要求:

(1) 层次化地定义和管理系统级模型、子系统级模型、部件级模型和元件级模型,从形式上更接近于工程组织习惯;

(2) 与建模支持工具系统结合,形成了一个较为完善的建模支持和管理环境,可同时兼顾建立和管理模型的任务;

(3) 提供面向模型对象的图形、表格驱动的建立和管理操作环境,可实现多种形式的建立、修改和拼装模型的功能。

在作战仿真领域,与模型资源相关的工作包括军事概念建模、仿真实体模型开发、模型库管理和模型 VV&A。其中军事概念建模支持对对抗各方兵力编成、行动规划、作战规则及装备使用规则、作战环境等规范化、形式化描述。仿真实体模型开发通常采用组件化的实体结构建模、基于参数的实体能力建模,以及基于状态机的实体行为建模。实体类型覆盖情报侦察、指挥控制、通信保障、电子对抗、主战部队、保障部队以及重要设施;提供模型框架可以支持模型代码的快速生成。模型库管理主要实现仿真模型的增、删、改、查管理以及仿真模型的组装、实例化。模型 VV&A 工作包括:模型执行结果与细粒度仿真结果符合度分析;模型执行结果与经典公式计算结果符合度分析;模型 VV&A 文档管理、仿真需求跟踪、可接受准则建立、VV&A 流程管理、VV&A 结果综合与分析;模型代码测试和模型运行集成测试。

9.2.4　数据资源

数据资源存放在数据库。模型库中实体模型主要是结构模型,其参数来自数据库。数据库在仿真准备阶段,为各个成员模型提供初始化数据。在仿真运行阶段,动态存入仿真运行数据,少数时候需要从数据库中实时地获得某些数据(如环境数据)。仿真运行后,特别是在分析评估阶段,存入大量的有重用价值的数据。

数据库的功能是存储和管理仿真所需的各种格式的数据。包括实测数据、各种表格形式的气动数据、仿真结果数据和其他数据。数据库系统提供多种获取数据的接口规范,并提供若干种标准的数据格式转换工具。数据库的管理活动除了常规的库操作以外,还支持数据到模型参数的检索,即保存数据和模型与其相关执行环境的关联信息,并提供检索支持。此外,数据库与结果分析和显示工具相结合,构成较完善的结果分析和显示支持环境,为用户提供了强有力的结果数据分析显示的处理功能。数据库系统的操作环境与模型库基本一致,均为面向数据对象的图表驱动的处理和管理环境,易于掌握和使用。

为确保数据与算法的一致性,特别是对于模型间的互操作,需要有数据标准与认定的权威数据源来满足需求。为了得出有效的、有用的建模与仿真结果,在模型中使用的数据必须由数据生产者进行校核、验证与证明(VV&C),作为联邦 VV&A 过程中的一部分。由于权威数据对仿真结果的重要性,通常需要建立专门的机构来进行数据的收集、维护、检验和验证,并提供给特定的模型及其用户。

由美军原 DMSO 定义的建模与仿真数据工程技术框架主要由包含 5 个部分:①通用语义和语法(Common Semantics and Syntax),②数据系统体系结构(Data System Architecture),③数据过程(Data Processes),④数据产品(Data Products),⑤数据管理(Data Administration)。此框架可以作为建立仿真数据库的主要参考。

不同领域的仿真,数据资源的类型不同。对于作战仿真,仿真环境中需要建立武器装备、战场环境、兵力编配、交战裁决数据和仿真结果等数据库。

武器装备数据库主要存储各种武器装备的物理数据、性能数据、技术数据、使用数据和费用数据等,为仿真系统提供所需的基础数据。武器装备的性能数据,是武器装备模型使用及仿真的基础。一般需要通过武器装备数据标准对每种武器装备所需要的数据项及其数据结构、编码格式做出规定,在此基础上建立完备的、一致的武器装备数据库,来满足多种模型和仿真应用的需要。

部队编制数据描述军队的组织、机构设置和人员、装备编配的具体规定,通常按国家(地区)分类,然后根据编制对各军种及兵种进行分类,然后再按编制进行具体描述。编制数据具体内容包括陆军、海军、空军、第二炮兵、特种部队、民兵预备役编制数据。例如,陆军编制数据描述内容主要包括番号、代号、级别、兵种、上级机构、驻地、人员数量、武器装备配属等。海军编制数据对于潜艇和舰艇部队描述内容主要包括舰类、舰种、舰级、舰型、舰名、舷号、上级机构等。数据准备过程中对部队编制的描述仅仅是一个基本的常规描述,实际作战时并非完全是按平时的编制机构进行任务区分的,往往依据实际情况需要还要进行具体的作战编组。

交战裁决数据主要描述在典型作战环境与对抗条件下,作战力量之间及其与战场环境间相互作用的效果数据。它为交战裁决仿真模型的标准目标映射、攻击武器选择、打击对象选择、弹药消耗计算和毁伤评估等功能模块提供实现其功能所需的基础数据。

战场环境对战斗的结果有很大的影响。在作战仿真中,需要在作战实体模型中考虑战场环境的因素。这些因素包括战场的经纬度和高程分布、地球模型的几何参数、重力参数,大气模型的气温、压强和风力分布,海洋水文模型参数、云量模型参数和雾模型参数等。这些数据应取自权威的、实际的数据,以达到能确切反映环境对武器平台机动和火力发挥的影响,对命中破坏目标的影响,对目视、雷达波和红外线传播的影响。战场环境数据库的设计建立在自然环境描述标准之上。在现代战争中,环境和地理信息库中数据应包括空间数据及其属性数据。战场环境数据库对上述的环境数据进行统一的管理和维护,以便在不同的仿真应用系统中共享使用。

仿真结果数据库主要用于保存联邦仿真运行过程产生的数据。每次仿真运行可能采用不同的初始化参数。而针对一组具体的初始化参数进行仿真时,由于仿真中会用到一些随机参数,为了避免它们对仿真结果产生干扰,在不改变参数的情况下,需要执行多次随机联邦仿真运行。而对每次联邦运行,各个成员之间会有不同的记录数据,也可能有一些共同的数据,因此需对联邦运行结果数据进行分析,有效的记录所需的数据。依此类推,将每次运行结果进行综合与处理,最后把数据存入数据库。

9.2.5　案例资源

案例是一种事实知识,也是一种特殊形式的知识,是对经历过的事实的一种描述。案例是行动经验与相关理论的有机地结合,可使相关的理论得以活化、内化、情景化、具体化,进而形成指导以后工作的策略。案例是对已经发生过的事件处置经验和知识的规范化描述,是存储知识的一种方式。

案例表示方法是案例应用的基础。一个案例通常要包括以下几方面的要素:情境、事件、问题以及解决方法,可表示为三元组:问题描述、解描述、效果描述。其中,问题描述指的是对求解问题及周围世界或环境的所有特征的描述;解描述指的是对问题的求解方案的描述;效果描述指的是描述解决方案后的结果情况,是失败还是成功。也可归纳为问题描述域、环境描述域、问题对象域、解决方案域、方案结果域等五元组的集合。其中,问题描述域表示的是对问题的各种特征属性的描述;环境描述域表示的是对问题的初始条件、约束条件和背景的描述,是问题的附加说明信息;问题对象域表示的是对问题对象间关系的描述;解决方案域表示的是对案例解决方案的描述;方案结果域表示的是对解决方案应用效果的描述。

仿真实验过程中的案例是一种综合性仿真资源。将仿真案例作为资源有利于系统地管理仿真实验,有助于非结构化知识(如经验以及意愿)的存储,有利于提高资源的检索效率和重用能力,可以为仿真人员提供仿真实验参考,加速感性知识向理性表达的转化,可以为用户提供辅助决策参考。

仿真案例是一次有效仿真实验的相关数据、模型等仿真资源的集合,是仿真实验参与各方知识和经验的集成,具有极高的重用价值。仿真环境中的案例资源将随仿真应用开展而增长。

案例资源管理的目的是辅助仿真实验人员存储和管理案例,支持仿真用户将问题快速转换为仿真想定,支持仿真用户人员进行案例推理。案例管理不但需要把大量的经验案例组织管理起来,还需要对其内容进行深层次的分析与挖掘,案例管理的重点应该是案例内容管理或者案例知识管理。案例管理的实质就是进行仿真资源的全生命周期跟踪,把仿真应用流程中涉及的仿真资源进行全程的、统一的、有序的管理。广义的案例管理包括实验流程管理和实验案例管理,提供仿真实验流程建模、流程引擎、流程运行门户,支持基于数字化流程的工具、资源综合集成,用户可以查询当前实验进展情况、查看实验结果;支持实验案例的查询、发布、重用。

构建仿真案例管理系统也和一般的数据、知识管理系统有着较大的不同。案例一般多表现为多个文档的集合,构建案例管理系统首先需要选用适当的案例表示方法,把案例表示成可存储的规则形式,以一定的形式组织成案例库,通过合理的数据组织与管理、适宜的数据展示与人机交互手段,在需要的时候用高效的案例检索策略进行搜索匹配,以实现案例的学习和重用。

仿真案例库建设还可以考虑提供以下几方面能力:因果关系追溯——帮助用户确定因果关系,为分析人员提供其所需的因果关系解释功能;数据源追溯——帮助用户确定所有感兴趣数据的来源或线索;日志记录——在因特殊需要对经认证数据做出调整后,软件还应提供记录、浏览和追踪这些调整等能力;资源重用——支持仿真用户利用案例库的已有案例和仿真资源开展新的仿真应用。

9.3   联邦开发支撑系统

联邦开发支撑环境应能根据仿真用户的要求和给定的想定,利用资源库中的资源,支持成员框架和成员模型的开发,构建可重用的成员,支持成员概念模型描述、仿真模型描述、仿真模型代码生成、模型组合、模型检索等功能,并能提供成员的详细信息;能提供联邦开发工具,参照 FEDEP 模型的步骤,开发可以在 RTI 上运行的联邦。美国国防部建模与仿真办公室提出的“联邦开发与运行过程(FEDEP)模型”是建立该环境的主要依据。根据联邦开发过程 FEDEP 模型,在联邦开发支撑系统应能集成具有以下功能的各种工具:①联邦任务描述工具,②联邦需求定义工具,③脚本生成工具,④联邦概念模型设计工具,⑤对象模型开发工具,⑥模型开发辅助工具,⑦成员开发过程管理工具,⑧成员一致性测试工具,⑨联邦协定编辑工具,⑩联邦运行计划规划,⑪联邦校核工具。

对于这些工具的一般要求包括:使用简便、灵活可配置、具有可扩展性、提供诊断能力(可记录使用过程中的状态和错误)、工具模块之间的接口及数据标准化。更进一步的要求是工具服务化。

9.3.1   联邦任务描述工具

联邦任务说明书用于说明仿真任务的来源、目标和约束。联邦任务描述工具用于支持用户录入联邦任务,并能够方便的对联邦任务的各种信息进行编辑、修改、统计、检索,能够按一定格式自动生成论证任务说明书。描述工具应包含以下项目:

(1)一般信息:描述联邦仿真任务的一般信息,包括任务名称、任务来源、主管单位、任务负责人、行政负责人,技术负责人、主管参谋(姓名、单位、电话、传真、电子邮件地址等)、日期(任务的开始日期和完成日期)和经费(经费来源,经费开支计划等)。

(2)目标描述:描述联邦任务要实现的目标,并给出个目标的优先级。

(3)约束描述:指出项目的各种约束、限制条件,包括必须考虑的实体及其必须考虑的行为;联邦剧情中必须表示的关键事件、必须输出的数据要求、逼真度的粗略要求、对系统安全和保密方面的要求、对系统性能方面的要求，以及上级提供的条件、人力、工具、其他设施情况等其他约束。

9.3.2　联邦需求定义工具

联邦需求说明书根据联邦任务说明书描述的目标和约束条件，将目标进一步细化，明确联邦开发的需求。联邦需求定义工具应该能够方便的对各种需求信息进行编辑、修改、统计、检索，建立联邦任务说明书和需求定义说明书之间的联系，并能够按一定格式自动生成联邦需求说明书。需求定义说明书包括以下内容：

（1）联邦开发进度安排表：时间、内容、里程碑、负责人；

（2）所需设备、设施及数据的需求估计表；

（3）联邦关键特性如可重复性、可移植性、坐标选择、时间管理方法等的高层描述；

（4）必须考虑的规则、地域、环境条件和作战策略等；

（5）安全性能的要求，包括能达到的安全级别和可能指定的审批结构；

（6）系统配置的管理计划；

（7）初始的计划文档，如 VV&A，测试及安全检查计划；

（8）联邦的可行性及风险评估记录表；

（9）开发支持工具的情况；

（10）可评估的联邦目标的优先顺序。

9.3.3　脚本生成工具

脚本生成工具用于将文本描述的想定输入计算机并以形式化的标准格式存放，即形成仿真的脚本，然后在联邦运行前将脚本数据加载到各个成员。脚本生成工具应具有以下功能：

（1）想定的输入；

（2）脚本的编辑：修改、删除、复制和剪辑；

（3）脚本的显示；

（4）脚本的加载。

为满足上述要求，需要开发图形化软件系统，实现对脚本库的动态管理。脚本生成工具采用人机交互方式，输入仿真想定，编辑完成后的脚本按规定格式存放在脚本库中，也可调用已有的脚本或对已有脚本进行修改生成新的脚本。对于作战仿真，应能够以矢量地图为背景，将脚本中双方的兵力（用图标显示）和态势显示出来，设置相应的菜单或鼠标键功能，实现对显示画面的任意地放大、缩小或剪裁。

脚本生成工具的逻辑结构如图 9 - 6 所示。对于作战仿真，文本想定的主要内容包括：

（1）背景；

（2）自然情况：地域，地域的地图，重要地理特征；

（3）仿真时间；

（4）气象、天象信息：天亮时间、天黑时间、云、雨、雾、气温、风向、风力等；

（5）实体；

（6）实体初始状态；

（7）指定的实体行动；

（8）设置仿真的自然环境；

（9）实体的布置；

（10）初始状态的建立；

（11）输入指定的实体动作。

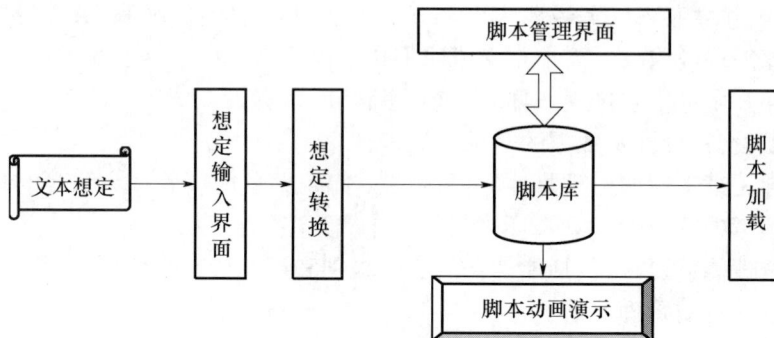

图 9 - 6　剧情生成工具逻辑结构

9.3.4　联邦概念模型设计工具

联邦概念模型设计工具使用 UML 语言描述联邦概念模型。应主要描述联邦概念模型中的以下内容：

（1）联邦对象；

（2）对象之间的静态关系（如 is - a 或 part - whole 等）；

（3）对象之间的动态关系（如对象之间的交互关系及其随时间变化的特性、触发条件等）；

（4）每一个对象类的行为特性（如属性、交互参数等）。

在联邦概念模型的开发过程中，CMMS（任务空间的概念模型）、OML（对象模型库）和 HLA OMDD（对象模型数据字典）等是重要的重用资源。

9.3.5　对象模型工具

HLA 的目的之一就是提高仿真系统的可重用性，使不同类型的仿真系统能方便地集成在一起。当 HLA 对象模型的规模和复杂性增加时，就会遇到开发和共享方面的麻烦。为了辅助这一过程，就需要创建一些自动化的工具来开发、生成和共享对象模型。在 DMSO 的 HLA 早期开发的对象模型工具集中，包含了三个组成部分：

（1）对象模型开发工具。为开发 HLA 对象模型提供自动化的支持，生成 RTI 联邦执行数据，以及与基于网络的对象模型库交换对象模型；

（2）对象模型库。即在网络上可获取的联邦对象模型（FOM）和仿真对象模型（SOM）库；

（3）对象模型数据字典。提供在网络上可以获取的将对象模型开发映射到国防部数据标准的通用数据组件的资源库，具有和对象模型开发工具相联系的功能。

这些工具是由一组公开使用的数据交换格式(DIF)来支持的,它能够实现对象模型间的交换。这些 DIF 数据交换格式根据具体的 HLA 用户的需求保证了能够开发出商业应用的工具来满足 HLA 对象模型开发功能。

9.3.6　模型开发辅助工具

模型开发辅助工具用于辅助成员中各个对象的模型构建,为模型开发人员提供一个开发概念模型、表示仿真模型的环境。具体包括概念模型描述、仿真模型描述、仿真模型代码生成、模型组合、模型检索等功能。模型开发辅助工具需要将其输出的产品存入仿真资源库中,以备以后重用。

模型开发者通过该工具描述模型的接口、模型的状态变化过程以及模型之间的关系,然后模型生成模块负责将模型的描述信息按照既定的规则生成仿真模型代码,在模型开发者进行编辑后编译成仿真组件。仿真组件的代码和仿真运行支撑环境相关,不同的仿真引擎需要不同的代码生成规则。模型组合软件根据模型体系中的组合模型要求,将基本的仿真组件组成功能更加复杂的仿真组件。模型组合是模型重用的一种方式。

模型代码生成模块可以由一组具有符号处理功能的集成化处理工具组成,该工具集的功能是将图符、框图代码或仿真语言定义的模型转换成可执行程序;同时,包含一类用于高级语言集成的工具,其功能是为用高级语言编写的模型程序提供与环境系统通信和控制的规范化接口。这样,环境系统将能够组织和控制由图表方法,仿真语言方式和常规高级语言方式定义模型程序和相关程序的集成化并发运行,并根据用户的需要实现多任务并发工作或多相关任务的并发运行控制和通讯等功能,为大型武器系统的仿真提供有效的支持。

进一步模型开发辅助工具还需要提供组件模型测试功能。以组件为单元的测试能将系统的错误限制在单个组件范围内,便于发现、修改组件存在的问题,提高其质量,减少调试联邦的时间。

9.3.7　成员开发过程管理工具

成员开发过程管理工具用于记录正在开发的成员的进展情况。对每个成员需要记录以下信息:

(1) 一般信息:记录正在开发的成员的一般信息,包括成员名称、SOM 表信息(名称、地址)、开发小组信息、VV&A 人员信息和成员的适用性说明。

(2) 开发进展信息:成员的开发过程分为几个节点,一般要求上一个节点完成后才能进入下一个节点。成员开发过程管理工具一般需要记录每个阶段的信息,包括需求描述、SOM 定义、概念模型设计、软件开发、系统测试等。对每个节点还应记录其负责人、开发人员,记录测试人员的意见,经审查人员签署意见后进入下一环节。同时,要求能从该工具访问需求描述文件、SOM 表文件、概念模型设计文档、软件源程序和测试文档。

(3) 修改信息:记录在每个阶段对成员的设计、开发所做的重大修改,修改的时间、修改的理由和批准人等信息。

9.3.8 成员一致性测试工具

联邦是由成员有机集成而构成的具有特定功能的仿真系统。成员的正确性是联邦正确的前提,决定了仿真系统开发的成败。因此,在成员在加入联邦前,必须通过一致性测试(又称为成员测试)来检测所开发成员的正确性,进而提高联邦的正确性和可信性,并有助于加快仿真系统开发与联调的进度。

成员是联邦功能的承担者,体现了仿真模型各对象类及其属性、交互类及其参数等信息。对 HLA 仿真系统而言,成员测试主要检测被测成员是否符合以下要求:

(1)成员的 SOM 表基于统一的对象模型模板;

(2)能够更新、反射成员中的各对象属性并发送/接收交互;

(3)能够动态的传送/接收各对象属性值;

(4)能够修改属性的初始值;

(5)能够依照成员间的数据交换要求管理本地仿真时间的推进;

(6)能够按照接口规范与 RTI 之间交换数据。

通过读取被测成员(Federate Under Test,FUT)的 .omt 文件,并结合测试想定反向选择所要检测的 FUT 外部接口数据,生成测试成员的 SOM;在此基础上预设一系列仿真事件,并设置好有关的成员运行信息,生成对偶的测试成员;最后通过测试控制台控制被测成员和测试成员的运行,并在控制台上查看成员间的数据收发情况。

成员一致性测试工具通常包括四大基本功能模块:测试准备、测试控制、动态显示和结果分析模块;以及两类辅助功能模块:信息设置模块(提供保留设置和导入设置两项功能)和运行控制模块(包括中断测试和重新开始两项功能)。其中,基本功能模块通过主控台界面调用,辅助功能模块通过下拉菜单条调用。成员一致性测试工具的功能结构如图 9-7 所示。

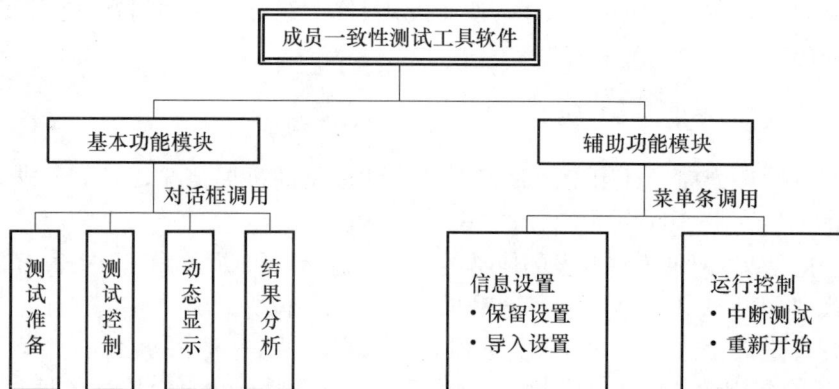

图 9-7 成员一致性测试工具功能结构

在设计成员一致性测试工具时,结合测试想定生成一个合乎需要的辅助功能成员 fctest.exe 是软件设计与实现的关键。图 9-8 给出了一种测试成员的生成原理:通过写成员模块将典型 SOM、预设仿真事件(包括注册对象、更新属性和发送交互)和联邦运行信息(包括联邦名、成员名、仿真初始时间和仿真步长等)在测试想定的指导下关联起来,然后遵照 HLA 规则将这些信息写入测试成员代码,再执行创建项目、设置库文件路径、编译、连接等一系列操作,最终生成可执行文件 fctest. exe。

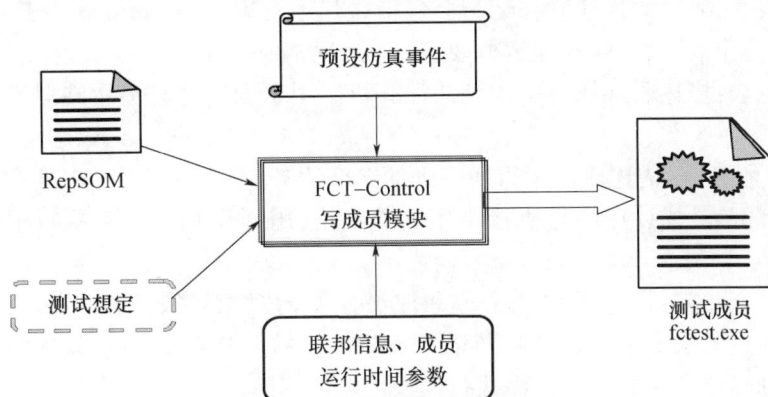

图 9 - 8　测试成员生成原理

9.3.9　联邦协定编辑工具

联邦协定编辑工具用于记录以下联邦中成员之间必须达成,但不必记录在 FOM 中的协定,这些协定对于建立一个可互操作的分布仿真环境是十分必要的。这些信息包括:

（1）联邦运行过程中的公用支撑资源,如数据库、算法等的约定;

（2）各种权威数据资源(ADS)的约定;

（3）联邦的初始化程序、同步点、保存/恢复策略等的约定。

9.3.10　联邦运行规划(FEPW)管理工具

联邦运行规划是联邦开发与运行过程的一个重要的步骤,目的是定义并开发支持联邦运行所需的所有信息,也用于完善测试计划和 VV&A 计划。

联邦运行规划工具定义并开发支持基于 HLA 的联邦运行所需的所有信息,它为联邦运行的计划编制服务,说明各组成部分的配置情况,包括物理设备、软件及网络方面的配置;同时记录联邦成员之间对关于对象属性的更新、反射、属性所有权的转换和接收、交互的发送和接收等责任的协议;记录联邦对象属性值更新和交互发送的频率及规模的联邦协议;记录各联邦成员将会用到的 RTI 服务;记录对联邦性能影响最大的联邦因素。

参照美国国防部的(Federation Execution Planner Workbook,FEPW)规范,联邦运行规划工具应可以:

（1）支持联邦运行的计划编制。在设计和编制联邦运行的过程中,需要定义一系列不同的属性和参数。包括鉴别成员和他们的功用,鉴别网络和他们的功用,联邦对象、属性和互操作是如何在联邦中分布的。

（2）支持联邦运行的验证与运行。来自联邦运行规划工具的数据被用来验证预期的成员是否在联邦运行中执行,并且利于仿真数据的收集和记录。

（3）保存过去的联邦运行。通过记录和维护上述计划编制的元素,联邦设计师保留了过去联邦运行的记录。

该工具一般需要实现以下表格的输入、编辑、保存和修改：

（1）概要表：概要地描述联邦运行。包括联邦运行概要表、成员概要表、联邦对象概要表、联邦互操作概要表、联邦注解概要表。联邦运行应该完成这一系列表中所有的表。

（2）主机表：描述联邦执行中用到的计算机。用于识别并且显示在联邦执行中用到的计算机。

（3）RTI 服务表：描述成员运行所用到的 RTI 服务。

（4）局域网表：描述在联邦执行中用到的网络，用于识别在联邦执行中用到的本地网络的特征。

（5）对象交互表：描述了由一个单一成员操作的对象以及交互，分为对象表，交互表。对象表描述了成员更新、映射、传输所有权或者接收所有权的对象属性。交互表用于识别并且刻画单个成员在交互中执行的操作。

（6）参照表：该表格描述成员传输所有权以及接收被传输的每一个属性的所有权。一个数据（对象类以及关联属性）将登录联邦执行时的每一个对象类的每一个属性。该表中的数据概述了确定的成员传输以及接收每一个对象类的每一个属性的所有权。它概述了对象/交互表中提供的详细信息。

（7）数据表示表：描述了成员如何在联邦执行时表现数据。这些表中的任一设置将由每一个联邦执行来实现。这些表提供联邦执行协议的特殊文档机制，这意味着所有特定基础类型的使用将以同一种方式表现。

9.3.11　联邦校核工具

联邦校核工具用于校核成员更新/反射和发送/接收责任，以及调用服务的正确性。该工具可以设计成一种"模型－视图－控制器"结构。模型是一个记忆数据的结构，跟踪联邦执行中的信息。在联邦执行前，读 FED、FEPW 等文件初始化模型。在联邦执行中，模型被控制器更新，控制器还负责订购相应的联邦对象和交互（包括管理对象模型），并且更新相应的模型。根据该结构，可将工具界面设计为三个窗口：FOM 数据窗口（测试成员）、RTI 服务窗口（测试 RTI 服务）和实时信息输出窗口。控制器主要是订购管理对象模型中的一些对象类与交互类（Manage. Federate 对象类和 ReportServiceInvocation 交互类），它们是由 RTI 实现，并供成员调用的联邦管理服务。图 9－9 是联邦校核工具的组成结构。

测试过程可分为三个阶段：测试准备阶段、测试执行阶段和结果分析阶段。在测试准备阶段，确定要校核的内容；在测试执行阶段，与待测成员等组成测试联邦，通过 RTI 进行通信；在结果分析阶段，结果显示在图形用户接口，并且能保存为不同的报告文件格式供事后分析。从测试软件系统实现的角度来考虑，该软件必须具有如下功能：

（1）读取待测联邦的 FOM 表，获取联邦的外部接口数据，并设置记录文件位置。

（2）添加待测试的联邦成员，可添加多个。

（3）结合 FEPW 表和测试想定，选取每个成员待测数据的公布、订购属性，以及每个成员调用的 RTI 服务。

（4）设置联邦信息，如联邦名、联邦执行数据文件、仿真初始时间等。在此基础上，生成所需的辅助测试成员。

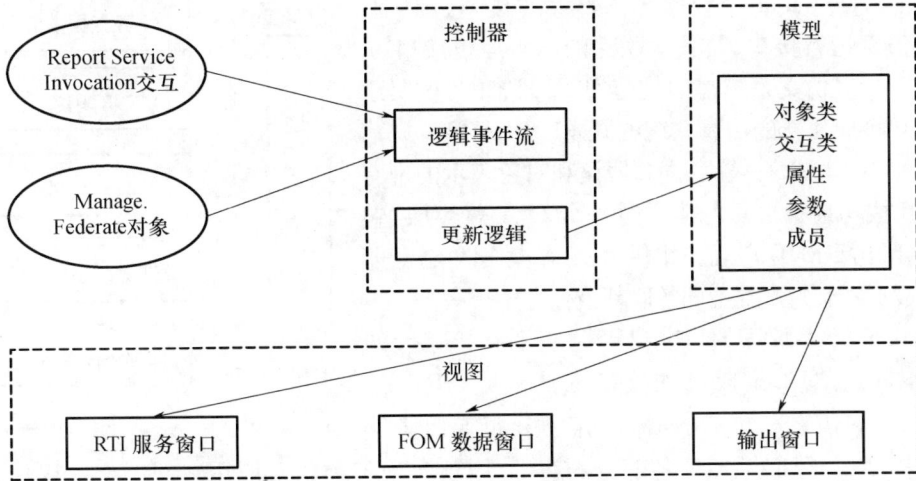

图 9 - 9　联邦校核工具结构

（5）依次启动 RTI 服务器、被测联邦和联邦校核工具，使联邦与校核工具在 RTI 上同步运行，使得校核工具通过管理对象模型（MOM）获取数据并将有关的测试结果显示或记录到文件中。

9.4　运行支撑系统

联邦运行支撑子环境用于在分布的平台上运行各类模型，产生联邦运行过程的原始数据，主要提供联邦中模型的动态运行支持和联邦对外接口。

其他仿真开发软件（如 Matlab 数学计算工具软件包和 Simulink 可视化仿真开发工具、Matrix 数学建模工具软件等）不具备直接与 RTI 接口功能，或者说是不满足 RTI 接口规范，一般应提供应用程序接口 API（如 Matlab API 和 Real - Time WorkShop，Matrix API 等）。因此，需要根据这些应用程序接口 API 开发相应的 HLA 接口。此类接口的开发需要紧密结合具体的仿真应用程序 API（如 STK/Connect 和 Matlab API），以及具体平台操作系统的系统调用来实现。

9.4.1　功能与组成

仿真运行支撑主要提供模型计算和模型交互的支撑能力。仿真运行支撑系统根据实验规划产生的实验设计样本文件、实验运行配置文件以及资源库中获取实验所需的数据、模型，对实验设计样本文件进行仿真运行，并为仿真运行数据的采集提供支持。在 HLA 通用仿真环境中，这些功能主要由 HLA 的 RTI 实现；同时要求具有能提供 RTI 与 DIS、实物等的接口和扩展联邦的能力。仿真运行支撑系统的组成如图 9 - 10 所示。

对于作战仿真，模型的动态运行支持由 RTI 的六大服务来实现，要求能够通过这些服务对构造仿真、虚拟仿真与真实仿真等不同类型的仿真应用进行综合集成；能够集成为数众多的，在不同软硬件平台下开发的装备平台、战场环境与指控系统等仿真成员进行仿真运行。联邦对外接口能够提供与特殊子系统的运行接口，包括：与常用仿真软件工具,如 STK、Matlab、WISE、SLAM 等的接口;与 C3I 系统的仿真运行接口;与其他联邦的仿真运行接口。

现有很多仿真系统都不是与 HLA 兼容的,重用这些系统必将加速新的仿真系统的开发。HLA 接口规范允许将使用不同仿真技术、同步协议和对象表示的现有仿真应用成功地集成。若能通过一个 HLA 兼容层"包装"现有的仿真应用,就可以提供 HLA 互操作性支持,兼容层或成员不必每次在不同的联邦或任务中重写。

联邦运行支撑子环境由计算机网络上运行的 HLA – RTI、数据采集成员和接口工具构成。RTI 是基于 HLA 的仿真系统的核心,它作为分布式仿真的运行支撑系统,是联系系统各部分的纽带,用于实现各类仿真应用之间的交互操作。RTI 按 IEEE Std 1516 – 2000 标准设计,利用高速以太网,建立仿真运行支持环境,通过动态信息的集成、管理和控制来实现对整个系统运行状态的同步、控制和管理,使分布在各个计算机上运行的仿真模型能正确地交换数据,并协调仿真时间的推进。

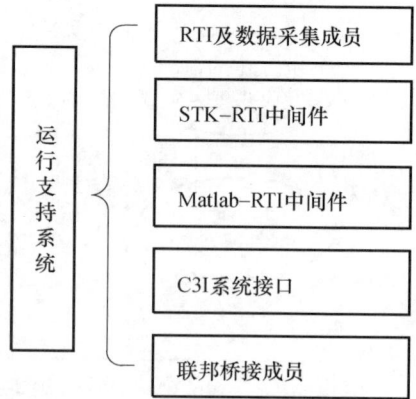

图 9 – 10 运行支撑系统组成示意图

数据采集成员用于收集仿真中产生的原始数据。该成员要求设计成具有较大的通用性,通过简单的配置即可加入到特定的联邦,完成该联邦运行时原始数据的采集。

高精度仿真的分析任务很复杂,需要详细的数据收集。首先,必须收集用于校验成员间交互正确性的数据,即确认整个仿真像期望的那样相互作用,因而得到可信的仿真结果;其次,必须收集用于对仿真结果深入分析和优化的数据;最后,必须收集在仿真需求和情势改变的情况下,仿真的结果数据。

HLA 提供了更柔性的方式实现分布仿真实验:联邦可以通过联邦对象模型(FOM)和仿真对象模型(SOM)来自由定义成员间交换的信息和数据。然而,这种柔性使得数据收集更复杂化。因为各类联邦没有一种通用的数据交换协议(如同分布交互仿真 DIS 所定义的协议数据单元 PDU),日志工具就不能再挂接在网络上来识别并记录仿真通信数据。HLA 联邦中有三种数据收集方式:设计日志成员,将数据收集功能直接嵌入成员软件及 RTI 接口日志工具。

各类接口工具可采用仿真代理方式实现模拟器、实战装备、C4ISR 系统与联邦引擎之间的接口,并具有数据转换和时间同步的功能,能够将模拟器、实战装备、C4ISR 系统作为仿真应用联入分布/并行仿真引擎。接口的仿真代理功能如图 9 – 11 所示。

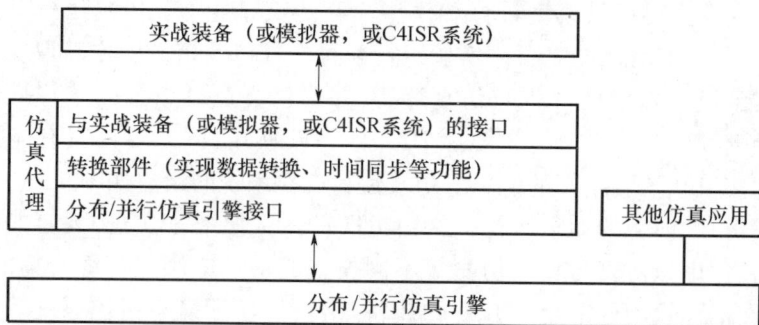

图 9 – 11 仿真代理功能示意图

9.4.2　与 DIS 的接口

HLA 目的之一就是提高仿真系统的可重用性,使不同类型的仿真系统能方便地集成在一起。HLA 是一个开放的系统,它有良好的结构和接口实现 DIS 到 HLA 的转换;另一方面,对同一个仿真演练来说,无论采用 DIS 结构还是采用 HLA 结构,其仿真目的和演练的内容都是相同的,因此仿真过程中要传递的信息流也应该是相同的。只不过采用不同的体系结构时这些信息的表现形式和传输方式不同而已。

图 9-12 给出了实体状态 PDU 与 HLA 的对象管理服务组中的"UpdateAttributeValue"服务之间的关系。由图可见,HLA 各项服务的内容实际上就是将原来 PDU 的内容提炼出来,而不是传递实体的全部信息。可见,实现 DIS 到 HLA 的映射是可行的。

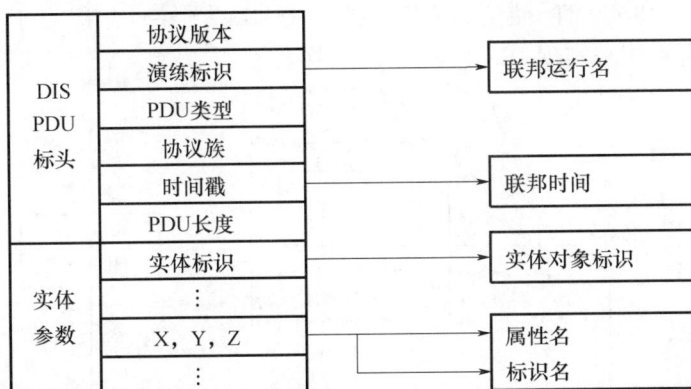

图 9-12　DIS 和 HLA 数据间的对应关系

联邦与 DIS 互联的方法主要分为集成方法和转换器方法两种。集成方法是通过修改现有的仿真应用软件和接口,以实现和 HLA 的集成。转换器方法不修改现有的仿真应用软件,在外层附加转换器(或者称为网关,Gateway)来实现已有的 DIS 系统同符合 HLA 标准的系统间的交互和集成。

1)集成方法

集成方法是通过修改现有的仿真应用软件和接口,以实现和 HLA 的集成,主要有封装器(Wrapper)、协议接口单元(PIU)和直接集成等方式。

封装器方法在仿真应用的 DIS 接口层下面增加软件,来实现 DIS 协议同 HLA 协议间的转换。这种方法的优点是不需要增加任何硬件,只需对已有的软件作有限的修改。但是,若要求其具有向前和向后兼容性,则需要对软件做进一步的修改,此外,该方法构建的成员无法获得 HLA 所具有的特性和优点。

协议接口单元 PIU,是用于实现仿真应用同网络接口的软件。PIU 提供一组 API 来支持 DIS 和 HLA 的所有特性,既可以实现 DIS 到 HLA 的升级,也可以完成 HLA 到 DIS 的转换,同时能够实现仿真器到不同的仿真对象模型的转换,以及不同版本的 DIS 协议之间的转换,既保证了向前兼容性,又维护了向后兼容性。PIU 方法只需对现有的仿真应用进行很少的修改,当设计新的仿真应用时可以提供较大的灵活性,该方法实现方便,能够保持 HLA 的特性和优点。

直接集成的方法是对仿真应用进行大量的修改,从而使仿真应用成为与 HLA 兼容的成员,获得 HLA 的所有特性。但当协议改变时需要对软件进行相应的修改,工作量大,且不具有向后和向前兼容性,灵活性较差。

2）转换器的方法

该方法通过仿真应用外附加转换器（或者称为网关,Gateway）来实现已有的 DIS 系统同 HLA 联邦间的交互和集成。转换器可以是另外一台计算机上的独立应用软件,由它实现不同协议间的转换。当进行协议间的转换时,DIS 或 HLA 的仿真应用都先将要转换的数据发给转换器,由转换器完成转换后再传给接收者。该方法不需要对已有的软件进行修改,但由于不同协议间的数据需要通过转换器传输,所以会附加一定的延迟,同时会导致在分布系统中出现单一的故障点。它只能保持有限的向后和向前兼容性,限制了仿真系统的可扩展性和灵活性,使仿真应用不能获得 HLA 的特性。但由于其构造简单、实现方便,所以经常被用来实现 DIS 和 HLA 的转换。

图 9-13~图 9-15 是几种转换方法的结构示意图。

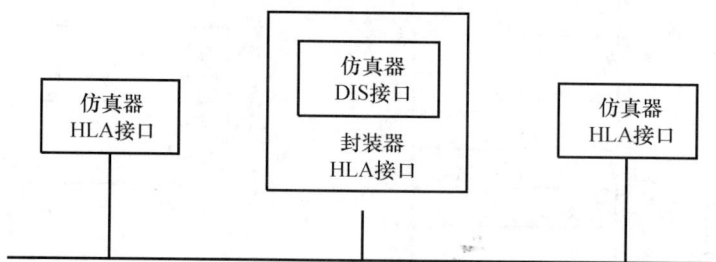

图 9-13 封装器转换方法

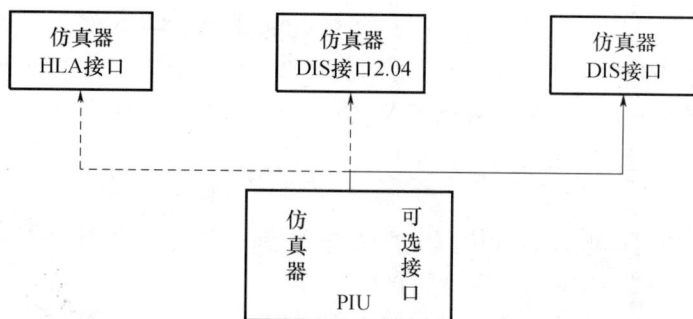

图 9-14 协议接口单元转换方法

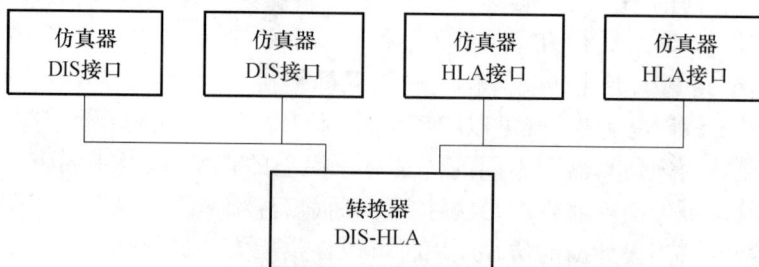

图 9-15 转换器方法

288

美国军方曾实现两个 DIS 和 HLA 转换的实例,一个是美国仿真和训练学会(Institute for Simulation and Training)的 IST HLA GATEWAY,另一个是 Naval Air Warfare Center 的基于仿真中间对象类(Simulation Middle – ware Object Classes SMOC)的 Gateway。

9.4.3 与 MATLAB Simulink 的接口

许多商用仿真软件提供了很强的建模与运行功能,可以为成员内模型的开发和成员的运行提供很好的支持。但这些仿真软件不支持与 RTI 的互联。要将它们联入联邦,需要开发相应的转换工具或接口。下面先以 MATLAB 为例讨论 RTI 与商用仿真软件的设计。

MATLAB 是一个集工程计算、建模与仿真为一体的大型综合软件,能对连续系统、离散系统以及连续离散混合系统进行仿真,在国内外有广泛的应用。但 MATLAB 仿真一般只限于单机模式,不能用于分布式环境。另一方面,在 HLA 联邦中,如果需要对连续或离散系统进行运算,手写代码将会非常复杂且容易出错。因此,研究在 HLA 联邦中利用 MATLAB 是非常有意义的。一种途径是在 MATLAB 中建立 HLA 工具箱,集成在 Simulink 环境中。使用 MATLAB HLA 工具箱开发的联邦成员,既可在 Simulink 环境中运行仿真,也可生成 C + +代码脱离 MATLAB 环境进行仿真。MATLAB HLA 工具箱中的模块统称为 HLA 模块,放在 Simulink 模块库中,像库中其他模块一样使用。

MATLAB HLA 工具箱通常应包括基本模块库、扩充模块库和模块库创建工具 Create Omt Lib。

基本模块库中有联邦信息设置模块、对象/交互类公布订购模块、数据编码解码模块、区域模块以及三个辅助模块:枚举模块、常量字符串模块和字符串显示模块。

扩充模块库是用模块库创建工具 Create Omt Lib,模拟 OMT 文件产生的模块库。库中的模块从本质上是基本模块库中的公布订购模块和数据编码解码模块,但是已经设置好参数,封装成用户友好的界面,使开发人员开发联邦成员模型时,省去了设置参数的麻烦,减少了出错的机会。

MATLAB HLA 工具箱中的基本模块都是 C + + MEX S – Function 模块,即用 C + + 按 S 函数的接口规范写成 S 函数,编译成动态库文件,由 Simulink 在仿真过程中调用。每个基本模块都有对应的 TLC(Target Language Compiler)文件,用来生成内联的 C + + 代码。

使用 MATLAB HLA 工具箱在 Simulink 环境下仿真极大地提高联邦成员开发效率,适合于有复杂计算的系统,也适合于对现有联邦成员进行功能测试。

9.4.4 与 STK 的接口

联邦与 STK 的接口 STK – RTI 中间件通过 STK/Connect 实现。STK/Connect 是 STK 的重要模块之一,提供用户在客户机/服务器环境下与 STK 连接的功能,使用 TCP/IP 或 UNIX Domain Sockets 在第三方应用软件与 STK 之间传输数据(包括实时数据传输),为其他应用程序提供了一个向 STK 发送消息和接收数据的通信工具。

STK – RTI 中间件采用组件技术,由用户仿真应用模块、STK/Connect 命令封装模块、代理成员模块三部分组成。通过将 STK 对象模型加入代理成员,从而与联邦中 Fed 类、

FedAmbassador 类、Pub 类、Sub 类以及其他辅助类适当耦合,使得用户能够将联邦对象模型 FOM 与 STK 代理成员的对象模型 SOM 建立映射。用户需要进行的工作只是建立联邦对象模型 FOM 与成员 STK 对象模型 SOM 的数据结构映射,并添入自己所需的仿真应用代码。

代理成员的 RTI 接口模块负责实现 RTI 的标准服务功能,从而实现 STK – RTI 中间件和 HLA 其他成员的交互,完成联邦运行的控制以及和其他联邦成员的数据交互。

STK/Connect 对象类封装模块负责将通过 STK/Connect 获取的 STK 场景、场景对象的属性、状态进行提取、分析,并转化为对象类实例的属性更新,同时负责将交互命令转化成 STK/Connect 可识别的格式,转发给 STK。

映射模块负责在 STK/Connect 模块功能函数与 RTI 服务之间建立映射关系。主要负责将 RTI 的联邦管理服务、时间管理服务转换为 STK/Connect 模块对场景、VO 的控制功能;将 RTI 的对象管理、数据分发管理服务转换为 STK/Connect 模块的卫星、地面站等各实体的添加、删除以及其参数的设置、查询等功能;并将应答结果通过 RTI 的对象管理、数据分发管理服务发送给其他联邦成员。

图 9 – 16 为一种 STK – RTI 中间件的结构,中间件设计实现和工作方式如下:

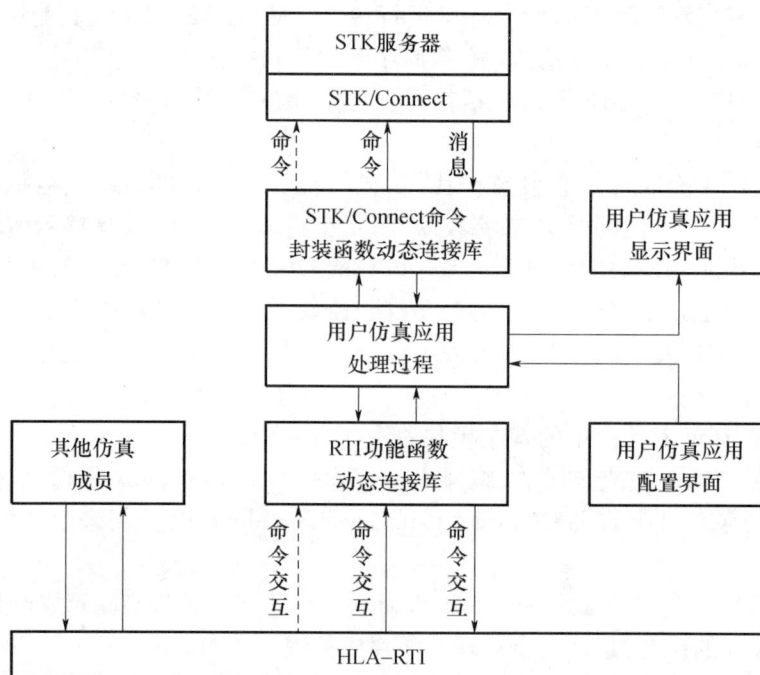

图 9 – 16　STK – RTI 中间件结构

（1）根据 STK 对象模型建立中间件对象模型:STK 采用面向对象设计、具有分级组织结构,其场景包含的对象有地面站、卫星、导弹、飞机、轮船、车辆、运载、行星、恒星、目标、区域以及遥感器、接收机、转发器、雷达等。中间件根据 STK 场景包含的对象及其具有的属性采用面向对象方法进行对象类的设计,并以类库的形式实现。中间件对象模型使用 STK/Connect 模块实现与 STK 之间的数据通信。

（2）采用代理成员模式的思想:建立 HLA 联邦对象模型 FOM 中的对象类/属性值、

交互类/参数以及复合数据类型与中间件对象模型的数据结构的映射关系,并由需要映射的 FOM 中的对象类/属性值、交互类/参数以及复合数据类型组成中间件代理成员的成员对象模型 SOM。根据中间件代理成员 SOM,利用成员自动生成工具生成中间件代理成员框架。该框架包含 RTI 服务的功能,并具有一般 HLA 成员的性质。

(3)代理成员调用中间件对象模型类库函数实现代理成员与 STK 之间的数据通信,包括向 STK 发送仿真控制信息、外部仿真对象信息、事件信息,以及从 STK 获得内部仿真实体信息,事件信息。

(4)代理成员采用 HLA/RTI 提供的联邦管理、声明管理、对象管理、时间管理、所有权管理和数据分发管理等标准服务实现代理成员和 HLA 其他联邦成员的交互,完成联邦运行的控制以及和其他联邦成员的数据通信。

(5)在每一个仿真步长内,用户仿真应用订购 HLA 成员公布的对象类,由此生成 STK 场景中相应的对象;同时接收来自 HLA 成员的命令交互,然后向 STK 转发相应的命令。接着,用户仿真应用向 STK 发出命令,要求 STK 返回 STK 中场景、场景对象的属性、状态,用户仿真应用对返回的数据进行提取、分析,转化为对象类实例的属性更新。

最后,用户仿真应用请求时间推进。

9.4.5　其他类型的接口

在军事领域,联邦与外部系统集成的其他类型接口还有与模拟器的代理接口和与 C3I 接口等。

模拟器等真实设备可以通过成员代理加入联邦。成员代理与 RTI 的接口按 RTI 的接口规范设计实现,而成员代理与真实设备之间的接口自行设计,如基于 Socket 自行开发,如图 9 – 17 所示。

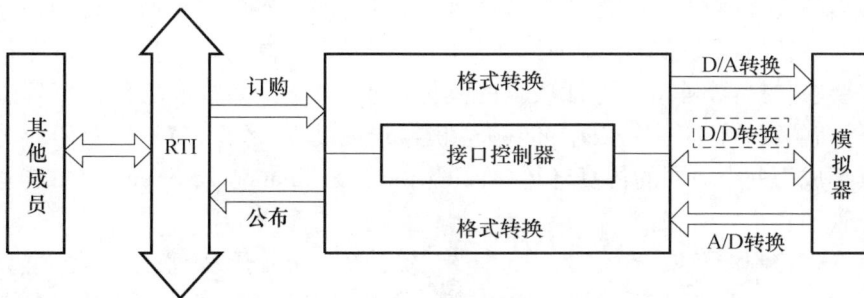

图 9 – 17　联邦与模拟器接口示意图

联邦与 C3I 接口的功能是将真实的 C3I 系统作为一个成员接入到基于 HLA 框架的联邦中。C3I 接口使得从 HLA 联邦看 C3I 系统,C3I 系统能和其他成员一致,能够进行公布和订购,能和其他成员通过 RTI 互操作,如图 9 – 18 所示。从 C3I 看 HLA 联邦,HLA 联邦作为 C3I 系统指挥控制的对象,联邦能够执行来自 C3I 系统的指挥与控制,并反馈执行的状态等信息。

C3I 接口设计的关键在于描述指挥、控制与作战单元、战场环境的信息流。描述的基本思路是:以我军联合战役纲要为指南,分析各军种作战条令,由此理解各种作战行动下

C3I 系统在各作战阶段下典型的编成与配置,信息交换活动与交互信息。通过 C3I 接口接入了 C3I 系统的联邦应具有实时模拟功能。

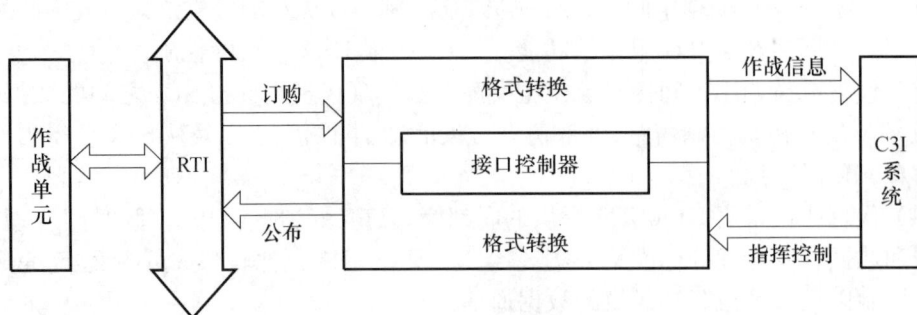

图 9-18   联邦与 C3I 系统接口示意图

9.5   管理控制系统

大规模联邦一般需要采用分布计算的模式,需要将大量的模型分配到多台服务器进行解算,为此需要运行控制软件来管理相关仿真资源的分配、部署,控制运行支撑软件和模型运行服务器。管理控制系统是整个仿真环境的控制和管理中心,它为用户提供将各类仿真资源和各个仿真节点有机地组成一个整体,实现系统功能集成化和管理控制一体化、自动化的功能。

9.5.1   系统功能

管理控制系统接受来自评估研讨的仿真任务,按要求辅助设计仿真实验方案,按方案调用各类仿真资源和工具,形成仿真联邦,最终为评估研讨提交所需要的信息。其主要作用是对系统的各项仿真活动进行规范化管理,从而提高仿真实验的工作效率。

具体要求包括:能够按照论证项目的具体需求,对整个系统的软硬件资源进行配置和调度,提高仿真论证工作的效率;能够将联邦开发过程、运行、演示以及研讨分析中所需的工具集成为一个协同的仿真环境(Collaborative Simulation Environment);能够对仿真结果进行管理。

仿真管理控制涉及安全、仿真任务分析、资源库、成员开发、联邦开发、仿真运行控制、演示控制、研讨分析过程及仿真环境检测维护等多个方面,通常分为仿真准备和仿真运行两个阶段。仿真准备阶段需要对结构仿真、虚拟仿真与真实仿真等不同类型的仿真站点进行调度和集成,偏重于系统资源的分配与管理,协调开发阶段的各种活动。仿真运行阶段要求对仿真运行进程进行管理、控制和监视;对实体的性能参数进行修改;对演示的内容进行控制。主要功能包括:

(1)仿真任务管理:支持仿真任务的分解,辅助确定仿真任务对仿真应用系统的要求,对软硬件进行检测与调度,实现对使用人员的登录、权限赋予、使用限制的管理。

(2)联邦开发监控与协调功能:根据仿真计划,确定仿真任务号,配置计算机、网络及相关设备;调配仿真资源,准备所需数据;提供信息查询服务;调用建模与仿真通用环境工具软件,生成仿真场景运行计划;对仿真任务的准备过程进行监控与管理。

（3）仿真运行管理、控制和监视功能,包括:控制启动仿真底层支撑系统;对演示的内容进行控制;控制仿真的启动和初始化(根据仿真任务号);确定和发布仿真起始时间、仿真运行中时钟的同步控制、仿真进程的超实时与欠实时控制、确定和发布仿真结束时间;确定和发布仿真中各成员/实体的参照坐标系、统一坐标系,控制调节图形显示的比例尺变化;仿真的进/出管理(成员/实体的进入与退出管理与控制);场景、成员、模型/实体运行状态显示与监控;仿真过程记录与事后回顾;运行异常告警及处理;控制仿真的结束(根据事先设定的时间、事件或总控台的命令),释放所占用资源。

（4）实验设计功能,即根据实验需求制定实验方案。选取想定中多种数据源作为实验因子,通过改变一个或多个实验因子生成不同的想定样本,再对样本进行集中或分布式的仿真运行管理,从而实现对想定样本化研究的目的。

（5）对仿真结果和仿真研讨管理,如资源日常管理和研讨分析过程管理等。

一些管理控制功能,如资源库管理、成员开发管理、联邦开发管理、演示控制、研讨分析过程管理可分别调用相应仿真支撑环境的工具进行。管理控制系统应为用户提供集成一体化图形操作界面,用户通过该界面既能使用管理与控制系统提供的功能,又能够使用仿真支撑系统提供的各项功能(如模型、数据、场景仿真实验数据资源管理)。

此外,针对部门或领域的多种类型仿真需求,环境还应具有多个单位联合仿真的协同支持功能。

图 9-19 给出了一种典型的 HLA 仿真环境管理控制功能结构。

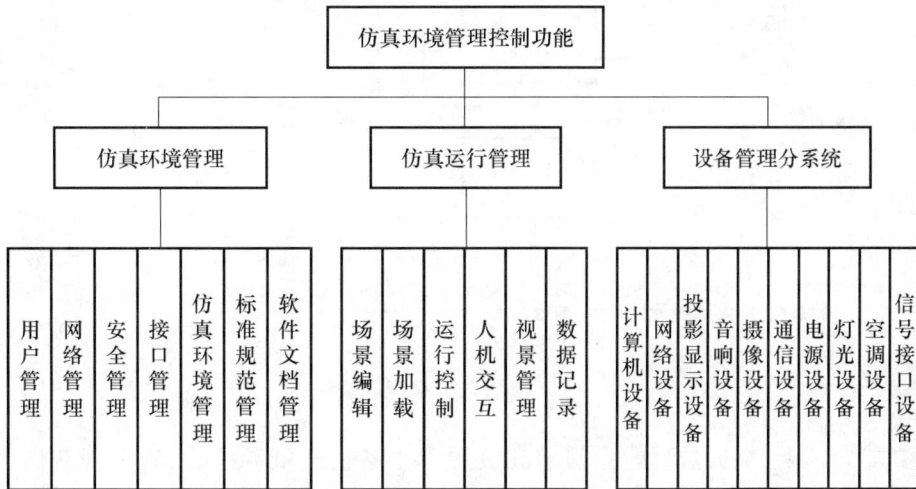

图 9-19　管理控制的功能

9.5.2　管理控制流程与设计思路

HLA 通用仿真环境以接受联邦任务或论证问题描述开始启动,以提交仿真结论为截至,以循环的方式运行,基本工作流程如图 9-20 所示。

任务分析:对论证任务进行分析,决定采用哪种仿真应用模式进行论证。

仿真任务分解:确定应用系统需要哪些仿真能力。

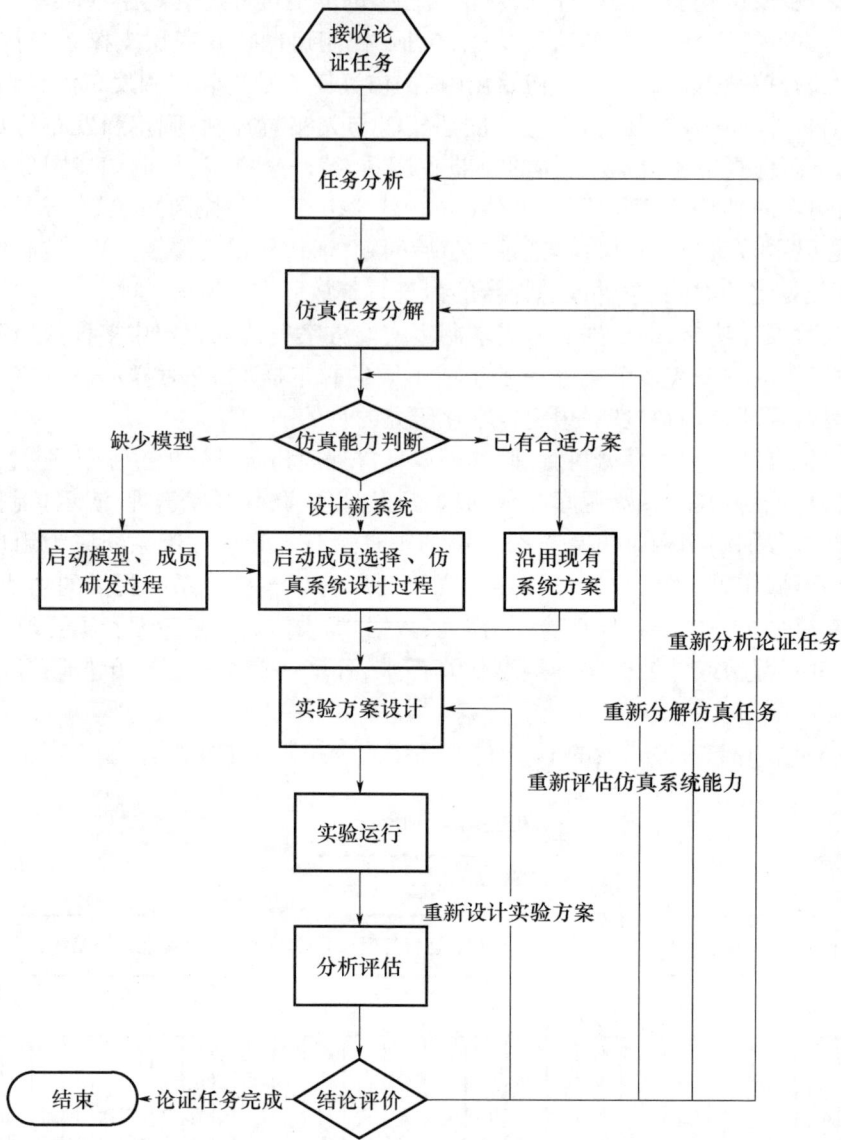

图 9 – 20　综合实验管理流程

仿真能力判断:根据仿真能力需求和资源库中各仿真资源能力,确定现有仿真能力是否满足仿真任务需求,并相应开发新的仿真模型、设计新仿真系统或直接使用现有仿真系统方案。

实验方案设计:根据应用系统结构、想定输入、论证目标等设计实验方案。

实验运行:对实验方案进行检测、部署、调度、监控,自动运行。

分析评估:对实验结果进行综合评估,得出结论,返回论证系统由论证人员确定任务是否完成或修改任务启动新的一轮运行过程。

管理控制系统对该过程提供管理控制支撑。实践中,管理控制系统的设计可采用递增式和框架式开发的指导思想:首先在明确管理控制系统功能的基础上,将系统设计为框架式结构,即将系统分为主体框架和各个功能模块;然后在开发过程中,逐步完善这些功能模块。在仿真环境的管理控制系统的设计中需要关注以下几点:

(1) 在管理机制及体系结构上要能适应可扩展。为此,管理控制软件可采用组件技术、Active X 技术及组件基础之上的一系列技术,开发统一的"仿真管理控制框架",容纳不同的管理组件模块。

(2) 以综合集成为主旨,以仿真任务管理为重点,建立一个支持多个用户界面的协同仿真环境,能同时对多个仿真任务进行管理,使其具有协同仿真的能力,并能对环境中的各项资源进行调配。

(3) 对各项仿真应用系统运行情况的监控应尽量采取可视化的形式,使操作人员可以直观地进行监视、判断。

(4) 管理控制系统的软件开发应采用软件工程的方法,引入如统一建模语言 UML等软件设计工具。

联邦运行阶段的管理与控制实现可在联邦管理工具软件 FMT 的基础上进行。FMT 用来辅助管理联邦执行及成员的运行情况。联邦执行管理是一项复杂的任务,因为在 HLA/RTI 系统中可能包含成百上千的成员,管理者必须清楚每一成员的逻辑时间、公布/订购信息,进行同步点设置并保存联邦执行状态以用于重演和事后分析,以及其他一些特定任务。FMT 是一种满足这些需要的监控仿真全局的仿真管理工具。联邦管理的关键是获取成员的各类信息,这些信息的获取可以根据管理对象模型(MOM)及其扩展直接由 RTI 予以提供。

一种组件化的仿真管理控制系统的结构如图 9 - 21 所示。

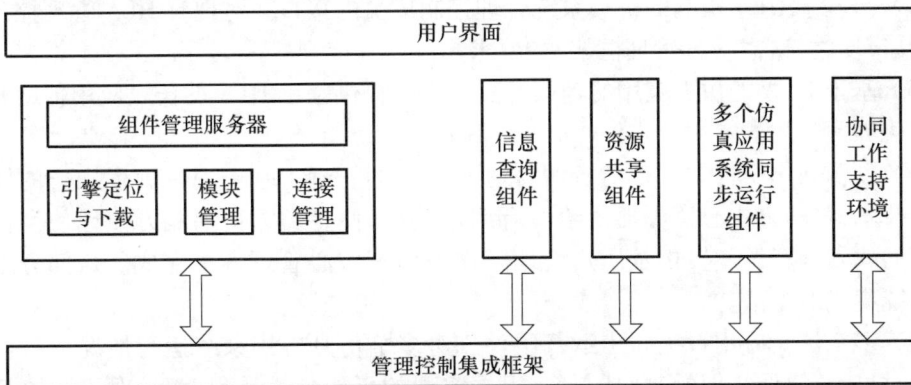

图 9 - 21　仿真管理控制系统的结构

(1) 仿真管理控制集成框架。利用操作系统提供的进程间通信手段,在 Active X 复合文档服务器和容器结构的基础上开发仿真管理集成框架,按照 Client/Server 模型开发客户端及服务器端的程序。这样一种框架结构能够满足不同用户对仿真管理工具的要求,提供跨平台服务和远距离服务的底层结构,以支持资源共享、维护和管理,同时还可以保证一定的模块重用能力。在定义模块插入的接口时,为了实现双工通信,要有类似于 RTI 的调用及回调接口,接口所实现的方法在开发过程中可遵照一定的标准,以满足多模块之间的通信为目标。

(2) 用户界面。用户界面组件是客户端的关键组件,也是接口最为复杂的组件。用户界面包括在总控台上显示的仿真管理控制界面和仿真监视界面,显示用户提出的仿真任务申请、仿真任务的运行情况及资源调配情况。仿真环境管理员通过仿真管理操作界面进行操作,调用仿真管理控制系统的各项服务。

用户界面的设计准则是以一致的方式和风格嵌入框架,向用户提供一致或近似一致的操作方式。界面分布准则在开发过程中形成并完善。

(3)组件管理服务器。服务器端程序启动后,首先创建组件管理服务器。组件管理服务器完成对象的管理,例如创建对象实例、管理对象缓冲池、进行模块的动态加载与释放等。其他模块必须通过组件管理服务器才能创建所需的组件实例。

组件管理器初始化完成后,加载服务器的插件。然后,创建通讯引擎,并通过通讯引擎启动一个命令通道,负责接收客户端的请求。

组件管理服务器进行系统所有用户端的集中管理,它提供以下基本功能:

a. 引擎定位与下载:用户端在找不到某种引擎时将向服务器提出请求,服务器负责将引擎的实现代码传送到用户端。

b. 连接管理:维护所有用户端的连接,在服务器与用户之间、用户与用户之间传递消息,为用户端提供命令通道。接受用户端请求后,进行请求的派发处理。具体的消息处理由各种插件完成。

c. 模块管理:在服务器上,不同的模块根据其逻辑分类存放在一个树形结构中。服务器负责维护其访问控制及依赖关系等属性。用户可以对模块进行增删改操作。在用户端请求某个模块时,服务器验证其访问许可后,将其传输到用户端,服务器具有用户权限管理的功能。

(4)与基于 HLA 机制的仿真系统管理控制成员的接口。对现有 HLA 管理控制成员增加接口,使之符合“仿真管理框架”的要求。

(5)基于 HLA 的仿真应用的辅助开发组件。提供基于 HLA 的仿真应用辅助开发图形一体化界面。

(6)资源共享组件。实现对资源、数据、节点的管理。基于现有远程操作的协同工作环境技术,将仿真中心资源提供给所有用户使用,使各类人员都能方便地使用仿真中心配置的软硬件资源。授权及用户管理工作由仿真中心管理人员完成。这部分工作可采用系统集成的方法。

(7)多个仿真应用系统同步运行组件。对多个仿真应用系统运行情况进行监视及状态实时显示,协调它们的时间同步。根据实现的可能与难易程度,针对不同协议的仿真应用系统,可以开发不同的状态监视模块,和各系统的管理模块相对应。对 HLA 系统,通过订购 MOM 对象监视各成员的状态(包括 Manager、Federate 和 Manager、Federation 所提供的各种信息),协调多个仿真应用系统同步运行。

9.5.3 系统设计

基于上述的设计思路,图 9 - 22 在一个“仿真管理控制集成框架”下安装若干个不同“组件”,建立包含一个“框架”和若干个“组件”的 HLA 仿真环境管理控制系统结构。该集成框架提供一个集成场所,具体功能由不同的模块实现,而这些模块可以由不同地点不同时间的开发人员为了满足各自的功能要求使用不同的开发工具实现,只要遵循一定的规则就可以保证集成运行、相互通信协调。

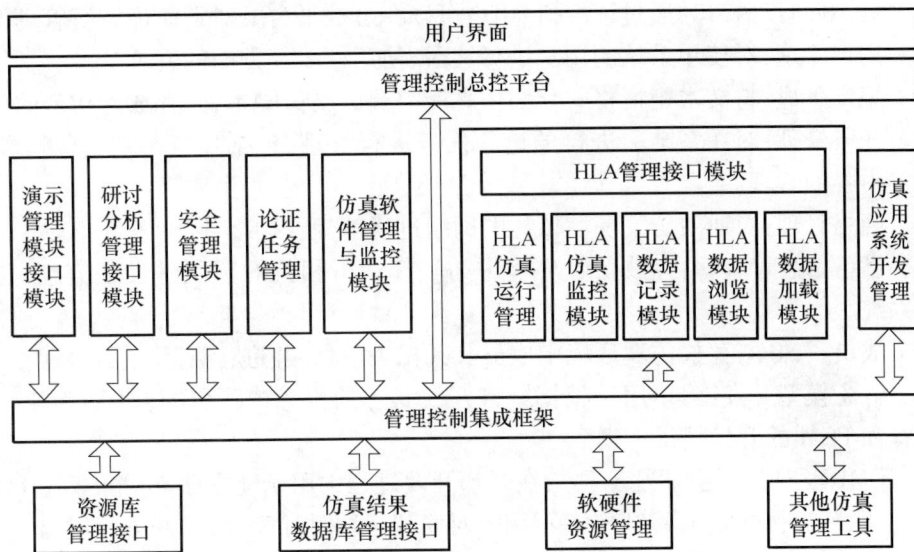

图 9 - 22　仿真管理系统的"框架 + 组件"结构

"框架 + 组件"结构针对用户可能提出的多系统管理控制需求,按实现的复杂程度,从简单到复杂提出三种解决形式。

(1)采用多通道程序运行模式,即针对每一个应用,运行一个管理程序拷贝,可以在一台计算机上也可在另外一台计算机上运行,只需进行相应的配置即可。

(2)采用多模块形式,即在单一的仿真管理主控框架下直接挂接多个管理系统,即采用多页面的模式进行,不同的页面针对不同的系统进行操作。

(3)针对分层次的多应用管理,提供管理程序之间的接口,配置成分层管理模式,此时子系统的管理程序需要接收上一层的管理程序控制。

在此框架下,基于 HLA 的通用仿真环境管理控制系统的组成如图 9 - 23 所示,实线框为管理控制系统应实现的模块,虚线框表示应该集成进管理控制系统中的工具。

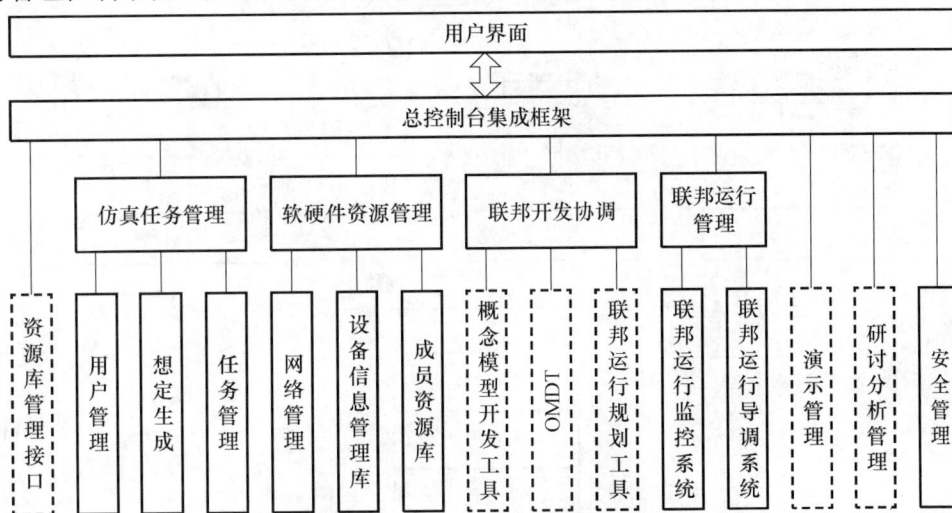

图 9 - 23　管理控制系统的组成

（1）资源库管理接口：通过该接口，用户可以在总控平台上对资源库进行管理。

（2）用户管理：对使用系统的用户进行注册、使用权限等方面的管理。

（3）想定生成：将文本剧情格式化为仿真所需要的剧情脚本，并存放到指定的位置。

（4）任务管理：对在系统上进行的论证任务进行管理，包括任务注册、任务要求、任务进度等内容的管理。

（5）网络管理：对通用仿真环境依托的网络进行管理。

（6）设备信息管理库：存放仿真环境中与联邦运行相关的软硬件设备信息，并提供给管理系统。

（7）成员资源库：存放仿真环境中成员及其相关信息，并进行管理。

（8）概念模型开发工具：用于根据剧情开发联邦的概念模型（CM），CM 为联邦中成员的选择和 FOM 的开发提供依据。

（9）OMDT（对象模型开发工具）：在联邦开发过程中用于建立联邦对象模型 FOM。

（10）联邦运行规划工具（FEPW）：用于对联邦运行时的配置、过程进行规划。

（11）联邦运行监控系统：对 HLA 框架中的联邦运行全过程进行监控的功能，保证 HLA 框架中的各仿真系统及运行支撑系统 RTI 自身的正确运行。

（12）联邦运行导调系统：用于导调仿真成员的任务和行动，对仿真系统的状态、行为进行控制和调度，使联邦按照仿真人员的需要运行。导调系统为仿真人员干预仿真进程提供了手段。

（13）演示管理：对联邦运行过程的演示进行控制和管理。

（14）研讨管理：对基于联邦运行结果的研讨过程进行管理。

（15）安全管理：提供整个仿真环境和联邦运行的安全管理。

管理控制系统的部署情况，如图 9-24。图中每个节点代表一个模拟计算工作站，并且都驻留了一个守护程序，所有的守护程序通过网络和中心节点连接起来，中心节点可以不止一个。系统的核心功能体现在中心节点，守护程序根据中心节点发布的命令执行和报告状态。

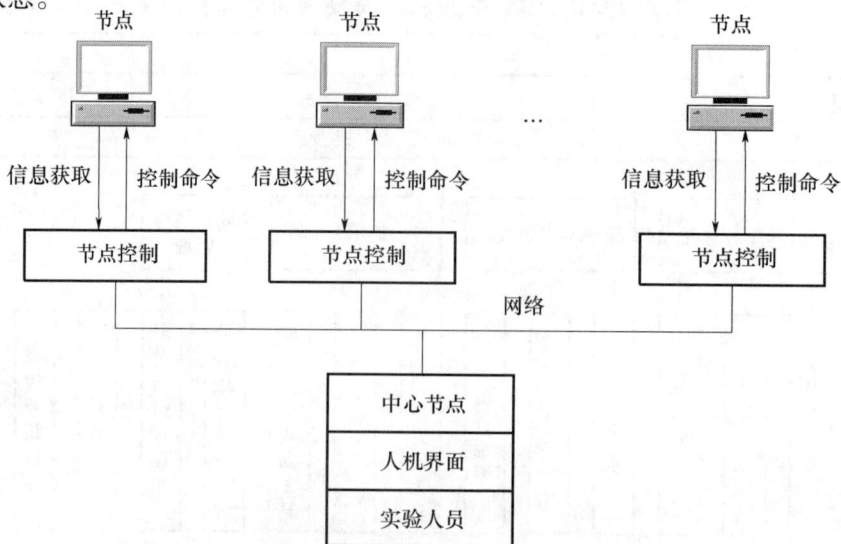

图 9-24 管理控制系统的布署

其中,中心节点提供人机界面供实验综合管理人员对实验进行管理。在实验环境中的各计算节点上驻留守护程序,通过网络与中心节点程序连接,接收中心节点发送的各种管理控制命令,按照命令执行管理动作并报告执行结果,同时获取并报告所在节点的运行情况。

9.6　演示支持系统

不同的仿真联邦需要不同的演示成员。演示成员的不同主要表现在演示的内容、规模和粒度上,而其结构基本上是一致的。对作战仿真,演示通常分为红、蓝和导演三个部分。作战训练仿真中,红蓝两方的显示位于每一方的各级指挥所中,其显示的内容、规模和方式与指挥所的仿真要求密切相关。通常红蓝两方的指挥所需要显示其可能获得的信息所构成的态势,以及本部的状态,特别是战损情况。

本节以作战仿真的显示为背景,介绍 HLA 通用仿真环境中演示支持系统的功能要求和设计思路。

9.6.1　系统功能与组成

演示成员用于支持仿真联邦运行过程中所需要的演示,包括仿真应用系统运行过程的演示和研讨过程中的其他演示,主要包括历史资料的显示、统计数据分析结果的图表显示,作战过程的态势演示和仿真过程三维演示。演示支持系统用于支持通过组合、配置等方式来构建特定联邦需要的演示成员

演示成员可以通过数字地图和虚拟现实技术模拟显示多种比例尺作战态势图,且还能模拟出形象直观的三维地貌;它既可描绘某一作战空间或局部地域,又可显示整个战场的广大地区;既可模拟显示地形情况,还可模拟显示天候气象环境,从而提供与实际近似一致的作战空间。通过演示复杂的交战态势,电子对抗结果和战场信息搜集、传递与处理的过程,为论证人员直观地判断装备的战技性能提供一个生动、形象、逼真的环境。为此,演示支持系统应具有以下基本支持功能:

1)资料与结果显示

能按用户的要求,支持显示、播放有关的历史资料,以及显示统计数据分析结果的图表;能够进行综合汇报演示。

2)图表显示功能

能按用户的要求,提供或迅速建立所需要的图表显示成员。这些成员可以表格或图形方式显示由仿真实体产生的影响仿真过程或仿真实体状态的事件信息,如发射卫星、卫星变轨、发射导弹、锁定目标、命中目标等;可按仿真实体的类型,如作战飞机、传感器、空空导弹、空地制导武器、空地常规炸弹、地空导弹、地面高炮、电子战装备等,按时序任意查看不同的仿真事件信息;可动态显示仿真结果的分类和汇总统计信息,包括仿真实体总数量、被毁数量、发射武器数量、命中数量等。

3)态势显示功能

能按用户的需要,提供或迅速建立所需要的态势显示成员,这些成员可提供战场和对抗双方交战总体态势形象直观的二维展现,支持想定运行结果回放模式和人在回路模

式;能够支持数字地图操作、态势回放控制、显示内容控制及地形信息查询等操作;可根据仿真实体实际位置、方位的变化显示实体相应的运动轨迹;按图标表示各仿真实体的类型;可按图标查询对应的仿真实体的运动和状态参数及有关属性,并可改变仿真实体的显示状态;能切换、分层、开窗、缩放、漫游;既要求能综合演示战场态势,又能演示战场上某一局部的仿真态势。

4)场景显示功能

能按用户的需要,提供或者迅速建立所需要的场景显示成员。要求这些成员在能够显示三维战场,立体显示整个作战区域的地形、地貌;显示各作战单位、指挥所在三维战场中所处的位置及工作状态;可以从不同角度对战场情况进行观察,并能任意变换视点。可根据需要增加相应的特殊效果,包括烟、火、云、雾、能见度等,特殊效果模型与战场环境中的气象环境模型一致;可进行任意视点的切换和漫游。

5)大屏幕显示功能

能按用户要求将图表、态势或场景在大屏幕上投影显示,并能够对显示的内容进行控制和灵活地切换。

演示支持系统应能够同时为控制管理系统和评估分析系统服务。在仿真应用过程中,控制管理人员可以根据演示成员提供的信息来管理控制仿真过程;研讨论证人员根据演示成员提供的信息来进行研讨。

演示支持系统由软件、硬件两部分构成(图9-25)。软件部分主要包含已开发的各种通用的显示成员,这些成员在进行特定的论证研讨工作时,由研讨论证人员通过综合管理系统进行选择、修改和设置,加入到红蓝两方以及导演方的演示系统中。硬件部分包括具有高分辨率的计算机系统、大屏幕投影系统、投影控制系统组成,投影控制系统应能够在综合管理系统的控制台上操作。

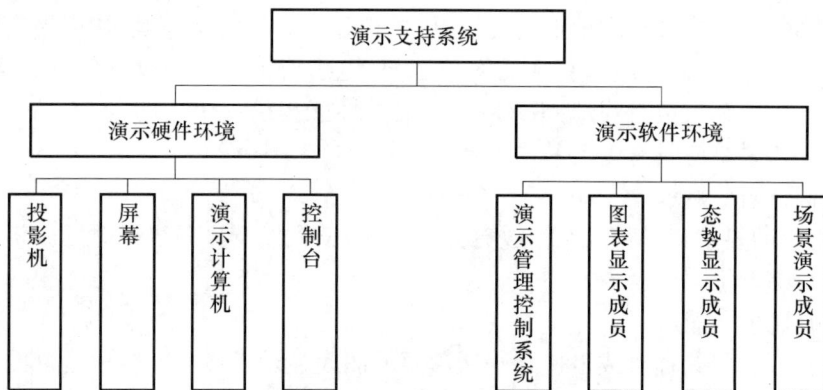

图9-25 演示支持系统组成

通用仿真环境的演示支持系统采用统一的硬件平台系统,但不同的仿真联邦要求配置不同的演示软件。不同的软件配置主要表现在演示内容、演示的规模和演示的粒度,而这些软件的结构基本上是一致的,可以通过不同的设置来适应不同联邦的需求。

三维场景演示和二维态势显示成员在接收到作战区域、双方兵力数量、编成、部署和阵地布置等参数后,调用地理信息库和装备特征库,将相应的背景地图和双方的兵力、攻击的目标显示出来。各仿真实体用相应的图标叠加在背景上方,通过RTI将各仿真实体的运动参数接收过来,并根据仿真实体实际位置、方位的变化赋予各个图标相应的运行轨迹。

　　二维显示成员主要以数字地图为背景显示战场综合态势,三维场景显示成员可同步显示综合态势,但主要以逼真的三维场景作为背景显示战场局部态势,并用三维武器装备模型显示详细的实体行为与动作。它们分别作为独立的联邦成员接入作战模拟应用中。两者通过订购态势信息获得实体对象与交互信息,在仿真支撑运行分系统控制下实现二、三维态势显示的同步。

　　二维态势显示成员和三维场景显示成员均采用在线实时显示和事后回放两种工作方式,分别如图 9 - 26、图 9 - 27 所示。

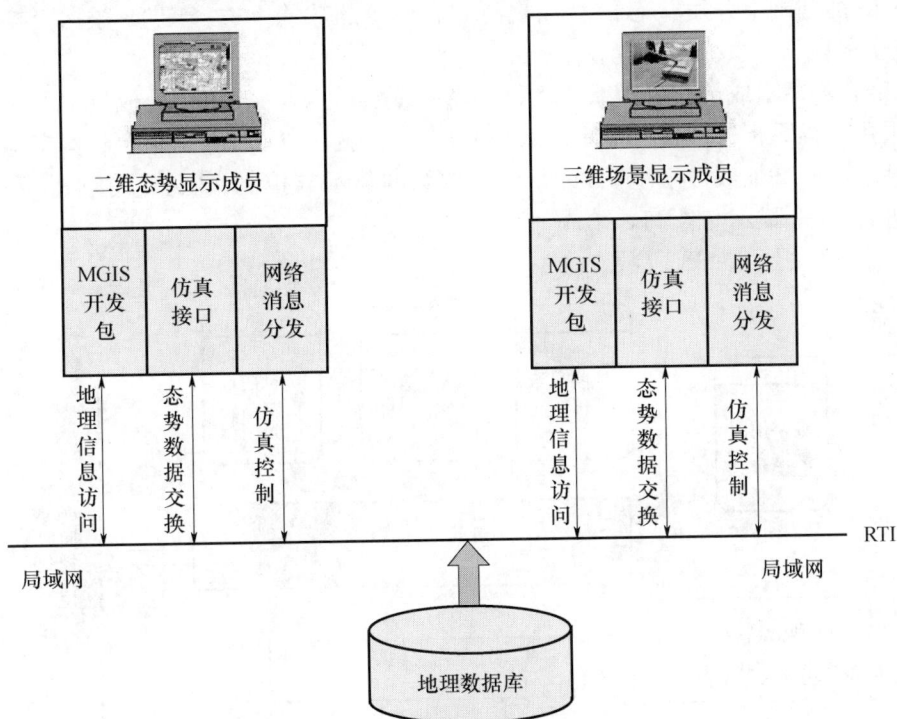

图 9 - 26　实时显示方式示意

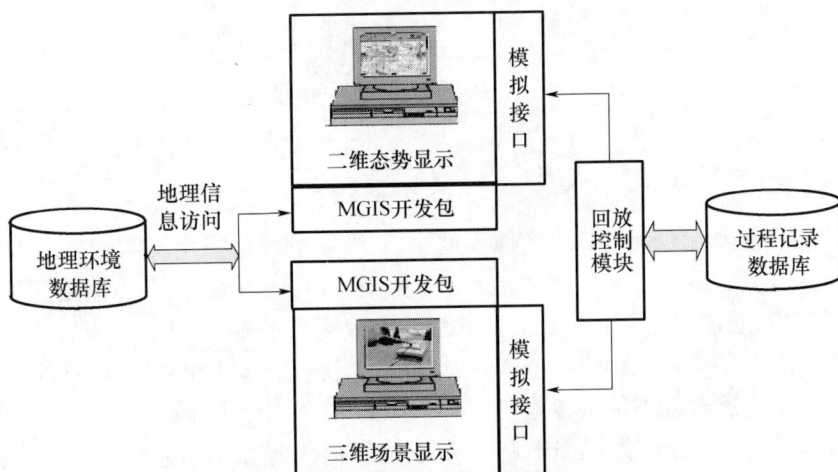

图 9 - 27　事后回放方式示意

一些联邦的演示软件可采用其他软件(如 STK 演示)作为基本模块,然后开发高精度的专用演示模块作为补充。

9.6.2 二维态势显示成员

二维态势显示成员通过设计不同的菜单项或工具图标或快捷键来对显示内容和方式进行设置和控制。其内容主要包括:查看信息、调整窗口、视点管理(用于创建、选择、调整、删除控制三维场景显示的视点)、图层管理。态势显示在 GIS 的基础上实现:利用 GIS 提供的功能实现电子地图的生成、显示、改变比例尺、改变视口和图层控制等常用功能;在 GIS 的基础上开发状态信息接收与动态标绘的功能。选择图形/数据交换文件格式是建立态势显示系统的关键。

二维态势显示成员在模拟系统运行环境中,通过订购并接收其他成员中的实体状态信息,采用二维军标符号进行显示。数据处理流程为:①以 MGIS 为平台将数字地图数据进行入库管理;②加载数字地图,进行二维战场的显示与控制;③订购/接收仿真过程数据,并进行管理、显示与查询。

其流程图如图 9 - 28 所示。

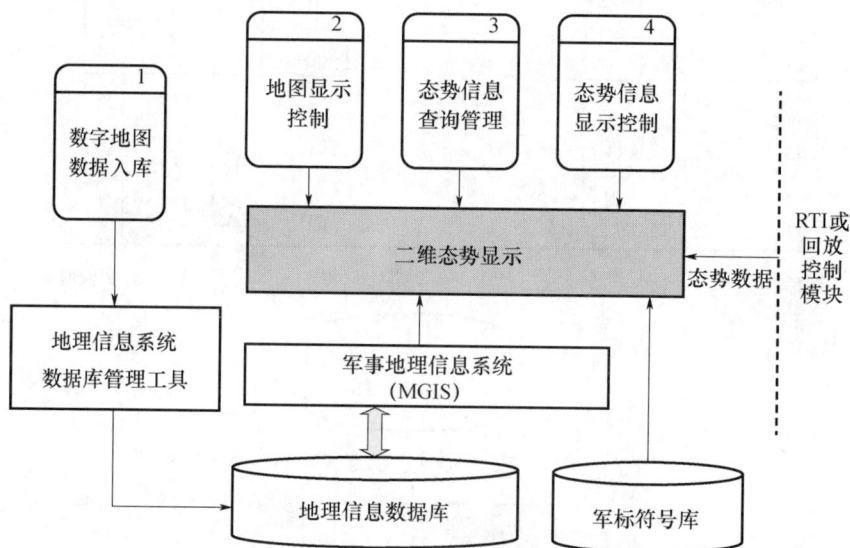

图 9 - 28 二维态势显示成员信息流程

9.6.3 三维场景显示成员

通过建立所需显示单元的三维实体模型库,三维场景显示采用真实的三维数字地图和纹理、文化特征信息,显示真实的战场地理环境。定制的仿真实体以三维图形方式同时显示在三维场景中,通过网络将各仿真实体的运动参数接收过来,使实体以相应的规律运动。场景的生成与显示环境有三种选择方式:基于单 PC、基于工作站和基于分布计算机网络。

基于 PC 的场景生成不能为复杂的场景提供必要的计算资源和渲染能力,而工作站由于价格昂贵,也不适合作为场景载体。由于网络的飞速发展,基于分布式计算机网络的场景生成及显示环境具有强大的生命力。

基于分布计算机网络的场景生成及显示是以分布式计算机集合为生成器及载体的大规模的集成环境。它将在每台分布式计算机上拥有自身的场景拷贝,并实时地根据数据对本机的场景进行渲染。根据数据计算模式的不同,分布模式可分为两种:客户 – 服务器(Client – Server)模式、对等(Pere – to – Pere)模式。

场景演示的软件工具应完成两种功能:一是建立三维模型;二是动态演示。通常采用商用软件,再根据需要加以适当的开发。常见的三维场景开发工具有:Coryphaeus DWB 软件、Wavefront 软件、MultiGen 软件和 WTK 工具。

三维场景显示子系统的基础数据包括地形数据、地名数据和三维符号模型数据。子系统的数据处理主要有以下几个步骤:

①利用地理信息系统数据入库工具将地形数据和必要的矢量地图数据录入到数据库中,将三维符号模型数据与系统软件一起安装到客户端;

②系统启动后,首先连接数据库,选择地形数据显示起点和属性;

③根据视点的位置和角度参数,从数据库中读取相关区域的地形、地名和地图数据构建可视的三维地形环境;

④通过订购并接收综合态势信息,从三维符号模型中读取相应符号模型,在三维环境中显示三维战场态势。

三维场景显示成员的主要数据处理流程如图 9 – 29 所示。

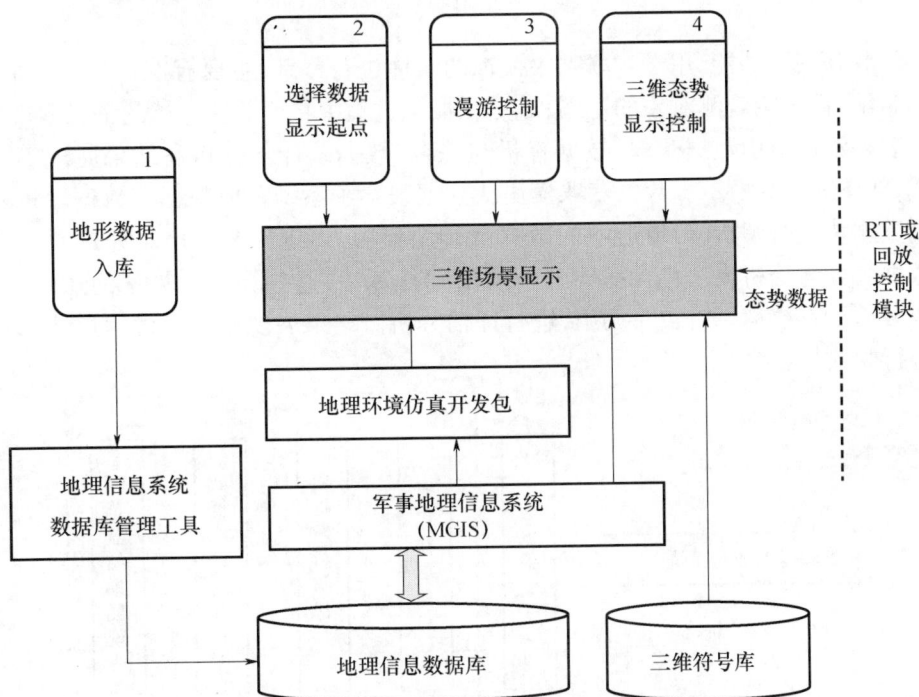

图 9 – 29　三维场景显示成员信息流程

9.6.4　图表显示成员

图表显示成员的主要功能是对仿真中关键事件信息进行在线的统计显示,通常是按不同的仿真实体类型定制相应的事件信息表,记录并存储在相应的变量中。采用计算机绘图方法和设计工具,将这些信息分类、按时序显示在计算机屏幕上。

数据的曲线与列表用于提供仿真期间的同步数据显示,包括实时仿真时的实时显示,以及仿真后数据的曲线与列表形式再现。图表显示由若干显示计算机和投影设备(可选)构成,每台计算机上运行一个曲线与列表显示成员。每个成员中运行的是通用的数据显示与列表程序。

图表显示成员通过数据采集子系统实时获取实体的状态变化,并对实时模拟情况做出归纳和分析。系统可采用基于网络的 B/S 系统架构,用户可以从不同的浏览器进行登录,并从不同的角度对整个模拟的过程进行观测与统计分析。

对于不同的领域,图表显示的内容不同。对于军事领域,仿真人员根据分析结果及时调整作战计划。例如,中、远程导弹由于其作战效果影响巨大,往往可以影响一个作战行动的结果,需要及时分析其作战效果,以便合理分配、运用武器装备。态势显示缺少这方面的展示能力,需要在线统计来实现该功能。

(1)实时统计显示功能,主要用于仿真效果统计及其对比的实时可视化显示;要求能够根据用户的需求进行定制显示。

(2)结果展现与保存功能,主要是根据用户的需要,通过统计分析等多种图表,提供在线分析的可视化显示功能。统计分析结果可以根据用户的需要保存到评估分析数据库。

(3)联邦观测功能,用于对联邦中模拟的实体进行跟踪,主要有两个方面功能:一是通过初始配置,确定观测对象的范围;二是在模拟过程中将所关注实体的信息表现出来。

图表显示成员由数据获取、数据解析与保存、数据统计与分析和结果展现等功能模块组成,如图 9-30 所示。数据获取模块从数据采集子系统获取数据。数据解析模块将二进制数据块进行解析,形成透明的数据流传递出去,供统计分析模块处理和浏览器浏览。数据统计与分析模块包含在线分析所使用的算法,这些算法以算子的形式存在,可供在线分析子系统运行时实时调用,进行评估分析。结果展现模块可供用户使用网络浏览器进行观测。

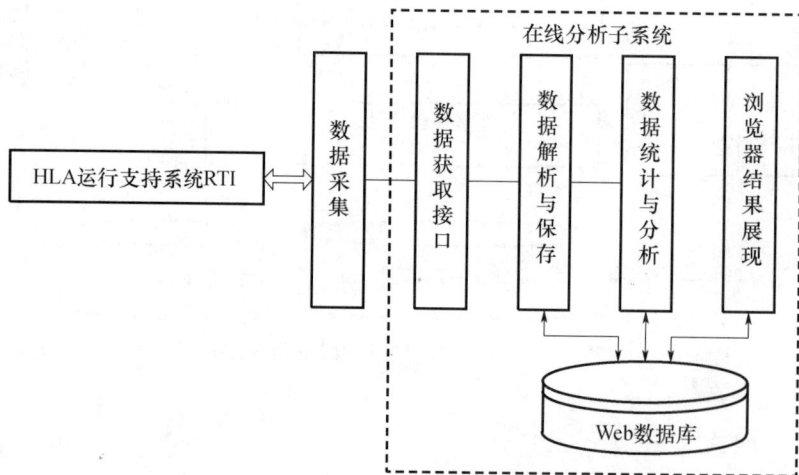

图 9-30　图表显示成员组成结构和工作流程图

图表显示成员工作流程:首先从数据采集子系统接收模拟过程数据,然后进行解析并保存到 Web 数据库,经统计分析后,由用户通过浏览器查看结果。模拟结束后,在线分析的原始数据及分析结果,可以存入评估分析数据库,供事后评估分析使用。

在模型解算和模拟运行过程中,对产生的中间和结果数据进行实时统计分析,并采用可视化方式进行展现。该工具按以下要求进行设计:

(1) 具备仿真在线统计分析能力,可根据用户的需求灵活构建、修改以及保存评估指标体系,能够在仿真运行过程中实时加入仿真系统,根据评估指标体系确定数据采集内容以及输出界面框架,提供可视化处理环境,以图、文、报表等多种形式展现这些结果数据,并能够对单次评估结果进行保存与回放;

(2) 具备在线和事后分析评估能力,支持用户对评估指标体系进行灵活构建、修改和保存,在仿真运行结束后,根据数据采集入库的仿真数据和评估指标体系,提供单方案多样本评估、多方案综合评估、多方案影响因素分析评估等功能,并提供各种通用的评估模型以及用户开发模型加载的接口;

(3) 具备支持用户进行二次应用模式开发的能力;支持可视化、组合化、向导化的评估分析模型建模;配合用户制定评估方法,指定评估数据,确定评估指标体系和评估模型;

(4) 提高评估的运行效率,具备多次仿真结果数据的加载能力,实现多次仿真结果的对比、测评,以方便用户选择最优方案;

(5) 增强与二、三维态势显示的协同与配合,基于评估过程数据提供态势重演功能,实现对仿真过程中呈现的各种对抗态势及细节进行重放;

(6) 在传统毁伤评估的基础上,提出基于效果评估的指标体系结构和指标,并从使命、目的、效果、任务等层次分别进行评估;

(7) 提供适合效果评估的评估模型,收集保存效果评估模型所需的基础数据。

图表显示的基础是数据可视化技术,其基本思想是将数据库中每一个数据项作为单个图元元素表示,大量的数据集构成数据图像,同时将数据的各个属性值以多维数据的形式表示,可以从不同的维度观察数据,从而对数据进行更深入的观察和分析。数据可视化技术的主要特点:①交互性:用户可以方便地以交互的方式管理和开发数据;②多维性:可以看到表示对象或事件的数据的多个属性或变量,而数据可按其每一维的值,将其分类、排序、组合和显示;③可视性:数据可以用图像、曲线、二维图形、三维模型和动画来显示,并可对其模式和相互关系进行可视化分析。

9.7　评估与研讨支持系统

在人机结合的环境下,对一些难以定量分析的因素和不确定性问题,在仿真评估基础上进行专家研讨,是实现从定性到定量、从感性到理性飞跃,相互启发、相互促进产生创新思路的有效方法。评估与研讨支持系统应能够从庞大的仿真原始输出数据出发,进行处理加工,得出便于分析比较的综合值,实现定性与定量相结合、经验与科学相结合的综合集成,以便进行辅助论证与决策支持。

9.7.1 系统功能要求

HLA 联邦的基本输出结果是战场各个实体在各个时间点上的状态(如位置、速度等)。这是一个庞大的原始数据集合,评估支持系统应能够从这个庞大的原始数据出发进行处理加工,得出便于分析比较的作战效能综合值,供专家研讨使用;研讨支持系统为专家基于仿真与评估的结果进行研讨提供环境。

通用仿真环境的评估支持应能够辅助用户对仿真结果进行分类、归纳、分析、综合,在此基础上进行对比、评估和选优,以便进行辅助论证与决策支持,并能进行灵敏度、置信度与风险分析。评估支持系统的设计要求可以从以下几方面考虑。

(1) 能够提供一套相对完整的多目标多层次效能评估指标体系,并能够辅助用户定义评估指标体系,建立评估模型。

(2) 具有评估指标库及其管理系统,能够针对应用中的多种评估要求,分别建立相应的评估指标,并且能够随应用的发展,对指标体系进行增加、删除或修改。

(3) 能够集成多层次、多角度评估分析的评估算法。

(4) 能够采集评估与研讨所需要的数据。

(5) 能够从指标体系出发,对仿真结果进行处理加工,得出便于分析比较的综合值,并进行灵敏度、置信度与效费比等分析。

(6) 能够提供一套可进行定性及定量分析与评估的评估专家系统。

(7) 能够提供评估结果的文档,以数据和图形等形式给出评估结果。

(8) 能够适应应用需求的变化,具备开放性与可扩展性,及对用户的评估要求能够快速响应。

通用仿真环境的研讨支持应能提供研讨的集成环境,充分利用仿真手段,支持基于仿真的研讨全过程,还应能提供研讨所需要的各种资料、常用计算工具,如数学计算、概率计算和优化分析计算等。其核心作用,一是提供协同研讨的基本功能,二是支持把领域专家的表述转换为仿真系统能够处理的仿真问题,并把模拟结果转换为领域专家所需要的方式。其设计要求可以从以下几方面考虑。

(1) 研讨支持功能:支持研讨流程管理,包括研讨流程的建模和重组,以及流程模板的管理。支持研讨人员管理,对参与研讨的人员角色、权限以及专业、特长等个人信息进行管理。支持研讨模板管理,包括各类研讨模板的格式化描述,以及模板的存贮和检索等功能实现。支持研讨意见综合,包括对研讨过程中产生的定量数据进行统计分析和排序、对文字型数据进行分类和简要的综合。

(2) 问题转换功能:例如,作战方案的研讨一般要求仿真回答两类问题:一类是影响因素分析,如后勤影响分析,交战命令因素分析,环境因素影响分析等;另一类是综合的对抗结果。研讨系统应能够将这些问题转化为作战模拟问题,即转化为对某个或某些作战过程的模拟。

(3) 智能化人机交互功能:能够提供多种交互形式供研讨专家使用;能够引导正确地输入数据和有关参数,正确地输出运行结果给研讨专家,具有反馈、帮助、提示功能;有适应性,随着环境和需求的变化,界面应能容易扩充;能较好地引导研讨人员进行分析判断,具有较强的自适应能力和提示功能;如理解研讨专家的要求,启示研讨专家输入必要的资料、数据。

（4）显示功能：形成评估报告并能以数据、报表、图形和文档等形式显示；能够提供指标的灵敏度和仿真结果的置信度显示；能够将推演过程以形象、直观的形式展现出来。

此外，评估与研讨系统还应具有通用性、开放性和交互友好性。

9.7.2　系统结构

评估与研讨支持分系统由专家评估与研讨节点、评估与研讨协同环境、评估与研讨支撑工具和评估与研讨资源库四个部分组成。如图 9-31 所示，在平台共同的软硬件和网络环境之上，该四个部分形成了一个互相依赖的层次结构。

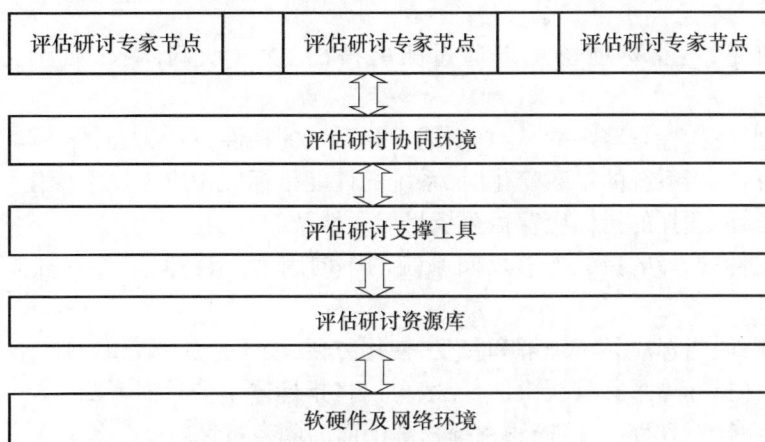

图 9-31　评估与研讨系统层次结构

评估与研讨专家节点为参加评估与研讨的专家提供一个门户。通过该门户，专家可以在协同环境的支持下组成各种类型、不同规模的评估与研讨小组；门户还提供了专家使用研讨工具、访问平台资源库，甚至调用仿真工具和设计工具的接口。评估与研讨支撑工具是一系列组件化的评估与研讨工具的集合。评估与研讨资源库是平台资源库的一部分，专用于支持评估与研讨。

评估与研讨支持系统支持评估研讨专家之间的协调、配合，还支持评估研讨人员与系统管理人员、设计人员、开发人员和用户紧密协作，共享系统的各种资源，有效地交换信息。通过建立计算机支持的协同评估与研讨工作环境，改善信息交流的方式，消除或减少人们在时间和空间上分隔的障碍，从而节省工作的时间和精力，提高仿真评估研讨工作质量和效率。

9.7.3　评估支持子系统

评估支持子系统根据联邦任务的要求，支持综合运用仿真过程数据进行多层次、多角度的评估分析。其用户包括联邦发起人与仿真实验人员。联邦发起人要求评估支持子系统能够直接面向联邦任务，以人机对话的形式，统计仿真结果，评估目标达成情况，比较方案优劣、分析影响因素及因果关系。仿真实验人员通常要求该子系统能够适应领域仿真的需求变化，具备开放性与可扩展性，可辅助用户定义评估指标体系，建立评估模型,开发评估算法,形成对问题评估的快速响应能力。

选择合适的评估指标体系并使其量化,是仿真评估的关键。评估指标体系从多个方面(或侧面)来描述和评价体系的能力和特性,而不同的仿真任务,可能采用不同的指标进行评估和分析。指标体系要完整地、全面地刻画体系的综合作战效能。确定系统的评估指标时,一般应考虑以下基本原则。

(1)面向任务:指标应针对所研究的特定问题,不同的研究问题,选定的指标也不同。

(2)定量性:指标能以具体的数值来表示。

(3)完备性:指标集具有广泛性、综合性和通用性,领域问题所涉及的所有指标均应在指标集中。

(4)可测量性:指标能够可以通过实验得出,含义明确,便于定量分析,具有可操作性。

(5)客观性:指标是客观的,能真实地反映系统的特性,不因人而异。

(6)敏感性:当系统的参数变化时,系统的性能指标应相应地发生变化。

(7)包含性:选择的指标应覆盖分析目标所涉及的范围。

(8)独立性:选择的指标能够反映系统的不同因素,指标间应相互独立,减少交叉,防止相互包含。

(9)简明性:指标应易于理解和接受,使用方便,便于形成研究的共同语言。

同时,评估指标体系具有层次性,一般可以将指标体系分为如下四个层次。

(1)尺度参数(DP):直接描述系统物理层面的固有特性。

(2)性能指标(MOP):系统内部的结构、特性和行为度量。系统的尺度参数和性能指标与系统环境无关,取决于系统部件或子系统本身的特性,属于技术指标的范畴。

(3)效能指标(MOE):系统在给定环境下完成其功能的程度度量,如作战仿真需要考虑的反应时间、目标识别率、预警时间等,它与作战环境有关。

(4)效用指标(MOFE):最高层次的指标,度量系统完成使命的程度,如作战仿真中需要考虑的损耗率和损耗比、交战结果等。

通过灵敏度分析可以选择对系统效能比较敏感的指标,进而修正指标体系。灵敏度分析是指在其他条件不变的情况下,分析某一个指标变化对系统效能的影响,从而得到参数对输出结果的影响。进行仿真评估还需要有一个设计良好的专家系统支持,以便尽可能多的收集专家意见,归纳整理有关效能评估的知识或经验,逐步形成和完善一个支持定性及定量分析的领域专家知识库、规则库。

另外,利用测试、试验及仿真数据可对评估模型进行校验。

在实际应用中,并不是指标越多越好,关键要考察评价指标所起作用的重要与否。在选择评价指标时不可能把全部指标都考虑进去,只能选取一些最能反映系统优劣的指标,而剔除一些次要指标因素。因为选取的指标因素过多,会分散对主要指标因素的评价。指标的确定,需要在动态过程中反复平衡,有些指标需要分解,另一些指标则需要综合或删除。

以作战仿真领域为例,其 HLA 通用仿真环境的评估分析子系统可采用三层架构,即支持工具层、应用组件层与应用系统层,如图 9-32 所示。

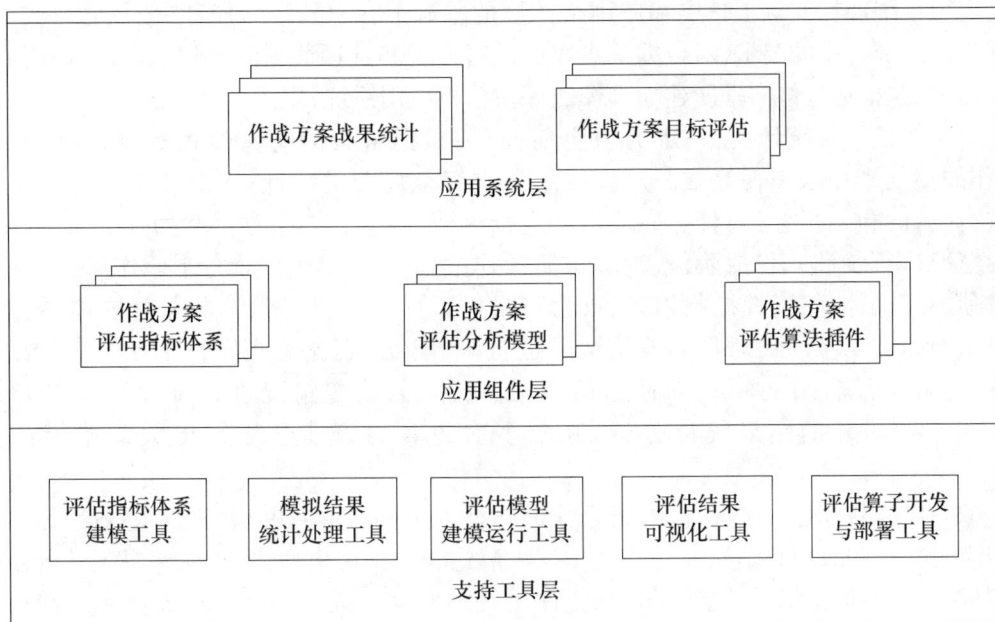

图 9-32 评估分析子系统体系结构

支持工具层主要面向作战仿真人员,为实现联合作战方案评估分析提供通用工具。该层由以下五个工具组成。

(1)评估指标体系建模工具:提供图形化的指标体系建模环境;支持用户对指标体系的构成、指标目标值、权重、效用曲线、指标数值获取方式等进行设置;实现评估指标体系的显示、修改、新建、保存等编辑操作;明确需要模拟计算的评估指标。

(2)仿真结果数据统计处理工具:提供对仿真结果数据可视化处理的环境,实现以公式编辑的方式对数据的灵活处理;对统计结果数据进行保存,用于支持下一步评估分析。

(3)评估模型建模运行工具:支持可视化、组合化、向导化的仿真评估模型建模,支持仿真评估模型的修改、保存等编辑功能。通常仿真评估模型由评估指标、评估需求、评估样本和评估分析方法插件组装而成,可在评估引擎上执行,可以重复使用。

(4)评估结果可视化工具:提供对评估结果进行可视化显示的功能;支持方案对比图、影响因素对比图等多种图表,支持结果图表保存。

(5)评估插件开发与部署工具:采用基于插件的体系结构来提供对评估分析方法的扩展机制,提供评估插件开发与部署工具,保持评估支持工具的开放性。

应用组件层在支持工具层的支持下,提供可重用的评估资源。由于系统的可扩展性,应用组件层的资源可以根据评估分析需求进行扩充完善,通常包括以下三种资源。

(1)评估指标体系。

(2)评估模型:在应用组件层中针对不同的评估分析任务目标,管理不同的评估模型。

(3)评估算法插件:包含效能评估分析所使用的算法,这些算法以算子的形式存在,可被评估模型建模运行工具调用,进行评估分析。

应用系统层在支持工具层和应用组件层的基础上,一是对库进行一般的管理,二是根据当前论证工作的要求,对数据采集成员进行设置和选择适当的评估工具。在作战仿真评估中,应根据具体需求所建立具体的评估分析应用系统,完成两个方面工作。

(1)作战结果统计:在一定的想定前提下,根据采集的仿真过程数据,从作战效果、作战损伤和作战消耗等方面对作战结果进行全局分类统计;支持按不同分类对结果进行统计,包括任务(对任务完成情况进行统计)、兵力(对各参战兵力完成其分配任务的情况进行统计)、作战阶段(对完成阶段作战任务的情况进行统计)、作战体系(支持对侦察探测体系、指挥控制体系、火力打击体系、防空反导体系、电子对抗体系作战效果进行统计)、目标(对目标毁伤情况进行统计)、武器平台(对平台的生存、击毁、损伤情况进行统计)、弹药(对武器的消耗、命中、毁伤等情况进行统计);支持单次仿真和多次仿真的结果统计分析,其中多次仿真的统计分析给出关键指标的期望值。

(2)作战目标达成情况评估:根据作战指挥人员的价值判断(反映为评估指标体系中相应的权重和效用判据),利用作战仿真人员建立的评估模型,在作战结果统计的基础上,对作战方案进行综合效能评估,从整体上评估联合作战目标是否达成以及达成的满意程度。

应用系统层面向用户,应尽可能地采用多媒体技术,开发友好的人机界面,形象生动地演示专家系统的推理评估过程,提供多种形式的评估结果,包括:①数值型:给出评分形式或数值等级形式的结果;②图表型:给出各种曲线、图形或报表形式的结果;③文字型:给出用文字描述的结论;④多媒体型:以图形、图像、动画、声音、文字、图表等多种形式展示评估结果,实现图文并茂、有声有色的人机交互。

9.7.4 研讨支持子系统

对于一些复杂的问题(例如联合作战方案的仿真评估和优化),由于其涉及技术和军事的众多方面,不可能由一个人独立解决,最好的工作方式就是由多人协作和研讨,以群体协作方式完成工作。在这里,"多人"和"群体"指的是多个参与者,包括首长、参谋和军事专家等。同时,协作与研讨特别强调与环境的交互和综合,通过参与者之间以及参与者与环境之间的交互和综合,参与者在研讨过程中不断交流、互相激发、共享信息、参与决策的过程,从而实现人机的有机结合,参与者和参与者集体智慧的综合,系统积累与现实分析的结合。研讨支持子系统为这一类活动提供支撑,它是一个面向领域专家应用的集成环境。

研讨有多种形式:如集中方式和分布方式,同步方式与异步方式。集中方式中所有研讨人员在同一研讨室中进行研讨;而分布方式中研讨是在多个研讨室中进行,且这些研讨室可能是分布在不同的地方。这时,各个分布的研讨室需要通过多媒体会议系统、多媒体电子邮件或其他信息共享方式来连接。

研讨支持子系统是一个协同工作的环境。在接到任务后,系统操作人员启动系统;系统正常运行后,研讨的技术保障人员根据任务选择或建立相应的研讨流程,准备所需要的研讨材料,而后研讨人员在研讨流程的导引下开始研讨。在研讨过程中,针对专家提出需要仿真的问题,由研讨系统经过处理后,提交综合实验管理系统;然后由该系统通过调用仿真支撑平台的工具和资源库中的仿真资源来进行整个实验工作,包括实验设计、联邦配置、运行管理、结果处理和提交等。研讨专家在仿真实验过程中,可以通过综合实验管理系统对实验进行多个层次的调整:改变实验要求,调整想定,改变初始参数,调整实验方案和仿真推演进程等。

研讨的工作流程如图 9 - 33 所示,包含以下几个步骤。

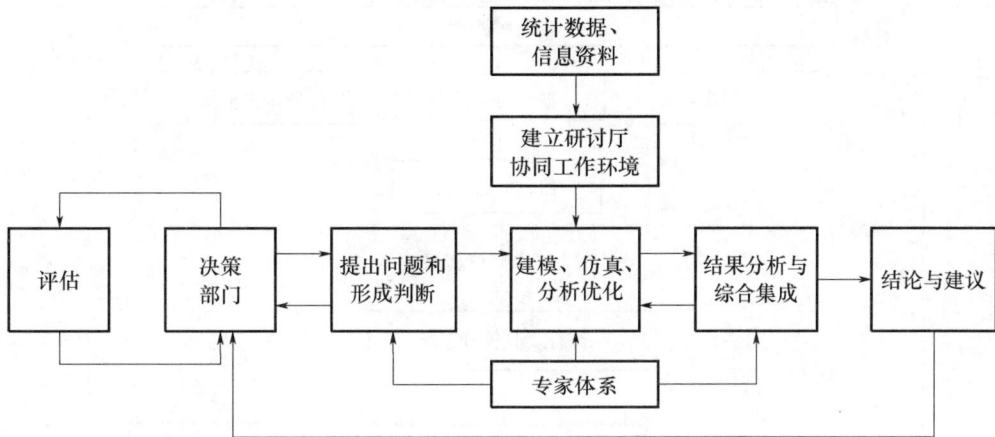

图 9 - 33　工作流程示意图

(1) 决策部门根据实际情况提出问题、确定工作目标以及评判标准。

(2) 收集相关统计数据和信息资料,为后期工作提供必要的数据及模型。

(3) 在现有统计数据、模型的基础上,根据问题和工作目标建立研讨厅协同工作环境,为研讨者提供所需的工具及手段,实现在协同环境中的研讨。

(4) 在协同环境下完成建模、仿真、分析优化等工作,研讨者利用先验知识对仿真结果进行分析与综合集成。

(5) 形成本轮研讨的结论,提出对当前问题的处理建议。

(6) 结论和建议提交决策部门,决策部门利用仿真环境进行综合评估,评估结果作为下一轮研讨的输入。

(7) 其中,问题的提出,仿真系统的建立、运行与分析优化,仿真结果分析与综合集成在专家体系支持下完成。

第(2)、(3)步的工作在第一轮研讨过程中完成后,在后期的讨论循环中,只需根据当前的具体需求做相应的修改。

研讨系统设计的重点主要是人机界面。要考虑领域专家的使用习惯,使用中争取让领域专家感觉不到仿真系统的存在。图 9 - 34 以作战领域为例,给出了一种基于仿真的研讨支持系统结构。

研讨系统由人机交互研讨界面、研讨流程管理、研讨人员管理、研讨意见综合和研讨问题转换五个部分构成。在研讨环境中,用户系统首先根据研讨主题资料情况,利用显示、查询、统计和分析工具充分了解战场环境及相关信息,然后使用研讨工具把自己的想法用图示化手段标绘到以战场环境为背景的推演平台的工作中,形成不同的方案。包括其空间位置、属性、组成关系、符号表达形式和时间的关系等。

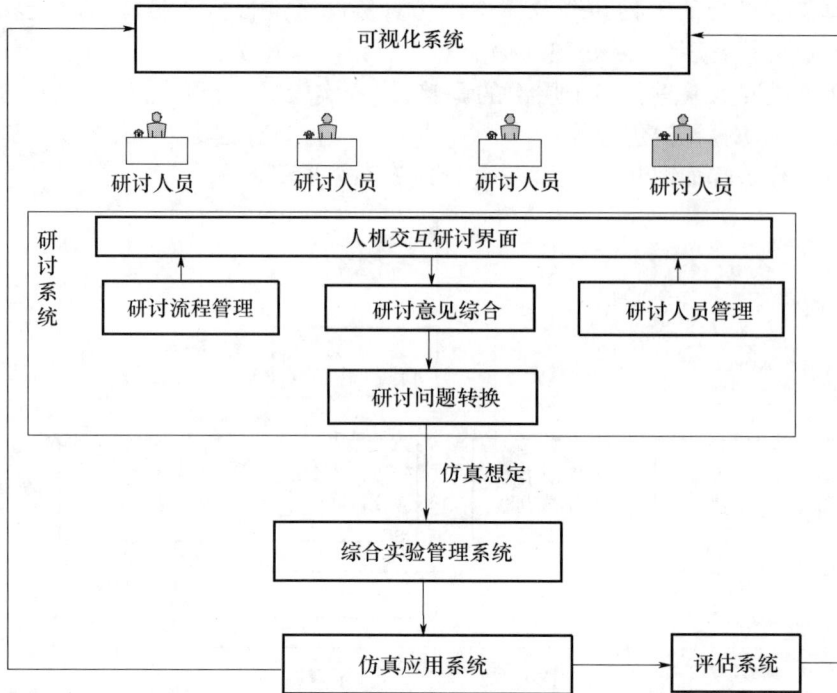

图 9-34 研讨系统的结构及与其他系统的关系

人机交互研讨界面以数字化地图系统和战术图标系统为基础,作战方案的生成、显示,战场要素的标绘、删除等都以指挥员熟悉的图上作业方式。另外,采用基于知识的人机接口技术,通过使用指挥员的知识、军事指挥领域知识等协调指挥员与系统的交互。界面接口具有一定的智能性,军事指挥员的反应能够反馈回接口,接口主动调节。同时,在运行系统时指导研讨人员进行操作,引导其进行必要的分析判断。

研讨问题转换有两种基本的模式:人员后台模式和自动模式。人员后台模式是由经过训练的技术人员负责将研讨问题转换为仿真问题,但对研讨人员是透明的。人员后台模式是初级模式,随着技术进展,将逐步过渡到自动模式。

根据研讨的需要,研讨支持系统内应储存着有关领域资料。在军事领域,相关资料包括战略环境、联合作战理论、战役编成、装备性能、作战指挥数据、作战地区军事地理和水文气象等资料。用户可随时查询所需信息资料,为分析判断情况提供帮助。如查阅红蓝军的编成、编制装备和参战兵力、装备数据,对红蓝双方的兵力、兵器进行统计和数质量对比。

9.8 VV&A 支持系统

9.8.1 VV&A 活动概述

仿真系统的可信度主要由对系统建模与仿真的全生命周期进行 VV&A 来保障。对复杂系统建模与仿真全过程进行 VV&A 研究具有十分重要的意义,如:

(1)提高建模和仿真应用的可信度,为系统开发人员和用户增强信心;

（2）对错误和不足进行早期检测，减少系统开发风险；

（3）节省系统的全寿命费用；

（4）有利于标准化模型和数据，改进仿真的可用性和可重用性，提高仿真系统的开发效率；

（5）增强工作的规范性，并且为所有的工作提供文档支持。

VV&A 支持系统一方面可以对仿真系统的各个结构层次进行全方位的 VV&A 工作，进而对整个系统全生命周期进行 VV&A，确保系统的可信度；另一方面可以保证所有 VV&A 工作规范、自动、高效展开，方便 VV&A 人员进行全程管理，从而提高仿真系统的开发与管理的效率。

HLA 联邦建立与应用中的 VV&A，主要是模型的 VV&A。只有保证了模型具有足够的可信度，建立的仿真系统才具有实际的应用价值。模型 VV&A 工作应在模型研制过程中，采取分步实施的方式进行，要从工程和方法两个方面做工作，特别强调层次化的研究方法和任务空间功能描述的形式化。对于作战领域，仿真模型的具体 VV 活动的实施可以参照表 9 - 1 执行。

表 9 - 1　仿真模型 VV 活动实施方法

VV 活动	内　容	方　法	结　果
概念模型验证	检查概念模型的理论和假设是否正确，模型是否合理地满足了建模目的。	以领域专家为主，系统论证人员参与，对概念模型进行评审。	形成评审报告，提出改进意见。
仿真模型设计校核	检查依据概念模型建立的仿真模型设计，确保仿真模型设计正确地反映有效的概念和系统论证要求。仿真模型设计包括模型技战术指标、功能、接口、处理流程、算法设计等。	由领域专家、论证模型总体设计人员、用户等一起对仿真模型设计报告进行评审；成立由软件开发人员、模型设计人员、软件专家等组成的检查小组，对需求分析、概要设计、详细设计、测试用例等文档进行审查。	开成评审报告，提出改进意见；形成检查报告，提出文档修改意见。
仿真模型实现（软件）校核	确保依据概念模型建立的仿真模型设计在计算机上的正确实现。检查内容包括仿真模型软件的源代码、程序结构及模型软件功能、可靠性等。	利用软件测试工具对仿真模型软件进行静态分析、动态测试等；设计测试用例对仿真模型软件的功能进行测试。	形成模型软件测试报告；形成模型软件功能测试报告。
仿真模型验证	确定仿真模型是否正确表示了要模拟的真实对象，比较真实对象或实物模型与仿真模型在相同输入条件下，输出结果的一致性程度。	利用经过 VV&A 的武器装备性能数据和靶场试验数据验证装备模型的有效性；领域专家评价模型及其输出结果的合理性；模型结果与实际系统结果或理论计算结果进行比较；其他方法	模型可信度评价报告

9.8.2　功能设计

一个完善的 VV&A 支持系统，一是要求能够支持按统一的标准进行 VV&A 过程；二是支持由低层向高层分层进行 VV&A，通过具有满足可信度要求的低层去支持高层开

313

发、设计。其应具备的功能包括：

（1）能够根据联邦设计、开发与运行全过程，支持确定联邦的 VV&A 过程，最终提供 VV&A 整体方案，指导联邦全生命周期的 VV&A 工作。VV&A 整体方案应该为实际中的每一步 VV&A 工作提供辅助和指导，确保 VV&A 人员能够清楚地把握在联邦设计、开发与运行过程中应该要完成的 VV&A 工作，采用的 VV&A 方法，需要的 VV&A 资料与数据，并明确应该采用何种形式对 VV&A 的结果进行归档。

（2）能够对联邦运行的通用软、硬件环境进行检测，可以保证通用软件能够满足功能和性能指标要求，通用硬件环境的稳定、安全、可靠。操作系统、网络通信软件、图形显示软件等软件需要进行功能和性能测试；计算机设备、网络通信设备、网络通信接口、人机交互接口、图像显示设备等需要检测。

（3）能够对通用仿真环境的仿真资源库进行功能和性能测试，确保系统的概念模型库、对象模型库、想定数据库及脚本数据库满足仿真系统开发要求。

（4）能够对联邦运行支撑平台进行测试，切实保障支撑平台按照标准接口规范开发，并能够提供一系列用于仿真互操作的服务。联邦支撑平台的功能与性能分别为数据交换功能、RTI 服务功能、数据交换性能及 RTI 服务性能。测试时，支撑平台的性能测试是主要的。

（5）能够支持对联邦进行校核与验证，确保应用联邦的建模及模型数据是真实可信的。

（6）能够支持对实验调度管理系统进行测试与评估，确保能够正确实现实验的调度管理功能。通过对该联邦的实验调度功能进行验证，可以保证联邦能够正确调用模型进行实验；通过对联邦的管理功能进行验证，可以保证联邦能够正确控制整个仿真运行。

（7）能够提供 VV&A 应用辅助工具。利用该工具，能够对 VV&A 过程进行设计与管理，自动生成 VV&A 文档，VV&A 项目配置仿真结果及综合仿真结果进行可信度评估，以及评估的结果可视化显示。

9.8.3　结构设计

从满足各项功能需求出发，图 9-35 给出了一种 VV&A 支持系统的体系结构。包括底层支撑库和 VV&A 应用辅助工具两部分。

资源库、方法库和 VV&A 整体方案构成底层支撑库，在实际的 VV&A 工作中底层支撑库为各种 VV&A 应用辅助工具提供技术支持、资源支持和方法支持，确保 VV&A 工作能够顺利完成。VV&A 整体方案为实际的 VV&A 工作提供辅助和指导，确保 VV&A 人员能够清楚地把握在系统设计与开发的各个阶段应该要完成何种 VV&A 工作。

VV&A 应用辅助工具支持系统设计与开发各个阶段的 VV&A 工作，其中，VV&A 过程及文档管理工具的主要功能是细化 VV&A 的流程，对 VV&A 流程中各阶段的任务、所需的数据、文档及其格式等内容进行分析和制定，切实指导和辅助 VV&A 工作；模型及数据 VV 工具主要进行仿真模型和数据的可信性评估工作，保证系统设计、开发和运行过程中所使用模型与数据的正确性和权威性；各种实用的模型可信性评估方法是该软件的基础；联邦及成员测试工具则主要辅助完成联邦及成员的互操作性、一致性、兼容性和正确性的测试与评估工作；仿真结果验证工具主要是对仿真结果的可信性进行评估，确保作战方案的制定、修改与评估能够基于一个可信的结果来进行;可信度综合评估工具的功能则是在对系统综合评估方法研究的基础上,结合联邦的实际特点,分析并综合系统总体可信度的影响因素,最终完成系统总体可信度的定性和定量评估工作。

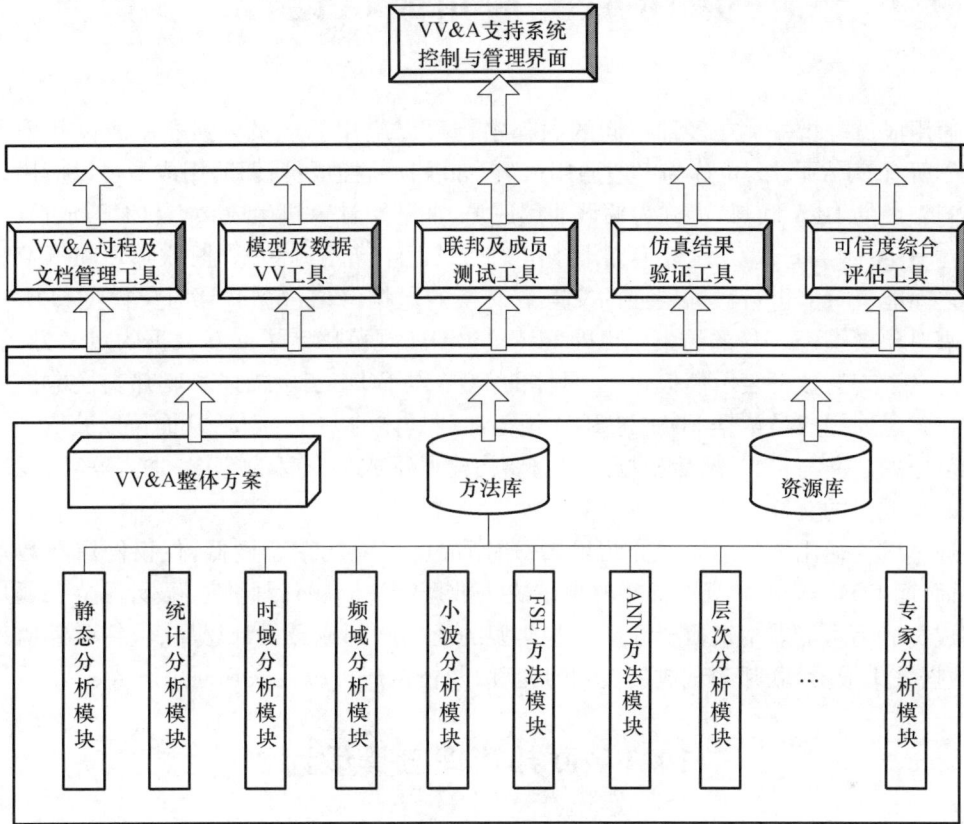

图 9-35 VV&A 支持系统的结构

第10章 通用成员设计

通用成员是指一类在多种不同的联邦中均可以应用的成员。强通用成员几乎可以应用于所有 HLA 联邦,也称为一般通用成员,如联邦监控成员;弱通用成员可以应用于某个专门领域的 HLA 联邦,也称为领域通用成员,如陆军计算机生成兵力(CGF)成员。

在 HLA 体系下,联邦设计遵循十条准则。以此十条准则为基础,联邦之间以及联邦成员之间能且只能进行数据层面的交互。交换的数据严格遵循联邦对象模型(FOM)以及仿真对象模型(SOM)的约束。也即 FOM 与 SOM 规范确定了交互数据的定义方式,或者说定义了交互数据表示模板,一个具体的 FOM 与 SOM 实例描述了联邦交换数据的定义与格式。通用成员依据 FOM 与 SOM 规范加载具体的 FOM 实例,从而可以获取到联邦交换数据的定义与格式,然后根据用户需要构建通用成员自身的 SOM,加入联邦,完成与其他联邦成员的交互。

通过以上通用成员的原理介绍可知,通用成员与应用耦合度低,仅仅停留在数据交互层面,而 FOM 与 SOM 规范又很好地解决了数据定义问题,因此使得设计独立与通用的联邦成员成为可能。本章概要介绍一些典型的通用联邦成员设计思路,包括联邦监控成员、数据采集成员、联邦测试成员、多联邦互联及桥接成员以及联邦通用态势成员等。

10.1 联邦管理工具设计

大规模联邦的运行非常复杂:在联邦运行之初,众多成员要创建/加入联邦、初始化公布/订购关系;在仿真运行过程中,新成员要加入联邦、停止仿真的成员需要退出联邦,正在运行的成员不断更新/反射对象实例属性、发送/接收交互、推进成员时间。因此,只依靠人员来管理仿真运行是不够的,需要开发专门的联邦管理工具(Federation Management Tool,FMT)来协助系统管理人员,在联邦执行过程中有效地监控、管理整个联邦。

联邦管理工具的设计思想来源于支持大规模仿真 JTC 的高级仿真协议集 ALSP 中的联邦管理工具(Confederation Management Tools,CMT)。1998 年前后,美军仿真标准由 ALSP 向 HLA 转变时,提出了沿用 CMT 的概念用于 HLA 仿真系统的管理工具的设计。HLA 继承了 CMT 的概念,并建立了专门的管理对象模型(Management Object Model,MOM)来支持 HLA 仿真系统的管理。

10.1.1 设计原理

联邦监控必须具备全面的管理功能和高度集成的结构,能够对整个联邦和所有成员实行及时有效的监视、控制,支持联邦在仿真网络上分布运行,不仅限于局域网,而要向广域网发展。

随着 HLA 的广泛应用,对联邦管理的需求也越来越多。一些大规模的 HLA 仿真应用中专门开发了专用仿真管理软件。例如,在欧洲航天局自动传输运载工具 ATV(太空船)分布仿真训练系统和法属圭亚那库鲁航天中心阿里亚娜－5 运载火箭维护人员测试设备分布仿真训练系统中使用了由 EADS LV&D3 Group 开发的管理工具箱(Supervision Toolkit);在美国雷西昂公司导弹分部工程中心(亚利桑那州图森)的导弹试验平台(Test-Bed)仿真系统中,专门开发了演练管理系统(Exercise Management System,EMS)。

专用仿真监控软件针对性较强,能较好地满足仿真系统的需求。但若对每个仿真联邦都专门开发设计,既费工费时,又不符合 HLA 体系的仿真资源重用性的要求,所以需要有通用的联邦管理工具,能适用于一般性的 HLA 仿真联邦。

开发通用的联邦管理工具,需要深入理解 HLA 规范,熟悉 HLA 有关技术规定,如管理对象模型 MOM 和 API 接口函数,掌握开发 HLA 仿真联邦及成员的技术,掌握运行支撑结构 RTI、对象模型开发工具 OMDT、成员开发工具等相关支持软件的使用与分析、高级程序语言开发技术,因此有一定的难度。另外还需要有一定实际仿真联邦的开发应用经验,以便归纳综合对 FMT 的设计要求,并要在实际使用中试验完善,因此 FMT 的开发不可能一下就达到目的,需要一个"开发—应用—修改"完善的过程。

联邦管理工具作为联邦管理成员 MF(Management Federate)加入联邦。MF 可以看作是建立在 HLA 管理对象模型 MOM 基础上的、用于联邦管理的特殊成员。MF 也必须与其他成员一样,符合 HLA 成员接口规范(IEEE Std 1516.1 API 接口函数集)。在仿真联邦中,MF 运行于 RTI 上,加入联邦运行,通过 RTI 与其他成员进行间接数据交互。MF 应严格遵照 HLA 成员接口规范中 MOM 的有关规定,以确保其通用性和可扩展性。

MF 不同于联邦中的一般成员,它一般不关注联邦对象模型 FOM 中与仿真应用剧情有关的对象类与交互类,但必须关注有关联邦管理的类。因此,其成员对象模型 SOM 很简单,如图 10-1 所示,基本就是 MOM 所定义的基本的对象类与交互类,这是 MF 的特点之一。

图 10-1　MF 的成员对象模型

MF 订购对象类 Manager. Federation 和 Manager. Federate。在联邦运行中,RTI 会自动为联邦创建一个 Manager. Federation 对象类实例,为每个加入联邦的成员注册一个 Manager. Federate 对象类实例,由 RTI 向 MF 提供并定时更新各对象实例属性。若 MF 还订购了 MOM 扩展子类或扩展属性,这些扩展成员信息就必须由各成员公布并更新、由 RTI 反射给 MF。

MF 向 RTI 公布 MOM 的 Manager. Federate 交互类的 3 个交互子类:Adjust、Request、Service,从 RTI 订购 Report 子类。MF 发出 Adjust、Request、Service 子类的交互,接受和响

应方是 RTI,联邦里其他成员不会直接响应这些交互。而 MF 只订购并接收的 Report 子类的交互,这些交互是 RTI 对 MF 发出的 Request 交互的响应,向 MF 报告 Request 要求的相应信息。

对于 MOM 扩展交互或 MOM 规定以外的控制交互,则需要在仿真应用联邦的 FOM 里预先定义,由 MF 公布有关联邦成员订购。当 MF 发送此类交互时,RTI 不会做响应,而是将其传递给订购了此类交互的成员,由成员做出响应。这与 FOM 里一般交互的工作方式相同。

MF 主要依靠这类 MOM 定义的交互来控制联邦和各联邦成员。但是实质上,MF 只是向 RTI 发出交互,重要的是 RTI 要能支持这些交互的服务;同样,对于扩展的 MOM 交互及 MOM 以外的控制交互,MF 发出交互,重要的是相应的成员必须要响应这些交互。

10.1.2 设计要求

对 MOM 规定的对象类和交互类,联邦管理成员以外的一般成员无须关心,也不用订购和公布。RTI 会自动为所有的一般联邦成员创建 Manager. Federate 对象实例并更新其 23 个对象属性(包括成员 HANDLE、成员名、运行主机名、联邦时间等);至于 Manager. Federate 交互类,是 RTI 与联邦管理成员 MF 之间的交互,成员无须订购或公布其中的任何子类。

对于扩展 MOM 对象类,成员必须公布此对象类并注册类实例,更新此类的各属性(HLA 规定不能分别公布属性,只能公布整个类),由 RTI 订购并接受此对象类。对于扩展 MOM 交互和 MOM 以外的交互,成员必须订购该类及所有子类,并在接收到这些交互后作必要处理,响应 MF 的运行控制。

对联邦管理工具的设计有如下要求。

1) 通用性要求

联邦管理工具应适用于各种 RTI 软件、各种仿真应用联邦,适用于各种 HLA 仿真系统使用的计算机平台、计算机网络。通用联邦管理工具的开发难度要大于专用联邦运行管理器。国外的产品如 MäK FMT、AEgis Labworks – FedDirector 就属于通用联邦管理工具。

为保证通用性,必须采取标准的 HLA 成员接口规范。HLA 成员接口标准规定了 Java、Cobra、VC + +接口规范,可以供不同的开发工具使用,如 Mäk FMT 是使用 Java 开发的。考虑到 VC + +工具的广泛使用,通常选择使用 Visual Studio 作为开发平台,开发 Windows 应用程序。

联邦管理成员的成员对象模型应以 MOM 定义为基础,尽量少进行扩展。因为扩展 MOM 内容需要在 FOM 里增加 MOM 定义以外的对象类和交互类,而 RTI 不提供相应的服务,影响 FMT 的通用性。因此,对在 MOM 定义以外的监控内容,只选择少数必不可少的进行扩展。

2) 集成要求

HLA 仿真应用中联邦管理的内容较多,需要监视联邦运行的众多状态信息,设置和调整联邦和成员的运行参数,提供对联邦和成员的控制和操作等。

FMT 应当集成联邦运行状态保存数据库 FSD(Federation Saving Database),提供联邦运行状态保存(Federation Saving)和恢复(Federation Restoring)的功能。联邦运行状态保

存服务类似于电脑游戏里的"保存游戏进度(Save)"功能,可以实时记录联邦运行状态,FMT 须为 FSD 提供初始化和保存、清除服务功能;联邦运行状态恢复服务类似于电脑游戏里的"加载游戏进度(Load)"功能,读出 FSD 的对应数据,恢复到保存过的联邦状态。

FMT 应当提供联邦初始化功能,支持加载仿真应用的初始状态和条件;还应当提供仿真数据重演功能,为联邦数据采集工具 DCT 提供接口,以便在仿真试验结束后,回放整个仿真运行过程进行分析和评估。

FMT 应当集成仿真操作与故障信息数据库(Operation and Defect information Database,ODD),记录在联邦运行过程中出现的故障信息,以及 FMT 对仿真进行的操作和控制,将故障信息和操作信息写入 ODD,以便事后分析或用于联邦调试。FMT 应为 ODD 提供初始化、保存、读出和清除功能。

3)可嵌入性要求

作为通用 HLA 仿真服务软件,联邦管理工具 FMT 与成员测试工具 FCT、数据采集工具 DCT 一样,都是为 HLA 联邦提供一个方面的服务与支持。它们可以集成为一个通用的仿真服务工具软件,FMT 应当能够嵌入这个集成的工具,并与其他工具软件互留数据与操作接口。

作为通用的联邦管理工具,FMT 能基本满足一般 HLA 仿真联邦的管理需求,也可以作为联邦运行的主控台。但由于通用性的要求,HLA MOM 定义的内容比较抽象和概括,所以 FMT 对联邦运行的监控也很抽象,比如监视成员对象类和属性、发送/接收交互数目等,不涉及仿真应用的具体内容。比如在空地对抗仿真演练中,用户可能关心飞机的速度、位置、防空武器的开火动作等具体的信息,FMT 无法提供这么具体的信息,这样用户不能从 FMT 直观地观察了解所关心的信息。因此,在一些大型的仿真应用中,若用户自行开发了专用的仿真主控台,FMT 应可以作为一个组件实现功能嵌入,完成其中联邦管理的功能。

4)工作模式灵活性要求

在仿真联邦中,FMT 有三种主要的工作模式可供选择:集中管理、分布管理以及集中与分布相结合。在大规模的分布仿真联邦中,集中管理的数据流量很大,会加重监控管理服务器的负荷,可能造成网络传输的瓶颈,影响联邦运行速度。同样,分布管理本身不能满足一些全局性的集中管理的要求,如整个联邦的启动、暂停、保存、恢复等运行操作。

因此可以采用集中与分布相结合的管理模式:有关联邦整体的、权限较高的管理功能集中于联邦主控台上运行,有关各成员、权限较低的管理功能分布运行于各仿真成员所在的计算机平台。所以 FMT 软件一般可以分为联邦监控器(Federation Monitor and Control tool,FnMC)和成员监控器(Federate Monitor and Control tool,FMC)两种模式,分别作为联邦主控台和成员监控。

成员监控用于对选定的成员的监控。选定的成员可以是联邦中的关键成员、与某成员密切相关的成员或者是任意感兴趣的成员。比如在空地对抗仿真演练中,防空武器成员可能关心敌方飞机成员的情况,就可以在本主机上启动一个 FMT,运行在 FMC 状态,专门观察运行在远端平台上的飞机成员的运行情况。

在联邦中可以运行多个 FMT,但 FMT 对成员的控制需小心使用(尤其是通过 Manager. Federate. Service 子类交互实现的控制),对联邦和成员的控制不宜来源于多个 FMT。

掌握联邦运行控制权,即有权限发出开始仿真、结束仿真命令的 FMT 应只有一个。

5)稳定性可靠性要求

大型 HLA 仿真演练往往需要持续较长时间,如多兵种联合作战演练可能会进行数天,模拟的物理时间长达数月。FMT 运行于这样的联邦中必须很稳定。

在仿真演练中,在出现网络故障、程序问题和人员操作失误的情况下,期望 FMT 仍然能够正常运行而不中断,还能够检测和提供补救措施。若仿真成员因为软件本身、计算机平台、网络或误操作导致成员故障,FMT 应当能检测,强制该成员退出联邦并可以保持故障点联邦状态。若故障成员排除故障,重新加入联邦,FMT 能恢复对它的运行管理。若整个联邦因故障导致崩溃或不得不终止运行,FMT 应记录联邦终止时的状态,强制所有成员退出,并删除联邦。

其他要求还有:FMT 自身不能耗用过多的系统资源,不能因监控内容复杂而使联邦主控台所在计算机平台运行缓慢,不能因 FMT 自身运行缓慢影响整个联邦的时间推进,不能因联邦管理数据流量大而在网络中引起阻塞。

10.1.3　工具构成

按照面向对象程序设计原则,如图 10 - 2 所示,可将 FMT 分为以下几个部分。

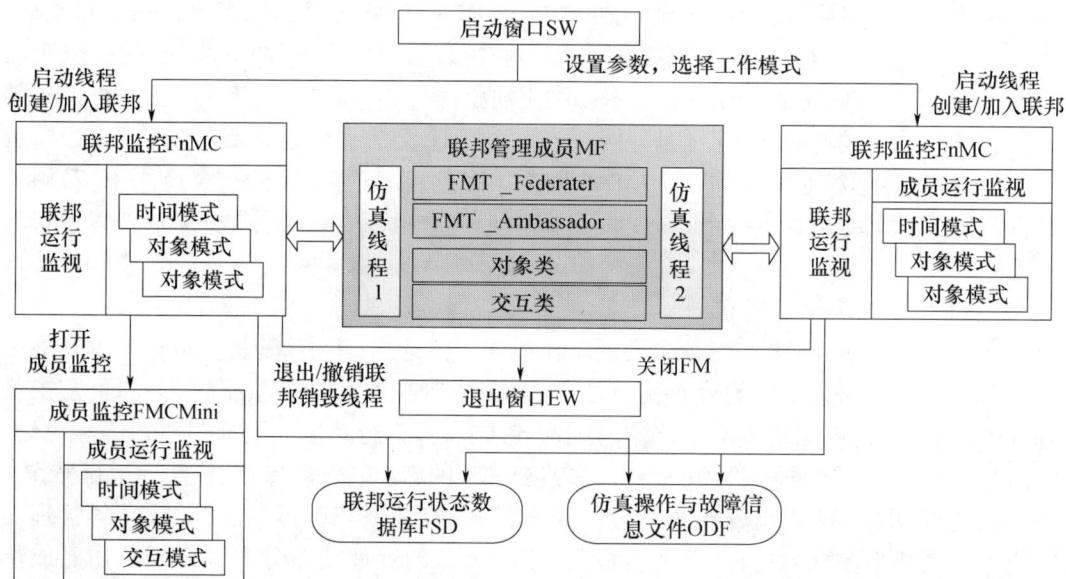

图 10 - 2　FMT 模块划分及工作流程

(1)联邦管理成员 MF:包括 RTI 代理类 FMT_Federate、成员代理类 FMT_Ambassador、仿真线程、订购对象类(Manager. Federation、Manager. Federate 和扩展的 FederateCharacter 对象类)、订购和公布的交互类(4 个子类和扩展的 FederationExecuteControl)。MF 不具有人机交互界面,处于后台运行,向 MCI 提供监视内容,由 MCI 调用模块函数实现控制功能。

(2)监控管理界面 MCI:提供将监视、控制功能集于一体的图形人机界面,把联邦的各种监控信息分类组织成多种显示模式。可划分为启动 SW(Start Window)、联邦监控

FnMC、成员监控 FMC、联邦监控中的成员监控 FMCMini(Federate Monitor and Control Mini tool)、退出 EW(End Window)等 5 个模块。

（3）运行状态数据库 FSD 和仿真操作与故障信息文件 ODF(Operation Defect File)，分别保存联邦运行状态和联邦运行过程中出现的故障信息。

FMT 的基本工作流程是：由启动窗口 SW 启动 FMT，创建联邦执行(当联邦存在时加入联邦)；启动仿真线程，选择工作模式进入 FnMC 或 FMC 模式(在 FnMC 模式下，可以运行成员监控 FMCMini 对选定成员进行详细监视和控制)；联邦运行过程中，联邦状态信息和仿真操作与故障信息分别存入对应的数据库和文件；最后经过退出窗口 EW，退出联邦，撤销联邦执行，销毁仿真辅助线程，关闭 FMT。

10.2　联邦数据采集与数据采集成员

系统仿真的目的就是通过构造系统的模型并在其上进行反复实验得出某种结论，要得出可信的结论就必须进行详细的数据采集。通过数据采集，可以进行仿真模型的校核、验证和确认(VV&A)；检验成员之间交互的正确性；进行演练回放并对演练结果进行深入分析(After Action Review，AAR)；预测当仿真需求改变时，联邦可能做出的响应。通常数据采集是 HLA 仿真平台提供的必不可少的功能，而且对于大规模、多联邦的仿真系统，巨大的数据量以及数据的多样性和复杂性使得数据采集复杂化。因此，数据采集的实施直接影响到整个仿真联邦的性能，制约着系统规模的进一步扩展。

10.2.1　HLA 中数据采集的方式

HLA 为各仿真组件(成员)进行分布式仿真实验提供了一个高度柔性的环境。HLA 联邦可以根据演练想定的要求通过联邦对象模型(FOM)和仿真对象模型(SOM)来定义成员间交换的信息和数据。然而这种柔性使得数据采集复杂化，因为事实上并没有一种数据交换协议(如 DIS 定义的协议数据单元 PDU)来规定数据交换格式，这样数据采集工具(DCT)就不能再直接挂接在网络上来识别并记录仿真数据。

HLA 中成员交互的数据在生成 FOM 时已经定义，HLA 规范并不提供及时采集、分析公共和私有数据(不在 FOM 中定义的数据)的能力。成员之间实际的数据交换是通过公布/订购机制经由 RTI 进行的，DCT 也仅能采集这些公共信息并将其保存在文件或数据库中。成员内部的私有数据只能由成员自己记录，在成员外部是不可能由 DCT 进行采集的。因此，根据 HLA 的 FOM 进行数据采集的弹性较小，只能采集各成员的仿真对象实例属性值，以及对象之间的交互信息。要设计一种通用的联邦数据采集工具就必须充分利用 FOM 的信息。

在联邦数据采集的设计上主要有三种方式：集中式、分布式和分散集中式。

集中式的 DCT 实现简单，可以设计成一个通用的数据采集成员。它订购所需要的联邦数据并在数据到达时进行记录。如果在联邦中仅有一个数据采集成员，当它用在高速局域网 LAN 上的规模较小的仿真联邦中时，不会成为联邦运行的瓶颈。然而当它运行在低带宽的广域网 WAN 或大规模的仿真联邦中时，由于它需要订购大量的联邦执行数据，不能利用 RTI 的声明管理(DM)和数据分发管理(DDM)的数据过滤机制，必然会影响整个系统的性能。此时,就必须使用其他的数据采集方式。

分布式数据采集就是在成员向 RTI 发送数据的同时,将所需要的数据保存在本地机器内,在仿真结束后再融合成统一的记录文件。分布式数据采集在实现上主要有两种方式。

(1) 将数据采集功能直接嵌入成员软件。可以在每一成员内加入特定代码以在发送或接收数据时予以记录。该方法的主要缺点是必须在每一成员内加入用于采集数据的代码,对于已经生成的仿真应用程序若只有可执行代码的话,将不能用该方法完成数据采集。

(2) 实现由 RTI 提供的记录接口层。记录接口层位于成员软件和 RTI 的应用程序接口(API)之间,用以采集 RTI 和成员间传递的所有数据。这样可以使记录接口同成员软件相分离,减小数据由成员记录所带来的负面影响;同时由于可以设计出通用的记录接口层,使得记录接口可以在其他仿真演练中进行重用。

分散集中式主要用于多个 LAN 中(包括 WAN)。其思路就是在每个 LAN 设置一个集中式数据采集成员,该成员负责采集它所在 LAN 的数据,实现就近数据采集。分散集中式数据采集在实现上主要有两种方式。

(1) 将成员合理配置到各 LAN 上,使得各数据采集成员订购的数据尽量局限于本地 LAN,但网间冗余数据仍不可避免。

(2) 将网络拓扑信息(即各 LAN 的地址)加入发送的数据中,利用 RTI 提供的数据分发管理(DDM),每个数据采集成员可以只订购包含其所在 LAN 地址的数据,减少了网间冗余数据,但这种方式需要修改 FOM 和成员软件,并增加了处理时间。

对基于 WAN 的大规模、多联邦的仿真系统可以充分利用这几种数据采集方式的优点,采用混合的数据采集方案,即有的联邦采用集中式数据采集,而有的联邦采用分布式数据采集。

10.2.2 集中式数据采集

设计集中式记录器是传统的数据采集方法。在 HLA 联邦中可以设计成一个数据采集成员(除了不发送数据外,与其他成员一样),它在加入联邦后订购所需要的对象类属性和交互类。随着联邦的执行,将 RTI 传入的所有数据写入记录文件或数据库。该类联邦的逻辑结构如图 10-3 所示。这种想法很自然也很简单,其最大的优点是,采集到的数据可在运行时直接用于显示和分析,避免了演练后对仿真数据的整理和融合。然而其缺点也是很明显的:当采用集中式数据采集时,网络上必然有大量的数据流,就可能导致网络拥塞和处理机负载过重等问题。从而使数据采集成为系统的瓶颈,影响联邦的仿真性能。因此在实现数据采集工具 DCT 时需要进行优化以提高数据采集的性能和仿真数据的易用性。

DIS 协议规定了仿真实体应用的所有 PDU 的种类和格式,而且当实体状态发生改变时,要发送一个完整的 PDU。因此在 DIS 仿真中数据记录格式相对简单,只要记录 PDU 种类及其内容即可。在 HLA 联邦中没有这样固定的数据消息格式(这也是 HLA 使用灵活的一个重要特点),而且 HLA 接口规范规定成员可以只更新改变的实例属性值,对于未改变的实例属性值可以不发(将保持最近一次的更新值)。这样就不必传输和处理冗

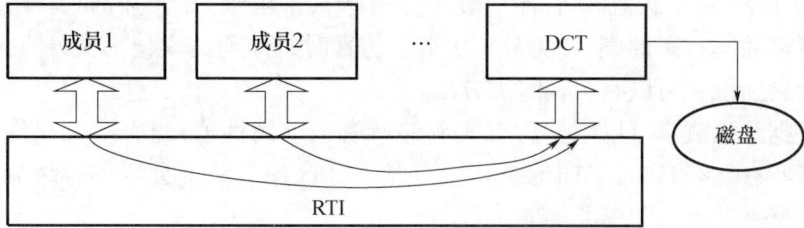

图 10 - 3　集中式数据采集的联邦逻辑结构图

余的数据,对于降低网络流量、提高联邦性能大有好处,但也给数据记录带来困难。

在 RTI 中,对象类、对象实例、对象属性以及交互类和交互参数都是用句柄(handle)来标记的。在更新实例属性和发送交互时,都使用了句柄 – 值对集(handle – value pair set)。在数据记录时,句柄和值都要保存。针对这种情况,设计的记录文件格式一般需要包括三部分:文件头、句柄定义和仿真数据。

文件头主要用以标志文件类型、区分联邦名和联邦执行数据(FED)文件名,如表 10 – 1 所列。

表 10 – 1　记录文件头格式

记录项	数据类型	描　　述
文件类型	String	文件类型标志,说明该文件为联邦数据记录文件,固定取值可为"% DCT%"。
联邦名	String	标记 DCT 所加入的联邦。
FED 文件名	String	联邦运行时加载的联邦执行数据文件。

FED 文件定义了成员之间传递消息所需的对象类和交互类。RTI 在更新实例属性和发送交互时都要通知接收成员对象实例和交互类句柄,其属性和参数的传递也需要发送句柄 – 值的二元组。可见,句柄在联邦仿真中起到了标记消息及其参数的重要作用。因此只有定义了这些句柄,记录的数据才是有意义的。RTI 给 FED 文件的对象类和交互类分配的句柄可能相同(例如都是从 1 开始顺序分配),而更新实例属性值和发送交互的数据结构基本上是相同的。所以可为 FED 文件的对象类和交互类统一分配句柄,在记录数据时,就不必区分是对象类还是交互类(可以在 RTI 分配的句柄和自定义的句柄之间进行映射)。

值得注意的是,对象类名和交互类名需要用"."连接其所有父类名,这样才能对有同类名的情况不致产生二义性。这里只对对象类和交互类句柄进行了重定义,属性和参数句柄可以沿用 RTI 分配的句柄,不必重定义。

仿真数据部分记录了在一次联邦执行过程中仿真人员所关心的对象实例属性更新和发送的交互。RTI 负责在成员之间传递消息,但它并不知道数据的类型及其含义,只认为是一些字节流。可以从 FOM 的 DIF(数据交换格式)文件中知道数据类型,但从数据记录的性能考虑,只记录了属性值或参数值的字节内容和字节数,并未记录其数据类型,可在分析数据时再参照 DIF 进行处理。

RTI 减少网络通信量的一种机制就是提倡成员在每次状态更新时,只发送变化了的实例属性值,这样数据采集成员在每个仿真时刻就可能只记录了对象实例的部分属性。

当然,这对于演练回放毫无影响,却给数据分析带来了困难。因为假如需要知道某对象实例在某时刻的所有属性值,可能会要从某个仿真时刻向前搜索记录文件直到找到所有属性的最近更新值。可以有两种解决方法。

(1) 数据采集成员可以维持所有实例的所有当前属性值,当有实例属性更新时,就可以记录其所有状态,或者定期记录其所有状态。这种方法不会增加网络流量,却影响了记录性能。

(2) 数据采集成员可以定期向 RTI 调用 RequestAttributeValueUpdate(请求属性值更新)服务,得到所需要的实例的所有属性值,再记入文件。这种方法可以有效减轻数据分析的负担,却增加了网络流量和成员处理时间。

数据采集成员要求在不影响联邦执行的情况下,将大量仿真数据写入磁盘的记录文件(因为写数据库需要更多的处理时间,所以运行期间不将数据写入数据库)。然而文件 I/O 是很费时的(尽管有文件的高速缓冲),如何充分利用 CPU 的处理时间和操作系统的特点,是数据记录必须考虑的问题。

利用操作系统的多线程结构,可以执行异步文件 I/O。异步文件 I/O 使得数据采集成员不必再将数据写入记录文件时等待写操作的完成,可以继续执行。即当缓冲区变满并且执行异步写文件操作时,控制权立即返回给成员,实际的写数据文件由另一单独的线程完成。这样就可以减少文件 I/O 对 DCT 成员处理数据的影响。

数据记录成员接收到的属性和交互数据是二进制格式。如果将记录文件写成一种可读的文本格式,就需要一系列的函数调用将所有句柄转换为某一类型再将二进制数据转换为 ASCII 格式。为降低数据采集软件的处理时间,从 RTI 接收到的二进制数据不经任何转换直接写入记录文件。

10.2.3　分布式数据采集

集中式数据采集方法比较简单,生成的记录文件对数据分析和演练回放都很方便,但它却占用了网络的带宽资源。在大规模联邦仿真特别是在广域网仿真时,它将成为系统的瓶颈。而分布式记录方法可以在影响网络带宽最小的情况下采集到所需要的数据。其主要设计思路就是在成员与 RTI 之间加一层记录接口。成员在向 RTI 发送数据时,首先经过记录接口,由记录接口将数据记录之后,再转发给 RTI。这样就不会有冗余的数据在网络上传输(特别是大大减少了网络上的网间数据),消除了系统瓶颈。分布式数据采集的联邦逻辑结构如图 10-4 所示。

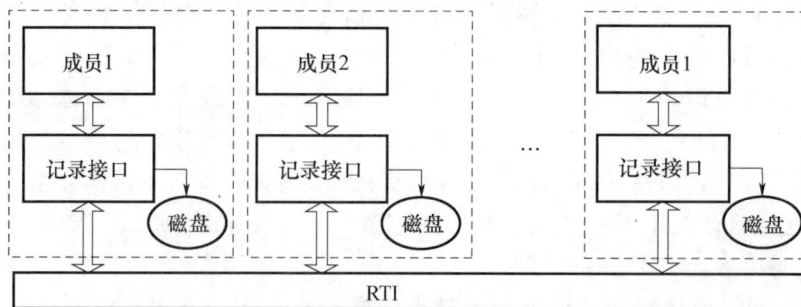

图 10-4　分布式数据采集的联邦逻辑结构图

记录接口是位于成员和 RTI 之间的中间件(middle ware)(与成员处于同一仿真节点),它可以记录成员向 RTI 调用及 RTI 向成员回调的所有函数和函数参数。中间件软件是通过继承并扩展原始类的功能而实现的。中间件有与 RTI 完全相同的接口,它对用户应用是透明的。记录接口中包含(或重载)了成员与 RTI 之间的所有接口函数,这些接口函数先将函数参数记录下来,再调用相应的 RTI 接口函数。例如当成员更新数据时,它需要向 RTI 调用 UpddateAttributeValues 函数。如果记录接口链接到成员,则成员实际上是调用了记录接口的 UpdateAttributeValues 函数,记录接口将函数标识符和参数数据保存到记录文件中,再调用 RTI 的 UpdateAttributeValues 函数,则 RTI 就可以使用 DM 和 DDM 对数据进行过滤和分发。

可以看到,记录接口比集中式数据采集记录的信息要多。集中式数据采集只能记录成员之间交换的数据,而记录接口除此之外还可以记录 RTI 与成员之间交换的信息(因此其记录文件与集中式记录文件格式有所不同,在此不再详述)。这样不但可以对仿真演练进行事后分析,而且可以对分析和测试 RTI 的功能和性能提供有力的帮助。然而记录接口需要进行文件 I/O,会占用成员的 CPU 处理时间,可以利用前面提到的存储方法来减少记录接口对链接成员的影响。

记录接口可以使用 C++ 实现。这时需要重载 RTI 软件所定义的两个代理类,即 RTIAmbasssador 和 FederateAmbassador。实现上有以下两种方法。

1)由成员实现对 RTI 的扩展

当记录接口由成员实现时,需要设计两个类:DC_RTIamb 类和 DC_FedAmb 类。DC_RTIamb 类由 RTI 提供的 RTI Ambassador 基类派生。RTI Ambassador 定义了成员向 RTI 调用的 API 接口函数。RTI Ambassador 类中的每一函数都有在 DC_RTI amb 类中与之对应的函数。同样,DC_FedAmb 类由成员实现的 Federate Ambassador 基类派生。Federate Ambassador 定义了 RTI 回调成员的接口函数。在 DC_RTIamb 类和 DC_FedAmb 类的函数实现中,可以先将传入的参数记录下来,再调用其基类相应的函数。在第 5 章讨论层次联邦的数据分发管理时已经详细介绍了这一方法。

因为记录接口将与 RTI 通信的数据不经任何转换就直接写入二进制文件,它可以不经修改挂接到任何联邦成员,即记录接口的代码是通用的。同时,记录接口实现的两个类均由 RTI 基类派生而来,因此将记录接口同成员链接仅需要修改和添加很少的代码。为使联邦开发人员易于实现仿真数据的本地记录,在成员软件框架自动生成工具(FedAppWizard)可以集成这部分数据采集功能。

2)由 RTI 提供

上一种方法的缺点是很明显的,需要有成员的源代码并进行修改,再重新编译链接成可执行文件。对已开发的成员或得不到源代码的成员可采取"偷梁换柱"的方法由 RTI 提供记录接口。

在 RTI 平台上运行成员时需要链接动态链接库(DLL)RTIamb. dll。在 RTIamb. dll 中主要实现了 LRC(Local RTI Component,包含 RTI Ambassador 类)的功能,为成员提供 RTI 的 API 函数。众所周知,DLL 只有在应用程序运行时才装入进程地址空间,而且 Windows 操作系统只以文件名区分 DLL。这样就可以生成两个版本的 RTIamb. dll:有数据记录功能和无数据记录功能的 RTIamb. dll。这两个版本的 DLL 所声明的类和函数是相同的。

当需要数据记录时,只要链接有数据记录功能的 DLL 即可,操作非常方便。

记录接口记录的文件是二进制格式,需要将其转换为可读格式。对分布式数据采集,需要在数据分析和演练回放之前关联并集成所有的分布式记录文件,主要工作是将所有记录文件的所有记录按时间排序,并适当删除冗余信息,融合为一个全局的记录文件。

浏览记录文件时需要根据 FOM 的 DIF 格式得到句柄与名字的映射、数据类型的定义以及各属性和参数相应的数据类型,再将记录文件中的数据转换为相应的类型,就可以把记录的数据显示给用户。还可以由记录文件生成各对象和交互的分类统计报告。

10.2.4 大规模多联邦的数据采集

制约分布交互仿真的性能和规模的主要因素有两个,即网络带宽资源和计算机处理资源的相对不足。对于大规模的分布仿真系统(如美国的 STOW97、JWARS 等),参与演练的仿真实体数目很多,这就要求增加仿真节点的数目和处理机的处理能力。大规模仿真中实体间的关系比较复杂,实体间信息交换的数据量随之增多,因此数据传输需要有较高的网络带宽。另外为提高仿真的精确度和模型的逼真度以及实现高质量的表现环境,都对处理机的能力提出了较高的要求。

在数据采集的具体实现中,不论是集中式还是分布式,由于采集的数据的绝对数量很大,势必会影响联邦的仿真性能。一个好的数据采集策略要求既满足分析需求,又不增加联邦执行的负担,尤其不能对系统性能和规模造成很大影响。中小规模的分布仿真系统通常运行在局域网上,网络资源和处理器资源不是主要矛盾。从使用方便的角度考虑,一般集中式数据采集就能满足要求。

而运行在广域网范围的大规模、多联邦分布仿真系统,网络带宽资源非常宝贵,而且每个子联邦的每个成员的运行状况都有可能影响整个联邦群的性能,因此对数据采集应当慎重考虑。因为分布式数据采集不会增加网络数据量,同时记录的数据比较全面,应尽可能使用这种方法。对于规模较小、运行于 LAN 或不能采用分布式数据采集的子联邦可使用集中式采集,但需要注意的是会通过桥接成员采集到其他联邦的数据,在事后分析和演练回放时需注意区分这部分数据;同时桥接成员也需要对其转发和映射的数据进行记录,以便在分析时提供参考。

由于多联邦系统的规模大、复杂度高,对其记录数据的分析和融合都有一定的难度。

10.3 成员测试及其工具设计

在联邦开发和执行过程(FEDEP)中,很重要的一步就是对联邦进行测试。联邦测试过程分为两步:成员测试和联邦测试。成员测试又称一致性测试,HLA 的一致性测试是为了检测成员是否符合联邦规则、IFSpec 和 OMT 规范。成员测试是为了检测加入联邦的成员是否符合该特定联邦的数据表示与交换规范。成员测试过程分为四步:应用测试、集成测试、功能测试和想定测试,如图 10-5 所示。成员测试的各阶段均建立在前一阶段测试的基础上,但这些过程并非严格界定。如果后一阶段的测试在被测成员(Federate Under Test,FUT)中发现了更多问题,就必须重复进行前一阶段的测试。

10.3.1　成员测试

联邦中包含众多的成员,在成员加入联邦后能正确运转的先决条件是各成员能与 RTI 准确地交换数据。因此,在成员开发时即对各成员进行 I/O 测试,以确保所开发的成员符合 HLA 规范、能与 RTI 准确地交换数据具有十分重要的意义。这样既可确保所开发成员的正确性;同时还能大大缩短联邦调试时间,加快仿真系统的开发进度。另外,该软件还可应用于辅助成员开发过程、进行 HLA 技术培训等。

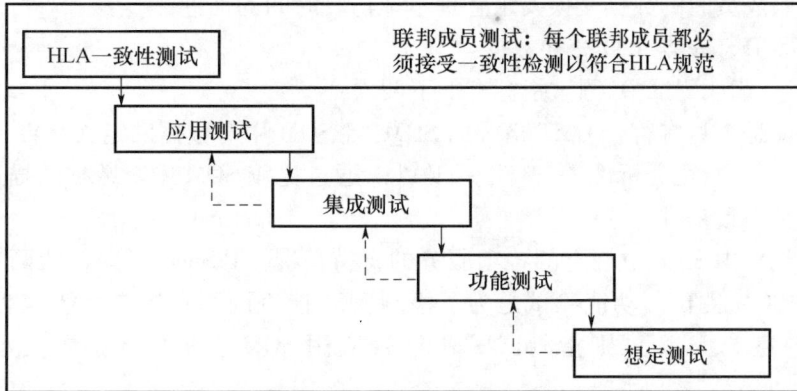

图 10 – 5　成员测试步骤

成员测试中相关术语如下:

(1) FUT:被测联邦成员,在接受 HLA 一致性测试时必须提交 SOM 和 IFSpec。

(2) MS(Master Sequence):以目录状结构和文本文件的方式对接口规范中 RTI 所提供服务的描述。

(3) SOM:由一系列相关联的对象、交互及其属性和参数组成,详细描述了联邦成员的各类信息。可用专用工具 OMDT 开发表格形式的 SOM,在一致性测试前将它转存为 OMT DIF 形式。

(4) 测试序列:FUT 所必须执行的想定,以证明 FUT 能基于 RepSOM 中所提供的数据调用和响应 RTI 服务。

(5) CS(Conformance Statement):IF 规范的声明,以文本文件的形式声明 FUT 所提供的接口性能。声明由 RTI 提供的接口调用函数再加上 YES(如果联邦成员支持该项服务)或 NO(如果联邦成员不支持该项服务)组成,必须与 RTI 所能提供的服务相一致。下面是部分 CS 文件的举例说明:

CreateFederationExecution YES

DestroyFederationExecution YES

JoinFederationExecution YES

ResignFederationExecution YES

FederationSynchronized NO

RequestFederationSave NO

(6) SD(Scenario Data):想定数据,按一定规则选取的 SOM 中所提供的接口服务,以

327

OMT - DIF 格式(. omt 文件)提交。最简单的建立方法是在 OMDT 中打开 SOM 文件,删除想定中不用到的条款,再保存为 scenario ∗. omt。

成员测试的目的是检测 FUT 是否符合如下 6 条成员一致性规则:

(1) 成员的 SOM 表基于统一的对象模型样板;

(2) 能够修改、反射成员中的各对象并发送/接收交互;

(3) 动态的传送/接收各对象属性值;

(4) 修改属性的初始值;

(5) 依照成员间的数据交换要求管理本地仿真时间的推进;

(6) 按照 IFSpec 与 RTI 交换数据。

在 HLA 一致性测试中,测试指标有如下两项:

(1) 成员是否具有符合 OMT 格式的 SOM,且 SOM 中对数据的定义是否一致。该测试要求主要有三项:可分析性、完整性、一致性。通过比较 SOM 中对数据的描述与 CS 中功能描述是否一致来进行分析。

(2) 成员对 IFSpec 中规定的各项服务的支持情况。IFSpec 测试包括两部分:功能测试和典型 SOM 测试。功能测试是为了检测 FUT 能否调用和响应性能声明中规定的各项服务;典型 SOM 测试则指测试 FUT 能否应用 SOM 表中包含的各类数据与 RTI 交互。

10.3.2 成员测试方法

HLA 的一致性测试过程严格上讲分为两大步:规范化和认证。规范化指检验该实现是否遵守某一标准。对 HLA 来说,规范化指通过 HLA 一致性检测来测试某一成员是否符合 IFSpec 和 OMT 标准。认证指对通过规范化测试的成员在注册前进行评估,该过程由授权的认证代理机构实施。HLA 成员的四步法一致性测试过程如图 10 - 6 所示。

图 10 - 6 HLA 联邦成员一致性测试过程

对 FOM /SOM 表的外部接口描述测试可用 OMDT 工具的"一致性检查"工具进行，以检查成员外部接口描述的一致性。

对成员的 I/O 测试可以采用在成员内部添加代码的方法，但是实际中这样做有时不太合适，会对成员开发带来额外的工作。一般建议采用成员测试工具 FCT 进行该项测试。该软件结合测试想定针对被测成员生成对应的测试成员，与被测成员反向发送/接收数据，并将收发数据情况在测试控制台上加以显示，从而可有效地检测联邦成员与 RTI 的数据交换能力。

10.3.3　成员测试工具

HLA 成员测试工具是用来辅助测试过程中的四步测试法。常用的辅助工具有三个：预处理器、注册器和后处理器。被测成员必须提供 SOM、规范化声明（CS）、一个 . fed 文件，同时它还可以提供一个想定数据文件。具备了这些文件后，可用如下工具对联邦成员进行测试。

1）预处理器

HLA 成员的四步法一致性测试过程中，前三步工作都由预处理器实施，为测试成员的生成提供必要的工具和数据。主要工作如下：

（1）一致性交叉检测。FUT 的 SOM 在通过一致性检测后（该工作可在开发 SOM 表的过程中由 OMDT 的 Consistency Checker 工具完成），将它转换为对象模型样板（OMT）的数据交换格式（DIF）（. omt 文件）。然后将该形式的 SOM 与 CS 进行对照检查，以确定两者对功能的声明是否一致，该过程称为一致性交叉检测。

（2）生成测试序列。FUT 在通过 HLA 一致性交叉检测后，采用 RepSOM 发生器和接口函数序列发生器生成测试序列。

2）RepSOM 发生器

FUT 的 SOM 中描述了大量的对象、属性、交互和参数等数据，将这些数据的各种组合进行穷举以检测成员的一致性时存在很多冗余测试。而事实上，只需采取典型数据的有机组合即可实现特定的测试目的。因此，可考虑从成员的 SOM 表衍生出一个相对简单的典型仿真对象模型（RepSOM：Representative SOM）。

RepSOM 是 SOM 表的一个逻辑子集。将 SOM 表与想定数据（如果提供的话）相结合，再按一序列规则从 SOM 的每个对象、属性、交互表中选取一到三个实例生成 Rep-SOM。RepSOM 所提供的数据必须覆盖 FUT 所能调用和响应的所有数据。

3）接口函数序列发生器

对接口函数进行测试保证了 FUT 能调用和响应 CS 中提供的所有服务。将 CS 与主序列进行对比，生成 FUT 能支持的接口函数序列。在比较时，如果两个函数存在约束关系（如先发布，再修改），主序列显示强制排序；如果不存在约束关系，则主序列可任意排序。

测试序列的生成建立在接口函数序列的基础上，并对它进行了基于 RepSOM 的扩充。FUT 应能在测试联邦内按需求多次执行测试序列。

4）注册器

预处理文件生成并且被检查有效后，CA 将注册成员，订购管理对象模型（MOM）的交互数据以记录 FUT 和 RTI 之间的服务交互。FUT 和注册器通过 RTI 相连，被 CA 注册后的成员可被各类联邦开发人员反复使用。

5）后处理器

接口测试的最后一步是测试记录的后处理。后处理工具的设计是用来简化和分析服务交互记录以确定是否每条声明的服务和 RepSOM 中规定的类、交互、属性都能被检测到。可供参考的做法是建立一个专门的分析成员，对测试成员运行中所记录的数据进行分析，并生成规范化的测试结果报表。

10.4　多联邦互联及桥接成员设计

随着 HLA 分布仿真技术应用的不断深入，已经开发出很多联邦仿真系统用于作战训练、武器性能评估和体系对抗。然而这些系统分属于不同的军兵种，例如有炮兵的防空仿真系统和空军的作战训练模拟系统。如何充分利用每个联邦系统的特点，进行诸军兵种间网上联合仿真？很显然，重新开发是费时费力的。重用已有的系统，实现多联邦的互联是快速扩大仿真规模的重要手段。

10.4.1　多联邦互联的需求

为节省网络资源和计算资源，提高仿真的可扩展性，可以把一个较大规模的联邦按仿真应用的耦合度和信息交互量划分为多联邦的体系结构。例如，某高炮营仿真系统中包括营指挥所、搜索雷达和高炮火力单元，搜索雷达发现敌方飞机后上报给营指挥所，由营指挥所进行威胁判断后将目标分配给火力单元。可以用三个成员分别仿真营指、雷达和火力单元。当联邦中只有一个高炮营时，营指只能收到所属雷达上报的侦察结果。而当联邦中有多个高炮营时，营指就会收到其他高炮营雷达的上报结果。这样，营指成员就会接收不相关的冗余数据，并要判断上报的侦察结果是否是所属雷达发出的，从而增加了营指成员的处理开销。

该问题的一种解决方法是使用 HLA 的数据分发管理（DDM）服务，把路径空间按系统标识划分区域，系统间的数据就使用所在的区域进行通信。另一种方法就是采用多联邦互联，将每一高炮系统作为一个小联邦挂接到大联邦中协同仿真。这将保证系统内部的数据不会传输到不相关的成员（只在一个联邦中），联邦间只需交换必要的数据。

在广域网上运行大规模仿真系统时，如果采用单联邦的结构，则很多数据都要通过广域网传输。而采用多联邦结构时，可以使各个分联邦都运行在局域网上。这样各分联邦内部的数据就可以在局域网中交换，只有联邦间必需的数据才通过广域网，从而可以减少广域网上的数据传输量。另外，为最大限度地重用已有的联邦系统，在多联邦结构中可以使用异构的对象模型和 RTI。

使用多联邦互联还可以满足信息保密和多级安全性的仿真需求。例如从保密考虑，有些仿真数据希望在一组成员内共享，而不希望被其他成员接收，这时就可以划分为不同的联邦，通过联邦间的互联机制进行信息过滤。

HLA 的主要目标是建立一个完备的分布仿真体系结构，实现不同仿真应用间的互操作，促进模型和组件在不同领域的重用。从 HLA 规范来看，它仅支持在单一联邦执行中的多个成员的互操作，可以实现成员级和组件级的重用；对于在多联邦互联系统中，如何支持不同联邦间的互操作以实现联邦级的重用并未涉及,这是多联邦互联技术的难点。

10.4.2　桥接的概念

对于"复合的"联邦来说,应当允许分别开发的联邦能够一起协同工作,不用对任何特定的联邦及其 RTI 进行重大修改。而且,通过合适的桥接机制,可以在联邦间提供某种明显的约束,例如出于保密考虑,一个联邦能够不向其他联邦提供某些对象属性或交互。

桥接成员(Bridge Federate)的概念最初就是为解决多联邦间多级安全性的问题而提出的,通过一个连接两个联邦的特殊成员来提供桥接,由这样一个中介成员在两个联邦间传递消息。桥接成员在两个联邦中都是普通成员,对每一边都有效封装了联邦内部细节。此外,桥接成员可以处理所加入联邦需要的各种数据过滤和消息转换功能,并可加强联邦间的安全性限制。

使用桥接成员在结构和功能上的优点是很明显的。因为它看起来仅仅是联邦中的一个普通成员,使多个具有不同联邦对象模型(FOM)的对等联邦(Peer Federations)可以透明地连接成组合联邦;使用桥接成员原则上不需要修改目前的 HLA 规范,通过现有的服务和消息订购就可以进行多联邦间对象属性和交互的信息交换。此外,桥接成员可以支持使用不同版本的 RTI 的联邦执行之间的互联,灵活地重用已开发的联邦仿真系统。

尽管如此,桥接成员的概念也引出了很多问题。如引入桥接成员是否会导致新的死锁或不一致性。桥接成员能否通过目前的 HLA API 获得足够的信息使桥接两侧的联邦保持同步。如果不能,需要如何改变 API 或 RTI 才足以到达要求。桥接成员开发者是否需要知道特殊的交互协议来确保桥接能够正确地设计。本节对上述潜在的问题给出一种解决方法。

10.4.3　桥接成员组成及桥接联邦的构建原则

HLA 桥接允许物理/地理上分离的且使用不同的联邦对象模型(FOM)的两个联邦进行"无缝地"相互作用,即桥接成员的存在对任一联邦中的其他成员是不可见的。而且,桥接成员应能执行各种事件处理行为,如数据过滤和在不同的 FOM 间映射(即重命名)对象属性和交互。

为理解一个桥接成员如何工作,可以将其视为由三个逻辑部分组成,如图 10 - 7 所示,两个联邦 F 和 G 由桥接成员 B 连接。

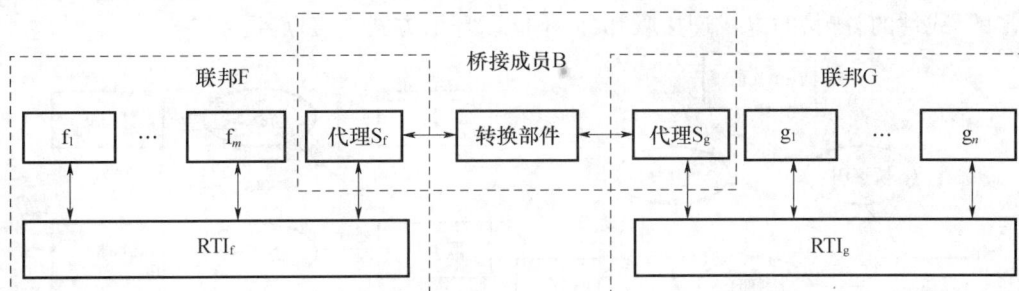

图 10 - 7　桥接成员部件及其联邦互连逻辑图

代理 S_f:它是联邦 F 的成员,并代表联邦 F 与联邦 G 进行交互,我们说代理 S_f 表现(represent)联邦 F。S_f 将其所表现的联邦的相关性质反射到桥接另一侧的联邦。因为联邦 F 可能通过其他的桥接成员连接到更多的联邦,可以认为 S_f 表现桥接成员 B"左边"所有的联邦。

代理 S_g:它对联邦 G 的作用与代理 S_f 对联邦 F 的作用完全相同。

转换部件 TC:通过将桥接两边对应的消息(如服务、对象、属性和交互)进行关联和映射,在两个 FOM 间进行转换。而且转换部件也可以按需要执行另外的转换,这样可以行使守护(guard)的功能,如过滤掉一些安全和保密信息。

直接连接到一个 RTI 的成员被称为该 RTI 的本地(local)成员,所有其他联邦的成员为其远程(remote)成员。例如,图 10 – 7 中的成员 f_1,…,f_m 和 S_f 对 RTIF 是本地的,而 g_1,…,g_n 和 S_g 对 RTIF 是远程的。

桥接的目的是在联邦间提供一个透明的、松耦合的、有效的连接。为此要求桥接成员具有以下特性:

(1) 桥接的存在对其他成员是透明的。任意成员不知道位于桥接另一侧的是使用不同 FOM 的其他成员。

(2) 代理应被视为"标准的"成员:即不论其他成员还是 RTI 都不知道代理的特殊作用。而且代理的行为应尽可能和所有其他成员表现得一样。

(3) 转换部件的规范和实现应该对 FOM 及其映射与其他特定转换都是模块化的,即这些组件应很容易修改和替换。

(4) 桥接的功能和设计应尽可能简单,特别是它不应表现为"另一 RTI"。例如,它不必维护桥接两侧联邦所有成员的公布/订购信息和时间信息,也不需记录所有通信数据。

与构建任何分布仿真系统一样,构建桥接多联邦系统的基本原则也是要保证分布式虚拟环境的时空一致性,特别是数据流和控制流的逻辑正确性。构建多联邦系统应当遵循的原则有:任意两个联邦之间,不允许出现两条或两条以上的同向数据传输通道,也不允许出现数据传输回路。为此应尽量保证任两个联邦之间只有一条逻辑连接通路,不能出现逻辑连接回路;只有在联邦较少,仿真系统数据传输通道完全清晰,保证不会出现多于一条的同向数据通道和数据回路的情况下,系统中某两个联邦之间才允许出现多于一条的逻辑连接通路。

从桥接多联邦的拓扑结构看,只有当连接图中出现环时才能在两个联邦间出现多于一条的逻辑通路(图 10 – 8(a))。因此构建桥接联邦的最基本原则是:桥接成员只能以星形的、线性的、链状的方式连接联邦,而不能以环形方式连接联邦。

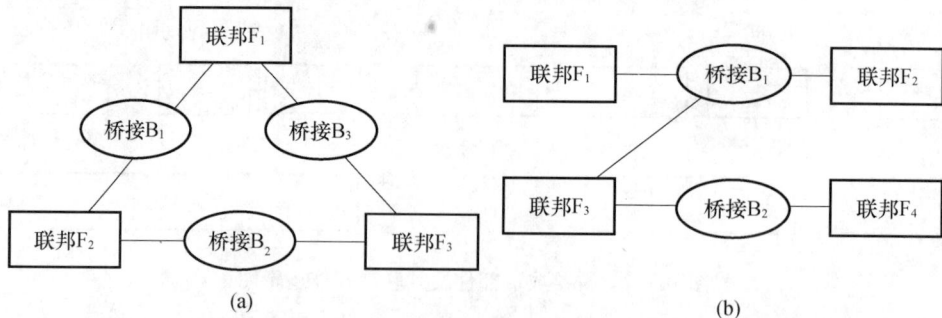

图 10 – 8 桥接多联邦的逻辑连接图

(a)环形桥接多联邦示意图;(b)星形、线形链状桥接多联邦示意图。

实际上,环形桥接多联邦可能引起无终止的服务调用序列,或者使某一联邦的成员多次发现同一个对象实例,多次收到相同的属性更新和交互,而且容易使多联邦的时间推进出现死锁,因此应当尽量避免。

10.4.4　桥接成员的功能及协议实现

桥接成员中可包含多个代理部件,每个代理作为成员加入某一联邦中。代理从它所加入的联邦中获取联邦控制信息和对象/交互信息并转发给转换部件,由转换部件进行适当的信息转换再传输给其他相关代理;同时,代理需要从转换部件接收其他联邦的信息并通过调用 RTI 服务把信息发送给所加入的联邦。从联邦的角度看,每一代理代表了所有其他的联邦执行。

代理部件作为成员加入互联的联邦,它的行为与其他成员完全一样。为接收所在联邦的信息,代理有一个 Federate Ambassador 来提供 RTI 回调的服务,其 Federate Ambassador 服务的实现主要是向转换部件发送消息(调用其接口函数),交由转换部件处理;同时,每一代理接收从转换部件发来的消息,通过调用 RTI Ambassador 的接口函数代替其他联邦执行相应的操作。如有两个代理 S_f、S_g 连接两个 RTI:RTI_f 和 RTI_g 集成的联邦 F 和 G,当代理 S_f 从 RTI_f 收到联邦 F 某交互的 Receive Interaction 服务,则代理 S_f 向转换部件发送 Receive Interaction 消息,转换部件发现该交互是联邦 G 希望接收的交互,则由转换部件进行适当转换后以消息的形式通知给代理 S_g,再由代理 S_g 调用 RTI_g 的 Send Interaction 服务将交互发送到联邦 G。

另外,每一代理维护它所加入的联邦的状态,作为转换部件协调代理间行为所需要的信息;转换部件还可以向代理发送消息让其调用 RTI 的相关函数获得其他所需的联邦信息。

转换部件提供了多个代理间的消息通道及消息转换功能,有效地实现了多联邦的互操作。它负责转发联邦间所有通过桥接成员的 RTI 服务,并按所连接的联邦的 FOM 对应关系在联邦间转换对象、属性和交互信息。转换部件的功能主要包括:

(1) 使用消息与代理通信,获取并转发联邦控制信息,协调代理行为;

(2) 在多联邦间转换对象及其属性、交互及其参数的名称表示并转换属性值和参数值的数据类型;

(3) 维护同一对象实例在不同联邦间的 RTI 对象实例 ID 的对应关系;

(4) 维护同一 RTI 事件的回退句柄(retraction handle)在多联邦间的对应关系。

FOM 规定了联邦执行过程中成员间交换的通信内容,不同的联邦具有不同的 FOM,某一联邦的成员不可能理解另一联邦的 FOM 信息。为实现多联邦的互操作就必须进行联邦 FOM 信息的转换。可以把互联起来的每一联邦的对象、属性、交互和参数的对应关系存入 FOM 映射文件(FOM Mapping File,FMF),桥接成员在初始化时加载该 FMF 文件,在联邦执行时进行对象属性和交互参数的名称及数值的转换。

10.4.5　分布式桥接成员(DBF)

通常大规模多联邦仿真系统运行在广域网(WAN)中。每个子联邦运行于一个局域网,局域网再通过路由器等网络连接设备接入 WAN。为提高系统的实时性和扩展性,

RTI 大量使用组播(multicast)进行仿真数据的分发。LAN 通常都是支持组播传输的;要使 WAN 也支持组播,必须有支持组播的路由器。如果 WAN 中的路由器不是组播路由器,这时 WAN 就不能支持组播路由。此时数据的传输就只能使用 TCP 或 UDP 的单播(unicast)方式。

假设有两个联邦 F 和 G 分别运行在局域网 LAN1 和 LAN2,而 LAN1 和 LAN2 之间的 WAN 不支持组播路由。当使用集中式桥接成员互联时,若桥接成员位于 LAN1 内,则从联邦 G 发送到联邦 F 的数据可以使用单播跨越 WAN 传到桥接成员,再由桥接成员在 LAN1 中使用组播转发到联邦 F 中;而从联邦 F 发送到联邦 G 的数据由桥接成员组播接收后,只能由桥接代理 S_g 的 LRC 多次使用单播(模拟组播)发送到联邦 G 中的多个成员。多次单播的开销比一次组播的开销大得多,则数据从联邦 F 到联邦 G 的时间延迟将很大,从而降低了整个系统的实时性。而且当用集中式桥接成员连接两个以上的联邦时,数据在转发时可能要多次通过 WAN。例如联邦 F、G 和 H 分别运行在三个局域网 LAN1、LAN2、LAN3,三个联邦之间通过位于 LAN1 的集中式桥接成员相连,则从联邦 G 发往联邦 H 的数据需要通过 WAN 传到 LAN1 的桥接成员,再由桥接成员将数据通过 WAN 传到 LAN2 上联邦 H 的成员。则从 G 到 H 的数据至少要两次经过 WAN,从而会增加网络流量,降低系统性能。

为解决上述在 WAN 中存在的问题,提出了分布式桥接成员(Distributed Bridge Federate,DBF)的概念。DBF 由多个分布式桥接组件(Distributed Bridge Component,DBC)通过 TCP 互联组成(如图 10 - 9 所示)。

每个分布式桥接组件 DBC 中包含一个转换部件和一个代理部件,其作用与集中式桥接成员的相应部件相同。当在 WAN 中使用分布式桥接成员连接联邦时,可在每一联邦所在的 LAN 中运行一个 DBC,而 DBC 之间通过内部的 TCP 连接相互通信(图 10 - 9)。每个 DBC 的代理作为成员加入所在 LAN 的联邦,并通过转换部件与其他联邦互操作。每两个 DBC 之间都建立一条 TCP 连接(为保证数据的可靠性),这样联邦间的关系就是完全对等的。

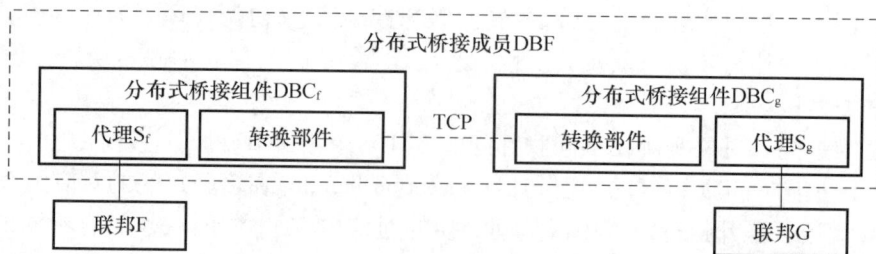

图 10 - 9 分布式桥接成员逻辑示意图

DBC 的转换部件中维护着本地联邦与远程联邦间的公布/订购关系、对象类/交互类的对应关系以及实例和属性的映射关系。由于 DBC 的分布性和时间延迟的影响,在 DBC 之间维护状态的一致性是非常重要的。

图 10 - 10 中,假设 DBC_f 的代理 S_f 从联邦 F 接收到需要发送到其他联邦的数据,则 S_f 将数据交给转换部件 TCF,TCF 判断该数据应发往哪个联邦,若该数据需要发往联邦 G,则 TCF 按联邦 F 和 G 的 FOM 映射文件(FMF)或实例属性的对应关系进行相应的数

据转换后,再通过 DBC$_f$ 与 DBC$_g$ 之间的 TCP 连接发送到 DBC$_g$,由 DBC$_g$ 的代理 S$_g$ 再使用组播发送到联邦 G 的多个成员。这样多联邦间的数据传输可靠性较高(因为在 WAN 中使用 TCP 传输),而且效率也比较高(在目的联邦的 LAN 中使用组播传输),其效果明显优于基于集中式桥接成员的数据传输。分布式桥接多联邦的任两个联邦间的数据传输只比在 LAN 单联邦中多使用一次 WAN 的 TCP 传输和一次 LAN 的组播传输,时间延迟基本上达到了最小,而且不会出现某些联邦间数据传输延迟相差较大的情况(集中式桥接成员互联联邦时会出现这种情况)。

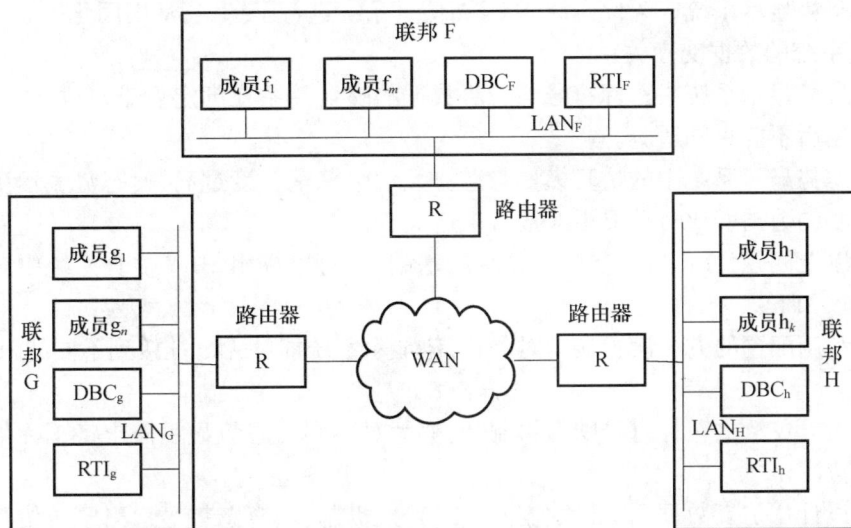

图 10 – 10　WAN 中使用分布式桥接成员的多联邦互联示意图

当有的 LAN 中运行两个或两个以上的联邦时,该 LAN 中的 DBC 可采用集中式桥接的方式创建多个代理,为其所在局域网的每个联邦分配一个代理,而与不在该 LAN 的其他联邦的 DBC 仍采用分布式的互联方式。这样就形成一种集中 – 分布式的桥接方式,能够广泛适应 WAN 中的多联邦互联应用。

在使用分布式桥接成员 DBF 进行联邦互连时,需要为每一联邦分配一个分布式桥接组件 DBC,每个 DBC 是 DBF 的一部分,则可以将 DBC 称为"半桥接(Half Bridge)",由多个 DBC 的协同工作来实现桥接的功能。相对应的,集中式桥接成员能够单独完成桥接功能,则可以将其称为"全桥接(Full Bridge)"。

10.5　通用态势显示系统设计

态势显示系统是 HLA 仿真系统中表现仿真过程状态的标准配置。它在仿真,特别是作战仿真中起到了可视化仿真系统状态,辅助作战决策的作用。从经典控制的角度来看,态势显示系统起到了观测的作用,为反馈控制提供依据。在基于 HLA 的作战仿真系统中,需要态势显示系统作为一般工具支撑。下面就从态势显示系统的需求、通用态势显示方法、仿真态势数据的映射、矢量化和平滑来介绍一种用于作战联邦的通用态势显示系统的设计。

10.5.1　态势显示系统的需求

目前,已经开发出很多态势显示系统,如美国 MÄK 公司的 Plan View Display(PVD)等。这些态势显示系统满足了 HLA 仿真系统二维态势显示要求,但是在使用中也暴露出态势显示灵活度不够、显示符号可配置能力不足等问题,特别是难以满足态势显示系统通用性和适应性的要求。态势显示通用性的问题是指态势显示系统与具体仿真联邦绑定,不能适应显示需求的变化。这种情况是由以下三个原因造成的。

(1)态势显示系统在源代码级与 HLA 仿真系统进行了绑定,从而固化了态势显示与 HLA 仿真系统的数据交互关系。

(2)态势显示系统中军标符号与态势数据的映射关系在绑定后难以改变,当态势显示需求变化后不能主动适应。

(3)态势显示系统中的仿真模块与态势显示引擎耦合度过高,使态势显示引擎在仿真模块关联的数据变化时总要更改接口来适应变化。

根据以上问题,在传统态势显示系统的基础上,可以提出 HLA 仿真系统中态势显示系统的需求如下:

(1)利用配置的方法设置显示对象,态势显示系统能够无缝挂接到不同的 HLA 仿真系统。

(2)设计灵活的军标符号映射机制,能够针对不同的态势显示需求将军标集映射为相应的态势图。

(3)设计从仿真数据到军标数据的中间转换机制,剥离态势显示引擎与仿真引擎的关系。

态势显示系统在 HLA 仿真系统的构造和应用过程中有着非常重要的作用。而 HLA 仿真系统的研究对象是多样的,只有设计出灵活"通用"的态势显示系统,才能满足各种研究的需求。以上三个需求是围绕着态势显示系统"通用性"主题服务的。

10.5.2　通用态势显示方法

通用态势显示方法正是根据态势显示的需求提出的"通用"解决方案。该方法通过态势数据收集、态势数据的入库和态势数据的发布三个过程实现了仿真态势数据的显示。

该方法为基础设计的态势显示系统包括态势数据库构建、态势数据代理、实时态势数据入库和态势数据发布四个部分。如图 10 - 11 所示,这四个部分完成了从 RTI 获取态势数据到发布态势数据服务和二维态势服务的过程。这个过程适用于按照 HLA/RTI 标准构建的作战仿真系统。

态势数据库的建立就是依赖作战仿真联邦的 FOM 和基于态势显示需求从仿真对象模型遴选的仿真态势数据表项。态势数据库是关系数据库,建立态势数据库的关键就是建立仿真对象模型到关系表的映射关系,从而确定关系表的名称、字段名称及数据类型。

(1)表名称的确定。根据 FOM 表规范,可以利用对象类或交互类的名称作为关系表的名称。如果遇到拥有继承关系的表,就需要在父类和子类名称之间加上下划线以示区别。

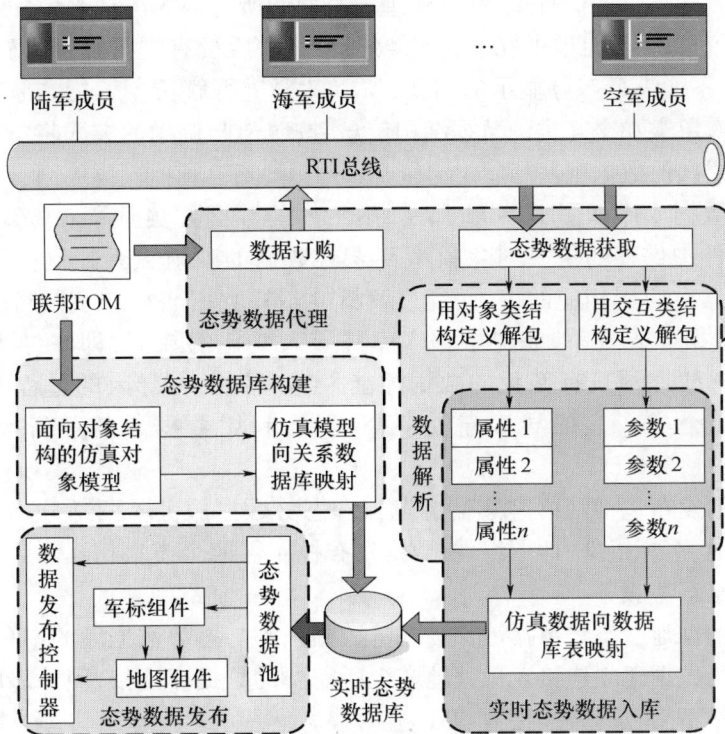

图 10 - 11　态势数据的收集、入库和发布

（2）字段名称的确定。利用单粒度属性或参数确定字段信息，对于简单数据类型的属性或参数，直接用其名称作为字段名称。对于复合数据类型的情况，则采用复合数据类型名加上域名作为字段名称。

（3）数据类型的确定。多粒度属性或参数建表，由于数据库不支持多粒度字段的建立，每个字段都必须是简单数据类型。如果还用单粒度的字段建立方法，在添加数据项时就会产生混乱。所以对象类属性或交互类参数，不管其是简单数据类型还是复杂数据类型，只要粒度不为 1，均将其抽取出来，单独建表。如果复杂数据类型嵌套粒度也不为1，则利用递归调用，将复杂数据类型域字段抽取出来单独建表。以此保证每个字段对应的都是简单数据类型。

值得注意的是，如果产生的名称长度超过数据库允许的范围，则要在保持唯一性的前提下进行名称截断，并且将映射关系保存在态势数据代理中提到的订购配置文件中。

态势数据代理利用代理成员加入作战仿真联邦达到获取数据并解析的目的。它的输入同样来自于联邦 FOM，输出为根据态势显示需要得到解析过的数据。态势数据代理分为配置订购，数据收集和数据解析三个步骤。

（1）配置订购，根据态势显示的需求在联邦 FOM 中选择对象类和交互类及其用到的自定义数据结构并保存至订购配置文件。再利用配置文件对态势数据代理进行初始化。

（2）数据收集，根据配置文件中确定的订购信息，代理成员在作战模拟联邦中声明订购并开始仿真运行。在仿真过程中,代理成员回调所订购的仿真态势数据。

（3）数据解析,由于订购的仿真态势数据在获取后没有进行解释,仍然以内存块的形式存在,这还不能满足态势显示的需要,所以就要进行解析。解析的原理是利用订购配置文件中的对象类和交互类的数据结构信息,按照递归调用的方式将态势数据解析到简单数据类型层次的数据项。

实时态势数据入库如图 10-11 所示,解析好的数据要实时导入仿真态势数据库。入库由配置文件中保存的仿真对象模型到态势数据的映射关系控制。将对象类和交互类的实例数据对应到相应的表,而经过解析的态势数据与相应字段对应。为了保证实时性,提高数据导入效率,态势数据入库只导入变化的数据,即在导入之前会与库中历史数据进行匹配,只有变化的数据才能入库;另外,在导入的过程中采用了多线程方式,针对每个类-表的导入建立一个线程,利用数据库的并行操作能力提高效率。

态势数据的发布包括网络客户端浏览器和态势数据服务器两部分。态势数据服务器由态势数据池、军标组件、地图组件、数据发布控制器四个模块相互协调工作提供态势数据服务和二维态势服务。

（1）态势数据池。态势数据池作为态势数据服务与态势数据库的中介,避免了态势数据服务直接与数据建立连接。极大地减少所需要的数据库连接,使外部用户调用态势数据服务的数量不受数据库连接数的限制。

（2）军标组件。军标组件利用仿真态势数据映射在军标数据库中索引二维军标符号,并利用态势数据池中的实时态势数据进行标绘,建立二维军标活动图层。根据需要,态势数据矢量化和数据平滑的工作也在军标组件内完成。该组件包装了所有对军标符号的操作。

（3）地图组件。地图组件提供态势显示的底图,即作战仿真的基础战场信息。底图涵盖了地理数据信息和图上量算操作。在其上叠加军标活动图层,就构成了二维实时态势。地图组件在完成底图和活动图的叠加后向数据发布控制器提供二维态势地图构成二维态势服务发布。

（4）数据发布控制器。数据发布控制器控制的数据来源于两处:一是态势数据池提供的生数据,即直接从数据库获取的仿真态势数据。数据发布控制器用其构建态势数据服务,该服务只提供抽象态势数据,可以为一些专用的态势数据用户提供支持。如三维综合态势显示席位,它利用自身三维场景库和实体模型库调用态势数据服务产生实时三维态势场景。二是地图组件提供的完整态势图。数据发布控制器利用该态势图构建二维态势服务,直接向网络上的用户提供态势信息。

10.5.3　仿真态势数据的映射

仿真态势数据的映射包括具备生命周期的仿真实体数据的映射以及表现瞬时行为的特殊效果映射。从 HLA/RTI 的角度来说,前者就是将仿真中的对象类实体映射到态势中的军标符号或实体模型;后者就是将交互类实例映射为态势中的某种瞬时显示效果。值得注意的是,映射方法包含了两层映射关系,如图 10-12 所示。首先是实体属性集到位置参数的映射以及交互参数集到特效参数集的映射,其次是与三维模型库、军标符号库以及特殊效果库的映射。

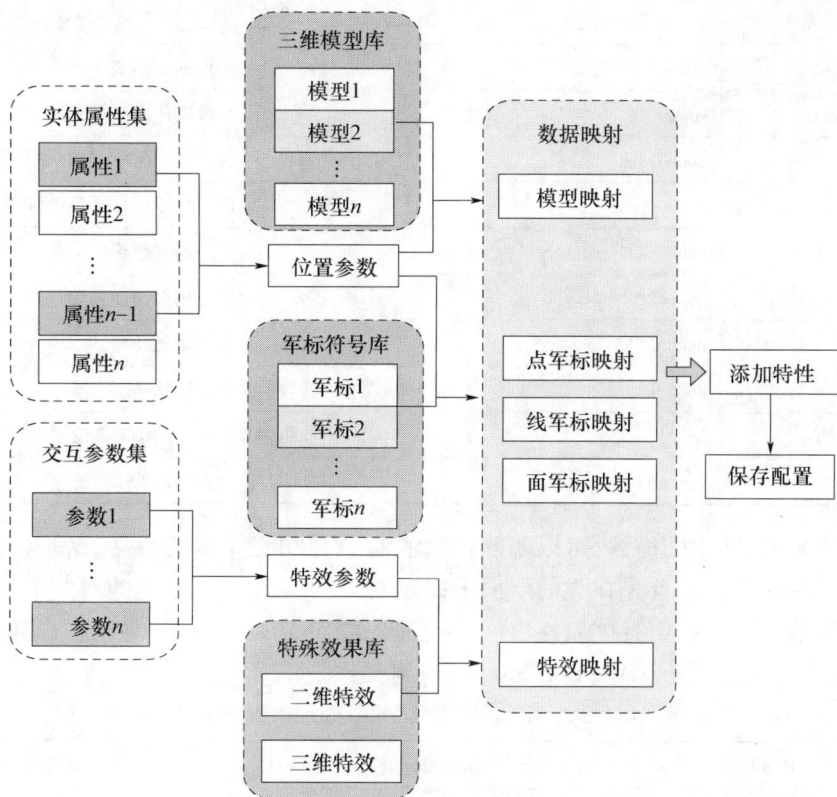

图 10 - 12　仿真态势数据的映射

　　仿真态势数据的映射分为两层,第一层映射关系在配置订购关系后确定;而第二层映射关系则通过设计态势符号描述类来完成。第一层映射关系的建立需要以态势符号类为基础,因此,首先要进行态势符号类设计。

　　由于不采用生成代码的方式保存映射关系,所以根据应用的需求,设计了态势符号类来描述态势显示中用到的军标符号和三维实体模型。态势符号类包含三类信息。

　　(1)需要初始化设置的信息,即国军标符号和三维实体模型需要初始化的信息,如国军标 ID、名字、大小、颜色、初始方向角、实体模型名称、类别以及初始姿态角等等。初始化的同时也就建立了与军标符号或三维实体模型库的映射关系。

　　(2)从仿真实体处映射过来的实时更新的位置属性或特效参数数据,如实时更新的实体位置信息、显示爆炸效果的中心点和爆炸半径、爆炸效果持续时间等。

　　(3)对态势显示进行优化处理的选项,如进行数据平滑 DR 算法的开关,坐标系的设置等。

　　态势符号类包括对点军标描述的 CMapDotEntity,对线军标描述的 CMapLinearEntity,对面军标描述的 CMapAreaEntity,对三维实体描述的 CSceneEntity 以及对特殊效果进行描述的 CSpecificEffect。在仿真过程中,这些信息可以保证对军标的标绘、三维实体模型的显示以及特殊效果的展示。表 10 - 2 是 CSceneEntity 的结构。

表 10 - 2　CSceneEntity 的结构

属性名称	数据类型	粒度	描述
m_sEntityName	string	1	映射的三维实体名称
m_sEntityGroup	string	1	三维实体所属类别
m_Pos_LonX	double	1	位置经度坐标或横坐标
m_Pos_LatY	double	1	位置纬度坐标或纵坐标
m_Pos_HeiZ	double	1	位置高度坐标
m_Ges_Pit	double	1	姿态俯仰角
m_Ges_Yaw	double	1	姿态偏航角
m_Ges_Rol	double	1	姿态滚动角
m_bDRAlgorthm	bool	1	是否采用 DR 算法平滑
m_eAxisSet	EnumAxis	1	坐标系设置

　　通过仿真 FOM 中的描述,可以明确订购的对象类和交互类的意义,这是建立映射关系的前提。具体方法是首先在类的层次上确定对象类与态势符号类的对应关系,其次是在属性或参数层次上确定具体属性之间的对应。如表 10 - 3 所列,建立了作战飞机对象类 AirCraft 与二维点军标 CMapDotEntity 的映射关系。

表 10 - 3　AirCraft 与 CMapDotEntity 的映射

AirCraft	CMapDotEntity	描述
Position_Lat	m_Pos_LonX	位置经度坐标或横坐标
Position_Lon	m_Pos_LatY	位置纬度坐标或纵坐标
Position_Alt	m_Pos_HeiZ	位置高度坐标
Angle	m_nSymbolAngle	军标方向角
Name	m_sEntityName	实体名称

　　为了避免在映射的过程中进行数据打包或解析,映射的双方必须遵循简单数据类型的约定。如果某属性是复合数据类型,则必须将其分解为简单域后再进行映射。映射要保证双方的数据类型和粒度保持一致,如果有差别,则要激活数据转换算子进行数据转换。数据转换算子为自定义的函数,它能够将输入的数据按指定数据类型及其粒度进行转换。

　　映射关系保存在订购配置文件内。在仿真的过程中,对于对象类,一旦注册了对象实例,就生成一个对应态势符号类的实体,该实体根据映射关系获取位置数据在态势上产生军标或三维实体模型并在对象实例的生命周期内维护其状态的变化;对于交互类,一旦接收到一个交互实例,同样,根据对应态势符号类产生一个实体,进行数据的映射和特效的展示。

　　通过上面仿真对象模型到态势符号类再到态势显示符号的三层结构,两次映射,实现了灵活的态势映射机制。只要通过配置的修改就可以将仿真态势数据体现在态势中,从而大大提高了态势显示的易用性和适应性。

10.5.4　仿真态势数据的矢量化和平滑

在某些作战仿真系统中,由于仿真模型解析度不高会造成仿真态势数据缺失矢量信息,或者因为计算效率低产生态势数据断续的情况。这会影响态势显示的逼真度和连续性,有时甚至因此妨碍辅助决策。所以态势数据的矢量化和平滑成为态势显示方法中需要关注的重要一环。

矢量信息缺失的仿真态势数据往往只有位置信息,这对于态势显示来说是不够的。因为态势显示不仅需显示实体的位置,对于二维态势来说需要方向角指明运动方向;对于三维场景来说要展示实体模型的姿态角。如果不能确定这些信息,就会造成诸如导弹不按偏航角运动,飞机倒飞等难以容忍的显示效果。为了解决这个问题,针对仿真数据连续性的特点,可以利用最近两个时间戳的仿真态势数据形成一个矢量,代替仿真实体本身缺失的矢量信息。具体方法分为地理坐标转换和矢量信息计算两个步骤。

(1) 地理坐标转换。假如作战仿真系统中,坐标系都统一为 BJ54 经纬高坐标系。该坐标系是一种参心坐标系,采用克拉索夫斯基椭球为参考椭球,并采用高斯——克吕格投影(等角横切圆锥投影)方式进行投影。但是实体本身的姿态是相对于地心直角坐标系的,所以就要在计算实体矢量之前将位置信息转换到地心直角坐标系上。BJ54 经纬高坐标系到地心直角坐标系的转换公式为

$$\begin{bmatrix} x_p \\ y_p \\ z_p \end{bmatrix} = \begin{bmatrix} (N+h_p)\cos\phi_p\cos\lambda_p \\ (N+h_p)\cos\phi_p\sin\lambda_p \\ (N(1-e^2)+h_p)\sin\phi_p \end{bmatrix}, \quad \begin{matrix} N = \dfrac{a}{\sqrt{1-e^2\sin^2\phi_p}} \\ e = \sqrt{(a^2-b^2)/a^2} \end{matrix} \quad (10-1)$$

式中: $a = 6378137 \pm 2m$; $b = 6356752 \pm 2m$; x_p、y_p 和 z_p 为地心直角坐标系的坐标值;λ_p、φ_p 和 h_p 为经纬度坐标系的经度、纬度和高度;N 为酉圈半径;e 是偏心率;a 和 b 分别为地球长半轴和短半轴。

(2) 矢量信息计算。坐标转换之后,则可以利用前后紧跟的两个时间戳的仿真数据进行矢量的计算。设两个时间戳下的位置信息分别为 $[x_1 \, y_1 \, z_1]$ 和 $[x_2 \, y_2 \, z_2]$,则其矢量为 $[x_2 - x_1 \, y_2 - y_1 \, z_2 - z_1]$。由于该矢量是三自由度的,所以可以利用该矢量的俯仰角和偏航角代替仿真实体相应的姿态角,而对于滚动角则可以默认为三维实体模型的初始值。姿态信息的计算公式如下:

俯仰角:
$$\Theta = \arcsin\left(\frac{z_2 - z_1}{(x_2 - x_1)^2 + (y_2 - y_1)^2 + (z_2 - z_1)^2}\right)\frac{180}{\pi} - \Theta_0 \quad (10-2)$$

偏航角:
$$\Psi = \arctan\left(\frac{y_2 - y_1}{x_2 - x_1}\right)\frac{180}{\pi} + 180 - \Psi_0 \quad (10-3)$$

滚动角:$\gamma = \gamma_0$ $\qquad\qquad\qquad\qquad\qquad\qquad\qquad\qquad\qquad (10-4)$

式中:Θ_0、Ψ_0 和 γ_0 为三维实体模型初始的俯仰角、偏航角以及滚动角。当在进行二维仿真数据的矢量化是三维实体模型姿态在平面的投影,由于二维显示只存在航向角,且该航向角是相对于二维地理信息系统的经纬高坐标系的,所以二维位置数据的矢量化不需要进行坐标转换,其计算公式为

航向角:
$$\theta = \arctan\left(\frac{\phi_2 - \phi_1}{\lambda_2 - \lambda_1}\right)\frac{180}{\pi} + 180 - \theta_0 \quad (10-5)$$

式中:(λ_1,ϕ_1) 和 (λ_2,ϕ_2) 分别为两个相邻仿真时戳下的经纬坐标;θ_0 为二维坐标的初始航向角。

这种态势数据矢量化方法实现了对仿真实体姿态数据的补充,但是它存在问题:首先由于要采用已经更新的仿真时间戳下的数据,计算出姿态信息后才能应用到态势显示中,所以姿态信息要比位置信息滞后一个时间步长。其次,该方法产生的矢量信息还不能完全体现仿真实体的姿态,只能部分拟合。总之,这种方法是在矢量信息缺失下一种折中的解决方案,姿态数据最好还是需要由模型本身提供。

态势显示的过程是将仿真态势数据在态势图或场景中表现出来。但是在作战仿真态势显示的过程中存在这样的问题:仿真态势数据在一定物理时间内的更新频率不稳定,仿真数据帧之间的物理时间间隔由模型解算速度和网络传输环境决定。所以常常会出现仿真数据帧的更新频率不能达到满足 24 帧/s 的要求,因此产生的实时态势时断时续、不够平滑,影响了态势系统显示的效果。而 DR(Dead Recon)算法的原理是在数据接收端建立实体预测模型对实体数据的运动状态进行预测,从而减少网络数据的传输量。所以可以采用 DR 算法原理,针对仿真态势数据更新频率不稳定的问题,设计预测模型利用最近两三帧的数据进行预测,外推或内插出仿真数据帧进行数据平滑。

作战仿真中的态势数据具有以下两个特点:一是仿真态势数据以仿真实体位置姿态数据信息为主;二是仿真态势数据都被打上了仿真时戳。由于位置姿态数据一般不会产生突变,所以利用 DR 算法一次和二次模型基本可以满足预测精度的要求;而仿真时戳则提供了仿真数据帧之间的仿真时间间隔,利用该时间间隔可以算出预测模型参数。再根据 24 帧/s 的数据更新要求,则可以计算出需要外推的数据帧数,确定需要预测的仿真时间点。进行数据平滑的具体方法是根据 DR 算法的一阶和二阶模型,设计内插和外推算法交替使用的计算方法。

设仿真数据帧 P_{-1},P_0 和 P_1 及其对应时刻 t_{-1},t_0 和 t_1,一、二阶预测模型为

一阶预测模型:$P_1 = f(V) = P_0 + V_1\Delta t \rightarrow V_1 = (P_1 - P_0)/(t_1 - t_0)$ (10-6)

$$P_1 = f(V,A) = P_0 + V_1\Delta t + A_1\Delta t^2/2$$
$$\rightarrow V_1 = (P_1 - P_0)/(t_1 - t_0)$$

二阶预测模型:$\rightarrow A_1 = \dfrac{2}{(t_1-t_0)(t_1-t_{-1})}P_1 - \dfrac{2}{(t_1-t_0)(t_0-t_{-1})}P_0$ (10-7)

$$+ \dfrac{2}{(t_0-t_{-1})(t_1-t_{-1})}P_{-1}$$

式中:设 t_{-1},t_0 的仿真数据帧 P_{-1},P_0 已经更新。数据平滑的算法对于预测模型的调用依赖 t_1 时刻的数据帧 P_1 是否更新。其调用方法如下:

$$\begin{cases} f_o(V,A), t_{-1} < t \leqslant t_0 \ (P_1 \quad 没有更新) \\ f_i(V,A), t_{-1} < t \leqslant t_0 \ (P_1 \quad 更新) \\ f_o(V), t_0 < t \leqslant t_1 \ (P_1 \quad 没有更新) \\ f_i(V,A), t_0 < t \leqslant t_1 \ (P_1 \quad 更新) \end{cases}, t = \begin{cases} t_{-1} + \dfrac{n}{24}, 0 < n < 24(t_0 - t_1), (t \leqslant t_0) \\ t_0 + \dfrac{n}{24}, 0 < n < 24(t_1 - t_0), (t > t_0) \end{cases}$$

$$(10-8)$$

式中：$f_o(V)$为内插和外推一阶模型；$f_i(V,A)$、$f_o(V,A)$分别为内插和外推二阶模型；t为从t_{-1}时刻t_1时刻之间需要激活预测模型结算的时间点。

　　利用该方法基本上能够满足数据平滑的需求，但是真实模型的仿真数据是根据具体模型不同而异的。例如，运动轨迹相对平滑的弹道导弹的位置拟合利用一阶模型就比较准确，而机动性比较强的作战飞机则用二阶模型比较理想。所以数据平滑只能在一定程度上解决仿真数据不连续的情况，真正理想的平滑还需要仿真模型提供数据支持。

第11章 相关专题

先进分布仿真技术是针对国防领域的复杂系统——主要是作战系统,而发展起来的一种分布仿真技术。以在计算机上再现作战过程为目标而建立一个分布仿真系统,除采用 HLA 体系结构外,还涉及一系列的技术。本章概要地介绍自然环境建模、多分辨率建模、计算机生成兵力(CGF)和分布仿真标准等军事领域作战仿真系统构建所需要的方法与技术。

11.1 自然环境建模

自然环境建模和虚拟环境建模是作战仿真研究的重要部分。对于半实物仿真,需要为各种传感器模型建立其测量和探测所需要的自然仿真环境。对于人在回路仿真,需要构建操作、驾驶等人员所需要的视觉、听觉、触觉、力反馈、动感等虚拟环境。美国国防部建模仿真主计划中的第 2 个目标是提供自然环境的适时、权威的描述和表示,即对包括大气、太空、海洋、地形在内的整个自然环境进行建模,定义标准的数据处理流程,提供公共的数据表示模型和相应的数据交换机制,为各种建模仿真应用提供具有一致性和互操作性的综合自然环境权威数据。

11.1.1 自然环境仿真

提供权威、及时、一致的虚拟自然环境表示不仅是国防和军事领域各种分析、测试和训练仿真的基本需求,而且是获得建模与仿真互操作性、可重用性和可信性的关键之一。事实上,所有军事活动的筹划和实施都需要考虑各种环境因素及其影响。真实世界中的各种军事行动、装备使用都密切依赖于各种自然环境因素和状态,相互之间有着复杂的交互影响和作用关系。如果在仿真中不考虑环境因素和状态的影响,将极大地降低仿真的可信度,甚至可能导致错误的结果或结论。

自然环境包括陆地、海洋、大气、太空、声音及电磁环境。陆地部分的数据主要包括一定地理区域内的地形(高度和等高线)、地貌(如山地、丘陵、沙漠、草地等)和地物(可分自然地物和人文地物,前者如河流、湖泊等,后者如城市、村庄、公路、铁路、机场、港口、桥梁、电站等人为现象或人造建筑)。海洋数据包括水温、水深、水流、盐度、海浪、岛屿、暗礁等。大气数据包括气温、气压、湿度、密度、气流、烟、雾、云、雨、雪等。电磁数据包括各种有源辐射、杂波及干扰等。

自然环境具有两个特点:内容的广泛性和数据的集成性。自然环境包括陆地、海洋、大气、太空、声音和电磁数据,涉及的内容广泛而且复杂。自然环境数据库不仅包括战场空间可视化显示所需的数据,而且还必须封装其他信息如各种特征和拓扑等,以便使受计算机控制的实体如 CGF 能利用这些信息进行判断推理,从而正确理解和使用环境。

自然环境建模仿真是指对自然环境对象、现象、过程等以及它们之间的关系进行分析和抽象而建立数据表示模型,并依据此模型以数据的形式描述和表示仿真系统中的自然环境以及其与战斗实体的交互过程。它的目标是实现各种自然环境数据的表示、交换、重用与共享,进而支持各种训练、分析、测试等应用。建模仿真的结果不仅要保证能全面而清晰的描述和表示战场空间的自然环境,而且还要描述这些对象之间的关系。同时,还要最大限度的支持数据交换。

从技术角度,自然环境建模仿真的主要任务是根据仿真应用的具体需求和目的,为仿真系统中的不同模型提供共同的、一致的特定地理空间范围内的自然环境数据、模型和仿真支持,为军事系统的行为模型和物理模型提供准确、可信的自然环境信息查询和分析计算服务,重点模拟军事系统与自然环境之间的交互影响和作用关系。

虽然不同的仿真应用对自然环境建模的需求有着十分显著的差异,但从联合仿真、信息系统互操作、自然环境的一致性和重用性等角度考虑,要求国防和军事领域的自然环境建模仿真采用共同的技术框架、模型算法、标准规范和软硬件系统。此外,自然环境建模仿真具体方法和技术还需要考虑仿真应用系统中对分辨率和可信度、运行性能、快速性和灵活性等的要求。

自然环境建模仿真包括自然环境仿真数据获取和处理、开发和建立自然环境模型、动态自然环境仿真应用服务、自然环境建模仿真的可信度分析评估四个主要方面。近二十年来自然环境建模仿真主要在环境数据的表示交换和处理方面取得了较大的进展,开发和制定了虚拟自然环境数据表示与交换规范(Synthetic Environment Data Representation and Interchange Specification,SEDRIS),目前已成为 ISO/IEC 联合发布的国际标准。其基本技术思路是针对多源、异构、海量的自然环境仿真数据,通过共同的数据表示和交换技术实现快速无损的数据交换和重用,采用物理上分布、逻辑上集中的数据库和网络技术,为不同用户提供可定制的数据处理服务或软件工具。在数据的处理和利用这种意义上,自然环境仿真数据实际上可以看作是对传统测绘、探测领域的业务拓展,即关于环境的信息经过探测获取和处理后直接进入仿真系统,而不仅仅是传统的纸质地图或气象预报等产品。相对而言,自然环境模型方面还没有统一明确的标准,但在行业或应用领域,有一部分相对标准的专业领域模型和成熟软件。动态自然环境仿真服务通常更是针对具体应用系统的需求设计开发,不同仿真系统采用的数据、模型、算法差异较大,相互之间难以直接互联互通。自然环境建模仿真的可信度分析评估主要集中于针对环境数据一致性和正确性的研究,目前针对 SEDRIS 标准,仅有少量的数据质量分析检查软件工具。

11.1.2 自然环境仿真模型

自然环境数据和模型是自然环境仿真的基础。由于自然环境的复杂性,通过数据建模的方法,使用静态或者动态的自然环境数据建模,是一种基本而重要的环境建模方法。地形、大气、海洋等领域的自然环境状态都可以通过这种方式描述,这些数据可以是测绘、观测等探测设备获取的历史数据,也可以是数值模式等模拟得到的结果。这种数据表示的核心是数据表示模型和数据标准,即通过合理的数据表示和组织方式,按照标准格式存储和访问数据。地形、大气、海洋等不同领域的数据通常使用异构的数据模型,数据的时空依赖特性意味着高分辨率的数据需要海量的存储空间和处理时间,不同来源的数据精度和可信度也都有很大差异,这为自然环境数据表示带来了极大的挑战。

自然环境数据表示是一种较为直接的建模方法,具有易于使用的优点,但缺乏灵活性。因此,动态自然环境仿真还需要建立各种自然环境模型,主要包括环境状态模型、环境效应模型和军事作用模型三类。环境状态模型描述各种环境状态要素的时空变化规律和联系,如受降水和日照影响的地面土壤强度变化模型、不同尺度的大气环境变化模型等。环境效应模型描述环境要素对装备、人员、作战计划和行动产生的物理或者行为影响,如地形和大气对电磁能量传输和装备探测感知的影响、地形地貌特征对车辆通过性的影响、环境条件对人员决策行为的影响等。军事作用模型主要描述装备和军事行动对自然环境产生的影响,如交战产生的动态地形、战场释放的核生化烟雾对局部气象条件的改变等。值得注意的是,由于性能等方面的要求和限制,自然环境领域模型有时候并不能直接用于仿真系统。显然,不同领域的模型具有不同的应用目的、模型算法、实现形式和精度性能,如何在仿真系统中集成和应用这些模型,同时确保相互之间的一致性和可信度,是自然环境模型描述的关键。

基于上述自然环境数据和模型,不同的仿真应用系统可以采用不同仿真方法和算法,以实现实时仿真、并行或分布仿真等目的。需要指出的是,即使对于相同的自然环境模型,不同的仿真算法可能有不同的具体实现要求。例如,在分布仿真中,对动态战场环境变化的模拟,不仅需要确定使用的军事作用模型,还需要考虑其分布方式。在对等分布模式下需要及时地将局部环境变化信息发送通知其他仿真节点,以维护自然环境状态的时空一致性,否则可能导致错误的仿真结果。

早期的自然环境数据是按照规定的物理存储格式直接存储在计算机上的文件中的,没有或很少有一定的数据模型来描述和表示。数据的存取都是由特定的程序直接对文件的读写来实现的,因而效率低下而且使用很不方便。而当前所使用的数据模型根据建模方法分主要有两类:混合模型和面向对象模型。

混合模型是指用矢量模型或者栅格模型与数据库相结合来描述空间对象以及这些对象之间关系的数据模型。混合模型的一个典型就是 GIS。混合模型的最重要特征就是它一般用矢量模型或者栅格模型来描述空间对象,借助于数据库系统所提供的关系模型、面向对象模型或关系－对象模型来组织管理空间数据以及描述和表示空间对象之间的相互位置、拓扑、关联等关系。矢量模型或者栅格模型有时也称为基于对象和基于域的模型。矢量模型将信息空间视为离散的可标识的对象的集合,每个对象都具有相关的空间参数,这种模型适合表示离散的空间特征,如交通网络、水系等。栅格模型则将空间视为一个从空间网格到空间属性的函数,适合于表示连续的空间特征,如地形高度数据、大气分布参数等。混合模型当前所采用的数据库主要是关系数据库系统。

面向对象模型是指完全按照面向对象的方法和技术而建立的,描述和表示空间对象及其相互关系的数据模型。面向对象空间信息模型的重要特征就是它完全使用对象及对象之间的关系来对空间进行建模,使用对象来描述和表示空间信息,它不依赖于特定数据库系统的支持。

对于混合模型,其空间数据所采用的数据结构(即数据的表示方法)主要有两类:一是基于矢量或边界面表示的数据结构如网格、不规则三角网(TIN)、边界表示、超图数据结构(HBDS)等;二是基于体元表示的数据结构如八叉树、CSG、四面体网格等。而空间信息的数据存储和管理则要依赖于数据库系统。在体系结构上一般有两种:一种是将空间数据存放在系统文件中,而将其他数据存放在数据库中;另一种是将所有数据都存放在数据库中。

空间数据交换与共享目前主要有 3 种方法:一是外部数据交换,即直接读写其他软件的内部、外部或由其转出的某种标准数据格式,这是在空间数据的物理存储格式上进行数据交换,是属于层次较低的交换。1999 年 8 月 2 日国家技术监督局发布的《中华人民共和国国家标准地球空间数据交换格式》(CNSDTF,标准编号:GB/T 17798—1999)即属于此。二是通过空间数据互操作协议进行交换,开放地学数据互操作协议(OGIS)即属于此,它类似数据库系统的 ODBC,是属于数据接口层、基于数据结构的交换。三是通过空间数据共享平台,即采用 Client/Server 结构来实现数据共享,这种方法最好,但对于海量的空间数据来讲,在实现上和技术上都有很大困难。

对于面向对象模型,均采用对象来封装所有数据,采用标准的物理格式来存储数据。数据的交换和共享是通过数据模型、API 以及标准存储格式来实现的。不同格式的数据产品提供与数据模型的 API 读写接口,与数据模型交互,因此这是一种在数据模型层次上的数据交换与共享。

11.1.3　自然环境仿真数据标准

由于自然环境数据具有多源、异构、海量的特点,并且建立和维护综合环境数据库要耗费大量的资源,因此,在仿真系统内重用和共享综合环境数据就具有重要的意义,这就需要有一个统一而有效的数据交换机制。自然环境建模仿真的首要任务就是解决数据的完整、一致表示和快速、无损交换问题:成功的数据交换机制不仅仅意味着数据的无损,而且意味着数据的转换过程必须清晰明确。

美国军方早在 20 世纪 80 年代已开展这方面的研究,最初目的是解决不同训练模拟器之间的数据标准问题。随着分布交互仿真和网络技术的快速发展,美国国防部 1995 年正式提出建模仿真总体计划同时,发起了虚拟自然环境数据表示与交换规范(SEDRIS)计划,制定自然环境仿真数据的表示和交换的标准,并开发相应的技术和软件。SEDRIS 旨在建立一个通用的标准交换机制,高效、快速地实现不同模型、仿真中地形数据的交换。该计划取得的标志性成果是 SEDRIS 的系列标准通过 ISO/IEC 的表决,正式成为国际标准。同时,通过 SEDRIS 网站发布相关的标准、软件开发工具、技术文档和应用支持软件,包括 C + + 和 Java 两个版本的软件发布以及相关软件工具的下载。

不同的分布式交互仿真系统往往采用不同的地形和环境模型,这对于模型的重用和仿真系统的互操作是很不利的。一般利用地形转换器来实现不同模型间的转换,但地形转换器实现的是一对一的转换。随着地形格式的增加,转换器的数量将呈级数增长。SEDRIS 为解决这一问题提供了有效的途径,它通过提供一个中间转换媒介,定义一个标准的数据表示模型,从而实现了数据转换的灵活性和一致性。

SEDRIS 的数据表示能力主要体现在两个方面:完整性和多态性。完整性是指支持对不同自然环境领域、不同频谱范围的数据表示;多态性是指对相同对象采用不同方式、不同分辨率或者细节水平的表示。例如,SEDRIS 支持光栅、网格、矢量和多边形模式的地形数据表示,可以表示和交换卫星照片、扫描地图、摄影图片、地形高程、海洋深度、点/线/面/体状地形特征及其拓扑关系等,也支持二维或三维网格模式的数值气象预报的分析结果、地面气象观测站和无线电高空探测仪等获取的大气数据,可以直接与气象领域的 GRIB 格式和 BUFR 格式进行数据交换。对于海洋和空间环境,SEDRIS 支持以不同模式表示的海洋表面反向散射强度、辐射系数、海水表面温度、音速等数据,支持对电离层、电子密度、高能粒子、太阳电磁辐射、磁层等离子体、地磁场、太阳风等相关数据的描述。对于数据的多态表示,SEDRIS 提供了不同的几何和特征表示、数据组织方式、几何和特征拓扑、坐标、颜色等机制,还提供离散和连续的 LOD 等机制支持数据的多分辨率表示。

技术上,SEDRIS 的核心组件包括数据表示模型(Data Representation Model,DRM)、环境数据编码标准(Environment Data Coding Standard,EDCS)、空间参考模型(Spatial Reference Model,SRM)、传输格式(Transimittal Format,STF)和应用编程接口(Application Programer's Interface,API)五个部分。DRM 通过面向对象的类、关系、约束和组织方式定义各种自然环境数据表示的语法,支持多表示(同一自然环境对象具有多种不同的表示方式)和多分辨率(同一自然环境对象具有多种不同的分辨率)等建模需求。EDCS 定义数据的语义,即自然环境对象的分类、属性、枚举及其他相关语义信息。这种语法和语义的分离为 SEDRIS 的数据表示带来了极大的灵活性,而且能够支持不同领域、不同类型的数据表示需求。SRM 定义了各种常见的坐标系统、参考基准,实现了高效、准确的坐标变换算法。STF 定义了一种高效和独立的中间物理数据存储格式,并通过分层的读写 API 而实现对数据的存取。

1)数据表示模型

数据表示模型是 SEDRIS 的核心,它提供了一个通用的环境数据表示方法和标准的交换机制。数据表示模型是基于图形的、用来标识综合环境内所有数据类型、属性及其相互关系的设计工具和表示方法,它建立在对象模型模板(Object Model Template,OMT)的基础上,采用类的概念和面向对象的方法来组织和表示各种对象及其相互之间的联系。

数据表示模型概念的核心是类。SEDRIS 数据模型中的类只含名称,属性信息放在数据字典中,而且不支持动态数据。SEDRIS 中的类可分为具体类和抽象类。类之间的关系有三种:关联、继承、聚合。整个数据表示模型的组织结构用符合标准建模语言(Unified Modeling Language,UML)规范的类图来表示。

SIF 试图通过严格定义的数据物理存储格式来实现综合环境数据的表示与交换,结果却导致数据表示的含糊不清,而且不能描述数据对象内在的以及相互之间的联系。而 SEDRIS 的数据模型则是一个概念层次上的综合环境模型,它提供的是一种逻辑上的组织和表示环境数据的方法,而不是具体的数据物理存储格式。

数据模型是实现通用数据表示和标准的数据交换机制的基础。数据模型的优点是它提供了一种数据的表示方法,不仅能够完整的表示所有的环境数据类型,而且清晰的定义了数据的属性以及相互之间的联系。通过一致集成的数据模型,SEDRIS 可以描述和表示陆地、海洋、大气、三维模型、图标、特征、拓扑、声音、纹理及各种特殊效果。SEDRIS 同样支持数据表示的多态性,通过封装各种特征和拓扑信息而支持对 CGF 或 SAF 的仿真。数据表示模型的一个图例如图 11 - 1 所示,用 UML 描述。

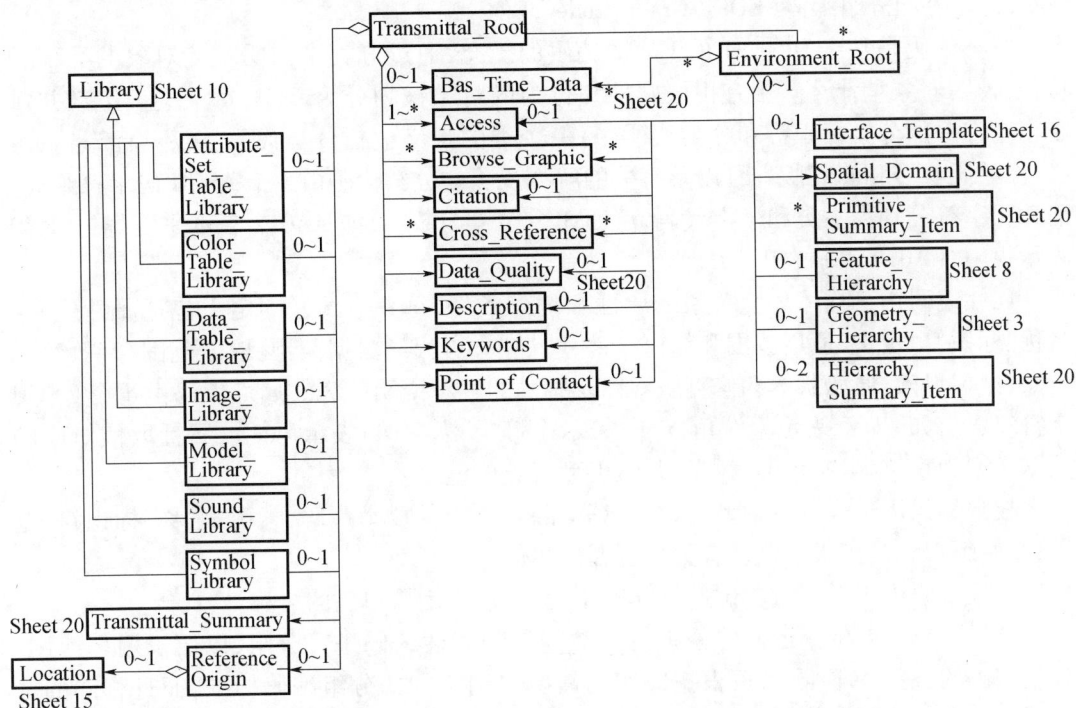

图 11 - 1　数据模型的一个例子

　　SEDRIS 通过与物理存储格式无关的综合环境数据模型,建立了一个完整清晰、通用的数据交换机制,实现对环境数据的重用和共享,从而促进异类联网仿真之间的互操作性。

　　2) 环境数据编码标准

　　数据表示模型是一个有关如何表示自然环境的模型,采用类的概念来组织和表示各种对象及其相互之间的联系。因此,它提供的是一个通用的环境数据表示方法和标准的交换机制,而不是一个具体特定对象的模型。

　　有了数据表示模型以及类的概念,还必须进一步确定在一个特定的类中如何表示一个具体的对象,必须指明一个对象是什么,有些什么属性,状态怎么样等信息,即环境数据的编码问题。因此,数据表示模型定义了环境数据描述和表示的语法,而环境数据的编码标准则必须定义相应的语义。

　　环境数据编码的目的就是要清楚明确地定义环境数据的语义,并将分类、属性描述、枚举等功能从数据表示模型的语法中分离出来,为环境数据的描述和表示提供统一标准的编码方案。编码的原则必须考虑完整、清晰、明确、标准、灵活、易用、易扩充等的要求。编码必须考虑覆盖陆地、海洋、大气、太空领域,采用标准的定义和元数据描述,明确地分离语法和语义,易于升级、维护和扩充,并提供到其他编码标准的映射。因此,环境数据编码标准的制定必须利用和扩充现有的各种标准,并选择一个标准作为起点,注意吸收现有标准的内容,同时解决限制问题。

　　环境数据编码标准包括分类编码(EDCS Classification Codes,ECC)、属性编码(EDC-

SAttribute Codes,EAC)、枚举编码(EDCS Enumeration Codes,EEC)、单位编码(EDCS Unit Codes,EUC)和分组编码(EDCS Group Codes,EGC)。

分类编码是基于 DIGEST 的 FACC 编码的扩充,通过分类来指明环境对象的类别和特征,说明对象是什么。具有相似属性和行为的对象被划分为一类,每个类被定义并赋予一个唯一的分类标识符和分类代码,每一个类的定义包括分类代码、名称、标识符、定义、原始版本号和修订版本号以及有关的解释说明。分类代码由 5 个 ASCII 码字符组成,前 2 个字符分别为主类和子类代码,后面 3 个字符为数字,如 AA012 表示采石场,DB180 表示火山,EA010 表示农田。

属性编码用于描述环境对象的属性和约束条件,每一个属性的定义包括属性代码、名称、标识符、定义、适用范围和约束条件、度量单位代码、数据类型、取值范围、有效数字位数、误差界限、原始版本和修订版本以及有关的解释说明信息。属性编码由 4 个 ASCII 字符组成。如 AOY_表示偏航角,STP_表示土壤类型,WDI_表示风向。属性取值对应的数据类型为字符串、布尔型、枚举型、索引型或数值型。

枚举编码用于表示枚举型的数值,编码的定义包括枚举代码、索引、名称、标识符、定义、原始版本和修订版本以及有关的解释说明信息。

单位编码用于对度量单位进行标准化编码,包括度量单位的名称、定义等。

分组编码主要依据近似的原则对分类编码和属性编码进行分组,以便于用户使用。分组编码的方案并不唯一,可根据应用的需要采用不同的分组编码标准,而且相同的分类或属性编码可以隶属于不同的分组。

3) 空间参考模型

随着应用和需求的不断发展,越来越多的空间参考坐标系被应用于建模与仿真中,极大地方便了用户应用的需要,但同时也因为缺乏统一的标准而带来了很多的问题。此外,为了获得建模与仿真的高度互操作性和可重用性,有效的支持综合环境建模及其数据表示和交换,提供基本的空间定位和定向服务,也需要建立标准统一的空间参考坐标系并提供相应的坐标服务。建立空间参考模型包括定义和建立各种空间参考框架以及设计和实现相应的软件系统。

建立空间参考模型即要建立一系列标准定义的空间参考框架并实现在这些参考框架之间进行的各种坐标转变。空间参考框架的定义包括所采用的对象参考模型(通常使用地球参考模型,即地球参考椭球或球)的定义以及所使用的坐标系的定义。因此,定义空间参考框架的主要参数包括:所使用的地球参考模型、水平和垂直基准面、基准历年和时间、描述坐标系的规则、坐标系的定位和定向以及坐标分量的度量单位等。

要确定空间参考框架内一点在另一参考框架内的坐标,就需要进行坐标变换。坐标转变的本质是数学变换。但在众多复杂的空间参考框架之间进行坐标转变,还要考虑很多问题,如特定类型的坐标转变所需要的参数及计算、不同基准面的换算、子午线变形等。因此,必须从空间参考模型所支持的坐标系和坐标变换类型设计和确定坐标转变的策略和方法。

坐标转变分为两大类,即直接方法和间接方法。直接转变不需要经过第三个坐标系的变换,直接在两个坐标系之间进行变换。而间接变换则需要中间坐标系的支持,即整个变换分为两步来实现。对于直接变换,只需要计算设定有关变换所用参数或系数,根据坐标变换规定的算法和公式,即可从源坐标系变换到目的坐标系,如大地坐标系和地心直角坐标系之间的相互变换。而对于间接变换,需要首先从源坐标系变换到一个中间坐标系(通常为大地坐标系),然后再变换到目的坐标系,如从 UTM 坐标系到地心直角坐标系的变换。

坐标变换所使用的算法和公式必须严格定义,同时还要考虑一致性、精确性、快速性等要求。坐标变换中,经常会有一些计算量比较大的函数或表达式,如要耗费大量计算时间的三角函数,为了取得较快的计算速度,同时考虑到这些函数中的某些参数取值常在一个限定的范围内,因此通常使用局部有理函数逼近的方法来代替原函数的计算。

4) API 接口

SEDRIS 使用 API 来存取数据模型。通过集成的 API,使应用程序、数据模型和数据的物理存储结构分离开来,从而使这三者相互独立而互不影响,数据库的供应者和用户也不再需要为开发数据库软件而编写特定的存取代码以及库例程,因为 API 在不同的平台和不同的应用程序中使用相同的数据结构、存取代码及库程序。API 对用户是透明的,因为它提供了有关数据模型的细节,而不是数据的物理存储格式。

SEDRIS 中所有 API 函数都用 C 语言的头文件定义,包括 READ API、WRITE API 和变换 API。SEDRIS 需要实现 READ API、变换 API 和 WRITE API。READ API 以分层的软件模型在两个层次上实现:READ 0 API 和 READ 1 API。READ 0 API 用来从数据库中读取数据,它对读出的数据不做任何的附带处理。READ 1 API 是一系列功能函数的集合,具有集成的功能,利用用户传递的参数调用底层的 READ 0 API 函数,并对读出的数据进行一定的处理。

变换 API 用于在不同的坐标系之间进行坐标变换、不同的颜色模型之间进行颜色变换及不同度量单位的变换,而且独立于其他 API 函数。此外,还有动态 API 和调试 API。

SEDRIS 的软件工具也是利用 API 而实现的应用程序,主要用来检验、校核和查看数据的内容。

5) STF 传输格式

STF 传输格式内嵌于 SEDRIS 核心软件的编码部分,主要通过面向对象的数据存储和管理实现,包括文件系统、磁盘系统、内存管理、缓冲和快速缓冲储存区(Cache)操作等实现,内部结构和实现非常复杂,但通过数据封装和公共的调用接口为用户提供透明服务。

通常,SEDRIS 的技术开发人员不需要了解具体的数据物理格式定义,即传输格式 STF,只需要掌握 API 的使用和 DRM 的定义,即可使用 SEDRIS 提供的 SDK 进行开发。但实际上,SEDRIS 的使用还需要用户设计和确定具体的数据组织模式和表示方法。例如,气象领域的网格数据和站点观测数据就需要采用不同的对象类和组织关系存储,因而这也可能导致数据生产者和使用者之间的不一致。但通常的做法是针对某种行业领域的数据格式,如气象领域的 GRIB 数据格式,确定共同的数据表示模型和组织方式,由各种不同的 SEDRIS 数据交换工具实现不同格式领域数据到 SEDRIS 数据的正向和逆向交换。在这种模式下,自然环境仿真数据的用户并不需要关注 SEDRIS 的技术细节,只需要使用 SEDRIS 提供的数据交换工具软件或 Web 服务即可获得所需的 SEDRIS 标准格式的数据。当然,由于具体的仿真系统应用不同,这些数据往往还需要进一步转换到特定的仿真系统规定的格式,以满足性能的要求。

随着 SEDRIS 技术的日益成熟,美国军方已经在相关国防、工业、学术等部门和领域推荐使用 SEDRIS 标准。目前,国外公开已知的应用包括 JSIMS、WARSIM、JSF、CCTT、CATT、OneSAF 等大型仿真系统。在国内,主要有航天工业部门、部分院校等学术机构开展这方面的研究,并在装备测试仿真、作战分析仿真中应用。

11.1.4　自然环境仿真数据处理

从数据工程的角度看,自然环境仿真数据的处理包括数据获取、融合、表示、交换、剪裁、编译、质量保证等过程。因此,SEDRIS 仅仅为自然环境仿真数据的表示和交换提供了相对成熟的标准和技术支持。事实上,对多源、异构、海量的自然环境数据进行交换和处理,再输出成为能直接进入仿真系统的数据,不仅仅是一个复杂、烦琐、困难的过程,而且往往需要耗费大量的人力、金钱和时间。

实际的军事需求和仿真应用对权威、一致、快速的自然环境仿真数据的生成与重用提出了更高的要求。为满足国防领域建模与仿真对世界范围中、低精度地形数据库的需求,美国国防部资助国家影像与制图局(National Imagery and Mapping Agency,NIMA)、美国陆军研究开发工程司令部(Engineer Research,Development,Engineering Command,RDEC)、科学应用国际公司(Science Applications International Corporation,SAIC)等机构多项地形生成与重用项目,从事高精度地形生成、自动地形特征提取、超高分辨率城市区域建筑物建模、地下建筑自动生成等新技术的研究和开发,并充分利用现有的各种软件来提高地形数据库的自动生成能力,以标准格式存储和发布,达到 24 ~ 48h 生成和提供全球范围内任意区域真实地形数据库的目标。作为美军下一代通用半自主兵力仿真软件,OneSAF 开发了相应的环境数据生成系统,定义了高性能的 OTF(OneSAF Terrain Format)地形数据格式和超高分辨率建筑物模型(Ultra High Resolution Buildings,UHRB)数据格式,开发了快速城市区域地形生成技术,用于大面积、高密度城市地形的快速生成。

在气象、海洋领域,美国国防部资助开发了环境剧情生成(Environmental Scenario Generator,ESG)项目。ESG 通过剧情定义、分布式自然环境数据库、智能数据搜索和大气海洋数值预报模型等快速自动地生成满足用户需要且具有物理一致性的自然环境剧情,以 GRIB 格式或者 SEDRIS 格式提供给用户。ESG 并不直接计算气象、海洋环境对装备武器系统的影响,但可以为这些装备模型提供所需的真实自然环境条件,从而影响测试和分析的输出结果或最终决策。美国国防部还资助开发了空间环境影响系统(Space Environment Impact System,SEIS)和环境数据立方支持系统(Environmental Data Cube Support System,EDCSS),集成了空间数据的生成能力,直接为 C4I 和仿真系统的用户提供支持。但公开的材料显示,该领域的用户并不多,因为很多用户并不清楚如何使用这些复杂的数据。目前,ESG 技术和工具主要用于海洋、大气领域的自然环境剧情生成。

在高分辨率自然环境仿真数据处理方面,北约的欧洲国家同样开展了类似的研究。瑞典国防研究局长期致力于高分辨率地形数据自动处理和特征提取技术,使用亚米级分辨率的 DEM 数据、高分辨率空基激光扫描仪(Airborne Laser Scanners,ALS)、数字相机等设备获取地形高程和地形特征数据,再通过软件处理识别和提取建筑物、道路、河流、森林和独立树木等细节特征,由此构建高逼真度的虚拟自然环境,为地形特征分析、任务规划、可视化仿真等提供支持。法国 OKTAL 公司针对多频谱传感器仿真,开发了较为成熟的合成环境(Synthetic Environment,SE)软件,使用自动三维地形生成、射线追踪、中等分辨率大气辐射传输等技术,为光电(红外和可见光)、雷达、卫星导航信号仿真提供精确的环境信息和环境效应计算,用于装备测试分析和实时模拟训练。相比较而言,这些国家在自然环境建模仿真方面的研究相互比较独立,缺乏系统性的规划设计。

11.2　多分辨率建模

从不同分辨率、不同角度分析和处理问题是人类的一种重要思维方式,也是处理复杂问题的一种有效手段。在军事领域仿真中,一方面现代战争变得越来越复杂,小规模兵力在关键地点、关键时间使用高技术武器完成的作战行动,往往会导致战争全局的重大变化。因此,现代作战条件下的作战仿真应当允许用户实时的改变分辨率,既能纵览作战全局,又能任意放大或缩小所关心的关键点,实现"软件推拉(Software Zooming)"。另一方面,以 HLA 为代表的新一代作战仿真系统,能产生具有真实感的虚拟战场,具有多维人机交互能力,能将武器系统的实物样机、计算机生成的虚拟样机以及仿真网络中的人员用友好的人机界面联结起来,进行武器系统的效能评估和作战人员的训练,这就要求实现大规模的不同分辨率模型及模拟器的交互和连接。因此,为了使作战模拟更客观、全面地反映现代高技术战争,需要采用多分辨率建模技术,通过对仿真过程的层次分解,进行模型的多层次设计,实现各种分辨率模型的"无缝"连接和运行中实时的分辨率变换。

11.2.1　多分辨率建模的概念

在仿真建模中,分辨率(Resolution)指的是模型在大小、实体内部属性、实体之间逻辑关系、仿真过程中空间属性、时间属性和功能属性等方面的详细程度。因此,模型的分辨率是指一个模型描述现实世界的详细程度,也就是模型对细节描述的多少。

逼真度是和分辨率相近的概念。但是逼真度所强调的重点是模型和现实接近的程度,而分辨率强调的是模型的详细程度。这样一个分辨率很高的模型由于没有很好地反映真实世界可能逼真度很低。分辨率和逼真度的关系可以这样来描述:分辨率和逼真度的概念是紧密相关的,当提高模型的分辨率时,往往也提高了模型的逼真度;但是在模型中加入无效的细节并不会提高模型的逼真度,有时反而会严重降低模型的逼真度。建模者一般希望降低模型的分辨率同时保持模型的逼真度。分辨率的提高有时并不能增加模型的逼真度,而仅仅增加计算复杂性。准确性(Accuracy)是和逼真度相关的概念,精确度(Precision)是和分辨率相关的概念。

根据作战模型中描述的作战过程和战场态势的种类及其详细程度,可以将作战模型按分辨率分成高、中、低三个层次。以陆军为例:低分辨率模型一般描述聚合的、能独立作战的军团;中分辨率模型一般描述聚合的、能独立作战的营;高分辨率模型一般描述能独立作战的士兵。当然模型的分辨率高、中、低区分是个相对的概念。

多分辨率建模也称为可变分辨率建模(Variable – Resolution Modeling),是一种在不同分辨率或抽象层次上一致地描述同一系统或过程的建模技术或方法。所建成的模型或模型族能够方便地改变其所描述现象的分辨率。

多分辨率建模不仅对实体而言,而且也包括物理过程和指挥控制过程,其目标是建立具有不同分辨率的、集成的模型族。多分辨率建模可以是建立一个模型,该模型包含不同分辨率的实体;也可以是建立一个模型族,模型族中的每个模型描述实体的不同分辨率。

多分辨率建模与多模型建模(Multi - Model)不同,多模型是指对同一事物从不同侧面用多个模型来描述,这些模型可能是同一分辨率的,也可能是不同分辨率的。

在对一个现实世界的子集进行建模时,并非模型的分辨率越高越好,而应该根据模型的目的和可用资源等要素来确定一个对于此应用最佳的分辨率。实施多分辨率建模的一个非技术上的障碍是用户往往希望模型的分辨率越高越好。

一个聚合模型并不是一个高分辨率模型的简单版本。它是一个有自己的能力和作用的模型。虽然在高分辨率模型和低分辨率模型间有一定的重合部分,但是在低分辨率模型中所描述的现象集合有时并不包含在相应的高分辨率模型所描述的现象集合中。

虽然计算机的计算能力不断增强,会导致低分辨率模型的逐渐消失。但多分辨率建模远远不仅是计算复杂性的问题。计算资源在仿真过程的许多阶段并不是主要的瓶颈,实际上,它仅仅是在模型运行阶段的主要资源而已。设计模型、调试模型、收集输入、分析理解输出这些都是分析敏感的,是确定模型分辨率要考虑的因素。

在一个模型中,并非所有因素在决定仿真结果时是同等重要的。有少量因素对仿真的真实性起决定性作用,有一些因素起比较重要的作用,还有一些因素对模型的贡献很小,几乎可以忽略不计。借用泰勒展开的术语,称这些因素分别为一次因素、二次因素和三次因素。多分辨率建模研究的必要性包括:

(1) 从人的认知习惯上考虑,这是研究多分辨率建模的最主要的原因之一。一般情况下,人们都在不同的分辨率下来认识、理解事物并进行推理,所以要求相应的模型能够反映他们所选择的不同分辨率。如果研究某一现象需要在较高抽象层次上进行,那么提供高分辨率的模型,无疑会增加理解的难度。一味追求高分辨率模型会造成在建模过程中"只见树木,不见森林"。

(2) 从经济因素上考虑,有时人们不得不使用低分辨率的模型。因为高分辨率模型的构造费用过于昂贵使人难以接受。仿真的目的之一就是减少开支,节约成本。然而,随着被仿真的系统的复杂性的不断增加,对如此复杂的系统建造高分辨率模型,使得设计、编码和调试的费用急剧增加。有些学者指出这种费用的增长是超线性的。这样,仿真的优势将会逐步丧失。提高仿真软件的可复用性是解决这一问题的方法之一,而多分辨率建模是解决这一问题的另一有效途径。

(3) 从时间上考虑,有时由于时间限制不允许建立高分辨率的模型;而且高分辨率的模型增加了模型的运行时间以及模型结果的分析时间,如图 11 - 2 所示。

(4) 从人们的分析能力讲,高分辨率的模型难于分析,难于理解。

(5) 现实世界的不确定性、不可知性和混沌性。自然界的这些固有特征使得有时建立高分辨率的模型不但不可能而且也没有意义。

(6) 从计算复杂性上考虑。从计算的复杂性考虑,许多被仿真的对象都是复杂的巨系统,随着模型复杂性的增长,所需的计算复杂性往往是超线性增长的,造成求解上的困难。虽然计算机的求解能力日益增强,但是复杂系统的计算复杂性和分布式仿真中的网络负担仍然是要考虑的重要因素。多分辨率建模与仿真思想提供了解决此类问题的一个重要思路。

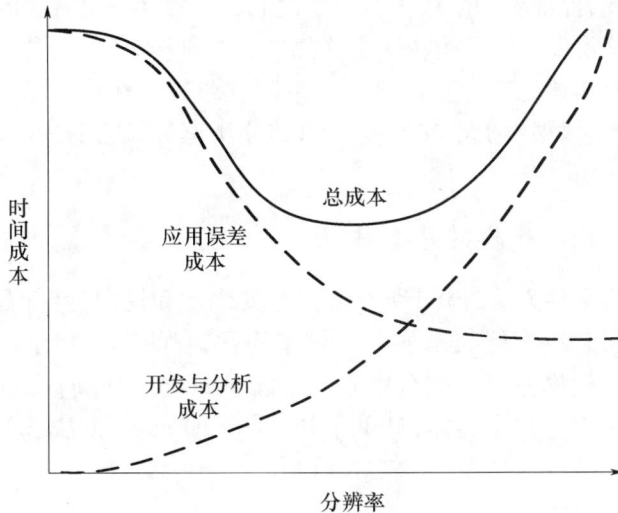

图 11 - 2　分辨率高低与时间成本

(7)从仿真的实际需求上考虑,并不是任何仿真都需要高分辨率的模型。建模可以说就是抽象的艺术。模型的分辨率是由仿真的需求决定的,不必要的细节只会增加系统的负担,对解决问题毫无帮助。不同的仿真需求往往需要不同分辨率的模型。不同分辨率的模型具有不同的作用,高分辨率模型能够抓住事物的细节,而低分辨率的模型能更好地揭示事物宏观的、本质的属性。建立同一事物的一系列不同分辨率的模型能够提高模型解决问题的能力。

(8)从系统仿真技术的发展趋势上考虑,分布交互式仿真是仿真技术发展的重要方向。无论是 DIS 还是 HLA 都要求将构造仿真、虚拟仿真和真实仿真等不同层次不同分辨率的仿真系统互联到一个综合环境中去,形成战术、战役、战略仿真的综合集成。这就需要不同层次的兵力系统无缝地集成到一个仿真演练中。实现这一目标需要对系统建立不同分辨率的模型,同时保证不同分辨率的模型间的一致性。

(9)提供关于一个对象的一系列模型可以提高模型的威力,使人能够从不同角度不同层次认识事物,从而更全面地理解一个现象。

(10)进行多分辨率建模是进行探索性分析(Exploratory Analysis)的需要。探索性分析的目的是在对特定问题进行深入细致的分析之前先对问题域获得一个广泛理解的过程。探索性分析需要大量数据,同时又不需要精确的数据,所以只需建立低分辨率模型,而对特定问题进行细致分析则需要建立高分辨率模型。多侧面多分辨率建模是进行探索性分析的重要技术基础。

(11)与模型重用有关的因素。例如在一个复杂的仿真要重用一个高分辨率的模型时,将会产生一个比所需要的分辨率高得多的模型。这样不但浪费资金、还会增加调试时间和仿真运行时间。通过使用多分辨率建模可以避免上述问题的产生。

基于仿真的采办(Simulation Based Acquisition,SBA)可以说是多分辨率建模的一个典型应用领域。在采办过程的初期,低分辨率、超实时的模型经常被用来进行操作分析、概念分析等。而在后期一般采用高分辨率、实时的模型来进行虚拟原型检验、评估和训练等仿真分析。因此,保证不同阶段仿真模型之间的一致性是很重要的。

在 HLA 中,多分辨率建模是指在一个联邦中各仿真模型不在同一分辨率上,不同分辨率的模型在交互时需要处理交互信息不一致问题或者存在同一个对象的不同分辨率表示,在仿真过程中可以根据上下文改变对象的分辨率,以达到提高模型的逼真度或提高仿真效率的目的。

11.2.2 多分辨率建模的基本方法

多分辨率建模有多种方法,但每种方法都有其优点和局限性,都是侧重于某一类特定的问题。有的方法解决实体表示的多分辨率问题,有的则侧重于过程的多分辨率问题。典型的多分辨率建模主要有聚合解聚法(Aggregation – Disaggregation)、视点选择法(Select – View),以及多分辨率实体(Multi – Resolution Entity)方法、UNIFY 方法和 IHVR 方法。

1)聚合解聚法

当高分辨率的实体和低分辨率的实体进行交互时会产生严重的一致性问题。一个很自然的想法就是通过聚合解聚动态地改变实体的分辨率以满足交互在同一分辨率下进行的要求。

聚合解聚法可分为静态方法和柔性方法两类。静态方法又可分为完全聚合法和完全解聚法。完全聚合法中所有实体都运行在最低分辨率下,完全解聚法中所有实体都运行在最高分辨率下。静态方法是处理多分辨率问题的比较原始的方法,其优点是实现起来比较简单,不足是灵活性较差。为了解决其局限性人们又提出了一些柔性方法,这些方法允许动态的改变模型的分辨率,其中一个比较常用的是部分解聚法。部分解聚法的思想是根据需要动态地将低分辨率模型部分解聚,而不是完全解聚,其关键技术是确定聚合模型的解聚范围,但有时某个高分辨率的实体并不和低分辨率实体进行交互,而只需要低分辨率实体的某些属性,这时可采用伪解聚法。

聚合解聚法的优点是计算代价低,不同的聚合解聚法结合应用可能会解决多分辨率建模的一些问题。但聚合解聚法存在一些难以克服的困难,如链式解聚、暂态不一致性等。比较而言,解聚是比聚合更为棘手的问题。多分辨率建模的困难也许并不在于模型自身的描述,而在于如何描述模型之间的关系。

暂态不一致性(Temporal Inconsistency)指模型在解聚 – 聚合 – 解聚过程中引起的不一致性。因为模型在运行过程中可能会动态地改变分辨率,由高分辨率的模型聚合为低分辨率的模型的过程中必定会丢失信息,这样在从低分辨率模型解聚为高分辨率模型的过程中,丢失的信息不能完全恢复,从而引起不一致。

链式解聚问题(Chain – Disaggregation)可以用一个例子来说明。如有一个高分辨率实体(High Resolution Entity,HRE)A,它和低分辨率实体(Low Resolution Entity LRE)B 交互,而 B 又与其他低分辨率实体 C 和 D 有交互关系。此时为维护交互信息的一致性,实体 C 和 D 都要解聚为高分辨率的实体,交互完成后还要进行一系列的聚合操作。此时不但存在由于误差传递引起的一致性问题,而且还存在由于一系列的解聚而引起的网络负载和计算负担的急剧增加。

同时应该注意到,聚合解聚方法并不能解决所有的多分辨率建模问题。它所能解决的是在面向对象的设计中能通过所谓的包容实现的模型,可以将此类模型称为结构多分辨率模型,而对另一类不能用包容关系描述的多分辨率模型,则不能使用聚合解聚法,不妨称该类模型为参数型多分辨率模型。这类模型可能使用模型抽象法要好一些。

2) 视点选择法

视点选择法中,模型一直运行在最高分辨率。当它需要以低分辨率与其他实体交互时,它运用系统辨识等模型抽象技术获得低分辨率模型然后再和外界进行交互。这种方法的优点是实现起来比较简单,模型间的一致性容易维护,不足之处是计算代价大,而且方法的灵活性较差。由于不存在可以独立运行的低分辨率模型,因而模型的模块化程度低,可重用性差。

3) 多分辨率实体法(MRE)

前面所介绍的聚合和解聚法以及视点选择法,虽然实现了不同分辨率的建模,但由于在每一个给定的仿真时间点上,都只是实现了一个模型,因此其中并不存在一个映射函数,使得一个分辨率的属性转换到另一分辨率上。多分辨率实体方法就是为解决这一问题而提出的一种多分辨率建模方法。

多分辨率实体法的基本思想:它在建模时采用了多个并发表示的模型来实现多分辨率建模,其中有几个重要的思想,一是存在一映射函数,用以实现不同模型间属性的变换;二是存在一策略,用来消解相互间有依赖关系的并发交互;三是存在兼容的时间步长(图 11 - 3)。

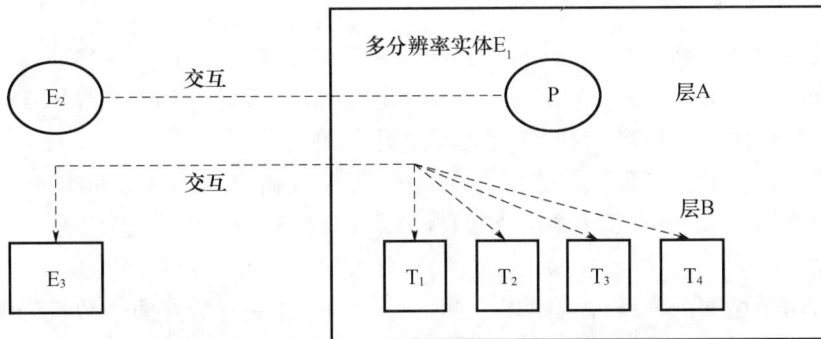

图 11 - 3　多分辨率实体的描述模型

4) IHVR 方法

一体化层次的可变分辨率建模方法(Integrated Hierarchical Variable Resolution Modeling,IHVR)由 RAND 公司的 P. K. Davis 等人提出并用来构造兰德公司的政策分析模型。IHVR 是一种面向过程的参数层次分解方法,其基本思路是:将问题中关注的所有变量依据依赖关系(方程式描述),建立起分层的多叉树。在这个树中,具有最低分辨率的变量在层次树的顶端。最高分辨率的变量作为树的叶节点,低分辨率变量则是高分辨率变量的函数。然后,根据需要对问题灵活地进行分析处理。IHVR 法采取对问题关键的效能函数进行参数层次分解的方法,形成一个内在统一,且具有层次性的多分辨率模型,这样可以清楚地看清不同分辨率层次变量之间的关系。IHVR 法由高层到低层、逐步细化,输入参数按层次变化,一些高层参数既可以直接输入,又可由底层参数聚合获得。在这里,变量是严格按等级划分的,每个变量仅仅对它所在树的上层变量有影响,分枝之间没有影响,也不存在回路,这将简化可变分辨率模型构建的难度。IHVR 方法有三个基本问题比较难于解决:一是分辨率变化只能从高到低,因此,只有聚合没有解聚;二是由于实际模型中实体、过程、问题相互之间存在着许多复杂影响作用,可能扰乱分层的多叉树建立;三是由于人们认识、理解问题的多样性,可能对同一问题会产生有不同的视角,不同的视点意味着不同的分层描述。

5) UNIFY 方法。

该方法的基本思想是:在建模时采用同一实体的多个并发表示的模型来实现多分辨率建模。UNIFY 方法的设计要点如下:第一,在模型运行过程中,始终维护同一实体的不同分辨率的并发表示,称为多分辨率实体(Multiple Representation Entity, MRE);第二,通过属性关系图(Attribute Relation Graphic, ARG)、与具体应用相关的映射函数以及一致性增强器(Consistency Enforcer, CE)来保证不同分辨率模型之间的一致性;第三,由于在不同分辨率模型间的交互中,存在有依赖关系的并发交互,所以该方法使用一种基于交互分类的并发交互消解策略来解决这些并发交互之间的相互依赖性。通过使用同一实体的并发表示的多个不同分辨率的模型,避免了聚合解聚问题,保证了不同分辨率模型之间的一致性。但是,对于复杂系统的多分辨率建模问题该方法在执行效率上难以保证,资源占用量大也是该方法的问题之一。

11.2.3 多分辨率模型间的一致性

模型的一致性包括模型内(Intra - Model)一致性、模型间(Inter - Model)一致性、交叉模型(Cross - Model)一致性和运行(Run - to - Run)一致性,其含义如图 11 - 4 所示。在多分辨率建模中,一致性问题的研究具有重要意义。

多分辨率模型间的一致性是指同一个实体、现象或概念的不同分辨率的模型在相同的实验框架下(或将其映射到相同的实验框架下),模型在行为、状态或结构等方面彼此一致的程度。

多分辨率模型间的一致性包括多个侧面,两个模型在一个方面一致性较高,而在另一个方面可能一致性很低。所以,我们在建立多分辨率的模型时,不必追求完全的一致性,只需根据实验框架保证某些方面的一致性,而牺牲另一些方面的一致性。有时高分辨率系统和低分辨率系统所描述问题的侧面不完全相同,所以也就不需要维护所有元素之间的一致性。在进行一致性分析时,只需维护影响模型可信性和对模型之间协作有影响的因素之间的一致性。

同一实体的不同分辨率的两个模型之间不可能达到 100% 的一致性,如果那样的话,只需建立低分辨率的模型就可以了。多分辨率模型中的两个模型之间的一致性只要达到一定程度就可以。至于需要多大的一致性是与具体的应用环境相关的。极端情况下,同一实体的两个不同分辨率的模型之间的一致性很可能是零,但两个模型又都是有效的,也就是说这两个模型描述的是同一事物的完全不同的方面,二者在一致性方面没有可比性。

一致性可以通过 MOC(Measure Of Consistency)来度量。MOC 是关于模型间一致程度的定性度量。对不同类型的一致性 MOC 可以有不同的定义。在同一类一致性问题中,MOC 也可以有多种定义方法,MOC 的定义取决于建模所关注的内容。

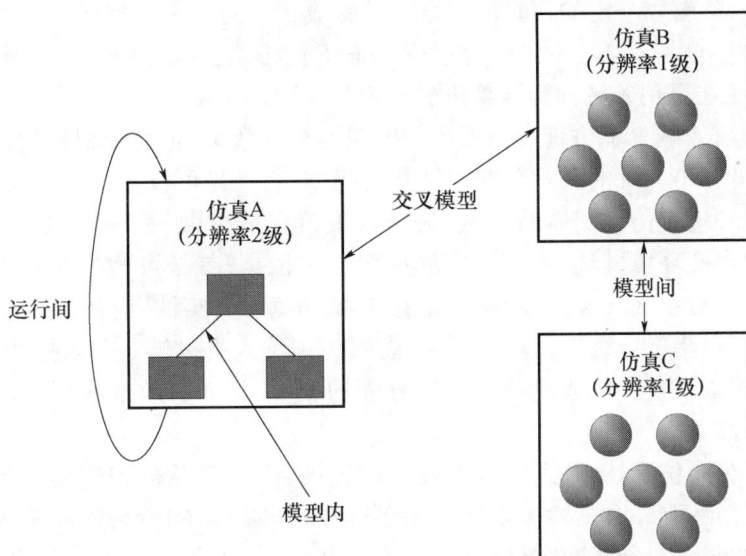

图 11 - 4　多分辨率模型的一致性

模型间的一致性可能是一个动态变化的过程。有些模型随着仿真的运行会趋于一致,而另外一些模型随着仿真的运行其一致性会趋于发散。如果某个低分辨率模型是另一个高分辨率模型的严格简化版本,那么,随着的仿真运行,两个模型的输出将趋于一致。

一致性问题又是分层次的,较低层次的是输出一致性,较高层次的是结构一致性。对于多分辨率模型间的一致性问题,讨论较多的是输出一致性。

任何模型都是对真实世界的抽象,因此模型都存在一定的偏差,这些偏差在讨论一致性问题时也是要予以考虑的。另外,如果一个模型在某一方面(或者说在某一维)具有较高的分辨率,而另一模型在另一个方面具有较高的分辨率,这使得一致性问题变得更为复杂。

11.3　计算机生成兵力

由于作战活动的特殊性,进行真实仿真(军事演习)的代价越来越高,因而构造仿真和虚拟仿真在军事领域中的应用越来越普遍。同时,由于作战仿真的规模越来越大,在虚拟仿真方式中,需要越来越多的人员和设备参与仿真运行。这使得每次仿真运行的代价大,效益低,并且难于管理和控制,在人员不够的情况下甚至无法运行作战仿真系统。因此,就产生了用计算机程序来表示参与作战活动兵力的需求。

11.3.1　基本概念

计算机生成兵力(Computer Generated Forces,CGF)是指在仿真系统中,利用计算机来实现对武器装备和人员等实体的建模。通过对人类行为的充分建模,这些实体能自主地对仿真环境中的事件和状态做出反应。CGF 研究的目的是使所创建的模型在没有人干预的情况下,能够以一定的逼真度来自主地完成预定的动作。

CGF 又称半自主兵力(SAF)、合成兵力(SF)、虚拟兵力(VF)以及智能模拟兵力(ISF)等。CGF 在民用领域称为计算机生成人员,简称 CGA。

CGF 不但有效减少了仿真所需人员和模拟器材的数量,也便于根据用户需求对兵力进行订制,降低军事训练的风险和费用。其主要作用,一是可以提供大规模的虚拟环境,增加虚拟战场环境中仿真实体的数量,为指挥决策人员提供一个进行战术、战法研究与分析的大规模虚拟环境,以便为实际作战提供决策依据;二是可为参演的人在回路的仿真实体提供作战对手或友军支援,提高虚拟战场环境的真实性,增强用户(参训人员)的沉浸感;三是可以降低训练的风险和费用,能够为训练人员提供一个虚拟的仿真环境,提供对敌军、友军以及各种作战武器装备等方面的表示,从而有效地减少仿真系统中实际参与的人员与装备。

随着先进分布仿真技术、人工智能技术的发展,CGF 日益得到建模与仿真人员的重视。在美国国防部 MSMP 的六大目标之一就是要提供对人的行为的权威表示。在分布式交互仿真中,包含三种不同类型的仿真:真实仿真、虚拟仿真和构造仿真,其中构造仿真主要由 CGF 技术来实现。

CGF 技术已在很多仿真系统中得到了应用,许多相关的建模方法也不断被提出。由于 CGF 建模涉及仿真、人工智能、运筹学、神经网络以及多 Agent 技术等,是一个多学科交叉的研究方向,因此,CGF 建模研究不仅在实践上有着广泛的应用价值,在理论上同样具有较高的研究价值。CGF 的几个关键性研究方向主要包括:CGF 系统的知识获取和表示方法;CGF 中的地形表示和基于地形的任务规划;CGF 的学习能力;C3I 的建模问题;多 Agent 协调技术在 CGF 建模中的应用;CGF 的有效性检验(VV&A)。

基于 HLA 的仿真联邦中的成员可以是 CGF 成员,这时 CGF 应和 HLA 兼容。它必须遵循 HLA 规则,通过唯一的接口和 HLA 网络相连,和其他成员之间的交互通过 RTI 进行。CGF 通过向 RTI 请求服务的方式完成某些操作,并及时更新对象实例的属性和交互类属性。例如,它需要不断向 RTI 发送自己是否发现目标的请求,如果发现目标,则要求得到目标的参数。

CGF 建模主要包含三个方面的内容:物理建模,主要是对研究对象的物理特性和表象进行建模;行为建模,是 CGF 建模的核心部分,主要涉及行为的推理、决策和知识的学习等;环境建模,主要是实现与 CGF 实体行为相适应的地形、海洋、大气等自然环境的模型。

CGF 的物理模型主要提供战场角色自然能力的描述。CGF 的物理建模是对特定对象某种物理特性、效应或能力的表示,如武器系统的几何造型和外观、平台的机动特性(机动速度、爬坡能力、加速性能、转弯半径、跨越障碍能力等)、系统的防护能力、电磁波辐射和反射特性、传感器的感知能力、武器系统的射程、开火时的弹药射速、命中精度、系统的物理通信能力等等的基础上,建立物理行为模型。

CGF 的物理行为是战场角色直接作用于其所处环境,并且改变环境状态的行为,是实现战场角色之间以及战场角色和综合自然环境之间交互的执行器,也是战场角色为实现其特定目标而作用于环境(包括战场自然环境和其他战场角色)的手段。

CGF 的物理建模有四个主要方面:一是运动建模,大多数军事建模对象都具有运动的特性,因此,在仿真建模过程中,很大一部分工作是用来实现物体在不同形式的地面、空中、海洋以及太空的运动模型;二是传感器建模,为了实现作战过程的建模,军事对象相互之间需要进行交互,而这就需要它们使用各种各样的传感器来完成相互间的感知,即传感器建模;三是交战建模,当作战对象在仿真过程中遭遇到敌方的对象时,需要使用作战交战算法来完成对交战过程的建模;四是通讯建模,同运动建模和交战建模相比,现代战场更多的是体现在通讯和信息交换的建模。

由于 CGF 实体是由计算机来控制的,在仿真中需要自主地完成一些推理、规划、决策以及学习等行为,因此就需要与地形等周围环境进行动态的交互,以获取有关信息,这就对环境建模提出了进一步的要求。除了提供必要的可视化信息外,在环境模型中还需要针对 CGF 建模的需求,提供一些相应的地形特征、属性等信息。为了解决综合环境的数据表示以及交换问题,美国军方提出了 SEDRIS,在该标准基础上可建立自然环境模型和自然环境交互作用模型,实现 CGF 建模所需的地形建模。

物理模型和环境模型所描述对象机理相对清楚,方法较为简单,而且实现技术也比较成熟,因此建模的难度要小一些。但行为模型由于和人工智能等技术密切相关,而且其中包含大量的不确定因素,涉及形势评估、规划、决策以及学习等模型,实现难度较大,也成为 CGF 建模中研究的难点和重点。

当前军事仿真领域有两大类应用:分析和训练。分析应用的一个主要方面是分析与确认新型武器系统与新战术的有效性,构造类仿真被用于这方面研究。构造类仿真设计需要设计 CGF 来模拟聚合级单元,应用于大规模系统(如军、师一级);训练应用主要是训练人员,虚拟类仿真被用于这样研究。虚拟类仿真涉及单车平台(如 M1 坦克),它在系统中运行,应用于小规模系统(如营、连级)。在虚拟仿真中,人在环仿真器和 CGF 用来提供仿真车辆平台。战场分布仿真(Battlefield Distributed Simulation – Development, BDS – D)和 DIS 是虚拟仿真的例子。

CGF 系统的研究对象划分为平台级和单元级(聚合级)两类,这两类仿真之间的有效连接与相互转换也成为 CGF 系统的研究重点之一。CGF 系统平台级实体归属到 DIS 中虚拟实体类,而平台级实体则纳入到了聚合类仿真的范畴。这样,对 CGF 平台级与单元级仿真连接与转换机制的研究就转换为虚拟类仿真与构造类仿真(聚合类)之间连接与转换机制的研究。

11.3.2　认知行为建模框架与方法

随着分布作战仿真应用的不断深入,系统模型越来越多地涉及人的因素,而人的思维、决策等活动是作战活动复杂性的主要因素之一。CGF 需要模拟战场上人的思维活动,执行指挥、控制、通信等行为,具有高度的智能性、协同性等特征。同时,CGF 实体之间通过直接或间接的方式进行交互而相互影响,CGF 实体之间以及实体与环境之间的交互还会造成系统宏观层次上不可预见行为或特性的涌现。

CGF 认知行为模型是对战场角色指挥控制等行为和能力的表示,如态势评估、制定计划、修改计划等。认知模型处理战场角色的感知信息,经过态势评估、规划和决策过程,驱动物理行为的执行,实现 CGF 实体的作战目标。在同一个仿真想定中,级别相对较高的 CGF 的认知行为更为复杂,不但要进行自身行为的决策与控制,还要根据作战任务和战场态势进行任务的分解。对于最底层的 CGF 实体,只需要根据当前任务进行自身行为的控制,其认知行为相对简单。认知行为和物理行为是紧密联系的,认知行为的最终目的是驱动物理行为的执行,达到改变战场态势的效果,如确定何时向下属下达何种命令的行为属于认知行为,而确定了命令的下达时间、对象以及内容后,通过某种具体通信装备或方式下达此命令的行为则属于物理行为的范畴。物理行为模型组件必须能够接受 CGF 认知行为模型发布的行为控制指令,根据指令的要求执行相应的行为。这样,整个作战过程中所有通过 CGF 认知行为过程所产生的行为控制指令都会转变为相应物理行为的执行。

CGF 认知行为模型的一般框架如图 11 - 5 所示。CGF 通过其感知器(也包括通信)进行战场信息和情报的收集,通过执行器输出物理行为,决定各种物理行为对综合自然环境和战场其他 CGF 的作用效果。CGF 的认知行为过程需要模拟遂行作战任务的作战和指挥人员指挥控制决策过程。认知行为模型是 CGF 各种物理行为的控制中心,实现特定环境下 CGF 对于物理行为的选择、执行和控制。

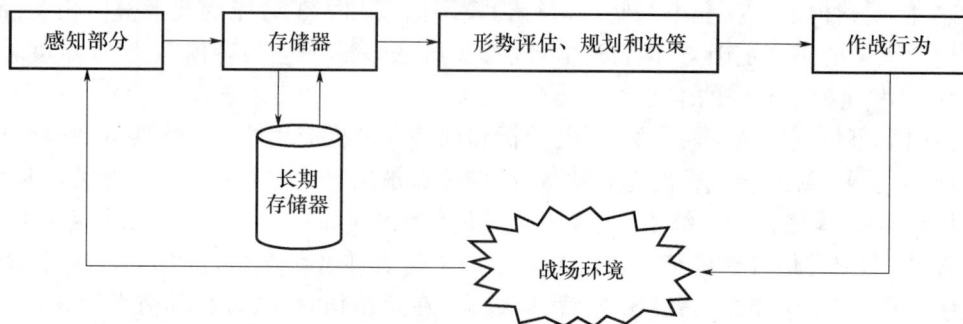

图 11 - 5　CGF 的建模框架

（1）感知部分:主要完成有关环境和敌情信息的收集,并将所收集到的信息转换成能够被认知处理过程所识别的模型内的信息表示形式,应用的方法主要是信息融合理论。

（2）存储器:框架中包含两种类型的存储器,工作存储器和长期存储器,前者主要保留认知处理过程中的临时信息,后者则用来存储有关的知识。

（3）形势评估:根据当前所获取的信息以及自身的知识,对战场的态势和形势的发展做评估。采用的方法有基于范例的推理及贝叶斯理论等。

（4）规划和决策:依据周围环境的变化和对形势的评估,确定 CGF 实体的作战行为。目前应用较多的技术有基于仿真的规划、产生式规则和决策表方法等。

（5）作战行为:战场角色在作战过程中面对不同的战场情况和条件,具有两种典型的行为方式:反应式和慎思式。反应式行为出现在某些紧急情况下,没有足够的时间进行周密而细致的态势分析和行动的规划,以及对多个行动计划的比较,需要相关人员对战场情况做出快速的反应。如行进中的部队突然受到不明火力来源的攻击,就应该立即做出隐蔽和防护的行动;又如飞机发现来袭导弹的情况下应该立即采取规避动作,或者对导弹采取干扰等措施,而不是进行长时间的分析和决策。

另外,低层次作战兵力的很多行为是作战条令详细规定的例行行为,不需要进行推理、规划和决策。这种行为具有明显的技术性和强制性特征,不需要发挥军事人员的主观能动性。如在防空阵地上的防空导弹作战单元,上级指挥员或指挥机关分配了作战目标后,对目标的跟踪、锁定、发射,直至战果的确认都具有很强的技术性特点,相关人员的战斗过程都属于例行的程序性行为,只需根据相关的作战条令按部就班地进行。

反应式行为最突出的特点是作战实体只对当前已经感知到的某些环境条件或状态做出快速反应,不考虑环境状态发展和变化的历史信息,也不需要对环境未来的可能状态做出任何预测。因而不需要对环境进行复杂的符号表示,以及相关的符号推理、规划和决策。

在作战过程中,战场角色在时间等条件允许的情况下需要进行详细而周密的推理、规划和决策等慎思行为过程,产生高级的智能行为。这种周密的慎思行为过程需要以战场角色对战场态势的感知,并且达到足够的理解为基础。与反应式行为相比,慎思行为需要对感知数据进行更加详细的综合分析和处理,有时甚至还需要对多个感知源的数据进行融合。获得的数据包括战场综合自然环境信息(地形、可见度、天候、大气、洋流等),敌情(敌方兵力的规模、兵种、武器的类型和数量、部队位置、机动方向等),我情(尤其是指挥员需要明确地掌握其所属部队的位置、战损情况、武器装备和弹药的数量,以及友邻部队的有关情况等)。战场角色还需要在已有数据和信息的基础上进行推理,得到战场态势中无法直接观察到的隐含信息,从而做出某些预测,如根据敌方作战兵力的历史机动路径和当前机动方向判断其机动目的地,从而预测其作战意图。

相对于慎思行为,反应式行为的智能性是有限的,战场角色的反应式行为不参考其所掌握的全局态势信息及其发展历史,也不进行预测。原因在于反应式行为需要更高的效率,对环境的突发情况做出快速反应。这些反应有时是受条件所迫或条令明确规定的行为过程,有时是战场角色自然或者本能的反应。反应式行为也不是一成不变的,其行为的过程受环境因素的影响较大,如对敌冲击过程中单兵实体受到火力压制的条件下,根据自身的目标可能选择有利地形隐蔽,也有可能继续冲击。但是,战场角色(尤其是指挥实体)在很多情况下需要明确了解战场态势,在对所了解的战场态势充分分析的基础上,为所属部队或自身制定行动计划。这种复杂的行为不属于反应式行为范畴,而是典型的慎思行为,是人的思维过程的体现。如战场角色在指挥控制、通信以及与友军之间协作过程中对战场信息的处理,对情报的分析和融合,通过推理获取其无法观测到的战场态势信息和敌方意图,通过规划和决策得到面向其作战目标的理性行为等。

在作战仿真系统中,反应式行为主要出现在执行级的 CGF Agent 中,而较高级的 CGF Agent 尤其是指挥实体的行为过程则以慎思行为为主。但是,在很多的作战仿真系统中,需要 CGF Agent 既具有面向目标的高级智能行为,也要能够对环境中的突发情况做出快速的反应。指挥实体进行指挥控制、通信等活动时,主要以慎思方式进行,但同时指挥实体也是以一定的物理形式存在的,如指挥车、战斗机编队的僚机、步行的指挥员等,也要对自身的物理行为进行控制,就必然具有反应式行为。同样,对于战斗实体,在自身物理行为的控制过程中主要以反应式为主,在某些系统中,也需要描述其高级的智能行为,如在某些巷战仿真过程中,单兵的模型不仅需要描述反应式行为,也需要描述单兵复杂的慎思行为过程。

传统的行为建模技术一般采用逻辑、规则或框架等方法。目前,多数 CGF 系统中的行为表示和行为推理也都是基于这些方法。但随着行为模型的日趋复杂,这种以条件式判断为基本特征的方法的表示能力有限,而且随着环境复杂度的增加,系统实现的工作量呈指数倍增加。因此,这种方法很难描述战场兵力的群体智能行为,模型的剧情可移植性差,可重用程度低。原有的这些方法已无法满足 CGF 行为建模的需求。

软计算是近年来发展起来的一种计算方法,它与人脑相对应,具有在不确定及不精确的环境中进行推理和学习的能力。软计算是由若干种计算方法组成的,包括模糊逻辑、神经网络、基于范例的推理、贝叶斯网技术以及进化计算等方法,因此它是一类方法的集合。下面将对行为建模中用到的一些软计算方法进行介绍。

1）模糊逻辑方法

在模糊集合中,引入了集合元素的隶属函数这一概念,即一个元素可以在一定程度上隶属于某一集合,在此基础上,又建立了模糊集合的运算、模糊关系和模糊推理等。采用模糊逻辑的方法实现行为建模,主要包括三个部分:一个规则库,它包含一组模糊规则;一个数据库,它定义了模糊规则中用到的隶属函数;和一个推理机制,它能够按照规则和所给的事实执行推理过程。在模糊推理系统中主要包括三种类型的模糊模型,即 Mamdani 模糊模型、Sugeno 模糊模型和 Tsukamoto 模糊模型。

2）人工神经网络

人工神经网络是用来模拟人的大脑的工作机理,其中最基本的组成元素是神经元,连接权重用来表示神经元间的相互影响程度。一般而言,一个典型的神经网络是由几个层次构成的,其中包含一个输入层,它提供了从外界环境获取输入的接口;一个输出层,它提供了输出响应与环境间的接口;在输入和输出层之间,包含几个隐藏层。可以从不同的角度来对神经网络进行分类,按照网络的结构,可将神经网络划分为反馈网络和前向网络,而按照学习方式来划分,则可分为有教师学习(自组织神经网络、BP 网络)和无教师学习(Hopfield 网络)。采用传统的方法来建立 CGF 的行为模型,如基于规则的系统,存在一些“瓶颈”,主要表现在:知识获取的“瓶颈”、推理能力弱、智能水平低、模型的逼真度不够和实用性差。传统的行为模型很多都是在“离线”、非实时的条件下工作,系统的可靠性、一致性、快速性、鲁棒性及实时性等都难以满足实际的需求。神经网络的学习功能、联想记忆功能、分布式信息处理功能可以有效地解决在传统的 CGF 行为建模中所遇到的上述问题,使用神经网络理论和基本框架来建立 CGF 系统,不需要组织大量的产生式规则,也不需要进行树搜索,系统可以自组织、自学习。

3）基于范例的推理

基于范例的推理方法是指利用已有的经验,即范例,来解决新的问题。在 CGF 系统中,行为建模采用基于范例的推理方式的一个重要原因是:人们在进行问题求解时,就常常直接引用所经历的实例或范例。一个基于范例的推理系统主要包括三个基本的组件:已有范例的数据库;根据已知问题,从范例库中查找和检索与之最相似的范例的方法;当所得到的范例与已知问题不完全相同时,用来对这一范例进行修改的方法。其中范例库的构造和组织是非常重要的一个问题,它直接影响到检索的效率和检索结果的可信性。

基于范例的方法的工作原理有,当一个新的问题(即目标范例)提出后,将它与范例库中的所有范例进行比较,这种比较是建立在对范例中的属性子集进行相似性度量的基础之上的,主要的度量方法有欧几里得距离、海明距离等。比较完后,会返回与新问题最相似的一个或一组范例,由于这些范例并不一定能够完全与新问题相匹配,因此需要一种机制来对返回的范例进行修正。

4) 贝叶斯网方法

贝叶斯网方法是一种概率框架,它提供了利用不确定信息进行一致的证据推理的方法,贝叶斯网方法的理论基础是贝叶斯定理,这一定理的本质是当发现一个与状态相关的事件后,则需要更新该状态为真的概率。贝叶斯网是用于不确定性推理的图形化表示形式,其中的节点代表相关领域知识的状态变量,节点间的连接表示概率,通常是指变量间的因果关系,整个网络的拓扑关系代表了这一领域的定性知识,构成网络的初始值包括根节点的先验概率分布以及用来定义不同变量间连接关系的条件概率表,贝叶斯网的拓扑结构和网络的初始值就构成了相应的领域模型。

贝叶斯网的工作原理:首先,利用根节点的先验概率值和表示变量间连接关系的条件概率表,来对网络进行初始化,计算网络中各节点上变量的概率分布值,即完成模型的初始化工作;其次,当获取到有关某一变量的证据后,利用贝叶斯公式来计算相关变量的后验概率,然后再将这一概率更新信息传递到它的父节点和子节点,这一过程包含了自顶向下和自下向上两种推理过程。由此可见,贝叶斯网的最大特点是它使得概率推理的计算过程变得非常简单,既可以使用因果推理方法,也可以使用诊断式推理方法。

11.3.3　典型 CGF 系统

CGF 技术得到了各国的重视,美国在 80 年代末的 SIMNET 中即采用 CGF。1991 年由美国高级研究计划局(DARPA)等组织召开了第一届计算机生成兵力与行为表达学术会议。经过多年的研究与发展,美国已经积累了丰富的经验,并在某些领域取得了突破性的进展,其开发的一些典型 CGF 系统有如下几种。

1) ModSAF

ModSAF 是由美国 Loral System 公司为 SIMNET 开发的计算机生成兵力系统,可并入 SIMNET 或 DIS,作为其中的一个仿真节点。顾名思义,ModSAF 是由一整套软件模块组成,它们用于构造 ADS 和 CGF 系统,以提供一个可信的战场描述,包括物理模型、行为模型和环境模型。目前 ModSAF 已能实现 7 种战场模型(演习、防空、情报、机动和生存、战斗服务保障、命令和控制、火力支援)。ModSAF 中的实体有平台级和单元级两类,其中单元级已经实现了营一级作战单元的行为仿真。

ModSAF 的主要作用是构建一个 CGF 系统的硬件与软件结构,它由三种类型的工作站组成,一种是 SAF Station,它给操作员提供控制 CGF 系统的接口,操作员通过 SAF Station 接口发布操控命令。另一种是 SAFsim,它用于计算实体的状态,并参与控制实体的行为。第三种是 SAF-logger,它用于存储实体的物理状态数据。这三类工作站构成了 ModSAF 的硬件与软件基础,其内部通信采用专门开发的持久对象协议,对外则采用统一的 DIS PDU 协议标准与其他实体进行交互。

在 STRICOM(美国陆军仿真、训练与装备司令部)的资助下,ModSAF 由 Loral System 公司研制,从 20 世纪 80 年代开始,目前已经发展到 ModSAF - 5.1 版,而且已由支持原来的 DIS 协议迁移到新的 HLA 框架之下。

ModSAF 支持单兵及排、连级作战单位以及坦克、飞机、装甲车和导弹等武器系统的 CGF 建模,行为模型的实现技术采用的是有限状态机,实现的主要行为有行进、射击、感知、通讯、形势评估以及战术的制定等;

ModSAF 是目前为止最为成功的 CGF 系统,已经成功地应用到陆军、海军及空军的多个仿真系统中,在 STOW 演练中就包含了四种类型的 ModSAF 系统的应用。

ModSAF 构建了一个模块化的半自动兵力系统的软件结构,其中每个模块都定义了公共接口,以尽可能地减少模块之间的耦合。该系统描述了战场实体的物理模型、行为模型和自然环境模型。其中的实体分为平台级和聚合级两类,支持单兵、排、连级作战单位以及坦克、固定翼和旋转翼飞机、地面车辆和导弹等武器系统的 CGF。

ModSAF 采用异步增量有限状态机实现各种实体的行为模型。行为模型和物理模型的接口称为通用模型接口,通过面向对象的多态机制实现模型的动态调用。ModSAF 中指挥和控制体系结构的基础是任务。任务是作战实体或单元在战场环境中所执行的某一特定行为,由任务模型、任务参数和任务状态组成,模拟被仿真实体进行指挥控制的过程。ModSAF 用任务帧表示使命中的一个阶段,任务帧由同时完成某个行动的一组相关联的任务组成,并且利用任务栈实现任务的调度,系统中的 CGF 实体状态的变化通过任务帧的转移来实现。

2)近战战术训练系统(Close Combat Tactical Trainer SAF,CCTT SAF)

CCTT SAF 由 STRICOM 资助,SAIC 公司研制。CCTT 是美国陆军重型武器(坦克和机械化步兵等)的训练系统,CCTT SAF 是其中一个最主要的软件部分。其行为模型采用的是基于规则的知识表示,实现的行为主要有行进、射击、感知以及通讯等。同 ModSAF 一样,CCTT SAF 的战术行为、决策等都是根据美军的作战条令、条例来确定的,因此系统在应用时能够得到较好的训练效果。

CCTT 主要关注于陆军的集体训练。它支持装甲部队、机械化部队排到营,以及飞行中队级别的训练。CCTT 的 CGF 系统称为 CCTT SAF,它可以创建和控制超过 100 种类型的实体,其软件结构和 ModSAF 类似,但战场实体的智能水平有所提高。

CCTT SAF 采用基于规则的知识表示方法对战斗实体和单元的行为进行描述,将相应的军事指令、条令、命令、战术原则以及各种实体的反应行为通过严格的知识工程过程进行标识、说明和归档,形成平台或者战斗单元的战术规则集。战术规则集包含规则集名称和所指定的一系列行动,也可能包括行动的触发、中断和终止条件。同时,每个战术规则集都包含一组参数,这些参数从不同的侧面描述实体的行为特征。实体只要根据战术规则集执行相应的战术行为,就可以灵活的实现行为模型。CCTT SAF 的战场行为实际上是对战术规则集堆栈的操作和执行过程,通过对规则集堆栈中战术规则集的压栈和弹出操作,实现相应规则集的选取和执行,从而实现各种实体的战场行为。

3)智能兵力 Intelligent Forces(IFOR)模型

ModSAF、CCTT SAF 等半自动兵力系统能够很好地模拟战场实体的物理特性,但它们的弱点是其实体只具备有限的自主性,各种实体只能被分派执行低级的行为。在没有人为干预,引导它们在任务之间转换的情况下,无法实现诸如态势评估、高级规划、决策、协同等高级智能行为。这样,完全自主的智能兵力成为作战仿真系统的必然需求。

IFOR 由 ARPA 资助,Michigan University、CMU 及 SoarTech 公司等联合研制,实现的是战斗机和直升机的作战实体。

IFOR 是基于 Soar 体系结构的模型,可用来对飞机的作战行为进行建模。为满足军用仿真的需求,在 IFOR 框架的基础上,又分别设计了适用于固定翼飞机和直升机作战行为的系统:FWA - Soar 和 RWA - Soar,前者由密歇根大学设计,后者由 CMU 设计。

IFOR 的目标是为作战仿真开发自主的虚拟飞行员模型,达到让人几乎无法区分系统中虚拟和真实飞行员行为的效果。IFOR 中的飞行员是基于 Soar 认知体系结构的 Agent,用产生式规则对战术规则进行表示。Soar 是智能系统和人的认知理论相结合的软件体系结构,为 Agent 提供了知识表示、问题求解、反应能力、外部交互的支持。IFOR 的飞行员 Agent 可以控制飞机巡航、通过雷达探测敌人、选择目标开火,以及探测和规避导弹的攻击等。

IFOR 已经成功地应用到 STOW 演练中,其中空军的 CGF 是由它来完成的。

4) Command Forces(CFOR)

为了将高分辨率的平台级 CGF 集成,实现大规模的作战仿真,需要建立各种类和层次指挥实体的模型。为此,DARPA 于 1995 年发起了 CFOR。CFOR 用软件 Agent 表示指挥控制节点,模拟指挥控制信息交换和指挥决策制定,能够在没有人工干预的条件下对变化的战场态势做出动态反应。

CFOR 利用认知模型对指挥实体进行建模,并且可以将这些模型和已有的实体级仿真相连。CFOR 提供了指挥实体的公共体系结构,并且通过相应的信息和计算服务促进模型互操作,实现一致的指挥控制行为。CFOR 的技术参考模型如图 11 - 6 所示,包括指挥实体应用层、指挥实体信息服务层和 CGF 基本应用层。其中,指挥实体应用层实现指挥决策过程。信息服务层为指挥决策提供信息服务和公用资源支持,这些服务包括:平台行为服务、通信服务和指挥控制公用资源。CGF 基本应用层包括半自动兵力模型和通用的 DIS 接口单元。

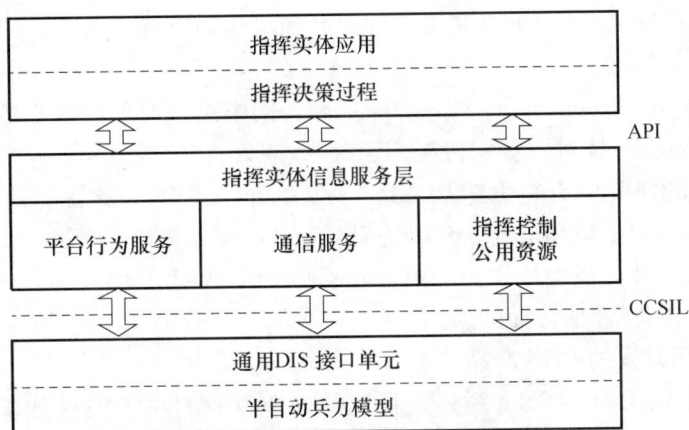

图 11 - 6　CFOR 的技术参考模型

CFOR 的技术思想得到了明确的验证,在技术上和应用上取得了巨大的成功。但是,CFOR 也存在着一些不足:营级的指挥实体的功能较弱;表示通信的指挥控制仿真接口语言(CCSIL)的消息集有限,难以实时产生命令;缺乏对行为序列的优化;如果指挥实体被毁,无法实现指挥权的转移等。

5)OneSAF

在 ModSAF 基础上,美国国防部高级项目计划局投资开发了下一代的 CGF 系统(One Semi – Automated Forces,OneSAF),并已应用在 STOW – 97(Synthetic Theater of War – 97)项目中。在继续提高 CGF 实体智能行为水平和仿真精确度及可信性的同时,满足于 HLA 兼容,并可应用于增强的战场仿真环境(综合环境,包含大气、海洋、天气和时间变化的综合战场仿真环境)。OneSAF 可集成到聚合类实体的仿真模型中,用于分布交互式作战模拟和战争推演。它引入的指挥实体采用了人工智能和 METT – T(Mandate,Enemy, Terrain,Task – Time)算法,具备对战场态势进行分析和实时的任务规划与战场决策能力。OneSAF 在一定程度上代表了未来 CGF 系统的发展方向。

OneSAF 是可重组的下一代 CGF 系统,遵循 HLA 体系结构标准,该系统可以对单兵、平台直至营、旅级的作战行为、系统和控制过程进行建模,能够适应跨训练、分析和采办应用领域的作战仿真需求。OneSAF 的建模目标包括:

(1)模型开发者能够轻松地利用已有的 OneSAF 模型建立新模型;

(2)能够在仿真演练期间修改模型;

(3)在一组成熟的模型建立后,非软件专家用户也可以通过对它们的裁剪满足特定需求。

OneSAF 支持三种战场实体的行为控制方式:完全自动模式、通过真实指挥控制系统进行控制、通过 OneSAF 的图形用户接口进行行为控制。OneSAF 与之前 CGF 系统的最大区别在于 OneSAF 中模型的通用性和可重组性。在 OneSAF 系统中,非常明确的区分模型体系结构和在这一框架上建立的模型。OneSAF 模型体系结构称为生产线体系结构,为模型开发提供所需的服务、数据格式、工具和过程。OneSAF 具有多个模型组装器,通过各自的图形用户接口,支持用户对仿真实体、单位、实体和单位的行为以及综合环境的模型进行生产线式的组装。最后,OneSAF 的系统组装器为用户提供了组装和裁剪生产线产品和组件的能力,从而可以基于这些产品和组件创建特定系统的配置。

6)IST 的 CGF 系统

IST(Institute for Simulation and Training),即美国中央佛罗里达大学的仿真与训练研究所,是一个研究 CGF 技术的专门机构,其在路线规划、侦查规划、友军合作、任务规划和敌情分析等方面的研究中有重大进展。IST 所进行的工程项目有智能仿真兵力(Intelligent Simulated Forces)、构造仿真与虚拟仿真的综合、作战小组仿真中的 CCH(Computer Controlled Hostile)、计算机生成兵力的声音和手势输入(VGI 工程,Voice and Gesture Input for CGF),以及 CGF 在评估方面的应用。

7)MÄK 公司开发的 CGF 产品

美国 MÄK 公司 MÄK – Suite 系列工具包是一个专业的用于构建分布式仿真系统军事应用的先进工具。它能够迅速建立起支持 DIS 和 HLA 的分布式仿真应用系统,针对军事应用非常快捷方便,不仅具备二维态势、数据收集与回放,也包括可以生成实时的三维战场环境。MÄK 公司的旗舰产品即核心组件是 VR – Force,这是一个用于兵力生成的底层支持平台,通过读取 FED 文件可以装载具体兵力进入计算机系统,用户完全拥有兵力具体运用的权力;能够实时调整兵力的部署及相关控制,支持 DIS 或 HLA 通讯,具备良好的可扩展性和可扩充性。

　　VR – Force 提供底层 C ++ API 接口,提供美军作战应用的基本实体列表和标准 XML 描述文件,在很大程度上简化用户操作。以前台和后台的操作和使用方式,使用户建立应用并将通信、兵力计算机生成与用户界面相分离,大大减少了用户的使用理解过程中的困难。可以更换支持 HLA 的运行支撑系统 RTI,方便系统集成与应用。

　　VR – Force 开发之初是用于军事上的坦克对抗仿真,适合分队级武器系统仿真,可编辑和控制战术的对抗全过程。采用读取后台 XML 描述的文件方式读取仿真需要的模型,模型的适应能力用户是可编辑的,当你需要实体具备什么样的能力时,调整该实体属性列表的参数即可。

　　VR – Force 提供用户可以编辑的战术和执行战术对抗的计算机兵力生成系统。用户可以导入地形,创建和定位兵力,并向兵力发布指挥命令。战术想定设置或执行时兵力与地面自动进行碰撞检测,检测对敌的攻击效果和自身的毁伤情况,并将这些信息发布到网络上去。其多节点网络仿真时的分布图如图 11 – 7 所示。

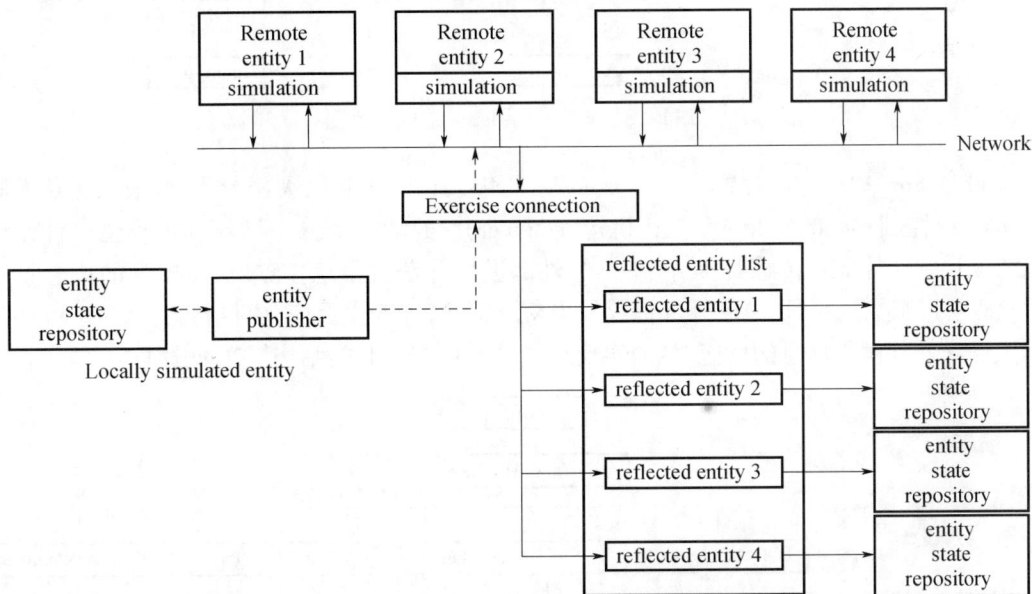

图 11 – 7　VR – Force 网络仿真示意图

　　不像其他的计算机程序只有一个可执行文件,VR – Force 有两个可执行文件,一个是前台图形接口,一个是后台仿真引擎。前台可执行程序主要用于用户生成界面和编辑兵力时的可视化,同时支持二次开发,该可执行文件名为 vrfGui。后台兵力生成引擎可执行文件名为 vrfSim,主要是为了让用户的仿真可视化界面部分与底层仿真数据分离,这样做的好处是大大减小了用户的理解难度,以便于用户在不同任务阶段将注意力放在不同的功能上去。

　　VR – Force 可以同时运行多个前台和多个后台,支持实时、超实时和固定帧速率的仿真需求,包含相当多的复杂的动力模型,如螺旋翼飞机,固定翼飞机,地面,海面等模型。同时模型本身携带对环境的理解和自适应,可以与网络上的其他实体进行交互和相互理解。其仿真执行时的结构示意图如图 11 – 8 所示。

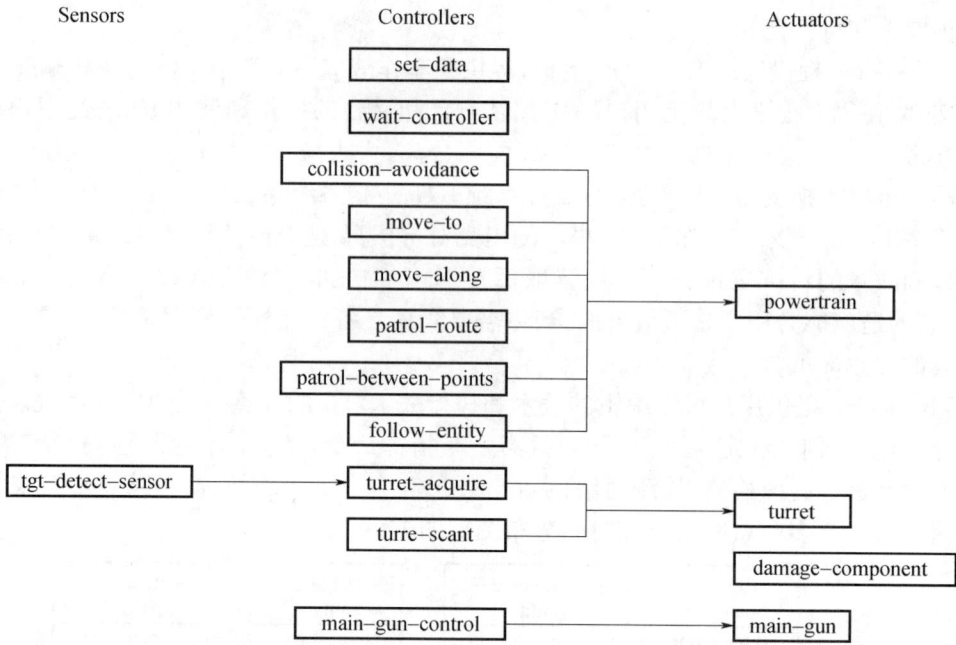

图 11 - 8　VRFVR - force 结构示意图

　　VR - Force 是一个工具兵力生成的工具集,其主要由三大类结构组成,即传感器(sensor),控制器(controller)和执行机构(actuator)。这是按照人工智能基本模型设计而设计的。兵力实体通过传感器(sensor)感知外部世界并获得信息,经过自身模型的信息处理后,通过控制器(controller)向外部世界发出交互信息,即产生反应,由执行机构(actuator)具体执行对外部世界信息的反应,从而实现对实体的模拟。其类结构层次如图 11 - 9 所示。

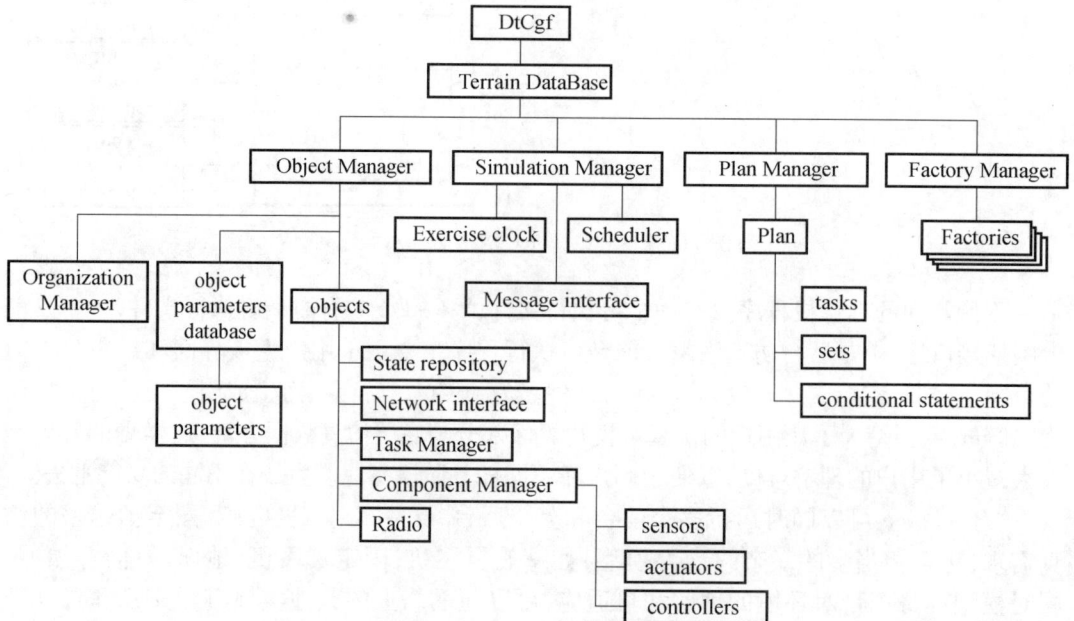

图 11 - 9　VR - force 类结构层次图

11.4　分布作战仿真标准

由于人们关注的系统的规模越来越大、越来越复杂,建立相应仿真系统的费用也越来越高,周期越来越长,且协作困难,可信性更难以保证。为了解决这些困难,仿真界提出了建模与仿真资源重用、共享和互操作的思路,保证这一思路实现的基本技术途径是标准化,由此通过集成经过 VV&A 的各种资源来迅速建立所需要的仿真系统。美国国防部的建模与仿真主计划,倡议建立互操作性的标准和协议。该倡议的内容得到西方各国和仿真界的普遍响应,标志着国防领域的建模与仿真进入了一个标准化的发展阶段。

标准是衡量的准则、比较的基点、协作的依据、协调的保证、效率的杠杆、理解的基础。人类的标准化活动已有数千年的历史,特别是近几十年,进入了现代标准化阶段后,已逐步建立了名为"标准化系统工程"的学科,建立了系统的概念体系,提出了系列的基本工作原理和方法。这些概念、原理和方法应成为国防领域仿真系统标准化的基础和起点之一。

本节介绍将标准化系统工程的概念与原理用于分布作战仿真系统标准化工作;首先综述了标准化的基本概念、方法与原理;然后分析了分布作战仿真系统标准化的特点和途径;最后讨论了基于 HLA 的分布作战仿真系统标准体系。

11.4.1　标准化的概念

标准是对重复性事物和概念所做的统一规定,它以科学、技术和实践经验的综合成果为基础,经有关方面协商一致,由主管机构批准,以特定形式发布,作为共同遵守的准则和依据(GB 3935.1–83 标准化基本术语　第一部分)。

标准化就是制定标准和贯彻标准。即在经济、技术、科学和管理等社会实践中,对重复性事物和概念,通过制定、颁布和实施标准,达到统一,以获得最佳的秩序和社会效益。

标准化系统包括标准系统和标准化工作系统。标准系统一般是指为实现特定的目标,由若干相互依存,相互制约的所有有关标准组成的具有特定功能的完整有机整体。标准化工作系统是指组织和参与标准的制订和贯彻工作的所有工作人员和主要工作条件的集合,以及有关的工作规范和制度。它是一个复合的实体系统,

一个标准系统总是有它自己的特定标准化目的,把与实现某种产品的标准化目的有关的各项标准汇集起来,就形成这种产品的标准体系。把与实现某行业(或部门、专业)的标准化目的有关的各项标准汇集起来,就形成这个行业的标准体系。把一定范围内的标准体系的所有标准,按某种形式排列组合在一起,形成一种图表,就称为标准体系表,标准体系表的组成单元是标准。

标准体系是指一定范围内的标准按其内在联系形成的科学的有机整体。这些标准相互依存,相互衔接,相互补充,相互制约。建立标准体系的目的是从系统整体的观点去规划和组织制订各类标准,认真考虑标准系统的结构和效果的整体性,空间结构的层次性,相关标准的协调性,时间上的动态性,保证标准化对象的各相关要素的指标协调一致,从而达到整体效果最佳,为标准的贯彻确立良好的基础。标准体系的制订要求目标明确,制订的项目完整配套,制订时间统筹集中安排,标准之间的技术协调,避免重复和矛盾,因此在编制时

应贯彻以下的原则:全面成套、层次恰当、划分明确、目标明确、相对稳定。

标准体系表应包括在一定时期内、为了达到某种目的而应有的全部标准,即包括应该保留的现有标准,以及应改订、重订和新订的标准。标准体系表实际上是标准系统的一种结构表征形式,它应能清楚表明标准系统中各分、子系统,各要素间,各个层次间的种种内在联系和依存制约的关系。

标准化是对重复性事物和概念进行规定,并将其贯彻实施,则这些重复性事物和概念就成为标准的依存主体。标准化的过程就是建立一套结构高度有序的标准系统,通过结构同样高度有序的标准化工作系统植入依存主体系统中,最后才能使依存主体系统的结构优化。

标准和标准化的依存性决定了任何标准系统都必依存于某个特定依存主体。例如依存于企业这个依存主体上的标准化就叫企业标准化,其相应的标准集合就叫企业标准系统,组织管理好企业标准化的系统工程就叫企业标准化系统工程。

这样,标准化系统工程的研究对象就分直接研究对象和依存主体对象两部分。直接研究对象是标准化系统。这样,标准化系统工程的基本任务是:针对依存主体对象的特征和任务,合理确定其标准化目标,提出适合于达到目标的标准化系统优化方案,并从宏观上组织管理好这个系统的建设和运行,以期实现特定的标准化目标。

11.4.2 分布作战仿真标准化途径

分布作战仿真在指挥训练、战法研究、武器装备使用研究和武器装备体系论证等方面有广泛的用途。为"快、好、省"地建立分布作战仿真系统,确保其各个部分能够互操作,需要对分布作战仿真进行标准化。另一方面,分布作战仿真也有标准化的可行性,其中存在许多重复性事物和概念,也有理论、技术和实践经验的成果,这些构成了标准化的基础。

分布作战仿真系统标准化的核心工作是制定标准:以互操作和重用为目标建立由若干相互依存,相互制约的有关标准组成的标准系统。为了使标准系统中的标准成为完整的有机整体,在进行标准化工作前,先要明确分布作战仿真系统的标准化体系表,来清楚地表明标准系统中各分、子系统,各要素间,各个层次间的种种内在联系和依存制约的关系。

而标准体系表的建立首先要对分布作战仿真系统中的重复性事物和概念进行分析,即对依存主体进行分析。分析的一种重要方式是进行结构分解:把系统层层分解为项目任务(分、子系统),以描述项目任务与系统目标间关系的组织图表的方式,得到依存主体的工作结构表。按照美国国防部 DoD D5010.20 指令所规定的定义:工作结构表是"一种由硬件、软件、勤务或其他工作任务组成的、并按产品排列的体系谱。工作结构表来源于国防装备项目研制和生产期间的项目工程计划,并完全限定了项目或计划的范围,它展示和确定了将要研制或生产的产品,并使所应完成的诸工作单元之间以及它们同最终产品之间建立起联系。"工作结构表反映了依存主体系统的层次结构,标准系统必须沿依存主体系统的层次结构体系而平行地分解下去,从而发展成整个相应的标准系统。这就是建立标准系统的平行分解法。

上述分析表明,建立分布作战仿真系统标准体系要先对分布作战仿真系统的层次结构进行分析。但分布作战仿真系统是一种人工系统,其层次结构随技术的发展而变化。

因此其层次分析是以一定的技术为基础的。如 HLA 是实现分布作战仿真系统的一种核心的技术,其本身目前已成为标准,同时又为建立分布作战仿真系统标准体系提供了很好的基础。

因此,分布作战仿真系统标准体系的建立要以一定的技术为基础,例如基于 DIS 的标准体系与基于 HLA 的标准体系。这些技术是标准体系的核心技术。不同核心技术的标准体系实现重用和互操作的程度不同,适应的范围大小也不同。核心技术本身是标准体系的基础标准,其他标准要与此基础标准相融。但如果以基础标准为核心不能形成完整一致的标准体系,达成重用与互操作的目标时,基础标准必须修改。

依存主体有直接的和间接的两类,直接的依存主体是分布作战仿真系统,间接的是作战系统。如采用面向对象的思想来开发仿真系统,则分布作战仿真系统有着与作战系统类似的层次结构。对分布作战仿真系统的结构分析可以从作战系统的结构分析得到。相对于分布作战仿真系统,作战系统具有更强的客观性。这种客观性使得在不同技术基础的标准体系中,有着共同的标准成分。

讨论标准体系对分布作战仿真系统的依存性,丝毫也不否认标准体系本身固有的相对独立性。制订分布作战仿真系统的通用标准,标准的要素既来源于现有分布作战仿真系统,又比现有分布作战仿真系统提高一步。基础标准和通用标准是从许多依存主体中抽象出来,加以提高而自成体系的,它们反过来影响了依存主体,改变依存主体的存在形式和将来的发展。

根据基于 HLA 的分布仿真系统的一般结构,结合作战仿真系统的特点,基于 HLA 的分布作战仿真系统具有图 9 - 1 的一般结构。此结构图是细化分布作战仿真系统层次结构和建立分布作战仿真系统标准体系的出发点。粗略地可以分解为以下的层次。

（1）基础层:高层体系结构,即 HLA。

（2）中间层:包含导演方、环境、红蓝方成员,相应地有导演方标准子系统、环境标准子系统和红蓝方成员标准子系统。

（3）最高层:分别对三个标准子系统进行分解,如环境标准子系统由海、陆、空、天、电等标准子系统构成。这一层的分解重点是红蓝方成员子标准,其分解可以沿多维分别进行,如军种、成员类型、作战样式或武器装备类型等。

依次继续分解,直到满足要求。

应特别指出的是,在分解的基础上,要做大量的归纳工作,提取各种元素的公共部分,建立通用的、基础性的标准,如数据标准、军事概念模型描述标准等。同时,要考虑各个层次、各种元素开发的管理标准。在建立了分布作战仿真系统完整的标准体系表后,按其中标准覆盖面的大小、对互操作与重用影响的程度,确定标准制定的先后顺序。

11.4.3　分布作战仿真环境标准

相对分布作战仿真系统,分布作战仿真环境的标准化范围更为广泛。对于采用"资源 + 平台 + 应用"设计思想的分布作战仿真环境,其标准体系可以分为六大类,分别是:军事总体设计类标准、作战仿真体系类标准、通用仿真平台类标准、作战模型集成类标准、作战仿真数据类标准和作战仿真辅助类标准。

军事总体设计类标准用于规范环境中军事需求、作战想定、作战规则的描述,评估指标体系的建立与开发,是指导整个作战仿真环境顶层设计与应用的重要标准与规范。

作战仿真环境体系类标准用于规范仿真环境体系的应用,实验设计与方法,工程实现通用要求,系统接口要求,系统软硬件标准,系统管理与服务标准等,是指导系统总体应用,实验设计等的标准规范。

通用仿真平台类标准用于规范通用仿真平台中的各分系统的设计、使用要求,仿真方案配置、管理控制和各个分系统间信息交换格式等标准。

作战模型集成类标准用于规范模型的范围、分类及相互关系,各类模型应遵循的通用要求,规范各类模型格式、组成、接口等,以及模型的管理与服务等标准。

作战仿真数据类标准用于规范系统集成建设中的数据体系结构,元数据、基础数据和应用数据的分类、结构、格式与内容等,数据的管理与服务等标准。

作战仿真辅助类标准包括用于规范文档编制与管理、通用态势符号、作战模拟术语标准等辅助性的技术标准与规范。

为了达到以标准指导和规范分布仿真环境研制和应用的目标,必须选好、用好标准,为此可以考虑以下方面的原则。

(1)遵循标准间的协调一致性原则,避免选用的标准之间发生矛盾冲突。

(2)优先采用国家军用标准、国家标准、行业军用标准、行业标准,优先选用项目标准化大纲中推荐和为适应工程工作而编制、修订的标准。

(3)综合考虑标准的技术先进性、成熟性、可操作性。

(4)灵活采标。对采标清单中的标准,有些应该强制执行,直接采用;有些则要对标准各项要求进行分析和评估,确定其对产品的适用程度,通过修改、删减和补充,以文件或标准的形式提出适合于该产品的最低要求。

(5)严格贯彻实施强制性标准和有关标准的强制性内容。

第 12 章　HLA 联邦案例设计

本章在 HLA 仿真技术的支撑下,以陆军防空营的作战效能评估为背景,设计一个简化的防空作战对抗仿真联邦,用于说明基于 HLA 的联邦设计方法,并基于该仿真联邦开展示例性的仿真实验。该联邦仿真红方一个防空兵营与蓝方航空兵进攻编队的对抗过程,包括红方的防空兵营指挥所成员、营侦察预警成员和防空导弹分队成员,以及蓝方的航空兵成员。

12.1　案例背景

从近年来发生的局部战争来看,空袭成为信息化战争时代的主要的作战样式。不管是南联盟科索沃危机、伊拉克战争还是利比亚内战,均体现出空袭在获取战争主动权中的重要性。为此,陆军防空部队组织防空对抗演习(如图 12-1),通过进行空袭和防空的演习探索基于体系的战法创新,优化指挥信息系统组织运用模式,促进防空作战能力整体提升。防空对抗演习组织防空实兵在复杂电磁环境下成体系、成规模地与由航空兵组成的假想敌激战缠斗。演练假想敌航空兵多机突袭防空阵地过程,以群规模进行新型防空导弹的实弹射击,锤炼陆军防空部队基于信息系统的防空作战能力。

图 12-1　防空营防空对抗演习

由于实兵演习代价高昂,难以组织实施,针对陆军防空营部队的防空对抗常态化演习要求,需要利用防空对抗仿真系统进行日常训练,作为实兵演习的必要补充。防空对抗仿真演习对指挥协同、人员信息化素养、兵力兵器运用等进行反复演练等有重要意义。

基于 HLA 技术的防空对抗仿真系统可用于陆军防空营部队进行侦察通联、火力协同、近距离支援等多个问题的研究,还能与海军、空军等军兵种开展联合火力打击战法演练。为简化描述,本案例以防空兵中防空营作战过程的仿真为例,来说明 HLA 联邦设计的基本过程。

12.1.1 防空营系统

本章案例主要说明基于 HLA 的联邦设计方法,以某类防空导弹为主战武器的导弹营防空作战为研究对象。该防空营构成如图 12 - 2 所示,含营指挥所、侦察雷达和火力系统,其中火力系统假设为一个防空导弹分队。战场环境因素主要考虑地形通视情况和电磁环境,其中电磁环境不要求进行电子战的仿真模拟,而以干扰参数的形式给出。导弹射击单元对同一目标采取限量射击的原则。各射击单元能够在营指挥所的指挥下作战,同时能够在指挥所受攻击丧失指挥能力后自主作战。联邦运行以对敌空袭兵力的毁伤率为主要评估指标。

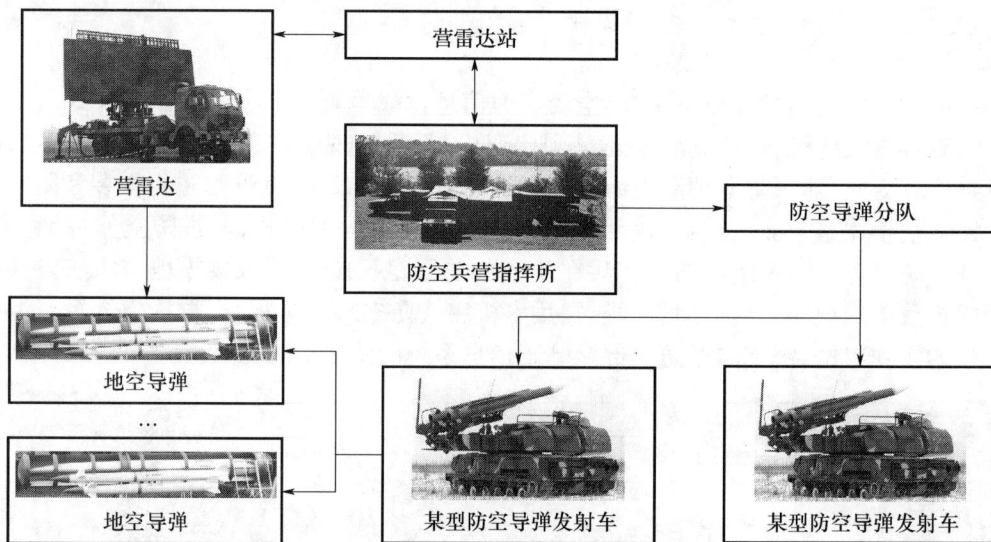

图 12 - 2　防空营系统构成

12.1.2 防空营指挥系统

作为防空营感知、指挥和通信的核心,防空营指挥系统包括防空营侦察雷达站和防空营指挥所两部分。防空营侦察雷达站负责防空营的侦察预警工作,防空营指挥所则是整个防空营的大脑。武器级防空营指挥所强调准确判断敌机企图的主攻方向和主攻机,正确地选择射击目标,保证部队火力集中到对我保卫目标和防空兵威胁最大、射击效果最好的目标上进行射击,适时转移火力。指挥所强调正确判断敌情,组织阵地侦察,迅速组织捕捉目标,掌握开火时机和转火时机。

本章案例关注的防空兵营指挥所主要进行防空兵营空情信息融合,适时下达雷达开机命令、指挥所战备命令、部队进入战备,之后主要进行目标的分配并适时下达给各防空兵火力拦截分队。其主要功能是为指挥控制,是整个防空营系统的指挥控制中心,也是指挥系统的核心部分。其作战流程如图 12 - 3 所示。

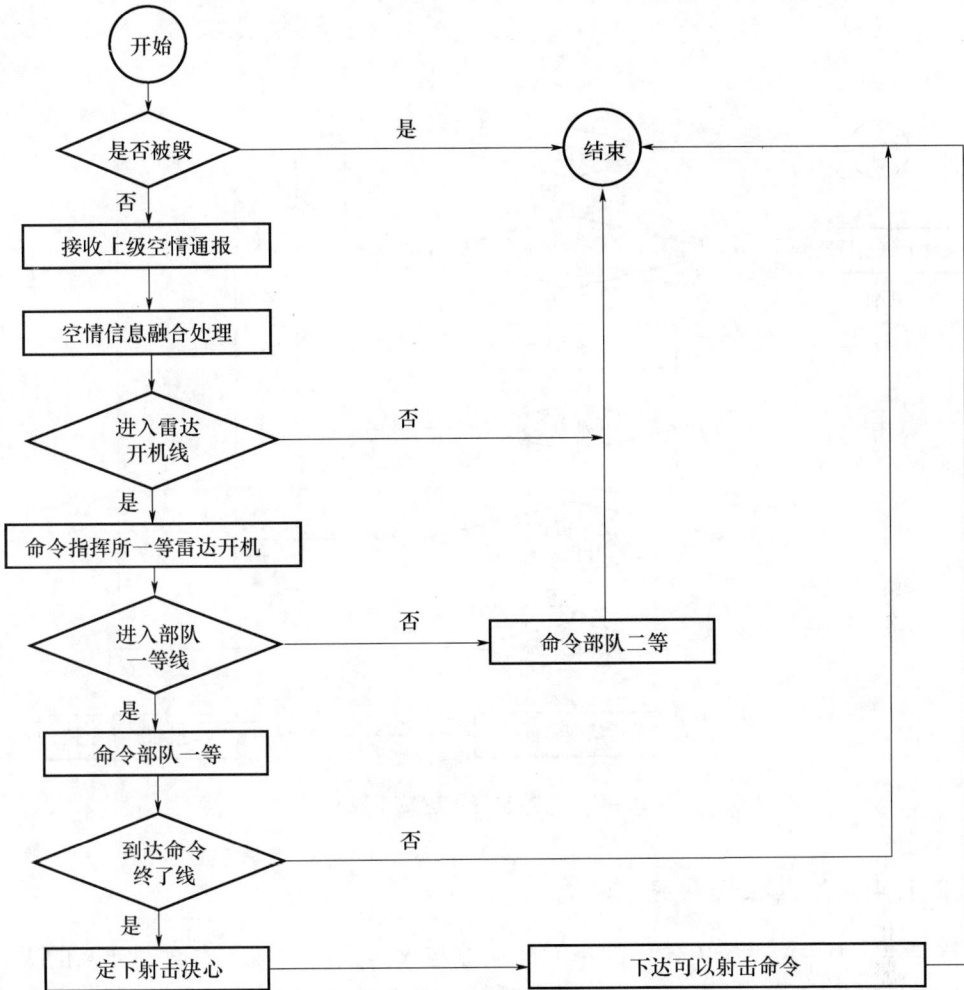

图 12 – 3　防空兵营指挥所作战流程

12.1.3　防空营侦察预警系统

防空营侦察预警系统的主要职责是发现、识别并指示目标,为各作战单位提供及时、准确、完整的空中情报。在仿真对空侦察系统作战行动和评估侦察时通常以雷达发现目标概率和数据的稳定性为判断标准。

本章案例关注的防空营侦察预警系统中最核心部分,即防空兵营属侦察预警雷达站,仿真中需要考虑的模型主要包括搜索目标模型、目标落入搜索区域的概率模型、搜索装置的探测概率模型等。防空营侦察预警雷达站首先需要接收上级通报的空情信息,然后根据上级指挥所的命令决定开机时机,在侦察过程中,若受到严重干扰,则采取各种抗干扰手段进行对抗,也有可能由于战斗中的需要采取被迫关机。侦察预警雷达站在进行目标搜索过程中,需要考虑地形、干扰条件等因素的影响,鉴于本章要求,不考虑特别复杂的情况,其作战流程如图 12 – 4 所示。

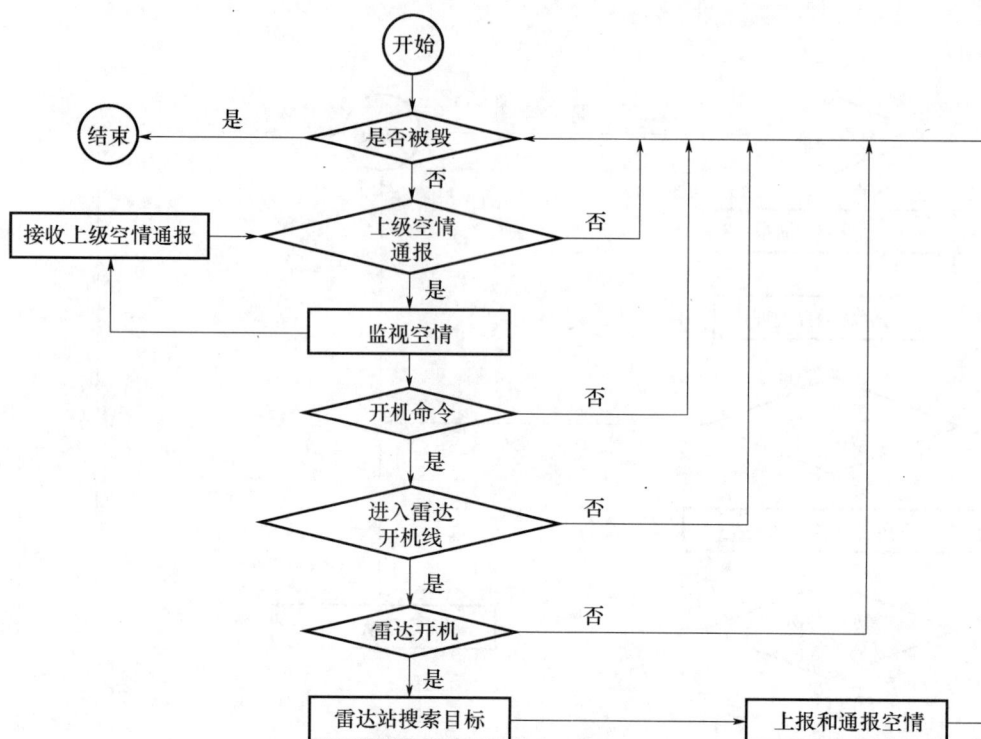

图 12-4　侦察预警雷达站作战流程

12.1.4　火力拦截系统

防空营火力拦截系统由各作战单元的火控与火力系统组成。本案例涉及的火力拦截系统为某型防空导弹武器系统。火力拦截系统在群指挥所的指挥下统一行动,但在某些情况下也可单独实施作战行动。

某型防空导弹武器系统属于中低空、中近程自行三位一体的野战防空武器,其主要作战使命是用于击毁高度在 10～6000m,距离在 1500～12000m 以内敌固定翼飞机、武装直升机、空地导弹、反辐射导弹、巡航导弹、制导航空炸弹和遥控飞行器等。某型防空导弹的基本射击单位为发射车。火力拦截系统的任务包括要点掩护、野战区域防空等,本案例涉及的任务为要点掩护,即保障作战地域内主要保卫目标如指挥所、情报、电子战中心、重要桥梁渡口、交通枢纽、后勤保障基地以及重要的行政机构的对空安全。

本章案例关注的防空兵防空导弹分队进行防空作战任务时,通常是在上级统一计划下,由各防空兵防空导弹分队的指挥员负责实施指挥。防空兵防空导弹分队从进入一等战备开始到战斗结束,通常其战斗过程包括:接收上级空情通报,进入一等战备,判断情况选择目标,定下射击决心,组织搜索与指示目标,跟踪与瞄准目标,确定射击方法和发射种类,掌握开火时机并实施射击,组织转移火力,上报战斗结果和部队进入二等战备等。其作战流程如图 12-5 所示。

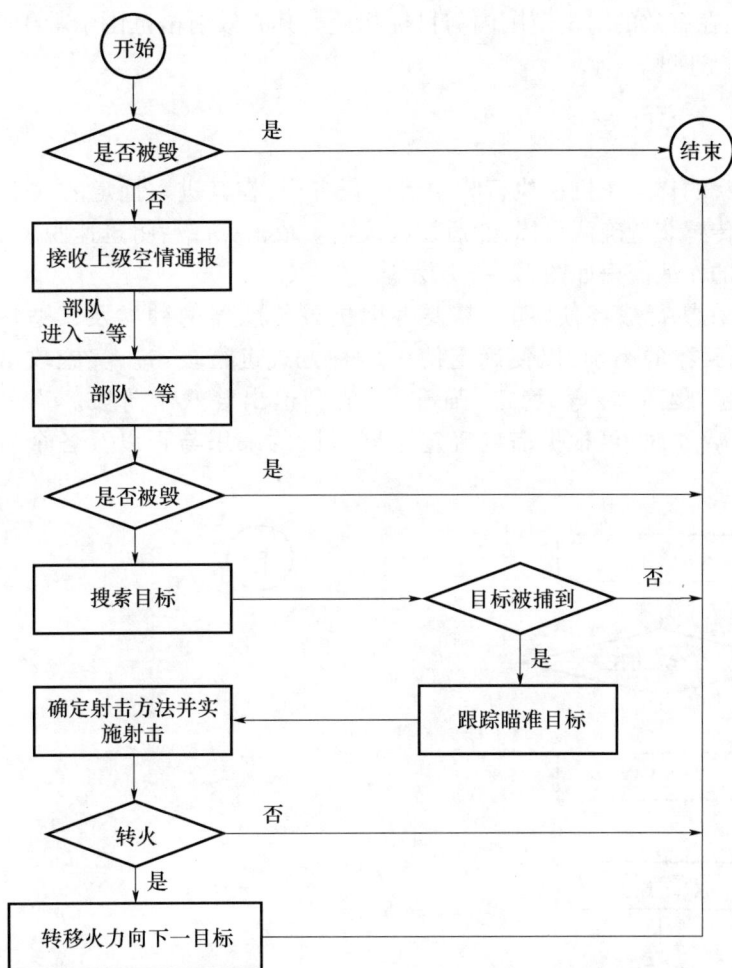

图 12 - 5　防空导弹分队作战流程

防空导弹射击能力主要是指防空导弹的杀伤范围,防空导弹的杀伤范围为不规则的几何图形,通常用以图 12 - 6 所示的参数表征,其中高度上限 H_1,高度下限 H_1,最大航路捷径 d,远界斜距离 D_1,近界斜距离 D_2。

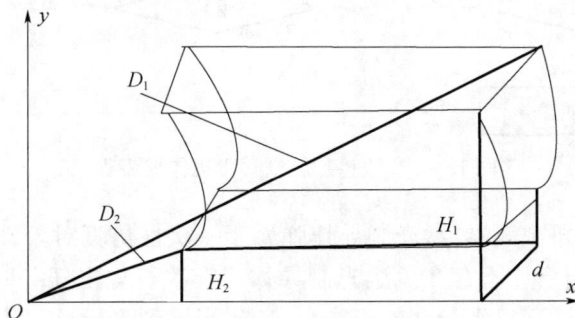

图 12 - 6　防空导弹射击能力图

防空导弹的射击范围和高炮的射击范围是类似的,只有当目标位于有效的射击范围时,导弹才可能在有效的射击范围内与目标相遇。其有效射击范围依赖于导弹的飞行时间与目标的飞行速度。

12.1.5 蓝方航空兵

蓝方航空兵的作战飞机在执行临空轰炸任务中,在其进入预定的攻击区域时,首先需要通过机载传感装置确认目标,然后发起攻击。攻击完成后将迅速脱离战场接触并返航。蓝方飞机的作战流程如图 12-7 所示。

蓝方飞机在执行战场侦察时,需要考虑机载传感器的种类及其适用范围。此外还要考虑机载武器的类别,以便确定使用何种方式进行攻击。实施攻击的过程一般分为进入、拉起、爬高、转弯、稳定、瞄准、投射和退出等八个阶段。当采用不同的攻击方法和机载武器时,可根据需要确定不同阶段的采用与否以及各个阶段的飞行姿态要素。

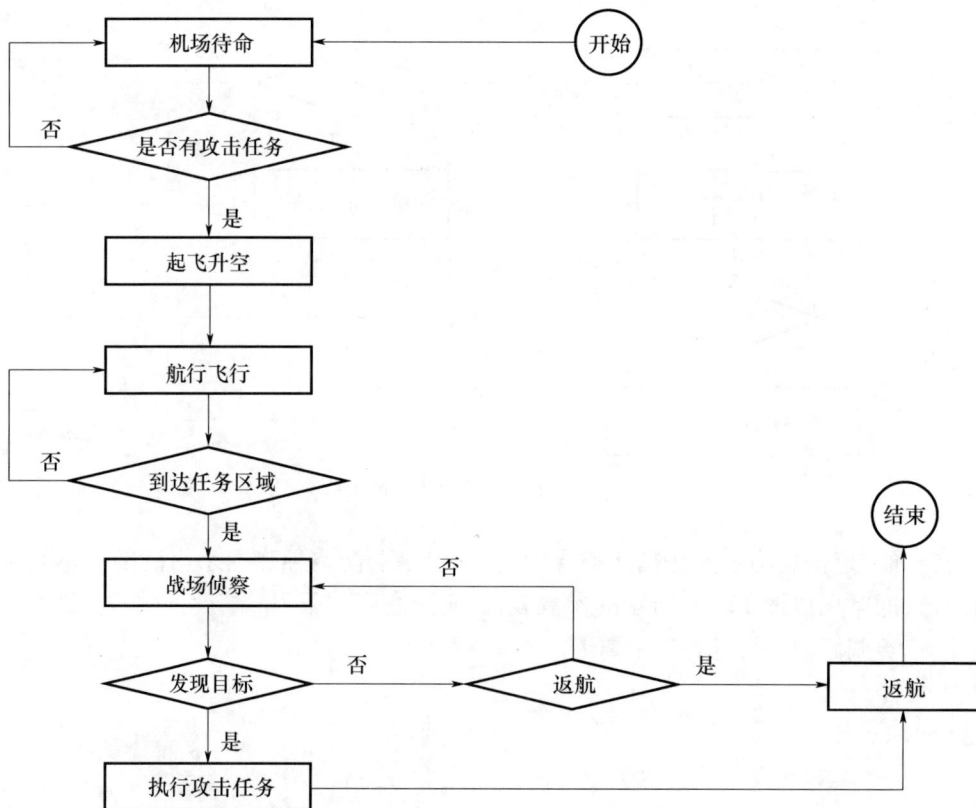

图 12-7 假想敌航空兵飞机作战流程

作为蓝方飞机的机载武器,激光制导炸弹属于一次性仿真对象,即当其发射后,在完成攻击任务的时刻,自身亦不存在。激光制导炸弹在执行攻击任务时的流程如图 12-8 所示。激光制导炸弹随飞机飞行并处于待命状态,当接到飞行员下达的激光制导炸弹攻击命令后,开始发射并滑行到预定的攻击位置,之后发起末端攻击行为。

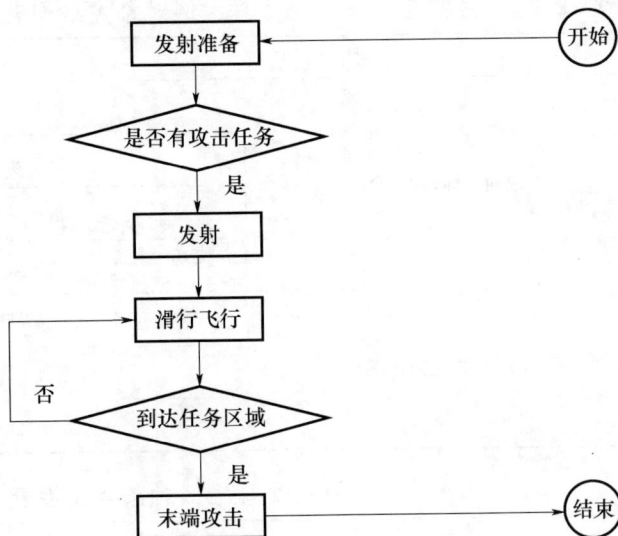

图 12 - 8　激光制导炸弹发射流程

12. 2　案例联邦 FOM 设计

防空兵营一级作战指挥仿真训练系统对象类主要区分为：地面防空力量战斗实体、空军战斗实体和防空兵需要重点掩护的地面重要设施三大类。本案例关注的防空兵战斗实体类又可以区分为：防空兵营指挥所、防空营侦察预警单元和防空导弹单元等。根据整个营级防空营系统的功能和组成，以及 HLA 的对象模型模板标准，对整体联邦进行设计，包括对象模型标识表、对象类结构表、对象属性表、交互类结构表、交互类参数表、枚举类型表、复杂数据类型表，分别如表 12 - 1 ~ 表 12 - 7 所列。

表 12 - 1　防空营防空对抗仿真案例对象模型标识表

对象模型标识表	
类　　别	内　　容
名称	防空营防空对抗仿真案例
版本	1. 0
日期	2015. 01. 28
目的	设计防空营防空对抗仿真通用模板
应用领域	陆军师作战仿真
发起者	国防科技大学信息系统与管理学院
联系人	李四
联系人单位	××××××××
联系人电话	××××××××
联系人 Email	××××××××

表 12 – 2　防空营防空对抗仿真案例对象类结构表

对象类结构表		
实体基类（PS）	地面实体基类（PS）	指挥所（PS）
		发射车（PS）
		雷达站（PS）
		雷达（PS）
	空中实体基类（PS）	地空导弹（PS）
		激光制导炸弹（PS）
		飞机（PS）

表 12 – 3　防空营防空对抗仿真案例对象类属性表

对象类	属性		数据类型	大小	单位	分辨率	精度	更新条件	T/A	U/R
实体基类	敌我属性	BelongTo	EBelongTo	1	N/A	1	完美	N/A	N/A	U/R
	编号	SerialNum	String	1	N/A	N/A	完美	N/A	N/A	U/R
	位置	Position	Sposition	1	N/A	N/A	N/A	目标机动	N/A	U/R
	速度	Velocity	Svelocity	1	N/A	N/A	N/A	目标变速	N/A	U/R
	物理状态	PhysicalState	EphysicalState	1	N/A	1	完美	失效或遭打击	N/A	U/R
	电磁特征值	EleEigenvalue	SeleEigenvalue	1	N/A	1	完美	开关机	N/A	U/R
空中实体基类	几何尺寸	Size	SgeometrySize	1	N/A	N/A	N/A	N/A	N/A	U/R
	目标编号	SerialNum	String	1	N/A	1	完美	N/A	N/A	U/R
地面实体基类	幅员	Dimensionality	SIZE	1	m	Double	完美	N/A	N/A	U
	防护状态	Defensibility	Edefensibility	1	N/A	1	完美	N/A	N/A	U
	伪装等级	Camouflage	Ecamouflage	1	N/A	1	完美	N/A	N/A	U
指挥所	战备等级	CombatReadness	EAACombatReadness	1	N/A	1	完美	接收命令或时机成熟	N/A	U
	工作状态	WorkState	EAAComWorkState	1	N/A	1	完美	接收命令或时机成熟	N/A	U
发射车	战备等级	CombatReadness	EAACombatReadness	1	N/A	1	完美	接收命令或时机成熟	N/A	U
	工作状态	WorkState	EAAHQ17LauWorkState	1	N/A	1	完美	接收命令或时机成熟	N/A	U
雷达	战备状态	CombatReadness	EAACombatReadiness	1	N/A	1	完美	接收命令或时机成熟	N/A	U
	工作状态	WorkState	EAARadarWorkState	1	N/A	1	完美	接收命令或时机成熟	N/A	U
	雷达特征值	RadarrEigenValue	SRadarEigenValue	1	N/A	N/A	N/A	频率变化	N/A	U/R
雷达站	战备状态	CombatReadness	EAACombatReadiness	1	N/A	1	完美	接收命令或时机成熟	N/A	U

（续）

对象类	属 性		数据类型	大小	单位	分辨率	精度	更新条件	T/A	U/R
飞机	类型	AircraftType	EAircraftType	1	N/A	N/A	N/A	N/A	N/A	U/R
	航迹位置	Position	Sposition	1 +	N/A	N/A	N/A	N/A	N/A	U/R
导弹	类型	MissleType	EMissleType	1	N/A	N/A	N/A	N/A	N/A	U/R
	杀伤范围	Size	SgeometrySize	1	N/A	N/A	N/A	N/A	N/A	U/R
激光制导炸弹	类型	BombType	EBombType	1	N/A	N/A	N/A	N/A	N/A	U/R
	杀伤范围	Size	SgeometrySize	1	N/A	N/A	N/A	N/A	N/A	U/R

表 12 - 4　防空营防空对抗仿真案例交互类结构表

交互类结构表		
交互类结构	发送方	接收方
战备等级命令(IR)	防空营指挥所成员	防空导弹分队成员
目标分配命令(IR)		
保护目标受损(IR)	防空营指挥所成员	假想敌防空兵成员
报告　位置报告(IR)	防空营侦察预警成员	防空营指挥所成员、防空导弹分队成员
报告　战备等级报告(IR)	防空导弹分队成员	防空营指挥所成员
报告　发射车工作状态报告(IR)	防空导弹分队成员	防空营指挥所成员
报告　战果上报(IR)	防空导弹分队成员	防空营指挥所成员
空情　空情通报(IR)	防空营侦察预警成员	防空导弹分队成员
	防空营指挥所成员	
空情　空情上报(IR)	防空营侦察预警成员	群指挥所
空情　空对地炸弹攻击(IR)	假想敌航空兵成员	防空营指挥所成员
空情　防对空导弹攻击(IR)	防空导弹分队成员	假想敌航空兵成员
气象查询(IR)	防空营侦察预警成员	防空营侦察预警成员
通视查询(IR)		
气象通报(IR)	防空营侦察预警成员	防空营侦察预警成员
通视通报(IR)		

表 12 - 5　防空营防空对抗仿真案例交互类参数表

交互类	参数	数据类型	基数	单位	分辨率	精度	精度条件
战备等级命令	战备等级	EAACombatReadiness	1	N/A	1	完美	永远
目标分配命令	实体标识	String	1	N/A	N/A	完美	永远
	分配目标	AirTargetMark	1	N/A	N/A	完美	永远
	后续目标	AirTargetMark	1	N/A	N/A	完美	永远
位置报告	报告成员 ID	Int	1	N/A	1	完美	永远
	实体标识	String	1	N/A	N/A	完美	永远
	位置	SPosition	1	N/A	N/A	完美	永远

（续）

交互类	参数	数据类型	基数	单位	分辨率	精度	精度条件
战备等级报告	报告成员 ID	Int	1	N/A	1	完美	永远
	实体标识	String	1	N/A	N/A	完美	永远
	工作状态	EAACombatReadness	1	N/A	1	完美	永远
发射车工作状态报告	报告成员 ID	Int	1	N/A	1	完美	永远
	实体标识	String	1	N/A	N/A	完美	永远
	工作状态	EAAHQ17LauWorkState	1	N/A	1	完美	永远
战果上报	报告成员 ID	Int	1	N/A	1	完美	永远
	击落空中目标类型	EAirTargetType	1	N/A	1	完美	永远
	发射弹种	EAAShootType	1	N/A	1	完美	永远
	发射弹数	Int	1	个	1	完美	永远
空情	目标批次	AirTargetMark	1	N/A	N/A	完美	永远
	目标位置	SPosition	1	N/A	N/A	完美	永远
	目标速度	SVelocity	1	N/A	N/A	完美	永远
	敌我属性	EBelongTo	1	N/A	1	完美	永远
	目标类型	EAirTargetType	1	N/A	1	完美	永远
空情查询	N/A						
空情通报	报告成员 ID	Int	1	N/A	1	完美	永远
地对空攻击	被攻击对象 ID	Int	1	N/A	1	完美	永远
空对地攻击	被攻击对象 ID	Int	1	N/A	1	完美	永远
气象查询	成员 ID	Int	1	N/A	1	完美	永远
通视查询	成员 ID	Int	1	N/A	1	完美	永远
	站立点坐标	SPosition	1	N/A	N/A	完美	永远
	观察点坐标	SPosition	1	N/A	N/A	完美	永远
气象通报	温度	Double	1	℃	Double	完美	永远
	湿度	Double	1	N/A	Double	完美	永远
	气压	Double	1	Pa	Double	完美	永远
	能见度	Double	1	N/A	Double	完美	永远
	风速	Double	1	级	Double	完美	永远
	天气类型	EWeather	1	N/A	1	完美	永远
通视结果通报	通视结果	BOOL	1	N/A	N/A	完美	永远

表 12 - 6 防空营防空对抗仿真案例枚举类型表

枚举类型表		
标识符	名　　称	整数值
EBelongTo（敌我属性）	Blue　　蓝方	1
	Red　　红方	2
	Unknown　　未知	3

（续）

枚举类型表			
标识符	名　称		整数值
EDamageDegree 毁伤状态	Fine	完好	1
	PartlyDamaged	部分毁伤	2
	Damaged	损毁	3
EAARadarWorkState （雷达工作状态）	StandTo	待命	1
	Maneuver	机动	2
	PositionSpread	阵地展开	3
	SearchTarget	搜索目标	4
	PositonWithdraw	阵地撤收	5
EAACombatReadiness （战备等级）	One	一等	1
	Two	二等	2
EAirTargetType （目标类型）	Missle	导弹	1
	Plane	飞机	2
	Bomb	炸弹	3
	NULL	不明目标	4
EWeather （天气类型）	Clearness	晴朗	1
	SemiCloudy	少云	2
	Cloudy	多云	3
	Sprinkle	小雨	4
	Downfall	大雨	5
	Rainstorm	暴雨	6
EAircraftType （飞机类型）	NULL	不明	1
	F16	F16	2
	Su27	Su27	3
EMissileType （导弹类型）	NULL	不明	1
	HQ17	HQ17	2
EBombType （炸弹类型）	NULL	不明	1
	LaserNavBomb	激光制导炸弹	2

表 12 – 7　防空营防空对抗仿真案例复杂数据类型表

复杂数据类型表							
复杂数据类型	字段	数据类型	大小	单位	分辨率	精度	精度条件
SPosition （坐标）	X（横坐标）	Double	1	m	Double	完美	永远
	Y（纵坐标）	Double	1	m	Double	完美	永远
	Z（高　程）	Double	1	m	Double	完美	永远

（续）

复杂数据类型表							
复杂数据类型	字段	数据类型	大小	单位	分辨率	精度	精度条件
SVelocity （速度）	Vx	Double	1	m/s	Double	完美	永远
	Vy	Double	1	m/s	Double	完美	永远
	Vz	Double	1	m/s	Double	完美	永远
SAcceleration （加速度）	Ax	Double	1	m/s^2	Double	完美	永远
	Ay	Double	1	m/s^2	Double	完美	永远
	Az	Double	1	m/s^2	Double	完美	永远
SGeometrySize （空间大小）	Length	Double	1	m	Double	完美	永远
	Width	Double	1	m	Double	完美	永远
	highness	Double	1	m	Double	完美	永远
AirTargetMark （空中目标）	AirMark	Char *	1	N/A	N/A	完美	永远
SRadareEigenValue （雷达特征值）	Frequency	Double	1	Hz	Double	完美	永远
	WavePetal	Double	1	m	Double	完美	永远
	Power	Double	1	kW	Double	完美	永远
	AntennaPlus	Double	1	dB	Double	完美	永远

由于本章案例的数据设计比较简单，没有设计联邦 FOM 的数据字典。

12.3　典型成员设计

防空营防空对抗仿真系统中的成员包括：假想敌航空兵成员、防空兵营指挥所成员、防空兵营侦察预警成员和防空导弹分队成员。

12.3.1　假想敌航空兵成员

1）成员概述

蓝方空军在本案例中的作用是破坏红方保卫目标，夺取制空权，支援地面部队作战。假想敌航空兵成员模拟蓝方空军。蓝军空军以飞机为空袭主要兵器，蓝军以一个战斗机中队为攻击手段，进行单批次进攻。同时配合有对地面实施攻击的激光制导炸弹。

假想敌航空兵成员主要负责仿真蓝军空袭飞机对红方的防空兵及地面保卫目标实施侦察、干扰和空袭行为，具体包括：

（1）接收红方防空兵导弹营发布的目标信息；

（2）对红方目标进行战场侦察；

（3）根据自身空袭武器的携带情况，对红方目标实施空袭；

（4）接收红方防空兵发布的导弹攻击交互，计算自身的毁伤率。

2）对象组成及外部关系

假想敌航空兵成员的对象根据成员的功能分为两类：为蓝方飞机实体和激光制导炸

弹实体,其中激光制导炸弹实体为临时实体。蓝方飞机实体利用激光制导炸弹实体攻击红方保卫目标,如机场、雷达站和地空导弹阵地等。假想敌航空兵成员的外部关系图如图 12 - 9 所示,与某型防空导弹分队成员、防空兵营侦察预警成员以及联邦公共成员有直接交互关系,与防空兵营指挥所成员和其他战勤单位有间接交互关系。其中联邦公共成员包括数据采集成员和联邦管理成员。

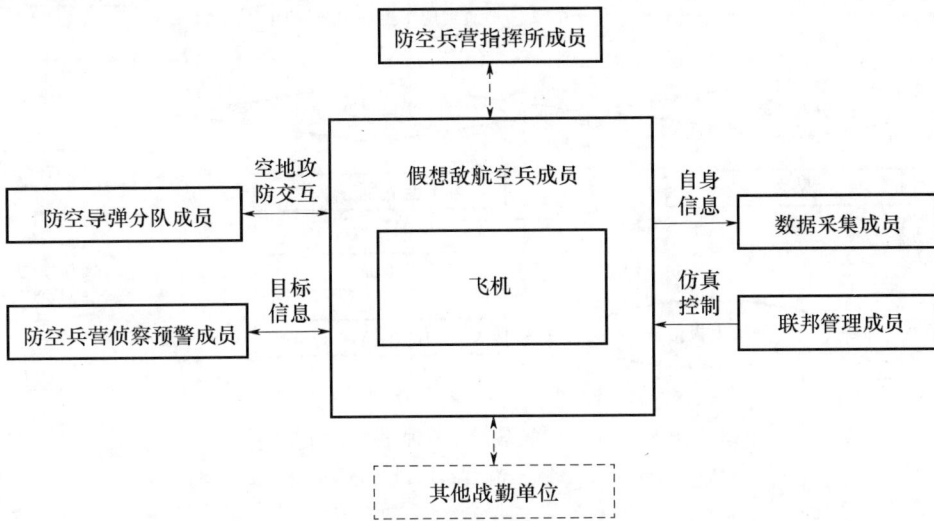

图 12 - 9　假想敌航空兵成员外部关系图

3）仿真对象模型（SOM）

假想敌航空兵成员的仿真对象模型 SOM 是联邦对象模型 FOM 的子集,对象类包括飞机(P)、激光制导炸弹(P)、指挥所(S)、发射车(S)、雷达(S)。交互类包括空对地炸弹攻击(I)、地对空导弹攻击(R)和战果上报(I)。

4）成员仿真设计

假想敌航空兵成员的仿真流程如图 12 - 10 所示,包括图 12 - 10(a)假想敌航空兵飞机工作流程和图 12 - 10(b)激光制导炸弹工作流程。飞机实体在收到上级发出的“攻击保卫目标”命令后起飞,向保卫目标位置机动。在机动过程中若遭到地空拦截且被击中则坠毁,仿真结束。若没有被拦截或没有被击毁则在机动到距目标 20km 时发射激光制导炸弹,随后返航并上报战果,仿真结束。而激光制导炸弹则在发射后计算滑行轨迹和爆炸时刻,在到达爆炸时刻后发送空对地炸弹攻击交互。

12.3.2　防空兵营指挥所成员

1）成员概述

防空兵营指挥所成员模拟防空营指挥系统,对防空营指挥所的侦察预警和组织拦截武器进行攻击的工作过程进行仿真。

防空兵营指挥所仿真成员负责仿真防空兵群指挥所在遂行防空作战任务时的指挥控制行为,主要包括,接收上级防空指挥所发布的指挥命令,并做出反馈;接收上级发布的空情通报,以及防空兵群所属的各火力拦截单元、目标指示雷达上报的敌情、我情信

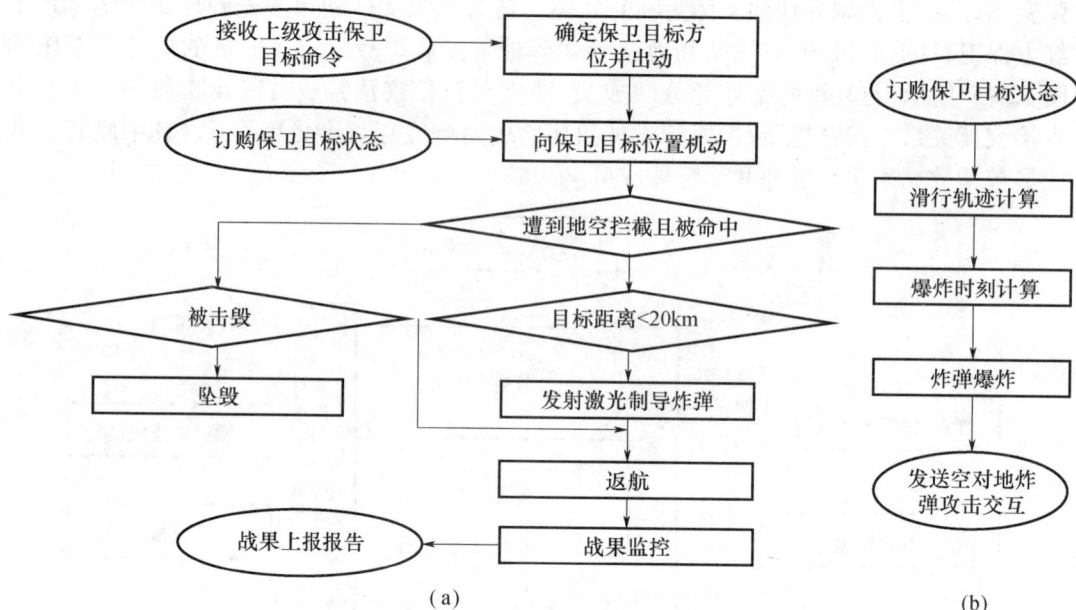

图 12 - 10　假想敌航空兵成员工作流程图

（a）假想敌航空兵飞机工作流程；（b）激光制导炸弹工作流程。

息；对各类空情进行信息的融合，并适时发布防空兵群空情通报；适时下达防空作战指挥命令；适时接收空袭兵器仿真成员发布的空对地攻击信息，计算自身安全率。

2）对象组成及外部关系

防空兵营指挥所成员的对象根据成员功能由指挥所实体构成。成员的外部关系图如图 12 - 11 所示，与防空兵营侦察预警成员、防空导弹分队成员以及联邦公共成员有直接交互关系，与上级防空指挥所成员、假想敌航空兵成员和敌他战勤单位有间接交互关系。

3）仿真对象模型（SOM）

防空营指挥所成员的仿真对象模型 SOM 是联邦对象模型 FOM 的子集，对象类包括指挥

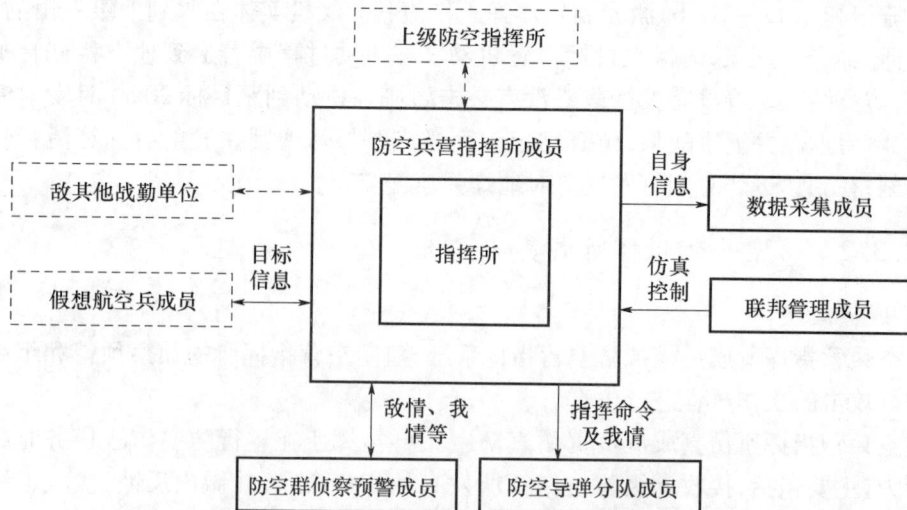

图 12 - 11　防空兵营指挥所成员外部关系图

所(P)、发射车(S)、雷达(S)。交互类包括战备等级命令(I)、目标分配命令(I)、保护目标受损(I)、位置报告(I)、指挥所工作状态报告(I)、发射车工作状态报告(I)、战果上报(R)、空情通报(R)、空情查询(I)、气象查询(I)、通视查询(I)、气象通报(R)、通视通报(R)。

4) 成员仿真设计

防空兵营指挥所成员的仿真流程如图 12 - 12 所示,获得外部空勤和上级作战命令

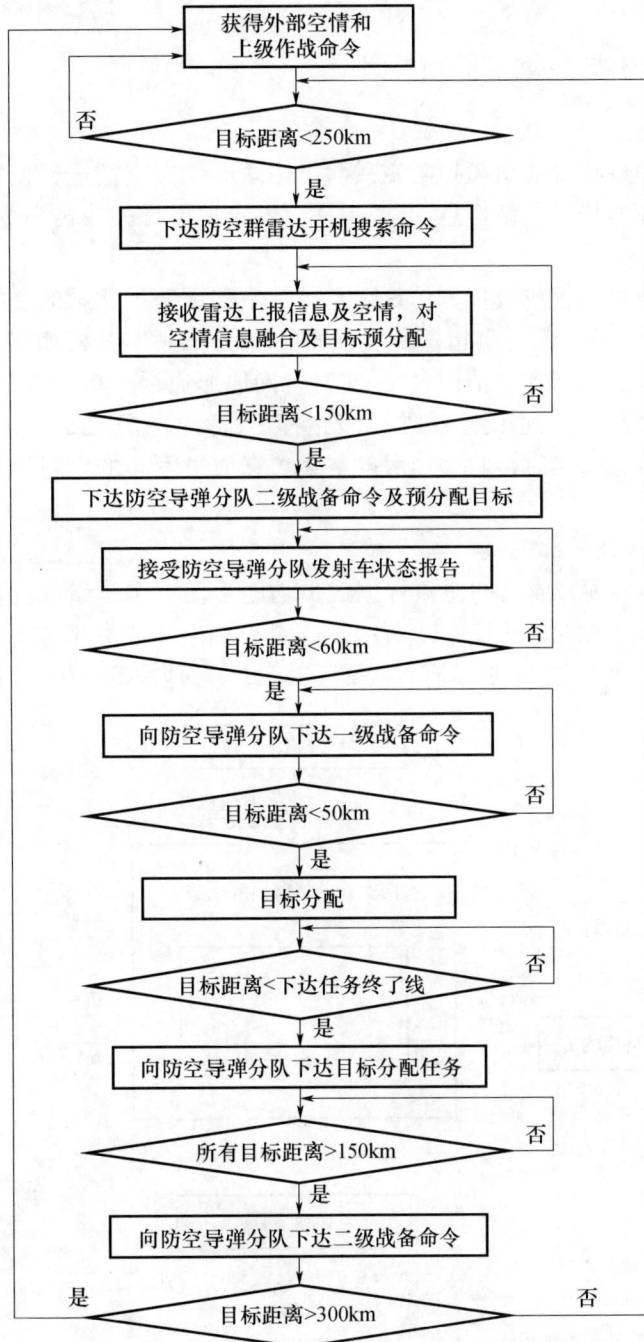

图 12 - 12　防空兵营指挥所成员工作流程图

之后,根据目标距离的不同下达不同的命令。当目标距离在 150~250km 时,下达防空营雷达开机搜索命令。接收雷达上报的空情信息,对空情信息融合后对目标进行预分配;当目标距离在 600~150km 时,下达防空导弹二级战备命令并进行预分配目标,同时接收防空导弹分队上报的信息;当目标距离小于 60km 时,下达防空导弹分队一级战备命令;当目标距离小于 50km 时,进行目标分配;当目标距离到达任务终了线,下达防空导弹分队目标分配命令。

12.3.3　防空兵营侦察预警成员

1)成员概述

防空兵营侦察预警成员模拟防空兵营雷达站对敌方空情进行侦察,在目标逼近过程中向防空营指挥所提供空情信息,并在指挥所发布地空导弹攻击命令时为地空导弹提供目标引导服务。

防空兵营侦察预警成员负责仿真防空兵营侦察预警雷达站的目标侦察行为,主要包括:实时接收上级指挥所(营)指挥所发布的指挥命令,适时开机侦察或向外辐射电磁波;实时接收空袭兵器发布的空情信息,并实时查询地形通视分析结果,结合干扰情况,计算发现概率;将发现的空情适时上报给上级指挥所;适时向假想航空兵成员发布自身的位置、幅员及防护信息;实时接收假想敌航空兵仿真成员发布的空对地攻击作息,计算自身的安全率。

2)对象组成及外部关系

防空兵营侦察预警成员的对象根据成员功能由两类实体组成:雷达站实体和雷达实体。成员的外部关系图如图 12-13 所示,与假想敌航空兵成员、防空兵营指挥所成员、防空导弹分队成员以及联邦公共成员有直接交互关系,与敌他战勤单位有间接交互关系。

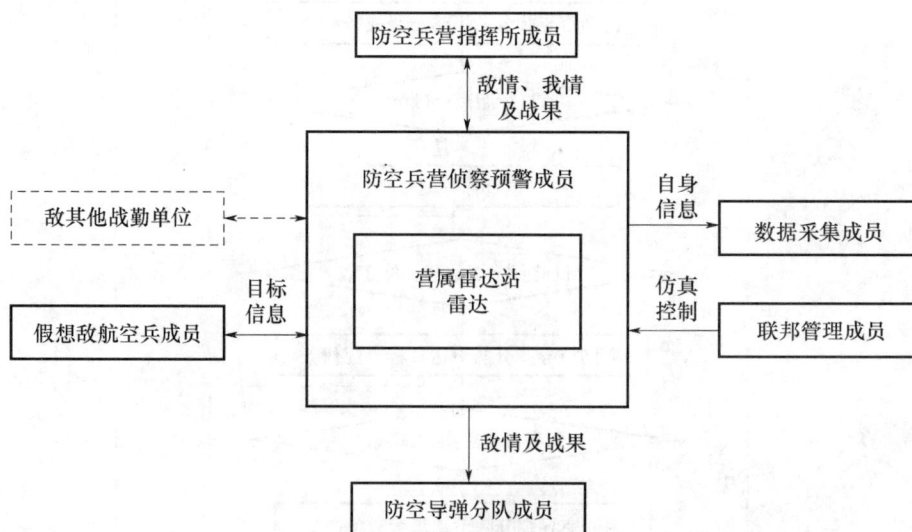

图 12-13　防空兵营侦察预警成员外部关系图

3)仿真对象模型(SOM)

防空兵营侦察预警成员的仿真对象模型 SOM 是联邦对象模型 FOM 的子集,对象类包括雷达站(P)、雷达(P)。交互类包括位置报告(I)、空情查询(I)、空情通报(I)、气象查询(R)、通视查询(R)、气象通报(I)、通视通报(I)。

　4）成员仿真设计

　　防空兵营侦察预警成员的仿真流程如图 12 – 14 所示,在接收到开机命令后雷达实体根据成员订购的区域内目标获取目标信息,若接收到空情查询命令则进行上一周期的空情通报。当目标进入搜索范围后首先进行气象通视分析,通过向成员内的气象和通视服务查询获得通气象和通视通报,从而计算侦察范围。若该批次目标是可以探测的,则计算发现概率,若能够发现,则计算识别概率并形成近方空情,确定目标总数。如果目标批次数量小于目标数,则再增加一个批次,通过通视计算、发现概率计算和识别概率计算形成新的空情。否则进入下一个批次的雷达扫描周期。

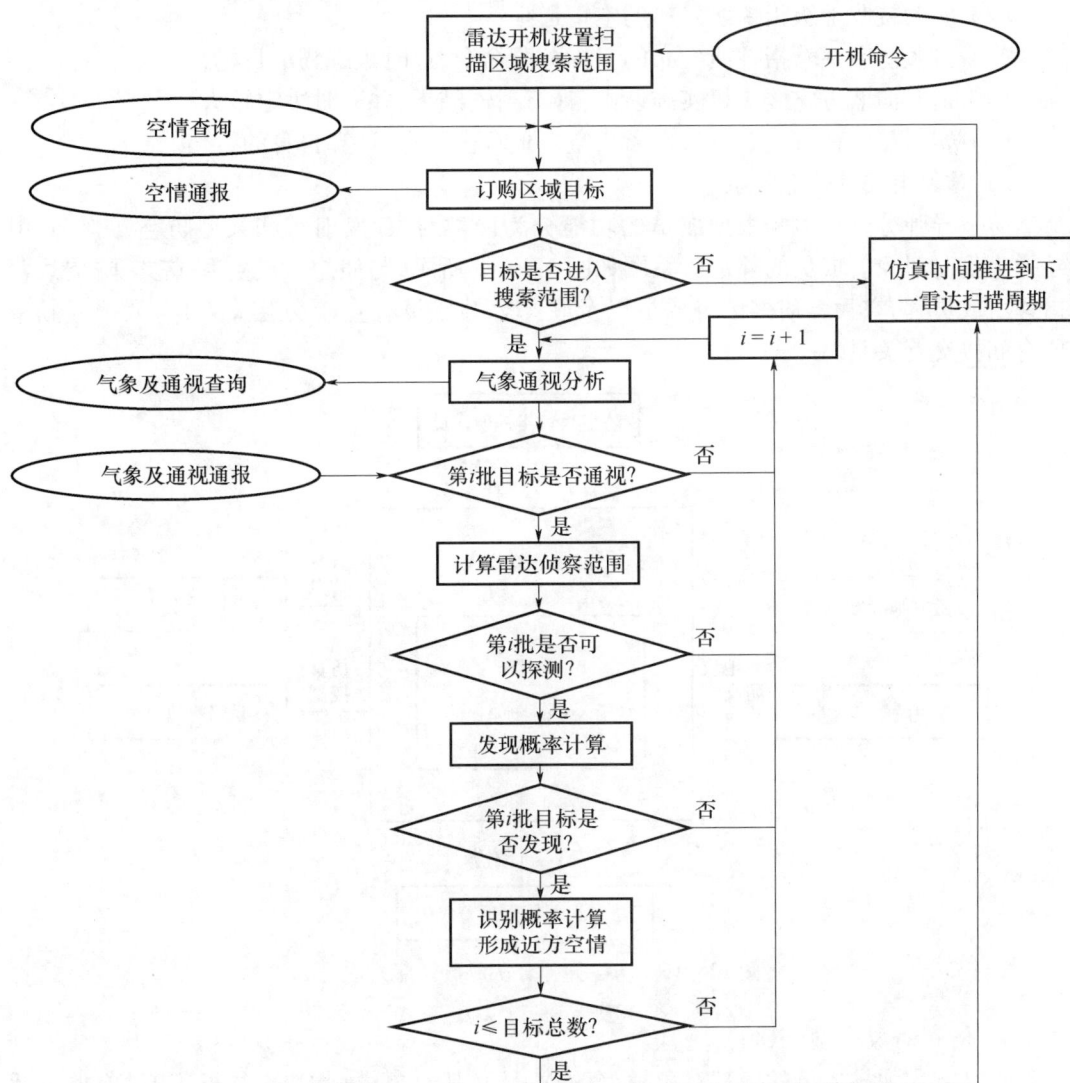

图 12 – 14　防空兵营侦察预警成员工作流程图

12.3.4 防空导弹分队成员

1）成员概述

防空导弹分队仿真成员主要仿真某型防空导弹分队的主要作战功能。防空导弹分队的武器系统包括作战装备和技术支援装备,该仿真成员将只仿真作战装备,暂不考虑技术支持装备。防空导弹分队的作战装备主要包括发射车和某型防空导弹,其主要任务是接受上级提供的空情通报,对中低空、中近程的空中目标进行拦截,以保证我方主要保卫目标及作战部队的对空安全。

防空导弹分队成员以一个防空兵营为基准,负责仿真防空兵营所属各类防空兵火力拦截武器系统对空袭兵器的侦察、跟踪、射击行为,主要包括:

（1）实时接收防空兵营指挥所发布的指挥命令、适时进入战备;

（2）实时接收上级指挥所发布的空情通报;

（3）接收防空兵营指挥所发布的目标分配命令,适时跟踪瞄准目标;

（4）适时向蓝方空袭飞机实施射击,计算射击结果,并适时决定转火;

（5）实时接收蓝方空袭飞机发布的空对地攻击信息,计算自身的毁伤。

2）对象组成及外部关系

防空导弹分队的对象根据成员的功能分为两类对象:发射车和某型防空导弹,其中导弹为临时对象。成员的外部关系图如图 12 - 15 所示,与假想敌航空兵成员、防空兵营指挥所成员、防空兵营侦察预警成员以及联邦公共成员有直接交互关系,与敌他战勤单位有间接交互关系。

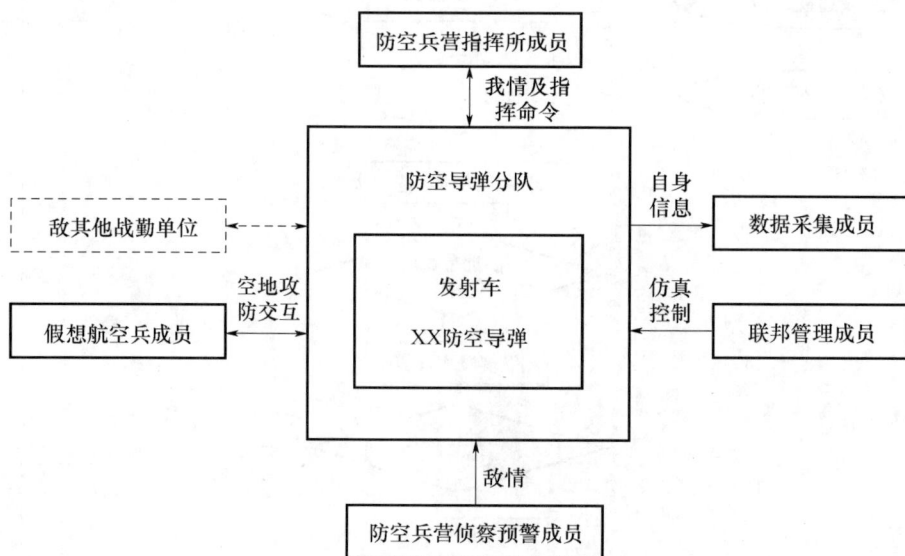

图 12 - 15　防空导弹分队成员外部关系图

3）仿真对象模型(SOM)

防空空导弹排成员的仿真对象模型 SOM 是联邦对象模型 FOM 的子集,对象类包括发射车(P)、某型号防空导弹(P)。交互类包括战备等级命令(R)、目标分配命令(R)、位置报告(R)、发射车工作状态报告(I)、战果上报(I)、地对空导弹攻击(I)。

4）成员仿真设计

防空导弹分队成员的仿真流程如图 12－16 所示,包括图 12－16(a)防空导弹发射车工作流程和图 12－16(b)某型防空导弹工作流程。发射车在接收防空兵营侦察预警成员提供的目标信息后对目标重要性进行判断,并选择射击目标,判断是否可以发射。若可以发射,则防空兵营指挥所成员发送发射车工作状态后发射某型防空导弹,同时不断制导导弹并进行战果监控,防空导弹攻击完毕后进行战果上报,仿真结束。而某型防空导弹则在发射后计算飞行轨迹和爆炸时刻,在到达爆炸时刻后发送地对空导弹攻击交互。

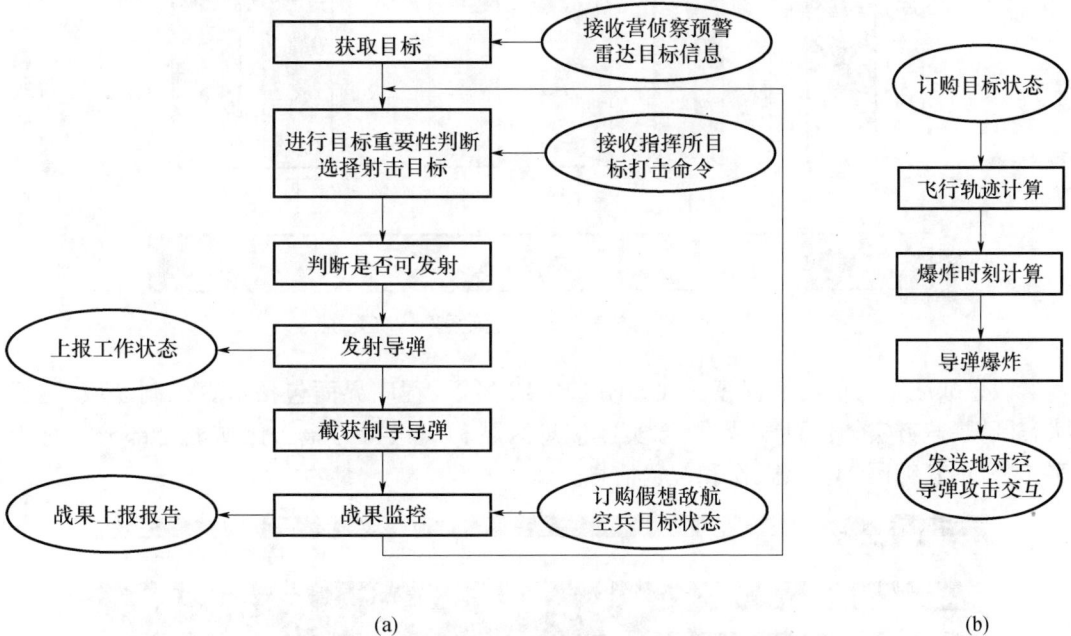

(a) (b)

图 12－16 防空导弹分队仿真成员工作流程图

(a)防空导弹发射车工作流程;(b)某型防空导弹工作流程。

12.4 案例实验

基于案例的背景,设计实验分析防空营作战系统的作战效能成为利用仿真手段提升部队战斗力行之有效的手段。在本章案例中,涉及的敌方武器装备则为遂行空袭任务的作战飞机。我方武器装备为某型防空导弹,对其进行指挥控制的是防空兵营指挥所,而侦察预警的是防空兵营侦察预警雷达。根据联邦和典型成员的设计,构造出一个防空营防空对抗案例仿真系统,针对陆军防空营的实际情况,可以根据不同的情况进行战法的演练和寻优。而这些不同的情况即成为案例实验的不同初始条件和作战指挥原则,在想定中描述。

12.4.1 系统设计

防空营防空对抗案例仿真系统分为蓝、红、公共三方。蓝方为假想敌航空兵成员,红方包括防空兵营指挥所成员、防空兵营侦察预警成员和防空导弹分队成员;公共方由联邦管理成员和数据采集成员组成,如图 12 – 17 所示。

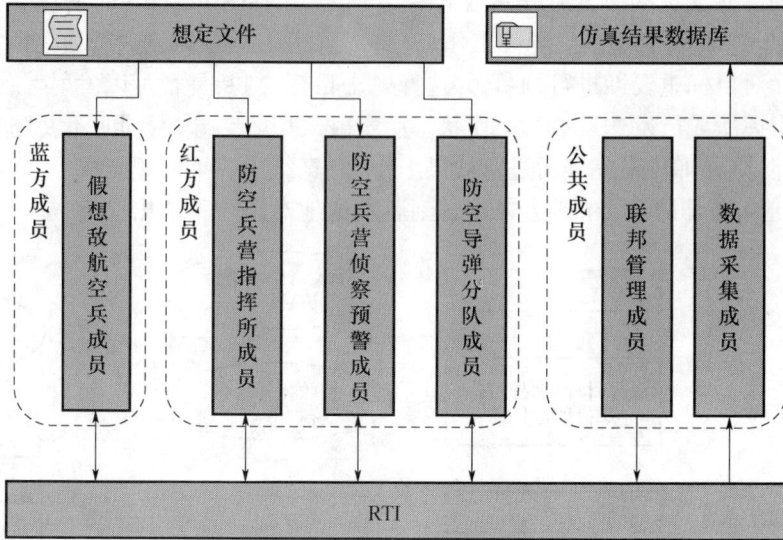

图 12 – 17　防空营防空对抗案例仿真系统

　　假想敌航空兵成员的程序实现如图 12 – 18 所示,程序界面包括仿真控制区域、运行状态区域、蓝方实体信息区域、红方实体信息区域和飞机行为报告区域五个部分。对于实体,显示其编码、型号、毁伤和位置信息。

图 12 – 18　假想敌航空兵成员程序界面

　　防空兵营侦察预警成员的程序实现如图 12 – 19 所示,程序界面包括仿真控制区域、运行状态区域、红蓝方实体信息区域、雷达显示区域和仿真信息报告区域五个部分。对于实体,显示其编码、型号、毁伤和位置信息。

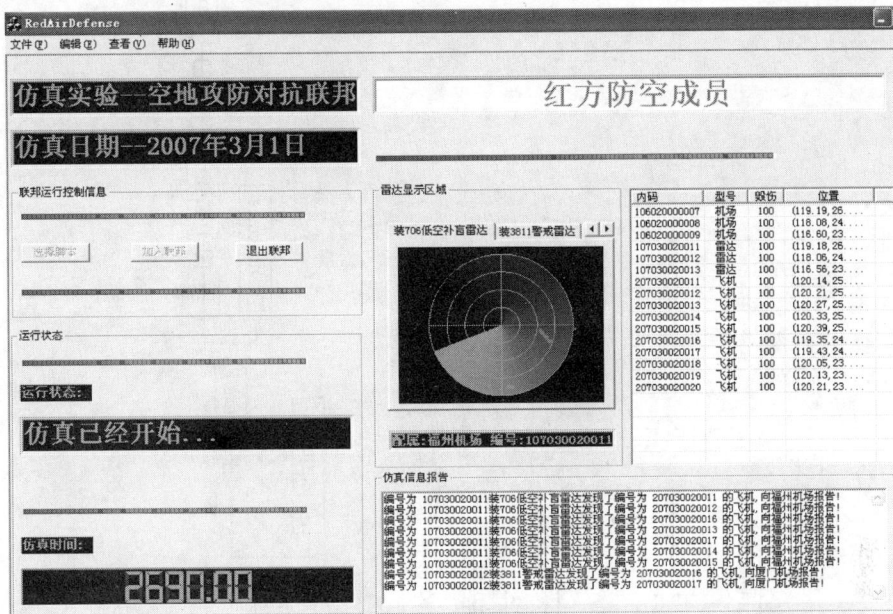

图 12 – 19　防空兵营侦察预警成员程序界面

12.4.2　想定设计

蓝方航空兵为夺取制空权,打击红方保卫目标,决定出动 20 架飞机,编成三个批次,对红方机场进行空中打击。飞机的飞行阶段划分为巡航飞行阶段、攻击阶段和退出阶段。红方主要任务为保护机场,在每个机场附近配备一个防空营。

红方在仿真起始阶段已经完成各防空部队的部署。战斗开始后,红方严密监视责任区的空域,各战斗单元处于二等战备状态。如发现空情目标,则由防空兵营指挥所向防空导弹分队发送拦截命令,防空导弹分队发射导弹进行拦。

蓝方飞机进入 200km^2 空域时,由集团军向防空兵营指挥控制系统发远方空情信息,防空兵营指挥所再根据空情适时命令营属雷达开机和各防空导弹分队进入战备状态,以及下达火力分配命令等。防空导弹对同一目标采用限量射击原则。各射击单位在群指挥所实施指挥下受命时才进行战斗行动,但遇到威胁程度高的目标时可以实施自主打击,同时在指挥所丧失指挥能力后要进行自主作战。

野战防空营的作战关心区域为 200km^2 ,由于不考虑防空兵的机动,所以不关心地域内的道路情况,地形条件主要考虑山地对雷达和飞机通视情况的影响。对于电磁环境以参数的形式给出。

在想定的制作中,由于 XML 可读性好,又便于计算机自动处理,因此在本章案例中,采用 XML 文件描述成员初始化文件,即仿真想定。在仿真想定中,需要描述的内容主要有:

(1) 各作战实体的编制编成;

(2) 各作战实体的初始化参数数据;

(3) 各作战实体的行动数据。

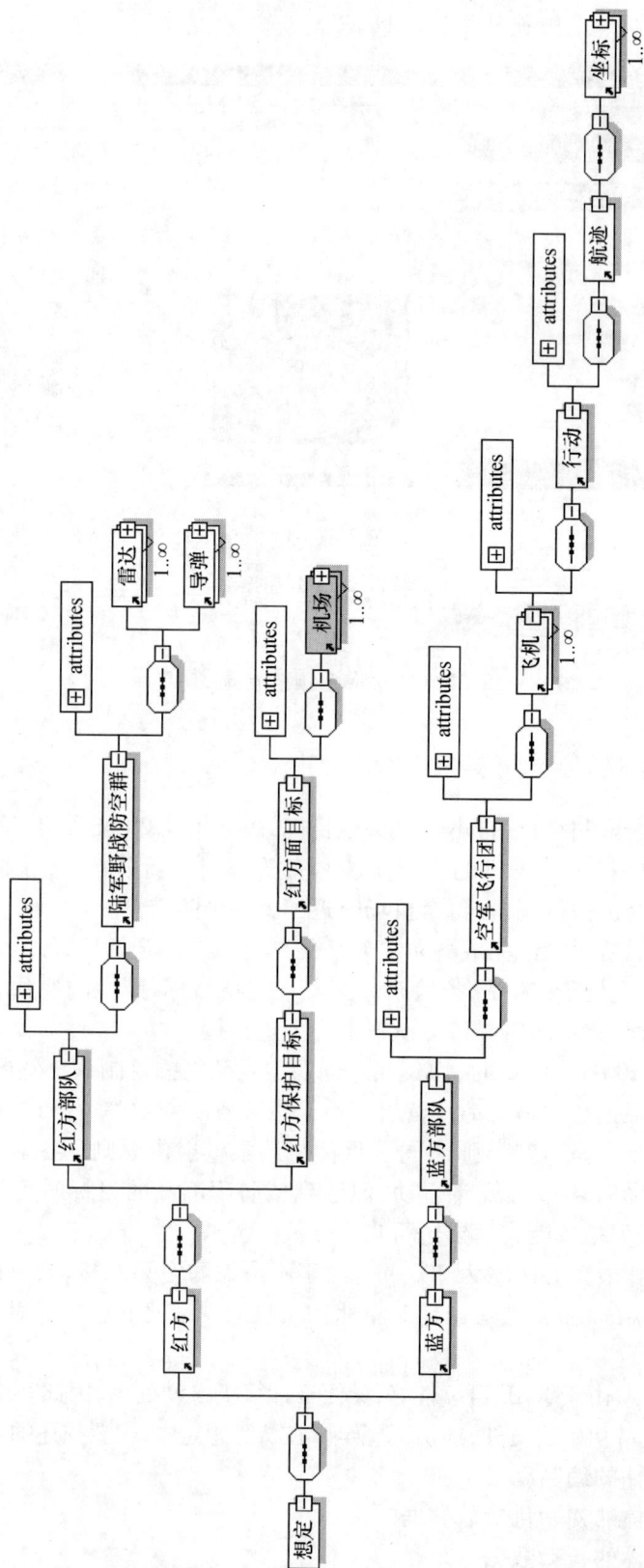

图12-20 仿真想定数据格式定义

仿真想定的数据格式如图 12 - 20 所示,为便于处理,想定文件将红蓝双方的初始化数据分离,红方部队包含陆军野战防空营的信息,下层是指挥所、雷达和地空导弹等作战实体信息;蓝方包括蓝方部队,蓝方部队主要包括作战飞机信息,其行动描述了作战行动初始信息和航迹点信息。

12.4.3　实验流程

在所有成员开发完成、配置文件以及公共工具成员准备完毕后,就可以开始仿真实验。仿真实验分为:仿真解算、仿真回放两个过程。各个成员的仿真解算过程遵循图12 - 21 所示。

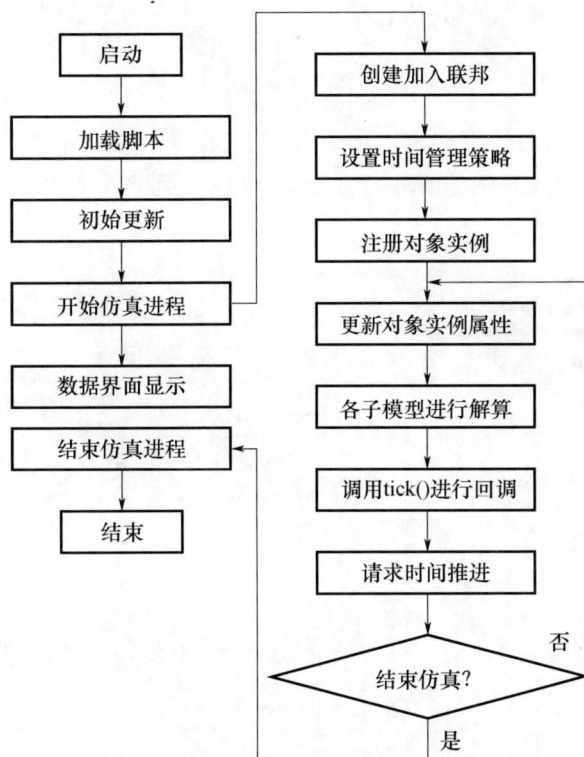

图 12 - 21　仿真成员解算流程图

整个联邦的仿真解算步骤如下:
(1) 启动 HLA 运行支撑框架 RTI;
(2) 启动联邦管理成员创建并加入联邦;
(3) 启动蓝方假想敌航空兵成员加入联邦;
(4) 启动红方防空兵营指挥所成员加入联邦;
(5) 启动红方防空兵营侦察预警成员加入联邦;
(6) 启动红方防空导弹分队成员加入联邦;
(7) 启动数据采集成员加入联邦;
(8) 利用联邦管理成员开始加载想定脚本;
(9) 利用联邦管理成员初始更新;

（10）利用联邦管理成员开始仿真；

（11）在仿真完成后，首先让数据采集成员退出仿真联邦，形成数据记录文件；

（12）让红方蓝方各成员退出联邦，仿真结束。

仿真回放的步骤如下：

（1）启动 HLA 运行支撑框架 RTI；

（2）启动数据采集成员，设置配置文件和数据文件，创建联邦，但未开始仿真；

（3）启动通用态势显示成员加入联邦；

（4）让数据采集成员开始仿真；

（5）仿真完成后，将通用态势显示成员退出联邦；

（6）数据采集成员退出联邦，仿真结束。

12.4.4 案例结果

利用 12.4.2 节给出的仿真想定进行仿真实验，图 12 – 22 是实验中某一时刻的态势显示。在防空营防空对抗案例仿真系统上解算可以得到多个样本。本节对其中的一个样本进行分析，得到如下结论。

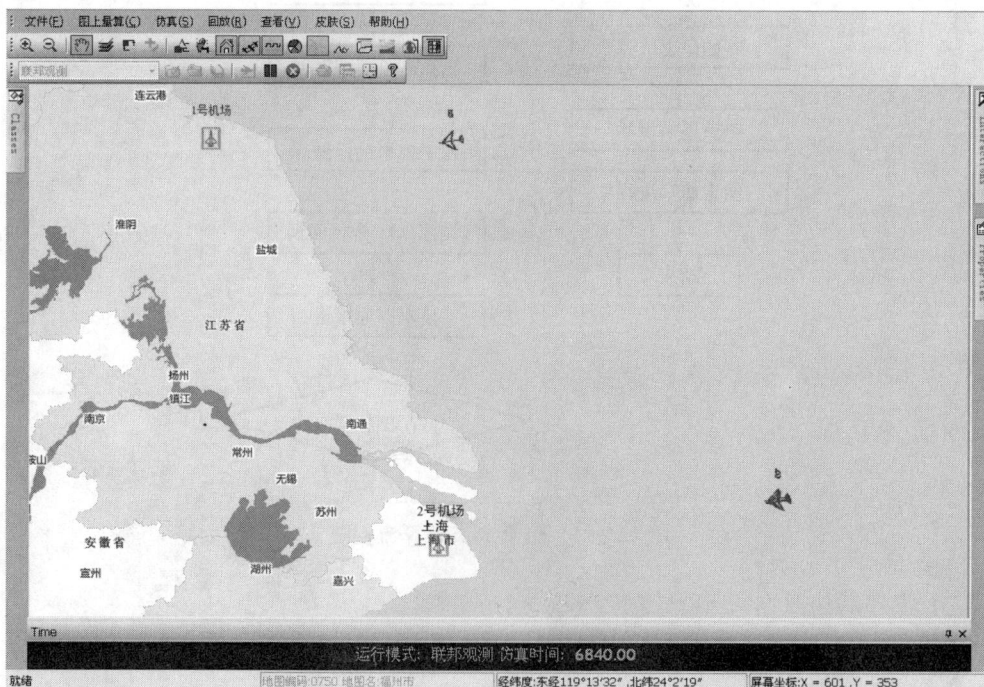

图 12 – 22　通用态势显示成员的界面显示

（1）蓝方空军成员根据仿真想定，生成了 20 架蓝方飞机，各携带 2 枚激光制导炸弹，分为三个批次。各批次的攻击目标分别为 1 号机场、2 号机场和 3 号机场。

（2）红方成员根据仿真想定，生成了三个机场的防空营，包括三个防空营指挥所、三部侦察预警雷达，每个防空营各 5 枚，共 15 枚某型防空导弹。

（3）在仿真解算过程中，三个机场的侦察预警雷达都发现了来袭的敌机，并发送导弹进行打击。但由于雷达性能与导弹性能的差异,打击的效果不同。同样,由于飞机的航迹不同以及随机事件的影响,飞机对于机场打击的情况也是相异的。

(4) 最后的结果是蓝方飞机第一个批次有 2 架被击落,第二个批次和第三个批次分别有 1 架飞机被击落。防空导弹排成员将所有导弹发送出去,有 4 枚某型防空导弹击中目标。1 号机场遭到重创,但是没有完全丧失战斗力,2 号机场和 3 号机场受到了轻创。

(5) 仿真结果是由仿真成员的实现和仿真想定的设计决定,针对不同的仿真想定就会有不同的战场配置,仿真结果也会不同。

以该系统为基础,可以根据防空对抗的要求设计各类想定及仿真实验,从而达到演练部队、战法分析、联合对抗等目的。

参 考 文 献

[1] Ackoff R L. Towards a System of Systems Concepts[J]. Manage Science, Vol. 17, No. 11, July 1971.

[2] Defense Modeling & Simulation Office. RTI Next Generation Update[C]. Presentation at the HLA Architecture Management Group Meeting. 1999.

[3] IEEE Standard for Information Technology. Protocols for Distributed Interactive Simulation [S]. IEEE Std 1278 – 1993, 1993.

[4] IEEE Standard for Modeling and simulation(M&S) High Level Architecture(HLA) – Frame and Rules[S]. IEEE Std 1516 – 2000, 2000.

[5] IEEE Standard for Modeling and Simulation(M&S) High Level Architecture(HLA) – Federate Interface Specification [S]. IEEE Std 1516. 1 – 2000, 2000.

[6] IEEE Standard for Modeling and simulation(M&S) High Level Architecture(HLA) – Object Model Template(OMT) Specification[S]. IEEE Std 1516. 2 – 2000, 2000.

[7] IEEE Standard for Modeling and simulation(M&S) High Level Architecture(HLA) – Federation Development and Execution Process(FEDEP)[S]. IEEE Std 1516. 3 – 2003, 2003.

[8] Wang Wenguang, Chen Xin X Y, Li Qun, et al. High level architecture evolved modular federation object model [J]. Journal of Systems Engineering and Electronics, 2009(03).

[9] United States of America Department of Defense. The Test and Training Enabling Architecture Architecture Reference Document[R]. 2002.

[10] CTEIP. TENA Overview Briefing[R]. 2006.

[11] Davis P K, Bigelow J, McEver J. Exploratory Analysis and a Case History of Multiresolution, Multiperspective Modeling [M]. Calif: RAND Corporation, 2000.

[12] Gordon, Michael R, Bernard Traino. Cobra Ii: The inside Story of the Invasion and Occupation of Iraq[M]. New York: Pantheon, 2006.

[13] Paul K Davis, James P Kahan. Theory and Methods for Supporting High Level Military Decision making[M]. Calif: RAND Corporation, 2007.

[14] Robert H Boling. The Joint Theater Level Simulation in Military Operations Other Than War[J]. Joint Warfighting Center – Ft, 1995(8).

[15] Curtis L Blais. Modeling and Simulation for Military Operations Other Than War[C]. the Proceedings of the 2005 Interservice/Industry Training Simulation, and Education Conference(I/ITSEC), 2005.

[16] Bohu Li, et al. A network modeling and simulation platform based on the concept of cloud computing—'Cloud Simulation Platform'[J]. Journal of System Simulation, 2009, 12(17): 5292 – 5299.

[17] Miller D C, Thorpe J A. SIMNET: The Advent of Simulator Networking[C]. Proc. IEEE, 1995, 83(8).

[18] Davis P K. DIS in the Evolution of DoD Warfare Modeling and Simulation[C]. Proc. IEEE, 1995, 83(8).

[19] DIS Steering Committee. The DIS Vision: A Map to the Future of Distributed Simulation[R]. IST – SP – 94 – 01, 1994.

[20] IEEE Standard for Distributed Interactive Simulation – Application Protocols[S]. IEEE Std 1278. 1 – 1995, 1996.

[21] IEEE Standard for Distributed Interactive Simulation – Communication Services and Profile[S]. IEEE Std 1278. 2 – 1995, 1996.

[22] Michael Ryan. The Latest Developmonts in DIS[R]. Lectures presented in China, 1997.

[23] Reddy R, Garrett R. Future Technology Challenges in DIS[C]. Proc. IEEE, 1995.

[24] McDonald B, DIS Systems Engineering Fidelity, Management, and Usability Issues in DIS Exercise, DIS Systems Applications[C]. SPIE Proc. , 1995.

400

［25］ Loper M L. Introduction to DIS,DIS Systems for Simulation and Training in the Aerospace Environment［J］. SPIE Critical Reviews,1995.

［26］ DMSO. HLA Rules 1. 0［OL］. http://www. dmso. mil.

［27］ DMSO. HLA Object Model Template［OL］. http://www. dmso. mil.

［28］ DMSO. HLA Interface Specification V1. 0［OL］. http://www. dmso. mil.

［29］ DMSO. HLA OMT Extensions,Version 1. 0［OL］. http://www. dmso. mil.

［30］ Katherine L. Morse,Ph. D,HDavid L. Drake,Ryan P. Z. Brunton,Web Enabling an RTI – an XMSF Profile［C］. 03E – SIW – 046.

［31］ David P K,Bigelow J. Experiments on Multiresolution Modeling(MRM)［R］. RAND Report – MR1004. 1998.

［32］ DMSO. High Level Architecture Run Time Infrastructure Programmer's Guide［R］. DOD,2000.

［33］ Cat K,Gardner K,Gryder T. Military Modeling Framework(MMF):A Framework Supporting Composabilityand Multi – Resolution Modeling［C］. Proceedings of the 1998 Fall SIW,1998.

［34］ Davis P K,Bigelow J,McEver J. Exploratory Analysis and a Case History of Multiresolution,Multiperspective Modeling ［M］. Calif:RAND Corporation,2000.

［35］ Gordon,Michael R,Bernard Traino. Cobra Ii:The inside Story of the Invasion and Occupation of Iraq［M］. New York: Pantheon,2006.

［36］ Lauren M,Stephen R. Map – Aware Non – Uniform Automata(MANA) – a New Zealand Approach to Scenario Modelling ［J］. Journal of Battlefield Technology,2002,5:27 – 31.

［37］ AndrewIlachinski. Artificial War:Multiagent – Based Simulation of Combat［M］. World Scientific,2004.

［38］ Cox,Andy,Douglas D Wood,et al. Integrating DIS and SIMNET into HLA with a Gateway［C］. Presented at 15th DIS Workshop on Standards for the Interoperability of Defense Simulations. Or land,USA. 2006.

［39］ Wesley Braudaway,Reed Little. The High Level Architecture's Bridge Federate［C］. Proceedings of the 1997 Fall SIW Conference. 1997.

［40］ Dingel J,Garlan D,Damon C. Bridging the HLA:Problems and Solutions［C］. Proceedings of the 6th IEEE International Workshop on Distributed Simulation and Real – Time Applications(DS – RT02). 2002.

［41］ Dingel J,Garlan D,Damon C,et al. Bridging the HLA:A Case Study in Composing Publish – Subscribe Systems. 2001.

［42］ Luo Linbo,Zhou Suiping,Cai Wentong,et al. Agent – Based Human Behavior Modeling for Crowd Simulation［J］. Computer Animation and Virtual Worlds,2008,19(3 – 4):271 – 281.

［43］ Zeigler B P,Praehofer H,Kim T G. Theory of Modeling and Simulation 2nd［M］. New York:John Wiley,2000.

［44］ Wu Shengnan. Agent – Based Discrete Event Simulation Modeling and Evolutionary Real – Time Decision Making for Large – Scale Systems［M］. University of Pittsburgh,2008.

［45］ Mellor S J,Scott K,Uhl A,et al. Aolvances in Object – Orientd Information Systems［M］. Berlin:Springer,2002:290 – 297.

［46］ Kuchar J K. Methodology for Alerting – System Performance Evaluation［J］. Journal of Guidance,Control,and Dynamics, 1996,19(2):438 – 444.

［47］ Tracy Gardner,Catherine Griffin,Jana Koehler,et al. A Review of OMG MOF 2. 0 Query/Views/Transformations Submissions and Recommendations towards the Final Standard［C］. MetaModelling for MDA Workshop:Citeseer:178 – 197.

［48］ Deniz Cetinkaya,Alexander Verbraeck,Mamadou D Seck. Mdd4ms:A Model Driven Development Framework for Modeling and Simulation［C］. Proceedings of the 2011 Summer Computer Simulation Conference:Society for Modeling & Simulation International:113 – 121.

［49］ Adak M,Topu 0,Oguztüzün H. Model – based code generation for HLA federates［J］. Software:Practice and Experience, 2010,40(2):149 – 175.

［50］ Jayatilleke G. A Model Driven Component Agent Framework for Domain Experts［D］. RMIT University,2007.

［51］ Han Chao,Hao Jianguo,Huang Kedi. Using KD – FBT to Implement the HLA Multiple Federations System［C］. Proceedings of Asia Simulation Conference/the 7th International Conference on SYSTEM SIMULATION AND SCIENTIFIC COMPUTING. 东京:2006.

[52] 邱晓刚,张志雄. 通过计算透视战争——平行军事体系[J]. 国防科技,2013,03.

[53] 邱晓刚. 军事领域仿真工程仿真在联合作战研究中应用的途径[J]. 军事运筹与系统工程,2008,22(3):23－27.

[54] 黄柯棣,邱晓刚,等. 建模与仿真技术[M]. 长沙:国防科技大学出版社,2012.

[55] 胡丰华,邱晓刚,黄柯棣,等. 军事分析仿真语义互操作研究[J]. 系统仿真学报,2012:2468－2472.

[56] 黄柯棣,邱晓刚. 仿真技术与武器装备仿真的发展[J]. 面向 21 世纪的科技进步与社会经济发展(上册),1999.

[57] 王子才. 仿真科学的发展及形成[J]. 系统仿真学报,2005,17(6):1279－1281.

[58] 龚建兴. 基于 BOM 的可扩展仿真系统框架研究[D]. 长沙:国防科学技术大学. 2007.

[59] 胡晓峰,司光亚,吴琳. 战争模拟原理与系统[M]. 北京:国防大学出版社,2009.

[60] 李伯虎,柴旭东,朱文海,等. 现代建模与仿真技术发展中的几个焦点[J]. 系统仿真学报,2004,16(9):1871－1878.

[61] 冯润明,王国玉,黄柯棣. TENA 及其与 HLA 的比较[J]. 系统工程与电子技术,2005,2(2).

[62] 冯润明,王国玉. 逻辑靶场与联合试验训练[J]. 现代军事,2006,9.

[63] 刘秀罗,马亚平,黄亦工. MDA 与先进分布仿真技术[J]. 系统仿真学报,2005,16(10):1032－1036.

[64] 谭娟,李伯虎,柴旭东. 可扩展建模与仿真框架－XMSF 技术研究[J]. 系统仿真学报,2006,18(1):96－101.

[65] 钱学森,于景元,戴汝为. 开放的复杂巨系统及其方法论[J]. Nature,1990,13(1):3－10.

[66] 李耀东. 综合集成研讨厅设计与实现中的若干问题研究[D]. 北京:中国科学院. 2003.

[67] 王寿云,于景元,戴汝为. 开放的复杂局系统[M]. 杭州:浙江科学技术出版社,1996.

[68] 黄柯棣,赵鑫业,杨山亮,等. 军事分析仿真评估系统关键技术综述[J]. 系统仿真学报,2012.

[69] 黄玉章,胡建华,陈春. 作战指挥整体涌现性原理[J]. 国防科技大学学报,2009,30(5):20－22.

[70] 刘兴堂. 复杂系统建模理论方法与技术[M]. 北京:科学出版社,2008.

[71] 张野鹏. 作战模拟基础[M]. 北京:解放军出版社,1995.

[72] 徐庚保,曾莲芝. 军事仿真[J]. 计算机仿真,2007,24(12):1－5.

[73] 王飞跃. 平行系统方法与复杂系统的管理和控制[J]. 控制与决策,2004,19(5):485－489.

[74] 熊光楞,肖田元,张燕云. 连续系统仿真与离散事件系统仿真[M]. 北京:清华大学出版社,1992. 293－303.

[75] 胡峰,孙国基,卫军. 胡动态系统计算仿真技术综术－仿真模型[J]. 计算机仿真,2000,17(1):1－28.

[76] 肖田元,范文慧. 系统仿真导论(第 2 版)[M]. 北京:清华大学出版社,2010 年.

[77] 顾凯平,高孟宁,李彦周. 复杂巨系统研究方法论[M]. 重庆:重庆出版社,1992.

[78] 李伯虎,柴旭东. 先进分布仿真技术[J]. 中国计算机用户,2000,No.414.

[79] 蒋雄伟,马范援. 中间件与分布式计算[J]. 计算机应用,2002,22(4).

[80] 李伯虎,柴旭东,侯宝存,等. 一种基于云计理念的网络化建模与仿真平台——"云仿真平台"[J]. 系统仿真学报,2009,21(17):5292－5299.

[81] 钟蔚等. HLA Evolved 规范研究分析[J]. 系统仿真学报,2011.23(4):6.

[82] 李琪林,刘强,周明天. 论中间件技术及其分类[J]. 四川师范大学学报(自然科学版),2001,24(6).

[83] 周彦,戴剑伟. HLA 仿真程序设计[M]. 北京:电子工业出版社. 2002,6.

[84] 李妮,彭晓源,徐丽娟,等. 基于网格的 HLA/RTI 仿真系统互联与资源共享[J]. 系统仿真学报,2006,18(2):304－307.

[85] 韩超,郝建国,黄健,等. 分布仿真公共支撑平台体系结构研究[J]. 系统仿真学报,2006,18(1):63－66.

[86] 邱晓刚. 复杂大系统面向对象仿真的理论与方法研究[D]. 长沙:国防科学技术大学,1998.

[87] 李革. 分布交互仿真中的仿真管理问题研究[D]. 长沙:国防科学技术大学,1998.

[88] 姚新宇. 分布交互仿真集成技术研究与实现[D]. 长沙:国防科学技术大学,1999.

[89] 刘秀罗. CGF 建模相关技术及其在指挥控制建模中的应用研究[D]. 长沙:国防科学技术大学,2001.

[90] 冯润明. 基于高层体系结构(HLA)的系统建模与仿真研究[D]. 长沙:国防科学技术大学,2002.

[91] 刘宝宏. 多分辨率建模的理论与关键技术研究[D]. 长沙:国防科学技术大学,2003.

[92] 胡亚海. 复杂分布仿真系统支持环境——HLA/RTI 的研究与开发[D]. 北京:北京航空航天大学,2003.

[93] 郝建国. 高层体系结构(HLA)中的多联邦互连技术研究与实现[D]. 长沙:国防科学技术大学,2003.

[94] 曲庆军. 高层体系结构(HLA)中兴趣管理的研究和实现[D]. 长沙:国防科学技术大学,2003.

[95] 曹星平. HLA仿真系统的校核、验证与确认研究[D]. 长沙:国防科学技术大学,2004.

[96] 郭刚. 综合自然环境建模与仿真研究[D]. 长沙:国防科学技术大学,2004.

[97] 张柯. 联邦全过程全系统管理方法及技术研究[D]. 长沙:国防科学技术大学,2005.

[98] 钟海容. 大规模分布式仿真系统的时空一致性研究[D]. 长沙:国防科学技术大学,2005.

[99] 张琦. 使命空间功能描述理论和方法研究[D]. 长沙:国防科学技术大学,2005.

[100] 孙世霞. 复杂大系统建模与仿真的可信性评估研究[D]. 长沙:国防科学技术大学,2005.

[101] 尹全军. 基于Agent的指挥决策建模方法研究和实现[D]. 长沙:国防科学技术大学,2005.

[102] 王学慧. 并行与分布式仿真系统中的时间管理技术研究[D]. 长沙:国防科学技术大学,2006.

[103] 张卫华. 工程级与交战级联合建模与仿真关键技术研究[D]. 长沙:国防科学技术大学,2006.

[104] 乔海泉. 并行仿真引擎及其相关技术研究[D]. 长沙:国防科学技术大学,2006.

[105] 刘云生. 大规模分布式仿真系统容错关键技术研究[D]. 长沙:国防科学技术大学,2006.

[106] 韩守鹏. 分布式仿真系统动态重构技术研究[D]. 长沙:国防科学技术大学,2007.

[107] 杨建池. Agent建模理论在信息化联合作战仿真中的应用研究[D]. 长沙:国防科学技术大学,2007.

[108] 张耀程. 通用并行离散事件仿真环境及相关技术研究[D]. 长沙:国防科技大学,2008.

[109] 张新宇. 联邦式仿真运行数据处理的共同支持框架研究[D]. 长沙:国防科学技术大学,2009.

[110] 彭春光. 基于语义交互和动态重构的兵棋推演系统概念框架及其关键技术研究[D]. 长沙:国防科学技术大学,2010.

[111] 周云. 面向实时作战决策支持的动态数据驱动仿真理论和方法研究[D]. 长沙:国防科学技术大学,2010.

[112] 陈彬. 面向DEVS的多范式建模与仿真关键技术研究与实现[D]. 长沙:国防科学技术大学,2010.

[113] 张颖星. 面向复杂系统应用的并行离散事件仿真性能优化技术研究[D]. 长沙:国防科学技术大学.2011.

[114] 彭勇. 作战仿真模型体系分析及其模型设计与实现关键技术研究[D]. 长沙:国防科学技术大学,2011.

[115] 王全民. 超宽带冲激引信仿真测试关键技术研究[D]. 长沙:国防科学技术大学,2011.

[116] 杨妹. 面向高层辅助决策支持的军事分析仿真系统关键技术研究[D]. 长沙:国防科学技术大学,2014.

[117] 戴汝为,操龙兵. 综合集成研讨厅的研制[J]. 管理科学学报,2002,5(3):10-16.

[118] 胡晓惠. 研讨厅系统实现方法及技术的研究[J]. 系统工程理论与实践,2002,22(6):1-10.

[119] 综合集成与知识科学研究组. 综合集成与复杂系统2001-2002. 中国科学院数学与系统科学研究院,2002,8.

[120] 孙世霞,黄柯棣. RTI性能测试分析[J]. 系统仿真学报,2005,17(4):909-913.

[121] 杨立功,郭齐胜。计算机生成兵力研究进展[J]. 计算机仿真,2000.

[122] 杨妹,赵鑫业,蔡榅,等. 面向分析仿真评估的高性能仿真系统关键技术研究[J]. 系统仿真学报,2012,24(12).

[123] 庞国峰,赵沁平. 分布交互仿真环境中的计算机生成兵力[J]. 计算机科学,1999,3.

[124] 龚光红,王行仁. 攻防对抗DIS系统中CGF的构造与建模[J]. 系统仿真学报,1998.

[125] 郭齐胜,等. 分布交互仿真及其军事应用[M]. 北京:国防工业出版社.

[126] 徐浩. 战争系统多分辨率建模应用问题研究[D]. 解放军信息工程大学,2008.10

[127] 胡晓峰,司光亚,吴琳. 战争模拟原理与系统[M]. 北京:国防大学出版社,2009.

[128] 李耀东. 综合集成研讨厅设计与实现中的若干问题研究[D]. 北京:中国科学院.2003.

[129] 王寿云,于景元,戴汝为. 开放的复杂局系统[M]. 杭州:浙江科学技术出版社,1996.

[130] 刘兴堂. 复杂系统建模理论方法与技术[M]. 北京:科学出版社,2008.

[131] 何强,刘晓铖,彭春光,等. 基于BOM的组件并行仿真引擎研究与实现[J]. 国防科技大学学报,2011,33:154-158.

[132] 余文广,王维平,李群. 并行Agent仿真研究综述[J]. 系统仿真学报,2012,24(2).

[133] 廖守亿,陈坚,陆宏伟,等. 基于Agent的建模与仿真概述[J]. 计算机仿真,2008,25(12):1-7.

[134] 李宏亮,程华,金士尧. 基于Agent的复杂系统分布仿真建模方法的研究[J]. 计算机工程与应用,2007,43(8):209-213.

[135] 金伟新. 大型仿真系统[M]. 北京:电子工业出版社.2004.

[136] 董建武. MDA:新一代软件互操作体系结构[J]. 计算机工程,2003,29(2):3-5.

[137] 李群,王超,朱一凡,等. 基于 MDA 的仿真模型开发与集成方法研究[J]. 系统仿真学报,2007,19(2):272-276.

[138] 黄柯棣,赵鑫业,杨山亮,等. 军事分析仿真评估系统关键技术综述[J]. 系统仿真学报,2012.

[139] 王学慧,张磊,黄柯棣. 联邦成员框架代码的自动生成技术研究[J]. 计算机仿真,2005,22(9):126-129.

[140] 宣慧玉. 复杂系统仿真及应用[M]. 北京:清华大学出版社,2008.

[141] 陈欣,蓝国兴,何焱. 美军建模仿真对象模型体系框架研究[M]. 北京:军事科学出版社,2008.

[142] 陈欣,张浩,罗俊荣,等. 分析论证仿真系统[M]. 北京:军事科学出版社,2009.

[143] 周云,黄柯棣,胡德文. 动态数据驱动应用系统的概念研究[J]. 系统仿真学报,2009,21(8):2138-2141.

[144] 杨山亮,黄健,尹航等. 基于 MSDL 和 C-BML 的想定形式化描述[J]. 系统仿真学报,2011,23(8):1724-1728.

[145] 何强,彭勇,黄柯棣. 作战分析仿真平台比较[J]. 系统仿真学报,2011,23(07):94-98.

[146] 彭勇. 面向重用的作战仿真模型体系设计与实现关键技术研究[D]. 长沙:国防科学技术大学. 2011.

[147] 杨妹,赵鑫业,蔡槑等. 面向分析仿真评估的高性能仿真系统关键技术研究[J]. 系统仿真学报,2012,24(12).